表面活性剂应用原理

U0393878

肖进新　赵振国　编著

BIAOMIAN HUOXINGJI YINGYONG YUANLI

化学工业出版社
·北京·

本书主要内容包括表面活性剂的结构、基本性质和应用功能。介绍了表面活性剂应用原则，包括表面活性剂分子结构与性能的关系，表面活性剂的复配原理，表面活性剂与高聚物、蛋白质、环糊精、DNA、细菌和病毒的相互作用。针对表面活性剂科学的最新发展，介绍了表面活性剂在众多工业领域及高新技术领域的广泛应用，包括具有特殊结构和功能的新型表面活性剂、功能性表面活性剂和特种表面活性剂等。最后介绍了表面活性剂的绿色化学，包括表面活性剂的生物降解、安全性和温和性等。本次对表面活性剂最新理论进展和应用进行了必要的修订和补充。

本书可供从事表面活性剂应用的专业技术人员使用，也可作为相关专业大专院校师生的专业基础性教材。

图书在版编目（CIP）数据

表面活性剂应用原理/肖进新，赵振国编著. —2版. —北京：化学工业出版社，2015.8（2023.9重印）

ISBN 978-7-122-24224-2

Ⅰ.①表…　Ⅱ.①肖…②赵…　Ⅲ.①表面活性剂　Ⅳ.①TQ423

中国版本图书馆CIP数据核字（2015）第123874号

责任编辑：张　艳　刘　军　　　　装帧设计：王晓宇

责任校对：吴　静

出版发行：化学工业出版社（北京市东城区青年湖南街13号　邮政编码100011）

印　　装：北京虎彩文化传播有限公司

710mm×1000mm　1/16　印张31¼　字数635千字　2023年9月北京第2版第8次印刷

购书咨询：010-64518888　　　　售后服务：010-64518899

网　　址：http://www.cip.com.cn

凡购买本书，如有缺损质量问题，本社销售中心负责调换。

定　　价：98.00元

版权所有　违者必究

前言

《表面活性剂应用原理》第一版自2003年5月出版以来，已十多年。十几年来，表面活性剂科学有了新的发展，特别是一些新型表面活性剂的出现、表面活性剂在更多工业领域及高新技术领域的应用，以及表面活性剂在应用过程中带来的环境与生态方面的新问题，使得第一版中的部分内容亟待更新。另一方面，第一版中的部分内容也需要进行优化调整。为此，我们对第一版进行了修改和补充。

本次修订主要体现在以下几方面。

(1) 全书包含三大类内容。第一章～第十二章主要介绍表面活性剂的原理，第十三章～第十七章主要介绍特种和新型表面活性剂，第十八章和第十九章主要介绍表面活性剂的绿色化学。

(2) 增加第十章“在表面活性剂有序组合体微环境中的化学反应”。

(3) 对第一版的某些章节做了大幅调整。将第一版的第六章和第七章调整为第六章“增溶作用”和第七章“乳化作用、乳状液及微乳状液”。将第十五章“表面活性剂复配原理”分为两章：第十一章“表面活性剂复配原理（一）”以及第十七章“表面活性剂复配原理（二）”。

(4) 在第一版的一些章节中增加了新内容。如第十七章“表面活性剂复配原理（二）”增加了：表面活性剂与环糊精、DNA、细菌和病毒的相互作用。在第十三章“特种表面活性剂”的章节中，增加了近年来一些新型表面活性剂的内容，如新概念氟表面活性剂，氟硅表面活性剂等。在氟表面活性剂部分，增加了拒水拒油剂，含氟织物整理剂，含氟涂料等内容。在第十四章“新型表面活性剂和功能性表面活性剂”部分，增加了主客体型表面活性剂、肺表面活性剂等；在第十八章“表面活性剂的绿色化学”部分，增加了表面活性剂与持久性有机污染物，氟表面活性剂与斯德哥尔摩公约等内容。

（5）修订了第一版中的一些错误，删去或更改原版中不合适的内容。

（6）减少有关表面活性剂合成和物理化学性质的测试方法等方面的内容，增加了表面活性剂实际应用内容。

本次修订中，第四、六至十章由北京大学化学与分子工程学院赵振国教授编写，其余各章由北京氟乐邦表面活性剂技术研究所肖进新博士编写。

在本书的编写过程中，邢航博士对全稿做了详细校对，肖子冰等做了大量辅助工作，在此表示感谢。

尽管编著者尽力要求内容准确，但限于水平，书中难免有错误或不当之处，诚恳地欢迎同行和读者指正！编著者 E-mail：xiaojinxin@pku.edu.cn；admin@fluobon.com。

编著者

2015 年 8 月

第一版前言

人们在认识世界时首先触及的是以各种形态存在的物质的表面或界面。在日常生活和各种生产活动中人们又必须通过各种原料、设备对表（界）面进行实际操作，不断调节和改变表（界）面的物理化学性质。表面活性剂是在用量很少时即可显著改变物质表（界）面的物理化学性质的两亲性物质，有广泛的应用功能。

表面活性剂已广泛应用于日常生活、工农业及高新技术领域。表面活性剂是当今最重要的工业助剂，其应用已渗透到几乎所有的工业领域，被誉为“工业味精”。在许多行业中，表面活性剂起到画龙点睛的作用，作为最重要的助剂常能极大地改进生产工艺和产品性能。

表面活性剂实际应用程度及应用效果取决于对表面活性剂基本原理的掌握和理解。要做到根据实际需要设计、合成和开发新型表面活性剂或扩大现有品种的应用，得到经济、高效的各种实用配方，避免盲目性，必须深入了解和探索表面活性剂分子结构特点、表面活性剂的各种基本作用、表面活性剂结构与性能的关系、不同表面活性剂分子或与其他添加剂间的相互作用以及表面活性剂的复配规律等。随着国际上表面活性剂科学日新月异的发展，新理论、新产品不断出现，人们需要不断更新对表面活性剂理论、实践的认识。基于这个思想，我们编写了《表面活性剂应用原理》一书，旨在为研究工作者提供一本既能系统了解表面活性剂的基本理论及应用原理，又能了解表面活性剂科学最新进展的专著。也希望为化学、精细化工及相关专业学生提供表面活性剂专业基础性教学参考书。

本书主要内容包括四部分。

第一部分介绍表面活性剂的基本性质和应用功能，首先介绍表面活性剂两大基本功能，即通过在表（界）面上的吸附改变表（界）面性质和在溶液内部自聚形成多种分子有序组合体。在此基础上介绍由这两个基本功能衍生出的多种多样的应用功能，如增溶作用、乳化作用、分散与聚集作用、润湿作用等。

第二部分介绍各种表面活性剂的结构、性能及用途，特别针对表面活性剂科学的最新发展，介绍一些具有特殊结构和功能的新型表面活性剂。

第三部分介绍表面活性剂应用原则，包括表面活性剂分子结构与性能的关系、影响表面活性剂性能的物理化学因素、表面活性剂的复配原理、不同表面活性剂分子或与其他添加剂间的相互作用、表面活性剂与高聚物和蛋白质的相互作用等。

第四部分介绍表面活性剂的绿色化学，包括表面活性剂的生物降解、安全性和温和性等。

在编写过程中主要依据下列原则。

(1) 本书介绍表面活性剂的基本应用原理，重点介绍如何依据这些原理针对具体体系选择表面活性剂，以基本原理指导实际应用。本书基本不涉及各种应用的实际配方。

(2) 在介绍表面活性剂的作用和应用功能时都涉及它们的最新应用，特别是在高新技术领域中的应用。如胶团催化和吸附胶团催化，微乳状液，液膜分离，双水相萃取，反胶团萃取，利用分子模板法和微乳、反胶团法制备纳米粒子，利用表面活性剂有序组合体对生物膜的模拟等。

(3) 对普通表面活性剂，主要介绍其结构、性能和用途，基本不涉及其合成方法和制造工艺。对新型表面活性剂，除上述内容之外，还简单介绍了它们的合成路线。

(4) 对新型表面活性剂，按其结构特征、性能特点、原料来源及制备方法等的不同分为特种表面活性剂（元素表面活性剂）、新型和功能性表面活性剂、高分子表面活性剂、生物表面活性剂、绿色表面活性剂和温和性表面活性剂五类。这种分类不一定很恰当，有些新型表面活性剂可以同时属于上面不同的类型。而绿色表面活性剂和温和性表面活性剂本身就不是一种新的表面活性剂类别，将其单独列出来主要是反映表面活性剂的一种新的发展趋势。

(5) 因为本书主要讲表面活性剂的应用原理，因此对表面活性剂的基础物理化学理论如热力学计算、公式的推导等未做详细讨论。

本书第四、六、七、八、九章由赵振国编写，其余各章由肖进新编写。

本书的编写完成得益于许多参考资料。主要参考文献已列于各章之末，限于篇幅恕不能尽数列出。编者对各参考文献的作者表示深深的谢意。

编写者感谢化学工业出版社徐蔓女士的热心帮助，没有她的支持本书是难以奉献给读者的。

在本书的编写过程中，阮科、暴艳霞、许艳萍等同志做了大量辅助工作，在此表示感谢。

最后，感谢国家自然科学基金委（No. 29973002，20273006）资助。

限于作者水平，书中难免有错误或不当之处，诚恳地欢迎同行和读者指正。

编者

北京大学化学学院

2002. 12. 31

目录

CONTENTS

第二章　普通表面活性剂的结构、性能与用途 ………………… 020

第三章　表面活性剂在溶液表（界）面上的吸附 ……………… 051

第十三章　特种表面活性剂（元素表面活性剂） …………… 323

第十四章　新型表面活性剂和功能性表面活性剂 …………… 358

第一章

表面活性剂概论

要了解表面活性剂，首先须从表面张力谈起，表面张力是表面活性剂科学中最基本、最重要的物理量之一。

一、表面张力、表面活性与表面活性物质

（一）液体的表面和表面张力

物质相与相之间的分界面称为界面，包括气/液、气/固、液/液、固/固和固/液五种。其中包含气相的界面叫表面，包括液体表面和固体表面。下面以液体表面为例，讨论表面张力的意义[1~5]。

众所周知，液体的表面有自动收缩的倾向，这表现在当重力可以忽略时液体总是趋向于形成球形。液体表面自动收缩的驱动力源于表面上的分子与体相内部的分子所处的状态（或分子所受作用力）的差别，如图 1-1 所示[2]。

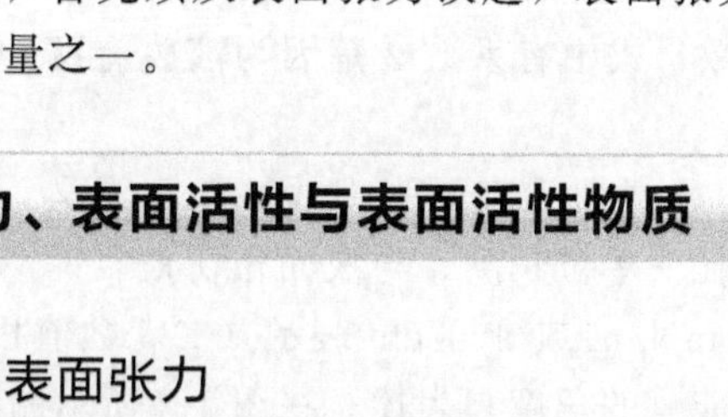

空气

液体

图 1-1　分子在液体内部和表面所受吸引力场的不同（箭头长度代表力的大小）

处于体相内部的分子，周围分子对它的作用力是对称的，合力等于零。而处

在气/液界面（即液体表面）上的液体分子所受液相分子的引力比气相分子对它的引力强，所以该分子所受合力不等于零，其合力方向垂直指向液体内部。因此表面上的分子有向液相内部迁移的趋势，使得液体表面有自动收缩的现象。这种引起液体表面自动收缩的力就叫表面张力（surface tension），这是表面张力最为通俗的表达。

将液体做成液膜，从液膜自动收缩实验可具体理解表面张力的概念（表面张力的力学表述）。做一个如图 1-2 所示的一边可以活动的方框 $abcd$，其中，cd 为活动边，长度为 l。

使液体在此框上形成液膜，若活动边与框架之间的摩擦很小，由于液体表面有自动收缩现象，cd 边将自动向 ab 边移动。欲制止液膜的自动收缩，必须施一适当大小的外力于活动边上。当活动边与框间的摩擦力可以忽略不计时，为保持液膜所施外力 F 与活动边的长度 l 成正比，可以表示为

$$F=\gamma \cdot 2l \tag{1-1}$$

式中，γ 为比例系数；式中有系数 2 是因为液膜有两个表面。

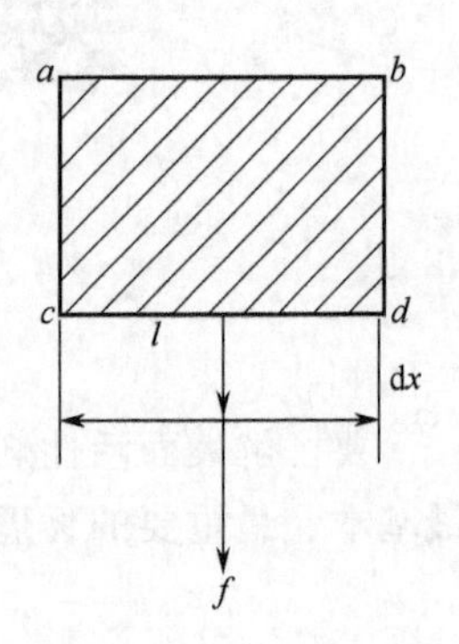

图 1-2　液体的表面张力

式（1-1）中比例系数 γ 即为表面张力，其物理意义是垂直通过液体表面上任一单位长度、与液面相切地收缩表面的力，单位通常用 mN/m 或 dyn/cm 表示（二者数值相同）。

表面张力也可以从能量的角度来表述。在图 1-2 所示的体系中，若增加一无限小的力于 cd，以使其向下移动 $\mathrm{d}x$ 距离，对体系所做的可逆功

$$\mathrm{d}W=F\mathrm{d}x=\gamma \cdot 2l\mathrm{d}x=\gamma \mathrm{d}A \tag{1-2}$$

式中，$\mathrm{d}A=2l\mathrm{d}x$，是体系表面积的改变量。

此可逆功也就是体系自由能的增量 $(\mathrm{d}G)_{T,P}$，因此

$$(\mathrm{d}G)_{T,P}=\gamma \mathrm{d}A \tag{1-3}$$

由此可得

$$\gamma=\mathrm{d}W/\mathrm{d}A=(\mathrm{d}G/\mathrm{d}A)_{T,P} \tag{1-4}$$

这就是说，γ 为使液体增加单位表面积所需做的可逆功，或恒温恒压下增加单位表面积时体系自由能的增值，或单位表面上的分子相对体相内部同量分子所具有的自由能的过剩值，称表面过剩自由能，简称表面自由能（surface free energy）。常用单位为 $\mathrm{mJ/m^2}$。

表面张力和表面自由能分别是用力学方法和热力学方法研究液体表面现象时采用的物理量，具有不同的物理意义，却又具有相同的量纲。当采用适宜的单位时二者同值。

若不是气/液界面而是液/液界面，由于在界面上的分子受两边的吸引也不一样，上面所说的情况依然成立，即也有界面张力和界面自由能。

由前面讨论可知，表面张力实际上是分子间吸引力的一种量度，分子间吸引力大者表面张力高。因此，可以通过讨论物质分子间吸引力大小及影响分子间吸引力的因素来比较不同物质表面张力大小及其影响因素。一般有以下规律：液体金属＞水＞有机化合物，极性有机物＞非极性有机物，有芳环或共轭双键的化合物＞饱和碳氢化合物液体，同系物中，分子量较大者表面张力较高。

表面张力与温度和压力有关。温度升高，气相中的分子密度增大，液相中分子间距离增大，因而表面张力下降。压力增加，可使更多的气体分子与液面接触，导致液体表面分子所受两边吸引力的差异降低，同时气体分子可能被液面吸附且溶于液体，改变液相的成分（指液体混合物），这些因素都使表面张力随压力增加而下降（但变化不大）。因此，一般给出表面张力数值时都要注明温度；压力若无特别说明，则指常压。

在温度和压力一定的情况下，一定成分的液体的表面张力是一定值。液体的表面张力分布在 $10^{-1}\sim10^{3}$ mN/m 数量级。如 1K 时液氦的表面张力为 0.365mN/m，铁在熔点 1550℃时的表面张力为 1880mN/m。一般液体的表面张力（或表面自由能）的值在 100mN/m 以下，如水在 25℃的表面张力为 72mN/m，碳氟化合物的可小于 10mN/m，如全氟戊烷（C_5F_{12}）的表面张力低达 9.89mN/m（20℃）。

（二）溶液的表面张力、表面活性和表面活性物质

纯液体只有一种分子，故温度和压力固定时，其表面张力是一定的。而溶液的表面张力则会随浓度而改变，这种变化大致有三种情况，如图 1-3 所示[3]。

第一种情形是表面张力随溶质浓度的增大基本不变或略有升高，且往往大致近于直线（图中 A 线）。这种溶质有 NaCl、Na_2SO_4 等无机盐。第二种情形是表面张力随溶质浓度的增加而降低。通常开始时降低得快些，后来降低得慢些（B 线）。属于此类的溶质有醇类、酸类等大部分极性有机物。第三种情形是一开始表面张力急剧下降，但到一定浓度后几乎不再变化（C 线）。属于这类的溶质有八碳以上的有机酸盐、有机胺盐、磺酸盐、苯磺酸盐等。

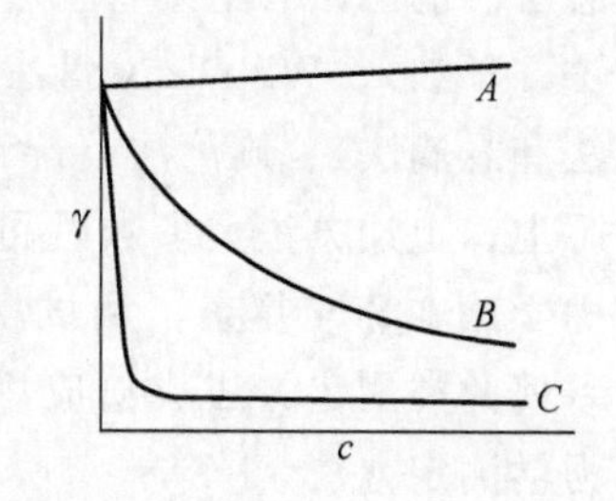

图 1-3　水溶液的表面张力与溶质浓度的几种典型关系

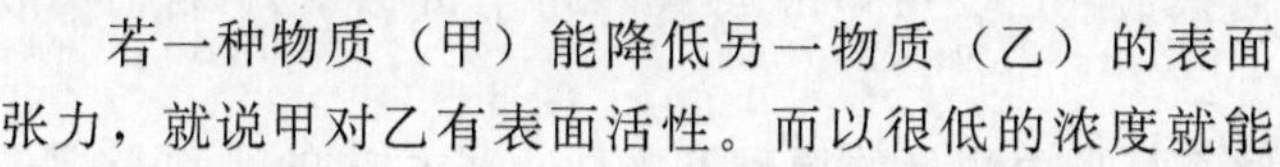

若一种物质（甲）能降低另一物质（乙）的表面张力，就说甲对乙有表面活性。而以很低的浓度就能显著降低溶剂的表面张力的物质叫表面活性剂。上述 A 类物质无表面活性，B 类物质具有表面活性，但不是表面活性剂。只有 C 类物质才可称为表面活性剂。

上述表面活性剂的定义是 Freundlich 在 1930 年提出的，是从降低表面张力的角度来考虑的。随着表面活性剂科学的不断发展，人们发现 Freundlich 的定义存在局限性。因为有相当一类物质，虽然其降低表面张力的能力较差，但它们很容

易进入界面（如油/水界面），在用量很小时即可显著改变界面的物理化学性质，这类物质也被称为表面活性剂，如一些水溶性高分子。

因此，表面活性剂是这样一种物质，它能吸附在表（界）面上，在加入量很少时即可显著改变表（界）面的物理化学性质，从而产生一系列的应用功能。

（三）液体表面张力和界面张力的测量方法

降低液体表面张力是表面活性剂的基本特性。表面活性剂的许多应用都与降低液体表面张力的能力有关。表面张力数据还是研究溶液表层的性质、组成和结构的基础，因此表面张力的测量就构成了表面活性剂科学的基础[1~3]。

表面张力分为静态（平衡）表面张力和动态表面张力。通常溶液的表面张力自其表面形成之后，随着时间的推移而有所变化。尤其对浓度很稀的表面活性剂溶液，表面活性剂分子扩散到表面需要一定的时间，反映在表面张力方面就是表面张力随时间而变（称为动态表面张力），在一定时间后才能达到平衡［表面张力不再随时间而变，称为平衡（或静态）表面张力］。动态表面张力和平衡表面张力没有很明确的时间分界线，视具体情况而定。

通常我们所说的表面张力指平衡表面张力。但在实际生产过程中，动态表面张力更有意义，因为它反映出传质过程在吸附、黏附、铺展等过程中的有关信息，这对于化工过程的设计与研究是非常有意义的。此外，现有的表面张力测定基本上都是常压下进行的，现在越来越需要考察不同温度和压力条件下表面张力的测量。

由于表面张力有静态和动态之分，液体表面张力的测量方法也分静态法和动态法。静态法有毛细管上升法、最大气泡压力法（泡压法）、Du Nouy 环法（吊环法、环法）、Wilhelmy 盘法（吊片法）、滴体积法或滴重法、滴外形法（包括停滴法和悬滴法）、旋滴法（旋转滴法）等。动态法有振荡射流法、毛细管波法等。实际上，上述方法大多数既可测量静态表面张力，又可测量动态表面张力。由于动力学法本身较复杂，测试精度不高，而先前的数据采集与处理手段都不够先进，致使此类测定方法成功应用的实例很少。因此，迄今为止，实际生产中多采用静力学测定方法。

上述方法中，除了毛细管上升法和最大气泡压力法，多数也可用来测量液-液界面张力。对于超低液-液界面张力（10^{-2} mN/m 或 10^{-3} mN/m 以下），目前一般用旋滴法测量。

下面以吊片法为例，说明表面张力测量的原理和方法。吊片法的原理是把一薄片置于液面，吊片拉离液面所需的力与液体表面张力有关。当吊片被向上拉时，吊片带起液体的重量与吊片液体交界处的表面张力相等时，液体重量最大，用扭力丝天平测量吊片刚好脱离表面所需的力（F）即可由式（1-5）算出表面张力（γ）

$$\gamma = F/[2(l+d)] \tag{1-5}$$

式中，l 和 d 为吊片的宽度和厚度。

二、表面活性剂分子结构的基本特征

表面活性剂分子结构有一个共通点，它的分子由两部分组成：一部分是亲溶剂的；另一部分是憎（疏）溶剂的。由于表面活性剂通常在水溶液中使用，因此常把表面活性剂的这两部分分别称为亲水基（极性部分）和憎（疏）水基（非极性部分），疏水基也叫亲油基。如图 1-4（a）所示。

以一种常见的表面活性剂十二烷基硫酸钠［$CH_3(CH_2)_{11}SO_4Na$］为例，水溶液中，$CH_3(CH_2)_{11}SO_4Na$ 电离为 $CH_3(CH_2)_{11}SO_4^-$ 与 Na^+，起主要作用的是 $CH_3(CH_2)_{11}SO_4^-$，称为表面活性离子，它是由非极性的 $CH_3(CH_2)_{11}$—与极性的—SO_4^- 组成，前者为疏水基（亲油基），后者为亲水基。而 Na^+ 则称为反离子。$CH_3(CH_2)_{11}SO_4^-$ 的大小如图 1-4（b）所示。

表面活性剂的这种特殊结构称为两亲性结构（亲水基亲水，疏水基亲油）。因此，表面活性剂是一类两亲性化合物。

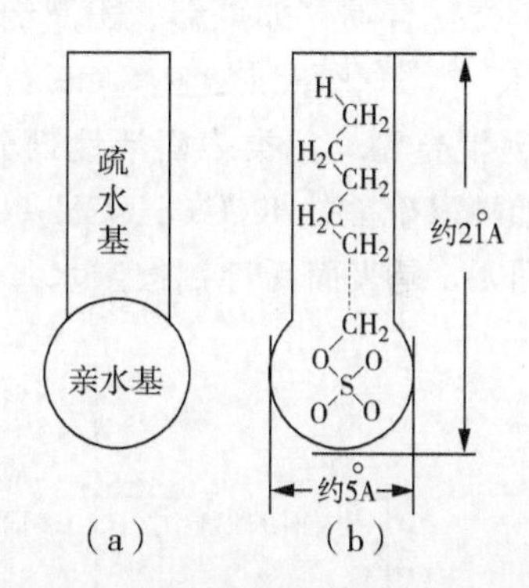

图 1-4　表面活性剂分子结构示意图（a）及 $CH_3(CH_2)_{11}SO_4^-$ 的大小（b）

应该指出的是，并不是所有具有两亲结构的分子都是表面活性剂，比如甲酸、乙酸、丙酸、丁酸都具有两亲结构，但不是表面活性剂，只是具有表面活性而已。一般意义上的表面活性剂疏水链要足够大，一般八个碳原子以上（没有严格的界限）。表面活性剂的疏水基一般是由长链烃基构成，以碳氢链为主，而亲水基（极性基，头基）的基团种类繁多，包括带电的离子基团和不带电的极性基团。

三、表面活性剂的分类方法和实例

（一）按亲水基分类

表面活性剂的分类一般是以其亲水基团的结构为依据，即按表面活性剂溶于水时的离子类型来分类。

表面活性剂溶于水时，凡能解离成离子的叫做离子型表面活性剂，凡不能解离成离子的叫做非离子型表面活性剂。离子型表面活性剂按其在水中生成的表面活性剂离子种类，又可分为阴离子型、阳离子型和两性离子型表面活性剂。此外还有近年来发展较快的、既有离子型亲水基又有非离子型亲水基的混合型表面活性剂。因此表面活性剂共有5大类。每大类按其亲水基结构的差别又分为若干小类。

下面举例说明表面活性剂的这5种主要类型。

① 阴离子型　极性基带负电，主要有羧酸盐（RCOOM）、磺酸盐（RSO_3M）、硫酸酯盐（$ROSO_3M$，一般直接称为硫酸盐）、磷酸酯盐（$ROPO_3M$，一般直接称为磷酸盐）等。其中R为烷基，M主要为碱金属和铵（胺）离子。

② 阳离子型　极性基带正电，主要有季铵盐（RNR^1_3A，三个R^1可以相同，也可以不同）、烷基吡啶盐（RC_5H_5NA）、胺盐（RNH_3A）等。其中A主要为卤素和酸根离子。

③ 两性型　分子中带有两个亲水基团，一个带正电，一个带负电。其中的正电性基团主要是氨基和季铵基，负电性基团则主要是羧基和磺酸基。如烷基甜菜碱$RN^+(CH_3)_2CH_2COO^-$。

④ 非离子型　极性基不带电，如聚氧乙烯类化合物［$RO(CH_2CH_2O)_nH$］、多元醇类化合物（如蔗糖、山梨糖醇、甘油、乙二醇等的衍生物）、亚砜类化合物（$RSOR^1$）、氧化胺［如$RN(CH_3)_2O$］等。

⑤ 混合型　此类表面活性剂分子中带有两种亲水基团，一个带电，一个不带电。如醇醚硫酸盐$R(OCH_2CH_2)_nOSO_3M$。

图1-5是表面活性剂按亲水基的分类。

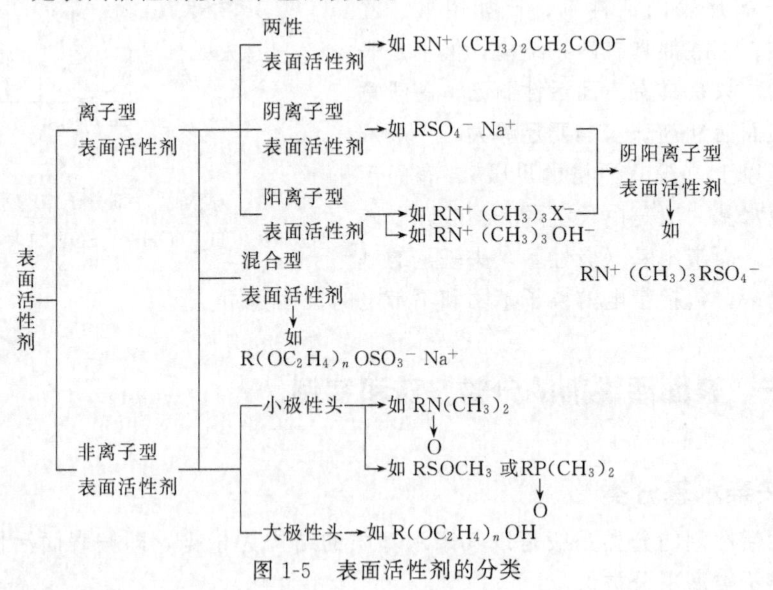

图1-5　表面活性剂的分类

（二）按疏水基分类

按疏水基来分类，主要有以下几类。

① 碳氢表面活性剂　疏水基为碳氢基团。

② 氟表面活性剂　疏水基为全氟化或部分氟化的碳氟链（碳氢表面活性剂疏

水基中的氢全部或部分被氟原子取代)。

③ 硅表面活性剂　疏水基为由全甲基化的 Si—O—Si、Si—C—Si 或 Si—Si 主干。

④ 聚氧丙烯　由环氧丙烷齐聚得到，主要用来与环氧乙烷一起制备聚合型表面活性剂。

(三)其他分类方法

① 从表面活性剂的应用功能出发，可将表面活性剂分为乳化剂、洗涤剂、起泡剂、润湿剂、分散剂、铺展剂、渗透剂、加溶剂等。

② 按照表面活性剂的溶解特性分为水溶性表面活性剂和油溶性表面活性剂。

③ 按照分子量的大小分为低分子量表面活性剂（一般表面活性剂）和高分子表面活性剂。

④ 此外，还有普通表面活性剂与特种表面活性剂、合成表面活性剂与天然表面活性剂以及生物表面活性剂等不同分类。

四、表面活性剂在溶液中的性质

(一)亲水-疏水性及疏水效应

表面活性剂的溶液性质皆源于其亲水-疏水的两亲性分子结构。广义上讲，亲水性指分子能够通过氢键和水形成短暂结合的物理性质。分子的亲水性部分，是指其有能力极化至能形成氢键的部位。表面活性剂分子中的亲水基通过与水分子之间的电性吸引作用或形成氢键而显示很强的亲和力，故亲水基赋予表面活性剂一定的水溶性，亲水基极性越强则表面活性剂水溶性越佳，更容易溶解在水中。此种性质称为表面活性剂分子的亲水性。而表面活性剂分子的疏水基与水分子亲和力很弱，二者只有范德华（van der Waals）引力，这种作用力比水分子之间的相互作用弱得多，因而不能有效地取代另一水分子的位置而形成疏水基与水分子的结合，在宏观上就表现为非极性化合物的水不溶性。疏水基这种与水的不亲和性称为疏水性（hydrophobicity），表现为疏水基团彼此靠近、聚集以避开水的现象，称为疏水作用（hydrophobic interaction）或疏水效应（hydrophobic effect）。表面活性剂分子在表（界）面上的吸附及在溶液体相中自聚即为疏水作用的结果[5]。

根据热力学的理论，物质会寻求能量最低的状态。水是极性物质，可在内部形成氢键，这使得它有许多特别的性质。但是，疏水物不是电子极化性的，它们无法形成氢键，而水本身可以互相形成氢键，所以水会对疏水物产生排斥，这即是导致疏水作用（该名称并不正确，因为能量作用是来自水分子）的疏水效应。因此，两个不相溶的相态将会变化成使其界面面积最小时的状态。此效应可以在相分离的现象中被观察到。

直观看来，表面活性剂分子在表（界）面上的吸附及在溶液体相中的自聚似乎是由无序变为有序的过程，仿佛是熵减少的过程，看似违背热力学规律。这个问题可由“冰山结构”（iceberg）理论给出答案。依据“冰山结构”理论，疏水作用是熵增加驱动的结果。“冰山结构”的详细讨论见本书第五章。

疏水性也常称为亲脂性，但这两个词并不等同。尽管大多数疏水物是亲脂性的，但也有例外，如硅橡胶和碳氟化合物（fluorocarbon）。

疏水相互作用的作用长度可以达到大约100nm，而其他的分子间作用力最多只有5nm左右。然而为何疏水相互作用有如此长的作用距离，至今科学家们仍未得出令人满意的结论。

以上讨论的疏水性及疏水效应是指在水溶液中的情况。疏水性的另一种情况是指固体表面的情况。比如，固体表面经吸附或化学反应被一层疏水链覆盖（固体表面的修饰或改性），这样固体表面就有了疏水性，这种情况更常用“拒水性”（repellency）表达。若固体表面覆盖的是氟碳链（如 C_nF_{2n+1}—），则称为“超疏水性”。详细内容可参见本书第十三章。

表面活性剂欲发挥作用，其亲水-疏水性须达到一定程度的平衡。若亲水性太强，则水溶性太好，表面活性剂以单体形式存在于水环境中非常有利，就没有动力去进行表（界）面吸附和溶液中自聚了。若疏水性太强，表面活性剂的溶解性太差，达不到所使用的浓度（即不溶）。特别需要指出的是，根据不同的需要，表面活性剂的亲水-疏水性也有不同要求，可以通过分子结构进行调整。

表面活性剂分子的亲水-疏水性通常用亲水-亲油平衡（hydrophilic lipophilic balance，HLB）来表示。HLB是表面活性剂亲水性和亲油性的比值。有关HLB的详细介绍参见本书第七章。

（二）表面活性剂在溶液表面的吸附和在溶液体相中的胶束化

1. 表面活性剂在溶液表面的吸附

表面活性剂的表面活性源于表面活性剂分子的两亲性结构。依据“相似者相亲”的规则，亲水基团使分子有进入水的趋向，而憎水的碳氢链则竭力阻止其在水中溶解，有逃逸出水相的倾向。这种疏水基逃离水环境的性质称为疏水作用。上述两种倾向平衡的结果是表面活性剂在表面富集，亲水基伸向水中，疏水基伸向空气。表面活性剂这种从水相内部迁移至表面，在表面富集的过程叫吸附（详见本书第三、四章）。表面活性剂吸附的结果是水表面似被一层非极性的碳氢链覆盖。如前所述，烷烃分子间的作用力小于水分子间的作用力，即烷烃的表面张力低于水的表面张力，所以当水的表面被碳氢链覆盖后导致水的表面张力下降。此即表面活性剂降低水的表面张力的原理[5]。

表面活性剂在界面上的吸附一般为单分子层（或称为单分子膜）。此单分子层中表面活性剂的排列方式及密集程度决定了表面张力的大小，而单分子层中最外部的基团是溶液表面张力的决定性因素。见本书第三章。

用于描述和表征表面吸附层最重要也是最基本的理论是吉布斯（Gibbs）吸附定理及相应公式，其推导和具体应用参见本书第三章。

2. 表面活性剂在溶液体相中的胶束化作用

表面活性剂在界面上的吸附一般为单分子层，当表面吸附达到饱和时，表面活性剂分子不能继续在表面富集，而疏水基的疏水作用仍竭力促使其逃离水环境，满足这一条件的方式是表面活性剂分子在溶液内部自聚，即疏水链向里靠在一起形成内核，远离水环境，而将亲水基朝外与水接触。表面活性剂的这种自聚体称为分子有序组合体（organizedmolecular assembly 或 orderedmolecular assembly），其最简单的形式是胶束（micelle）（详见本书第五章）。形成胶束的行为称为胶束化作用（micellization）。开始形成胶束的浓度称为临界胶束浓度（critical micelle concentration, cmc）。

图 1-6 为表面活性剂随其水溶液的浓度变化在表面吸附形成单分子膜和在溶液中自聚形成胶束的过程[3~5]。

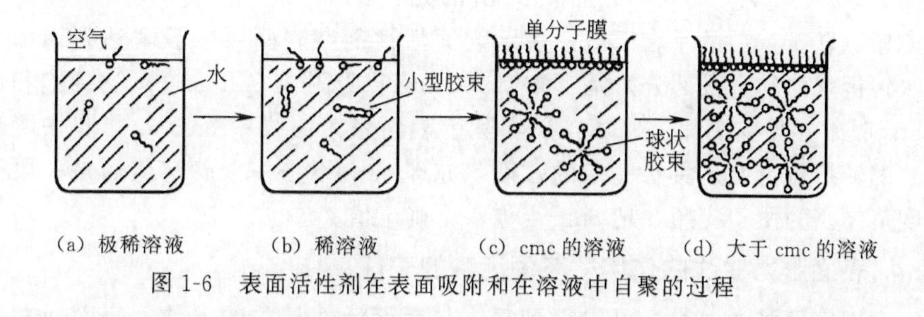

图 1-6 表面活性剂在表面吸附和在溶液中自聚的过程

当溶液中表面活性剂浓度极低时，如图 1-6（a）所示，空气和水几乎是直接接触的，水的表面张力下降不多，接近于纯水的状态。如稍微增加表面活性剂的浓度，它就会很快吸附到水面，使水和空气的接触减少，表面张力急剧下降。同时，水中的表面活性剂分子也三三两两地聚集在一起，互相把憎水基靠在一起，开始形成小胶束，如图 1-6（b）所示。当表面活性剂浓度进一步增大至溶液达到饱和吸附时，表面形成紧密排列的单分子膜，如图 1-6（c）所示。此时溶液的浓度达到表面活性剂的临界胶束浓度（cmc），溶液中开始形成大量胶束，溶液的表面张力降至最低值。当溶液的浓度达到 cmc 之后，若浓度再继续增加［如图 1-6（d）所示］，溶液的表面张力几乎不再下降，只是溶液中的胶束数目和聚集数增加。

胶束在这里只是表面活性剂在 cmc 附近及以上浓度形成的分子有序组合体的一个传统的叫法。现代表面活性剂科学中，胶束（包括预胶束、半胶束等）仅仅是分子有序组合体的最简单的形式。胶束不仅有大小之分（常用聚集数表示），而且也有不同的形状，如球状、棒状、层状等。随表面活性剂浓度增加，胶束可转变为其他形式的分子有序组合体，如囊泡（vesicle）、液晶等。相关内容参见本书第五章。

3. 表面张力曲线

若以水溶液的表面张力对表面活性剂的浓度（一般用浓度的对数）作图，一般具有如图 1-7 所示的形状（常叫做 γ-lg$c$ 曲线）。

随着表面活性剂浓度增加，表面层吸附量逐渐增大，表面张力逐渐下降。开始时表面张力随浓度增加缓慢降低（曲线中的 A 段）；浓度较高时，表面张力下降速率增加，曲线逐渐变为直线关系（B 段）；当浓度达到某一值时，曲线出现转折点（C 点），此时表面活性剂浓度达到 cmc，开始形成胶束。在 cmc 以上浓度，表面张力基本不再变化，即 γ-lg$c$ 曲线出现一平台。曲线转折点处的表面张力为该表面活性剂水溶液所能达到的最低表面张力（用 γ_{cmc} 表示）。需要指出的是：① C段（转折点后的平台部分）表示表面活性剂在表面层的吸附达到饱和，而 B 段（转折点前的直线部分）是吉布斯（Gibbs）吸附或 Gibbs 过剩达到饱和（关于 Gibbs 吸附参见本书第三章）。② 实际上表面张力曲线中 cmc 处并非一清晰（突变）的转折点，而是具有一定的弧度，亦即 cmc 不是一个确定值而是一段很窄的浓度范围。为便于应用，把 cmc 当作一个确定值。

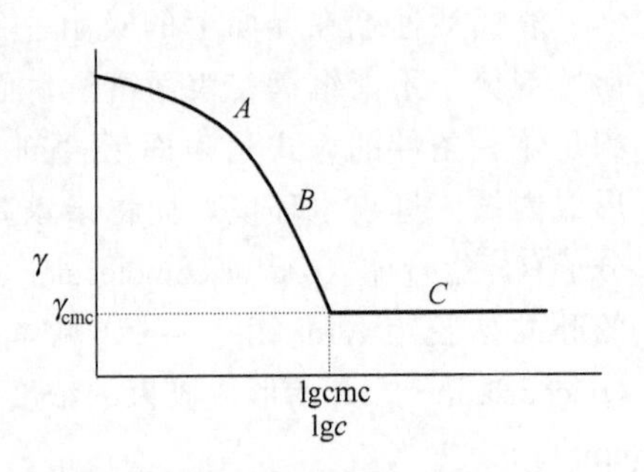

图 1-7　表面活性剂的表面张力－浓度对数曲线（γ-lg$c$ 曲线）

4. 表面张力曲线的作用- 表面活性的表征

利用表面张力曲线，可以得到很多与表面活性相关的参数。表面活性剂的表面活性通常用加入表面活性剂后溶剂表面张力的降低及其形成胶束的能力（胶束化能力）两个性质来表征[5]。

表面活性剂的胶束化能力用其临界胶束浓度（cmc）表示，cmc 越小，表面活性剂越容易在溶液中自聚形成胶束。离子型表面活性剂碳氢链的碳原子数在 8～16 的范围时，在同系物中每增加一个碳原子，cmc 下降约一半；对于非离子型表面活性剂，一般每增加两个碳原子，临界胶束浓度下降至 1/10。

表面张力降低的量度可分为两种：一是降低溶剂表面张力至一定值时，所需表面活性剂的浓度；二是表面张力降低所能达到的最大程度［即溶液表面张力所能达到的最低值（γ_{cmc}），而不管表面活性剂的浓度如何］。前一种量度称为表面活性剂表（界）面张力降低的效率，后一种量度则称为表面活性剂表（界）面张力降低的能力。

一般以 cmc 时的表面张力 γ_{cmc} 或 cmc 时的表面张力降低值（表面压 π）作为“能力”的量度。可用 cmc 的倒数代表降低表面张力的效率。

但若单用 γ_{cmc} 和 cmc 来表征表面活性是不完全的，如图 1-8 中的两种表面活性剂的表面张力曲线。其 γ_{cmc} 和 cmc 完全相同，但明显的，表面活性剂 a 的效率要比表面活性剂 b 的高。

因此，如图 1-7 所示，通常也以将溶剂表面张力降低 20mN/m 所需表面活性剂的浓度 c_{20} 或 pc_{20}（$pc_{20}=-\lg c_{20}$，称为效率因子）作为表面张力降低的效率的量度。

上述表征表面活性的几个参数都可简单的由表面张力曲线（γ-lg$c$ 曲线）得到。测量一系列浓度的表面活性剂溶液的表面张力，以表面张力为纵坐标、浓度的对数为横坐标作图，得 γ-lg$c$ 曲线。曲线转折点的浓度为 cmc，cmc 处的表面张力为 γ_{cmc}，溶剂表面张力降低 20mN/m［对 25℃的水溶液，为 (72－20)mN/m＝52mN/m］时的表面活性剂浓度即为 c_{20} 或 pc_{20}。

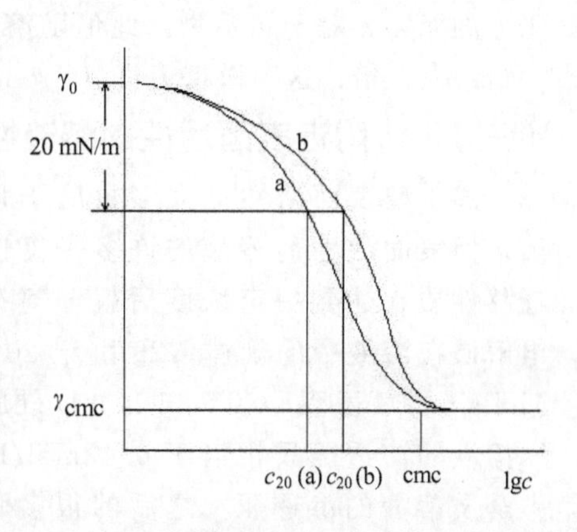

图 1-8　表面活性剂的表面活性比较

由表面张力曲线还可得到表面吸附层的组成和结构信息。这主要是依据吉布斯（Gibbs）吸附公式来实现的。Gibbs 吸附公式是表面活性剂吸附作用最基本的公式，其推导和具体应用参见本书第三章。利用 Gibbs 吸附公式，可计算出各种浓度下表面活性剂在表面层的吸附量，进而算出每个表面活性剂分子在表面层所占的面积，将其与结构化学计算出的分子面积比较，则可推测该浓度下表面活性剂在表面层的状态（平躺、斜卧、直立等），进而推测出表面吸附层的结构（疏松、紧密、单层或双层等）。对表面活性剂混合体系，还可利用 Gibbs 吸附公式计算出表面吸附层的组成。相关内容参见本书第三章。

关于表面张力曲线，有两点需要注意。

① 表面张力最低值现象　当溶液中存在高表面活性杂质时，γ-lg$c$ 曲线会出现最低点，不易确定 cmc，而且整个 γ-lg$c$ 曲线的位置也会不同，所得结果往往存在误差。纯净的表面活性剂水溶液表面张力曲线并不会有最低点。表面张力最低值的出现有两种情况：a.“杂质”本身能使水溶液的表面张力降低得比纯表面活性剂溶液的最低表面张力还低；b.“杂质”本身降低水表面张力的能力并不强，但它能与表面活性剂相互作用，结果使水溶液表面张力降得更低。γ-lg$c$ 曲线是否具有最低点常常被用作表面活性剂样品纯度的实验依据。

② 表面张力曲线双折点现象　对有些表面活性剂混合体系，如碳氢表面活性剂和氟表面活性剂混合物，γ-lg$c$ 曲线往往会出现两个转折点，此时 cmc 的概念及确定方法也与单一表面活性剂的有所不同。表面活性剂与蛋白质、表面活性剂与高聚物混合体系的表面张力曲线也往往具有双折点。详细内容参见本书第十七章。

③ 特劳贝规则　对于前述图 1-3 中曲线 B 代表的表面活性物质（醇类、酸类等大部分极性有机物）。表面张力曲线的特点是在很大浓度范围内一级微商和二级

微商皆为负值。一般采用浓度趋向零时的负微商 $\left[-\left(\frac{d\gamma}{dc}\right)\right]$ 代表该溶质降低表面张力的能力。对于同系物，此值随溶质分子中碳链长度增加而变大，每增加一个 CH_2 约大 3 倍，这叫做特劳贝（Troube）规则。

（三）cmc 附近表面活性剂溶液性质的突变

离子型表面活性剂大多数属于强电解质。但表面活性剂溶液的许多平衡性质和迁移性质在达到一定浓度后就偏离一般强电解质在溶液中的规律。20 世纪 20 年代，McBain 等就发现 90℃时 1mol/L 硬脂酸盐水溶液的渗透压只相当于 0.42mol/L 正常电解质溶液的渗透压。之后的很多研究都表明表面活性剂多种性质都在一个相当窄的浓度范围内发生突变，如表面张力、密度、折射率、黏度、浊度及光散射强度等以及一些应用功能如去污能力、增溶能力等，如图 1-9 所示[5]。

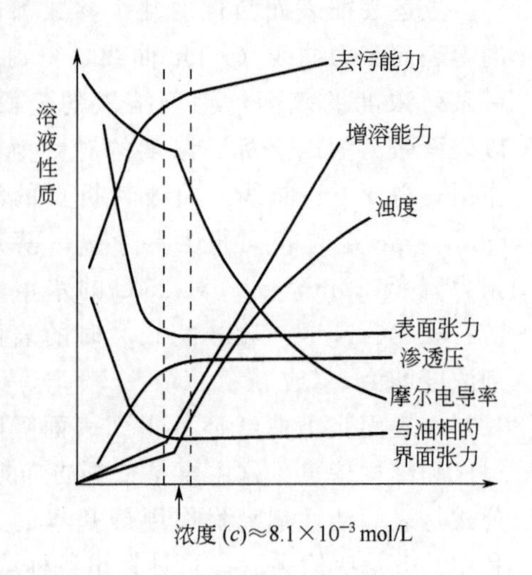

图 1-9　十二烷基硫酸钠的溶液性质与浓度的关系

表面活性剂性质突变的浓度范围一般都在其 cmc 附近，性质突变的原因均可用其在 cmc 附近形成胶束或表面吸附达到饱和（形成单分子层）加以解释。因为这些性质都是依数性的或质点大小依赖性的，当溶质在此浓度区域开始大量生成胶束，导致质点大小和数量的突变，于是这些性质都随之发生突变。

（四）表面活性剂的溶度性质——克拉夫特点和浊点

大多数表面活性剂的溶解度随温度的变化存在明显的转折点。对离子型表面活性剂和非离子型表面活性剂，转折点的意义有本质差别，分别称为表面活性剂的克拉夫特点和浊点。

1. 克拉夫特点

对离子型表面活性剂，在较低的一段温度范围内随温度升高溶解度上升非常缓慢，当温度上升到某一定值时溶解度随温度上升迅速增大，此现象是克拉夫特（Krafft）在研究肥皂的溶解度随温度的变化过程中发现的，后来就把这个突变的温度称为克拉夫特温度，也叫克拉夫特点，有些教科书中也称为临界溶解温度。一般离子型表面活性剂都有 Krafft 点。

Krafft 点时表面活性剂的溶解度就是此时的临界胶束浓度（cmc）。低于 Krafft 点，cmc 高于溶度，故溶液不能形成胶束；高于 Krafft 点，cmc 低于溶度，溶液浓度增加可形成胶束。此时表面活性剂溶解度的贡献主要来自胶束形式。与表面活性剂单体不同，胶束由于外层亲水基包裹着内核的疏水基，这种结构在水中利于大量稳定存在。由于胶束尺寸很小，非肉眼可见，故溶液外观清亮，显示出溶度激增的现象。

通俗地讲，Krafft 点就是离子型表面活性剂溶解度随温度升高迅速增大的那一点的温度。但 Krafft 点的精确定义为溶解度-温度曲线与 cmc-温度曲线的交叉点。

Krafft 点是离子型表面活性剂的特征值。Kraff 点表示表面活性剂应用时的温度下限，Krafft 点低表明该表面活性剂的低温水溶性好。只有当使用温度高于 Krafft 点时，表面活性剂才能更大程度地发挥作用。

有关 Krafft 点的详细讨论见本书第十二章。

2. 浊点

非离子表面活性剂的溶解度随温度的变化与离子型表面活性剂不同。对非离子表面活性剂，特别是聚氧乙烯型的，升高温度时其水溶液由透明变浑浊，降低温度溶液又会由浑浊变透明。这个由透明变浑浊和由浑浊变透明的平均温度称为非离子表面活性剂的浊点（cloud point）。在浊点及以上温度，表面活性剂由完全溶解转变为部分溶解。

非离子表面活性剂的浊点现象可解释为：非离子表面活性剂在水中的溶解能力是它的极性基［如聚氧乙烯基$(—CH_2CH_2O—)_n$，简写为 EO_n］与水生成氢键的能力。温度升高不利于氢键形成。聚氧乙烯类非离子表面活性剂的水溶液随着温度升高，氢键被破坏，结合的水分子由于热运动而逐渐脱离，因而亲水性逐渐降低而变得不溶于水，以致开始的透明溶液变浑浊。当冷却时，氢键又恢复，因而又变为透明溶液。

关于浊点现象的详细讨论见本书第十二章。

浊点是非离子表面活性剂的一个特性常数。所以克拉夫特点主要针对离子型表面活性剂，浊点说的是非离子型表面活性剂。从应用的角度，离子型表面活性剂要在克拉夫特点以上使用，而非离子表面活性剂则要在浊点以下使用。

通常所说的非离子表面活性剂的浊点现象主要是针对聚氧乙烯型非离子表面活性剂而言。并非所有非离子表面活性剂都有浊点，如糖基非离子表面活性剂的性质具有正常的温度依赖性，如溶解性随温度升高而增加。

传统观念认为离子型表面活性剂具有克拉夫特点，而非离子表面活性剂具有浊点。对正、负离子表面活性剂混合体系，虽然仍是离子型表面活性剂，但普遍观察到明显的浊点现象（详细内容请参见本书第十二章）。

（五）表面活性剂的溶油性

烃类一般不溶于水，但在表面活性剂水溶液中溶解度剧增。这就是表面活性剂对不溶物的加溶作用，也称为增溶作用。这种溶解现象不同于在混合溶剂中的溶解，混合溶剂的溶解作用是使用大量与水互溶的有机溶剂与水形成混合溶剂，改变溶剂性质，使对原来不溶于水的有机物具有溶解能力，这种溶解能力一般随有机溶剂含量增加而逐步增加，并不存在一个临界值。但加溶作用则不同，它只发生在一定浓度以上的表面活性剂溶液。浓度很稀的表面活性剂溶液无加溶作用，只有当表面活性剂浓度超过 cmc 后才有明显的加溶作用。

显然，加溶作用是胶束的性质。胶束形成后其内核相当于碳氢油微滴，一些原来不溶或微溶于水的物质分子便可存身其中。由于聚集体很小，不为肉眼所见，溶油后仍保持清亮，与真溶液貌似。加溶作用所形成的是热力学稳定的均相体系。

加溶作用是表面活性剂最基本的性质之一。表面活性剂的很多性质都是基于加溶作用，由此衍生出表面活性剂的很多功能。将在本书第六章详细介绍。

表面活性剂的其他功能和性质基本上都是由其在表（界）面的吸附作用、溶液中的自聚（形成分子有序组合体）作用以及这些分子有序组合体的加溶作用的基础上衍生而来。

五、表面活性剂的基本功能

表面活性剂是一种功能性的精细化工产品。表面活性剂最基本的功能有两个，第一是在表（界）面上吸附，形成吸附膜（一般是单分子膜）；第二是在溶液内部自聚，形成多种类型的分子有序组合体。从这两个功能出发，衍生出其他多种应用功能 。

表面活性剂在表（界）面上吸附的结果是降低了表（界）面张力，改变了体系的表（界）面化学性质。从而使表面活性剂具有起泡、消泡、乳化、破乳、分散、絮凝、润湿、铺展、渗透、润滑、抗静电以及杀菌等功能。

表面活性剂在溶液内部自聚形成多种形式的分子有序组合体，如胶束、反胶束、囊泡、液晶等。这些分子有序组合体表现出多种多样的应用功能。其中最基本的是胶束的增溶（也称为加溶）功能。基于胶束及其他分子有序组合体的增溶作用，衍生出胶束催化、形成微乳状液以及作为间隔化反应介质和微反应器、药物载体等功能。表面活性剂的洗涤功能在很大程度上也与胶束对油污的增溶作用有关。表面活性剂分子有序组合体的大小或聚集分子层厚度已接近纳米数量级，可以给具有“量子尺寸效应”的超细微粒的形成提供合适的场所与条件。因此表面活性剂分子有序组合体可作为制备超细微粒（如纳米粒子）的模板（模板功能）。分子有序组合体的特殊结构使其成为模拟生物膜的最佳选择。此外，分子有序组合体还可以再排列组合形成高级有序结构（超分子结构），其溶液表现出新奇而复杂的相行为或异常的流变性质、光学特性、化学反应性等。因而具有其他一些特殊的应用功能。

表面活性剂的基本功能可归纳如图 1-10 所示。这些特殊应用功能将在本书以后的各章中逐一加以介绍。

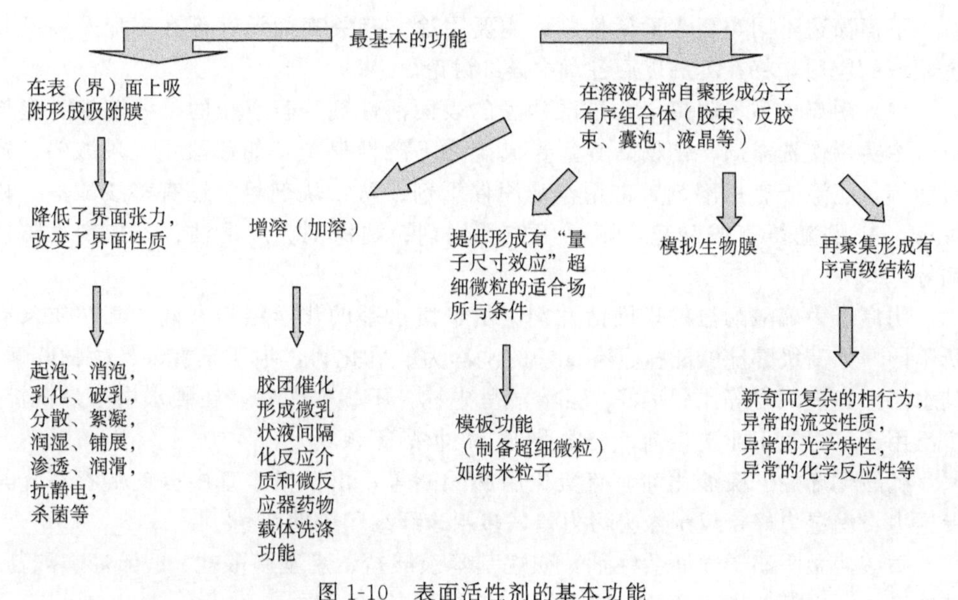

图 1-10　表面活性剂的基本功能

六、表面活性剂的用途

表面活性剂用途极其广泛，其应用几乎渗透到所有工业领域，很难找到哪一项工业与表面活性剂无关。在许多行业中，表面活性剂起到画龙点睛的作用，作为最重要的助剂常能极大地改进生产工艺和产品性能。可以毫不夸张地说表面活性剂是当今最重要的化学工业助剂，因而被称为“工业味精”。

工业表面活性剂可以分成两大类。一类是工业清洗，例如，火车、船舶等交通工具、机器及零件、电子仪器、印刷设备、油贮罐、核污染物、锅炉、羽绒制品、食品的清洗等。根据被洗物品的性质及特点而有各种配方，这主要利用表面活性剂的乳化、增溶、润湿、渗透、分散等性能辅以其他有机或无机助剂，达到清洗去除油渍和锈迹、杀菌及保护表面层的目的。

另一类是利用表面活性剂的派生性质作为工业助剂使用，如润滑、柔软、催化、杀菌、抗静电、增塑、消泡、去味、增稠、降凝、防锈、防水、驱油、防结块、浮选、相转移催化等，应用于电子工业、仿生材料、聚合反应、基因工程、生物技术等方面，还有许多应用正在不断开发中。

工业表面活性剂除了一般的阴离子、非离子、阳离子、两性表面活性剂以外，为满足合成橡胶、合成树脂、涂料生产中乳液聚合的需要，还开发了功能性表面活性剂，如反应性表面活性剂，可解离型表面活性剂，含硅、氟、硼等的特种表面活性剂等，广泛应用于纺织印染、化纤工业、石油开采、建材、冶金、交通、造纸、水处理、农药乳化、化肥防结块、油田化学品、食品、胶卷、制药、皮革和国防等各个领域。

下面简述不同类型表面活性剂的主要用途。有关表面活性剂在工业及高新技术领域的应用，将在本书以后各章中详细讨论。

(1) 阴离子型　阴离子为羧酸盐型的表面活性剂，若成盐的是可溶性碱金属皂，主要用作洗涤剂、化妆品等。若成盐为不溶性皂类，如羧酸钙、羧酸铅、羧酸锰等，能溶于有机溶剂，常用作油漆催干剂、防结块剂等。还有多羧酸皂、松香皂、*N*-酰基氨基羧酸皂，则多用作乳化剂、洗涤剂、润滑油、添加剂、防锈剂等。

阴离子为硫酸酯盐的表面活性剂，由于憎水基的化学结构不同，其性质又有所不同，如高级醇硫酸酯盐具有良好的洗净力、乳化力，泡沫丰富，易生物降解、其水溶性和去污力等比肥皂好，且溶液呈中性，不损伤织物，在硬水中不易沉淀，广泛用于家庭及工业洗涤剂、洗发香波、化妆品等领域。

硫酸化烯烃、硫酸化油、硫酸化脂肪酸酯等，由于憎水基中有支链存在，其渗透力、润湿力好，但洗涤去污力差，多用于纤维印染助剂。

磺酸盐型阴离子表面活性剂，如烷基苯磺酸盐、烷基磺酸盐、α-烯烃磺酸盐，其洗涤去污力好，被广泛纳入洗衣粉、液体洗涤剂的配方中。

总之，阴离子型表面活性剂，若是水溶性的，且疏水基是直链型的，主要用作洗涤剂、清净剂，广泛应用于洗涤行业。若憎水基是支链型的，则作为渗透剂、润湿剂及纤维印染助剂使用。

(2) 阳离子型　阳离子表面活性剂很少用作清洗剂。其原因是很多被洗物的基底表面带有负电荷，带正荷的阳离子表面活性剂不溶解油垢，反而被吸附在基底的表面上。而这一特性可用作抗静电剂、纤维的柔软剂、选矿中的捕集剂或浮选剂、金属制品的缓蚀剂等。

由于脂肪胺及季铵盐可紧密定向排列在细菌半渗透膜与水或空气的界面上，阻碍有机体的呼吸或切断营养物质的来源致使细菌死亡，故阳离子表面活性剂可用于防霉和杀菌，含有苄基的季铵盐是大家公认有效的杀菌剂。

(3) 两性型　两性表面活性剂具有许多优异的性能：良好的去污力、起泡和乳化能力，对硬水、酸碱和各种金属离子都有较强的耐受能力，毒性和皮肤刺激性低，生物降解性好，并具有抗静电和杀菌等特殊性能。广泛应用于抗静电、纤维柔软、特种洗涤剂以及香波、化妆品等领域。其应用范围正在不断扩大。

(4) 非离子型　非离子型表面活性剂的水溶性随亲水性的羟基数目多少或聚氧乙烯醚链的长短而不同。一般而言，多元醇型的非离子表面活性剂不单独用作洗涤剂，主要用作乳化剂，或与其他阴离子、阳离子表面活性剂复配用于洗涤剂配方。聚氧乙烯醚链可在合成时加以调控，其亲水性可大可小，大者可作洗涤剂使用，小者可作乳化剂、润湿剂使用。同时，由于非离子表面活性剂可与阴离子或阳离子表面活性剂兼容，且不受硬水中钙、镁离子的影响，被广泛应用于各种复配剂型表面活性剂配方中。

以上是普通表面活性剂（碳氢表面活性剂）的性能。近几十年来，特种表面活性剂如氟表面活性剂和硅表面活性剂发展迅速，它们不仅具有比普通表面活性剂更高的表面活性（如更低的 cmc 和 γ_{cmc}），而且具备很多普通表面活性剂不具备的性能。如硅表面活性剂的超润湿性、氟表面活性剂的超疏水性、氟表面活性剂水溶液可以在油面上自发铺展形成一层水膜等。这些特殊性能使特种表面活性剂具有普通表面活性剂无法替代的用途。

实际工业应用中多使用表面活性剂混合物，极少使用表面活性剂纯品。不同表面活性剂混合往往可降低成本，在很多情况下还可增强表面活性剂的性能。

七、表面活性剂的发展历史及趋势

（一）表面活性剂工业的兴起与演变

表面活性剂的发展历史从肥皂开始。在很长一段时间里，肥皂、洗涤剂和表面活性剂的概念曾是混用的。肥皂的使用年代已久不可考，有记录的肥皂的使用历史可追溯到公元前 2000 年幼发拉底河流域的苏美尔人及公元前 600 年腓尼基人用羊油和草木灰制造肥皂。在罗马时代的庞贝遗址中发现了肥皂的遗迹，还有制成的仍可以使用的肥皂。商品肥皂出现于 13 世纪。

我国在公元前 800 年左右的商代就已经知道利用草木灰洗衣服，《礼记》中就有前人用草木灰洗涤衣帽的记录。到魏晋时期出现了皂角和猪胰这两种独特的洗涤剂，并一直在我国使用了上千年，直到清末及民国时期，国人改用肥皂（当时称为“洋胰子”）以及 1890 年我国第一家肥皂生产厂出现于上海。有意思的是，20 世纪 80 年代和 90 年代，当时国际上表面活性剂和洗涤剂行业颇为新潮的烷基多苷和酶制剂，就分别类似于我们的祖先在 1000 多年前发明创造的皂角和猪胰。

19 世纪中叶，肥皂开始实现工业化生产，而且出现了化学合成的表面活性剂。早期的化学合成的表面活性剂是土耳其红油，这是蓖麻油与硫酸反应的产物，它首先被用作染羊毛地毯的土耳其红染料（茜草）的染色助剂。以上产品的原料都是来自于植物和动物脂肪。第一个从矿物原料（如石油）制得的洗涤剂是石油磺酸及其皂，这是在精制石油时用硫酸处理石油得到的蜡和萘的磺化混合物，其碱中和产物也称为绿油。第一次世界大战期间，德国从煤焦油衍生物出发，开发了短链烷基萘磺酸盐类表面活性剂，如拉开粉（Nekal），通常是 1～3 个烷基取代的萘磺酸盐混合物。20 世纪 20～30 年代，烷基硫酸盐变得普遍起来，之后被用于香波和化妆品等个人卫生用品。20 世纪 30 年代，长链烷基苯磺酸盐出现于美国，很快几乎独占了洗涤剂领域。第二次世界大战后，出现了以四聚丙烯为原料的支链十二烷基苯磺酸钠（ABS），并被大量用于洗涤剂，部分取代了肥皂。20 世纪 60 年代起，由于 ABS 的生物降解性差而被直链烷基苯磺酸钠（LAS）所取代。

非离子表面活性剂始于第一次世界大战战败后的德国，主要为聚乙二醇与多种有机物，包括醇、醛、酸、胺、酰胺等衍生物。第二次世界大战后，由石油得到廉价乙烯的发展带来了环氧乙烷和聚氧乙烯化技术的发展，使非离子表面活性剂迅速发展，大大促进了液体洗涤剂的发展。

近半个多世纪，洗涤剂的要求越来越高，由此发展出多种类型的数百种表面活性剂商品，若算上用于基础理论研究的表面活性剂，目前表面活性剂的种类之多，已难以统计。另一方面，随着表面活性剂工业的发展，表面活性剂科学的基础研究也愈来愈深入，表面活性剂科学的发展加深了表面活性剂性质和功能的认识，其应用也不断地向新领域拓展，使得表面活性剂的应用范围由洗涤剂发展成为数十种功能剂而应用于众多传统工业和高新技术领域。

阴离子、非离子表面活性剂的品种数量发展较快。近年来，两性表面活性剂亦迅速发展。

目前，发达国家在表面活性剂领域的研究已具备了完整的体系，能够实现产品研发多样化、系列化、开发力度非常大，并且开发理念已突破传统意义上的表面活性剂，表面活性剂的发展水平已被视为各国高新化工技术产业的重要标志，并成为当今世界化工激烈竞争的焦点。目前，表面活性剂已成为最主要的工业助剂，在各种产品的生产中起到画龙点睛的作用，以其用量小而效果好成为名副其实的“工业味精”。

（二）表面活性剂发展展望

对于未来表面活性剂工业的发展，经济、多功能、性能稳定、高效的表面活性剂一直是表面活性剂工业追求的目标。为此，一方面对已大量使用的表面活性剂的生产工艺进行改进，进一步降低生产成本，提高产品质量；另一方面，进一步深入研究表面活性剂结构与性能的关系，开发具有特殊结构和功能的新型表面活性剂，或开拓现有表面活性剂的应用新领域；此外，研究表面活性剂之间、表面活性剂与添加剂之间的相互作用及复配规律，通过复配使之达到降低成本、提高性能、优化使用的目的。

环境问题是工业发展的伴生问题，随着人们生活水平的提高，对环境保护的要求越来越高，对表面活性剂在工业和日常生活中的应用提出了新的要求：在要求产品具有高表面活性的同时，还要求其生物降解性好、低毒、无刺激，并采用再生资源，进行清洁生产。因此，来自动植物原料的“绿色”原料受到重视，努力开发出环境相容性好、生态学优良及性能优良的“绿色”表面活性剂将成为今后表面活性剂发展的重要方向之一。而近年来因洗面奶以及婴幼儿洗涤用品的发展，对表面活性剂的温和性要求也越来越高，温和性表面活性剂也是今后表面活性剂发展的方向之一。

参考文献

[1] Adamson A W. Physical Chemistry of Surfaces. 5th ed.. New York：John

& Sons，1990.

[2] 朱珖瑶，赵振国．界面化学基础．北京：化学工业出版社，1996.

[3] 赵国玺．表面活性剂物理化学．第2版．北京：北京大学出版社，1991.

[4] 周祖康，顾惕人，马季铭．胶体化学基础．第2版．北京：北京大学出版社，1996.

[5] 赵国玺，朱珖瑶．表面活性剂作用原理．北京：中国轻工业出版社，2003.

第二章

普通表面活性剂的结构、性能与用途

表面活性剂品种繁多，结构复杂多样。不同结构的表面活性剂有其特有的性能和用途[1~7]。本章将依据表面活性剂亲水基的不同，按照阴离子型、阳离子型、两性型、非离子型及混合型的分类方法，介绍普通表面活性剂的结构、主要性能和用途。一些特殊结构的表面活性剂（如特种表面活性剂）及新型表面活性剂将在本书第十三至十六章和第十九章中介绍。

本章只介绍各种表面活性剂的结构、性能和用途，关于表面活性剂结构与性能及用途的关系，将在第十二章中介绍。

一、阴离子表面活性剂

阴离子表面活性剂在水溶液中离解生成的表面活性离子带负电荷。阴离子表面活性剂通常按照其亲水基可分为：羧酸盐型、磺酸盐型、硫酸（酯）盐型和磷酸（酯）盐型等[1~3]。

羧酸盐型的亲油基主要由天然油脂提供。磺酸盐型的亲油基主要由石油化学品如正构烷烃、α-烯烃、直链烷基苯等提供。硫酸（酯）盐和磷酸（酯）盐型的亲油基则主要由脂肪醇提供。

阴离子表面活性剂是表面活性剂工业中发展最早、产量最大、品种最多、工业化最成熟的一类。阴离子表面活性剂中产量最大、应用最广的是磺酸盐型，其次是硫酸盐型。

抛开表面活性的差异，与其他表面活性剂相比，阴离子表面活性剂一般具有以下特性：

①溶解度随温度的变化存在明显的转折点，即克拉夫特点（Krafft point）；

②一般情况下与阳离子表面活性剂配伍性差，容易生成沉淀或变浑浊，但在一些特定条件下与阳离子表面活性剂复配可极大地提高表面活性；

③抗硬水性能差。对硬水的敏感性：羧酸盐＞磷酸盐＞硫酸盐＞磺酸盐；

④在疏水链和阴离子头基之间引入短的聚氧乙烯链可极大地改善其耐盐性能；

⑤在疏水链和阴离子头基之间引入短的聚氧丙烯链可改善其在有机溶剂中的溶解性（但同时也降低了其生物降解性能）；

⑥羧酸盐在酸中易析出自由羧酸，硫酸盐在酸中可发生自催化式分解，磺酸盐型阴离子表面活性剂在一般条件下是稳定的；

⑦阴离子表面活性剂是家用洗涤剂、工业清洗剂、干洗剂和润湿剂的重要组分。

（一）羧酸盐

1. 种类与结构

羧酸盐是最古老的表面活性剂，主要包括：

（1）脂肪酸盐 脂肪酸盐又称为皂，其化学通式为 $RCOOM_{1/n}$（M 为金属离子或铵（胺）离子，n 为反离子 M 的价数）。脂肪酸的钠盐称为钠皂，钾盐称为钾皂。

（2）亲油基通过中间基与羧基链接的羧酸盐 主要是脂肪酸与氨基酸缩合的产物，如烷酰基氨基酸盐。常见品种如下所示。

① 烷酰基天冬氨酸钠：$RCONHCH(CH_2COONa)COONa$

② 烷酰基-N-β-羟乙基-甘氨酸钠：$RCON(CH_2CH_2OH)CH_2COONa$

③ N-脂肪酰基肌氨酸钠（梅迪兰，Medialan）：$RCON(CH_3)CH_2COONa$（其中，N-油酰基肌氨酸钠称为梅迪兰-A）

④ N-烷酰基多肽（雷米邦，Lamepon）：$RCONHR^1(CONHR^2)_xCOOM$（其中，N-油酰基多肽称为雷米邦-A。R^1R^2 可为 H 或蛋白的水解产物（多肽）中的低分子烷基，$x=1\sim6$）

（3）其他羧酸盐 除简单的脂肪酸皂外，在某些特殊应用方面，还使用了多羧酸皂，如胶片工业中作润湿剂的：

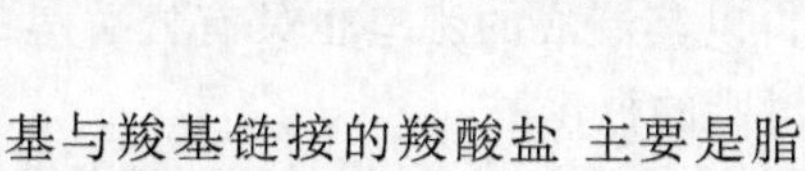

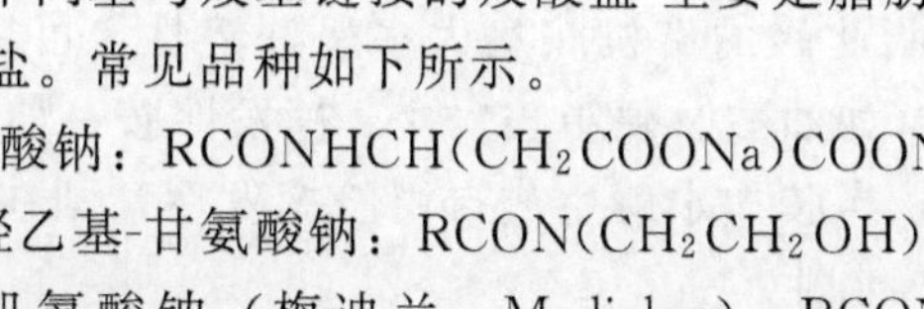

$$C_nH_{2n+1}-\underset{}{\overset{\displaystyle CH_2COONa}{\overset{|}{C}}}HCOONa \qquad (n=12\sim16)$$

$$\begin{array}{l} \qquad\qquad\qquad\qquad\qquad OH \qquad\qquad\quad CH_2COOK \\ \qquad\qquad\qquad\qquad\qquad | \qquad\qquad\qquad\quad | \\ C_8H_{15}-CHCOO(CH_2CHCH_2O)_4OCCH-C_8H_{15} \\ \qquad\qquad | \\ \qquad\qquad CH_2COO(CH_2CHCH_2O)_4OCCH-C_8H_{15} \\ \qquad\qquad\qquad\qquad\qquad | \qquad\qquad\qquad\quad | \\ \qquad\qquad\qquad\qquad\qquad OH \qquad\qquad\quad CH_2COOK \end{array}$$

松香中的主要成分松香酸

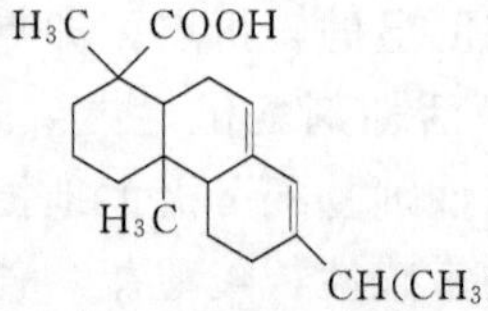

（结构式：松香酸，含 H_3C、COOH、H_3C、$CH(CH_3)_2$ 取代基）

与 NaOH 中和，所形成的皂亦属羧酸盐类型，称为松香皂。

2. 性能与用途

（1）稳定性　羧酸盐在 pH 值小于 7 的水溶液中不稳定，易水解生成不溶的自由酸失去作为表面活性剂的功能。

（2）水溶性　碱金属盐和铵盐一般溶于水，但低于 10 个碳的脂肪酸钠亲水性太强使其表面活性较差。高于 18 个碳的则溶解性太差也不利于应用。其他金属的脂肪酸盐一般都不溶于水。故脂肪酸盐不适于在硬水、海水及酸性溶液中使用。比如在硬水中使用肥皂时，经常需添加螯合剂和钙皂分散剂。

（3）碱金属皂　脂肪酸钠（钠皂）有良好的泡沫性和洗涤性能，是块状肥皂和香皂的表面活性组分。钾皂俗称软皂，常用来制取液体皂，也可用作硬表面洗涤剂的组分。钾皂也有良好的泡沫性和洗涤能力，但刺激性比钠皂稍大。松香皂有较好的水溶性与抗硬水能力，也有较好的润湿能力。造纸工业副产品妥尔油中也含有相当量的松香酸，以其制成的肥皂也具有松香皂的一些优良性能。硬脂酸锂是制造多功能高级润滑脂的稠化剂。

（4）有机胺皂　脂肪酸的有机胺皂大多呈油溶性，可用作乳化剂和润湿剂，如三乙醇胺的脂肪酸（如油酸及硬脂酸）盐。挥发性胺（如 NH_3 等）的脂肪酸盐常用于上光剂配方中，当胺盐水解生成自由胺挥发后，则在表面涂层中具有抗水物质，增强了表面的抗水性。

（5）多价金属皂　多价金属皂一般不溶于水，在洗涤制品中极少应用，但某些金属皂具有特殊的工业用途。例如，硬脂酸钡在金属加工中可用作干燥润滑剂、防水剂；硬脂酸镉可用作氨基甲酸酯等增强聚合物的脱模剂和熟化活化剂；硬脂酸镍可用作纤维偶色剂；硬脂酸铝可用作涂料、油墨和聚氯乙烯的颜料悬浮分散剂，还可用作润滑脂的稠化剂、润滑剂等。

（6）亲油基通过中间基与羧基连接的羧酸盐　此类羧酸盐由于亲水性增加，增强了其抗硬水性。可用作洗涤剂和润湿剂。如雷米邦-A 在毛纺、丝绸、合成纤维和印染工业中可作为洗涤剂、乳化剂、扩散剂使用，此外也可用作金属清洗剂。它的多肽部分的化学结构与蛋白质相似，对皮肤刺激性低，有良好的保护胶体及乳化性能。适用于护发用品和香波中，亦可用于护肤香脂中。用它洗涤蛋白质类纤维如丝、毛织品，洗后柔软，富有光泽和弹性。其乳化力强，每 22 份雷米邦-A 可以乳化 1000 份植物油，是良好的乳化剂，并有很强的钙皂分散力。它在中性和碱性介质中稳定，在碱性介质中有更佳的去污力。

（二）硫酸酯盐

1. 种类和结构

硫酸酯盐一般称为硫酸盐，主要有以下几种。

（1）脂肪醇硫酸盐（FAS）　脂肪醇硫酸盐是最常见的硫酸酯盐，它是脂肪醇的硫酸化产物，又名（伯）烷基硫酸盐。通式为 $ROSO_3M$ 或 RSO_4M（M 为碱金属离子或铵离子）。

（2）不饱和醇的硫酸酯盐　它是不饱和醇的硫酸化产物，典型代表如油醇硫酸盐（如 $C_{18}H_{35}OSO_3Na$）。

（3）仲烷基硫酸盐　仲烷基硫酸盐是 α-烯烃的硫酸化产物。其商品名为"Teepol"（梯波），通式为 $RCH(CH_3)OSO_3Na$。

（4）脂肪酸衍生物的硫酸酯盐　这类含硫酸酯基的缩合产物的通式为：$RCOXR^1OSO_3^-M^+$，其中，X 是氧（属酯类）、NH 或烷基取代的 N（酰胺），R^1 是烷基或亚烷基、羟烷基或烷氧基。这类化合物主要有如下几种。

① 单甘酯硫酸酯盐［$RCOOCH_2CH(OH)CH_2SO_4M$］。

② 烷基醇酰胺硫酸酯盐（如：$RCONHCH_2CH_2SO_4M$）。

③ 油脂或脂肪酸酯的硫酸酯盐　用硫酸或氯磺酸处理各种含有羟基或不饱和键的油脂或脂肪酸酯，然后中和得到的产物为油脂或脂肪酸酯的硫酸酯盐。这类产品是最古老的一种合成表面活性剂，其中最具代表性的是土耳其红油（Turkey red oils）。它是蓖麻油经硫酸化、中和得到的产物。

④ 其他多元醇的脂肪酸酯硫酸酯盐。

2. 性能及用途

（1）水解性　硫酸酯盐较易水解，尤其是在酸性介质中。水解反应式为

$$ROSO_3^- + H_2O \rightarrow ROH + HSO_4^-$$

这是一类自催化反应，初始的水解会引发进一步的水解和 pH 值的下降。

（2）溶解度　硫酸酯盐的溶解性有如下变化规律。

① 硫酸酯盐在水中的溶解度与烷基链的碳原子数和反离子的种类有关。碳链长度增加，溶解度下降。

一价阳离子的烷基硫酸盐的溶解度按如下次序递减：

$$\text{有机胺离子（如三乙醇胺离子）} > NH_4^+ > Na^+ > K^+$$

二价阳离子的烷基硫酸盐的溶解度按如下次序递减：

$$Mn^{2+} > Cu^{2+} > Co^{2+} > Mg^{2+} > Ca^{2+} > Pb^{2+} > Sr^{2+} > Ba^{2+}$$

例如，十六烷基硫酸钠的 Krafft 点为 45℃，而十六烷基三乙醇胺盐在 0℃ 仍透明，十八烷基三乙醇胺盐的 Krafft 点仅为 26℃。

② 商品 FAS 是不同碳链长度的同系物的混合物，它的水溶性要比相应平均碳数的单一化合物高，这是由于溶解性好的较低碳链的 FAS 增溶了较高碳链 FAS

所致。

③ 脂肪醇聚氧乙烯醚硫酸盐由于氧乙烯基的作用，水溶性高于同碳链长的脂肪醇硫酸盐，而且具有较好的抗盐能力。

④ 不饱和醇硫酸盐的水溶性也高于同碳链长的脂肪醇硫酸盐。如油醇硫酸盐的 Krafft 点低，0℃时仍呈透明状。

⑤ 蓖麻油本身不溶于水，但由于其硫酸化的反应过程中生成了相当数量的皂，所以产品在水中的溶解度较大。这种皂的耐硬水性优于一般的肥皂。

（3）表面活性及其他应用性能　硫酸酯盐的性能可归纳为以下几点。

① 不同碳链长度脂肪醇硫酸钠，C_{12}～C_{16}的降低表面张力的效果较好，而以C_{14}～C_{15}的效果最佳。

② 烷基链较短，润湿力较好，以C_{12}的润湿性最好。

③ 烷基链较长，去污力较好，C_{13}～C_{16}的去污力与去污性能优良的α-烯烃磺酸盐（AOS）相接近。C_{12}～C_{15}的工业产品在硬水中的去污力比直链烷基苯磺酸盐（LAS）好。

④ C_{14}～C_{15}的起泡力最佳，与α-烯烃磺酸盐的相接近。但在硬水中 FAS 的起泡力很低。

⑤ 若碳链过长，则由于溶解度较低，表面活性较差，只有在温度较高时才显示出好的表面活性。如十八烷基硫酸钠在室温起泡力较差，在温度较高时才显示出好的去污能力。但若烷基链上有双键存在，如油醇硫酸钠，则水溶性大为改善，在低温的水溶液中就具有很好的去污力。

⑥ 仲烷基硫酸盐（α-烯烃的硫酸化产物）的表面活性与伯烷基硫酸盐的差不多，但它的溶解度和润湿性好。

⑦ 油醇硫酸盐具有较低的表面张力（0.1%水溶液，25℃时为 35.8mN/m）和临界胶束浓度（50℃时为 0.29 mmol/L），润湿性能良好；油醇硫酸盐与饱和醇的硫酸盐相比，起泡性好，去污力强，并具有良好的乳化能力、稳定 Ca^{2+} 的能力和钙皂分散力。

⑧ 脂肪酸衍生物的硫酸酯盐有良好的润湿性和乳化性，通常用于化妆品和个人护理品中。其中，蓖麻油硫酸化的反应过程中生成了相当数量的皂，其耐硬水性优于一般的肥皂，且耐酸性好，润湿力、渗透力、乳化能力也好。

（4）用途　硫酸酯盐有如下用途。

① 脂肪醇硫酸盐是润湿、乳化、分散、去污作用最好的表面活性剂之一，是香波、合成香皂、浴用品、剃须膏等盥洗卫生用品中的重要组分，也是轻垢洗涤剂、重垢洗涤剂、地毯清洗剂、硬表面清洁剂等洗涤制品配方中的重要组分。

② 月桂基硫酸钠（SDS，工业品也简称为 K12）添加在洁齿剂中，用作润湿剂、泡沫剂和洗涤剂。

③ 月桂基硫酸酯的重金属盐具有杀灭真菌和细菌的作用，可用作杀菌剂。

④ 用牛脂和椰子油制成的钠皂与烷基硫酸酯的钾、钠盐配制的富脂香皂泡沫

丰富、细腻，还能防止皂垢的生成。

⑤ 高碳脂肪醇硫酸盐与两性离子表面活性剂复配制成的块状洗涤剂具有良好的研磨性和物理性能，并具有调理作用。

⑥ 高碳脂肪醇硫酸盐可用作工业清洁剂、柔软平滑剂、纺织油剂组分、乳液聚合用乳化剂等。它们的铵盐和三乙醇胺盐用于香波和溶剂中。

⑦ 仲烷基硫酸盐（α-烯烃的硫酸化产物）制成粉状产品易吸潮结块，故一般用来制取液体或浆状洗涤剂。

（三）磺酸盐

1. 烷基磺酸盐

烷基磺酸盐的通式为 $RSO_3M_{(1/n)}$，M 为碱金属或碱土金属离子，n 为离子的价数。烷基的碳数应在 C_{12}～C_{20} 范围内，以 C_{13}～C_{17} 为佳[4]。

烷基磺酸盐的性质已有详细的研究。由于其价格较高，实用性并不比价格较低的烷基苯磺酸钠优越多少，而且高碳化合物在水中的溶解度也低，抗硬水性也稍差，故在工业上产量也较小。烷基磺酸盐的优点是生物降解性能好。正构烷烃在引发剂作用下与 SO_2、O_2 反应得到仲烷基磺酸盐（SAS）（混合物），其在水中的溶解性好于伯烷基磺酸盐。

与羧酸盐和硫酸酯盐相比，烷基磺酸盐 Krafft 点高，水溶性差，但其抗硬水性能优于羧酸盐和硫酸酯盐。研究表明，虽然烷基磺酸盐的水溶性比烷基硫酸盐差，但当与阳离子表面活性剂复配时，混合体系的水溶性次序正好相反，即烷基磺酸盐-烷基季铵盐的水溶性高于烷基硫酸盐-烷基季铵盐。

2. 烷基苯磺酸盐

烷基苯磺酸钠的结构通式为

R—CH—R^1

（对位苯环）

SO_3Na

R 为烷基，R^1 为 H 或烷基。R 中的碳原于数在 12 左右。

早期的产品为四聚丙烯苯磺酸钠（ABS），因其去污性能好，一度被大量用于洗涤剂中，部分取代了肥皂。因支链烷基苯磺酸盐生物降解性差，自 20 世纪 60 年代中期起各国相继改为生产以正构烃为原料的直链烷基苯磺酸盐（linear alkylbenzene sulfonate，LAS）。

烷基苯磺酸盐是阴离子表面活性剂中最重要的一个品种，也是我国合成洗涤剂活性物的主要品种。目前，大多数日用洗衣粉中的表面活性剂为烷基苯磺酸钠。有时在其他应用中也用钙盐及铵盐。三乙醇胺盐常用于液体洗涤剂和化妆品中，一些胺盐则由于其油溶性而用于“干洗”洗涤剂中。

烷基苯磺酸钠在一定程度上克服了肥皂的缺点，抗硬水性能好。其去污力强，泡沫力和泡沫稳定性好，它在酸性、碱性和某些氧化物（如次氯酸钠、过氧化物等）溶液中稳定性好，作为洗涤剂配方的表面活性物易喷雾干燥成型，是优良的洗涤剂和泡沫剂。

烷基苯磺酸盐的烷基碳原子数、烷基链的支化度、苯环在烷基链上的位置、磺酸基在苯环上的位置及数目和磺酸盐的反离子种类等对其性能均有影响。有关烷基苯磺酸钠的结构与性能的关系，将在第十二章专门进行讨论。

3. 烷基萘磺酸盐

最简单和最早生产的烷基萘磺酸盐是丙基萘磺酸钠。现在主要生产丁基萘磺酸盐，其应用比丙基萘磺酸盐更广泛。

丁基（或二丁基）萘磺酸钠俗称“拉开粉”（Nekal），其具有很好的润湿、分散和乳化能力，在纺织和印染、农药等工业中常用作润湿剂、渗透剂和乳化剂。二丁基萘磺酸盐的化学式为

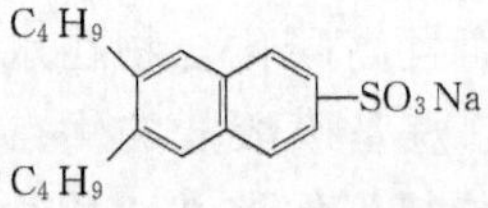

C_4H_9 SO_3Na C_4H_9

低碳烷基的萘磺酸盐，以二取代物的表面活性较好。萘环上的取代烷基的总碳数超过 10 时，磺酸盐的水溶性显著降低。单辛基萘磺酸盐去污力优于二丁基萘磺酸钠，但二辛基萘磺酸盐的溶解性差。二高碳烷基萘磺酸盐通常具有油溶性，特别是其碱土金属盐。例如，二壬基萘磺酸钡是有效的金属防锈剂。

另一种低碳烷基萘磺酸盐是由亚甲基连接两个或多个萘环的一元或二元磺化产物，如

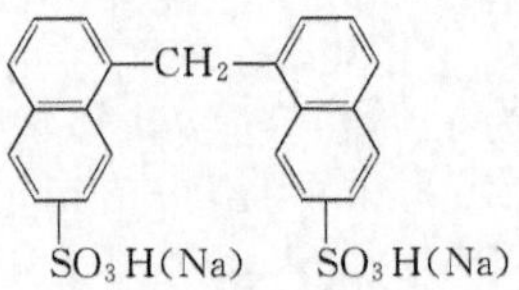

CH_2 $SO_3H(Na)$ $SO_3H(Na)$

萘磺酸-甲醛缩合物

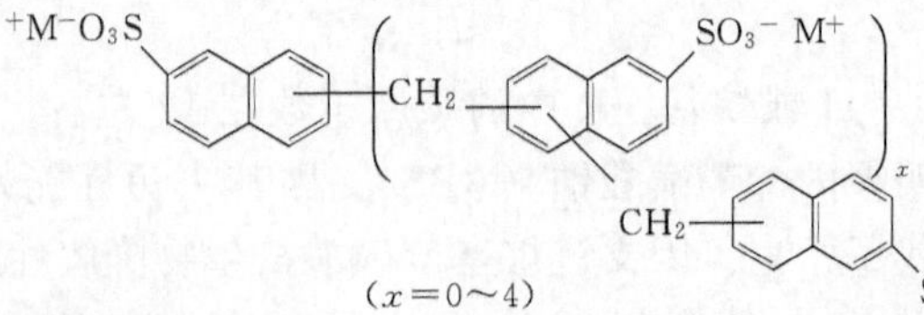

$^{+}M^{-}O_3S$ CH_2 $SO_3^{-}\ M^{+}$ x CH_2 $SO_3^{-}\ M^{+}$

$(x=0\sim4)$

常用作分散剂（固体分散于水中），在水泥材料工业及胶片工业中皆有应用。

4. α-烯烃磺酸盐(AOS)

α-烯烃磺酸盐（alpha olefine sulfonates，AOS）是 α-烯烃与 SO_3 在适当的条件下反应，然后中和得到的。其商品为混合物，组成很复杂。其主要成分是烯基磺酸盐（alkenyl sulfonate）[式（2-1）]、羟烷基磺酸盐（hydroxy alkane sulfonate）[式（2-2）] 和少量的二磺酸盐 [式（2-3）]。

$R—CH═CH—(CH_2)_p SO_3Na$　［其中，R 为正构烷基；$p=0$ 或 1～（$n-3$）的正整数，n 为 α-烯烃的碳数］　(2-1)

$$R—\underset{\displaystyle OH}{\underset{|}{CH}}—(CH_2)_q SO_3Na$$（其中，R 为正构烷基，$q=2$ 或 3）　(2-2)

$$R^1—CH═CH—\underset{\displaystyle SO_3Na}{\underset{|}{CH}}—(CH_2)_x SO_3Na \text{ 或 } R^1—\underset{\displaystyle OH}{\underset{|}{CH}}—(CH_2)_x—\underset{\displaystyle SO_3Na}{\underset{|}{CH}}—(CH_2)_y—SO_3Na \quad (2\text{-}3)$$

（其中，R^1 为正构烷基，x、y 为 0 或正整数）

AOS 是 20 世纪 30 年代发展起来的，但自从 20 世纪 80 年代证明 AOS 在正常用量下不会造成环境公害，也不会对人体健康发生明显影响后才得到进一步的开发和应用。

AOS 是一种高泡、水解稳定性好的阴离子表面活性剂。AOS 具有优良的抗硬水能力，低毒、温和、刺激性低，在硬水中有良好的去污力，生物降解性好。

由于 AOS 性能优良，尤其是在硬水中和有肥皂存在时具有很好的起泡力和优良的去污力，且毒性和刺激性低，性质温和，因此，在家庭和工业上均具有广泛的用途。AOS 在个人护理用品中的应用优于十二醇硫酸盐，适用于配制个人护理、卫生用品，如各种有盐的和无盐的香波、抗硬水的块皂、牙膏、浴液、泡沫浴等，以及手洗、餐具洗涤剂，各种重垢衣用洗涤剂，羊毛、羽毛清洗剂，洗衣用的合成皂、液体皂等家用洗涤剂，还可用来配制家用的或工业用的硬表面清洗剂等。

工业上 AOS 主要用作乳液聚合用乳化剂、配制增加石油采收率的油田化学品、混凝土密度改进剂，发泡墙板、消防用泡沫剂等，还可用作农药乳化剂、润湿剂等。

5. 石油磺酸盐

早期的石油磺酸盐主要有两类：一类是用发烟硫酸深度精制白油、脱臭煤油或润滑油时，回收得到的具有表面活性的副产物；另一类是利用洗涤剂原料烷基苯合成中的副产物如含二烷基苯或二苯烷等沸点较高的高沸物或者来源于高碳烯烃与苯的缩合物，即为特殊使用目的而合成的高碳烷基苯为原料，经磺化、中和而成。

石油磺酸盐过去常作为提炼、纯化白矿油的副产品，与废酸一起被抛弃。近年来对石油磺酸盐的性质与用途的了解越来越深入，其应用也越来越广泛。

石油磺酸盐的主要成分是复杂的烷基苯磺酸盐或烷基萘磺酸盐，其余则为脂肪烃及环烃的磺化物及氧化物。以前实际应用的石油磺酸盐大部分是油溶性的，其平均相对分子质量大约在 400～580 之间（石油磺酸钠），常应用于切削油及农药（可溶油）中作为乳化剂，在矿物浮选中作为发泡剂，在燃料油中作为分散剂。高分子量的则常用作防锈油中的防蚀剂。

目前，石油磺酸盐主要是以原油中的高沸点馏分油（一般是用沸点超过 260℃、含 15%～30%芳烃的拔顶原油或其馏分油）为原料，用浓硫酸、发烟硫酸或三氧化硫磺化，然后中和而成。此类石油磺酸盐大量应用于石油采收率的提高上（三次采油）及钻井泥浆、原油破乳等。

6. α-磺基单羧酸及其衍生物

脂肪酸或酯的 α-位的 H 被磺基取代得到多种 α-磺基单羧酸及其衍生物，是一类重要的阴离子表面活性剂。此类化合物主要有以下类型。

(1) α-磺基脂肪酸甲酯（单）钠盐（MES） 以脂肪酸甲酯为原料经磺化、中和后得到的商品称为 α-磺基脂肪酸甲酯钠盐，简称 MES（methyl ester sulfonate）。其通式为 $RCH(SO_3Na)COOCH_3$，亦可缩写为 α-SFMeNa（sodium α-sulfo fatty acid methyl ester）。产品含副产物二钠盐 $R\text{-}CH(SO_3Na)COONa$，缩写为 α-SFdiNa（α-sulfo fatty acid disodium salt）。

MES 是由天然油脂衍生的一类阴离子表面活性剂，其最显著的特点是具有良好的生物降解性，其初级生物降解率高于烷基苯磺酸盐，因此，MES 对环境影响甚小。MES 属无毒物质，对皮肤温和，不会引起皮肤过敏。月桂基 MES 对皮肤的刺激性与低刺激的月桂基醚磺基琥珀酸单酯二钠相当。因此，MES 是一种安全的表面活性剂。这正是开发 MES 的主要原因之一。

此外，MES 具有许多优良的使用性能，如它们具有较好的抗硬水性能，在高硬度水中仍具有很好的去污力；与酶的配伍性好（对碱性蛋白酶和碱性脂肪酶活性的影响很小）等。基于上述优良性能，MES 在粉状、液体和硬表面清洗剂中具有很好的应用前景，尤其适用于加酶浓缩粉的制造。

MES 的缺陷是分子中的酯键在碱中易水解。但由于酯基附近磺基的影响，酯的水解活性大大减弱。在 pH＝3.5～9，温度 80℃时水解极少。如配入洗衣粉，由于 pH 值高，存放过程中二钠盐会增加。

(2) α-磺基-低碳脂肪酸高碳醇酯 此类化合物主要有以下几种。

① 磺基乙酸月桂醇酯 $C_{12}H_{25}OOCCH_2SO_3Na$ 此类产品在牙膏、香波、化妆品和洗涤剂中有特殊的用途。它与谷类糊精复配，可用于对碱敏感的皮肤所使用的洗涤剂配方中。磺基乙酸月桂醇酯钠盐对粗糙、皱裂或破损的皮肤具有一定的恢复作用。

② 磺基乙酸与支链醇、长链醇或醇醚生成的酯，如，磺基乙酸胆甾醇酯钠盐

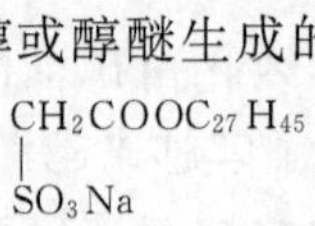

$$\begin{array}{l} CH_2COOC_{27}H_{45} \\ | \\ SO_3Na \end{array}$$

磺基乙酸的单硬脂酸甘油酯钠盐

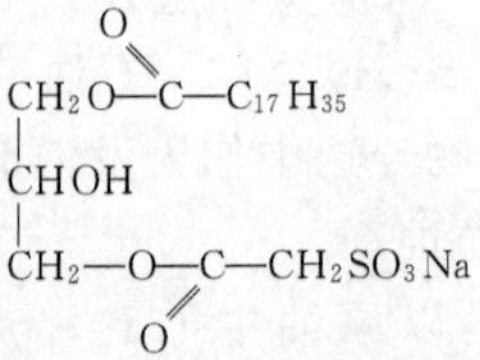

$$\begin{array}{l} \qquad\quad O \\ \qquad\quad \| \\ CH_2O—C—C_{17}H_{35} \\ | \\ CHOH \\ | \\ CH_2—O—C—CH_2SO_3Na \\ \qquad\qquad\;\; \| \\ \qquad\qquad\;\; O \end{array}$$

及磺基乙酸的单月桂酸甘油酯钠盐等。此类产品都可以作为食品乳化剂使用。

在20世纪30年代就有人报道了用上面几种磺基乙酸酯类表面活性剂作人造奶油防溅剂。

7. 脂肪酸的磺烷基酯（Igepon A系列）和脂肪酸的磺烷基酰胺（Igepon T系列）

脂肪酸的磺烷基酯衍生物的商品名为Igepon A，其代表物为油酰氧基乙磺酸钠

$$CH_3(CH_2)_7CH{=\!=}CH(CH_2)_7{-}COOCH_2CH_2SO_3Na$$

脂肪酸的磺烷基酰胺衍生物的商品名为Igepon T，通式为$R^1{-}CO{-}N(R^2){-}R^3SO_3M$，其代表物为*N*-油酰基-*N*-甲基牛磺酸钠

$$CH_3(CH_2)_7CH{=\!=}CH(CH_2)_7{-}CO{-}N(CH_3)CH_2CH_2SO_3Na$$

Igepon T系列的表面活性剂在其结构式中有四个可变因素：R^1、R^2、R^3和M，改变分子结构可满足乳化、泡沫、润湿和洗涤等不同应用的要求。

Igepon A和Igepon T克服了脂肪酸皂对硬水的敏感性和在酸性介质中的不溶解性，特别是酰胺型表面活性剂对硬水不敏感，有良好的去污力、润湿力和纤维柔软作用，并且可在酸性条件下使用，所以在纺织工业中有广泛的用途。脂肪酸磺烷基酯和磺烷基酰胺都被用作纺织助剂。

N-油酰基-*N*-甲基牛磺酸钠是酰胺型表面活性剂中最重要的一种，它具有良好的使用性能，作为纺织助剂从最初的粗羊毛或合成纤维的清洗扩展到染色布料的洗涤。脂肪酸磺烷基酰胺和磺烷基酯衍生物对纤维的柔软作用，在纺织原料的处理以及梳毛、纺纱、编织等操作中都是很有价值的。

磺烷基酯和磺烷基酰胺可应用于重垢的精细纺织品洗涤剂、手洗和机洗餐具洗涤剂、各种形式的香波、泡沫浴等配方中，特别适用于复合香皂和全合成香皂的配方。如由椰子油脂肪酸和牛油脂肪酸衍生的磺烷基酯或磺烷基酰胺即被用于复合香皂配方中。

8. 琥珀酸酯磺酸盐

琥珀酸酯磺酸盐按其结构可分为琥珀酸单酯磺酸盐和琥珀酸双酯磺酸盐两类。根据酯化反应时所用含羟基原料的不同又可分为磺基琥珀酸烷基酯盐、磺基琥珀酸脂肪醇聚氧乙烯醚酯盐、磺基琥珀酸脂肪酰胺乙酯盐等。

(1) 琥珀酸单酯磺酸盐［$ROOCCH_2CH(SO_3Na)COONa$］　磺基琥珀酸单烷基酯二钠盐常用于个人护理用品、盥洗卫生用品，如珠光调理香波中。

(2) 琥珀酸双酯磺酸盐［$ROOCCH_2CH(SO_3Na)COOR$］　琥珀酸双酯磺酸盐是最早问世的一种琥珀酸酯磺酸盐，其中，Aerosol OT (AOT)

$$\begin{array}{l} \qquad\quad CH_2{-}COOR \\ \qquad\quad | \\ NaO_3S{-}CH{-}COOR \end{array} \quad (R为2\text{-}乙基己基)$$

可溶于水及有机溶剂（包括烃类），故可用于干洗溶剂中。此类表面活性剂水溶液的表面张力较低，是优良的工业用润湿剂、渗透剂。

(3) 磺基琥珀酸脂肪醇聚氧乙烯醚酯二钠［$RO(CH_2CH_2O)_nOCCH_2CH(SO_3$-

Na)COONa］ 其典型例子为磺基琥珀酸月桂基聚氧乙烯醚酯二钠（商品名为琥珀酸酯 202）。

琥珀酸酯 202 基本上可认为是无刺激性的。与脂肪醇聚氧乙烯醚硫酸钠（AES）、脂肪醇硫酸钠（FAS）比较，刺激性顺序为 FAS＞AES＞琥珀酸酯 202。

（4）磺基琥珀酸脂肪酰胺乙酯二钠［$RCONHCH_2CH_2OOCCH_2CH(SO_3Na)$-COONa］ 其典型例子为 R 分别为 $C_{10}H_{19}$、$C_{17}H_{33}$ 和 $C_{11}H_{23}$ 的产品，分别称为磺基琥珀酸十一烯酰胺乙酯二钠（a）、磺基琥珀酸油酰胺乙酯二钠（b）和磺基琥珀酸月桂酰胺乙酯二钠（c）。这些产品的刺激性比琥珀酸酯 202 更低。产品（a）具有抗屑止痒作用，常用于洗发香波配方中。产品（b）刺激性低，表面活性好，与 AES 以 3∶1 的比例复配可使混合物的刺激性降低到（b）的水平，广泛用于婴儿香波、调理香波等个人护理用品中。

（5）磺基琥珀酸乙氧基化烷醇酰胺酯二钠 结构简式为 $RCONH(CH_2CH_2O)_nCH_2CH_2OOCCH_2CH(SO_3Na)COONa$。

（6）磺基琥珀酸硅氧烷酯盐 典型代表物有：

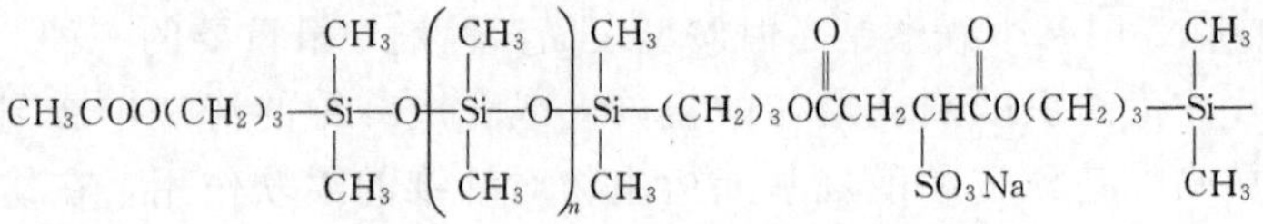

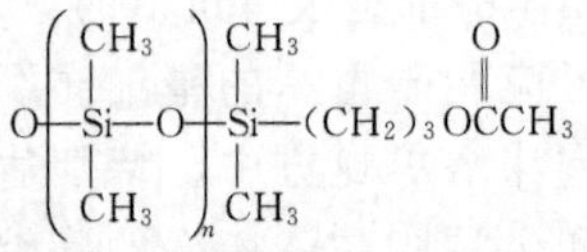

$$CH_3COO(CH_2)_3-\underset{CH_3}{\overset{CH_3}{|}}\!\!Si-O\left(\underset{CH_3}{\overset{CH_3}{|}}\!\!Si-O\right)_n\underset{CH_3}{\overset{CH_3}{|}}\!\!Si-(CH_2)_3O\overset{O}{\overset{\|}{C}}CH_2\underset{SO_3Na}{|}{CH}\overset{O}{\overset{\|}{C}}O(CH_2)_3-\underset{CH_3}{\overset{CH_3}{|}}\!\!Si-$$

$$O\left(\underset{CH_3}{\overset{CH_3}{|}}\!\!Si-O\right)_n\underset{CH_3}{\overset{CH_3}{|}}\!\!Si-(CH_2)_3O\overset{O}{\overset{\|}{C}}CH_3$$

9. 木质素磺酸盐

木质素磺酸盐是原木在造纸工业亚硫酸制浆过程中废水的主要成分，结构大致如下

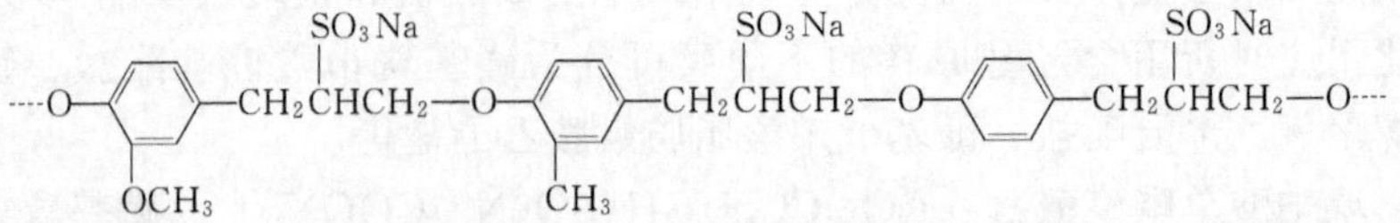

$$\cdots O-C_6H_3(OCH_3)-CH_2\underset{}{\overset{SO_3Na}{|}}{CH}CH_2-O-C_6H_3(CH_3)-CH_2\overset{SO_3Na}{\overset{|}{CH}}CH_2-O-C_6H_4-CH_2\overset{SO_3Na}{\overset{|}{CH}}CH_2-O\cdots$$

木质素磺酸盐是一种混合物，其结构相当复杂，一般认为它是含有愈疮木基丙基、紫丁香基丙基和对羟苯基丙基的多聚物的磺酸盐。最多的可含有 8 个磺酸基和 16 个甲氧基。可磺化的碳原子是在与苯基相连接的 α-位上。木质素磺酸盐分子量分布范围很广，相对分子质量由 200～10000 不等，最普通的木质素磺酸盐平均相对分子质量约为 4000。

木质素磺酸盐价格低廉，并具低泡性。在工业领域具有广泛的应用。主要用作固体分散剂、O/W 型乳状液的乳化剂，也可用于制造以水为分散介质的染料、农药和水泥的悬浮液。较大量的纯度较好的木质素磺酸盐用于石油钻井泥浆配方中，它能有效地控制钻井泥浆的流动性，防止泥浆絮凝。精制的木质素磺酸盐可用作矿石浮选剂、矿泥分散剂，也可作为管道输送矿物或输送煤炭的流体助剂。部分脱磺基的木质素磺酸盐可用作水处理剂。

木质素磺酸盐近年来的一个新应用是在三次采油中与石油磺酸盐复配，作为石油磺酸盐的“牺牲剂”，即利用木质素磺酸盐在地层表面的吸附降低石油磺酸盐在地层表面的吸附损失。

木质素磺酸盐的主要缺点是色泽深，不溶于有机溶剂，降低表面张力的效果较差。

10. 烷基甘油醚磺酸盐(AGS)

烷基甘油醚磺酸盐（alkyl glyceryl ether sulfonates，AGS)，通式为 $ROCH_2$-$CH(OH)CH_2SO_3M$。

AGS 是有效的润湿剂、泡沫剂和分散剂，具有良好的水溶性，对酸和碱的稳定性高。AGS 也是优良的钙皂分散剂，具有良好的抗硬水性能。AGS 与其他钙皂分散剂相比，在皮肤上的沉积趋势最小，适合作为香皂添加物。

与一般磺酸盐类表面活性剂相比，AGS 价格高，因而限制了它的应用和发展。

11. 烷基二苯醚二磺酸盐

这种表面活性剂是美国陶氏化学公司（Dow Chemical Company）开发生产的，其结构式如下

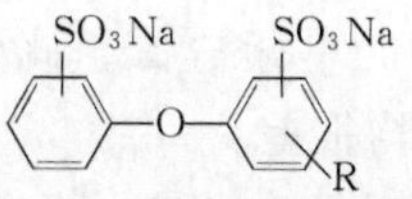

SO_3Na　SO_3Na　O　R

（其中，R 为 C_6～C_{16} 的直链或支链烷基）

烷基二苯醚二磺酸盐分子中两个带负电荷的亲水基团之间会产生负电荷的增强重叠区。于是较高的电荷密度将导致较大的分子间的吸引力，从而产生较大的溶解作用和偶合作用。此外，两个苯环间的醚键可允许苯环绕氧转动，因而磺酸基之间的距离可以改变，这就允许其与密集的离子结构或体积大的长链烃相结合。

烷基二苯醚二磺酸盐具有如下特性：

①很好的抗硬水性能，它的钙盐、镁盐能溶于水，具有表面活性；

②溶于酸、碱和盐的浓水溶液中；

③在强氧化剂溶液中稳定性好，在空气中加热到 180℃不发生变化；

④泡沫适中，具有良好的泡沫稳定性；

⑤能增溶有机物和一些阴离子表面活性剂；

⑥易生物降解，环境相容性好。

烷基二苯醚二磺酸盐适用于开发高效的浓缩清洗剂。疏水基为直链 C_8 的产品适合于配制硬表面清洗剂，并能良好地润湿油脂；烷基链为 C_{16} 的产品对棉、合成纤维及棉/合成纤维混合物的去污效果最好；疏水基为带支链的 C_{12} 的产品，对油

脂有好的润湿作用。

以上介绍的烷基二苯醚二磺酸盐分子中只有一个烷基。若分子中的两个苯环上各有一个烷基，即具有孪连表面活性剂（Geminis 或 Gemini surfactant）的结构。有关孪连表面活性剂的介绍见本书第十四章。

（四）磷酸酯盐

磷酸酯盐与硫酸酯盐相似，但结构上可以有单酯盐和双酯盐两种。常见的磷酸酯盐包括烷基磷酸单、双酯盐和脂肪醇聚氧乙烯醚磷酸单、双酯盐和烷基酚聚氧乙烯醚单、双酯盐。它们的结构式如下

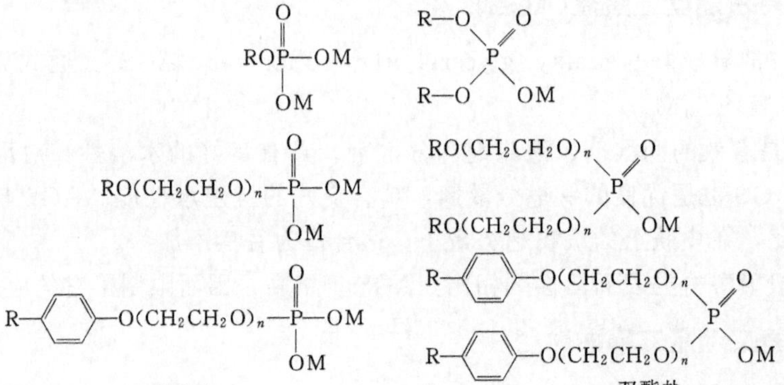

单酯盐：

$$ROP(=O)(OM)-OM$$

$$RO(CH_2CH_2O)_n-P(=O)(OM)-OM$$

$$R-C_6H_4-O(CH_2CH_2O)_n-P(=O)(OM)-OM$$

双酯盐：

$$(R-O)_2P(=O)OM$$

$$[RO(CH_2CH_2O)_n]_2P(=O)OM$$

$$[R-C_6H_4-O(CH_2CH_2O)_n]_2P(=O)OM$$

烷基磷酸双酯盐的表面活性高于烷基磷酸单酯盐。如双酯钠盐的 cmc 大大低于单酯盐，双酯盐的表面张力也比单酯盐低。此外，双酯盐也比单酯盐有更好的去污能力。两种磷酸酯盐起泡性均很差。

醇醚及酚醚的磷酸酯盐因同时具有阴离子型和非离子型表面活性剂的某些性质，我们将其归于混合型表面活性剂，在本章“混合型表面活性剂”中单独介绍。

烷基磷酸单酯盐及烷基醇醚磷酸单酯盐对皮肤的刺激性低，且生物降解性好，属于温和性表面活性剂。其特性还将在本书第十九章“绿色表面活性剂和温和表面活性剂”部分加以介绍。

二、阳离子表面活性剂

阳离子表面活性剂在水溶液中解离生成的表面活性离子带正电荷，其中，疏水基与阴离子表面活性剂中的相似，亲水基通常含氮原子，也有磷、硫、碘等原子。亲水基和疏水基可直接相连，也可通过酯、醚和酰胺键相连。

在阳离子表面活性剂中，最重要的是含氮的表面活性剂。而在含氮的阳离子表面活性剂中，根据氮原子在分子中的位置，又可分为直链的胺盐、季铵盐和环状的吡啶型、咪唑啉型四类。

抛开表面活性的差异，与其他类型的表面活性剂相比，阳离子表面活性剂具

有以下两个显著特性[5~6]。

(1) 优异的杀菌性　阳离子表面活性剂（主要是季铵盐类）水溶液有很强的杀菌能力。杀菌能力取决于它对细胞的渗透性和对蛋白质的沉淀能力。因而广泛用于杀菌、消毒、防霉、除藻等领域。典型的杀菌剂如十二烷基二甲基苄基氯化铵（洁尔灭）、十二烷基二甲基苄基溴化铵（新洁尔灭）等。

杀菌性强则毒性也大。单独的阳离子表面活性剂，基于它的杀菌性，很难被微生物分解。好在阳离子表面活性剂在废水环境中不会单独存在，它总是与其他物质（如其他类型的表面活性剂）结合成复合体，这些复合体是能被分解的。

(2) 容易吸附于一般固体表面　阳离子表面活性剂的另一特点就是容易吸附于一般固体表面。这主要是由于在水介质中的固体表面（即固/液界面）一般是负电性的，带正电的表面活性离子很容易吸附其上，因此，常能赋予固体表面某些特性（如憎水性），于是具有某些特殊用途。

① 作矿物浮选剂。使矿粉表面变为憎水性，易附着于气泡上而浮选出来。

② 在沥青乳状液中作为乳化剂。碎石表面因强烈吸附阳离子表面活性剂而成为亲油表面，不仅增加了碎石与沥青间的黏结性，也增强了路面的抗水性，同时容易发生“破乳”。

③ 用作织物柔软剂。阳离子表面活性剂在固体表面吸附后，疏水的非极性烷基链指向空气，改变了固体表面的摩擦因数。如固体为织物，则可使手感改善，具有松软的触感。吸附在头发上，可改善头发的梳理性。

④ 作为抗静电剂。由于阳离子表面活性剂在固体表面形成一层连续的吸附膜，活性的极性基团产生离子导电和吸湿导电，起到抗静电作用。

⑤ 利用阳离子表面活性剂和阳离子染料在纤维上的竞争吸附，可将其作为缓染剂。

⑥ 在造纸工业中，高分子型的阳离子表面活性剂可作为纸张增强剂吸附在带负电荷的纸张表面。这里，阳离子基团起固定作用，而高分子化合物则起增强作用。

⑦ 阳离子表面活性剂吸附在固体表面后所赋予的亲油性，使其可用作颜料分散剂、煤与油混合燃料的分散剂等。

⑧ 阳离子表面活性剂吸附在蛋白质上，与氨基酸中的羧基作用，可使溶解的蛋白质沉淀。因此可将其应用在制药工业中提取抗菌素，制糖工业中澄清糖汁等方面。

⑨ 其他，如油田输油管道的防腐蚀等，皆与阳离子表面活性剂容易吸附的特性有关。

正是由于阳离子表面活性剂在固体表面的吸附，使固体表面呈“疏水”状态。因此，通常不适用于洗涤和清洗。在弱酸性溶液中它能洗去带正电荷的织物如丝、毛织物上的污垢，但日常生活中很少使用。

（一）胺盐

胺盐为伯胺、仲胺或叔胺与酸的反应产物。常见的胺盐主要有脂肪胺盐 RNH_3X（$X=Cl^-$，Br^-，I^-，CH_3COO^-，NO_3^-、$CH_3SO_4^-$ 等，下同），*N*-烷基单乙醇胺盐［$RNH_2CH_2CH_2OH$］X，*N*-烷基二乙醇胺盐［$RNH(CH_2CH_2OH)_2$］X 以及聚乙烯多胺盐等。

胺盐是弱碱的盐。在酸性条件下具有表面活性，在碱性条件下，胺游离出来而失去表面活性。

简单有机胺的盐酸盐或醋酸盐可在酸性介质中用作乳化、分散、润湿剂，也常用作浮选剂以及作为颜料粉末表面的憎水剂。

（二）季铵盐

表 2-1 列出了一些最常见的季铵盐阳离子表面活性剂。

表 2-1　一些最常见的季铵盐阳离子表面活性剂

名称	结构式	用途
1231 阳离子表面活性剂	$C_{12}H_{25}N(CH_3)_3^{\oplus}Br^{\ominus}$	抗静电、杀菌
乳胶防黏剂 DT	$C_{12}H_{25}N(CH_3)_3^{\oplus}Cl^{\ominus}$	乳胶防黏、杀菌
1631 阳离子表面活性剂	$C_{16}H_{33}N(CH_3)_3^{\oplus}Br^{\ominus}$	柔软、杀菌
1831 阳离子表面活性剂	$C_{18}H_{37}N(CH_3)_3^{\oplus}Cl^{\ominus}$	柔软、杀菌、抗静电、乳化、破乳
1227 十二烷基二甲基苄基氯化铵（洁尔灭）	$[C_{12}H_{25}N(CH_3)_2-CH_2-C_6H_5]^{\oplus}Cl^{\ominus}$	杀菌、抗静电、柔软、缓染
新洁尔灭	$[C_{12}H_{25}N(CH_3)_2-CH_2-C_6H_5]^{\oplus}Br^{\ominus}$	杀菌
缓染剂 DC	$[C_{18}H_{37}N(CH_3)_2-CH_2-C_6H_5]^{\oplus}Cl^{\ominus}$	柔软、缓染
双十八烷基二甲基季铵盐	$[(C_{18}H_{37})_2N(CH_3)_2]^{\oplus}Cl^{\ominus}$ $(Br^{\ominus}, CH_3SO_4^{\ominus})$	柔软、抗静电
抗静电剂 SN	$[C_{18}H_{37}N(CH_3)_2-CH_2CH_2OH]^{\oplus}NO_3^{\ominus}$ $(ClO_4^- \cdot RCOO^{\ominus})$	合成纤维及塑料的抗静电

续表

名称	结构式	用途
抗静电剂 TM	$[CH_3-N(CH_2CH_2OH)_3]^{\oplus}CH_3SO_4^{\ominus}$	合成纤维抗静电
抗静电剂 TN	$[HO-CH_2CH_2-N(CH_3)(CH_2CH_2OH)_2]^{\oplus}CH_3SO_4^{\ominus}$	抗静电
杜灭芬	$[C_{12}H_{25}N(CH_3)_2-CH_2CH_2-O-C_6H_5]^{\oplus}Br^{\ominus}$	杀菌
固色剂	$[C_{16}H_{33}-NC_5H_5]^{\oplus}Br^{\ominus}$	染料、固色
拔染剂	$[C_6H_5-CH_2-N(CH_3)_2-C_6H_5]^{\oplus}Cl^{\ominus}$	拔染印花
固色交链剂	$[CH_2(O)CH-CH_2N(CH_3)_2-CH_2-C_6H_3(OH)-CH_2-C_6H_3(OH)-CH_2-N(CH_3)_2-CH_2-CH(O)CH_2]^{\oplus\oplus}2Cl$	染料固色

季铵盐是最重要的阳离子表面活性剂，主要有以下品种。

① 烷基季铵盐（$RNR^1R^2R^3X$，R＝长链烃基、对烷基苯乙基等；R^1、R^2、R^3＝C_1～C_4的烷基、苄基、羟乙基等。R^1、R^2、R^3可以相同，也可以不同；X^-＝Cl^-，Br^-，I^-，$CH_3SO_4^-$等。下同）。其中，最常用的是C_{12}～C_{18}烷基三甲基氯（溴）化铵，以及十二烷基二甲基苄基氯化铵（洁尔灭）、十二烷基二甲基苄基溴化铵（新洁尔灭）等。

② 双烷基季铵盐（$RRNR^1R^2X$）。

③ 亲水部分和疏水部分通过酰胺、酯、醚等基团来连接的铵盐，如 $RCONH(CH_2)_nNR^1R^2R^3X$（Sapamine 类表面活性剂），$RO(CH_2)_nNR^1R^2R^3X$，$RCOO(CH_2)_nNR^1R^2R^3X$等。

④ 其他如双季铵盐和多季铵盐等，如迪恩普（DNP）：$R^1[N^+R^2(R^3OH)_2]_n\cdot nA^-$。

季铵盐与伯胺、仲胺、叔胺的盐不同，胺盐遇碱会生成不溶于水的胺，而季铵盐不受 pH 值的影响，不论在酸性、中性或碱性介质中，季铵离子均无变化。

迪恩普（DNP）属于低聚型的季铵盐型阳离子表面活性剂。在结构中含有多个羟基，因此，亲水性较好，与阴离子表面活性剂有较好的配伍性。它具有阳离子表面活性剂的基本特性，且在“二合一”香波中具有增稠效果。

Sapamine 类表面活性剂可用作染料固色剂、柔软剂等。

（三）杂环类阳离子表面活性剂

杂环类阳离子表面活性剂即表面活性剂分子中含有除碳原子外的其他原子且呈环状结构的化合物。杂环的成环规律和碳环一样，最稳定与最常见的杂环也是五元环或六元环。有的环只含有一个杂原子，有的含有多个或多种杂原子。常见的杂环类阳离子表面活性剂如下。

1. 吡啶盐

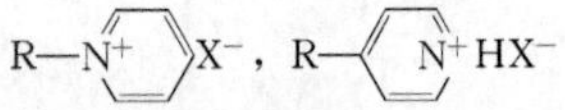

$$R-N^{+}\langle\text{吡啶环}\rangle X^{-}, \quad R-\langle\text{吡啶环}\rangle N^{+}HX^{-}$$

其中，最常用的是 C_{12}～C_{18} 烷基吡啶氯（溴）化物。

2. 咪唑啉型

它是 2-烷基咪唑啉、2-烷基-1-羟乙基咪唑啉、2-烷基-1-氨基乙基咪唑啉等的酸化和季铵化的产物，其结构通式为：

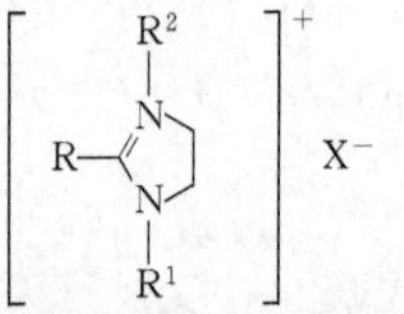

$$\left[R-C\begin{matrix} {=}N(R^{2})-CH_2 \\ \quad\ \ | \\ -N(R^{1})-CH_2 \end{matrix} \right]^{+} X^{-}$$

依照 R^1、R^2 的不同，可得到多种胺盐型和季铵盐型表面活性剂。其典型商品如下。

① 2-烷基咪唑啉与硫酸二甲酯或卤代烷生成的季铵盐，如

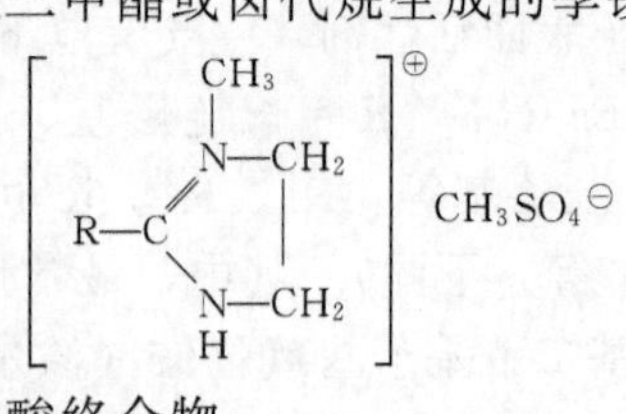

$$\left[R-C\begin{matrix} {=}N(CH_3)-CH_2 \\ \quad\ \ | \\ -NH-CH_2 \end{matrix} \right]^{\oplus} CH_3SO_4^{\ominus}$$

② 2-烷基咪唑啉的脂肪酸络合物

2-烷基咪唑啉 $R-C\begin{matrix} {=}N-CH_2 \\ \quad | \\ -NH-CH_2 \end{matrix}$ 与 1mol 或 2mol 脂肪酸的络合物具有表面活性。例如，硬脂酸和 $(CH_3)_2CHNHCH_2C(CH_3)_2NH_2$ 的反应产物与硬脂酸的络合物是性能优异的净洗剂、乳化剂、润滑剂以及纤维柔软处理剂。

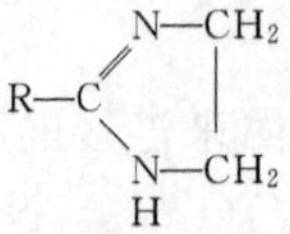

③ 2-烷基乙酰氨基乙基咪唑啉

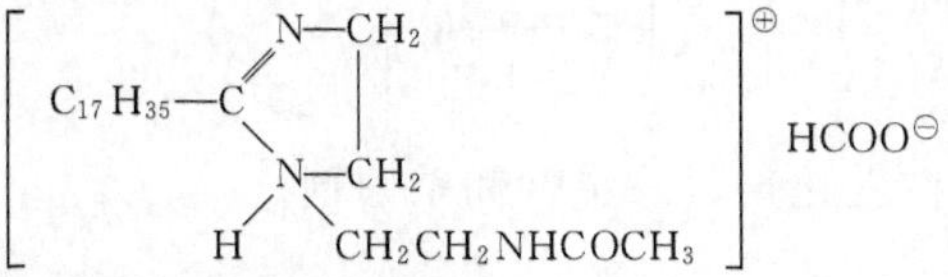

$$\left[\begin{array}{c} N—CH_2 \\ C_{17}H_{35}—C \\ N—CH_2 \\ H \quad CH_2CH_2NHCOCH_3 \end{array}\right]^{\oplus} HCOO^{\ominus}$$

这是合成纤维的优良柔软剂和抗静电剂。

④ Rewocat W7500

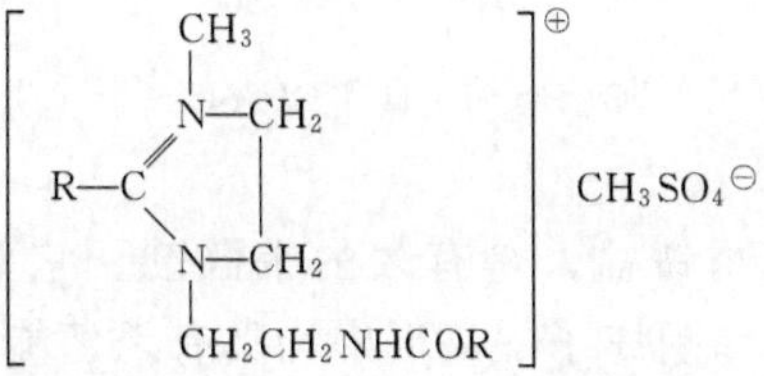

$$\left[\begin{array}{c} CH_3 \\ N—CH_2 \\ R—C \\ N—CH_2 \\ CH_2CH_2NHCOR \end{array}\right]^{\oplus} CH_3SO_4^{\ominus}$$

这是一种很好的柔软剂。

⑤ 2-烷基-1-羟乙基咪唑啉衍生物　由油酸合成的 2-$C_{17}H_{33}$-1-羟乙基咪唑啉的商品名为 Cationic Aminine 220。这是一种褐色的油状液体，易溶于酸性水溶液，具有优良的表面活性。它再与卤代烷或硫酸二甲酯反应，则为季铵盐阳离子表面活性剂。它的杀菌力非常好。属于这类产品的还有用月桂酸和硬脂酸生产的产品。

⑥2-烷基苯并咪唑衍生物　如

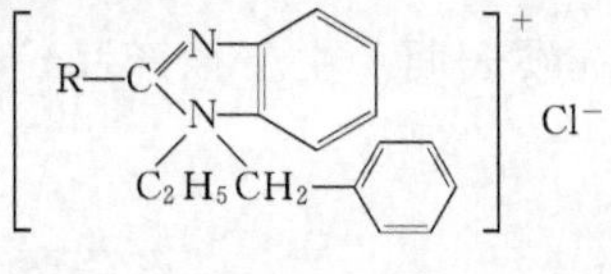

$$\left[\begin{array}{c} N \\ R—C \\ N \\ C_2H_5 \quad CH_2—C_6H_5 \end{array}\right]^{+} Cl^{-}$$

3. 吗啉型

吗啉型阳离子表面活性剂是六元环含有 N、O 两种杂原子的化合物，结构通式为：

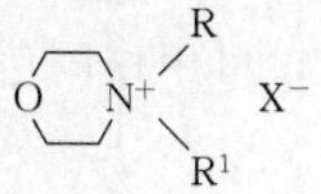

$$\left[\begin{array}{c} R \\ O\quad N^{+} \\ R^{1} \end{array}\right] X^{-}$$

二烷基吗啉阳离子氯化物可用作润湿剂、净洗剂、杀菌剂，还可用在润滑油中。

4. 其他类型

其他杂环类阳离子表面活性剂还有胍衍生物、三嗪衍生物等，读者可参阅相应的文献。

（四）鎓盐

鎓盐是指季铵盐阳离子表面活性剂的亲水基团 N 原子为其他可携带正电荷的元素，如 P、S、I 时的阳离子表面活性剂。

1. 鏻化合物

结构通式为：

$$\left[\begin{array}{c} R \\ | \\ R^1—P—R \\ | \\ R \end{array}\right]^{\oplus} X^{\ominus}$$

鏻化合物主要用作乳化剂、杀虫剂和杀菌剂。

2. 锍化合物

典型化合物如

$$[C_{12}H_{25}\overset{O}{\overset{|}{S^{\oplus}}}—CH_3][CH_3SO_4^{\ominus}] \quad (S \text{ 下接 } CH_3)$$

这类物质类似于苄基季铵盐，是有效的杀菌剂。它对皮肤的刺激性很小，优于季铵化合物。它在香皂和阴离子洗涤剂中均具有杀菌能力。

$C_{16}H_{33}(C_2H_5)(CH_3)S^{\oplus}X^{\ominus}$ 是喷洒型杀虫油的乳化剂。

$[R—\overset{\oplus}{S}—CH_2CH_2OH]CH_3SO_4^{\ominus}$（S 下接 CH_3）是低毒杀菌杀虫剂。

$[(R^1O)_3Si(CH_2)_3—\overset{\oplus}{S}—R^2]X^{\ominus}$（S 下接 R^3）这类产品具有优良的表面活性，用它配制成的轻垢或重垢型洗涤剂特别适合于清洗硬表面。由于该产品价格昂贵，常与其他表面活性剂复配使用。

聚锍化合物，如：

$$HO(CH_2CH_2\overset{CH_3}{\overset{|}{S}}CH_2CH_2O)_nH \quad [CH_3^{\oplus}SO_4^{\ominus}]$$

这种聚锍化合物具有表面活性，可用作固色剂。

3. 碘鎓化合物

这种阳离子表面活性剂具有抗微生物的效果，与肥皂和阴离子表面活性剂的相容性好，且它对次氯酸盐的漂白作用有较大的稳定性。其常见的结构有

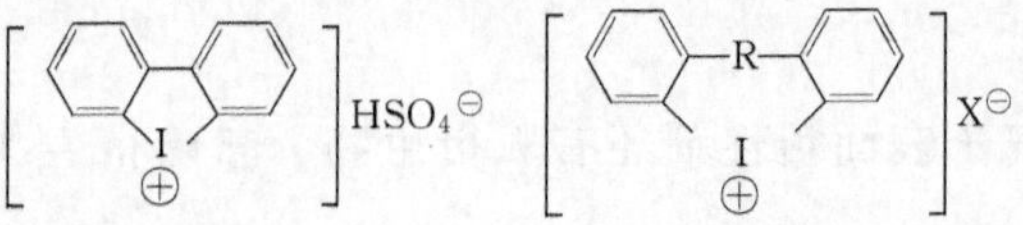

[二苯并碘鎓，$I^{\oplus}$] $HSO_4^{\ominus}$　　[两个苯环经 R 相连，I 桥接，$I^{\oplus}$] $X^{\ominus}$

三、两性表面活性剂

两性表面活性剂的分子结构与蛋白质中的氨基酸相似，在分子中同时存在酸性基和碱性基，易形成“内盐”。酸性基大都是羧基、磺酸基或磷酸基；碱性基则为胺基或季铵基。

两性表面活性剂有氨基酸型、甜菜碱型、咪唑啉型、磷脂、淀粉、蛋白质衍生物等，也有杂元素代替 N、P，如 S 为阳离子基团中心的两性表面活性剂。下面是四类最常见的两性表面活性剂

(a) $RN^+H_2CH_2CH_2COO^-$　(c) $RN^+(CH_3)_2CH_2COO^-$

(b) R—C(+)[N(R¹)—CH₂—CH₂—N(CH₂COO⁻)] （咪唑啉环：环上两个 N 分别连接 R^1 和 CH_2COO^-）　(d) $RN^+(CH_3)_2(CH_2)_xSO_3^-$

(a)，(b)、(c) 类两性表面活性剂的性质与 pH 有关。其中，(a)、(b) 类化合物（当 $R^1=H$ 时），在 pH 值较低时（小于等电点）呈阳离子性，而在 pH 值较高时（大于等电点），则呈阴离子性；(c) 类化合物为甜菜碱型，其在等电点以下呈阳离子性，而在等电点以上则成“内盐”，不显示阴离子性质；(d) 类化合物（也可称为甜菜碱型）在任何 pH 值皆处于电离状态，其性质与溶液 pH 值无关。

两性表面活性剂虽然其化学结构各有不同，但一般具有下列共性：

① 耐硬水，钙皂分散力较强，能与电解质共存，甚至在海水中也可以有效地使用；

② 与阴、阳、非离子表面活性剂有良好的配伍性；

③ 一般在酸、碱溶液中稳定，特别是甜菜碱类两性表面活性剂在强碱溶液中也能保持其表面活性；

④ 大多数两性表面活性剂对眼睛和皮肤刺激性低，因此，适合于配制香波和其他个人护理品。

两性表面活性剂价格比较高，因此是表面活性剂中产量最低的一类。

（一）甜菜碱型两性表面活性剂

甜菜碱是由 Sheihler 早期从甜菜中提取出来的天然含氮化合物，其化学结构为 $(CH_3)_3N^+CH_2COO^-$，化学名为三甲铵基乙酸、三甲基甘氨酸、三甲基甘氨酸内酯。目前“甜菜碱”一词已冠于所有类似此结构的化合物，并已扩展到含硫及含磷的类似化合物。

天然甜菜碱不具有表面活性，只有当其中一个 CH_3 被长链烷基取代后才具有表面活性，人们称该类物质为甜菜碱型表面活性剂。

1. 结构类型

按其阴离子种类，甜菜碱型表面活性剂可分为以下几种类型。

(1) 羧基甜菜碱　常见的为 $RN^+(CH_3)_2(CH_2)_mCOO^-$，$m$ 一般为 1～3，以 $m=1$ 为最常见。如十二烷基甜菜碱 $C_{12}H_{25}N^+(CH_3)_2CH_2COO^-$。

一类改进型的羧基甜菜碱是将上述结构中的两个甲基部分或全部用聚氧乙烯基—$(C_2H_4O)_nH$ 或羟乙基—C_2H_4OH 取代。

另一类新型结构的羧基甜菜碱是 α-长链烷基甜菜碱，如 $RCH(COO^-)N^+$-

$(CH_3)_3$。

(2) 磺基甜菜碱　$RN^+(CH_3)_2(CH_2)_mSO_3^-$，$m$ 一般为1～3，以 $m=2$ 为最常见。

另一类常见的磺基甜菜碱是羟基磺丙基甜菜碱：$RN^+(CH_3)_2CH_2CH(OH)$-$CH_2SO_3^-$。

(3) 硫酸基和亚硫酸基甜菜碱　分别具有下列结构：$RN^+(CH_3)_2(CH_2)_m$-OSO_3^-，$RN^+(CH_3)_2(CH_2)_m$-OSO_2^-

(4) 其他　如亚磷酸基和磷酸基甜菜碱、亚膦酸基和膦酸基甜菜碱等。

上述甜菜碱型表面活性剂的疏水链中也可引入酰胺基得到烷基酰胺甜菜碱，也可引入聚氧乙烯链等。

2. 性能

①甜菜碱型两性表面活性剂属内盐，等电点范围较宽，pH值及电解质对其表面活性的影响一般都很小。

②与其他两性表面活性剂不同，甜菜碱两性表面活性剂在碱性溶液中不具有阴离子性质，在其等电点时也不会降低其水溶性而沉淀，它们在较宽pH值范围内水溶性都很好，与其他阴离子表面活性剂的混溶性亦不差。

③羧基甜菜碱型也可与盐酸构成外盐，这在分离及提纯操作时很有用。相反，磺基甜菜碱型磺酸基酸性强，不易形成外盐。硫酸基甜菜碱型在碱溶液中沉淀而在酸性范围内则溶解很好。羟基及磺基甜菜碱在强电解质溶液中都有较好的溶解度，且能耐硬水，其中后者最强。

④磺基甜菜碱具有较强的钙皂分散性能，尤其是带酰胺键的更佳，并随其功能团结构的变化而有差异。

⑤对下面结构的甜菜碱两性表面活性剂

$$\begin{array}{c} \quad R^1 \qquad\qquad\quad A \\ \quad | \qquad\qquad\quad\; | \\ R-X^+-CH_2-CH-CH_2-Y^- \\ \quad | \\ \quad R^1 \end{array}$$

式中各功能团的结构与cmc间的关系为：

① 如果X原子或功能团Y的尺寸增大，则cmc减小，亦即

$$X:\quad N>P \qquad Y:\quad COO^- > SO_3^- > OSO_3^-$$

② R^1 基增大，则cmc亦降低；

③ 在A处为OH基取代时，因氢键效应cmc值亦将降低。

3. 用途

①羧基甜菜碱广泛用于化妆品、乳化剂、皮革及低刺激香波制品中。磺基甜菜碱以其优良的钙皂分散力，常用于洗涤剂及纺织制品的配方中。

②在洗涤剂配方中使用少量磺基甜菜碱，由于它与配方中的一些组分具有协同效应，可提高产品的润湿、起泡和去污等性能，特别适合于在硬水和海水中

使用。

③磺基甜菜碱与阴离子表面活性剂混合，可使其混合物对皮肤的刺激性大为降低。因此，适用于液体香波和液体洗涤剂的配制。

④甜菜碱两性表面活性剂的抗静电性能优良，羧基甜菜碱加到聚丙烯纤维中，能产生历久而不退的抗静电作用，广泛用于纺织、塑料等工业。

⑤甜菜碱型两性表面活性剂还可用作杀菌消毒剂、织物干洗剂、胶卷助剂、双氧水稳定剂及三次采油助剂等。

（二）氨基酸型两性表面活性剂

氨基酸兼有羧基和氨基，本身就是两性化合物。当氨基上氢原子被长链烷基取代就成为具有表面活性的氨基酸表面活性剂。

1. 结构类型

氨基酸型两性表面活性剂的种类很多，常见的有如下几类。

(1) 羧酸型

① 长链烷基氨基酸　如 $RNH(CH_2)_nCOOH$, $RN[(CH_2)_nCOOH]_2$，$n=2,3$

② N-烷基多氨乙基甘氨酸　如 $R(NHCH_2CH_2)_nNHCH_2COOH$

③ 烷基多胺多氨基酸　如 $R(NHCH_2CH_2CH_2)_nNHCH_2CH_2COOH$

④ 烷基低聚氨基酸　如

$$\mathrm{R{-}[\underset{\displaystyle|\atop\displaystyle CH_2COONa}{N}(CH_2)_n]_m{-}N{-}(CH_2COONa)_2}\qquad n=2,3;\ m=1\sim4$$

⑤ 酰基低聚氨基酸　用酰基取代烷基低聚氨基酸中的烷基，即得酰基低聚氨基酸。

(2) 磺酸型　如 $RNHC_2H_4SO_3H$。

2. 性能与用途

氨基酸型两性表面活性剂的性质随 pH 而变。随着 pH 的改变可转为阴离子型或阳离子型。

$$\underset{\text{酸性(阳离子型)}}{\mathrm{R\overset{+}{N}H_2CH_2CH_2COOH}} \underset{H^+}{\overset{OH^-}{\rightleftharpoons}} \underset{\text{等电点范围}}{\mathrm{R\overset{+}{N}H_2CH_2CH_2COO^-}} \underset{H^+}{\overset{OH^-}{\rightleftharpoons}} \underset{\text{碱性(阴离子型)}}{\mathrm{RNHCH_2CH_2COO^-M^+}}$$

在等电点时，阴离子与阳离子在同一分子内相互平衡，此时溶解度最小，润湿力最小，泡沫性亦最低。

在正常 pH 范围内有些氨基酸表面活性剂具有很低的表面张力与界面张力。例如，N-椰油基-β-氨基丙酸钠（Deriphat 151）及 N-十二酰/豆蔻酰-β-氨基丙酸（Deriphat 170C）的表面张力在 pH 7.0，0.01%浓度时分别为 28.7mN/m 及 27.3mN/m，油水界面张力为 1.2mN/m 及 2.2mN/m，发泡性及泡沫稳定性较强，并随 pH 值的变化而改变，润湿性亦好，亦随 pH 值的大小而变动。

氨基酸表面活性剂可用于洗涤剂、香波的配方。它的刺激性很小，还可用于杀菌剂、除臭剂、锅炉除锈剂、防锈剂、纺织匀染剂及其他工业用途。

（三）咪唑啉型两性表面活性剂

咪唑啉型两性表面活性剂主要是含脂肪烃咪唑啉的羧基两性表面活性剂，目前已成为两性表面活性剂中的一大类。常见的结构类型如下。

（1）单羧基结构　典型例子如

```
       CH2
      /   \
     N     CH2
     ‖      |
R—C——N+ —CH3
            |
           CH2COO-
```
（这是美国 Miranol 公司最早推出的商品类型）

另一类常见的是

```
       CH2
      /   \
     N     CH2
     ‖      |
R—C——N+—CH2CH2OH
            |
           CH2COO-
```

（2）双羧基结构　典型例子如

```
       CH2
      /   \
     N     CH2
     ‖      |
R—C——N+—CH2CH2OCH2COONa
            |
           CH2COONa
```

（3）无盐产物（丙烯酸化）结构　典型例子如

```
       CH2
      /   \
     N     CH2                 CH3
     ‖      |                   |
R—C ——N—CH2CH2NHCHCH2COONa
```

```
       CH2
      /   \
     N     CH2                       CH3
     ‖      |                         |
R—C ——N—CH2CH2NHCH2CHCOONa
```

（4）其他结构　除了上述含脂肪烃咪唑啉的羧基两性表面活性剂，还有含磺酸基、硫酸基的咪唑啉。更新的还有含磷和含氟的咪唑啉两性表面活性剂。

咪唑啉两性表面活性剂最主要的性能是无毒，性能柔和和无刺激。因此常用于香波、浴液及其他化妆品调理剂中。

羧基咪唑啉两性表面活性剂由于其混溶性好，可以调节到所需的各种 pH 值，使呈阴离子型或阳离子型使用。羧酸型在 pH 值中性情况下是离子平衡的，但磺酸型则在所有 pH 条件下均带有阴离子型性质。

四、非离子表面活性剂

非离子表面活性剂在水中不离解成离子状态。其亲水基主要是由聚乙二醇基即聚氧乙烯基—$(C_2H_4O)_n$—构成，另外就是以多元醇（如甘油，季戊四醇；蔗糖，葡萄糖，山梨醇等）为基础的结构。此外还有以单乙醇胺、二乙醇胺等为基础的结构。

非离子表面活性剂有以下特征。

①是表面活性剂家族第二大类，产量仅次于阴离子表面活性剂。

②由于非离子表面活性剂不能在水溶液中离解为离子，因此，稳定性高，不受酸、碱、盐所影响，耐硬水性强。

③与其他表面活性剂及添加剂相容性较好，可与阴、阳、两性离子型表面活性剂混合使用。

④由于在溶液中不电离，故在一般固体表面上不易发生强烈吸附。

⑤聚氧乙烯型非离子表面活性剂的物理化学性质强烈依赖于温度，随温度升高，在水中变得不溶（浊点现象）。但糖基非离子表面活性剂的性质具有正常的温度依赖性，如溶解性随温度升高而增加。

⑥非离子表面活性剂具有高表面活性，其水溶液的表面张力低，临界胶束浓度低，胶束聚集数大，增溶作用强，具有良好的乳化力和去污力。

⑦与离子型表面活性剂相比，非离子表面活性剂一般来讲起泡性能较差，因此，适合于配制低泡型洗涤剂和其他低泡型配方产品。

⑧非离子表面活性剂在溶液中不带电荷，不易与蛋白质结合，因而毒性低，对皮肤刺激性也较小。如糖酯和吐温型产品常用于食品工业配方中。

⑨非离子表面活性剂产品大部分呈液态或浆状，这是与离子型表面活性剂不同之处。

（一）聚氧乙烯型非离子表面活性剂

1. 结构类型

按照疏水基原料不同，大体有如下 7 个系列。

① 脂肪醇聚氧乙烯醚（AEO）　$RO(C_2H_4O)_nH$

② 烷基酚聚氧乙烯醚（APEO）　$R-C_6H_4-O(C_2H_4O)_nH$，其代表物有 Triton X（*tert*-辛基酚聚氧乙烯醚）系列等。

③ 脂肪酸聚氧乙烯酯：$RCOO(C_2H_4O)_nH$

④ 聚氧乙烯酰胺：$RCON\begin{cases}(C_2H_4O)_xH\\(C_2H_4O)_yH\end{cases}$

⑤ 聚氧乙烯脂肪胺：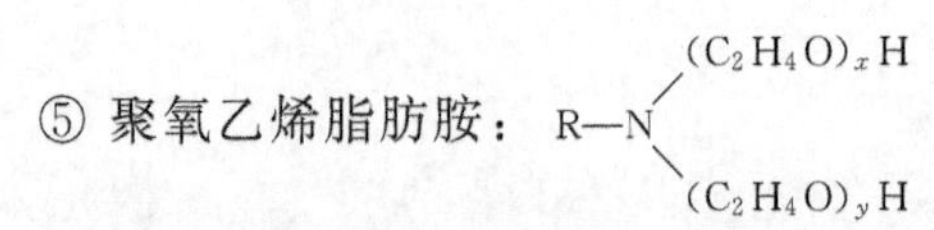

⑥ 聚氧乙烯失水山梨醇单羧酸酯-吐温（Tween）。

⑦ 其他聚氧乙烯型非离子表面活性剂　如聚氧乙烯蓖麻油、炔二醇聚氧乙烯醚等。

2. 性能与用途

聚氧乙烯型非离子表面活性剂的性能不仅取决于疏水烷基，而且在许多方面与聚氧乙烯链长度有很大关系。烷基链长与聚氧乙烯链长度往往是相互矛盾的，聚氧乙烯链越长，水溶性越好，但同时表面活性下降。因此，其亲水基和亲油基二者之间的亲水-亲油平衡（HLB值）显得特别重要。

（1）溶解性和浊点　聚氧乙烯化合物的水溶性是由于醚氧原子的水合作用，即水分子借助于氢键对聚氧乙烯链醚键上的氧原子发生作用。当分子中乙氧基增加时，结合的水分子数也相应增加，因而溶解度随乙氧基单元数的增加而显著增加。

聚氧乙烯化合物的一个十分重要的特征是水溶性随温度升高而降低，至一定温度时，溶液变浑浊，此即聚氧乙烯化合物的浊点（cloud point）现象，溶液开始变为浑浊的温度称为浊点。有关非离子表面活性剂的浊点与分子结构的关系，参见本书第十二章。

在浊点温度以上，聚氧乙烯型非离子表面活性剂水溶液可分离成两个水相，称为双水相（aqueous two-phases），此类双水相体系可作为一种萃取体系，用于化学和生物物质的分离和分析。有关内容参见本书第五章。

（2）表面活性

① 表面张力　如前所述，聚氧乙烯型非离子表面活性剂降低表面张力的能力与分子中聚氧乙烯链（即EO链）关系很大，EO链越长，降低表面张力能力越弱。当EO数一定时，分子的疏水基对表面张力的影响遵从表面活性剂的一般规律。

② 润湿力　随着EO数增加、碳链增长而润湿力下降。因此，低碳链、低EO数的醇醚具有最佳润湿性能。

③ 泡沫　聚氧乙烯型非离子表面活性剂的起泡力较低，起泡力随温度升高和EO数的增加而提高。当超过浊点时，起泡力即显著下降。脂肪醇聚氧乙烯醚的泡沫稳定性亦较差，适合于配制低泡洗涤剂。

④ 乳化作用　一般来说，具有$C_{12\sim18}$的脂肪醇和$C_{8\sim10}$的烷基酚的环氧乙烷加成物是良好的乳化剂。EO数低于5的产品为油溶性。

⑤ 去污和清洗作用　$C_{12\sim15}$、HLB值在13～15且亲水基在疏水链一端的产品为优良的洗涤剂。即使在低浓度情况下，去污力也很好。

（3）生物降解与毒性　聚氧乙烯型非离子表面活性剂的生物降解性同EO数有

明显关系，若憎水基相同的产品，EO 数越多，则生物降解性越差。一般来讲，不同类型的聚氧乙烯型非离子表面活性剂的生物降解性次序为：脂肪醇聚氧乙烯醚＞吐温型产品＞烷基酚聚氧乙烯醚。毒性方面，脂肪酸聚氧乙烯酯比脂肪醇聚氧乙烯醚的毒性更低，随着憎水基碳链增长和 EO 数增加，毒性降低。

（二）多元醇的脂肪酸酯

多元醇的脂肪酸酯的亲水基团是羟基，所用疏水基原料主要为脂肪酸。主要有乙二醇酯、甘油酯、聚甘油酯、戊醛糖和丁糖醇酯、山梨醇酯、失水山梨醇酯，蔗糖酯和聚氧乙烯多元醇酯等。

① 乙二醇酯　主要是乙二醇的单酯。结构通式为：$RCOOCH_2CH_2OH$。

② 甘油单脂肪酯（单甘酯）　单甘酯是甘油和脂肪酸酯化的产物，其结构式为

α-型：$RCOOCH_2CH(OH)CH_2OH$

β-型：$HOCH_2(RCOO)CHCH_2OH$

③ 聚甘油酯　聚合甘油是由甘油在催化剂存在下加热，分子内脱水制得。聚合甘油与脂肪酸酯化，得聚甘油酯。如

十甘油单油酸酯：

$$C_{17}H_{33}COOCH_2CH(OH)CH_2O[CH_2CH(OH)CH_2O]_8CH_2CH(OH)CH_2OH$$

脱水六甘油二油酸酯：

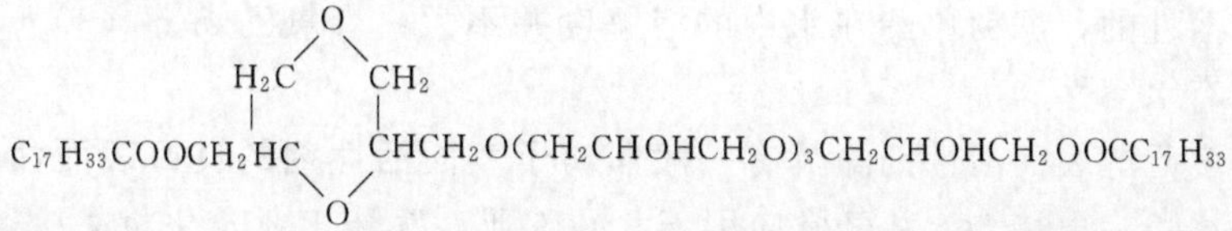

$$C_{17}H_{33}COOCH_2HC\!<\!\!\begin{smallmatrix}H_2C-O-CH_2\\ O\end{smallmatrix}\!\!>\!CHCH_2O(CH_2CHOHCH_2O)_3CH_2CHOHCH_2OOCC_{17}H_{33}$$

④ 四元醇酯和五元醇酯　四元醇和五元醇如季戊四醇、赤藓四醇、赤藓五醇、木糖醇等与脂肪酸直接酯化，可得单酯、双酯、三酯、四酯等。产品常常是多种酯的混合物。

⑤ 山梨醇酯　如山梨醇月桂酸酯

$$\begin{array}{l} CH_2OOCC_{11}H_{23} \\ | \\ (CHOH)_4 \\ | \\ CH_2OH \end{array}$$

⑥脱（失）水山梨醇酯（失水山梨醇脂肪酸酯，或山梨醇酐烷基酯）此类产品是单酯、双酯和三酯的混合物，一般可用下式表示

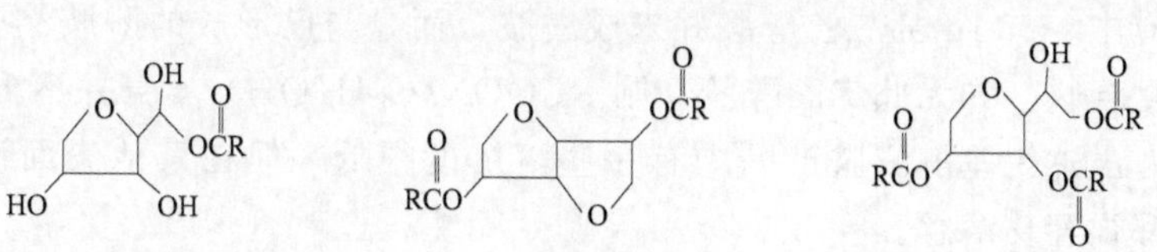

OH　O　OCR　HO　OH　单酯

O　OCR　O　RCO　O　双酯

OH　O　OCR　O　RCO　OCR　O　三酯

1945 年美国 Atlas 公司开发成商品，商品名称 Span（司盘）。月桂酸、棕榈酸、硬脂酸和油酸的单酯分别为 Span-20、Span-40、Span-60、Span-80。硬脂酸和油酸的三酯代号为 Span-65、Span-85。这些产品加成环氧乙烷后，其商品代号相应地将 Span 变为 Tween。

⑦ 蔗糖酯　蔗糖脂肪酸酯简称蔗糖酯。是单酯、二酯和多酯的混合物。

⑧ 聚氧乙烯多元醇酯　前面所示的多元醇酯，主要是亲油性的非离子表面活性剂。为使它具有亲水性，常常在剩余羟基上进行乙氧基化，从而获得聚氧乙烯多元醇酯。

此类产品的代表物为聚氧乙烯失水山梨醇脂肪酸酯，它是由失水山梨醇酯同环氧乙烷反应制得，商品名为“吐温”（Tween）。月桂酸、棕榈酸、硬脂酸和油酸的单酯分别为 Tween-20、Tween-40、Tween-60、Tween-80。一般可用下式表示其结构：

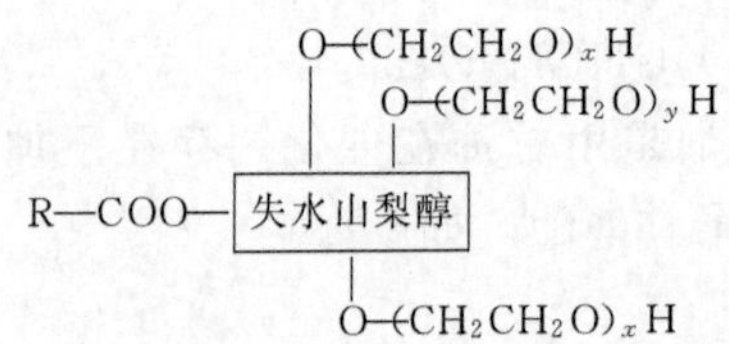

多元醇的脂肪酸酯一般是油溶性的，在水中一般不溶解。当引入聚氧乙烯链成为聚氧乙烯多元醇酯后则可溶于水。如 Span 系列是油溶性的，而 Tween 系列则是水溶性的；蔗糖单酯在水中的溶解度并不大。聚氧乙烯链（30～35）的蔗糖双酯具有水溶性。

多元醇表面活性剂除具有一般非离子表面活性剂的良好表面活性外，还有无毒性这一突出特点，故经常应用于食品工业、医药工业及化妆品中。如 Span 类产品具有低毒、无刺激等特性，在医药、食品、化妆品中广泛用作乳化剂和分散剂；它常与水溶性表面活性剂如 Tween 系列复合使用，可发挥出良好的乳化力。

（三）烷基醇酰胺

烷基醇酰胺是脂肪酸和乙醇胺的缩合产物。

常用的烷基醇酰胺有单乙醇酰胺和二乙醇酰胺。单乙醇酰胺一般不溶于水，二乙醇酰胺本身一般也不溶于水，但若在二乙醇酰胺中加入二乙醇胺，则可得到一种水溶性的复合物。如 1mol 脂肪酸和 2mol 二乙醇胺的反应产物即是水溶性的。此种产品的商品名叫尼洛尔或尼拉尔（Ninol）。反应式如下

$$RCOOH + 2HN(C_2H_4OH)_2 \rightarrow RCOON(C_2H_4OH)_2 \cdot HN(C_2H_4OH)_2$$

此反应中，有 1mol 二乙醇胺并未成酰胺，而是与已形成的酰胺结合，生成可溶于水的复合物。如无此二乙醇胺，则 $RCOON(C_2H_4OH)_2$ 本身并不溶于水。

此外，虽然烷基醇酰胺产品中有一些溶解度很低，但在其他表面活性剂存在下，它们都很容易溶解。

烷醇酰胺有许多特殊性质：

①一般没有浊点；

②水溶液黏度比较大，具有使表面活性剂水溶液变稠的特性，可大大提高制品的黏度，因此，可用作增黏剂；

③能够稳定洗涤剂溶液的泡沫，特别是月桂酸烷醇酰胺产品，有很强的稳泡作用，因而可加少量于洗涤剂配方之中，作为稳泡剂；

④可提高洗涤剂的去污能力和携污性能，对动植物油、矿物油污垢都具有良好的脱除力，还能赋予纤维织物柔软性，兼有抗静电作用；

⑤具有防锈功能，很稀的烷基醇酰胺溶液，能抑制钢铁的生锈。

由于以上特性，烷醇酰胺作为洗涤剂基料，起到了稳定泡沫、提高去污效果、增加液体洗涤剂稠度的作用。可作为羊毛净洗剂用于毛纺工业，作为纤维整理剂用于纺织工业。在金属加工上，可用于表面的除油、脱脂和清洗以及工件的短期防锈。

（四）氧化胺（叔胺氧化物）

氧化胺分子是四面体结构，其氮原子以配位键与氧原子相连，呈半极性。有些书中将它归入阳离子型，也有将它归属两性型。因其在水溶液中不电离，我们将其归入非离子型表面活性剂。

氧化胺最常见的形式是：$R(CH_3)_2N \rightarrow O$。以下几种化合物也属氧化胺类表面活性剂：

$$O(CH_2CH_2)_2N(\rightarrow O)C_{12}H_{25}$$

$$C_{18}H_{37}\overset{O\uparrow}{\underset{C_2H_4OH}{N}}(CH_2)_3\overset{O\uparrow}{\underset{C_2H_4OH}{N}}—C_2H_4OH$$

$$\begin{matrix} H_2C & — & CH_2 \\ | & & | \\ N & & N\rightarrow O \\ & \diagdown\!\!\!= C \diagup & \diagdown C_2H_4OH \\ & | & \\ & C_{18}H_{37} & \end{matrix}$$

$$C_{12}H_{25}(CH_3)\underset{\downarrow O}{N}CH_2CH_2CH_2\underset{\downarrow O}{N}(CH_3)_2$$

氧化胺具有以下特性。

①与其他表面活性剂相容性好。但应注意，它的性质随 pH 值变化而变动。在中性和碱性溶液中显示出非离子型特性，在酸性介质中显示弱阳离子型性质。因此，在强酸性溶液中与阴离子型相混合易产生沉淀。但若能通过调节配比等因素防止沉淀，则可达到增强表面活性的目的。此种情况类似于阴、阳离子表面活性剂混合体系。

②有很好的增泡作用。氧化胺除本身具有优良的洗涤及其他性能外，其突出的特点是能与一般洗涤剂复配成多泡且稳定的配方，为很好的增泡剂，其增泡效率比常用增泡剂月桂酰二乙醇胺还高。脂肪醇硫酸钠与氧化胺相混合时，泡沫丰满而稳定，即使有油脂存在亦影响不大。

③有较好的增稠作用。例如，氧化胺与 AES 混合溶液，在酸性介质中，即使盐分很少，增稠效果亦明显。

④生物降解性好，无毒，且温和、无刺激性，因此，属于温和性表面活性剂。

⑤氧化胺结构的调整可改变其应用性质，如下所示：

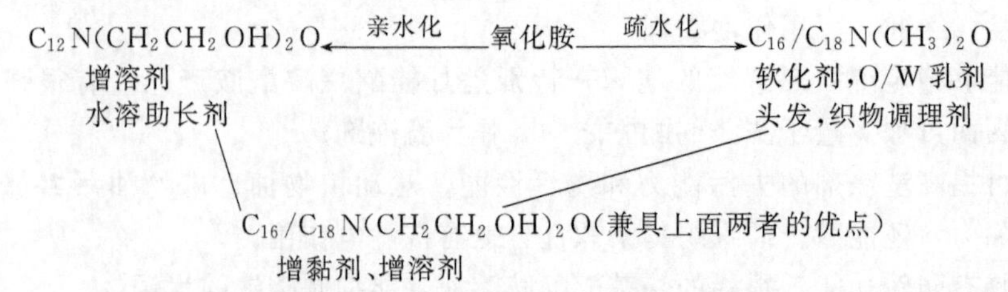

综上所述，氧化胺具有优异的泡沫性能及清洗、乳化、增溶、增稠等作用，对氧化剂、酸碱的化学稳定性较好，对皮肤和眼睛温和，与阴离子活性剂有协同效应，环保、安全性亦较好，广泛用于洗涤剂、香波及化妆品中。

（五）亚砜表面活性剂

将烷基硫化物氧化即得亚砜，例如 $R-SO-R^1$，R 为长碳氢链，R^1 一般为 CH_3，也可以是其他烷基。

亚砜表面活性剂有相当好的表面活性。如 $C_{12}H_{25}SOCH_3$ 的临界胶束浓度很小，约为 2×10^{-4}mol/L，其 γ_{cmc} 也很低，约 25mN/m。

亚砜基也可以是两个，如下列化合物

$$CH_3\underset{\underset{O}{\|}}{S}-\underset{\underset{R}{|}}{CH}-CH_2-\underset{\underset{O}{\|}}{S}-CH_3$$

R 的碳原于数为 6～12，水溶性较好，有表面活性，某些品种还具有良好的洗涤性能。

五、混合型表面活性剂

混合型表面活性剂主要是指分子中的亲水部分既有聚氧乙烯链，又有离子基团的一类表面活性剂，如脂肪醇聚氧乙烯醚羧酸盐、脂肪醇聚氧乙烯醚硫酸盐、脂肪醇聚氧乙烯醚磷酸盐等。此类表面活性剂由于疏水基和亲水基间嵌入了聚氧乙烯链，因而兼具非离子和阴离子表面活性剂的一些特性。很多文献中将这类表面活性剂归入阴离子型表面活性剂。由于它们在很多方面与普通阴离子型表面活性剂有明显差别，因此本书将其单列出来，作为混合型表面活性剂。

（一）脂肪醇聚氧乙烯醚羧酸盐

它是脂肪醇聚氧乙烯醚的改性产物，其化学通式为 $RO(CH_2CH_2O)_nCH_2$-$COOM_{1/n}$ [M 为金属离子或铵（胺）离子，n 为反离子 M 的价数]。

脂肪醇聚氧乙烯醚羧酸盐由于疏水基和亲水基间嵌入了聚氧乙烯链，因此，克服了普通羧酸盐类阴离子表面活性剂的一些缺陷。具有以下特性：

①水溶性和抗硬水性比肥皂好得多；

②在酸、碱介质中具有较好的化学稳定性；

③产品温和，为无刺激性表面活性剂，对酶的活性影响较小；

④具有优良的去油污性和分散性。

此类表面活性剂作为洗涤剂、分散剂、染色助剂、抗静电剂、乳化剂、金属加工冷却润滑剂、润湿剂、软化剂和渗透剂的成分而得到广泛应用。从20世纪70年代起又用于无磷洗涤剂中，在三次采油研究中亦有应用。它也可与多种表面活性剂复配，制成浴液、液体皂、香波和洗面奶等。

（二）脂肪醇聚氧乙烯醚硫酸盐

这是在非离子表面活性剂聚氧乙烯醚即 $RO(C_2H_4O)_nH$ 的基础上，衍生出来的一种重要的表面活性剂。其结构通式为 $RO(C_2H_4O)_nSO_4Na$(AES)，n 一般为1～4。

脂肪醇聚氧乙烯醚硫酸盐是混合型表面活性剂中最重要、产量最大的一种。脂肪醇聚氧乙烯醚硫酸盐的溶解性能、抗硬水性能、起泡性、润湿性均优于脂肪醇硫酸盐，且刺激性也低于脂肪醇硫酸盐，因而，可取代脂肪醇硫酸盐而广泛用于洗涤剂、个人护理品等配方中。

（三）醇醚或酚醚的磷酸酯盐

醇醚及酚醚的磷酸酯盐具有非离子表面活性剂的一些性质，能溶解在电解质浓度较高的溶液中。磷酸酯盐耐强碱，但在强酸中会发生水解。醇醚磷酸酯盐的平滑性比烷基磷酸单酯盐差，但抗静电性较烷基磷酸酯盐好。醇醚和酚醚磷酸酯盐中由于具有聚氧乙烯链，其洗涤性能、乳化能力和润湿性能均优于烷基磷酸酯盐。

（四）磺基琥珀酸脂肪醇聚氧乙烯醚酯二钠

结构通式为 $RO(CH_2CH_2O)_nOCCH_2CH(SO_3Na)COONa$。其典型例子为磺基琥珀酸月桂基聚氧乙烯醚酯二钠（商品名为琥珀酸酯202)。琥珀酸酯202基本上可认为是无刺激性的。与脂肪醇聚氧乙烯醚硫酸钠（AES)、脂肪醇硫酸钠(FAS）比较，刺激性顺序为FAS＞AES＞琥珀酸酯202。

（五）烷基酚聚氧乙烯醚硫酸盐

此类表面活性剂在20世纪50年代曾得到广泛使用，但因其生物降解性能差，现在已很少使用。

近年来，混合型表面活性剂在三次采油中有了新用途。三次采油中驱油剂大多由两种或以上表面活性剂混合物与其他助剂构成，在将驱油剂注入地下（油层）后，由于不同表面活性剂在地层和岩石表面的吸附能力不同，造成驱油剂组成发生变化，称为“色谱分离”现象。很多驱油剂配方中使用阴离子表面活性剂和非离子表面活性剂混合物，在地层容易发生“色谱分离”现象。一些学者就采取了把阴离子表面活性剂和非离子表面活性剂“合二为一”的方法，在阴离子表面活性剂的疏水基和亲水基之间插入聚氧乙烯（EO）链，称为混合型表面活性剂，即可避免“色谱分离”现象的发生。

参考文献

[1] 梁梦兰．表面活性剂和洗涤剂：制备性质应用．北京：科学技术文献出版社，1990.

[2] Myers D. Surfacant Science and Technology，2nd ed.，New York：VCH，1992.

[3] 徐燕莉．表面活性剂的功能．北京：化学工业出版社（精细化工出版中心），2000.

[4] 夏纪鼎，倪永全．表面活性剂和洗涤剂：化学与工艺学．北京：中国轻工业出版社，1997.

[5] 李宗石，等．表面活性剂合成与工艺．北京：中国轻工业出版社，1995.

[6] 张天胜．表面活性剂应用技术．北京：化学工业出版社，2001.

[7] 赵国玺．表面活性剂物理化学．第 2 版．北京：北京大学出版社，1991.

第三章 表面活性剂在溶液表（界）面上的吸附

水溶液中的表面活性剂分子由于疏水作用，能自发地从溶液内部迁移至表面，采取亲水基伸向水中、疏水基伸向空气的排列状态。这种从水内部迁至表面，在表面富集的过程叫吸附[1~2]。

广义地讲，凡是组分在界面上和体相的浓度出现差异的现象统称为吸附（作用）。若组分在界面上的浓度高于在体相中的，称为正吸附，反之为负吸附。有实际应用价值的吸附一般都是体相中的组分在界面上富集的作用，即正吸附。一般若无特别说明，所说的吸附都是指正吸附。

吸附是一种界面现象，它可在各种界面上发生，其中以固/气、固/液、气/液和液/液界面上的吸附应用最多。近年来由于表面活性剂双水相体系（两个很稀的表面活性剂水溶液相平衡共存）、表面活性剂-高聚物混合双水相体系在生物活性物质分离方面的潜在应用价值，对此类双水相体系的界面性质也引起越来越多的重视。本章介绍表面活性剂在气/液界面和油/水界面上的吸附以及与表面活性剂有关的双水相体系的界面（水/水）性质。表面活性剂在固液界面上的吸附将单独在第四章中讨论。

一、表面超量

组分在表面和体相内部浓度的差异常用表面超量或表面过剩来表示。表面过剩最主要的计算公式是吉布斯（Gibbs）吸附公式[1~2]。

设有一杯溶液与蒸气成平衡。以 α 和 β 分别代表液相和气相，则溶质（对于溶剂也一样）的量是 $n=n^{\alpha}+n^{\beta}$，其中，n^{α} 和 n^{β} 分别代表 α 和 β 相中溶质的摩尔数。

设若 α（或 β）相内部一直到两相交界处浓度都是一致的，则计算 n^{α}（或 n^{β}）时只要以 α（或 β）相的体积乘其体积摩尔浓度即可。但实际上在两相交界处有薄薄一层（厚度不过几分子），其浓度和相内部的不同，因此，上面的算法就不对了。我们将这部分与体相浓度不同的表面层叫作表面相，以 σ 代表之。在相中画一个面，如图 3-1 中的 ss'。

设在此面以上（或下）的浓度是全体一致的，而且就是体相的浓度。以 n^{α} 和 n^{β} 分别代表根据这个假设所算出的 α 和 β 相的溶质量，n 是实际的溶质量，其差值是

$$n^{\mathrm{s}}=n-(n^{\alpha}+n^{\beta}) \tag{3-1}$$

n^{s} 即为溶质的过剩量。以 σ 的面积 A 除以 n^{s}，即得

$$\Gamma=n^{\mathrm{s}}/A$$

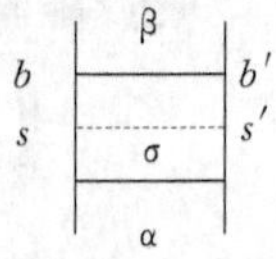

图 3-1　界面相示意图

Γ 就叫做表面过剩。其意义是若自 $1\mathrm{cm}^2$ 的溶液表面和内部各取一部分，其中溶剂的数目一样多，则为表面部分的组分比内部所多出的摩尔数。

一般说来，气相的浓度远低于液相的，即 $n^{\alpha}\geqslant n^{\beta}$，故式（3-1）可简化为 $n^{\mathrm{s}}\approx n-n^{\alpha}$，而 $\Gamma=(n-n^{\alpha})/A$。也就是说，我们可将 Γ 看作是单位表面上表面相超过体相的溶质量，有时也叫表面浓度或吸附量。应注意的是：

① Γ 是过剩量；

② Γ 的单位与普通浓度的不同；

③ Γ 可以是正的，也可以是负的。

二、Gibbs 吸附公式和表面活性剂吸附的应用

（一）Gibbs 吸附公式

Γ 的数值与分界面 ss' 放在何处有关，因此只有将分界面按一定的原则确定之后，Γ 才有明确的物理意义。为了导出 Γ、表面张力（γ）和浓度（c）之间的关系，Gibbs 用了一个巧妙的办法以确定分界面的位置，他把分界面放在使某一组分（通常是溶剂）的 Γ 等于零的地方。由此推导出著名的 Gibbs 吸附公式。

首先，应用简单的热力学公式变换可得式（3-2），推导过程参见参考文献[1]：

$$-\frac{\mathrm{d}\gamma}{RT}=\sum\Gamma_i\,\mathrm{d}\ln\alpha_i \tag{3-2}$$

式中，α_{i} 是 i 组分的活度（以下所涉及的下标 i 均指 i 组分）。

对二组分体系

$$-\frac{d\gamma}{RT}=\sum\Gamma_1 d\ln\alpha_1+\sum\Gamma_2 d\ln\alpha_2$$

下标1代表溶剂，2代表溶质。

用吉布斯的方法确定分界面的位置，此时 $\Gamma_1=0$，于是

$$\Gamma_2^{(1)}=-\frac{1}{RT}\left(\frac{\partial\gamma}{\partial\ln\alpha_2}\right)_T \tag{3-3}$$

式中，$\Gamma_2^{(1)}$ 是溶质的表面过剩。上标（1）表示此时分界面的位置是在使溶剂的表面过剩 $\Gamma_1=0$ 的地方。

此即 Gibbs 吸附公式。

若溶液很稀，则可以浓度 c 代替活度 α，式（3-3）即成

$$\Gamma_2^{(1)}=-\frac{1}{RT}\left(\frac{\partial\gamma}{\partial\ln c_2}\right)_T \tag{3-4}$$

或

$$\Gamma_2^{(1)}=-\frac{c_2}{RT}\left(\frac{\partial\gamma}{\partial c_2}\right)_T$$

式（3-5）表明，若 $\partial\gamma/\partial c_2$ 为负，即溶液的 γ 随溶质浓度的增加而下降，则溶质的表面过剩是正的，也就是说表面层的溶质浓度大于溶液内部的，即溶质在溶液的表面发生正吸附。反之，若 $\partial\gamma/\partial c_2$ 为正，则溶质的表面过剩是负的，即表面层的溶质浓度小于溶液内部的，也就是说溶质在溶液表面发生负吸附。

（二）Gibbs 公式在表面活性剂溶液中的应用

Gibbs 公式是研究表面活性剂溶液表面吸附最基本和最重要的公式之一。由其计算表面活性剂在溶液表面的吸附量是表面活性剂溶液研究的基础。

由于表面活性剂溶液的浓度一般很小，可用浓度 c 代替活度 α，由此可得表面活性剂的 Gibbs 吸附通式：

$$-\frac{d\gamma}{RT}=\sum\Gamma_i d\ln c_i \tag{3-5}$$

由此可推导出各类单一和混合表面活性剂的 Gibbs 吸附公式，具体推导可参见有关专著和参考文献［1］，列于表 3-1。

表 3-1　表面活性剂的 Gibbs 吸附公式

表面活性剂	Gibbs 公式
非离子型	$\Gamma=-\frac{1}{RT}\left(\frac{d\gamma}{d\ln c}\right)$　(3-6)

续表

表面活性剂			Gibbs 公式
离子型	1∶1型，不水解，如 Na^+R^-	无外加无机盐	$\Gamma=-\frac{1}{2RT}\left(\frac{d\gamma}{d\ln c}\right)$ (3-7)
		加过量无机盐或恒定离子强度	$\Gamma=-\frac{1}{RT}\left(\frac{d\gamma}{d\ln c}\right)$ (3-8)
		无机盐既非过量，又非离子强度恒定	$\Gamma=-\frac{1}{yRT}\left(\frac{d\gamma}{d\ln c}\right)$ (3-9) $y=1+c/(c+c')$ c'为无机盐浓度
	1∶1型，水解，如羧酸钠	加过量有共同离子且有缓冲作用的电解质	$\Gamma'=\Gamma_{\overline{R}}+\Gamma_{HR}=-\frac{1}{RT}\left(\frac{d\gamma}{d\ln c}\right)$ (3-10) Γ'：表面活性离子 R^- 与水解产物（羧酸 HR）吸附量总和
同类型混合物	i 种非离子型		$\Gamma_i=-\frac{1}{RT}\left(\frac{d\gamma}{d\ln c_i}\right)_{c_j}$ (3-11) c_j：固定其他组分浓度不变
	i 种同电性离子型，不水解	无外加无机盐	$\Gamma_i=-\frac{1}{2RT}\left(\frac{d\gamma}{d\ln c_i}\right)_{c_j}$ (3-12)
		加过量无机盐或恒定离子强度	$\Gamma_i=-\frac{1}{RT}\left(\frac{d\gamma}{d\ln c_i}\right)_{c_j}$ (3-13)
不同类型混合物	非离子型＋离子型	加过量无机盐	$\Gamma_i=-\frac{1}{RT}\left(\frac{d\gamma}{d\ln c_i}\right)_{c_j}$ (3-14)
		无外加无机盐	$\Gamma_{in}=-\frac{1}{RT}\left(\frac{d\gamma}{d\ln c_{in}}\right)_{c_{jn},c_{im}}$ (3-15) $\Gamma_{im}=-\frac{1}{2RT}\left(\frac{d\gamma}{d\ln c_{im}}\right)_{c_{jm},c_{in}}$ (3-16) in：非离子型表面活性剂数目 im：离子型表面活性剂数目
	正离子型＋负离子型		$\Gamma_+=-\frac{1}{RT}\left(\frac{d\gamma}{d\ln c_+}\right)_{c_-}$ (3-17) $\Gamma_-=-\frac{1}{RT}\left(\frac{d\gamma}{d\ln c_-}\right)_{c_+}$ (3-18) ＋：正离子型表面活性剂 －：负离子型表面活性剂
		等摩尔混合物	$(\Gamma_+ + \Gamma_-)=-\frac{1}{RT}\left(\frac{d\gamma}{d\ln c_{+(-)}}\right)$ (3-19)

应用表 3-1 中的 Gibbs 吸附公式应注意以下几点。

①由于表面活性剂溶液的浓度一般很小，表 3-1 中均用浓度 c 代替活度 α。

②对离子型表面活性剂，加盐与不加盐时 RT 前面的系数是不同的，具体应用时应特别注意。

③若离子型表面活性剂在水中易水解（如羧酸钠），其 Gibbs 公式较复杂，可参考有关专著。一般实际应用时在此溶液中加入一种有共同离子（Na^+）并且有缓冲作用的电解质（过量），则可推导出表 3-1 中的 Gibbs 简化形式。

④对正离子型和负离子型表面活性剂混合物（1∶1 等物质的量混合），由于表面吸附层中两种表面活性离子的电性自行中和，表面上的扩散双电层不复存在，故在一定范围内，无机盐的加入对溶液的表面张力（即吸附）没有影响。所以在加盐和未加盐时，所应用的吉布斯吸附公式皆为 $1RT$ 形式。同时，在混合表面活性剂浓度不太稀时，$\Gamma_+ = \Gamma_-$ 。

⑤应该注意公式中各量的单位：γ 为 dyn/cm 或 erg/cm^2 时，$R = 8.315 \times 10^7$，则 Γ 的单位为 mol/cm^2；γ 为 mN/m 或 mJ/m^2 时，$R = 8.315$，则 Γ 的单位为 mol/（1000m^2）。经常使用的单位是：γ 为 dyn/cm、erg/cm^2、mN/m（三者数值相等），$R = 8.315 \times 10^7$，Γ 的单位为 mol/cm^2。

三、表面活性剂在气-液界面上的吸附量和吸附层状态

（一）表面吸附量的计算

依据表 3-1 中的 Gibbs 吸附公式，即可计算表面吸附量（表面过剩量）。

1. 单一体系

首先测定不同浓度（c）时表面活性剂溶液的表面张力（γ），由 γ-c（更常用 γ-lg$c$ 曲线）得某一浓度（c）时的曲线斜率 $\frac{d\gamma}{dc}$ 或 $\frac{d\gamma}{d\lg c}$，然后应用表 3-1 中的吉布斯公式，即可求出某一浓度（c）时的表面吸附量 Γ。

如 30℃时测定癸基甲基亚砜水溶液的表面张力曲线，自曲线测得溶液浓度为 4×10^{-5} mol/L 时 $\frac{d\gamma}{d\lg c}$ 值为 -12.2，由此可计算癸基甲基亚砜在浓度为 4×10^{-5} mol/L时的吸附量为

$$\Gamma = -12.2/(2.303 \times 8.315 \times 10^7 \times 303)\,\text{mol/cm}^2 = 2.10 \times 10^{-10}\,\text{mol/cm}^2$$

2. 混合体系

对于表面活性剂混合物，可利用 Gibbs 吸附公式计算总吸附量和单组分吸附量。

① 总吸附量　测定溶液各组分浓度按比例改变时的表面张力曲线，用任意溶质的浓度或总浓度作 γ-lg$c$ 曲线，再用前述方法算出体系的总吸附量。

② 单组分吸附量　欲求一种表面活性剂（i）的吸附量 Γ_i，可固定其他表面活性剂的浓度，即配制只有一种溶质（i）的浓度改变，其余溶质浓度皆保持恒定的系列溶液，测定 γ-lg$c$ 曲线，自此求得该组分吸附量。

3. 吸附分子所占的平均面积的计算

由表面吸附量可进一步计算表面上每个吸附分子所占的平均面积：

$$A = 1/N_0\Gamma \qquad (3\text{-}20)$$

N_0 是阿伏伽德罗（Avogadro）常数。

4. 饱和吸附量及吸附分子极限面积

γ-lg$c$ 曲线的直线部分对应于表面过剩达到饱和，因此若以 γ-lg$c$ 曲线的直线部分的斜率计算出的吸附量即为饱和吸附量，用 Γ_m 表示。由饱和吸附量 Γ_m 计算的分子平均面积即为吸附分子极限面积，即吸附分子所占的最小面积，用 A_m 表示。

（二）表面活性剂在溶液表面上的吸附等温线及标准吸附自由能的计算

1. 吸附等温线及其测定

测定恒温时不同浓度溶液的表面张力，应用 Gibbs 公式求得吸附量 Γ，作 Γ-c 曲线，即得吸附等温线。图 3-2 是十二烷基硫酸钠(SDS) 的表面吸附等温线。

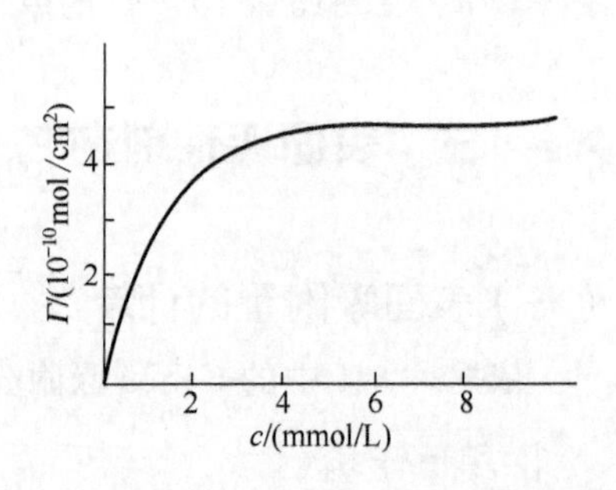

图 3-2 SDS 的表面吸附等温线（0.1mol/L NaCl 溶液）

表面活性剂溶液表面吸附的特征是：低浓度时吸附量随浓度直线上升，然后上升速度逐步降低并趋向一直线值。因此属于 Langmuir 型等温线，数学表达式可以写为：

$$\frac{c}{\Gamma}=\frac{1}{\Gamma_m k}+\frac{c}{\Gamma_m} \tag{3-21}$$

2. 标准吸附自由能的计算

根据式（3-21），以 c/Γ 对 c 作图应得一直线，其斜率的倒数就是饱和吸附量 Γ_m。直线的斜率/截距值可得吸附常数 k。k 可认为是吸附平衡常数，故与标准吸附自由能 $\Delta G^{\ominus}$ 有如下关系：

$$k=\exp\left(-\frac{\Delta G^{\ominus}}{RT}\right) \tag{3-22}$$

由此可得体系的吸附标准自由能。

（三）表面活性剂在溶液表面上的吸附层状态

由吸附分子所占的平均面积［式(3.20)］与通过分子结构计算出来的分子大小相比较，即可推测吸附分子在表面上的排列情况、紧密程度和定向情形，进而推测表面吸附层的结构。

以 SDS 为例。从分子结构计算，SDS 分子平躺时占有面积 1nm^2 以上，直立则约 0.25nm^2，而用上述方法从实验测定 SDS 在 25℃、0.1mol/L NaCl 溶液中不同浓度时的吸附分子平均占有面积得知，在 SDS 浓度分别为 3.2×10^{-5} mol/L 和 8.0×10^{-4} mol/L 时，其分子面积分别为 1.0nm^2 和 0.34nm^2。因此可以推测，在溶液浓度较大（如大于 3.2×10^{-5} mol/L）时，吸附分子不可能在表面上成平躺状态。而当浓度达到 8×10^{-4} mol/L 时，吸附分子只能是相当紧密的直立定向排列。只有在浓度很稀时，才有可能采取较为平躺的方式存在于界面上。图 3-3 表示表面活性剂分子或离子在表面吸附层中可能的状态。

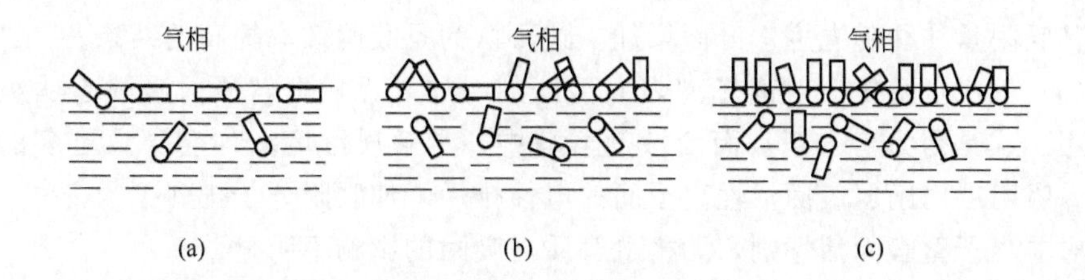

图 3-3　表面活性剂分子或离子在表面吸附层中可能的状态从（a）→（c）浓度增大

对离子型表面活性剂，反离子也在表面相富集并导致吸附层的双电层结构。这是因为表面活性离子在表面形成定向排列的、带电的吸附层。在其电场的作用下，反离子被吸引，一部分进入吸附层（固定层），另一部分以扩散形式分布，形成双电层结构，如图 3-4 所示。

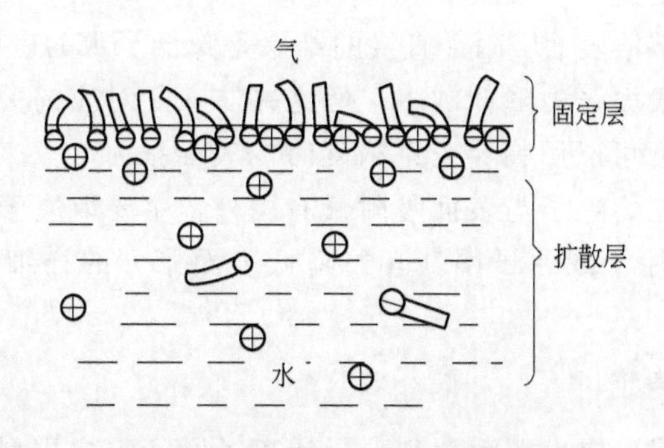

图 3-4　离子型表面活性剂吸附双电层

（四）影响表面吸附的物理化学因素

从饱和吸附量实验数据可以归纳出下列规律。

（1）表面活性剂分子亲水基　亲水基小者，分子横截面积小，饱和吸附量大。例如，聚氧乙烯类非离子表面活性剂的饱和吸附量通常随极性基链长增加而变小；溴化十四烷基三甲铵的饱和吸附量明显大于溴化十四烷基三丙铵的，都是亲水基变大使分子面积变大的结果。

其他因素可比时，非离子型表面活性剂的饱和吸附量大于离子型的。这是因为吸附的表面活性离子间存在同电性间的库仑斥力，使其吸附层较为疏松。

（2）疏水基　与亲水基大小的影响相似，疏水基横截面积小，饱和吸附量大。如具有分支的疏水基的表面活性剂，饱和吸附量一般小于同类型的直链疏水基的表面活性剂。疏水基为碳氟链的表面活性剂的饱和吸附量常小于相应的碳氢链表面活性剂，都是疏水基大小控制饱和吸附量的情况。

(3) 同系物　同系物的饱和吸附量差别不太大。一般的规律是随碳链增长饱和吸附量有所增加，但疏水链过长往往得到相反的效果。

(4) 温度　饱和吸附量随温度升高而减少。但对非离子表面活性剂，在低浓度时其吸附量往往随温度上升而增加。这可认为是吸附效率提高的结果。

(5) 无机电解质　对离子型表面活性剂，加入无机电解质对吸附有明显的增强作用。这是因为离子型表面活性剂溶液中，电解质浓度增加会导致更多的反离子进入吸附层而削弱表面活性离子间的电性排斥，使吸附分子排列更紧密。

对非离子型表面活性剂，无机电解质对吸附的影响不明显。

（五）表面活性剂溶液表面吸附的功能

表面活性剂在溶液表面的吸附主要有两方面的功能：一是降低液体的表面张力；二是形成表面活性剂分子或离子紧密定向排列的表面吸附层，或称作吸附膜、吸附单层。表面活性剂溶液的许多功能，例如它的起泡和消泡作用、润湿和铺展作用等，都依赖于它降低表面张力的能力和形成的表面吸附膜的强度。

1. 表面吸附与水表面张力的降低

表面活性剂在溶液表面吸附最直接的结果是降低了水的表面张力。一般来讲，表面吸附量越大，表面张力降低越多。但这并非一一对应的关系。表面活性剂降低水表面张力的能力可以用临界胶束浓度时的表面张力 γ_{cmc} 来表示。表面活性剂降低水表面张力的能力除了与表面吸附量有关外，主要取决于它在水溶液表面饱和吸附时最外层的原子或原子团。有关降低表面张力的详细讨论参见本书第十二章。

2. 吸附与界面稳定性

表面活性剂吸附形成表面活性剂分子或离子紧密定向排列的表面吸附层，由于吸附层中疏水基和疏水基、亲水基和亲水基的横向相互作用，使得表面膜具有一定的强度，能够承受一定的外力而不被破坏，从而对所形成的气/液界面起稳定作用。

（六）动表面张力与吸附速率

上面介绍的都是表面活性剂在溶液表面吸附平衡时的特性和规律，并没有考虑吸附达到平衡所需时间，或者说吸附速率问题。但是，在实际应用中，吸附速率有时具有决定性的作用。因此，需要研究非平衡情况下的溶液表面性质和吸附速率的规律。

1. 吸附速率

吸附作用至少包括溶质分子从溶液内部扩散到表面和随后进入吸附层并定向的过程。每一步都需要一定的时间，并且分别受各种物理化学因素的影响。因此，对表面活性剂的吸附，除了一般影响分子扩散速率的因素之外，影响表面活性剂吸附速率的因素主要有以下方面。

① 表面活性剂的浓度　浓度越大，吸附越快。

② 表面活性剂分子大小　分子越小，越容易扩散。

③ 无机电解质　对离子型表面活性剂，溶液中有无机盐存在可以大大提高吸附速率，无机盐对非离子型表面活性剂的吸附速率影响不大。

④ 高活性杂质　溶液中存在少量高活性杂质，吸附速率将显著降低。

此外，表面活性离子的吸附还受已吸附离子的电性排斥作用的影响。

因为表面张力随时间的变化反映了表面吸附量随时间的变化，即吸附速率。因此可通过测定表面张力随时间的变化来研究吸附速率。

2. 动表面张力

我们一般所指的表面张力是指溶液的平衡表面张力。在液面陈化过程中观测溶液表面张力时发现它先随时间而降低，一定时间后达稳定值。这种随时间变化的表面张力称为动表面张力，存在动表面张力的现象又叫做表面张力时间效应。

动表面张力的影响因素与前述吸附速率的影响因素基本一致。

① 表面活性剂浓度越大，达到平衡表面张力所需的时间越短。

② 在其他条件相同时，表面活性剂分子小则时间效应小。

③ 对离子型表面活性剂，溶液中有无机盐存在可以大大削弱其水溶液表面张力的时间效应。无机盐对非离子型表面活性剂水溶液的表面张力时间效应影响不大。

动表面张力测定曾被建议为一种检验表面活性剂纯度的好方法。

四、表面活性剂在油/水界面上的吸附

在油/水两相体系中，当表面活性剂分子处于界面上，将亲油基插入油中、亲水基留在水中时分子势能最低。表面活性剂在界面上的浓度将高于在油相或水相中的浓度。因此，像在液体表面一样，表面活性剂在液/液界面上吸附，同时使界面张力降低。应用Gibbs吸附公式自界面张力曲线得到界面吸附量是研究液/液界面吸附的通用方法。

（一）液/液界面张力

当两种不相混溶的液体接触时即形成界面。界面上的分子受到来自本相中和另一相中分子的引力作用，因而产生力的不平衡并从而决定液/液界面易于存在的方式（如铺展、黏附或一相分散成小液珠）。液/液界面张力的大小一般总是介于形成界面的二纯液体表面张力之间。表3-2中列出一些有机液体与水界面张力之实验值。

表 3-2 一些有机液体与水界面的界面张力（20℃，mN/m）

有机液体	界面张力	有机液体	界面张力
汞	375.0	氯仿	32.80
正已烷	51.10	硝基苯	25.66
正辛烷	50.81	已酸乙酯	19.80
二硫化碳	48.36	油酸	15.59
2,5-二甲基已烷	46.80	乙醚	10.70
四氯化碳	45.0	硝基甲烷	9.66
溴苯	39.82	正辛醇	8.52
四溴乙烷	38.82	正辛酸	8.22
甲苯	36.10	庚酸	7.0
苯	35.0	正丁醇	1.8

估算液/液界面张力最简单的公式是 Antonoff 规则。此规则认为界面张力 γ_{12} 与二液体的表面张力 γ_1 和 γ_2 之间的关系为：

$$\gamma_{12}=\gamma_1-\gamma_2 \tag{3-23}$$

式中，表面张力为另一液体饱和时的值。此规则为经验规则，对许多体系适用，也有偏差很大的。

Girifalco 和 Good 基于界面张力与二液体分子性质有关的考虑提出以下公式：

$$\gamma_{12}=\gamma_1+\gamma_2-2\phi(\gamma_1\cdot\gamma_2)^{1/2} \tag{3-24}$$

此式称为 Good-Girifalco 方程。式中 ϕ 与分子性质有关。

$$\phi=\phi_V\phi_A$$

ϕ_V 是反映分子大小作用的系数，

$$\phi_V=(4V_1^{1/3}V_2^{1/3})/(V_1^{1/3}+V_2^{1/3})^{1/2}$$

ϕ_A 是反映分子间相互作用的系数。由两种分子的偶极矩、极化率、电离势等决定。上式中 V 为相应液体的摩尔体积。

Fowkes 假设表面张力可分为极性的和非极性的两部分，即 $\gamma=\gamma^P+\gamma^d$，γ^P 和 γ^d 分别为表面张力的极性分量和非极性分量。若两种组分分子间和同一组分分子间的极性分量和非极性分量间有几何平均关系，且只有色散分量在两种分子间起作用，则式（3-24）可写为：

$$\gamma_{12}=\gamma_1+\gamma_2-2(\gamma_1^d\gamma_2^d)^{1/2} \tag{3-25}$$

实验测得水 $\gamma_{水}^{d}=(21.8\pm0.7)$ mN/m。从而可用式（3-25）方便地计算出非极性液体与水形成界面的界面张力，此时非极性液体的表面张力与其色散分量相等。

在构成界面的二液体间还有极性作用力时上式应加上一项：

$$\gamma_{12}=\gamma_1+\gamma_2-2(\gamma_1^d\gamma_2^d)^{1/2}-2(\gamma_1^P\gamma_2^P)^{1/2} \tag{3-26}$$

显然，利用式（3-25）和式（3-26）计算界面张力时除需已知二液体的表面张力，还需知道各自的色散分量和极性分量。

（二）Gibbs 吸附公式在液/液界面上的应用

在液/液界面上吸附的表面活性剂分子总是将其疏水基插入极性小的一相，亲水基留在极性大的一相中。液/液界面吸附体系的共同特点是至少存在三个组分，即两个液相成分外加至少一种溶质。吸附量与界面张力的关系服从 Gibbs 吸附公式。与溶液表面的 Gibbs 吸附公式相类似，可以推导出应用于液/液界面的 Gibbs 吸附公式，推导过程参见文献［1，2］

$$\Gamma_i = -\frac{a}{RT}\left(\frac{\partial \gamma_i}{\partial a}\right)_T = -\frac{1}{RT}\left(\frac{\partial \gamma_i}{\partial \ln a}\right)_T \tag{3-27}$$

式中，Γ_i 为表面活性剂在界面上的吸附量，或称界面浓度；γ_i 为界面张力；α 为表面活性剂的活度，对于稀溶液可近似认为是浓度 c。根据式（3-27），只要测出界面张力 γ_i 随表面活性剂浓度 c 的变化关系，即可由 $\gamma_i \sim \ln\alpha$（或 $\ln c$）的直线斜率求出吸附量 Γ_i。

在用式（3-27）处理液/液界面吸附问题时必须注意满足的条件如下。

① 适用于非离子型表面活性剂吸附，对于离子型表面活性剂吸附需加以适当改进（参见 Gibbs 公式在离子型表面活性剂在气/液界面的应用）。

② 第二液相无表面活性，且构成液/液界面的二液体完全互不溶解。

③ 表面活性剂只溶解于第一液相中。

④ 表面活性剂浓度超过 cmc 后界面张力不再变化，不能用式（3-17）计算吸附量。

实际上，这些条件很难严格成立，只能是近似的。应用式（3-27）于液/液界面时，其他诸如多溶质体系、离子型表面活性剂体系及离子型表面活性剂加过量无机电解质体系的界面吸附问题，可以式（3-27）为基础依本章一节所类似的方法处理。

（三）液/液界面特点及吸附等温线

液/液界面吸附等温线的形式也与溶液表面上的相似，呈 Langmuir 型，也可以用同样的吸附等温线公式来描述。

表面活性剂在液/液界面上吸附等温线有以下特点。

① 极限吸附时相同的表面活性剂在液/液界面上吸附量小于在气/水界面上的；相应的极限吸附时每个分子所占面积在液/液界面上的大于在气/水界面上的，更大于由不溶物单分子膜所得到的直链碳氢链垂直定向的截面积（约 0.20nm^2/分子）。例如，25℃时十二烷基硫酸钠在水/苯界面上极限吸附量为 $2.33\times10^{-10}\text{mol/cm}^2$，分子面积为 0.71nm^2/分子；而在气/水界面上相应的结果为 $3.16\times10^{-10}\text{mol/cm}^2$ 和 0.53nm^2/分子。这一结果说明在液/液界面上即使是在极限吸附时表面活性剂分子也不可能是垂直定向紧密排列的，而是采取某种倾斜方式，在极特殊的条件下甚至可能以部分链节平躺方式吸附。

② 对于直链同系列离子型表面活性剂，当碳链碳原子数为 10～16 时，在液/

液界面上极限吸附量Γ_m和极限吸附时分子面积α_m与碳链长短关系不大；当疏水链碳原子数大于18时，Γ_m明显减小，α_m增大，这可能是因碳链太长吸附分子发生弯曲所致。碳氢链的支链化一般对Γ_m影响不大，这是由于在液/液界面上表面活性剂分子本来就不是垂直定向的，倾斜方式给支链留有足够的空间。表3-3中列出的50℃时烷基硫酸钠在庚烷/水界面上的Γ_m和α_m值是上述看法的佐证。

表3-3　烷基硫酸钠在庚烷/水界面上吸附的Γ_m、α_m值（50℃）

表面活性剂	$10^{-10}\Gamma_m$ /（mol/cm²）	α_m /（nm²/分子）
n-$C_{10}H_{21}SO_4Na$	3.0	0.54
n-$C_{12}H_{25}SO_4Na$	2.9	0.56
n-$C_{14}H_{29}SO_4Na$	3.2	0.52
n-$C_{16}H_{33}SO_4Na$	3.0	0.54
n-$C_{18}H_{37}SO_4Na$	2.3	0.72

③ 含聚氧乙烯基的非离子型表面活性剂在液/液界面吸附时聚氧乙烯链可伸向水相。若分子中同时含有聚氧丙烯基时伸向水相中的聚氧乙烯链节的多少与分子中聚氧乙烯和聚氧丙烯的比例及温度有关，聚氧丙烯链节可部分伸向水相，大部分以多点形式在界面上吸附。

④ 在低浓度区吸附量随浓度增加而上升的速度比较快。

图3-5为辛基硫酸钠在气/液界面和液/液界面上的吸附等温线，从中可清楚看出这些特点。

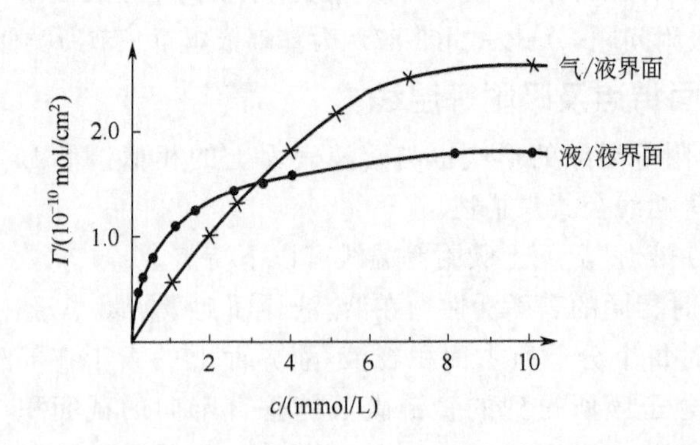

图3-5　辛基硫酸钠在气/液界面和液/液界面上的吸附等温线

（四）液/液界面上的吸附层结构

与溶液表面吸附一样，从吸附量可以算出每个吸附分子平均占有的界面面积A。

如前所述，由于界面吸附的极限吸附量比溶液表面上的小，相应的界面吸附分子的极限占有面积 A_m 就比在表面上的大。例如，$C_8H_{17}SO_4Na$ 和 $C_8H_{17}N(CH_3)_3Br$ 在空气/水溶液界面上吸附的极限面积分别为 0.50nm² 和 0.56nm²，而同样条件下，在庚烷/水溶液界面上的极限面积则为 0.64nm² 和 0.69nm²。这是由于表面活性剂分子的疏水基和油相分子间的相互作用与疏水基间的相互作用强度接近，而不像在空气/水界面上，气相分子既少又小，与表面活性剂疏水基间的相互作用非常微弱。于是，油/水界面吸附层中含有许多油相分子插在表面活性剂疏水链之间，使吸附的表面活性剂分子平均占有面积变大，吸附分子间的凝聚力减弱。也由于这个原因，在低浓度时液/液界面上的吸附量随浓度上升较快。可以认为，在空气/水界面吸附过程中，疏水基在吸附相中所处的环境在变化——逐步接近烃环境，而在油/水界面吸附时吸附分子的疏水基始终处于碳氢环境之中。

由此可见，油/水界面表面活性剂吸附层的结构应如图 3-6 所示。吸附层由疏水基在油相、亲水基在水相，直立定向的表面活性剂分子和油分子、水分子组成。吸附的表面活性剂分子疏水基插入油分子，它的亲水基则存在于水环境中。

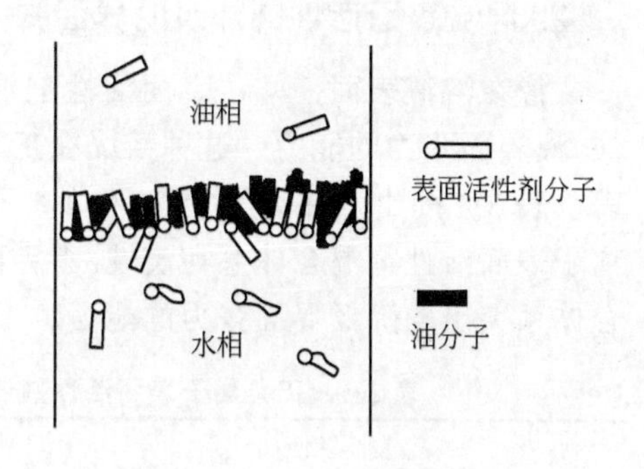

图 3-6　表面活性剂在油/水界面吸附层的结构

根据吸附分子平均占有面积和吸附分子自身占有的面积 A_0 数据可知，在吸附层中油分子数多于吸附分子数。因此，吸附层的性质应该与油相分子性质有关。这可归因于较小碳链的油分子更容易进入吸附层的结果。

（五）表面活性剂溶液的界面张力及超低界面张力

1. 单一表面活性剂体系的界面张力

表面活性剂可降低两互不混溶的液体体系（如油/水体系）的界面张力。界面张力对表面活性剂溶液浓度对数曲线的形式与溶液表面上的相同。界面张力曲线的转折点的浓度也是表面活性剂的临界胶束浓度（cmc），但从液/液界面张力曲线确定的 cmc 值，可能与其他方法（如表面张力法）得到的有所不同，这是因为 cmc 受第二液相的影响。图 3-7 是一些典型体系的界面张力曲线。

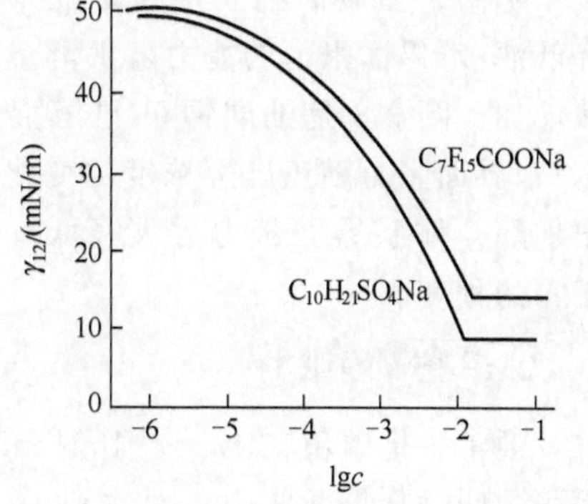

图 3-7　界面张力曲线

表面活性剂降低界面张力的能力和效率与第二液相的性质有关。若第二液相是饱和烃，表面活性剂降低液/液界面张力的能力和效率皆比在气/液界面时的增加。如 25℃时，辛基硫酸钠在空气/水界面的 γ_{cmc} 为 39mN/m；在庚烷/水界面上的 γ_{cmc} 为 33mN/m。如果第二液相是短链不饱和烃或芳烃时，则得相反结果，表面活性剂降低液/液界面张力的能力和效率皆比在气/液界面时的降低。例如，25℃时十二烷基硫酸钠在空气/水界面的 γ_{cmc} 为 40mN/m，在庚烷/水界面 γ_{cmc} 为 29mN/m，而在苯/水界面 γ_{cmc} 只有 43mN/m。

值得一提的是，碳氟表面活性剂虽然有很强的降低水的表面张力的能力（碳氟表面活性剂是迄今为止所有表面活性剂中降低水表面张力能力最强的一种），但碳氟表面活性剂降低油/水界面张力的能力并不强，这是由于碳氟表面活性剂氟碳链既疏水又疏油。

2. 混合表面活性剂体系的界面张力

像在溶液表面一样，表面活性剂混合物常具有比单一表面活性剂更强的降低液/液界面张力的能力。这种情况在正、负离子表面活性剂混合体系中表现更为显著。表 3-4 列出一种碳氢-碳氢正负离子表面活性剂混合体系及一种碳氢-碳氟正负离子表面活性剂混合体系在庚烷/水界面的界面张力，可以看出此类表面活性剂混合体系突出的降低界面张力的能力。

表 3-4 正负离子表面活性剂混合体系在 cmc 时的庚烷/水界面张力

表面活性剂	$\gamma_{cmc(庚烷/水)}$
$C_{18}H_{17}N(CH_3)_3Br$-$C_{18}H_{17}SO_4Na$	0.2
$C_{18}H_{17}N(CH_3)_3Br$-$C_7F_{15}COONa$	0.4

值得一提的是，虽然单一碳氟表面活性剂降低油/水界面张力的能力较差，但碳氟链与碳氢链阴阳离子表面活性剂混合体系既有非常低的表面张力，又有非常低的界面张力。

对离子型表面活性剂与醇混合体系，其降低油/水界面张力的能力随加醇量增加而显著增加。图 3-8 是油酸钾-正己醇混合体系的苯/水界面张力随正己醇浓度的变化。可以看出加醇使体系界面张力大大降低，达到几近于零的程度。

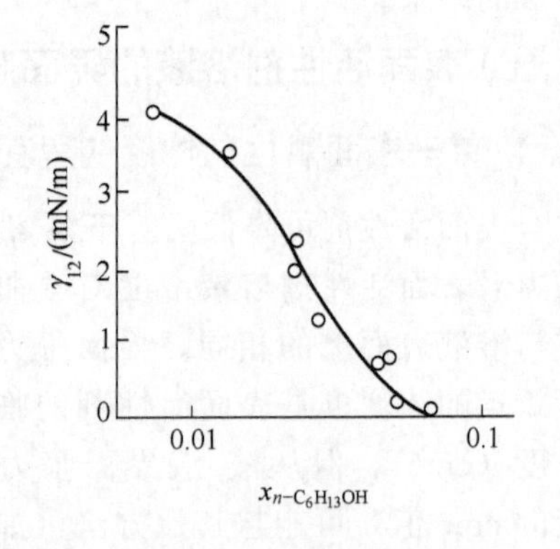

图 3-8 油酸钾-正己醇混合体系的苯/水界面张力随正己醇浓度的变化
（油酸钾：0.1mol/L；KCl：0.5mol/L）

3. 超低界面张力

通常，把数值在 $10^{-1}\sim10^{-2}$ mN/m 的界面张力叫做低界面张力，而达到 10^{-3} mN/m 以下的界面张力叫做超低界面张力。已知最低的液/液界面张力可低达 10^{-6} mN/m。

为测定低于 0.1mN/m 的界面张力，在曾经介绍过的各种方法中只有滴外形方法尚可应用。测量超低界面张力最常用的方法是旋滴法。有关测定的详细内容参见参考文献[2]。

超低界面张力现象最主要的应用领域是增加原油采收率和形成微乳状液。

五、表面活性剂在水/水界面上的吸附——表面活性剂双水相和三水相体系的界面性质

双水相体系（aqueous two-phase system）是指某些物质的水溶液在一定条件下自发分离形成的两个互不相溶的水相。双水相体系最早发现于高分子溶液。如葡聚糖-聚乙二醇体系。除了高分子双水相体系，某些表面活性剂也能形成双水相。如 Triton X 系列的非离子表面活性剂在其浊点温度之上可自发分离成两个水相，一些正、负离子表面活性剂混合体系在一定浓度和混合比范围内也能自发形成双水相。高聚物与表面活性剂混合物也可形成双水相体系，如 Triton X-100/葡聚糖混合体系[3~5]。

除了双水相体系，一些非离子表面活性剂和两种高聚物还可形成三水相体系，如聚乙二醇/Triton X-100/葡聚糖在一定浓度范围可自发分离形成三个水相共存的体系。

双（三）水相体系的最主要的应用是可作为一类新型萃取体系，用于化学物质、特别是生物活性物质的分离和分析（见本书第五章第六节）。

表面活性剂双水相的形成是一种奇特的相分离现象，两相的主要组分都是水（正、负离子表面活性剂双水相体系的含水量可高达 99%以上）。两个稀水溶液互不相溶、平衡共存，其界面结构和界面张力必有其特殊性。作为萃取体系，两相的界面张力也直接影响到被分离物质在两相间的迁移及分配等，因此研究其界面性质是很重要的。

目前有关表面活性剂双（三）水相体系的研究主要集中在其形成规律、相行为、化学及生物活性物质的分配方面，双（三）水相体系的不同水相之间的界面张力也有一些研究。初步研究表明，双水相和三水相体系的不同水相之间的界面张力属于超低界面张力范围。考虑到两相均为稀水溶液，这个结果是合理的。

两个水相之间的界面张力可由旋滴法测定。图 3-9、图 3-10 是两种由正、负离子表面活性剂混合溶液形成的双水相体系的界面张力（γ）随摩尔比（c_+/c_-）的变化。可以看出其各有特点[5]。

图 3-9 中曲线以摩尔比 1∶1 为界分为两部分。对此类体系，当阳离子和阴离子表面活性剂分别过量时，形成两类双水相体系，而一般在两种表面活性剂等摩尔混合时，形成沉淀。因此，以摩尔比 1∶1 为界，左右两条曲线分别表示阳离子表面活性剂和阴离子表面活性剂过量形成的双水相的界面张力随摩尔比的变化。

图 3-9 表明，对此类双水相体系，随着过剩表面活性剂组分的比例增加，界面张力减小。

图 3-10 型的曲线位于摩尔比 1∶1 的一边。此类体系在阴离子表面活性剂过量时无双水相形成。随过剩阳离子表面活性剂的比例增加，界面张力先增加后减小，曲线中出现最高点，整个曲线呈马鞍形。

界面张力的上述变化规律与双水相的相行为一致。图 3-9 中每条曲线的两端为双水相体系的边界。在曲线的下端，若继续增加过剩组分的比例，无双水相形成，混合体系为均相溶液，因此，在此边界（均相溶液和双水相的边界）处，界面张力接近于零。在曲线上端，若继续减小过剩组分的比例，则生成沉淀，因此在此边界（双水相与沉淀/溶液边界）处，界面张力最大。这从宏观相行为是可以理解的。

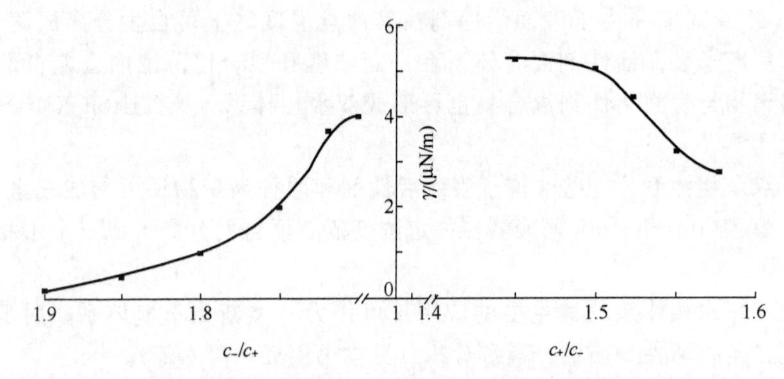

图 3-9 十二烷基三乙基溴化铵和十二烷基硫酸钠体系界面张力与摩尔比的关系

（正、负离子表面活性剂的总浓度为 0.100mol/L）

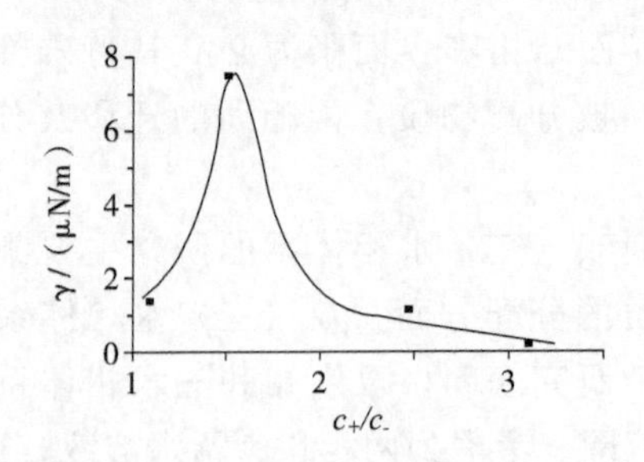

图 3-10 辛基三乙基溴化铵和十二烷基硫酸钠体系界面张力与摩尔比的关系

（正、负离子表面活性剂的总浓度为 0.100mol/L）

有关表面活性剂在双（三）水相界面的吸附行为（如吸附量的计算、吸附层的结构等）方面的研究尚未见报道。随着双（三）水相体系在生物活性物质萃取分离、分析方面的应用不断扩展，表面活性剂在双（三）水相界面的吸附行为的研究也将受到越来越多的重视。

参考文献

[1] 赵国玺．表面活性剂物理化学．第2版．北京：北京大学出版社，1993.

[2] 朱玻瑶，赵振国．界面化学基础，北京：化学工业出版社，1996.

[3] Zhao G X，Xiao J X. 1995，177：513.

[4] Xiao J X， Ulf. Sivars， Folke Tjerneld. Journal of Chromatography B. 2000，743（1+2）：327.

[5] 阮科，肖进新，张翎，赵振国，张禹夫．2002，60（6）：1.

第四章

表面活性剂在固/液界面的吸附作用

表面活性剂在固/液界面上吸附的应用十分广泛，如纺织、印染、食品、皮革、涂料、造纸、农药、医药、石油、采矿、金属加工、感光材料、肥料、饲料等工业部门及日常生活中都有重要应用。在这些实际应用中，主要是利用表面活性剂分子的两亲性特点，在固/液界面形成有一定取向和结构的吸附层，以改变固体表面的润湿性质、分散性质等。在不同的应用领域表面活性剂以各种助剂名称表示，如润湿剂、渗透剂、匀染剂、分散剂、絮凝剂、抗静电剂、洗涤剂、润滑剂、助洗剂、促凝剂、减水剂等，可以说常用的工业助剂相当大部分属表面活性剂。

了解表面活性剂在固/液界面吸附性质、影响吸附的多种因素和吸附层的结构特点[1,2]，有助于开阔利用这些理论和知识解决实际问题的思路。

一、固体的表面

（一）固体表面的特点

固体表面与液体表面比较，有以下特点。

(1) 表面原子活动性小　液体表面的分子与其体相内部分子及气相中的分子时刻处于剧烈交换运动。根据分子运动论和设水分子截面积为 0.1nm^2，可以计算出 25℃每个水分子在水面上的停留时间仅为 1×10^{-7} s。而常温（室温）下，金属钨原子在钨表面上的停留时间达 10^{24} 年。这就是说，在看似平静的水面上的水分子和气相中的水分子处于激烈的交换状态，而固体表面上的原子处于几乎完全不动的状态。不仅如此，在液体和固体表面上，分子或原子进行沿表面进行二维运动，也有大致相似的结果，即液体表面分子做二维运动，远较固体表面原子做二维运动要激烈得多。升高固体的温度，到近于熔点时，固体表面原子活动性才明显提高（如银表面的划痕，高温烘烤可消失，即为证明）。因此，在形成固体新表面时（如将块状固体剖开），新表面原子保持其在块状固体相中相同位置，即保持其新表面形成时的位置和状态，这种状态不一定是平衡态，达到平衡需要极长的时间。

（2）固体表面势能不均匀　固体表面不同区域的原子密度、原子性质可能不同，故势能分布可能是不均匀的。即使是同一种晶体，不同晶面的势能分布也不相同。

（二）固体的表面张力和表面能

液体的表面张力和表面（过剩）自由能是从力学和热力学角度出发对同一种表面现象的两种说法，应用相应单位时它们在数值上也是相等的。固体与液体不同，虽仍可定义形成单位固体新表面外力做的可逆功为固体的表面自由能（常简称表面能），但不可笼统地将固体表面能与表面张力等同起来。原因如下：① 固体可能存在各向异性，形成不同单位晶面（或解理面）做的功可不相等；② 固体原子的流动性极小，形成新固体表面时表面上的原子仍处于原体相中的位置，这是热力学不平衡态，表面原子重排至平衡态需要很长时间，这就是说，形成稳定的平衡态固体表面与破裂固体原子间的键不是同时发生的；③ 固体表面区域内，在不改变原子数目的条件下，通过压缩和伸长原子间距离可以改变固体表面积的大小。显然，此时表面能不是将内部原子拉到表面做的可逆功；④ 固体表面的不规则性、不完整性和不均匀性使得在不同区域、不同位置的表面原子微环境有差异，受到周围原子的作用力也不同，故使表面能不同。由于上述原因，在论及固体表面性质时多用表面能的提法，即使仍使用固体表面张力这一术语，但其是表面能的含义。还是由于上述原因，固体的表面能具有一定平均值的意义，文献中给出的固体表面能的数据都是用一定实验方法在特定条件下对某种固体物质所测出的平均结果。

（三）低表面能固体和高表面能固体

常见有机液体的表面张力和有机固体的表面能都在 100mN/m 以下，人为界定表面能小于 100mN/m 的固体称为低表面能固体，聚合物和固态有机物即是。无机固体和金属的表面能多大于 100mN/m，称为高表面能固体。固体的表面能也有趋于减小的倾向，故高表面能固体更易于被外界物质污染而降低表面能。常见液体物质的表面张力都小于 100mN/m，故它们原则上都可在高表面能固体上铺展。固体表面能至今没有精确、通用的测定方法，现报道的一些方法都是相对于一定条件和体系所选择的，对同一固体用不同方法所得结果可相差很大。表 4-1 中列出几种固体表面能的实验测定结果。

表 4-1 几种固体的表面能

固体	表面能/(mJ/m^2)	固体	表面能/(mJ/m^2)
聚六氟丙烯	18	聚对苯二甲酸乙酯	43
聚四氟乙烯	19.5	石英	325
石蜡	25.5	氧化锡	440
聚乙烯	35.5	铂	1840

（四）固体表面的电性质

固体与液体接触后，可因多种原因而使固体表面带有某种电荷。常见的引起固体表面带电的原因如下。① 固体表面某些基团电离。如硅胶在弱酸性和碱性介质中表面硅酸电离而使其带负电；活性炭表面的一些含氧基团在水中也可电离，在中性介质中通常带负电等。② 选择性吸附。有些固体优先自水中吸附 H^+ 或 OH^- 而使其带正电或负电。不溶性盐类总是优先吸附形成不溶物的离子而使表面带电。如 AgCl 易吸附 Ag^+ 或 Cl^-，其最终带电符号由溶液中两种离子含量决定。③ 晶格取代。固体晶格中某一离子被另一不同价数的离子取代而使其带电。如黏土晶格中 Si^{4+} 被 Al^{3+} 或 Mg^{2+}、Ca^{2+} 等取代，使电中性破坏而带负电。

使固体表面带电的特定离子（如上述的 H^+、OH^-、Ag^+、Cl^- 等）在固体表面相和液相中都存在，这些离子称为电势决定离子（potential-determining ion，PD）。带电表面与液体内部的电势差称为固体表面电势或热力学电势。在靠近表面 1～2 个分子厚的区域内反离子与表面结合成固定吸附层或称 Stern 层（Stern layer）。Stern 层与溶液内部的电势差称为 Stern 电势。在 Stern 层外的反离子成扩散分布，构成扩散层（diffuse layer）。在外力（电场、重力或静压力等）作用下固体与液体相对移动时随固体一起移动的滑动面（δ 面）与液体内部的电势差称为电动电势或 ζ 电势。

使表面电荷为零的决定电势离子浓度的负对数值称为该固体表面的零电荷点（point of zero charge，PZC）。PZC 通常用电势滴定固体吸附的电势决定离子浓度测定。电动电势为零时决定电势离子浓度的负对数称为等电点（isoelctric point，IEP）。IEP 多用电泳法测定。大多数金属和不溶性氧化物表面，决定电势离子为 H^+ 和 OH^-，故由介质 pH 值和固体表面的等电点可判断表面带电符号。当 $pH > IEP$ 时表面带负电，当 $pH < IEP$ 时表面带正电。表 4-2 中列出一些不溶性氧化物的等电点。由表中数据可知，IEP 与固体的原料和处理条件也有一定关系。

表 4-2 一些不溶性氧化物的等电点

固体	制法或性质	IEP
α-Al_2O_3	600～1000℃灼烧，陈化 1d	6.4～6.7
	再在水中陈化 7d	9.1～9.5

续表

固体	制法或性质	IEP
MgO		12.1～12.7
SiO_2	溶胶	1.0～2.0
TiO_2	$TiCl_4$水解	6.0
	$TiCl_4$燃烧	4.7
	由异丙醇钛盐水解	5.3
ZnO		9.3
α-Fe_2O_3	矿物	6.6～6.8
	由 $Fe(NH_4)(SO_4)_2$制备	8.0
	上述物质灼烧	6.5
Fe_3O_4	天然 Fe_3O_4	6.3～6.7
α-FeOOH	由 $FeCl_3$制备	6.7
Cr_2O_3	由 $CrCl_3$制备	7.0

二、固体自稀溶液中的吸附

（一）稀溶液吸附的等温线

Giles 总结大量稀溶液吸附的结果，将其等温线分为 4 类 18 种。4 种基本类型为 S、L、H 和 C 型。分类的依据是等温线起始部分的斜率。S 型等温线起始段斜率小，其形状凸向浓度轴，这种类型表示溶剂有强烈的竞争吸附能力，极性吸附剂自极性溶剂中吸附时多出现这一类型的等温线。L 型等温线表示溶质比溶剂更容易被吸附，它是稀溶液吸附中最常见的一种类型，活性炭自水中吸附有机物大多得 L 型等温线。H 型等温线表示在极低浓度时溶质就有大的吸附量，有类似于化学吸附的性质，少见的自稀溶液吸附的化学吸附和对聚合物的吸附均为此类型。C 型等温线为在相当大的浓度范围内吸附量随浓度的变化为直线关系，此类等温线较为少见，它表示吸附质在固/液界面吸附相和溶液体相间有恒定分配的关系，钙型蒙脱土吸附氨基酸时吸附的氨基酸量与因吸附而排出 Ca^{2+} 的量近似相等，这种离子交换机制的等温线即为直线型的。

图 4-1 是固体自稀溶液中吸附等温线的分类图。由图可知，在 4 类等温线中，吸附质浓度升高时等温线都有一段较平缓变化的区域，大多数情况下它表示吸附单层的形成和向多层吸附的转化。但应了解，稀溶液吸附时所谓的单层与气相吸附时不同，后者单层饱和吸附是吸附质分子紧密排列的，而前者却不可避免地有溶剂夹在吸附的溶质之间。对于微孔类吸附剂（如分子筛、大部分活性炭等），等温线大多为 L2 类型，水平部分的吸附量并不是单层饱和吸附量，而是将全部微孔

填满的溶质量。

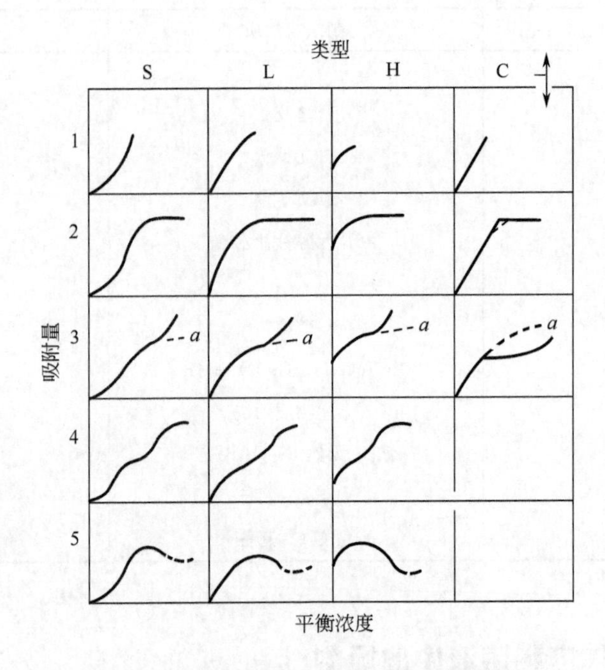

图 4-1　固体自稀溶液中吸附等温线的分类

(二)吸附等温式

描述吸附等温线的方程式称为吸附等温式。吸附等温式都是从一定的吸附模型出发提出，并用大量实验结果予以验证，经过适当处理可得到有价值的参数。液相吸附的等温式原大多从气相吸附等温式演化而来，带有经验性质，有的等温式后来从热力学和统计力学出发也得到较严格地论证。

在自稀溶液吸附中应用最多的是 Langmuir 等温式。其基本假设是吸附是单分子层的；吸附层中溶质与溶剂是二维理想溶液；溶质与溶剂分子体积近似相等或有相同的吸附位。将溶质的吸附看作是体相溶液中溶质分子与吸附层中溶剂分子交换的结果，该交换过程平衡常数为

$$K=x_2^s a_1/x_1^s a_2 \tag{4-1}$$

式中，x_1^s 和 x_2^s 分别为吸附平衡时吸附相中溶剂与溶质的摩尔分数，a_1 和 a_2 分别为体相溶液中溶剂与溶质活度。由于是稀溶液，吸附前后溶剂活度 a_1 近似为常数，令

$$b=K/a_1$$

式 (4-1) 变化为

$$b=x_2^s/(x_1^s a_2)$$

由于，$x_1^s+x_2^s=1$ 故得

$$x_2^s=ba_2/(1+ba_2) \tag{4-2}$$

在稀溶液中 a_2 与溶质浓度 c 接近，即 $a_2 \approx c$。若表面总吸附位（中心）数为 n^s，则吸附平衡时溶质吸附量 n_2^s 与 n^s 之比即为覆盖度 θ，$\theta = n_2^s / n^s$，显然 $n_2^s = n^s x_2^s$，代入式（4-2），得

$$n_2^s = n^s b\, c/(1+bc) \tag{4-3}$$

若每个吸附位只能吸附一个溶质或溶剂分子，则 n^s 即为极限吸附的溶质量 n_m^s，即 $n^s = n_m^s$。因而

$$n_2^s = n_m^s bc/(1+bc) \tag{4-4}$$

此式为稀溶液吸附的 Langmuir 等温式，在此式中 n_m^s 和 b 为常数。Langmuir 等温式可以很好地描述 L 型等温线，有时也可处理 H 型等温线结果。

S 型等温线可用气相吸附的 BET 二常数公式的类似形式描述，

$$\frac{c/c_s}{n_2^s(1-c/c_s)} = \frac{1}{n_m^s k} + \frac{k-1}{n_m^s k}\frac{c}{c_s} \tag{4-5}$$

式中，k 是与气相吸附 BET 二常数公式中常数 c 相当的常数；c_s 是溶质的饱和溶液浓度。

C 型等温线可用 Henry 定律公式描述，

$$n_2^s = Kc \tag{4-6}$$

即吸附量与溶质浓度 c 成正比，Henry 系数 K 为溶质在吸附相和溶液体相间的分配常数。

（三）影响稀溶液吸附的一些因素

固/液界面的吸附作用比固气界面吸附复杂，这是因为固/液界面吸附与下述几种作用有关：

① 吸附质分子与吸附剂表面的作用；

② 溶剂分子与吸附剂表面间的作用；

③ 在表面相（吸附相）和体相溶液中溶质和溶剂分子相互间及它们各自相互间的作用；

④ 外界条件（温度等）对上述各作用的影响。

与溶解作用中的相似相溶的道理类似，在固体自溶液中吸附有“相似相吸”的规律，即在溶剂、溶质（吸附质）中哪种物质与固体表面性质相近则其更易于被吸附。例如，活性炭的基本结构是含有石墨微晶结构的无定形碳，因而表面有非极性部分，它易自极性溶剂中吸附非极性或极性较小的有机物；硅胶是极性吸附剂，易自非极性或弱极性溶剂中吸附极性物质。当然，如果溶质与溶剂的性质很接近，则溶质难以被有效吸附。

1. 吸附质性质的影响

吸附质分子结构与性质将影响它们分子间及其与溶剂、吸附剂间的相互作用，从而影响吸附性质。讨论吸附质结构对吸附的影响时必须指定溶剂和吸附剂，否则可能有完全不同的结果。

（1）同系物的影响　炭自水中吸附有机同系物时，随有机物碳原子数增加吸附量增加（Traube 规则）。例如，炭自水中吸附脂肪酸，低浓度时等温线的斜率依次为丁酸＞丙酸＞乙酸＞甲酸，这一规律显然是由于同系物碳原子数增加使其在水中溶解度减小与炭表面亲和力增大的缘故。当极性吸附剂（如硅胶）自非极性溶剂中吸附有机同系物时得到与 Traube 规则相反的规律（反 Traube 规则）也是必然的。

（2）异构体的影响　炭自水中吸附有机物异构体时吸附量有明显不同。例如，下列异构体在相同平衡浓度时吸附量的顺序为：异丁酸＜正丁酸，柠康酸＜中康酸，异戊酸＜正戊酸，马来酸＜富马酸，对羟基苯甲酸＜间羟基苯甲酸＜邻羟基苯甲酸，而它们在水中的溶解度均前者大于后者的。

（3）取代基的影响　炭从水中吸附脂肪酸取代物时，向取代物中引入羟基、氨基、酮基可降低吸附量，这是由于这些基团的引入增加了化合物的亲水性或改变脂肪酸的解离所致。

2. 溶剂的影响

溶剂对吸附的影响是溶剂与溶质及溶剂与吸附剂表面作用的综合结果。当溶剂与溶质作用强烈，溶质在溶剂中的溶解度大，吸附量将减小。溶剂与吸附剂作用强烈时，其强烈的竞争吸附作用也使溶质吸附量减小。溶剂对溶质溶解度的影响和溶剂在吸附剂上竞争吸附作用可由溶剂极性大小反映出来。一般来说，吸附剂可分为极性的和非极性的两大类，溶质的极性可由其分子结构和物化常数判断。表征溶剂极性的物化参数有多种，如介电常数、偶极矩、摩尔极化度、E_T 常数等。可以预见，当溶剂与溶质的极性接近时将使溶质不易富集到吸附剂表面，当溶剂与吸附剂表面极性相差很大时将促使溶质在吸附剂表面上吸附。例如，非极性的活性炭自极性的水或自非极性的环己烷中吸附有机物时，自水中吸附量要大得多。

3. 吸附剂的影响

吸附剂对吸附的影响主要表现在以下方面。① 吸附剂的化学组成和表面性质决定了吸附剂的基本属性。一般认为碳质吸附剂是非极性吸附剂，金属、不溶性氧化物及不溶性盐类吸附剂为极性吸附剂，根据“相似相吸”的道理，它们可应用于不同的体系。② 吸附剂的比表面和孔结构。有效的吸附剂应有大的比表面和适宜的孔结构，前者保证有大量的吸附位，后者则使吸附质得以与吸附剂内表面接触。③ 丰富的在吸附作用中起主要作用的表面基团。已经证明硅胶、氧化铝等表面羟基，活性炭的表面含氧基团在吸附极性有机物时起重要作用，因此在设计吸附剂处理条件时要保证相应表面基团的形成和丰富。④ 吸附剂的后处理条件除能影响比表面、孔径分布外，有时可直接影响吸附能力。如用不同离子交换的蒙脱土自水中吸附氨基酸的能力有很大差别，钠型蒙脱土比钙型和铜型蒙脱土高两倍多；Li^+交换的低硅铝 X 型分子筛比钠、钙等离子交换的分子筛吸附氮的能力高数倍。有时吸附剂中杂质的存在也影响吸附性能，需要根据实际情况予以处理。

4. 温度和溶解度的影响

温度对吸附的影响表现在两个方面：吸附是放热过程，温度升高对吸附不利；温度升高，若溶质溶解度增加，也对吸附不利。一般来说温度和溶解度的影响是一致的，即温度升高，溶解度也增加，从而使吸附量降低。这种温度和溶解度对吸附影响的一致性特别明显地表现在有限溶解物质的吸附上。应当注意的是，对溶解度很大和无限混溶体系，温度对溶解度的影响不再明显。有些体系温度升高溶解度降低，从而温度对吸附等温线的影响变得复杂。Bartell 和傅鹰研究了石墨自水中吸附正丁醇，得到的结果是浓度低时吸附量随温度升高而下降（这符合一般规律），而浓度大时却相反（图 4-2）。他们认为这是由于丁醇在水中的溶解度随温度升高而下降，因此，浓度大时温度升高对吸附减小的效应比由于温度升高使溶解度下降而引起的吸附量增加的效应小。

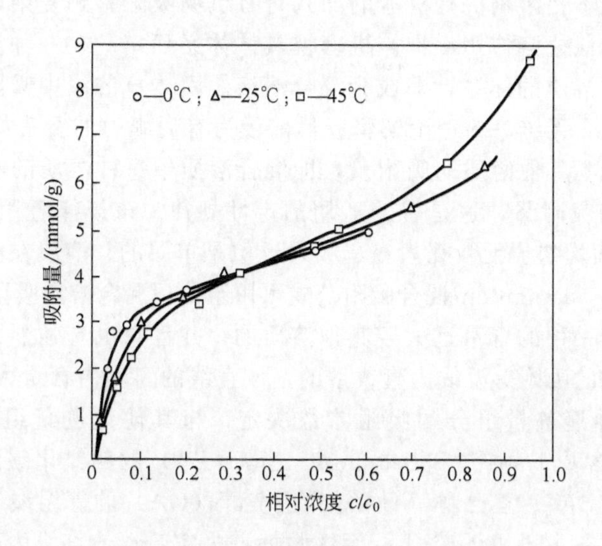

图 4-2　石墨自水中吸附正丁醇的等温线

检验溶解度是否为影响吸附的主要因素简单的方法是将吸附等温线的浓度 c 轴改用相对浓度 c/c_0 表示（c_0 为实验温度时饱和溶液浓度）。若溶解度是影响吸附的主要因素，以 c 为横轴作图时分离的不同温度的等温线在以 c/c_0 作图时将重合。图 4-3（a）是乙炔黑自水中吸附对硝基苯胺的三个温度下分离的等温线，用 c/c_0 作图时得到图 4-3（b）重合的等温线。

5. 添加物的影响

炭自水中吸附有机物时强电解质的加入常可提高有机物的吸附量。对此的解释是，无机阳离子强烈的水合能力，使得与有机分子作用的有效水减少；无机阴离子可加强水分子间的作用，使有机物溶度降低。这两种作用起到类似于盐析的作用。当吸附质有机分子能形成分子内氢键，即其溶解度不受无机盐存在的影响

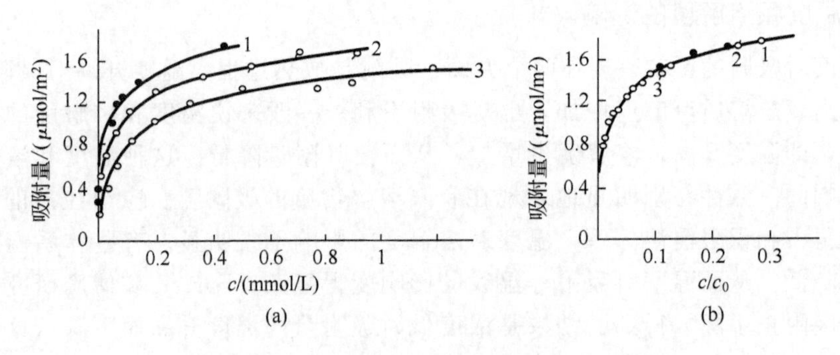

图 4-3　乙炔黑自水中吸附对硝基苯胺的等温线

曲线 1—5℃；曲线 2—25℃；曲线 3—45℃

时，其吸附量也不受影响。有机盐的加入对有机物吸附影响复杂，有时表现为盐析作用，有时却似盐溶作用，具体机理视具体体系而定。在一种溶质存在时，加入另一种或多种溶质的体系，即成为混合溶液。固体自溶液中吸附混合溶质，由于体系复杂，至今无统一的理论解释。目前较为有说服力的看法如下。① 一种溶质的加入，必减少其他溶质的吸附量，即混合溶质中每种溶质的吸附量都小于它们单独存在时的吸附量，这是普遍适用的定性规律。该规律可用顶替机理解释。② 在吸附剂表面均匀、无微孔填充、吸附近似是单层的、溶质在溶剂中稳定（不解离）等条件下，Langmuir 混合吸附公式可用于处理混合溶质吸附的结果。③ 在混合溶质中若有一种的含量远大于其他溶质的，并且它也有强烈的吸附能力，则其他痕迹量溶质的吸附等温线为直线型的，该直线的斜率由含量大的溶质的浓度、吸附常数和该种痕迹量组分的吸附参数决定，与其他痕迹量组分的存在无关。图 4-4是硅胶自含 0.1mol/L 和 0.3mol/L 乙醇（EA）的四氯化碳溶液中吸附痕迹量组分正丁醇（BA）、正己醇（HA）和正辛醇（OA）的等温线，乙醇的浓度比痕迹量组分浓度高 10～30 倍以上。图中数据点为实验点，直线为由它们单独存在时的吸附参数和乙醇的浓度计算求得。④ 若添加物的量很大，且为液态物质，该体系可视为从混合溶剂中的吸附。常见的自混合溶剂中的吸附结果是溶质的吸附量和溶剂组成关系与直线成负偏差，或在某一溶剂组成时吸附量有最小值。极个别情况时，在某一溶剂组成吸附量有最大值。对混合溶剂中的吸附结果的解释众说纷纭，但混合溶剂的应用及自混合溶剂中吸附的重要性日益明显。

三、表面活性剂在固/液界面的吸附等温线

表面活性剂是两亲分子，其疏水基有逃离水相的本能，这必导致其在液/气、固/液和液/液界面的吸附，并当浓度达一定值后在水相中形成胶束。表面活性剂胶束形成和在界面上吸附的自由能变化均为负值，是自发过程。实际应用的表面

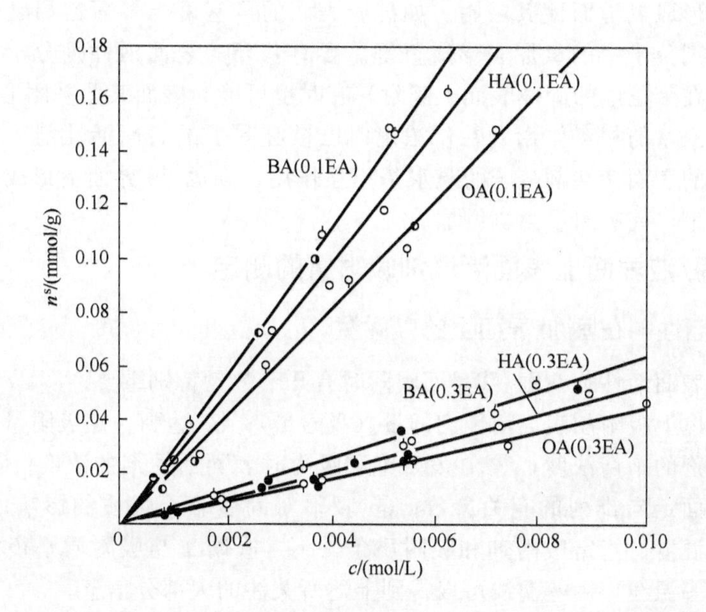

图 4-4　硅胶自含 0.1mol/L 和 0.3mol/L 乙醇（EA）的四氯化碳溶液中吸附正丁醇（BA）、正己醇（HA）和正辛醇（OA）的等温线

（图中空心点、半空心点和实心点分别为含单一的、两种的和三种的痕迹量组分的结果，括号内 EA 前的数字为 EA 的物质的量浓度[3]）

活性剂水溶液大多都是稀溶液。固体自其中吸附表面活性剂的规律与自稀溶液中吸附的一般规律有许多相似之处。但由于表面活性剂种类繁多，分子中疏水基和亲水基结构各异，故其吸附机制、吸附层结构等与一般有机分子又有所不同。一般来说，表面活性剂在固/液界面上吸附量大小、吸附作用强弱与固体表面性质、表面活性剂结构特点和浓度以及温度、介质性质（介质 pH 值、添加物的种类及性质）等因素有关，这些影响因素复杂，所得到一些规律大多带有经验性质。

（一）表面活性剂在固/液界面吸附的主要原因

除了表面活性剂分子的两亲性结构有使其在界面吸附的趋势外，涉及表面活性剂分子或离子在固体表面发生吸附的主要作用力如下。

（1）静电的作用　如前所述，在水中固体表面可因多种原因而带有某种电荷。离子型表面活性剂在水溶液中解离后，活性大的离子可吸附在带反号电荷的固体表面上。显然，带正电的固体表面易吸附带负电的表面活性剂阴离子，带负电的固体表面易吸附表面活性剂阳离子。

（2）色散力的作用　固体表面与表面活性剂分子或表面活性剂离子的非电离部分间存在色散力作用，从而导致吸附。因色散力而引起的吸附量与表面活性剂的分子大小有关，分子量越大，吸附量越大。

（3）氢键和 π 电子的极化作用　固体表面的某些基团有时可与表面活性剂中

的一些原子形成氢键而使其吸附。如硅胶表面的羟基可与聚氧乙烯醚类的非离子型表面活性剂分子中的氧原子形成氢键。含有苯环的表面活性剂分子，因苯核的富电子性可在带正电的固体表面上吸附，有时也可能与表面某些基团形成氢键。

（4）疏水基的相互作用　在低浓度时已被吸附了的表面活性剂分子的疏水基与在液相中的表面活性剂分子的疏水基相互作用，在固/液界面上形成多种结构形式的吸附胶束，使吸附量急剧增加。

（二）在固/液界面上表面活性剂吸附量的测定

1. 表面活性剂在固/液界面上的吸附量

在研究表面活性剂在固/液界面吸附时有几个数量特别重要[4]：① 单位质量或单位表面固体上吸附的表面活性剂的量（吸附量）；② 达到一定吸附量时体相溶液中表面活性剂的平衡浓度；③ 在发生饱和吸附时表面活性剂的浓度；④ 表面活性剂在固体表面定向排列的有关参数；⑤ 吸附对固体表面性质的影响；⑥ 吸附温度。在恒定温度、指定吸附剂和吸附质条件下，吸附量与吸附质平衡浓度的关系曲线为吸附等温线，由等温线可以得到上述所关注的大部分信息。

固体自二元溶液中吸附组分 2 的基本方程是

$$n_0\Delta x_2/m = n_2^s x_1 - n_1^s x_2 \tag{4-7}$$

式中，n_0为吸附前组分 1 和 2 的总摩尔数，Δx_2为吸附前后溶液中组分 2 的摩尔分数的变化，x_1和 x_2分别为吸附平衡时溶液中组 1 和 2 的摩尔分数，n_1^s和 n_2^s分别为吸附平衡时 1g 吸附剂吸附的组分 1 和 2 的摩尔数，m 为与 n_0成平衡的吸附剂质量（g）。

若液相是表面活性剂（组分 2）的稀溶液，且表面活性剂比溶剂（组分 1）更强烈地吸附于吸附剂上，则 $n_0\Delta x_2 \approx \Delta n_2$，$\Delta n_2$ 是吸附平衡时溶液中表面活性剂摩尔数的变化。由于是稀溶液 $x_1\approx 1$，$x_2\approx$式 0，(4-7) 变为

$$n_2^s = \Delta n_2/m = V\Delta c_2/m \tag{4-8}$$

式中，Δc_2是吸附前后表面活性剂溶液浓度的变化；V 为与质量为 m（单位 g）的吸附剂成平衡的溶液体积。由式（4-8）可知在一定温度下，单位质量吸附剂自表面活性剂稀溶液中吸附的表面活性剂摩尔数可由吸附平衡前后溶液浓度的变化求得。因此，根据表面活性剂的一般性质和结构特点，选择适宜的分析手段，测定表面活性剂溶液浓度的变化是求算吸附量的关键。

2. 测定表面活性剂吸附量的常用方法

一些仪器分析和化学分析的方法有时可用于表面活性剂溶液浓度的分析。在实验室中常用的方法有：

①紫外吸收光谱法；②干涉仪法[5]；③表面张力法；④两相滴定法[6]。

其中，两相滴定法仅适用于离子型表面活性剂溶液浓度的测定。常用阳离子表面活性剂溶液滴定阴离子表面活性剂溶液，以阴离子染料（如溴酚蓝、百里酚

蓝等）为指示剂。阴离子染料与阳离子表面活性剂滴定剂作用生成的盐的稳定性远低于阴、阳离子表面活性剂作用生成的盐的稳定性。因此，一旦阴、阳离子表面活性剂相互反应完全后，过量的阳离子表面活性剂与阴离子染料形成的盐即转移至外加的有机相（常用氯仿等）中。因此，有机相中出现指示剂颜色时即为滴定终点。当指示剂及滴定顺序不同时终点的判断也不相同。

上述几种方法都有局限性。如紫外光谱法要求表面活性剂分子中有芳环基团；干涉仪法适用于分子量较大，且折射率变化大的体系；两相滴定判断滴定终点相当困难，带有一定的经验性等。由于表面活性剂溶液的许多性质在 cmc 有突变，故当吸附平衡浓度超过 cmc 时稀释后方可测定。

（三）表面活性剂在固/液界面上的吸附等温线

表面活性剂的吸附等温线基本上未超出固体自稀溶液中吸附的四种类型，其中以 L 型和 S 型及其复合型 LS 型（双平台型）最为多见。图 4-5 是上述三种等温线的示意图。

和自稀溶液中吸附的各类等温线的解释相似，一般来说，当表面活性剂与固体表面作用强烈时常出现 L 型和 LS 型等温线，如离子型表面活性剂在与其带电符号相反的固体表面上的吸附，非离子型表面活性剂在某些极性固体上的吸附等。S 型等温线表明，表面活性剂与固体表面的作用较弱，在低浓度时难以有明显的吸附。无论哪类等温线，在吸附量急剧上升区域的浓度都接近或略低于所研究表面活性剂的 cmc 值，这一结果表明只有当体相溶液有足够多的表面活性剂单体（或者说体相溶液中将要大量形成胶束）时，在固/液界面上的吸附量才可能明显升高，形成二维的表面活性剂聚集结构。

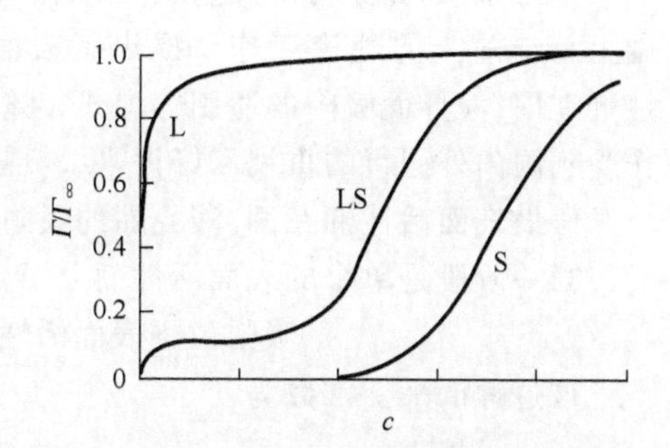

图 4-5 表面活性剂在固/液界面吸附的三种主要类型

对于等温线的类型还应说明以下几点。

①S 型等温线有时是 LS 型等温线的特例，当 LS 型等温线的第一平台吸附量极小时就可变为 S 型的。例如，ZrO_2 自 pH＝7.0 的水溶液中吸附十四烷基溴化吡啶时，等温线为 S 型的，这是由于 ZrO_2 表面开始时荷负电荷，但其电荷密度极小，极少量的十四烷基溴化吡啶阳离子吸附即可使 ZrO_2 表面由带负电荷变为带正电荷，此时表现出同号相斥的性质（图 4-6）[7]。当 LS 型等温线第一平台很短（即很低浓度时就向第二平台转变）或 S 型等温线在很低浓度吸附量急剧升高均可使得它们类似于 L 型等温线。

②在个别体系，表面活性剂在固/液界面上的吸附等温线有最高点或呈台阶

状。对此现象文献中有不同的解释，一时难以统一。主要观点有：吸附剂表面不均匀或表面活性剂含有杂质；表面活性剂单体浓度有最大值；离子型表面活性剂在带相反号电荷固体上静电作用与达到 cmc 后体相溶液中胶束形成的竞争作用等[8]。

L 型等温线用 Langmuir 方程描述可得到满意的结果。用 BET 方程描述 S 型等温线大多只是形式上的应用，所得各常数的物理意义并不清楚。Klimenko 等提出用三个方程分析非离子型表面活性剂吸附的 LS 型等温线取得一定的成功，但引入参数太多，实际应用不大方便[9]。

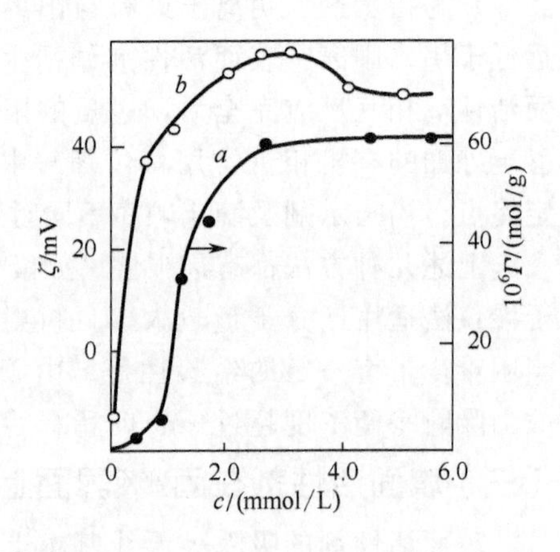

图 4-6　ZrO_2 自 pH＝7.0 水溶液中吸附十四烷基溴化吡啶的等温线（a）和 ZrO_2 粒子 ζ 电势变化曲线（b）

朱玻瑶和顾惕人在大量实验工作的基础上总结前人的理论工作，提出了表面活性剂在固/液界面吸附的通用等温式，该式可定量描述各基本类型等温线，这一工作受到国内外同行的重视和好评[10]，现予以简单介绍。

假设表面活性剂在固/液界面的吸附分两阶段进行。

第一阶段是单个的表面活性剂分子或离子通过静电作用或范德华作用而吸附：

吸附位＋表面活性剂单体⟹吸附单体

该过程的平衡常数为：

$$k_1=a_1/(a_s a) \tag{4-9}$$

式中，a 是溶液中表面活性剂单体的活度，对于稀溶液可用浓度 c 来代替；a_1 和 a_s 分别为吸附单体和空白吸附位的活度。

第二阶段是溶液中的表面活性剂分子或离子与吸附了的表面活性剂单体通过它们碳氢链的疏水基相互作用形成表面胶束（或称半胶束、吸附胶束等）

（$n-1$）溶液中的表面活性剂单体＋吸附单体 ⟹ 表面胶束

此过程的平衡常数为

$$k_2=a_{sm}/(a_1 a^{n-1}) \tag{4-10}$$

式中，a_{sm} 是表面胶束的活度；n 是表面胶束的聚集数。

a_1、a_{sm}、a_s 可近似地用单体的吸附量 Γ_1、表面胶束吸附量 Γ_{sm} 和吸附位数目 Γ_s 代替，故式（4-9）、式（4-10）可写作：

$$k_1=\Gamma_1/(\Gamma_s \cdot c) \tag{4-11}$$

$$k_2=\Gamma_{sm}/(\Gamma_1 \cdot c^n) \tag{4-12}$$

根据在任意浓度 c 时，表面活性剂的总吸附量 Γ 和极限吸附量 Γ_∞ 的物理意义可知，

$$\Gamma=\Gamma_1+n\Gamma_{sm}$$

$$\Gamma_{\infty}=n(\Gamma_{s}+\Gamma_{1}+\Gamma_{sm})$$

Γ 和 Γ_{∞} 可由实验求得。将式（4-9）～式（4-12）结合，可得：

$$\Gamma=\frac{\Gamma_{\infty}k_{1}c(\frac{1}{n}+k_{2}c^{n-1})}{1+k_{1}c(1+k_{2}c^{n-1})} \tag{4-13}$$

此式即为表面活性剂在固/液界面吸附的通用等温式。

根据式（4-13），当 $k_2=0$，即不形成表面胶束，则 $n=1$，式（4-13）可变化为：

$$\Gamma=\frac{\Gamma_{\infty}k_{1}c}{1+k_{1}c} \tag{4-14}$$

即为 Langmuir 方程，可描述 L 型等温线。

当 $k_2\neq0$，而 $n>1$，且 $k_2c^{n-1}\ll 1/n$，则式（4-13）变为

$$\Gamma=\frac{(\Gamma_{\infty}/n)k_{1}c}{1+k_{1}c} \tag{4-15}$$

此式仍为 Langmuir 方程形式，只是极限吸附量不是 Γ_{∞}，而是 Γ_{∞}/n。

当 $k_2\neq0$，而 $n>1$，且 $k_2c^{n-1}\gg1$ 时，式（4-13）可变化为：

$$\Gamma=\frac{\Gamma_{\infty}k_{1}k_{2}c^{n}}{1+k_{1}k_{2}c^{n}} \tag{4-16}$$

此式可描述 S 型等温线。

当 c 很大时，由式（4-13）、式（4-14）和式（4-16）可知，$\Gamma=\Gamma_{\infty}$。式（4-13）可描述 LS 型等温线。式中各常数可用下述方法求得：Γ_{∞} 由高浓度时实验数据得出；k_1 可根据低浓度时的实验数据，用式（4-14）求得；k_2 和 n 可用尝试法求得。

图 4-7 是由上述方法求得的硅胶自水中吸附溴化十四烷基吡啶（TPB）和溴化十六烷基三甲铵（CTAB）的理论线（实线）和实验点比较。

对多种类型等温线的实验结果处理所得理论线与实验点都很好相符。这就说明，上述通用等温式可定量地表示各类等温线，通过实测和对实验数据的拟合还可求出表面胶束聚集数和二阶段吸附的平衡常数。有兴趣的读者可参阅本章后列出的有关文献。

四、影响表面活性剂在固/液界面吸附的一些因素

和固体自稀溶液中的吸附类似，表面活性剂在固/液界面上的吸附也是表面活性剂、溶剂（水）和吸附剂相互作用的综合结果。决定和影响它们三者关系的各种因素都会对表面活性剂的吸附产生影响。

（1）表面活性剂的性质　表面活性剂的性质主要是指其亲水基和疏水基的特点。离子型表面活性剂的亲水基带有电荷，易于在与其带电符号相反的固体表面

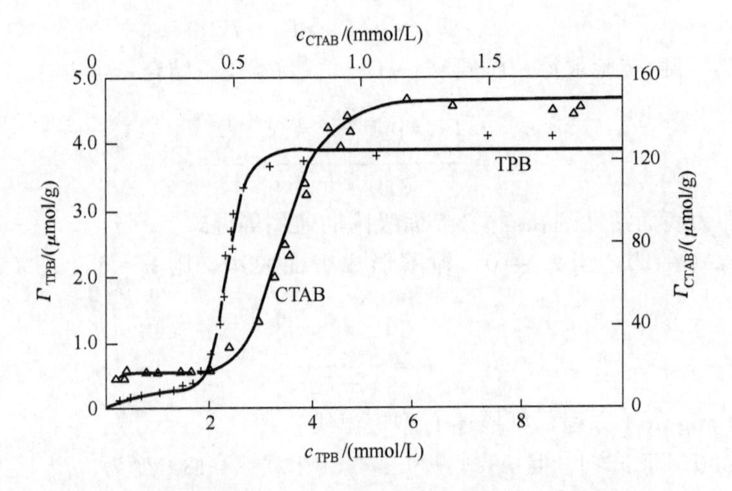

图 4-7 硅胶自水中吸附 TPB 和 CTAB 的等温线（25℃）

吸附。例如，在中性水中硅胶表面带负电，易吸附阳离子型表面活性剂；氧化铝表面带正电，易吸附阴离子型表面活性剂。表面活性剂离子与固体表面带同号电荷时并非完全不能吸附，因为对吸附起作用的除静电引力外还有范德华力的作用。对各种类型的表面活性剂同系物一般来说随碳原子数增加吸附量增加。图 4-8 的碳链长短不同的烷基磺酸钠在氧化铝上的吸附等温线即为证明[11]。

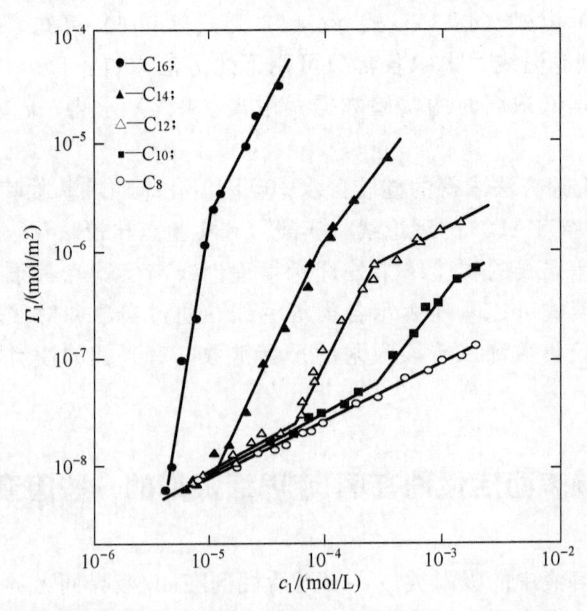

图 4-8 烷基磺酸钠在氧化铝上的吸附等温线（pH=7.2，离子强度 2×10^{-3} mol/L）

含聚氧乙烯基的非离子型表面活性剂，聚氧乙烯基数目越大吸附量越小，这是因为它们在水中的溶解度随聚氧乙烯数目增加而增大。图 4-9 是壬基酚聚氧乙烯醚在碳酸钙上的吸附等温线。

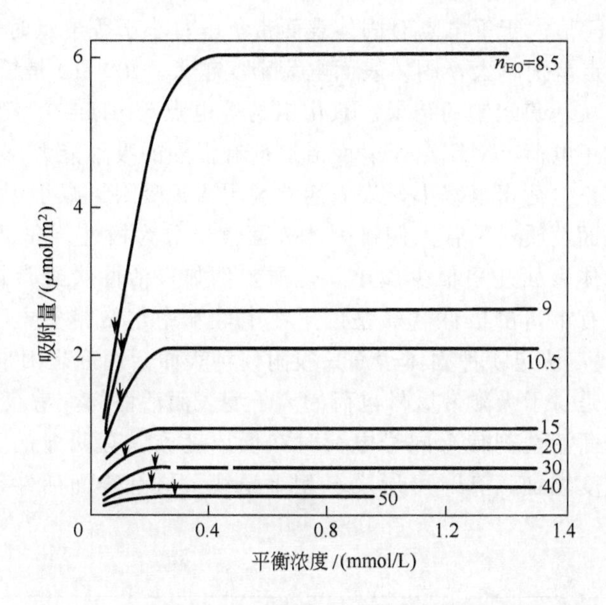

图 4-9　碳酸钙自水中吸附壬基酚聚氧乙烯醚的等温线
（27.5℃，图中数字为聚氧乙烯基数目，箭头所指为 cmc 位置）

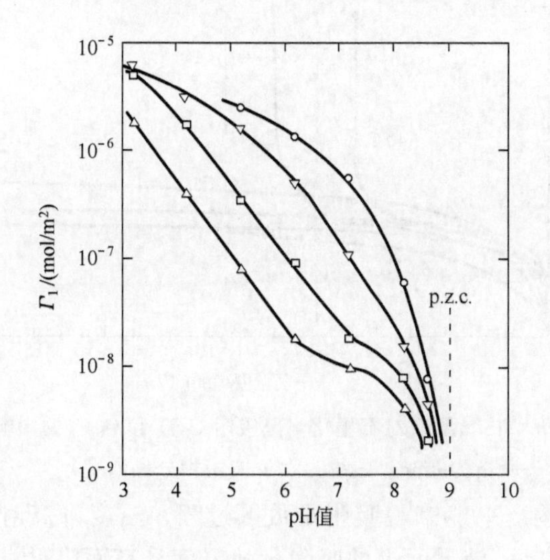

图 4-10　十二烷基硫酸钠在氧化铝上的吸附量与介质 pH 值的关系

（离子强度：2×10^{-3} mol/L。表面活性剂浓度：△—1×10^{-5} mol/L；□—3×10^{-5} mol/L；▽—1×10^{-4} mol/L；○—2.5×10^{-4} mol/L）

（2）介质 pH 值的影响　介质 pH 值的改变对表面活性剂在固/液界面吸附的影响主要是由于固体表面电性质随介质 pH 值的不同而变化。如前所述，金属及不溶性氧化物大多有等电点，对于电势决定离子是 H^+ 和 OH^- 的，等电点用 pH 值表示。当介质 pH 值大于等电点时固体表面带负电；小于等电点时表面带正电；介质 pH 值与等电点差别越大，固体表面电荷密度越大。图 4-10 是氧化铝自不同 pH 的水中吸附十二烷基硫酸钠的结果。氧化铝的等电点为 pH＝9，当介质 pH＜9 时时氧化铝表面带正电荷，对阴离子表面活性剂有强烈的吸附能力，随介质 pH 值增大，氧化铝表面正电荷密度减小，表面活性剂阴离子吸附量减小[11]。

(3) 固体表面性质　尽管人们将固体表面性质分为极性、非极性、电中性等，但实际应用的固体表面几乎很少属单一性质。例如，活性炭经常被划为非极性吸附剂，但其表面有丰富的极性含氧基团，在中性水中常常带负电荷，等电点约为 pH＝2～3。因此，认定哪种固体表面只吸附何种表面活性剂是困难的。一般而论，带电固体表面总是易于吸附带反号电荷的离子型表面活性剂，易获得 L 或 LS 型等温线。固体与表面活性剂带有同号电荷时在低浓度难以有明显的吸附发生，但随着表面活性剂浓度增加，有时可形成 S 型等温线，这是表面活性剂碳氢链疏水基相互作用的结果。

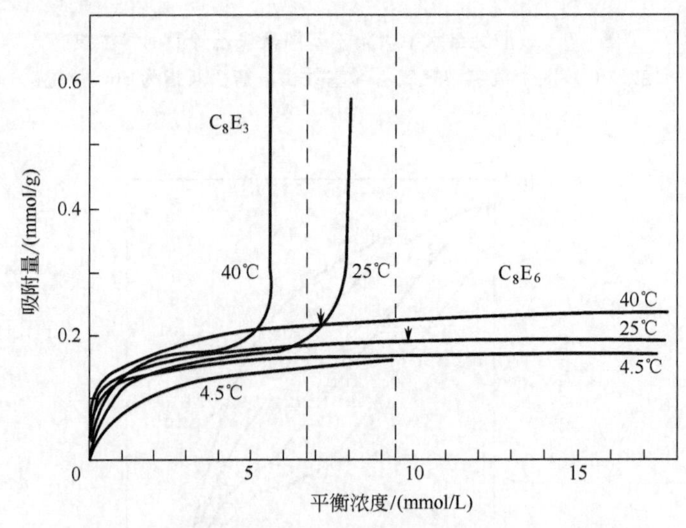

图 4-11　温度对石墨化炭黑吸附 C_8E_3 和 C_8E_6 的影响
（箭头所指为 cmc，虚线为发生体相相分离浓度）

(4) 温度的影响　一般来说吸附是放热过程，温度升高对吸附不利，大多数离子型表面活性剂在固/液界面上的吸附量随温度升高而降低。非离子型表面活性剂与离子型表面活性剂的结果不同，吸附量随温度升高而增加。图 4-11 是石墨化炭黑自水中吸附烷基聚乙二醇醚（C_XE_Y）的结果。由图可知，温度升高吸附量明显增加。这是由于升高温度减小了表面活性剂 C_XE_Y 的亲水性，在水中溶解度下降。温度对 C_8E_3 吸附的影响尤为显著。在 4.5℃时吸附等温线是 L 型的；在 25℃和 40℃，浓度较大时吸附量急剧升高，这是由于发生表面的二维缔合作用，此时的浓度尚未达到体相溶液发生相分离的浓度[11]。

(5) 无机盐的影响　无机盐的加入常能增加离子型表面活性剂的吸附量。这是因为一方面无机盐离子的存在压缩双电层，被吸附的表面活性剂离子间斥力减小，可排列得更紧密。另一方面可降低表面活性剂的cmc，利于吸附进行。有时无机盐的影响表现得很复杂。5A沸石自水中吸附氯化十四烷基吡啶（TPC）的研究结果表明，在TPC浓度低时，加入NaCl、$CaCl_2$可使TPC吸附量降低，TPC浓度较大时，无机盐的加入才使其吸附量增加，而且当无机盐浓度大时，等温线由L型变为S型（图4-12）[12]。对此结果的解释是，在TPC浓度低时电解质对双电层起屏蔽作用，电性作用引起吸附量下降；TPC浓度大时电解质的存在减小已被吸附的表面活性离子间斥力，使吸附量增加。因无机盐加入引起的吸附量增加是有限的，当无机盐浓度达到一定值后吸附量趋于恒定值。

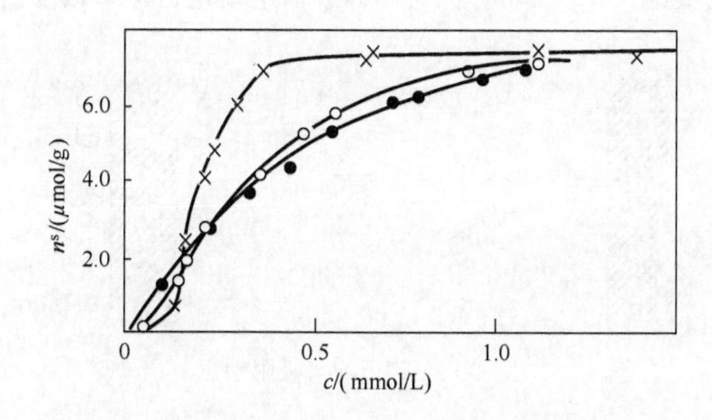

图4-12　5A沸石自$CaCl_2$水溶液中吸附TPC的等温线

●—0.01mol/L $CaCl_2$；○—0.02mol/L $CaCl_2$；×—0.10mol/L $CaCl_2$

五、表面活性剂在固/液界面的吸附机制

表面活性剂在固/液界面上的吸附机制可因表面活性剂的类型和固体表面性质的不同而不同。一般来说，这种吸附过程可分为两个阶段。在表面活性剂浓度低于某一数值时（均小于或远小于其cmc），表面活性剂以单个离子或分子的形式吸附；超过某一浓度时（多接近或略低于cmc），已吸附的表面活性剂可以因其疏水效应而形成二维缔合物，也可因同样的效应使体相溶液中的表面活性剂参与二维缔合物的形成，这将导致吸附量的急剧增加。因表面活性剂浓度不同，吸附可停留在第一阶段，或进而达到第二阶段完成。

（一）吸附的一般机制

(1) 离子交换吸附　固体表面的反离子被同电荷符号的表面活性剂离子取代而引起的吸附作用（图4-13），此类吸附发生于低浓度时，固体表面电动电势不因吸附量的增加而变化[13]。

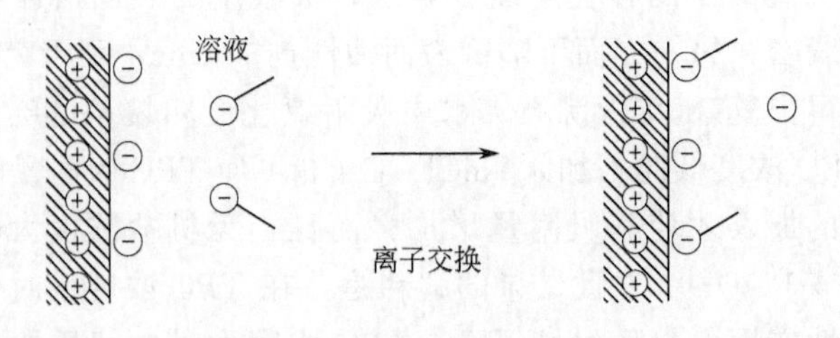

图 4-13 离子交换吸附示意

(2) 离子配对吸附　固体表面未被反离子占据的部位与表面活性剂离子因电性作用而引起的吸附（图 4-14）。此时固体表面电动电势略有改变。

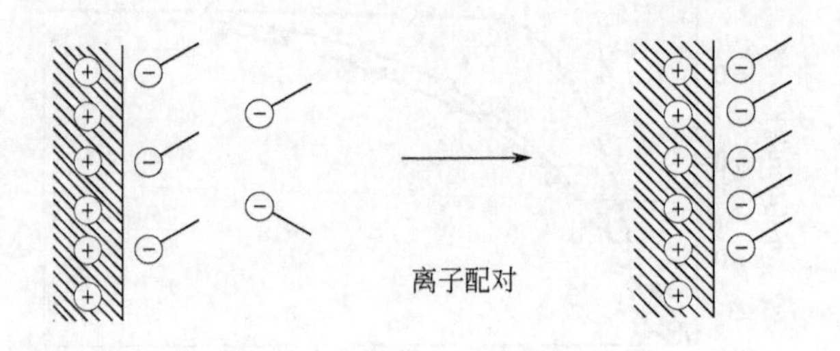

图 4-14 离子配对吸附示意

(3) 形成氢键而引起的吸附　固体表面和表面活性剂的某些基团间形成氢键而导致的吸附（图 4-15）。

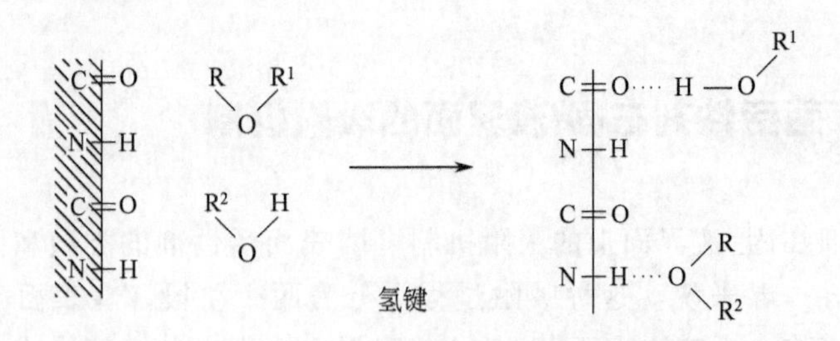

图 4-15 形成氢键引起的吸附示意

(4) π 电子极化引起的吸附　表面活性剂分子中富电子芳环与固体表面强正电位间的作用而引起的吸附。

(5) 色散力引起的吸附　固体与表面活性剂间因范德华色散力而引起的吸附（图 4-16）。这类机制的吸附量随表面活性剂分子量增加而增加。

(6) 疏水作用引起的吸附　表面活性剂的疏水基间相互作用及它们逃离水的趋势，使得达到一定浓度后它们相互缔合而吸附（图 4-17）。表面活性剂的疏水作用是胶束的形成和在固/液界面、液/气界面吸附的重要原因。

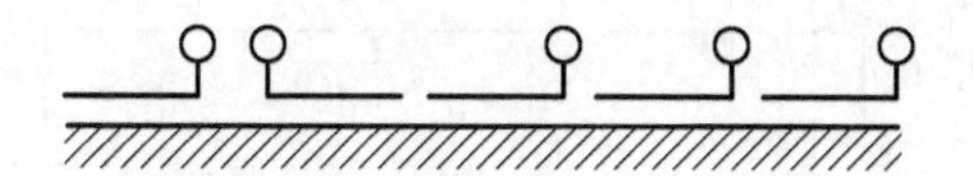

图 4-16 非极性固体表面色散力引起的吸附

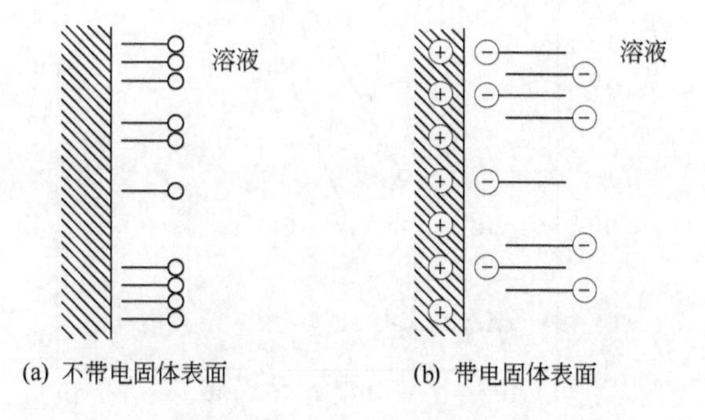

图 4-17 固体表面疏水作用引起的吸附示意

上述机制中前 4 种仅发生在特定的表面活性剂和固体表面间，而色散力作用和疏水作用引起的吸附对各类表面活性剂在各种固体上的吸附作用是普遍存在的。

(二)离子型表面活性剂在带电符号相反的固体表面的吸附

离子型表面活性剂在固/液界面上的吸附既受到表面活性剂和固体表面电性质的影响，也与表面活性剂疏水链的链长等有关。一般来说，表面活性剂离子易于在带反号电荷的固体表面吸附；相同条件下，表面活性剂同系物疏水链长的吸附量更大些。离子型表面活性剂的吸附等温线十分复杂。对具体体系要具体分析。例如，虽然表面活性剂离子在带反号电荷的固体上吸附等温线有的是 L 型或 LS 型的，但有的体系却为 S 型的，如十四烷基溴化吡啶在带负电的 ZrO_2 上的吸附即是。

图 4-18 是十二烷基硫酸钠在氧化铝上的吸附等温线和相应的电动电势变化图。

由图可见，等温线大致分为 4 个区域，反映了不同的吸附模式[11]。区域Ⅰ是离子交换吸附，带正电的氧化铝表面的部分反离子被 $C_{12}H_{25}SO_4^-$ 所交换，吸附量略有增加，但此时表面 Stern 层电荷密度不变，故电动电势也没有变化。在区域Ⅱ中，已吸附的表面活性剂离子和体相溶液中表面活性剂离子的疏水基相互作用，形成二维的缔合体，这种缔合体在文献中有的称为半胶束（hemimicelle)，或吸附胶束（admicelle)、表面胶束（surface micelle)，此类缔合体的形成导致吸附量的急剧增加。在此区域内，固体表面原所带电荷逐渐被表面活性剂离子中和，并最终使其带有相反的电荷，如图 4-18 中氧化铝粒子的电动电势由正值变为负值。区域Ⅲ中等温线斜率下降，吸附量增加缓慢，这是由于已吸附的表面活性剂离子对体相溶液中相同离子的静电斥力作用所致。当固体表面完全为表面活性剂离子单层或双层覆盖时吸附量趋于一恒定值（区域Ⅳ)，在大多数体系中，此时的浓度在

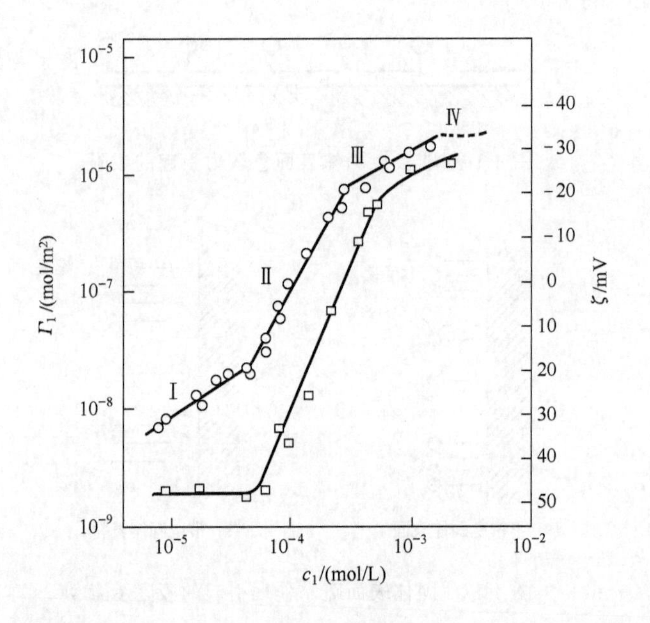

图 4-18　十二烷基硫酸钠在氧化铝上的吸附等温线（○）和在相应表面活性剂浓度时氧化铝粒子电动电势（□）的变化曲线

（pH＝7.2，离子强度 2×10^{-3} mol/L）

表面活性剂 cmc 附近。应当说明的是，图 4-18 是表面活性剂离子在带相反号电荷固体表面上吸附的典型实例，但当表面活性剂离子疏水基间的相互作用引力不足以克服其亲水基间的斥力（如疏水基短，带有两个以上的亲水基等）时，在固/液界面不会形成表面活性剂缔合结构，吸附等温线没有急剧增加的区域。

（三）非离子型表面活性剂在固/液界面的吸附

一般认为非离子型表面活性剂分子在水中不解离，不带电荷，和固体表面的静电作用可以忽略。

一种非离子型表面活性剂在固/液界面上吸附模型如图 4-19 所示。

此模型将吸附分为 5 个阶段（Ⅰ～Ⅴ）；固体与表面活性剂的作用分为弱、中、强三种状况（A～C）[11,14]。

在吸附的第Ⅰ阶段，表面活性剂浓度很低，吸附剂与表面活性剂间主要作用力是范德华力，吸附分子间距离很远，它们之间的相互作用可以忽略。随表面活性剂分子量增加吸附量增加，被吸附分子基本上是无规地平躺于界面上。随着表面活性剂浓度增加，吸附进入第Ⅱ阶段，此时界面基本被平躺的表面活性剂分子铺满，吸附等温线出现转折。以上二阶段未涉及表面活性剂和固体表面的性质。在第Ⅲ阶段，随着表面活性剂浓度继续增加，吸附量增加，吸附分子不再限于平躺方式。在非极性吸附剂上，表面活性剂的亲水基团与固体表面作用较弱，疏水部分作用较强，亲水基翘向水相，疏水基仍平躺于界面上（图 4-19 Ⅲ A）。在极性

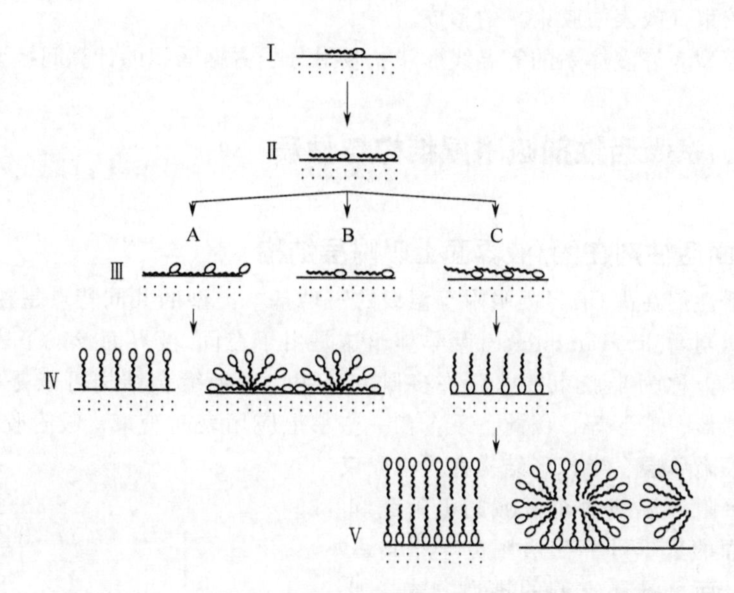

图 4-19　非离子型表面活性剂在固/液界面上吸附的一种模型

吸附剂上则以相反方式吸附（图 4-19 Ⅲ C)。Ⅲ B 为处于中间状态的结果。在此阶段界面上的表面活性剂分子排列的较第Ⅱ阶段紧密。当表面活性剂浓度达到其 cmc 时，体相溶液中开始大量形成胶束，吸附进入第Ⅳ阶段。此时固/液界面上吸附的表面活性剂分子采取定向排列方式（图 4-19 Ⅳ A 或Ⅳ C)，这种排列方式使吸附量急剧增加。表面活性剂浓度大于 cmc 后继续增加，在极性固体上可形成双层定向排列或表面胶束，吸附量继续大幅度增大（第Ⅴ阶段）。与此吸附模型相应的吸附等温线如图 4-20 所示。

根据上述模型，所有吸附等温线都有一个或两个平台区。第一平台出现时，其浓度应与吸附分子铺满单层时之浓度接近，平台结束时之浓度应相应于表面活性剂的 cmc。随后若吸附量急剧增加则反映了固/液界面上紧密定向单层（或双层）

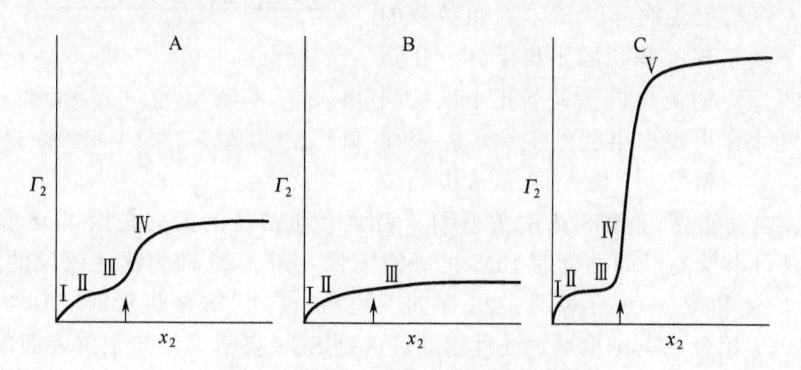

图 4-20　与图 4-19 相应的吸附等温线

（图中箭头所指浓度为 cmc）

排列和半胶束（或表面胶束）的形成。

上述模型为许多体系的等温线形状、吸附分子占据面积的计算间接证实。

六、表面活性剂吸附层结构与性质

（一）表面活性剂在固/液界面上吸附层结构

表面活性剂在固/液界面吸附等温线的三种基本类型的共同特点是在 cmc 附近吸附量有急剧增加。Fuerstenau 最早提出这是由于在固/液界面形成了表面活性剂的缔合结构，称为半胶束。以后许多研究证明，这种缔合结构可以是吸附单层、双层、半球形、球形等，因此，现今在一些书上应用表面胶束、吸附胶束等术语，但仍可将吸附单层、半球形结构称为半胶束。

应用吸附等温线每个区域的吸附量和固体比表面的数据计算出吸附分子平均占据面积，从而可推测它们的排列方式，如在浓度大于 cmc 以后的平台区极可能为双层结构，应用中子散射和荧光探针技术研究结果证实在覆盖度足够大时，吸附胶束确为双层结构。

原子力显微镜（AFM）是根据特制探针与底物表面作用力的测定从分子水平上推测表面形貌和表面结构的一种新的表面科学研究手段。图 4-21 是用 AFM 测定负电硅球探针与金表面上的正电性自组装膜间作用力的示意图。

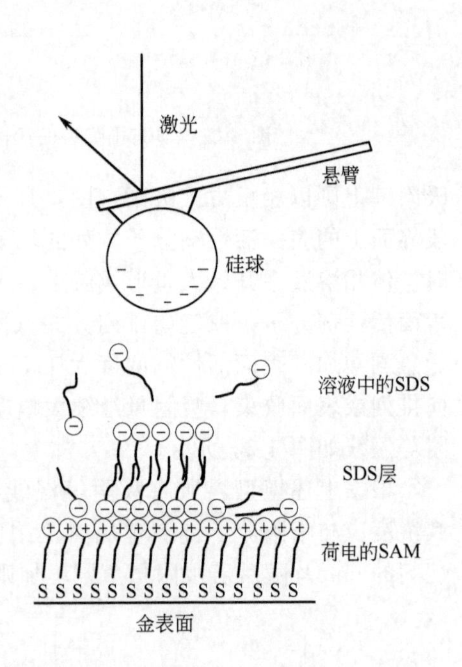

图 4-21 AFM 测定负电硅球探针与在金表面上覆盖有硫醇阳离子自组装膜 SAM 示意

在自组装膜上吸附的是阴离子表面活性剂十二烷基硫酸钠（SDS），自组装膜的成分为 2-氨基苯乙基硫醇阳离子。由在不同浓度的 SDS 时测出的探针与正电底物间力曲线可计算出表面电势的变化，并进而求得表面电荷密度 σ。图 4-22 是求出的该体系表面电荷密度与 SDS 浓度关系图。表面电荷密度的变化是因 SDS 吸附引起的，因此可以推测不同浓度时 SDS 的吸附图像。图 4-23 即为这一图像的示意图。比较图 4-22 和图 4-18 可对图 4-23 作如下说明。在 SDS 浓度低时（$10^{-8}\sim10^{-6}$ mol/L），吸附量随其浓度增加线性增加，这是 SDS 离子单体与正电表面电性吸附的结果［图 4-23（b）］。浓度约为 $10^{-6}\sim10^{-5}$ mol/L 时吸附量有增长不大的区域，此时可能是表面正电荷大部分被中和，形成半胶束或单层［图 4-23（c）］。当

SDS 浓度大于 5×10^{-6} mol/L 时界面上某些区域 SDS 碳氢链间的相互作用使吸附量大增，形成部分的吸附胶束，此时甚至可使表面电荷符号改变［图 4-23（d）］。当 SDS 浓度大于 10^{-3} mol/L（即接近或超过 SDS 的 cmc）时，吸附趋于恒定值，形成双层或球形吸附胶束，这些聚集体亲水基朝向水相，并带有负电荷［图 4-23（e）］[15]。

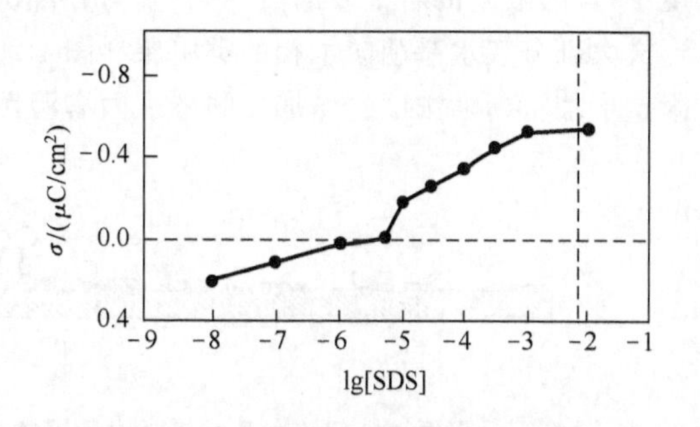

图 4-22　表面电荷密度与 SDS 浓度关系

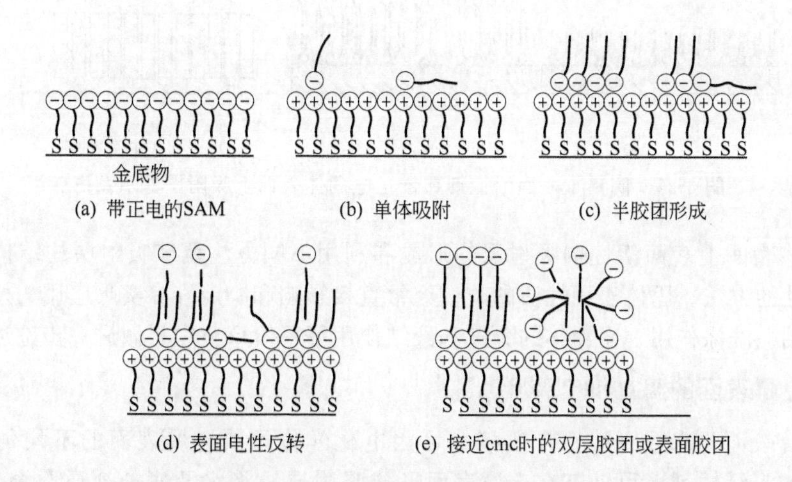

图 4-23　SDS 在荷正电的金底物上吸附层结构示意图

（二）表面活性剂吸附层的一些性质

1. 固体表面的润湿性质

固体自水溶液中吸附表面活性剂对其润湿性质的影响取决于表面活性剂的浓度和吸附层中表面活性剂分子或离子的定向状态。一般来说，吸附层对固体表面润湿性质的改变有两种情况。① 表面活性剂疏水基直接吸附于固体表面，如在不带电的非极性固体表面上的吸附，随着表面活性剂浓度增加，其分子先平躺，后亲水基翘向水相，最后形成亲水基指向水相的垂直定向排列（图 4-24）[4]。发生这种情况时，水在固体上的接触角由大变小，表面性质由疏水变为亲水。表面活性剂离子紧密单层亲水基指向水相后不再形成第二吸附层，润湿性质也难再变化。② 表面活性剂亲水基以电性或其他极性作用力直接吸附在固体表面上，随着表面活性剂浓度的增加，可以形成饱和定向单层，随后因疏水基的相互作用而形成亲水基向外的双层结构［图 4-25（a）］。如果固体表面与表面活性剂亲水基作用点较少（如表面电荷密度小)，已吸附的若干表面活性剂和体相溶液中的表面活性剂依靠疏水基相互作用而形成大部分亲水基朝向水相的类单层［图 4-25（b）］。在表面活性剂吸附过程中随吸附量增加（即随浓度的增加）固体表面润湿性质将发生变化[16]。

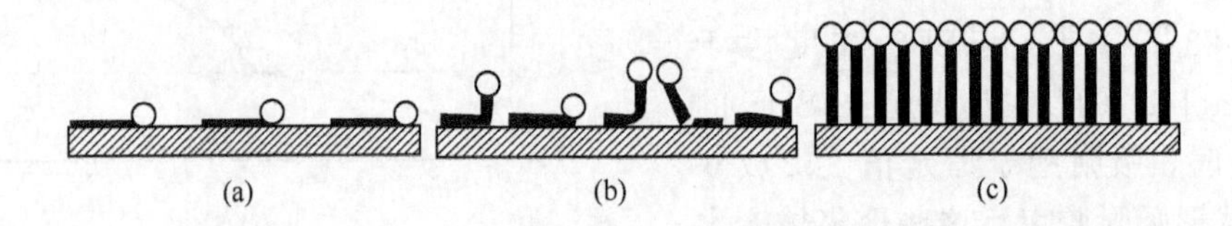

图 4-24　表面活性剂疏水基直接吸附于固体上的吸附图像随浓度增加而变化的示意

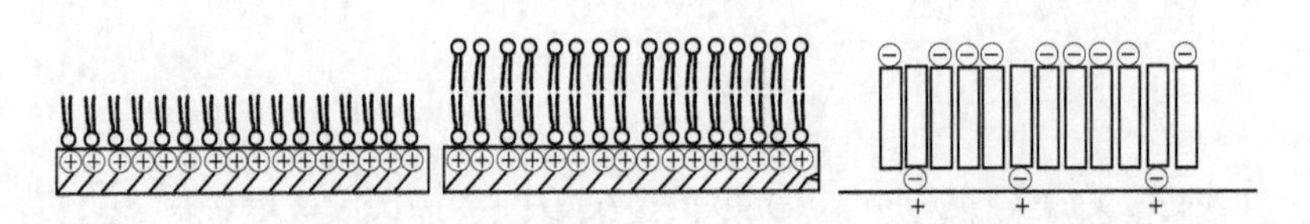

图 4-25　阴离子表面活性剂在带正电固体表面上吸附图像示意图

固体表面上表面活性剂吸附层的形成和利用不同方法调节吸附层的结构是一种表面改性的方法。固体表面性质的改变经常直接影响和决定许多实际应用的效果，在润湿作用、洗涤作用、悬浮体的分散和聚结作用等后续章节中将做进一步论述。

2. 金属表面的腐蚀抑制作用

金属表面与水或腐蚀性介质接触可因电化学作用或金属表面的不均匀而引起腐蚀。加入缓蚀剂，可使其在金属表面形成吸附层，将水及腐蚀介质与金属隔开，以起到防腐蚀作用。

常用的表面活性剂类缓蚀剂大多为含氮类化合物，如季铵盐、氨基酸衍生物、胺皂等。这些缓蚀剂在金属表面可能发生物理吸附也可能发生化学吸附。物理吸附理论认为烷基铵的阳离子以电性作用吸附于金属表面，因吸附表面活性剂阳离子而带正电的金属表面可抑制腐蚀介质阳离子（如氢离子）的接近，起到抑制腐蚀的作用。认为可能发生化学吸附的主要根据是这类化合物中都有含独对电子的 N、O、P、S 原子，它们可与某些金属表面原子形成共价键。除了电性作用外，缓蚀剂吸附层的疏水基对隔离腐蚀介质也有很大作用，一般来说，直链化合物较支链的效果好，在直链化合物中链长的效果好，这是因为形成的吸附层更趋紧密排列的缘故。

3. 表面活性剂吸附层对固体表面电性质的影响

如前所述，以离子交换机理吸附离子型表面活性剂时固体表面电动电势不会发生变化，但以离子配对机理吸附时电动电势将下降，直至电动电势为零。固体粒子电动电势为零时粒子间同号电荷的相斥作用不再存在，将发生聚结。表面活性剂持续吸附，电动电势越过零值后，符号发生变化，粒子带有与表面活性剂离子相同的电荷，粒子间斥力增加，体系可能又趋于稳定。

此外，固体上的表面活性剂吸附层，若亲水基朝外时常能降低表面电阻，起到防静电作用。实验证明，纤维材料用表面活性剂水溶液处理时，表面电阻与表面活性剂浓度成反比，即吸附量越大表面电阻越小。离子型表面活性剂吸附层本身即有导电的能力，非离子型表面活性剂吸附层也可通过其亲水基对大气中微量水的吸附而导电，起到防静电作用。

参考文献

[1] 顾惕人，朱珧瑶，等．表面化学．北京：科学出版社，1994.

[2] 朱珧瑶，赵振国．界面化学基础．北京：化学工业出版社，1996.

[3] Zhao Zhenguo，Gu Tiren. J. Chem. Soc.，Faraday Trans. 1，1985，181：185.

[4] Myers D. Surfactant Science and Technology，2nd ed.，New York：VCH Publishers，Inc.，1992.

[5] 拉甫罗夫 И C. 胶体化学实验．赵振国译．北京：高等教育出版社，1992.

[6] 赵维蓉，张胜义，等．表面活性剂化学．合肥：安徽大学出版社，1997.

[7] 赵振国，钱程，等．应用化学．1998，15（6）：6.

[8] Kognovskii A M，Klimenko N A，et al. Adsorption of Organic Compound from Water，Leningrad：Chemisisty，1990.

[9] Klimenko N A. Kolloidn. Zh. 1978，40：1105.

[10] 朱珧瑶，顾惕人．化学通报．1990，（9）：1.

[11] Parfitt G D，Rochester C H（eds.）. Adsorption from Solution at the Solid/Liquid Interfaces. London. Academic Press，1983.

[12] 赵振国，黄建滨等．应用化学．1988，5（6）：75.

[13] Rosen M J. Surfactants and Interfacial Phenomena，2nd ed. New York：John Wiley and Sons. 1989.

[14] Corkill J M，Goodman J F，Tate JR. Trans. Faraday Soc. 1967，63：2264.

[15] Hu K，Bard A J. Langmuir. 1997，13：5418.

[16] Rubingh D N，Holland P M（eds.）. Cationic Surfactants：Physical Chemistry. NewYork：M. Dekker，1991.

第五章

胶束化作用和分子有序组合体

与在表（界）面上的情况相似，表面活性剂分子由于疏水作用，在水溶液内部发生自聚（self-assembly），即疏水链向内靠在一起形成核，远离水环境，而将亲水基朝外与水接触。表面活性剂在溶液中的自聚（或称自组织、自组装）形成多种不同结构、形态和大小的聚集体。由于这些聚集体内的分子排列有序，所以常把它们称为分子有序组合体或有序分子组合体（organizedmolecular assemblies），将这种溶液称为有序溶液（organized solution）[1~5]。

除了普通胶束之外，其他的分子有序组合体还有反胶束（reversed micelle）、囊泡（vesicle）等。经常把微乳（microemulsion）也归到分子有序组合体中。本书将微乳单独列于第七章中讨论。

分子聚集体从结构上来说具有不同的层次，聚集体之间又可以再聚集形成更为高级的复杂聚集结构，称为有序高级结构分子组合体。如液晶（liquid crystal）、凝胶（gel）等。

分子有序组合体的形成有两个重要特点：一个是自发；另一个是基于非共价键力（弱相互作用）。

多层次、多种类的分子聚集体具有不同于一般表面活性剂分子的物理化学性质，表现出多种多样的应用功能，是构成生命物质和非生命物质世界的一个不可缺少的结构层次，成为化学、材料科学、物理学、生物学以及生命科学共同关注的新兴研究领域，在多种高新技术中起着重要作用。从化学和材料科学的角度，分子自组织作为一种新的“合成方法”，在构筑纳米结构体等方面日益受到广泛的重视。从生物学的角度，由两亲分子排列而成的各类分子有序组合体是生物膜的最佳模拟体系。分子有序组合体系统也是当前新兴研究领域——软物质（soft materials）或复杂流体（complex fluids）的主要研究对象，也引起了物理学界的极大关注，成为当前热门的凝聚态物理中的热门领域。

一、自聚和分子有序组合体概述

表面活性剂分子在水溶液中可以自组织形成球状、棒状、层状胶束以及囊泡等多种有序组合体，具有许多独特的性质，成为物理、化学、生物等多学科关注的对象。从物理方面讲，表面活性剂溶液是一种远比普通溶液复杂的流体，它与液晶、胶体、高分子溶液等一起构成了软物质（或称复杂流体）的研究对象。从化学方面讲，表面活性剂分子在溶液中形成各种有序组合体，在分子尺度之上形成了新一层微观结构，有其独特的理论研究和实际应用价值。从生物方面讲，表面活性剂分子形成的囊泡与生物膜非常相似，因此研究表面活性剂分子形成的单层、双层、囊泡等就构成了“膜模拟化学”的重要内容。

自胶束的概念提出以来，表面活性剂科学的发展已有近八十年的历史，但这一学科的发展至今方兴未艾，新的实验现象、新的应用层出不穷，同时一些原来发现的现象，当时并未充分重视，现在又重新引起注意。这可能是因为：一方面，表面活性剂溶液本身是一个非常复杂的体系；另一方面，簇集现象、介观现象、自组织现象普遍地引起科学界的注意，同时各种现代实验手段的发展也为研究这一复杂体系提供了条件。

（一）分子有序组合体的类型

最常见的分子有序组合体是胶束（micelle）。胶束的概念是英国布里斯托（Bristol）大学的 James William McBain 首次提出的。McBain 认为在一些电解质溶液浓度大到一定程度后很多性质出现反常现象，他认为这种反常现象是由于溶液中若干个溶质分子或离子会缔合成肉眼看不见的聚集体（aggregate）。这些聚集体是以非极性基团为内核，以极性基团为外层的分子有序组合体。Hartley G S 在其所著的《Paraffin Chain Salts，A Study in Micelle Formation》一书中正式用 Micelle 一词来形容表面活性剂分子或离子形成的此类聚集体。有意思的是，当 McBain 1925 年在伦敦举行的一个学术会议上提出肥皂这类物质的溶液含有导电的胶体电解质，并且是严格的热力学稳定体系时，当时的会议主席（一位权威学者）给出的评价是“胡说，McBain”。事实证明真理是站在 McBain 这边。McBain 于 1932 年获诺贝尔奖，被誉为界面化学的开拓者，这与他的胶束理论是密不可分的。胶束的概念起初只是 McBain 提出的一个假说，很长一段时间内人们认可这种假说，但一直缺乏实验证据。1988 年，美国密歇根大学的科学家在 Langmuir 发表了“Seeing Micelles”的论文，他们应用快速冷冻透射电子显微镜（Cryo-TEM）观察到表面活性剂溶液中的胶束，并公布了胶束的照片[6]。

除了胶束之外，根据表面活性剂分子结构、浓度及其他影响因素的不同，表面活性剂分子在溶液内部自聚可形成多种不同结构、形态和大小的分子有序组合体。在水溶液中自聚形成胶束和囊泡等（疏水链向内靠在一起，亲水基朝水），在油溶液中形成反胶束（亲水基向内，疏水链朝外），在油水混合体系中形成微乳（疏水链向油相，亲水基向水相）。图 5-1 是最为常见的表面活性剂分子有序组合体的类型。每种类型中都包含多种形态和结构，如胶束有球状、椭球状、扁球状、棒状，囊泡有单室、多室和管状囊泡等。

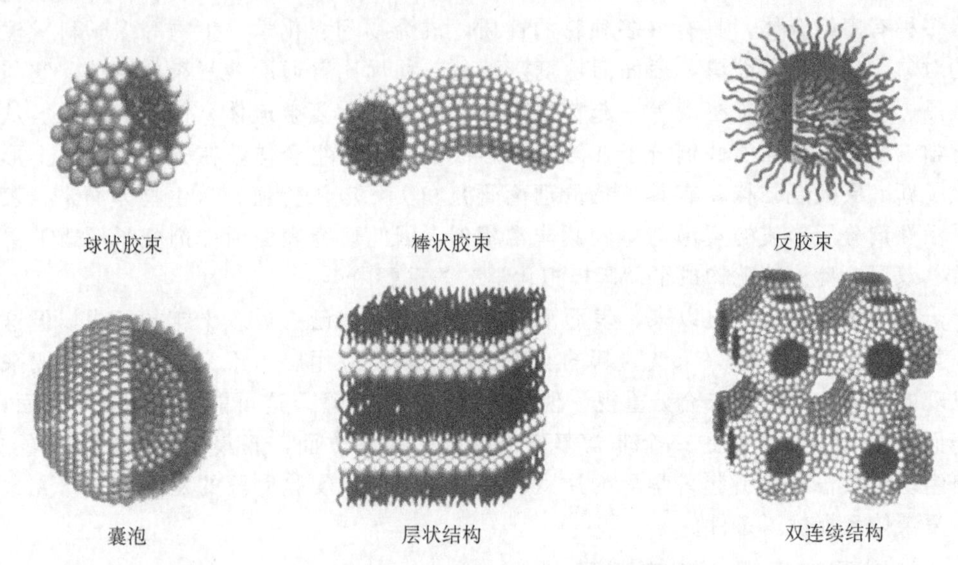

图 5-1　表面活性剂分子有序组合体的基本类型

同理，表面活性剂分子在界面上自聚形成的单分子层也是分子有序组合体的一类。

在各种物理化学因素（如浓度、温度、无机盐等添加剂）作用下，分子有序组合体还可再聚集形成更为高级的复杂聚集结构，称为有序高级结构分子组合体。如棒状胶束的六角束（六方相液晶）、平行排列且无限延伸的双分子层（层状液晶）、球状胶束堆积形成的立方结构（立方液晶）。棒状胶束可搭在一起形成三维网状结构。具有一定刚性的这种网状结构体系即为凝胶（网状结构的孔隙中填满了液体）。分子有序组合体聚在一起形成包含大量水的结构可从本体溶液中析出形成双水相体系。这些都是由于分子有序组合体的再聚集形成高级结构的结果。

（二）分子有序组合体基本结构特征

分子有序组合体尽管结构形态各异、有各自独特的性质和功能，但又有一个共通点，即都是由表面活性剂分子或离子以其极性基向着水、非极性基远离水或向着非水溶剂形成的。缔合在一起的非极性基团在水溶液中形成非极性微区，聚集在一起的极性基团也在非极性液体中形成极性微区。

分子有序组合体的结构可以归纳表述成不同数目、不同曲率的定向排列的两亲分子单层。水环境中的球形胶束可以看作是一种曲率足够大的弯向疏水一侧的闭合单分子层；而反胶束则是弯向亲水基一方的闭合弯曲单分子层。随着弯曲程度的不同，弯曲的单分子层可以形成球形胶束、扁球形胶束、长球形胶束、棒状胶束、线状胶束等。当单分子层的曲率近于零时，也就是形成了平板状的单分子层，如表（界）面处吸附的单分子层。两个平板单层，面对面地或背靠背地（取决于溶剂，即疏水基对疏水基，或亲水基对亲水基）结合起来则形成层状胶束；当双分子层（同上，两个紧密结合的单分子层）或多个双分子层弯曲封闭起来则形成囊泡，即单室囊泡或多室囊泡。棒状胶束平行地排列形成六方液晶、球形胶束密堆积形成立方液晶，层状胶束平行排列则形成层状液晶。构成它们的单分子层如彼此融合可导致双连续的结构。总之，描述表面活性剂形成不同有序组合体的一个重要参数是它们定向排列形成的单分子层的弯曲特性。

（三）自聚机制

表面活性剂分子的自聚过程及分子有序组合体的形成主要由以下两种因素引起的。

1. 能量因素

表面活性剂的碳氢链由于疏水，其与水分子间的亲和力弱，因此，表面活性剂的疏水基与水的界面能较高。为了降低这种高界面自由能，疏水碳氢链往往呈卷曲状态。正是由于表面活性剂分子结构的两亲性使疏水的碳氢链具有从水中逃逸的趋势：当表面活性剂的溶液浓度低于 cmc 时，以单分子状态吸附于溶液表面，使界面自由能减少；当浓度达到 cmc 时，由于表面活性剂在溶液表面的吸附达到饱和状态，而溶液内部的表面活性剂为了减少界面自由能，从水中逃逸的途径只能是形成缔合物。

2. 熵驱动机理——冰山结构理论

表观看来，胶束的形成是表面活性剂离子或分子从单个无序状态向有一定规则的有序状态变迁的过程，似乎是一个熵减过程，但这不符合自发进行的实际情况。因此，仅从界面自由能的减少的角度无法解释这个疑问，于是又提出了熵驱动机理。

通过计算胶束生成的热力学参数（计算方法参见本章二（五）），其 Gibbs 标准自由能 $\Delta G_m^{\ominus}$ 为负值，如 SDS 的 $\Delta G_m^{\ominus}=-21.74\ J/mol$，这说明胶束的形成是自发进行的。由于胶束的生成焓 $\Delta H_m^{\ominus}$ 的值较小甚至出现负值（如 SDS 的 $\Delta H_m^{\ominus}=-1.25J/mol$），由 $\Delta G_m^{\ominus}=\Delta H_m^{\ominus}-T\Delta S_m^{\ominus}$ 可知 $\Delta G_m^{\ominus}$ 变为负值的重要因素是由于 $\Delta S_m^{\ominus}$（胶束的生成熵）有较大的正值而引起的，即胶束形成的过程是一个熵增过程，那么这个过程应该是趋向于无序状态。

为了解释表面活性剂离子或分子形成胶束的过程导致无序状态的增加，引入了水结构变化的概念。认为液态水是由强的氢键生成的正四面体型的冰状分子和非结合的自由水分子所组成。而非极性的烃类分子溶解时，将助长这种水结构。于是当表面活性剂离子（或分子）溶解在水中时，水分子就会在表面活性剂的疏水碳氢链周围形成有序的冰样结构即所谓的“冰山”（iceberg）结构。表面活性剂离子（或分子）在形成胶束的过程中，这种“冰山”结构逐渐被破坏，回复成自由水分子使体系的无序状态增加，因此这个过程是一个熵增加过程，导致胶束的生成熵 $\Delta S_m^\ominus$ 具有较大的正值。所以胶束的形成不能单纯的认为是由水分子与疏水碳氢链之间的相斥或疏水基之间的范德华力而引起的。

疏水效应和 $\Delta S_m^\ominus$ 具有较大的正值还有另外一种解释：在水溶液中，非极性基的分子内运动受到周围水分子网络结构的限制，而在缔合体内部则有较大自由度。

二、胶束化作用和胶束

胶束是分子有序组合体的最基本和最常见的形式。形成胶束的作用称为胶束化作用。

（一）临界胶束浓度

表面活性剂溶液开始大量形成胶束的浓度称为临界胶束浓度（critical micelle concentration，cmc）。在胶束溶液中，由若干表面活性剂分子或离子形成的胶束与溶解的溶质分子或离子的单体成平衡，这时，单体的活度维持恒定。胶束溶液是热力学平衡的体系。

cmc 是表面活性剂应用性能中最重要的物理量之一。cmc 越小，表面活性剂的使用效率越高。

1. cmc 的测量方法

前已述及，表面活性剂溶液在 cmc 附近，很多性质都发生突变，因此，原则上凡是 cmc 附近发生突变的物理化学性质都可用于测量 cmc。但因不同性质发生突变的机理不完全相同，随浓度变化的改变率也不同，突变的浓度点（或区间）也有一定的差异（见图 1-9）。因此，当给出 cmc 值时，一般应说明是用什么方法测量的。

cmc 的测量方法有表面张力法、界面张力法、电导法、渗透压法、染料法、浊度法、光散射法、荧光法、核磁共振（NMR）法等。具体测量方法在一般表面活性剂的专业书籍中均有详细论述，这里只简单介绍其中最常用的表面张力法。

表面张力的测量及 cmc 的确定方法在本书第一章已有详细介绍。通常用表面张力-浓度对数曲线的转折点确定 cmc。具体做法是：恒温下测定一系列不同浓度溶液的表面张力（γ），以浓度（c）的对数（$\lg c$）为横坐标，γ 为纵坐标，得到 γ-$\lg c$ 曲线，将曲线转折点两侧的直线部分外延，相交点的浓度即为该条件下表面活性剂的 cmc。

表面张力法对各类表面活性剂普遍适用。此法的灵敏度不受表面活性剂类型、活性高低、存在无机盐以及浓度高低等因素的影响。而这些因素对其他一些方法的适用性则有所影响。例如，电导法只限用于离子型表面活性剂；采用电导法和渗透压法时，溶液中不能有无机盐存在，电导法、渗透压法、折射率法等的灵敏度随 cmc 增加而下降等。此外，γ-lg$c$ 曲线是研究表面活性剂性质最基础的数据，可以同时求出表面活性剂的 cmc 和表面吸附等温线。

前已述及，不同方法测得的 cmc 数据不完全相同，因此目前国际上尚无统一的 cmc 测量标准，但一般认为表面张力法是测定表面活性剂溶液 cmc 的标准方法。

需要注意的是，当溶液中存在少量高表面活性杂质（如高碳醇、胺、酸等）时，γ-lg$c$ 曲线上会出现最低点，不易确定 cmc。而且整个 γ-lg$c$ 曲线的位置也会不同，所得结果往往存在误差。但是，从另一角度来看，γ-lg$c$ 曲线最低点的出现可以说明体系中有高表面活性杂质。因此，γ-lg$c$ 曲线是否具有最低点常常被用作表面活性剂样品纯度的实验依据。

另外，对有些表面活性剂混合体系，如碳氢表面活性剂和氟表面活性剂混合物，γ-lg$c$ 曲线往往会出现两个转折点，此时 cmc 的概念及确定方法也与单一表面活性剂的有所不同。详细内容参见本书第十七章。

2. cmc 的影响因素

cmc 受各种物理化学因素的影响，如表面活性剂结构、无机盐和极性有机物等添加剂以及温度等的影响。因为这些因素也同时影响到表面活性剂的其他性质，因此，将其在本书第十二章中详细讨论，各种表面活性剂及其混合物的 cmc 数据也列于本书第十二章中。

（二）胶束的形态和结构

胶束有不同形态：球状、椭球状、扁球状；棒状、层状等（图 5-2）。

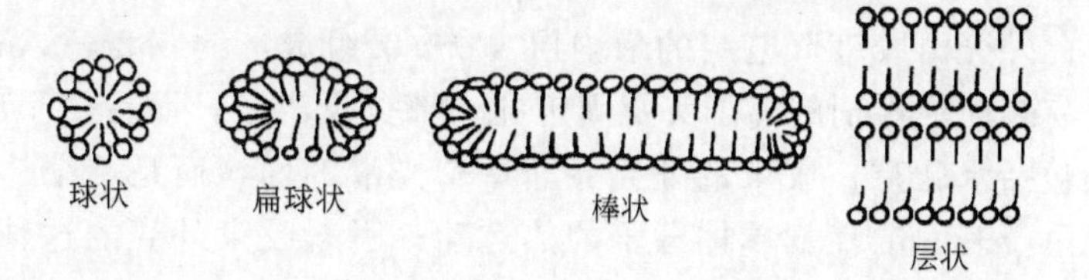

图 5-2　常见胶束的形状

胶束的形状受表面活性剂的分子结构、浓度、温度及添加剂等多种物理化学因素的影响。详细内容参见本章第三节。

胶束的基本结构包括两大部分：内核和外层。在水溶液中胶束的内核由彼此结合的疏水基构成，形成胶束水溶液中的非极性微区。胶束内核与溶液之间为水化的表面活性剂极性基构成的外层。在胶束内核与极性基构成的外层之间还存在一个由处于水环境中的 CH_2 基团构成的栅栏层。

离子型和非离子型表面活性剂胶束的结构有所不同。图 5-3 是两类表面活性剂胶束基本结构示意图。

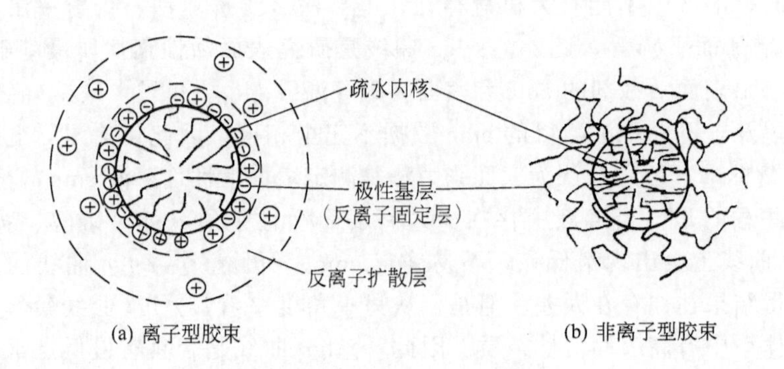

图 5-3 胶束结构示意图

1. 离子型表面活性剂胶束的结构

离子型表面活性剂胶束的结构以球形胶束为例如图 5-3（a）所示。胶束的外层包括由表面活性离子的带电基团、电性结合的反离子和结合水组成的固定层以及由反离子在溶剂中扩散分布形成的扩散层。

（1）胶束的内核　离子型表面活性剂的胶束具有一个由疏水的碳氢链构成的类似于液态烃的内核，约 1～2.8nm。由于靠近极性基的—CH_2—有一定的电荷分布，其周围仍有水分子存在，从而使得胶束内核中有较多的渗透水。也就是说此种—CH_2—基团并非加入碳氢链组成的内核中，而是作为胶束外壳的一部分，更准确地说，它应该属于胶束内核和外壳之间的一个中间层。

（2）胶束的外壳　胶束的外壳也称为胶束-水“界面”或者表面相。胶束的外壳并非指宏观界面，而是指胶束与水溶液之间的一层区域。对离子型表面活性剂胶束而言，此外壳由胶束双电层的最内层 stern 层组成，约 0.2～0.3nm。在胶束外壳中不仅有表面活性剂的离子头及固定的一部分反离子，而且由于离子的水化，胶束外壳还包括水化层。胶束的外壳并非一个光滑的面，而是一个“粗糙”不平的面。这是由于表面活性剂单体分子的热运动，引起胶束外壳的这种波动，类似于阿米巴变形虫的运动。

（3）扩散双电层　离子型表面活性剂胶束为保持其电中性，在胶束外壳的外部还存在一层由反离子组成的扩散双电层。

2. 非离子型表面活性剂胶束结构

非离子型表面活性剂胶束的结构如图 5-3（b）所示。

非离子表面活性剂胶束由胶束内核和胶束的外壳两部分组成。胶束内核由碳氢链组成类似液态烃的内核；胶束的外壳由柔顺的聚氧乙烯链及与醚键原子相结合的水构成。非离子型表面活性剂胶束无双电层结构。

（三）胶束的大小——聚集数

胶束大小的量度是胶束聚集数 n，即缔合成一个胶束的表面活性剂分子（或离子）平均数。

常用静态光散射方法测定胶束聚集数。其原理是应用光散射法测出胶束的“分子量”，将其除以表面活性剂的分子量得到胶束的聚集数。扩散法、超离心法、黏度法、荧光法等亦可用于测定胶束聚集数。

通过实验数据可归纳出以下规律：

① 表面活性剂同系物中，随疏水基碳原子数增加，胶束聚集数增加；

② 非离子型表面活性剂疏水基固定时，聚氧乙烯链长增加，胶束聚集数降低；

③ 加入无机盐对非离子型表面活性剂胶束聚集数影响不大，而使离子型表面活性剂胶束聚集数上升；

④ 温度升高对离子型表面活性剂胶束聚集数影响不大，往往使之略为降低。对于聚氧乙烯型非离子型表面活性剂，温度升高使胶束聚集数明显增加。

（四）胶束的反离子结合度

顾名思义，胶束的反离子结合度是指反离子在胶束表面的结合程度。即在胶束中平均一个表面活性剂离子结合的反离子个数。也可定义为胶束表面的反离子浓度与形成胶束的表面活性剂浓度之比。

对于离子型表面活性剂，若 n 个表面活性离子 $S^{+(-)}$ 和 m 个反离子 $B^{-(+)}$ 形成胶束 $[S_n B_m]^{(n-m)+(-)}$，则缔合平衡式可表示为

$$nS^{+(-)} + mB^{-(+)} \rightleftharpoons [S_n B_m]^{(n-m)+(-)}$$

其中，m/n 就叫做反离子结合度，一般用 k 表示。

应用胶束热力学可推导出如下关系：

$$\ln \mathrm{cmc} = \frac{\Delta G_m^{\ominus}}{RT} - k \ln a_i \tag{5-1}$$

此即离子型表面活性剂的临界胶束浓度 cmc 与反离子活度 a_i 的关系，它与从大量实验数据归纳出的经验公式

$$\lg \mathrm{cmc} = A - B \lg c_i \tag{5-2}$$

相同。

胶束的反离子结合度与离子型表面活性剂的种类（结构）和外加电解质的性质有关，一般在 0.5～1.2 之间。

由式（5-1）和式（5-2）可知，以 lncmc 对 $\ln a_i$，或 lgcmc 对 $\lg a_i$（对稀溶液，可用反离子浓度 c_i 代替反离子活度 a_i）作图应得一直线，直线的斜率即为胶束的反离子结合度。此即一般测定胶束反离子结合度的方法。

其他测定反离子结合度的方法还有电导法、离子选择性电极法等。

（五）胶束形成的理论处理—胶束热力学

胶束溶液是热力学平衡的体系。对胶束溶液进行热力学研究的第一步是确定

体系的热力学过程及其模型。胶束的形成是若干个表面活性分子或离子结合成一个整体的过程。为此，已采用的热力学模型有两种：一为相分离模型；二为质量作用模型。前者是把胶束与溶液的平衡看作相平衡，后者则看作化学平衡。

1. 相分离模型

相分离模型把胶束化作用看成是表面活性剂以缔合态的新相从溶液中分离出来的过程，cmc 为未缔合的表面活性剂的饱和浓度，相分离就在 cmc 时开始发生。表面活性剂浓度超过 cmc 以后，未缔合的表面活性剂浓度实际上保持不变。根据这种观点，可以把 cmc 当作胶束的溶解度，以解释表面活性剂溶液的各种物理化学性质在 cmc 时发生突变的原因。

在胶束溶液中单体与聚集体成平衡

$$n\mathrm{S} \rightleftharpoons \mathrm{S}_n$$

其平衡常数 K 写作

$$K = c_{\mathrm{m}}/c_{\mathrm{s}}^{n} \tag{5-3}$$

c_{m} 和 c_{s} 分别代表溶液中胶束和单体的浓度。

根据相分离模型，单体浓度等于 cmc，则可推导出胶束形成标准自由能：

$$\Delta G_{\mathrm{m}}^{\ominus} = RT\ln\mathrm{cmc}\text{（非离子表面活性剂）} \tag{5-4}$$

$$\Delta G_{\mathrm{m}}^{\ominus} = 2RT\ln\mathrm{cmc}\text{（离子表面活性剂）} \tag{5-5}$$

2. 质量作用模型

胶束形成的相分离模型虽有简明的优点，却过于简化，因而作为理论，其概括和预示的能力受到限制。例如离子型胶束的反离子结合度问题便无从研究。

质量作用模型是把胶束形成看作一种广义的化学反应——缔合。对于不同的体系，可以写出相应的反应式。

对于非离子型表面活性剂，质量作用模型和相分离模型得出同样的结果。即非离子表面活性剂胶束形成标准自由能变化也可用式（5-4）表示，即

$$\Delta G_{\mathrm{m}}^{\ominus} = RT\ln\mathrm{cmc}$$

对于离子型表面活性剂，缔合平衡式可表示为

$$n\mathrm{S}^{+(-)} + m\mathrm{B}^{-(+)} \rightleftharpoons [\mathrm{S}_n\mathrm{B}_m]^{(n-m)+(-)}$$

$$K = \frac{a_{\mathrm{m}}}{a_{\mathrm{S}}^{n} a_{\mathrm{B}}^{m}}$$

a_{S}、a_{B} 和 a_{m} 分别代表表面活性离子、反离子和胶束的活度。

可推导出（具体推导过程可参考有关专著）其胶束形成标准自由能变化

$$\Delta G_{\mathrm{m}}^{\ominus} = RT\ln\mathrm{cmc} + \frac{m}{n}RT\ln a_i \tag{5-6}$$

式中，a_i 代表反离子的活度。

如果反离子全部结合到胶束上，则 $m=n$，此时右方变为 $2RT\ln\mathrm{cmc}$，与相分离模型所得结果相同。

有了胶束形成标准自由能便可以方便地应用热力学公式算出相应的标准焓变

$\Delta H_m^\ominus$和标准熵变 $\Delta S_m^\ominus$。

$$\Delta S_m^\ominus = -\mathrm{d}\Delta G_m^\ominus/\mathrm{d}T$$

$$\Delta H_m^\ominus = -T^2\mathrm{d}(\Delta G_m^\ominus/T)/\mathrm{d}T$$

对于非离子型表面活性剂

$$\Delta S_m^\ominus = -(R\ln\mathrm{cmc} + RT\mathrm{d}\ln\mathrm{cmc}/\mathrm{d}T) \tag{5-7}$$

$$\Delta H_m^\ominus = -RT^2\mathrm{d}\ln\mathrm{cmc}/\mathrm{d}T \tag{5-8}$$

对于离子型表面活性剂

$$\Delta S_m^\ominus = -2(R\ln\mathrm{cmc} + RT\mathrm{d}\ln\mathrm{cmc}/\mathrm{d}T) \tag{5-9}$$

$$\Delta H_m^\ominus = -2RT^2\mathrm{d}\ln\mathrm{cmc}/\mathrm{d}T \tag{5-10}$$

计算数据表明，在所有实验温度，$\Delta G_m^\ominus$ 皆为负值。说明在标准状态下此过程可以自动进行，胶束溶液中单体缔合成胶束的平衡常数大于 1。这主要来自熵的贡献。所有的 $\Delta S_m^\ominus$ 均为正值，它对 $\Delta G_m^\ominus$ 的贡献$-T\Delta S_m^\ominus$为较大之负值。而 $\Delta H_m^\ominus$ 的数值有正有负。在负值情况下，它的绝对值也比相应的 $T\Delta S_m^\ominus$ 值小得多。因此胶束形成过程主要是熵驱动过程。

以上介绍的是胶束热力学的基本原理。实际上，胶束溶液中的平衡关系很复杂，但热力学方法仍不失为深入分析研究此类体系的性质和规律的重要手段。

3. 质量作用模型的应用——胶束反离子结合度和临界胶束浓度的计算

应用热力学方法可以理论地预示体系的物理化学规律。

(1) 胶束反离子结合度

将式（5-6）移项改写成

$$\ln\mathrm{cmc} = \frac{\Delta G_m^\ominus}{RT} - k\ln a_i \tag{5-11}$$

其中，$k = m/n$，叫做反离子结合度。

此式所表达的 cmc 与反离子浓度的关系与从大量实验数据归纳出的经验公式 $\lg\mathrm{cmc} = A - B\lg c_i$［即式（5-2）］相同。

(2) cmc 与表面活性剂同系物疏水链碳原子数的关系

同样也可应用质量作用模型推导出 cmc 与表面活性剂同系物疏水链碳原子数 n 的关系：

$$\ln\mathrm{cmc} = \frac{\Delta G_{m[W]}^\ominus + k + n\Delta G_{m[CH_2]}^\ominus}{RT} \tag{5-12}$$

其中 $k = \Delta G_{m[CH_3]}^\ominus - \Delta G_{m[CH_2]}^\ominus$，$\Delta G_{m[W]}^\ominus$、$\Delta G_{m[CH_3]}^\ominus$ 和 $\Delta G_{m[CH_2]}^\ominus$ 分别为亲水基、疏水基中 CH_3 基团和 CH_2 基团对胶束形成标准 Gibbs 自由能的贡献。该式子忽略反离子对自由能的贡献。

此式指示临界胶束浓度与表面活性剂同系物疏水链碳原子数的关系。lncmc 与碳原子数 n 成线性关系。即

$$\ln\mathrm{cmc} = A + Bn \tag{5-13}$$

$$A=\frac{\Delta G^{\ominus}_{m[W]}+k}{RT}, B=\frac{\Delta G^{\ominus}_{m[CH_2]}}{RT}$$

直线的斜率 B 反映疏水基中一个亚甲基由水环境转移到胶束环境时标准 Gibbs 自由能之改变量；直线的截距 A 则主要反映亲水基由水环境转移到胶束环境时标准 Gibbs 自由能的变化。用实验测定的表面活性剂同系物的临界胶束浓度数据作图即可求出 A 和 B 的值。数据表明，所有的 B 值都是负的。这说明表面活性剂疏水基中的 CH_2 基团是促进胶束化作用的。并且，从各系列化合物数据得到的 B 值彼此很接近。这与 B 值的物理意义相吻合。A 值则都是正的，说明亲水基在胶束化过程中没有积极的作用。

式（5-13）与经验公式 $\lg cmc = A + Bn$ 一致。

（六）胶束动力学

胶束是处于动态平衡之中，不断地形成，也不断地破坏。它形成和破坏所需的时间在毫秒到微秒的水平。胶束动力学特性常用它的快弛豫时间 τ_1 或 $1/\tau_1$ 和慢弛豫时间 τ_2 或 $1/\tau_2$ 来指示。胶束形成动力学的研究通常是利用诸如温度跃、压力跃、超声吸收等方法使胶束溶液经受突变，再监测它的弛豫过程。实验结果显示其中包含两类速度过程，微秒级的快过程和毫秒级的较慢的过程。

胶束溶液中存在复杂的胶束形成和破坏作用。它们包括以下过程。

① 电离　$S_nB_m \rightleftharpoons S_nB_{(m-1)} + B$

S_n 代表由 n 个表面活性剂单体（S）形成的胶束，B 代表反离子。

② 单体转移　$S_{n-1} + S \rightleftharpoons S_n$

③ 胶束形成和解体　$nS \rightleftharpoons S_n$

④ 胶束部分破坏和恢复 $S_n \rightleftharpoons S_{n-a} + S_a$，$a$ 为不大于 $n/2$ 的整数。

⑤尺寸变更

$$S_n + S_{n'} \rightleftharpoons S_{n-b} + S_{n'+b}$$
$$(n+1)S_n \rightleftharpoons nS_{n+1}$$

b 为不大的数，$n-b$ 个单体仍构成胶束。

通常，①非常快，其速度一般难以测定。②也是一个快过程，一般认为，弛豫监测实验观察到的微秒级快过程即由此引起。③实际上不是一个简单的过程，而是由每次加减一个单体的系列过程组成。因此，是一个比较慢的过程。④、⑤与③的情形相似，也是比较慢的过程。它们是实验监测到的毫秒级动力学现象的起因。

因此，表面活性剂胶束溶液存在快和慢的两种过程。表面活性剂碳链增长使速度变慢，浓度增加则使之加快。碳链加长使单体离开胶束的速度明显变慢。这可以从分子的疏水性增强来理解。单体进入胶束的速度随碳链加长亦略有变慢。这可能是反映扩散控制速度的作用。

三、表面活性剂分子的多种有序组合体

表面活性剂分子有序组合体最常见、也是最简单的形式是胶束，还有其他多种结构和性能各异的分子有序组合体。它们赋予了表面活性剂有序溶液丰富多彩的性能和用途。

（一）蠕虫状胶束

蠕虫状胶束属于胶束的一种，因其性质特殊，故单列出来加以介绍。

表面活性剂的浓度在超过 cmc 不多时，胶束通常是球形的。随浓度增加，或在特定的情况下（如特定的温度、盐度等），可使表面活性剂胶束的形状由球状转变为棒状。棒状胶束可在一定条件下沿着一维方向长成柔性的、高度弯曲的聚集体，因其外观类似蠕虫，故称为蠕虫状（wormlike）胶束，也称为线状（thread-like）胶束，见图 5-4。

蠕虫状胶束长度可达几十至数百纳米甚至更长，在低温透射电镜（Cryo-TEM）下可以直接观察到蠕虫状胶束的形态。有些特殊的蠕虫状胶束，在一维线状的主体外还有很多像绒毛一样的细小分支，这种蠕虫状胶束也被形象地叫做多毛的蠕虫状胶束。

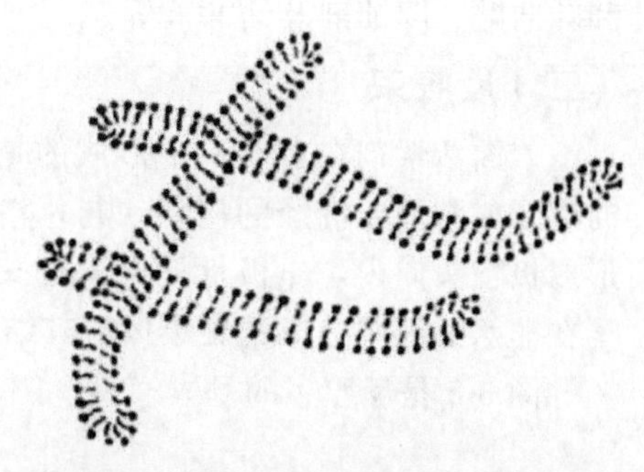

图 5-4　蠕虫状胶束的结构示意

蠕虫状胶束早期的报道主要集中在具有较大有机反离子的阳离子表面活性剂体系，最为典型的是十六烷基三甲基溴化铵（CTAB）-水杨酸钠体系。目前，文献报道的表面活性剂蠕虫状胶束体系几乎涵盖了所有的表面活性剂种类。一些离子型表面活性剂在没有添加无机盐时就可以形成蠕虫状胶束，另外一些离子型表面活性剂自身形成球形胶束，但外加一定浓度的无机盐（特别是如水杨酸钠这样的盐）可以促进胶束长大形成蠕虫状胶束。一些表面活性物质，如脂肪醇、脂肪酸等也可以诱导离子型表面活性剂体系发生球形胶束向蠕虫状胶束的转变。表面活性剂的复配体系中也常常发现蠕虫状胶束的形成。特别是阴、阳离子表面活性剂复配体系中形成蠕虫状胶束是较常见的。一些生物表面活性剂体系中也发现了蠕虫状胶束的形成，如卵磷脂。除了上述盐类及添加剂等，其他一些外界条件，如温度、pH、光、电等也可诱导蠕虫状胶束的形成。

蠕虫状胶束的形成条件可根据临界排列参数理论（见本章四节）来说明。要使球状胶束转变为棒状甚至蠕虫状胶束，必须增大临界排列参数 P［$P=v/(a_0 l_c)$］值满足 $1/3<P<1/2$ 的条件。在表面活性剂溶液中添加一定的反离子减小极性基

团面积，或增大疏水链的体积，即可实现这一目的。

当蠕虫状胶束的浓度超过临界缠结浓度，蠕虫状胶束间将相互缠结，黏附甚至融合形成动态三维网状结构，蠕虫状胶束的这种特殊结构使溶液具有凝胶的性质，使它在具有高表面活性的同时，具有高黏度和剪切变稀等特性，特别是表现出明显的黏弹性。此种性质一般为高聚物所特有，但与一般的化学高分子聚合物不同，蠕虫状胶束是处于破坏-恢复的动态平衡之中的，自组装蠕虫胶束可以在剪切应力下破坏并重新形成，这使它在高剪切的环境中应用时十分稳定，因此又被称为“活的聚合物（living polymer）”。

蠕虫状胶束常用的表征手段有低温透射电镜（Cryo-TEM）、流变学（rheology）以及小角中子散射（SANS）等。通过低温电镜可以原位观察到蠕虫状胶束的形貌；流变学手段可以对其体相性质进行研究，得到黏度、模量、是否枝化等参数和信息；而小角中子散射手段则可以给出更具体的结构参数。

表面活性剂蠕虫状胶束体系因其独特的性质，已在家庭洗涤产品及个人护理产品中有所应用。但目前报道更多的是应用在油田开采相关领域，如用作压裂液和转向酸、驱油剂及钻井液等。

（二）反胶束

表面活性剂在水溶液中形成的是正常胶束，其极性基朝外与水接触，疏水基向内形成类似于液烃的内核。与水溶液中的情况相反，表面活性剂在有机溶剂中形成极性头向内，非极性尾朝外的聚集体，称为反胶束。因此，反胶束是两亲分子在非水溶液中形成的聚集体。其结构与水溶液中的胶束相反。

图5-5是反胶束的基本模型。

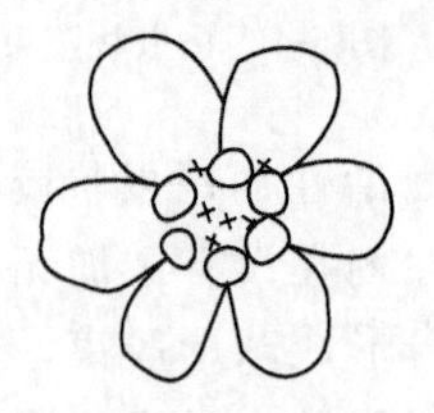

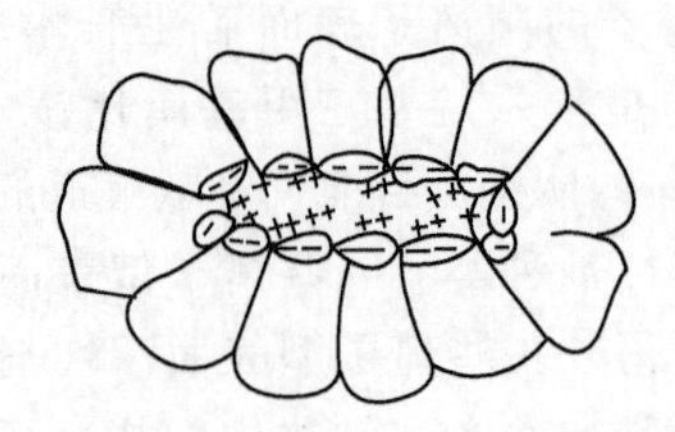

图5-5　反胶束的基本模型

关于反胶束的研究还很不充分。反胶束是一种自发形成的纳米尺度的聚集体。从分子几何特征来说，排列参数 P [$P=v/(a_{o}l_{c})$] 大于1的两亲分子易于形成反胶束（见本章四节）。通常，带有两个具有分支结构的疏水尾巴的小极性头的两亲分子，例如，异构的琥珀酸酯磺酸盐等属于这一类。另外，极性基的性质在缔合过程中起主要作用。通常，离子型表面活性剂形成的反胶束聚集数相对较大，其中阴离子型硫酸盐又优于阳离子型季铵盐。

反胶束形成的动力往往不是熵效应，而是亲水基彼此结合或者形成氢键的结合能。也就是说过程的焓变起重要作用。

与普通胶束相比，反胶束有以下特征。

① 反胶束的聚集数和尺寸都比较小。聚集数常在10左右。有时只由几个单体聚集而成。

② 反胶束的形态也不像在水溶液中那样变化多端，主要是球形。

③ 反胶束也具有增溶能力（增溶作用见本书第六章），不过，被加溶的是水、水溶液和一些极性有机物。水和水溶液加溶位置主要是在反胶束的核里。极性化合物，例如，有机酸，在有机相中可能有一定的溶解度，也可能像在水中胶束那样插在形成反胶束的两亲分子中间。反胶束因此而长大，对水的加溶能力也随之增强。

反胶束的极性核溶入水后形成“水池”，在此基础上还可以溶解一些原来不能溶解的物质，即所谓二次加溶原理。例如，反胶束的极性内核在加溶了水后，在内核形成了“水池”，可以进一步溶解蛋白质、核酸、氨基酸等生物活性物质。由于胶束的屏蔽作用，即水和表面活性剂在蛋白质分子表面形成一层“水壳”，使蛋白质不与有机溶剂直接接触，而水池的微环境又保护了生物物质的活性，达到了溶解和分离生物物质的目的。因此，利用反胶束将蛋白质溶解于有机溶剂中的水壳模型这种技术既利用了溶剂萃取的优点，又实现了生物物质的有效分离，成为一种新型的生物分离技术。

阳离子、阴离子、非离子型的表面活性剂都可以形成反胶束。目前研究使用最多的阴离子表面活性剂是 Aerosol OT [丁二酸-(二)-2-乙基己基酯磺酸钠, AOT]。该表面活性剂易得，分子极性头小，有双链，其形成的反胶束加溶能力出众。利用非水溶剂中反胶束的二次加溶能力（加溶水后再溶解水溶性物质），AOT/异辛烷体系对于分离核糖核酸酶、细胞色素C、溶菌酶等具有较好的分离效果，但对于分子量大于30000的酶，则不易分离。

（三）囊泡和脂质体

某些两亲分子，如许多天然或合成的表面活性剂及不能简单地缔合成胶束的磷脂，分散于水中会自发形成一类具有封闭双层结构的分子有序组合体（图5-6），称为囊泡（lesicle）或脂质体（liposome）。囊泡和脂质体这两个术语的意义在文献中有些含混。一般认为如果两亲分子是天然表面活性剂如卵磷脂，则形成的结构就称为脂质体；若由合成表面活性剂组成，则称之为囊泡。因此，脂质体特指由磷脂形成的一类特殊的囊泡，它是人类最先发现的囊泡体系。也有人用脂质体代表具有多层的封闭双层结构的体系。

囊泡具有独特的性质和结构，它有一个水溶性的内核，非常类似于细胞膜，因而可以用来进行细胞膜的生物模拟、药物的封装及输送等等，从而成为研究的热门课题。

1. 囊泡的结构、形状与大小

囊泡是由密闭双分子层所形成的球形或椭球形单间或多间小室结构。可认为

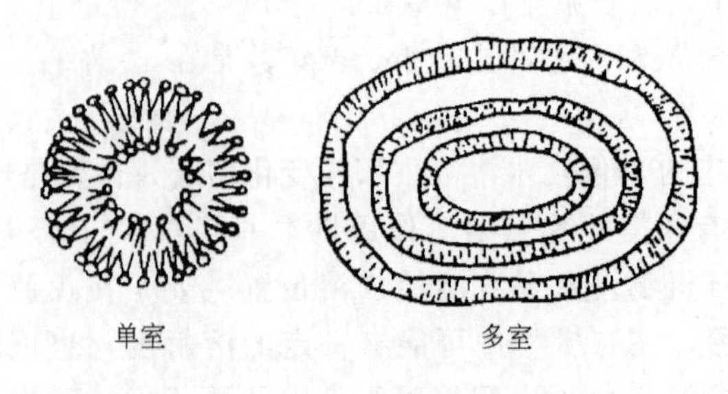

图 5-6 囊泡

是由两亲分子定向尾对尾地结合成双层所构成的封闭的外壳，以及壳内包藏的微水相构成。

囊泡可分为单层的和多层的两类，这两类囊泡又称为单室囊泡和多室囊泡。单室囊泡只有一个封闭双层包裹着水相；多室囊泡则是多个封闭双层呈同心球式的排列，不仅中心部分，而且各个双层之间都包有水。

囊泡的形状多近似球形、椭球形或扁球形，也曾观察到管状的囊泡。

囊泡的线性尺寸大约在 30～100nm。也有大到 10 μm 左右的单层囊泡。

2. 囊泡的形成

（1）囊泡的制备方法　制备囊泡的方法有多种，常见的有溶胀法、乙醚注射法和超声法等。

溶胀法是最简单的制备囊泡的方法，它是让两亲化合物在水中溶胀，自发生成囊泡。例如，将磷脂溶液涂于锥形瓶内壁，待溶剂挥发后形成磷脂膜附着在瓶上。加水于瓶中，磷脂膜便自发卷曲，形成囊泡进入溶液中。

乙醚注射法是将两亲化合物制成乙醚溶液，然后注射到水中，除去有机溶剂即可形成囊泡。反过来，例如，将水溶液引入磷脂的乙醚溶液中，再除去有机溶剂，也能制备多室囊泡。

上两种方法可认为是自发形成囊泡的方法。有的两亲化合物不能自发形成囊泡，但可以在超声的条件下形成。这样制备的囊泡多为大小不一的多室囊泡。将此液压过孔径由大到小的系列聚碳酸酯膜，可以得到尺寸较小、分布较窄的多室囊泡。另外，多室脂质体经过超声处理也可能得到单室脂质体。

（2）囊泡的形成与表面活性剂分子结构的关系　囊泡生成与表面活性剂分子的几何因素有关，一般认为它要求满足临界排列参数 P 略小于 1 的条件（见本章四节）。已知某些磷脂可以形成囊泡。其分子结构特点是带有两条碳氢尾巴和较大头基，例如，双棕榈酰磷脂酰胆碱

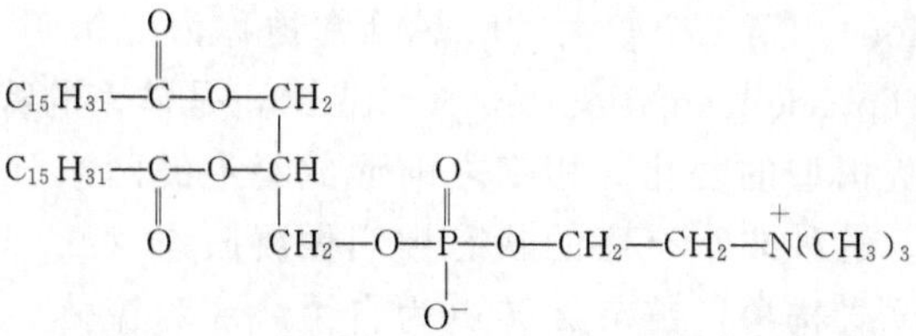

$$
\begin{array}{l}
\phantom{C_{15}H_{31}-}\overset{\displaystyle O}{\overset{\|}{}}\\
C_{15}H_{31}-C-O-CH_2\\
\qquad\qquad\qquad\quad |\\
C_{15}H_{31}-C-O-CH\qquad\overset{\displaystyle O}{\|}\\
\phantom{C_{15}H_{31}-}\underset{\displaystyle O}{\|}\qquad\quad |\qquad\quad\;\;\; \\
\qquad\qquad\qquad\quad CH_2-O-P-O-CH_2-CH_2-\overset{+}{N}(CH_3)_3\\
\qquad\qquad\qquad\qquad\qquad\quad\;\, |\\
\qquad\qquad\qquad\qquad\qquad\quad O^-
\end{array}
$$

随后发现合成的双尾表面活性剂，例如，双烷基季铵盐和双烷基磷酸盐也可以形成囊泡。最近又发现混合表面活性剂体系，特别是混合阴、阳离子型表面活性剂可以自发形成囊泡。甚至在尚无胶束生成的低浓区已有囊泡生成。

3. 囊泡的表征

囊泡的表征有很多方法，如电镜法、光散射法、葡萄糖捕获法（glucose trapping)、荧光探针法以及流变学方法等。其中电镜法包括负染色法（negative staining)、冰冻复型（或称冷冻刻蚀，冷冻蚀刻，Freeze fracture）和深度冷冻透射电镜（Cryo-TEM)。在这些方法中，Cryo-TEM 是最直观的一种方法，利用这种方法可以直接得到各种囊泡的照片，但缺点是费用高且操作复杂。不过近年来随着电镜技术的快速发展，Cryo-TEM 也成了表征囊泡的重要手段。相比之下，光散射方法要简单得多，它分为静态光散射和动态光散射，可以与 TEM 相结合，在确认囊泡存在的前提下，准确地给出其半径，并可以跟踪监测其变化。在越来越多的自发形成囊泡的报道情况下，光散射可以通过粒径的变化确认囊泡的存在；葡萄糖捕获法可以测定出囊泡的增溶量；而流变法则可以通过胶束、囊泡和蠕虫状胶束流变性质的差别反映其结构的变化。

4. 囊泡的性质

(1) 稳定性　与胶束溶液不同，囊泡不是均匀的平衡体系，它只具有暂时的稳定性，有的可以稳定几周甚至几月。这是因为形成囊泡的物质在水中的溶解度很小，转移的速度很慢。而且，相对于层状结构，囊泡结构具有熵增加的优势。

(2) 包容性　囊泡的特殊结构使其能够包容多种溶质。囊泡可以按照溶质的极性把它们包容在不同部位。对亲水溶质，一般是较大的亲水溶质包容在囊泡的中心部位，小的亲水溶质包容在囊泡的中心部位及极性基层之间的区域，也就是囊泡的各个“水室”之中。对疏水溶质，一般包容在各个两亲分子双层的碳氢基夹层之中。对本身就具有两亲性的分子，例如，胆固醇之类的化合物，可参加到定向的双层中形成混合双层。

(3) 膜的通透性　囊泡膜是半通透性膜，不同离子穿膜和分子扩散过膜的速率有极大不同。可以控制囊泡膜的通透性从而使囊泡内外能够进行物质交换，这与生物细胞膜的功能十分相似，这一特性使囊泡在生物膜仿生领域具有重要的研究价值。囊泡膜的通透性在药物释放和缓释方面也起着重要作用。

(4) 相变　从量热实验（差热图）可清楚感知囊泡双层膜的相变。图 5-7 是双棕榈酰 L-α-卵磷脂的差热图，其显示两个吸热峰。第一个较小的吸热峰常被称为

“预变”(pretransition)。第二个较大的吸热峰常被称为“相变”。发生此过程的温度叫做相转变温度(phase transition temperature),是体系的特性。囊泡的相变主要来自双层膜中碳链构型的变化。相变之前形成囊泡的两亲分子饱和碳氢链呈全反式构象(图 5-8)。这种非常有序的状态被叫做凝胶态(gel state)。经过相变过程,碳氢链失去全反式构象,链节旋转更为自由,变为流体。相变前后囊泡性质不同。例如,被包容的物质进出囊泡的速度不同。在相转变温度以上,烷基处于似烃状态时溶质通过双层的速度明显高于在相转变温度以下的情况。这种特性对于生物膜是至关重要的。另外在制备囊泡时,采用透膜法需保持体系温度在相转变温度以上;而采用超声法时则保持体系温度在相转变温度以下为佳。一般说来,相转变温度随体系组成而异。增加碳氢链的长度会升高相转变温度。碳氢链不饱和化和支化则使之降低。

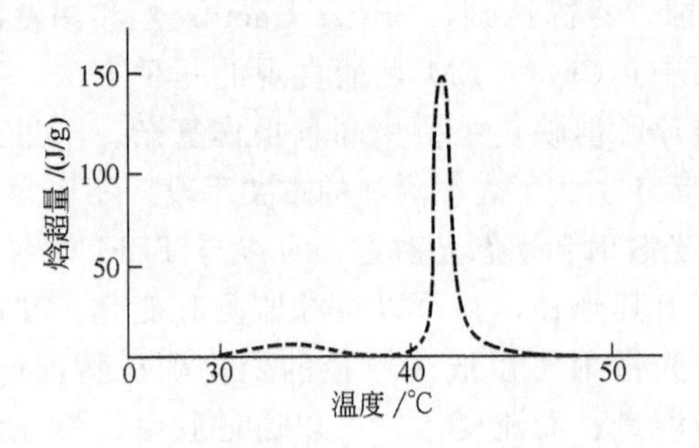

图 5-7　双棕榈酰 L-α-卵磷脂的差热图

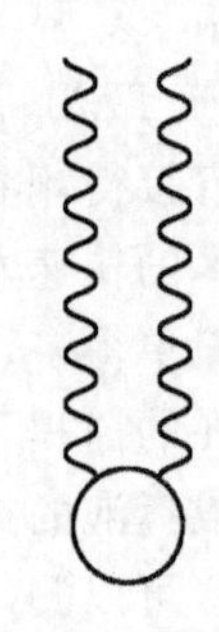

图 5-8　碳氢链全反式构象示意图

(四)液晶

液晶是指处于“中介相”(mesophase)状态或称介晶态的物质,它一方面具有像液体一样的流动性和连续性,另一方面又具有像晶体一样的各向异性。显然,这种“中介相”保留着晶体的某种有序排列,才在宏观上表现出物理性质的各向异性。而实际上,液晶是长程有序而短程无序的,即分子排列存在位置上的无序性和取向上的一维或二维长程有序性,并不存在像晶体那样的空间晶格。根据形成条件和组成可将液晶分为热致(thermotropic)液晶和溶致(lyotropic)液晶。热致液晶的液晶相是由温度变化引起的,只在一定温度范围内存在,一般只有单一组分。而溶致液晶则由化合物和溶剂组成,液晶相是由浓度变化引起的。

1. 表面活性剂液晶的类型与结构

表面活性剂当溶液浓度达到其临界胶束浓度以上时,随浓度的继续增大,胶束将进一步缔合形成液晶。

除了天然的脂肪酸皂等少数表面活性剂,绝大多数表面活性剂液晶都是溶致液晶。虽然理论上说可能形成 18 种不同的液晶,但是,在常见的简单表面活性剂-水体系中实际上只有三种:层状相、六方相和立方相,其中立方相比较少见。这三类液晶的结构示于图 5-9。

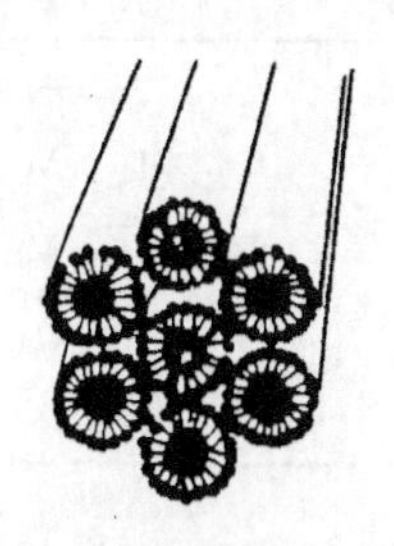

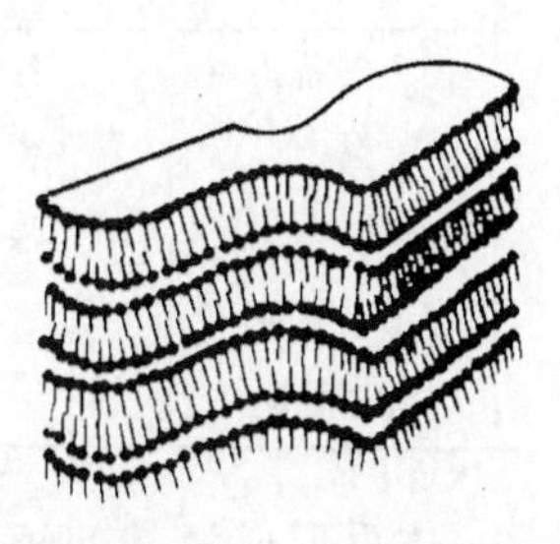

图 5-9　表面活性剂溶致液晶的结构

层状相液晶的特征是表面活性剂形成的双分子层与水作层状排列，分子长轴互相平行且垂直于层平面，疏水基在双分子层内部，且互相溶解，亲水基位于双分子层的表面，与流动的水接触而溶于其中。因此，层状液晶可以看作流动化的或增塑的表面活性剂晶体相。它的基本单元是双层，与双层膜、多层膜很相似。在此类结构中碳氢链具有显著的混乱度和运动性。这与在晶体相中不同，在晶体中碳氢链通常锁定成反式构象。层状相的无序程度可以突然改变，也可以逐步变化，随体系而异。因此，一种表面活性剂可能形成几种不同的层状相。由于层间可能发生相对滑动，层状相的黏度不大。

六方相是圆柱形聚集体互相平行排列成六方结构。理论上说，这些柱状组合体的轴向尺寸是无限的。六方液晶是高黏流体相。

立方相是由球形或圆柱形聚集体在溶液中作立方堆积，呈现面心或体心立方结构。

2. 表面活性剂液晶的性质

六方相和层状相都具有各向异性的结构，都显示双折射性质，故可借助偏光镜来检知其存在。和它们不同，立方相是各向同性的，无双折射性质。

如上所述，表面活性剂液晶一般都是溶致液晶，故体系的特性高度依赖于溶剂的质和量。向一种表面活性剂固体连续加入溶剂（水），体系可能发生一系列相变，经过一系列相态，包括多种液晶相，最后变为表面活性剂单体稀溶液。如下所示：

$$\text{固体}\xrightarrow{H_2O}\text{层状液晶}\xrightarrow{H_2O}\text{立方液晶}\xrightarrow{H_2O}\text{六方液晶}\xrightarrow{H_2O}\text{胶束}\xrightarrow{H_2O}\text{溶液}$$

表面活性剂在非水溶液中也会自发缔合，可形成三种液晶相：层状、反立方和反六方液晶。而在表面活性剂/水/油三元体系中随各组分含量的不同可形成所有上述几种液晶。

表面活性剂与水组成的溶致液晶体系的特性归纳于表 5-1。

表 5-1　表面活性剂-水液晶体系的性质

名　称	表观特征	光学性质	符　号
层状相	中等黏度	各向异性，双折射	$L_{\alpha,\beta,\alpha\beta}$
六方相	黏稠	各向异性，双折射	$H_{Ⅰ}$，M_1
反六方相	黏稠	各向异性，双折射	$H_{Ⅱ}$，M_2
立方相	非常黏稠	各向同性	$V_{Ⅰ}$，$Q_{Ⅰ}$
反立方相	非常黏稠	各向同性	$V_{Ⅱ}$，$Q_{Ⅱ}$

为研究某一体系形成液晶的特性，常采用制作相图的方法。为此，首先配制一系列浓度的溶液。通过检测物理化学性质，如偏光性、流动性、X光衍射等，确定各个样品的相性质，再在相图上标明各种相形成的浓度区域。其中，液晶相可能覆盖一个很大的区域。图 5-10 是一张典型的表面活性剂-水体系相图。这是最简单的体系。实际应用的体系往往复杂得多。当体系中存在添加剂时则需要用三角相图或立体相图来描述其相组成特性。

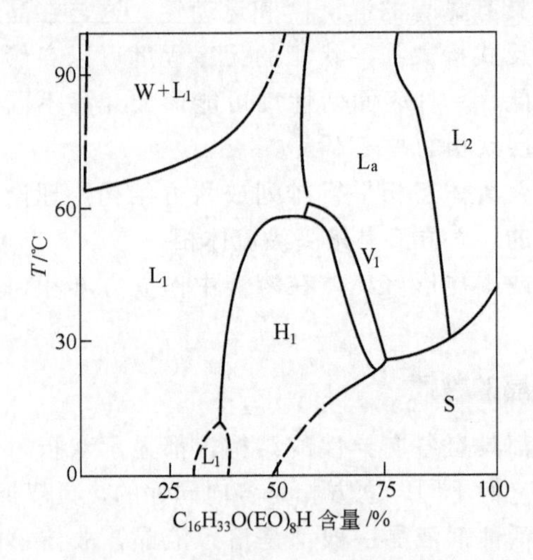

图 5-10　表面活性剂-水体系相图

W—单体溶液；L_1—胶束；L_2—反胶束；L_a—层状相；

V_1—立方相；H_1—六方相；S—表面活性剂相

3. 研究表面活性剂液晶相结构的方法

研究表面活性剂液晶相结构的方法很多，如偏光显微镜法、差示扫描量热法（DSC）、核磁共振（NMR）、电子顺磁共振（EPR）、傅氏转换红外（FTIR）、X射线衍射法、荧光探针法等。而^{2}H NMR、电镜等技术的应用更为表面活性剂液晶研究提供了有利条件。这里只介绍几种较常用的方法。

（1）偏光显微镜法　偏光显微镜法往往是表征液晶态的首选手段，其原因不仅因为仪器价格低，使用方便，更重要的是它确实能提供许多有价值的信息。除立方相外，层状和六方相液晶都显示出光学各向异性的特点，因此可在偏光显微镜下观察它们特有的光学织构（optical texture）。层状相除了能显示出特征的焦锥织构外，还与六方相一样显示出球形和扇形织构。

(2) 差示扫描量热法　这是确定相转变的一种简便、可靠的方法。液晶态是一个热力学平衡态，它从一种相态转变成另一种相态总是伴随着能量的变化表现为吸热或放热。差示扫描量热法正是利用这些热效应来判断是否发生相变、各种相存在的温度范围及相转变的温度，但至于是什么相及相结构却无法确定。

(3) 小角X射线衍射法　此方法弥补了前两种方法的不足，它可以准确测定液晶相的结构。液晶的结构特征决定了每种液晶都有自己特征的晶面间距比值，因此，根据Bragg方程从X射线衍射结果计算出晶面间距的比值就可以判定液晶的类型，并可获得其结构参数。

(4) ^{2}H NMR法　这种方法是近年来研究测定相结构的新方法，它可在微米尺度内检测各种液晶相的存在，是研究液晶体系微观结构非常有效的方法。这种方法的依据是^{2}H核的四极距在非均匀环境中会发生四极裂分。对于一各向异性体系，谱图出现成对裂分峰，可根据成对裂分峰的裂分幅度来判断液晶的种类，从成对裂分峰的数目判断所研究样品是单相还是多相，从峰的相对强度来推算各相在体系中的相对含量。

(5) 冰冻-断裂-复型电镜法　表面活性剂液晶不能直接在电镜下进行观察。其主要原因有：① 表面活性剂液晶体系含有溶剂，有较高的蒸汽压，不适合电镜的高真空环境；② 表面活性剂液晶一般由轻元素组成，在电镜下观察衬度不够；③ 高能电子束打在液晶体系上，可能会诱导化学反应，从而引起液晶相结构的变化。冰冻-断裂-复型制样技术克服了这些问题，使电镜可成功地应用于表面活性剂液晶体系的研究。冰冻-断裂-复型制样技术是指将样品快速冷冻后使其断裂，让溶剂稍微挥发使断面结构更清晰，然后用铂-碳金属沉积复制出断裂面，在电镜下观察复制出的碳膜从而确定液晶的结构。

4. 表面活性剂液晶的应用

从20世纪60年代开始，人们就已制得比较简单的类脂液晶，得到了有关其结构和性质的许多新认识，并被成功地用作研究生物膜的模型体系。20世纪70年代，生物学家已比较深入地认识了液晶在生物器官和组织中存在的广泛性及液晶聚集状态与生物组织功能的关系。而近年来，生物学家们则主要致力于生物能量的获得形式、光信号响应以及物质代谢等方面的研究。目前表面活性剂液晶已广泛地应用于食品、化妆品、三次采油、液晶功能膜、液晶态润滑剂等与人们生活息息相关的各领域。现在人们研究的新的应用热点主要集中在生物矿化、纳米材料和中孔材料的制备等方面，如酶促反应、模板合成纳米和介孔材料、作为纳米粒子的载体等。

（五）吸附胶束

吸附胶束是表面活性剂在固/液界面形成的缔合结构。离子型表面活性剂易在与其电荷符号相反的固体表面上吸附。表面活性剂在固/液界面上的吸附等温线一个共同特点是在cmc附近等温线有急剧上升的区域。Fuerstenau最早提出这是由于在固/液界面形成表面活性剂的缔合结构，称为半胶束（hemimicelle）。以后的许多研究证明，这种缔合结构可以是吸附单层、双层、半球形、球形等，故现今多称为表面胶束（surface micelle）或吸附胶束（admicelle）。目前把固/液界面上形成的表面活性剂吸附聚集体笼统地称为吸附胶束。

吸附胶束和利用表面接枝等技术在固体表面形成的不溶性表面活性剂体系，在一定条件下，可对某些反应起催化作用，有利于提高反应产率并使产物容易分离，这将使胶束催化的实际应用成为可能。

有关吸附胶束及吸附胶束催化的详细讨论见本书第六章。

另一类吸附胶束存在于高聚物和表面活性剂混合溶液中，是表面活性剂分子在高聚物链上形成的聚集体。表面活性剂以“类胶束”形式结合到高聚物链上形成复合物。对线型高聚物，此类复合物结构模型是“项链”（necklace）或“链珠”（或“串珠”）（beads-on-a string）模型，即一个或多个表面活性剂小胶束（或称“类胶束”、表面活性剂“簇”）类似于小珠黏附或穿过聚合物链。另一种表示方法是聚合物链的一部分缠绕在表面活性剂聚集体周围或“浸没”其中，其余部分伸展于溶液中。表面活性剂分子在高聚物链上形成的这种“类胶束”其机制与表面活性剂在固/液界面上形成的吸附胶束相似，也可称为吸附胶束。表面活性剂与高聚物复合物的详细讨论见本书第十七章。

（六）有序高级结构——表面活性剂分子有序组合体的再聚集

表面活性剂的分子有序组合体通过非价键作用（弱相互作用）还可再聚集形成更大的结构，称为有序高级结构。高级结构的有序性在决定分子聚集体的功能上起重要作用。具有有序高级结构的分子聚集体往往表现出单个分子所不具有的性质与功能。

有序高级结构的研究在化学学科的发展中具有极其重要的意义。在当前科学高速发展与相互交叉渗透的历程中，给化学科学提出了许多新的问题，其中不少涉及到由多个分子组成的聚集体的问题。人们已经认识到，材料、生物体、环境体系等的功能或效应不仅决定于其构成分子的结构和分子的理化性质，还要看分子是如何结合成材质的，特别是与分子聚集体的高级结构密切相关。在许多情况下，包括生物和非生物实体中，分子以不同形式组织成有序组合体，这些有序组合体是生物物质和许多非生物物质的基本构件并赋予这些物质独特的物理、化学性能，而这些有序组合体的再聚集形成的有序高级结构甚至可赋予物质生命功能。近年来各国科学家从不同角度去揭示分子以上层次化学中的现象，寻找其中的规律，已成为国际上研究热点之一。因此，在分子以上层次研究分子聚集体高级结构的形成、结构和功能的关系是十分必要和迫切的。

但是，目前人类对分子有序组合体领域的认识还不深入，而对于有序高级结构的认知更是处于入门水平。因此探讨分子聚集体内和分子聚集体之间的弱相互作用的本质，阐明分子间如何相互识别、寻找结合位点以及分子间如何通过协同效应组装形成稳定的有序高级结构，弄清分子结构与分子聚集体高级结构之间的关系和聚集体结构与性质的关系，揭示新现象、发展新理论、开拓新技术，就成为分子以上层次化学的核心和基础。同时，这一领域的研究也将对生命、材料、信息、能源和环境科学中的在介观尺度上的问题提供科学支撑和认识上的飞跃。对有序高级结构分子聚集体的构筑、结构与性能关系开展理论和实验两方面的研究，将是化学家们施展发挥的新领域，并将成为21世纪化学科学知识创新的一个重要生长点。

四、影响分子有序组合体大小和形状的因素

在一定的物理化学因素作用下，分子有序组合体的大小和形状发生变化。图5-11是胶束向囊泡的转变过程。

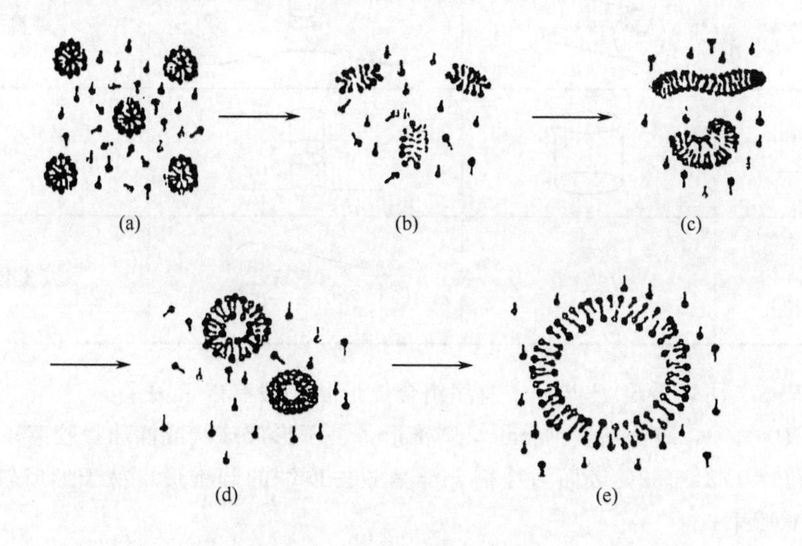

图 5-11　胶束向囊泡的转变

—阳离子表面活性剂；—阴离子表面活性剂

影响分子有序组合体大小和形状的主要因素有表面活性剂的分子结构、浓度、温度、无机电解质及极性有机添加剂等。

（一）表面活性剂的结构——分子有序组合体形状的临界排列参数

分子有序组合体形态取决于表面活性剂的几何形状。Isrealachvili 指出，表面活性剂聚集体的状态受分子平衡尺寸控制。对表面活性剂聚集体几何学处理使总自由能与三个关键的分子几何特征相关联：① 表面活性剂极性基团占据的最小面积 a_o；② 表面活性剂疏水尾链的体积 v；③ 表面活性剂疏水尾链完全伸展时的长度 l_c。Isrealachvili 将这三个参数综合考虑，定义为临界排列参数 P

$$P=\frac{v}{a_o l_c} \tag{5-14}$$

表 5-2 为 P 值与表面活性剂分子形状及聚集体形状的关系。

表 5-2　临界排列参数 P 值与表面活性剂分子形状及聚集体形状的关系

P	表面活性剂分子形状	聚集体形状	聚集体名称
$<1/3$			球状胶束
$1/3 \sim 1/2$			棒状胶束
$1/2 \sim 1$			囊泡
1			平板双层（层状胶束、液晶）
>1			反胶束

由表 5-2 可以看出 P 与分子有序组合体形状一般有以下关系：

① $P<1/3$，表面活性剂分子呈圆锥形，易于形成球状或椭球状胶束；

② $P=1/3 \sim 1/2$，表面活性剂分子呈截去顶端的圆锥形，易于形成较大的柱状或棒状胶束；

③ $P=1/2 \sim 1$，表面活性剂分子仍呈截去顶端的圆锥形，由于上下底的面积相近，易形成囊泡和层状胶束；

④ $P=1$，表面活性剂分子呈圆柱形，易于形成层状结构；

⑤ $P>1$，表面活性剂呈倒截顶圆锥形，易于形成反胶束等。

定量地说，有许多情况不符合此规则。但是定性地看，上述关系是适用的。

由上述关系可以得出一些有用的规律：

① 具有较小头基并带有两个疏水尾巴的表面活性剂，如磷脂或 AOT，易于形

成囊泡、层状或反胶束；

② 具有单链疏水基和较大头基的分子或离子易于形成球状胶束；

③ 具有单链疏水基和较小头基的分子或离子易于生成棒状胶束；

④ 加电解质于离子型表面活性剂水溶液容易促使球形胶束转变成棒状胶束。

应该强调的是，分子有序组合体溶液是一个平衡体系；各种聚集形态之间及它们与单体之间存在动态平衡。因此，所谓某一分子有序组合体溶液中分子有序组合体的形态只能是它的主要形态或平均形态。

（二）表面活性剂浓度

McBain 提出，在浓度小于 cmc 时，部分表面活性剂分子或离子就已可能三三两两地缔合。

在浓度不很大，即超过 cmc 不多时，在没有其他添加剂及加溶物的溶液中胶束大多呈球状，其聚集数 n 为 30～40。此即 Hartley 的球形胶束。Hartley 提出球状胶束的模型中带电的极性基就处于外壳与水直接接触。

当表面活性剂溶液浓度更高时，n 值增大不易形成球形胶束。因为即使极性基全部处于胶束外壳也无法将胶束全部覆盖，而仍有相当一部分碳氢链暴露与水接触。从能量角度看是不利的。为此，Debye 曾提出了腊肠状（即棒状）模型，其末端近似于 Hartley 的球体，而中部是分子按辐射状定向排列的圆盘。这种模型使大量的表面活性剂分子的碳氢链与水接触面积缩小，有更高的热力学稳定性。表面活性剂的亲水基构成棒状胶束的外壳，而疏水的碳氢链构成内核。在有些表面活性剂溶液中这种棒状胶束还具有一定程度的柔顺性。水溶液中若有无机盐存在即使表面活性剂的浓度不大，胶束的形状也常是不对称的非球状，如棒状。

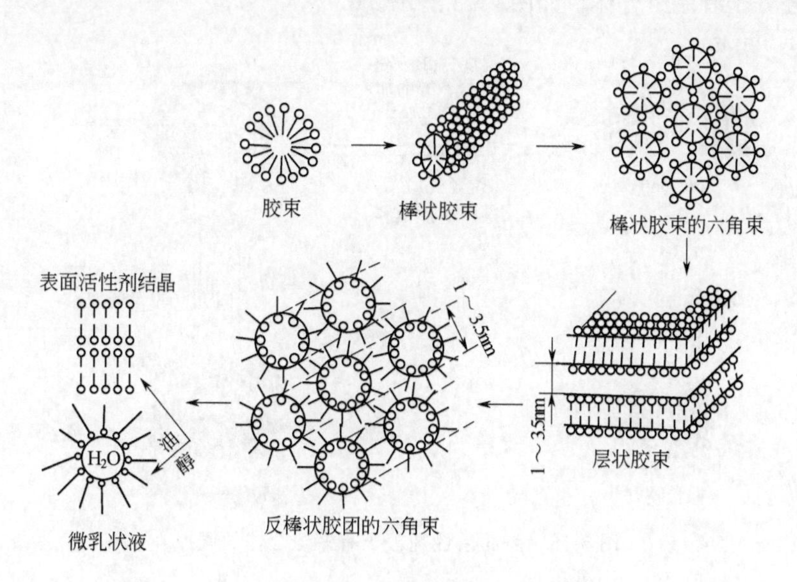

图 5-12　分子有序组合体的变化过程

随着表面活性剂浓度继续增加，棒状胶束可以排列成束，形成棒状胶束的六角束。

当表面活性剂的浓度更大时就会形成巨大的层状胶束，继续增大浓度，形成反棒状胶束的六角束，形成微乳状液，直至表面活性剂结晶。

上述胶束的变化过程可用图 5-12 示意。

（三）电解质

对离子型表面活性剂，分子有序组合体的表面带有电荷，因此加入无机电解质压缩分子有序组合体表面的双电层，导致分子有序组合体长大和形态发生变化。对非离子表面活性剂，无机电解质浓度低时影响很小，无机电解质浓度高时影响主要是盐析作用。

（四）温度

非离子表面活性剂（聚氧乙烯型）胶束随温度升高而变大，当温度达到其浊点时，胶束长大到极限，胶束聚结到一起发生相分离，溶液由澄清均相变为浑浊，进一步相分离形成双水相。

（五）其他因素

分子有序组合体的大小和形状还受极性有机物等添加剂的影响。在一种表面活性剂中加入其他类型的表面活性剂，特别是反电性离子表面活性剂（正、负离子表面活性剂混合体系），其分子有序组合体的大小和形状可发生剧烈变化。有关内容将在本书其他部分陆续介绍。

通过以上表面活性剂分子有序组合体影响因素的讨论，我们就可根据实际需要，调控分子有序组合体，如图 5-13 所示。

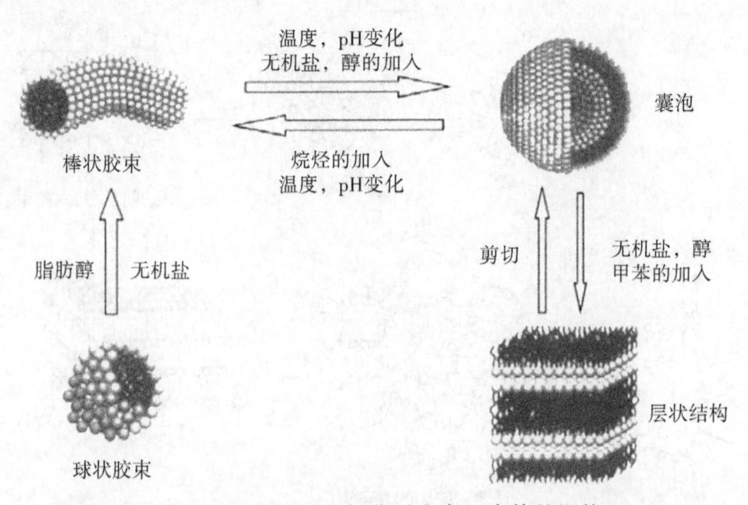

图 5-13　表面活性剂分子有序组合体的调控

五、分子有序组合体的功能和应用

表面活性剂在溶液中自聚形成的多层次、多种类的分子有序组合体具有特殊的物理化学性质，表现出多种多样的应用功能。例如，表面活性剂溶液作为胶束催化、间隔化反应介质和微反应器、药物载体以及洗涤液等应用性能依赖于胶束内核的增溶功能；分子有序组合体中的双分子层结构赋予其模拟生物膜的功能；当分子有序组合体的尺寸处于纳米量级，可为“量子尺寸效应”超细微粒的形成提供适合场所与条件，如作为制备超细微粒（如纳米粒子）的模板（模板功能）。而且分子聚集体本身也可能有类似“量子尺寸效应”，表现出与大块物质不同的特性。特别是具有有序高级结构分子聚集体的溶液更是表现出新奇而复杂的相行为、异常的流变性质、光学特性、化学反应性等。因而具有一些特殊的应用功能。

图 5-14 是分子有序组合体与生命科学、材料科学的关系示意图。

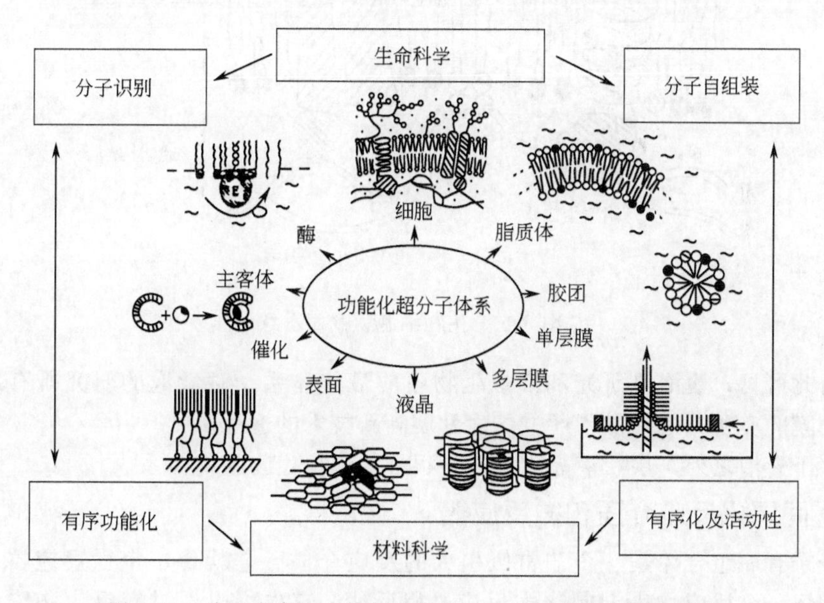

图 5-14　分子有序组合体与生命科学、材料科学的关系示意

（一）增溶功能

不溶或微溶于水的有机物在表面活性剂水溶液中的溶解度显著高于在纯水中的，这就是表面活性剂的增溶作用（solubilization），也称为加溶作用。增溶作用只在临界胶束浓度以上胶束大量生成后才明显表现出来。胶束这种独特的性质极具应用价值。这不仅解决了一些两相体系均化的问题，而且为一些在正常的两相体系中难以完成的化学反应提供了适宜的环境。

关于增溶作用，将在第六章详细介绍。

（二）模拟生物膜

图 5-15 是生物膜横截面示意图。它由三部分组成，主体是由磷脂和蛋白质组成的混合定向双层。双层的外表面附有糖朊层，具有细胞的表面识别功能。双层的内表面则带有由蛋白质分子交联而成的网。它锚接在混合双层的蛋白质分子上，赋予膜以一定程度的刚性。

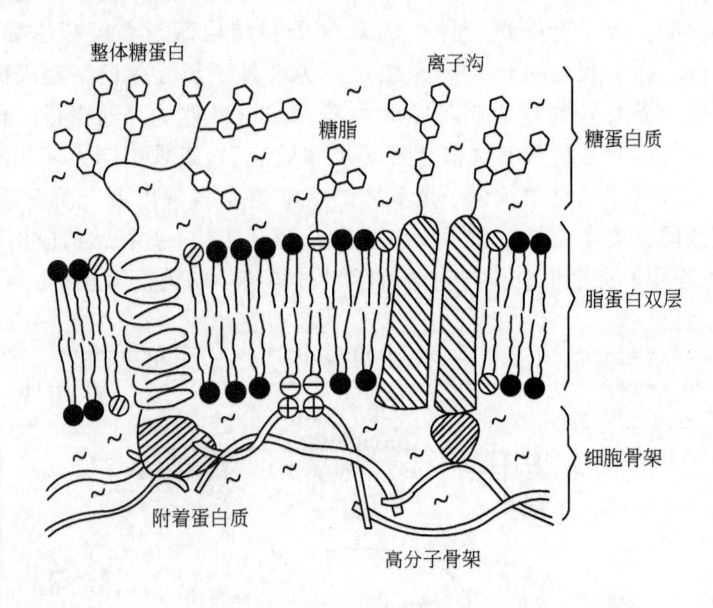

图 5-15　生物细胞膜截面示意

由此可见，囊泡是研究和模拟生物膜的最佳体系。对囊泡的研究既有助于认识生物膜的奥秘，也提供了通过仿生发展高新技术的途径。

除了囊泡之外，层状液晶也是一种很好的模拟生物膜的体系。

（三）间隔化反应介质和微反应器

分子有序组合体是一个非常吸引人的反应介质。它就像一个微反应器，可以通过增溶一个反应物来抑制化学反应；相反地，它也可以通过把反应物浓缩在双层的界面上而催化一个反应。

分子有序组合体可以为一些化学反应及生物化学反应提供多种特定的反应微环境，可以通过它来实现和控制某些化学反应。分子有序组合体特殊的微环境为控制反应提供了适宜的条件。乳液聚合形成高分子胶乳可以说是最早了解的分子有序组合体（胶束）中的反应。胶束催化是 20 世纪 70 年代以来研究最多的有序组合体中的反应。

例如，一些在水中起作用的微生物的功能常常因存在有机溶剂而受到抑制，而这些有机溶剂又是为溶解烃类或其他不溶于水的反应成分所必需的。如果用囊泡则可解此难题，图 5-16 是一个单室囊泡及其所能提供的九个反应环境的示意图。

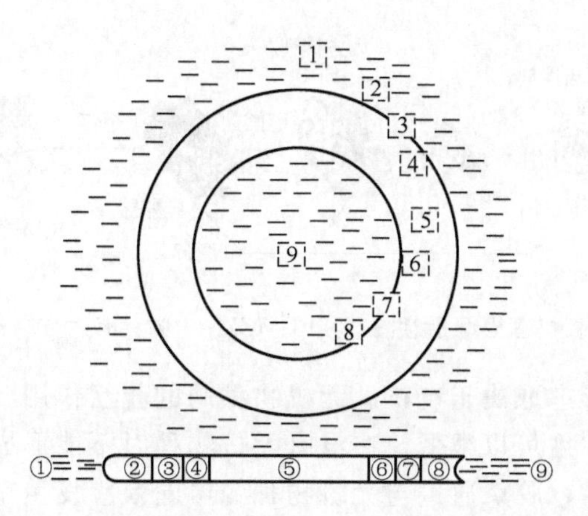

图 5-16　单室囊泡及其所能提供的九个反应环境的示意图

囊泡能使对环境极性有不同要求的成分各得其所，且有相互接触进行反应的机会。也可仔细挑选表面活性剂和反应物并增溶于囊泡的不同部位来研究各种反应。另外，囊泡的催化能力也超过了胶束。

（四）模板功能

表面活性剂分子有序组合体的质点大小或分子层厚度已接近纳米数量级，可以为超细微粒的形成提供适合的场所与条件，因此，可作为模板来制备有“量子尺寸效应”的超细微粒（纳米粒子）。下面以表面活性剂液晶为例，介绍表面活性剂的模板功能。

从仿生学的概念出发，可将液晶结构作为模板，来转录、复制由分子自组织形成的确定结构的无机物质。在该法中，表面活性剂充当了模板导向剂。用液晶做模板合成纳米和介孔材料有三个显著的优点：①材料的结构可事先设计；② 反应条件温和，过程有较好的可控性；③ 模板易于构筑且结构具有多样性。

用液晶模板形成有序形态无机材料的过程被认为有转录与协同两种机制。

（1）转录机制　在转录合成中，稳定的、预组织的、自组合的有机结构被用作形态花样化的材料进行淀积的模板，即无机材料的形态花样密切对应于已预先形成的有机自组合体。这里相对稳定的模板上的化学与形态信息直接“书写”在其表面结构上，而界面上的晶体成核与生长将导致预组织的有机模板形态的直接复制。

在操作时，先使表面活性剂等物质自组合形成预定的液晶结构，以此作为模板再使无机材料在其界面定向与生长，形成的形态与结构相当于模板形态的复制品。上述过程可用图 5-17 示意。

（2）协同机制　所谓协同合成是指由无机前体与有机分子聚集体之间的协同作用而形成有机－无机共组合体，在此基础上复制出一定形态与结构方式的无机

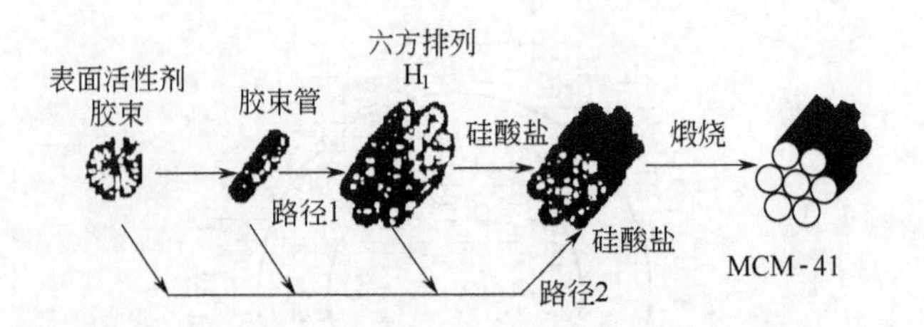

图 5-17 液晶模板机理模型示意图（其中 MCM-41 为具有六方结构的介孔分子筛）

材料。产物的最终形态取决于有机、无机物种间的相互作用。由于模板无须预先形成，表面活性剂浓度可以很低，在没有无机物种时不能形成液晶，以胶束形式存在。加入无机物后，胶束通过与无机物种的协同效应发生重组，生成由表面活性剂分子和无机物种共同组成的液晶模板。如图 5-18 所示。

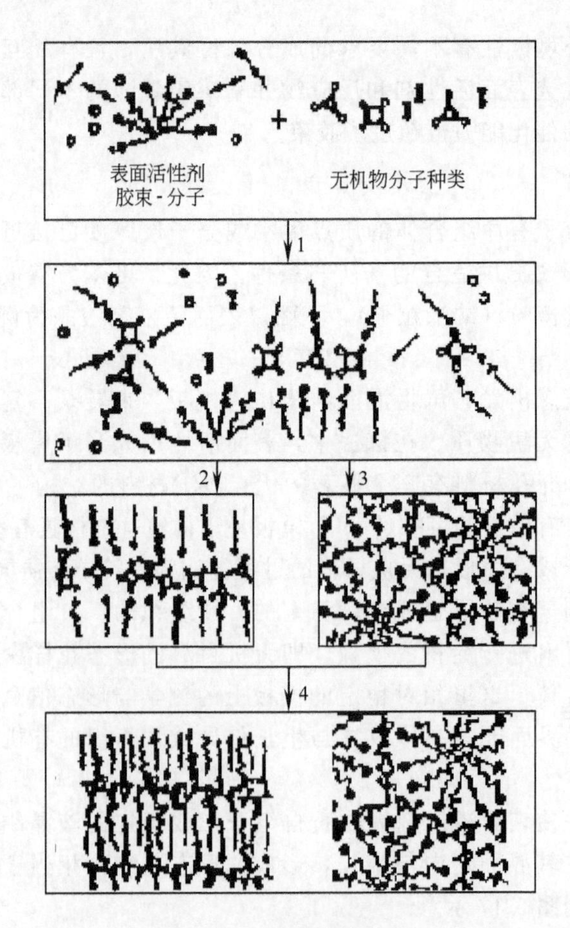

图 5-18 协同模板示意图

1—合核化；2,3—液晶结构形成；4—无机凝结在表面活性剂组成的模板上无机物质聚合形成确定的结构后需除去模板导向剂，通常采用溶剂萃取、煅烧、等离子体处理、超临界萃取等方法。

除了液晶模板，其他已报道的表面活性剂分子有序组合体模板有单（多）分子膜模板、类脂管模板、囊泡模板、表面胶束模板、微乳液模板、双液泡沫模板等。

（五）药物载体

把药物包藏起来，输送到靶向细胞，并尽可能达到缓释的目的，这是药学领域非常活跃的一个研究课题，尤其对那些毒性比较大或易对非靶向细胞产生副反应及在生理环境下非常容易失活的药物更为重要。表面活性剂分子有序组合体可以为药物提供栖息场所，而被溶剂化了的壳提供保护层和稳定作用，其分散液静脉注射后可在循环系统中周游人体，并优先为某些器官所吸收。如果在表面活性剂分子上连有靶向基团，则具有靶向作用，控制分子有序组合体动力学平衡则有望获得可控释放。此种特性启发人们利用表面活性剂分子有序组合体来设计药物输送体系。

在表面活性剂种类的选择上须非常慎重，必须考虑到无毒、可降解、与生物体相容性等因素。目前研究较多的是囊泡体系。基本操作是：将水溶的和不溶的药物包容在囊泡中，通过静脉注射把药物送到靶器官。此法有下列优点：

① 能形成囊泡的磷脂是无毒的，而且可以生物降解；

② 分子有序组合体在循环系统中存留的时间比单纯的药物长，脂质体慢慢降解释放出药物使显效期延长；

③ 在脂质体表面附加上特殊的化学基团，可以使药物导向特定器官，并且大大减少用药的剂量；

④ 药物被包裹在脂质体中可防止酶和免疫体系对它的破坏。

在许多方面，物理化学研究已为脂质体包裹药物做出贡献。例如：应用可聚合两亲分子形成脂质体以增加稳定性；在相转变温度以上，多室脂质体中药物扩散出来的速度比在相转变温度以下时快得多，以及各种制备脂质体的方法等。另外，包裹了药物的脂质体还可以进行冷冻干燥，成为便于存放的固体粉末。使用时加入溶剂而方便地得到囊泡分散液。这些都是当代药物科学与技术的前沿领域。可以预见，脂质体药学在医药科学中将继续是一个非常活跃的领域。

另一个研究较多的体系是嵌段共聚物胶束，见诸文献报道的主要有以下几类嵌段共聚物：聚赖氨酸-聚氧乙烯嵌段共聚物、聚天冬氨酸-聚氧乙烯嵌段共聚物、PEO-PPO-PEO 三嵌段共聚物和聚乳酸-聚氧乙烯-聚乳酸三嵌段共聚物。

选择嵌段共聚物胶束作为药物输送载体，具有以下 4 方面优势：

① 嵌段共聚物胶束具有较高的结构稳定性。嵌段共聚物胶束有低的 cmc 值和胶束解缔合速率，能保证在生理条件下，输送时间内胶束结构不遭到破坏。另一方面，胶束结构的明确性和胶束尺寸的较窄分布也给输送体系的设计带来方便。

② 相分离。胶束的形成可以理解为共聚物在溶液中不相容嵌段发生相分离形成胶束的内核和外壳。药物包埋在内核，溶剂化了的外壳阻止疏水内核的相互作用，这样便可在保持体系水溶性前提下，大大增加载药量。相分离形成的内核和外壳也使得在药物输送过程中各部分功能的分离，使体系有效地给药。

③ 胶束尺寸。嵌段共聚物胶束尺寸一般为10～100nm，这个尺寸大于肾过滤的临界尺寸，同时小于单核细胞非选择性捕获的敏感尺寸。因此嵌段共聚物在尺寸上可以保障在血流中实现长程循环。既不通过肾排泄，又不被非选择性捕获。另外，这样的尺寸也有利于消毒，只需用亚微米级多孔消毒膜过滤便可。

④ 药物装载方式多样。可以把药物通过化学键键合到共聚物疏水部分，也可以利用各种相互作用使药包埋在胶束内。装载方式的多样，将会使更多种类的药物可以输送。

（六）分离功能

以嵌段共聚物胶束为例。嵌段共聚物胶束和小分子表面活性剂胶束一样，都有增溶作用，然而嵌段共聚物胶束对被增溶物表现出一定的选择性。这个结论是在研究 PPO-PEO-PPO（聚氧丙烯-聚氧乙烯-聚氧丙烯）、PS-PVP（聚苯乙烯-聚乙烯吡咯烷酮）嵌段共聚物在水介质中增溶脂肪族和芳香族碳水化合物时发现的。当正己烷和苯在水中同时存在时，共聚物选择性地增溶苯。另有报道当 PPO-PEO-PPO 嵌段共聚物中 PPO 对 PEO 的比例增加时，共聚物胶束对苯的增溶能力加大。嵌段共聚物这种选择性增溶将为分离科学开启一道大门，这将在生态环境方面有很好的应用价值。

（七）释放功能

在特定的条件下让一些有机物装载在表面活性剂分子有序组合体内，然后让其在我们需要的环境中可控释放，这可能在药学、农业、生态环境方面有着可贵的应用价值。

六、表面活性剂双水相及其萃取功能

双水相体系（aqueous two-phase system）是指某些物质的水溶液在一定条件下自发分离形成的两个互不相溶的水相。双水相体系最早发现于高分子溶液。两种聚合物（如葡聚糖和蔗糖）或一种高分子与无机盐溶液（如聚乙二醇和硫酸盐）在一定浓度下混合，会自发分成平衡共存的两相。由于两相的主要组分都是水，所以称作双水相。

一些表面活性剂体系也能形成双水相。如非离子表面活性剂，正、负离子表面活性剂混合物等。高聚物与表面活性剂的混合物也可形成共组双水相体系。而且一些非离子表面活性剂和两种高聚物还可形成三水相体系[7～10]。

表面活性剂双水相的形成机理目前还不是很清楚，但可以认为，双水相的形成与表面活性剂分子有序组合体的再聚集形成高级结构有关。

双水相体系最大的应用前景是它们可作为萃取体系，更重要的是，由于其两相都是水溶液，可用于生物活性物质的萃取分离及分析。其最大的优势在于双水相体系可为生物活性物质提供一个温和的活性环境，可在萃取过程中保持生物物质的活性及构象。

下面介绍一些有表面活性剂参与形成的双（三）水相体系及其在生物活性物质分配方面的应用。

（一）非离子表面活性剂双水相

非离子表面活性剂水溶液在一定温度发生相分离而突然出现浑浊，此时的温度叫做浊点（cloud point）。静置一段时间（或离心）后会形成两个透明的液相（双水相），一为表面活性剂浓集相，另一基本为水相（表面活性剂浓度非常低）。此种双水相体系可叫做非离子表面活性剂双水相。温度向相反方向变化，两相便消失，再次成为均一溶液。

图 5-19 是非离子表面活性剂形成双水相体系的示意图。

温度-浓度曲线把图分为两部分，上部为双相区（2L），下部为单相区（L）。相图上的曲线也是其两相的共溶曲线。对不同体系其形状各不相同。

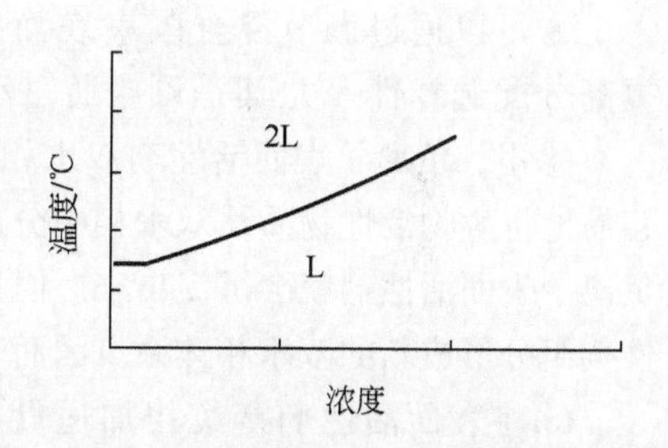

图 5-19　非离子表面活性剂形成双水相体系的示意图

非离子表面活性剂双水相体系适合于萃取分离疏水性物质如膜蛋白。溶解在溶液中的疏水性物质如膜蛋白与表面活性剂的疏水基团结合，被萃取进表面活性剂相，亲水性物质留在水相，这种利用浊点现象使样品中疏水性物质与亲水性物质分离的萃取方法也称为浊点萃取。

图 5-20 显示了非离子表面活性剂双水相体系的萃取分离过程。

（二）正、负离子表面活性剂双水相

当正、负离子表面活性剂在一定浓度混合时，水溶液可自发分离成两个互不相溶的、具有明确界面的水相，可称之为正、负离子表面活性剂双水相。其中一相富集表面活性剂，另一相表面活性剂浓度很低，但两相均为很稀的表面活性剂水溶液。

作为一类表面活性剂双水相体系，正、负离子表面活性剂双水相具有非离子表面活性剂双水相的优点，此外，它还具有下列优势。

①与高聚物和非离子表面活性剂双水相体系相比，正、负离子表面活性剂双水相为更稀的水溶液（含水量可高达 99%以上）。

②与非离子表面活性剂双水相体系相比，正、负离子表面活性剂双水相的形

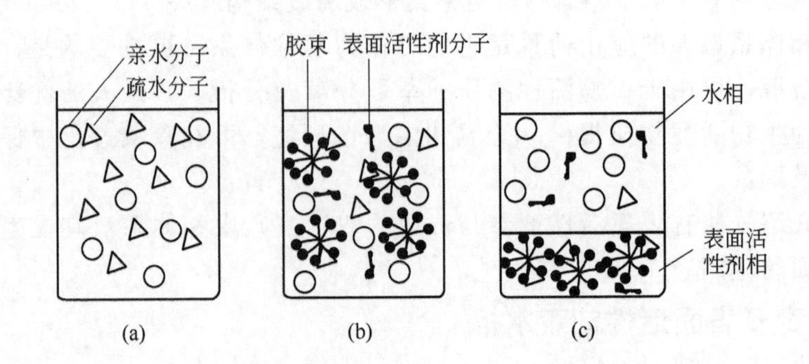

图 5-20 温度引发表面活性剂相分离现象及萃取分离过程

(a) 含有疏水性萃取物的初始溶液；(b) 加入表面活性剂后萃取物与胶束结合；(c) 改变溶液条件（如温度）发生相分离

成主要取决于表面活性剂的浓度及两种表面活性剂的物质的量比，因此无需升温即可形成双水相，可避免升温所导致的蛋白质变性。

③可以通过调节混合胶束表面的电荷，利用胶束和蛋白质的静电作用极大的提高分配选择性，尤其是可望通过利用不同蛋白质表面静电荷的差异将其分离。

④正、负离子表面活性剂双水相一个很大的优势在于当分配过程完成之后，可以容易地将生物活性物质从双水相中分离出来。将表面活性剂双水相用适量水稀释后正、负离子表面活性剂就会沉淀出来。而且生成的表面活性剂沉淀又可通过加入个别表面活性剂组分形成新的双水相体系。因而，表面活性剂可以循环使用。

⑤将表面活性剂富集相加适量水稀释后又可形成新的双水相，因此可进行多步分配。

正、负离子表面活性剂混合体系的性质将在第十一章中详细介绍。

（三）表面活性剂和高聚物混合双水相

高分子双水相体系的缺点是不适于非水溶性蛋白质的分离。表面活性剂双水相体系由于表面活性剂溶液的增溶作用使其可望用于非水溶性蛋白质的萃取。但由于在表面活性剂双水相体系中，表面活性剂浓度低的一相不易固定亲和配基，因而欲使蛋白质通过亲和配基的作用进入表面活性剂浓度低的相中较为困难。

高聚物与表面活性剂混合物形成的共组双水相体系可解决以上难题。在此类混合双水相中，一相富集表面活性剂，另一相富集高聚物。此类相体系可望克服以上表面活性剂双水相和高分子双水相体系的不足，作为新的萃取体系用于蛋白质的萃取分离及分析。

已报道的表面活性剂和高聚物混合双水相体系如下。

(1) 非离子表面活性剂/高聚物混合双水相　主要代表体系有聚氧乙烯非离子表面活性剂（如 $C_{12}E_5$、TritonX-114、TritonX-100 等）与葡聚糖（Dextran）混合形成的双水相体系。在该领域的另一发展是使用烷基葡糖苷表面活性剂代替聚氧乙烯表面活性剂与水溶性聚合物（如葡聚糖、PEG）结合，在0℃左右引发相分离，使疏水物质和亲水物质分离。与Triton系列的表面活性剂/聚合物体系相比，辛基葡糖苷/聚合物体系对蛋白质更为温和。用烷基葡糖苷/水溶性聚合物体系还有其他优点，如通过控制聚合物的类型和浓度可在任意温度引发相分离，还可在聚合物上修饰一定官能团控制某疏水蛋白的萃取效率。这种双水相体系适用于不稳定蛋白，可在0～4℃下进行低温操作，同时烷基葡糖苷的临界胶束浓度较大，可以通过滤膜分离蛋白和烷基葡糖苷。

（2）正、负离子表面活性剂/高聚物混合双水相　如溴化十二烷基三乙铵/十二烷基硫酸钠与聚氧乙烯（EO）-聚氧丙烯（PO）嵌段共聚物（$EO_{20}PO_{80}$）形成的双水相体系。该体系有以下优点。

① 通过在高分子上接亲和配基，可进行蛋白质的亲和分配。

② 两相都可再进行多步萃取。即将表面活性剂富集相稀释或加热高分子富集相，又可形成新的双水相体系。

③ 在蛋白质的分配完成之后，可容易地将表面活性剂与高分子从蛋白质溶液中除去。首先，通过将表面活性剂富集相进一步稀释，正、负离子表面活性剂将沉淀出来。以此可将表面活性剂从蛋白质溶液中除去。其次，将高分子富集相加热至高分子浊点以上，最终可得到一个接近纯的$EO_{20}PO_{80}$析出相和一个只有蛋白质的水相。以此可容易地将高分子从蛋白质溶液中除去。

④ 表面活性剂和高分子可循环使用。③中分离出的高分子可循环使用。若在③中分离出的正负离子表面活性剂沉淀中加入适量正离子或负离子表面活性剂，又可形成新的双水相，以此可将表面活性剂循环使用。

此外，溴化十二烷基三乙铵-十二烷基硫酸钠分别与葡聚糖和聚乙二醇也可形成混合双水相体系。

（四）表面活性剂与高聚物混合三水相

两种以上的高聚物混合水溶液可形成两个以上的水相，如三水相体系。将一种非离子表面活性剂与两种高聚物混合，水溶液也可自发分离形成三水相体系。此类三水相体系由于表面活性剂的参与，当用于化学物质、特别是生物活性物质的分离和分析时比单纯由混合高聚物形成的三水相体系更具优势。如在分离混合蛋白质时，有可能控制条件，使不同蛋白质分别分配于三相中，提高分配效率。

典型的例子是Triton X-100/聚乙二醇/葡聚糖形成的一种三水相体系。上相富集聚乙二醇，中相富集Triton X-100，下相富集葡聚糖。当其质量百分浓度分别为2.5%，10%，5%时，可以形成上、中、下三相体积都近似相等的三水相体系。

七、反胶束萃取

反胶束萃取是20世纪80年代出现的一种新的生化分离技术，具有选择性高、操作方便、放大容易、萃取剂（反胶束相）可循环利用以及分离和浓缩同步进行等优点，特别适宜于蛋白质的分离。

反胶束的萃取原理可简述如下。

蛋白质进入反胶束溶液是一协同过程。在有机溶剂相和水相两宏观相界面间的表面活性剂层，同邻近的蛋白质分子发生静电吸引而变形，接着两界面形成含有蛋白质的反胶束，然后扩散到有机相中，从而实现了蛋白质的萃取。改变水相条件（如pH值、离子种类或离子强度），又可使蛋白质从有机相中返回到水相中，实现反萃取过程。图5-21是解释此过程的一种常用的模型——“水壳模型”的示意图。

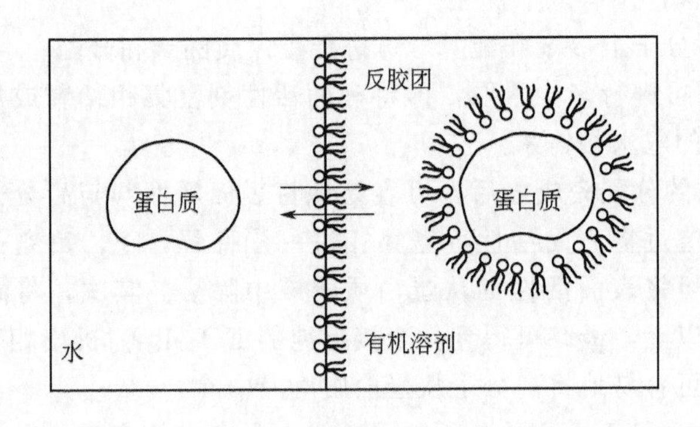

图5-21 蛋白质在反胶束中溶解的“水壳模型”

参考文献

［1］Clint J H. Surfactant Aggregation. New York：Chapman and Hall，1992.

［2］赵国玺．物理化学学报．1992，1：136.

［3］朱玻瑶，赵国玺．日用化学工业．2001，2：25.

［4］翟利民，李干佐，郑立强．日用化学品科学．1999，8：21.

［5］于网林，赵国玺．化学通报．1996，6：21.

［6］Bellare J R，Kaneko T，Evans D F. Langmuir，1988，4，1066-1067.

［7］Xiao J X，Zhao G X. Chinese J Chem.．1994，12（6）：552.

［8］Xiao J X，Sivars U，Tjerneld F. Journal of Chromatography B，2000，743（1，2）：327.

［9］Xiao J X，Bao Y X. Chin. J. Chem.，2001，19（1）：73.

［10］Zhao G X，Xiao J X. J Colloid Interface Sci.．1996，177，513.

第六章

增溶作用

表面活性剂在国民经济的各个领域有广泛的应用，其基本应用原理是表面活性剂在溶液中的胶束化作用和在界面上的吸附作用。因胶束化作用而形成的胶束（在非水溶剂中形成反胶束）或其他有序组合体使得表面活性剂溶液有独特的物理化学性质，其中增溶作用有重要地位。表面活性剂在各界面上的吸附，可降低这些界面的界面张力，改变界面性质。润湿作用、乳状液的形成与破坏、泡沫的形成与破坏、微乳状液的形成、洗涤作用、固体粒子的分散与聚集等的实际应用过程无不与上述两种基本作用有关，而且还常是此两种基本作用的综合结果。

某些难溶或不溶于水的有机物可因表面活性剂胶束的形成而大大提高其溶解度，这种现象称为增溶（或加溶）作用（solubilization）。例如，乙基苯在水中的溶解度极小，但在 1L 0.3mol/L 的十六酸钾水溶液中竟可溶解 50g。

随着对两亲分子有序组合体认识的深入，增溶作用的研究已不限于通常意义上的胶束中发生的现象。在囊泡、脂质体、吸附双层等各种形式的有序组合体中的增溶作用引起人们广泛的兴趣。

增溶作用应用十分广泛，在化妆品、去污、纺织品生产、农药、乳液聚合、环境保护、三次采油以及药物和生物过程等方面都起重要作用。如果将微乳状液视为胀大的胶束，增溶作用就是胶束胀大的原因；反应物在胶束相的浓集是胶束催化的先决条件。

一、增溶作用及研究方法

增溶作用主要是发生在胶束中的现象，因此，只有在表面活性剂临界胶束浓度 cmc 以上时增溶作用才明显进行。近来有些研究证明，在低于 cmc 时，几个表面活性剂分子或离子的小聚集体（称预胶束或亚胶束，premicelle）也有一定的增溶能力。在水溶液中，表面活性剂胶束从其表面至内核，极性由大至小。这种不同极性大小的微环境为各类被增溶有机物提供了合适的溶解环境。

在增溶过程中，被增溶物从不溶解状态到进入胶束中化学势下降，该过程的自由能降低。因此，增溶是自发过程，形成的体系是热力学稳定体系，除非胶束破坏（如冲稀溶液使表面活性剂浓度低于 cmc 值），被增溶于胶束中的物质不会自发析出。

增溶作用与有机物在适宜混合溶剂中溶解度增加的作用不同。在混合溶剂中各组分含量都较大，混合溶剂的一些性质与构成混合溶剂的各纯组分的性质有很大不同。在胶束溶液中表面活性剂用量极小，溶剂的极性等变化较小。

增溶作用是被增溶物进入胶束，而不是提高了增溶物在溶剂中的溶解度，因此不是一般意义上的溶解。

增溶作用也不同于乳化作用。后者是在乳化剂（主要是表面活性剂）作用下使一种液体以液珠状分散于与其不相混溶的液体介质中。乳化作用形成的液液分散体系称为乳状液（emulsion）。乳状液是热力学不稳定体系，有自动聚结分层的趋势，其分散相与分散介质间有明显的界面。尽管在胶束化作用的研究中有将胶束视为假相的模型，但这只是为了研究方便，胶束与溶剂间无明显的相界面，也不会自发分离。

在增溶作用的研究中增溶量、增溶物在胶束中的增溶位置、增溶过程平衡常数和增溶作用的热力学最受到关注。

（一）增溶量

增溶量通常用每摩尔表面活性剂可增溶被增溶物的量（克、摩尔等）表示，有时也用一定体积（如 1 L）某浓度表面活性剂溶液增溶被增溶物的量表示。增溶量的测定方法因研究体系不同而异。如，染料增溶可用比色法，有机液体增溶可用光度法、浊度法、光散射法等[1]。

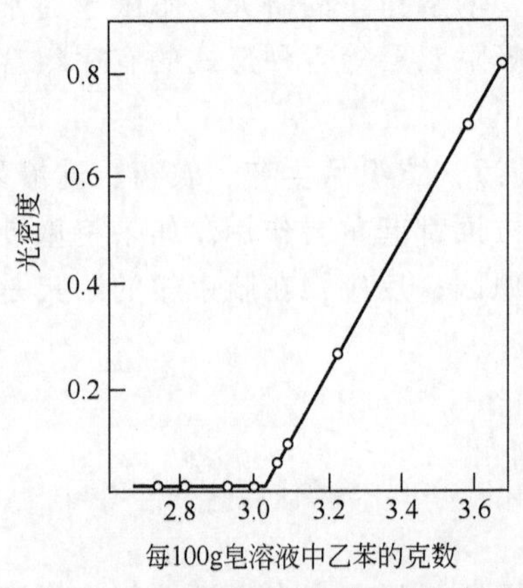

图 6-1　在 100g 0.63mol/L 十二酸钾溶液中加入乙苯的克数与该体系光密度关系

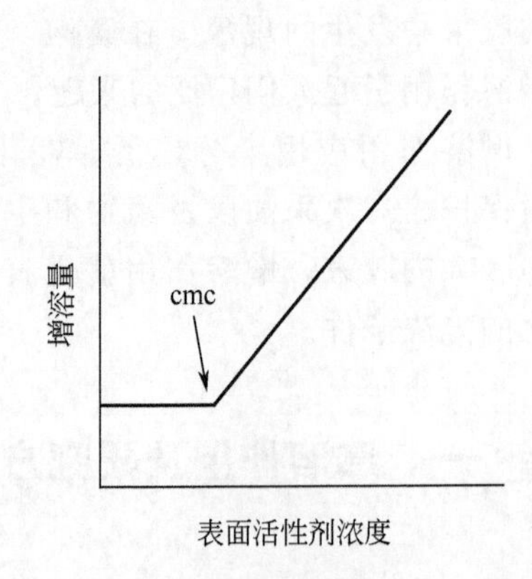

图 6-2　增溶量与表面活性剂浓度关系

图 6-1 是在 100g 0.63mol/L 十二酸钾溶液中加入乙苯的克数与该体系光密度关系图，该图有明显折线，折点处对应之乙苯克数即为在 100g 皂溶液中之增溶量。

增溶量与表面活性剂浓度的关系通常为一折线，折点处表面活性剂的浓度约为该表面活性剂的 cmc 值（图 6-2）。因此，有时也利用这种关系测定表面活性剂的 cmc 值。

（二）被增溶物在胶束中的位置

增溶作用是胶束存在的基本性质之一，被增溶物分子或离子在胶束中的位置与胶束的结构特点和被增溶物的性质有关[2]。一般来说，表面活性剂胶束大体可分为两部分：由表面活性剂非极性基构成的类似于液态烃的非晶态内核；离子型表面活性剂亲水基、反离子及水化水（或非离子型表面活性剂聚氧乙烯亲水基及与亲水基中醚氧原子结合的水）构成的胶束表面层。增溶物大致有非极性有机物（如饱和烃）、长链极性有机物（如脂肪醇、酸等）、短链极性有机物和易极化的带芳环的化合物等。

大量实验结果表明，增溶作用主要发生在胶束中的四个区域：胶束内核；离子型表面活性剂的胶束内核/栅栏层；非离子型表面活性剂胶束的栅栏层和胶束表面。

在水溶液中，非极性增溶物增溶于胶束内核［图 6-3（a）］，紫外及核磁共振谱研究表明这类被增溶物完全处于非极性的环境中。

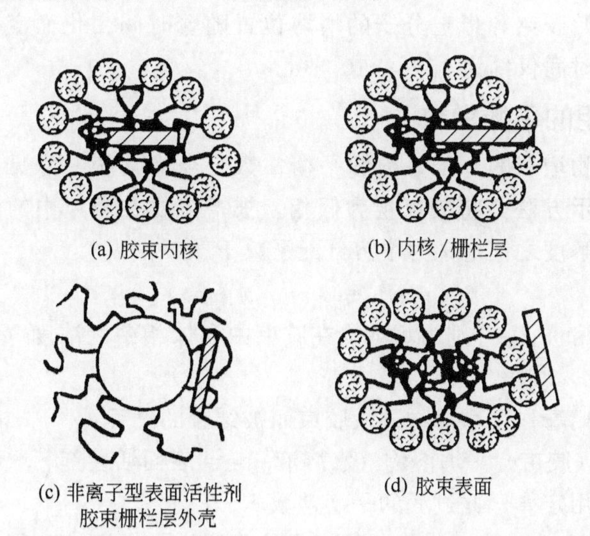

图 6-3　被增溶物在胶束中所处位置示意（图中带斜线条纹棒状物为被增溶物）

长碳链极性有机物多增溶于胶束的栅栏层［图 6-3（b）］，这类分子或多或少以定向方式增溶，即其碳氢链插于胶束内核，极性端基接近于胶束表面层。离子型表面活性剂端基带有电荷有时可明显影响被增溶物所处位置。例如，带芳环的被增溶物在阴离子表面活性剂胶束中多接近内核，而在阳离子表面活性剂胶束中多在栅栏层，这是因为芳环和阳离子表面活性剂带正电端基间有极化作用所致[3]。短链芳烃（如苯、乙基苯等）增溶位置可随增溶量增加而变化：开始时可吸附于胶束表面，进而进入栅栏层，再后可增溶于胶束内核。

非离子型表面活性剂（特别是含聚氧乙烯链的非离子型表面活性剂）极性基形成的胶束外壳（栅栏层）占据胶束相当大部分的体积。亲水性聚氧乙烯基及其所缔合的水分子使得这种胶束的外层体积更为庞大。并且聚氧乙烯链以螺旋状伸向水相中。在这类胶束中距离胶束内核越远，栅栏层的亲水性越强。氯代二甲酚等即增溶于这一位置［图 6-3（c）］。

有些小的极性分子及染料可吸附于胶束的表面区域［图 6-3（d）］。

增溶量的大小通常与胶束中可增溶区域容积大小有关。按图 6-3 所示，增溶量的顺序为（a）＞（b）＞（c）＞（d）。

在 20 世纪五六十年代，通过光散射及其他物理手段对胶束及增溶作用一般分子图像有了初步的认识。近年来小角中子散射、荧光探针技术等的应用对被增溶物在胶束中的位置，因增溶作用而引起的胶束结构和大小的变化以及增溶作用发生时体系物理和化学性质的变化有了更深入的了解[4,5]。

尽管随着科学技术的发展，测试手段更为先进和精确，但应当知道，增溶物在胶束中的增溶位置受到多种因素的影响可以有所变化。此外，增溶体系是动态平衡体系，即原始胶束和指定分子的增溶位置随着时间变化而变化，增溶物在胶束中的平均存在时间仅约为 10^{-6}～10^{-10} s。

（三）增溶作用的平衡常数

界定被增溶物增溶的分配系数和平衡常数至今尚无统一意见。增溶分配系数的一种最简单表示方法是将胶束视为假相，被增溶物在胶束中的溶解度与其在胶束外溶剂中的溶解度之比定义为增溶分配系数 P

$$P = x_{胶束} / x_{体相} \tag{6-1}$$

式中，$x_{胶束}$ 和 $x_{体相}$ 分别为增溶物在胶束中和体相中之浓度（可选用任一浓度单位）。

若将增溶作用看作是增溶物进入胶束而被结合的过程：

表面活性剂（胶束）＋增溶物（水溶液）$\rightleftharpoons$ 表面活性剂－增溶物（胶束）

根据质量作用定律，此过程的平衡常数 K 为

$$K=\frac{[\text{胶束中的增溶物}]}{[\text{胶束中的表面活性剂}][\text{体相溶液中的增溶物}]}$$

方括号内为相应的摩尔浓度。若将增溶作用视为增溶物在胶束和体相溶液间的分配，上式可变为

$$K = x / [(1-x)c_o] \tag{6-2}$$

式中，x 为增溶物在胶束中的摩尔分数，c_o为体相溶液中未被增溶的增溶物的

摩尔浓度。对于稀水溶液，c_o=55.34 $x_{体相}$。$x_{体相}$为在水相中增溶物的摩尔分数，55.34 为 1 L 水的摩尔数。

由增溶作用的分配系数和平衡常数可以了解增溶过程的方向，并进而计算该过程标准热力学参数变化。

（四）增溶作用标准热力学函数变化

增溶过程热力学研究可以了解此过程进行的趋势、程度和驱动力，以及增溶物与表面活性剂间的相互作用[4]。采用适宜的实验技术可以测定增溶物在胶束相和水相中的浓度，从而可计算出分配系数和增溶平衡常数，再利用热力学基本关系式计算出标准热力学函数变化。对有机同系物（如伯醇、仲醇、腈、硝基烷等系列）在阴离子表面活性剂（如十二烷基硫酸钠等）和阳离子表面活性剂（如十六烷基三甲基溴化铵等）胶束中增溶时，标准自由能变化 $\Delta G^\ominus$、标准自由焓变化 $\Delta H^\ominus$ 和标准熵变 $\Delta S^\ominus$ 有以下的规律。

①$\Delta G^\ominus$ 均为负值，这表明这些有机物在胶束中增溶为自发过程。图 6-4 是伯醇系列在十二烷基硫酸钠（SDS）、溴化十二烷基三甲基铵（DTAB）和氧化十二烷基二甲基铵（DDAO）胶束中增溶过程的 $\Delta G^\ominus$、$\Delta H^\ominus$、$T\Delta S^\ominus$ 与伯醇碳原子数关系图。

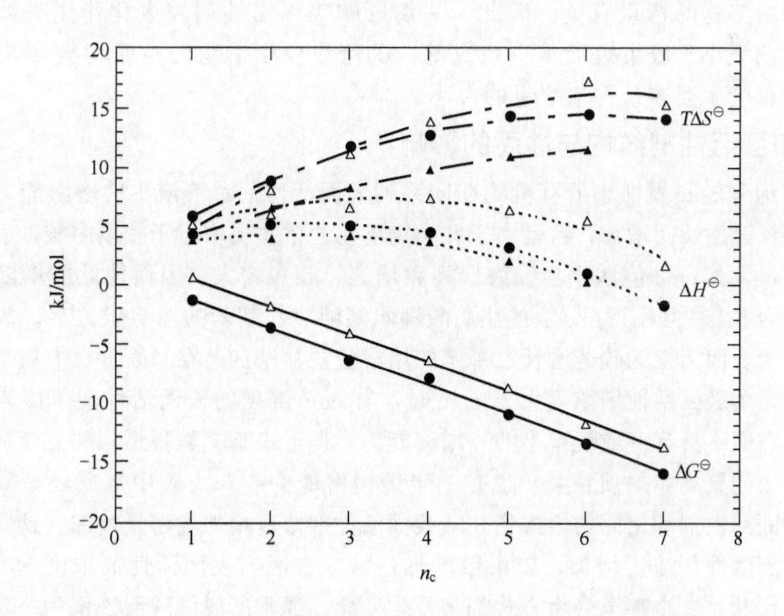

图 6-4 伯醇同系物在 SDS、DTAB、DDAO 胶束中增溶的 $\Delta G^\ominus$、$\Delta H^\ominus$、$T\Delta S^\ominus$ 与伯醇碳原子数 n_c 关系

●—十二烷基硫酸钠（SDS）；△—十二烷基三甲基溴化铵（DTAB）；▲—十二烷基二甲基氧化铵（DDAO）

仲醇和硝基烷列也有类似的结果，只是$\Delta G^{\ominus}$与同系物碳原子数关系直线斜率不同。在DTAB胶束中，伯醇、仲醇、腈、硝基烷同系列物每个CH_2对$\Delta G^{\ominus}$的贡献依次为－2.3kJ/mol、－2.3kJ/mol、－1.7 kJ/mol和－1.0 kJ/mol，这种差别是由于增溶时胶束中表面活性剂亲水端基与不同增溶物亲水基作用不同所致。由图6-4还可看出，对于同一系列增溶物，每个CH_2对$\Delta G^{\ominus}$的贡献与形成胶束的表面活性剂性质无关，这就表明增溶物是将其非极性基碳氢链增溶于胶束的非极性内核中。

②$\Delta H^{\ominus}$和$T\Delta S^{\ominus}$均为正值说明，增溶物疏水基的水合作用对增溶物从水相向胶束相转移起重要作用。换言之，在发生增溶作用时，水相中增溶物疏水基周围的水分子某种结构要破坏，使得体系$\Delta H^{\ominus}$和$T\Delta S^{\ominus}$增大。此外，增溶作用的进行必然引起胶束结构的变化，至少胶束中要能容纳增溶物的烷基链，这也是增溶作用的$\Delta H^{\ominus}$、$T\Delta S^{\ominus}$与增溶物碳原子数有关的原因之一。

二、影响增溶作用的一些因素

如前所述，增溶作用是发生在表面活性剂胶束中的现象，而增溶位置与表面活性剂和增溶物的特点有关。因此，一切影响表面活性剂胶束化作用（涉及cmc值、胶束的大小、胶束表面带电状况等）的因素及增溶物的性质均会影响增溶作用，这些影响主要表现在增溶量的大小。

（一）表面活性剂结构与性质的影响

对于饱和烃和极性小的有机物在同系列表面活性剂水溶液中的增溶能力随表面活性剂碳氢链增长而增加，这是由于此类增溶物通常主要增溶于胶束内核。表面活性剂碳链增长，其cmc值减小，胶束聚集数增大，胶束增大，因而使此类增溶物增溶量增加。表6-1中列出C_8～C_{16}的脂肪酸钾水溶液对乙基苯的增溶能力[6]。表中数据表明，随着表面活性剂碳链增长乙基苯的增溶量明显增加。在对表6-1中数据进行分析时要考虑到表面活性剂浓度大于cmc时，有cmc浓度的表面活性剂单体未参与形成胶束，它们不具有（或仅有小的）增溶能力。但近来有文献报道，两三个表面活性剂分子形成的聚集体（预胶束）也有一定的增溶能力[7]。由表中数据还可看出，对于同一表面活性剂和相同的增溶物，随表面活性剂浓度增加增溶量增加。这是因为一方面随表面活性剂浓度增加，胶束数增加；另一方面当表面活性剂浓度远大于cmc时胶束的形状、大小甚至聚集方式都将发生变化。通常所说的球形胶束和一定的胶束聚集数都是指浓度在cmc或略大于cmc时而言的。

若同系列表面活性剂对非极性有机物的增溶能力由胶束大小决定，可以推论对于离子型表面活性剂增溶能力大小与其亲水基性质关系不大。表6-2的数据支持这一看法。表中列出不同类型的阴离子表面活性剂及脂肪胺盐酸盐阳离子表面活性剂的链长、cmc和对正庚烷、甲基黄、庚硫醇和几种脂肪醇的增溶能力。

表 6-1 在脂肪酸钾同系物水溶液中乙基苯的增溶作用（25℃）

表面活性剂	浓度/（mol/L）	cmc①/（mol/L）	每摩尔表面活性剂增溶乙基苯的摩尔数	每摩尔形成胶束的表面活剂增溶乙基苯的摩尔数
$C_7H_{15}COOK$	0.30	0.395	0.004	
	0.48		0.025	0.141
	0.662		0.048	0.124
	0.827		0.080	0.152
$C_9H_{19}COOK$	0.232	0.095	0.116	0.197
	0.435		0.154	0.197
	0.500		0.174	0.214
	0.717		0.202	0.233
$C_{11}H_{23}COOK$	0.042	0.025	0.166	0.411
	0.195		0.318	0.364
	0.396		0.382	0.407
	0.500		0.424	0.446
	0.603		0.452	0.472
	0.628		0.463	0.482
	0.860		0.506	0.522
$C_{13}H_{27}COOK$	0.096	0.006	0.563	0.600
	0.242		0.728	0.745
	0.347		0.784	0.798
	0.432		0.807	0.817
	0.500		0.855	0.866
	0.566		0.872	0.888
$C_{15}H_{31}COOK$	0.070	0.002	1.06	1.09
	0.154		1.14	1.15
	0.228		1.32	1.33
	0.292		1.47	1.48

① 由增溶数据推算而得。

表 6-2 表面活性剂链长对增溶能力的影响（0.3mol/L 水溶液）

表面活性剂类型	长链基	链长/nm	cmc/(mol/L)	增溶能力/（mol/L）						
				正庚烷	甲基黄	正庚硫醇	正庚醇	正辛醇	正壬醇	正癸醇
脂肪酸盐类	n-$C_{11}H_{23}COO^-$	1.659	0.026	0.043	400	0.0393	0.201	0.146	0.126	0.111
硫酸酯盐类	n-$C_{10}H_{21}SO_4^-$	1.692	0.023	0.050		0.040	0.220	0.150	0.129	0.113

续表

表面活性剂类型	长链基	链长/nm	cmc/(mol/L)	增溶能力/(mol/L)						
				正庚烷	甲基黄	正庚硫醇	正庚醇	正辛醇	正壬醇	正癸醇
脂肪胺盐酸盐类	$n\text{-}C_{12}H_{25}NH^+$	1.752	0.014	0.26	950					
脂肪酸盐类	$n\text{-}C_{12}H_{25}COO^-$	1.783	0.012	0.07	600					
硫酸酯盐类	$n\text{-}C_{11}H_{23}SO_4^-$	1.819	0.012	0.075						
磺酸盐类	$n\text{-}C_{12}H_{25}SO_3^-$	1.843	0.010	0.077						
脂肪酸盐类	$n\text{-}C_{13}H_{27}COO^-$	1.913	0.0066	0.093	800	0.090	0.226	0.158	0.140	0.136
硫酸酯盐类	$n\text{-}C_{13}H_{27}SO_4^-$	1.946	0.0057	0.101		0.0923	0.260	0.171	0.144	0.138

由表6-2中数据可知，不同类型阴离子表面活性剂对上述增溶物的增溶能力确随链长增长而加大，并与极性基的性质无关。阳离子脂肪胺盐酸盐的增溶能力大于相同链长的阴离子表面活性剂的，这是因为阳离子表面活性剂胶束比较松散，易包容非极性增溶物[6]。

带支链的比同碳数直链的表面活性剂对烃类的增溶能力小，这可能是因前者有效碳链短。在表面活性剂分子中引入不饱和键或芳环也会使其增溶能力减小。

聚氧乙烯类非离子型表面活性剂对非极性有机物的增溶能力随表面活性剂疏水基链长的增加和亲水基聚氧乙烯链长的减少而增加。这显然是由于在上述条件下表面活性剂胶束聚集数明显增大。非离子表面活性剂通常比相近疏水基链长的离子型表面活性剂的cmc小得多。因此，在稀溶液中它们比离子型表面活性剂有更强的增溶能力。

一般来说，表面活性剂碳氢链长短相同时不同类型的表面活性剂对增溶于胶束内核的有机物增溶能力的顺序为：非离子型＞阳离子型＞阴离子型

向表面活性剂分子中引入第二个极性基团对增溶能力的影响取决于增溶物的性质。例如，向脂肪酸盐中引入磺酸基可减少对非极性增溶物（如正辛烷）的增溶量，却增加正辛醇的增溶量。这可能是由于磺酸基的引入使胶束聚集数减小，可增溶饱和烃的胶束内核容积减小；磺酸基离子基团的引入却增大了胶束表面栅栏层的相对体积，有利于更多的正辛醇类极性分子的增溶。

（二）增溶物结构与性质的影响

增溶物无论处于胶束中的何种位置，增溶量都与它们的相对分子质量、分子体积、构型、分子极性等有关。

一般来说，饱和烃和芳烃的增溶量随碳链增长和摩尔体积的增加而减小。饱和烃与其带支链的异构体的增溶量大致相同，但随摩尔体积增大而减小（表6-3）。

表 6-3　增溶物分子量和摩尔体积对增溶量的影响

增溶物	相对分子质量	摩尔体积	增溶量①/mol		
			$C_{12}H_{25}NH_3Cl$	$C_{17}H_{35}COONa$	$C_{11}H_{23}COOK$
n-已烷	86.1	131.1	0.75	0.46	0.18
2,2-二甲基丁烷	86.1	133.7	0.73	0.44	0.13
2,3-二甲基丁烷	86.1	131.1	0.75	0.45	0.14
n-庚烷	100.2	147.1	0.54	0.34	0.12
2,3-二甲戊烷	100.2	144.1	0.62	0.35	0.11
3,3-甲基戊烷	100.2	145.1	0.55	0.31	0.10
n-辛烷	114.2	163.3	0.29	0.18	0.08
2,2,4-三甲基戊烷	114.2	165.7	0.27	0.16	0.05
2,2,3-三甲基戊烷	114.2	160.4	0.30	0.18	0.09

①相对于表面活性剂。

烯烃、环烷烃比与其同碳数的饱和烃的增溶量大。单环芳烃比相同碳数的链烃增溶量大（见表 6-4）。

表 6-4　在 0.63mol/L 十二酸钾水溶液中增溶物链长、不饱和度、环化对增溶量的影响（25℃）

增溶物	摩尔体积	增溶量/（mol/L）	增溶物	摩尔体积	增溶量/（mol/L）
正戊烷	113.4	0.247	苯乙烯	120.0	0.332
正己烷	131.5	0.178	正壬烷	178.2	0.082
己三烯		0.425	正丙基苯	140.2	0.209
环己烷	104.5	0.430	正癸烷	192.1	0.058
苯	88.5	0.523	正丁基苯	157.0	0.147
正庚烷	147.8	0.125	萘	112.2	0.042
甲苯	107.0	0.403	菲	174.1	0.0056
正辛烷	163.1	0.105	蒽	142.3	0.00108
乙基苯	123.0	0.280			

增溶物极性增大，增溶量也增大。例如，正辛烷在 $C_{12}H_{25}COONa$、$C_{18}H_{37}COONa$ 和 $C_{10}H_{21}OE_{10}CH_3$ 胶束中最大增溶量（相对于每摩尔表面活性剂的摩尔数）依次为 0.08、0.18 和 0.48，而极性大的正辛醇则增至 0.29、0.59 和 1.17[2]。

（三）无机电解质的影响

对于离子型表面活性剂，电解质的加入可降低其 cmc 值和增加胶束聚集数，这将对增溶作用产生影响。胶束聚集数增加导致胶束内部容积增大，有利于增大增溶于胶束内核的非极性有机物的增溶量。但是，电解质中表面活性离子的反离子使得胶束中表面活性剂离子端基间静电斥力减小，栅栏层堆积密度增大，增溶于此区域的极性有机物的增溶量将减小。图 6-5 是在 0.32mol/L 十四酸钾溶液中加入电解质对正庚烷和正辛醇增溶作用的影响。

应当说明的是：① 碳链较长的极性有机物增溶位置深入栅栏层，外加电解质

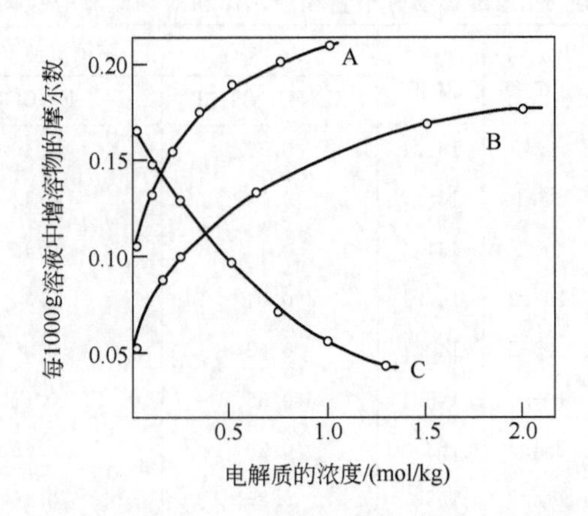

图 6-5　电解质对 0.32mol/L 十四酸钾溶液增溶能力的影响
A—正庚烷-氯化钾；B—正庚烷-亚铁氰化钾；C—正辛醇-氯化钾

对其增溶能力的影响相对较小；② 表面活性剂浓度在 cmc 附近时外加电解质的上述影响非常明显，但当表面活性剂浓度远大于 cmc 时，电解质浓度、cmc 值和增溶能力间的关系不再显著；③ 增溶物若能与表面活性剂形成混合胶束，电解质的影响更为复杂。例如，研究加入 NaCl 对癸醇在辛酸钠溶液中的增溶作用时发现，在表面活性剂浓度略大于 cmc 时，NaCl 的加入使增溶量急剧增加。当表面活性剂浓度远大于 cmc 时随着加入 NaCl 浓度的增大，癸醇增溶量达最大值后趋于减小。有的研究者将这种复杂的作用归因于癸醇与辛酸盐形成混合胶束，并且由于表面活性剂浓度很大，胶束的形状也发生了变化[7,8]。

电解质的加入通常也可增大非离子型表面活性剂胶束的聚集数，提高其对非极性有机物的增溶能力。不同无机离子对非离子型表面活性剂增溶能力的影响与对其浊点影响顺序相同，即

$$K^+ > Na^+ > Li^+;\ Ca^{2+} > Al^{3+};\ SO_4{}^{2-} > Cl^-$$

(四)非电解质的影响

非电解质主要是指极性和非极性有机物，它们的加入也明显影响表面活性剂的 cmc 值和胶束聚集数。极性有机物（如长碳链醇、胺和酚等）的加入可提高非极性增溶物在离子型表面活性剂溶液中的增溶能力。这是因为极性有机物在构成胶束的表面活性离子间起间隔作用，减小端基的电性排斥作用，并且不利于外界水相与胶束内核的接触，胶束表面曲率半径增大，胶束内核容量增加，从而提高非极性有机物的增溶量[9]。一般来说，极性有机添加物碳氢链越长极性越小，非极性增溶物的增溶量越大。图 6-6 是在 0.35mol/L 十四酸钾水溶液中添加直链醇对庚烷增溶能力的影响。

由图 6-6 可见增溶能力确随添加醇碳链增长明显增大，相同长度碳链极性基不同的有机物对增溶作用的影响不同。如在图 6-6 的体系中添加物分别为正辛醇、正

辛胺和正辛硫醇时对庚烷增溶量的影响依次为，正辛硫醇＞正辛胺＞正辛醇。少量短碳链极性有机化合物（如乙醇、丙酮等）的加入对表面活性剂的 cmc 值的影响与所加入这些有机物的量有关。如极少量醇加入可使 cmc 略降，加入较多量时 cmc 又增高。因此，加入这类物质的量大时有可能抑制胶束的形成，从而影响增溶能力。

非极性有机物的加入常可使胶束增大，有利于极性有机物增溶于胶束的栅栏层中。例如，在无正己烷存在时染料 Orange OT 在 0.2mol/L 十二酸钾溶液中增溶量为每摩尔十二酸钾 0.0039mol 染料；每升上述十二酸钾溶液中加入 3.92 mL 正己烷后，Orange OT 的增溶量增至每摩尔十二酸钾 0.0064mol 染料。

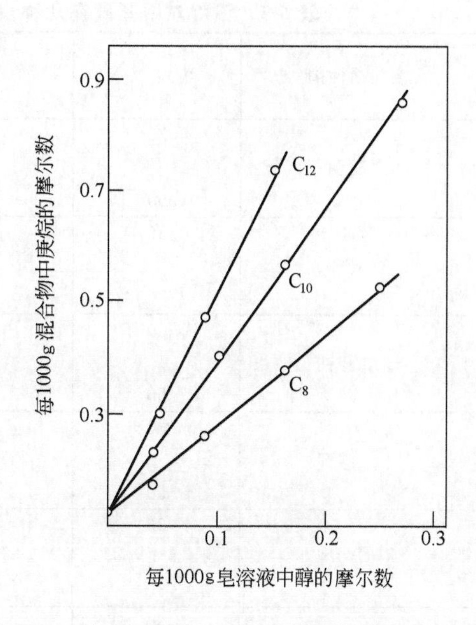

图 6-6　在 0.35mol/L 十四酸钾水溶液中直链醇对庚烷增溶作用的影响

由以上所述内容可知，有机添加物对表面活性剂体系增溶作用的影响相当复杂，但是若预先了解在无增溶物存在时有机添加物对表面活性剂胶束化作用的影响对于预示该复杂四元体系（表面活性剂-溶剂-增溶物-有机添加物）总的增溶效果是有益的。

（五）温度的影响

温度对增溶作用的影响主要从两方面考虑：① 温度的变化引起胶束性质（如 cmc、胶束聚集数、胶束大小等）的改变；② 温度改变分子间相互作用，这种分子间相互作用既涉及增溶物与表面活性剂间的作用，也包括表面活性剂与溶剂间的作用。

一般来说，温度对离子型表面活性剂的 cmc 和胶束聚集数影响较小。因此，对于离子型表面活性剂，温度升高，热运动使胶束中可供容纳增溶物的空间增大，提高增溶物在胶束中的溶解度，表 6-5 中列出温度对在几种表面活性剂溶液中甲基黄最大增溶量的影响[10]。由表中数据可知，对于指定的体系，温度升高增溶量增加；对于脂肪酸盐系列，碳氢链越长，温度对增溶量的相对影响越小；相同碳数的脂肪酸钠和脂肪酸钾增溶性能和温度对增溶量的影响相同。对于大多数体系，温度升高增溶量增加，但也有例外，如二甲苯在十二胺盐酸盐溶液中增溶时，温度升高，增溶量下降。

表 6-5 温度对甲基黄在几种表面活性剂溶液中最大增溶量的影响

表面活性剂	温度/℃	最大增溶量①/g	50℃最大增溶量/30℃最大增溶量
癸酸钠	30	0.64	1.86
	50	1.19	
癸酸钾	30	0.64	1.86
	50	1.19	
十二酸钠	30	1.50	1.62
	50	2.43	
十二酸钾	30	1.50	1.62
	50	2.43	
十四酸钾	30	2.71	1.53
	50	4.15	
十二胺盐酸盐	30	4.72	1.30
	50	5.63	

①相对于每摩尔表面活性剂。

在非离子型表面活性剂溶液中温度对增溶作用的影响常与增溶物的性质有关。对于非极性增溶物，温度升高，增溶量增大。这可能是由于温度对非离子型表面活性剂的cmc、胶束聚集数影响大的缘故。表6-6是恒定正癸烷和正癸醇在甲氧基十二氧乙烯基癸醚溶液中的增溶量时温度对cmc和胶束聚集数的影响[11]。由表可见，温度升高，cmc减小，聚集数增大，每个胶束中增溶的物质分子数明显增多。增溶于非离子型表面活性剂胶束聚氧乙烯链所构成的栅栏层的极性有机物（特别是短链化合物），温度升高至表面活性剂浊点时增溶量常出现最大值。温度继续升高，增溶量急剧降低。这可能是由于非离子型表面活性剂亲水的聚氧乙烯基脱水使其缠绕紧密，减小了有效增溶空间所致。

表 6-6 在恒定正癸烷和正癸醇增溶量时温度对甲氧基十二氧乙烯基癸醚cmc和胶束聚集数的影响

温度/℃	cmc/（mmol/L）	聚集数	每个胶束中增溶物分子数
正癸烷（质量分数1.86%）			
10	2.36	65	5.9
30	1.50	67	6.1
50	1.11	71	6.5
60	1.00	85	7.8
69	0.89	110	10.1

续表

温度/℃	cmc/（mmol/L）	聚集数	每个胶束中增溶物分子数
正癸醇（质量分数 9.17%）			
10	2.07	73	30
30	1.26	83	33
43	1.09	110	44
50	1.00	140	57
55	0.94	186	76
61	0.89	404	163

（六）混合表面活性剂体系的增溶作用

一般来说，两种同类型的离子型表面活性剂混合物的增溶能力与混合物的组成有关。当其中一种表面活性剂的浓度很低时，其降低 cmc 和增加增溶能力与加入其他电解质的作用相似。当两种表面活性剂的浓度都较大时，将形成混合胶束，混合胶束的增溶能力大；但若相对含量少的表面活性剂碳链长度明显小于主要组分的，增溶能力将降低。在很多情况下，同系列表面活性剂等摩尔比混合物的增溶能力与它们单一胶束增溶能力间有简单的几何平均值关系，即 $S_m=(S_1 \cdot S_2)^{1/2}$，式中，$S_1$ 和 S_2 分别为第一种、第二种表面活性剂单独应用时的增溶量，S_m 为混合表面活性剂的增溶量。当然，这里应是在相同浓度的数值。表 6-7 是在等摩尔比的十二酸钾和十四酸钾的混合物溶液中 Orange OT 增溶量的计算值与实验值比较。

表 6-7　在等摩尔比的十二酸钾和十四酸钾混合液中 Orange OT 增溶量的实验值与几何平均计算值比较

混合液浓度/（mol/L）	增溶量实验值（100 g 溶液中）/mg	增溶量几何平均值（100 g 溶液中）/mg
0.04	6.85	7.6
0.08	15.19	16.6
0.20	44.10	44.2
0.40	87.3	88.5
0.80	175.1	175.6

阴离子型与阳离子型表面活性剂混合物的增溶能力比二者单独的增溶能力大。表 6-8 是在单独的阴离子型和阳离子型表面活性剂溶液中以及在它们的混合液中 Orange OT 增溶量的比较。

表 6-8 在单独的阴、阳离子型表面活性剂及它们的混合液中 Orange OT 增溶量比较

表面活性剂	浓度/（g/L）	增溶量/（mg/L）
氯化十六烷基吡啶（CPC）	0.2	5
	1.0	26
Igepon T（主要成分为油酰甲基牛磺酸钠）	0.2	5
	1.0	22
CPC 与 Igepon T 的 1∶2 混合液	0.2	10
	1.0	42

阴离子型与非离子型表面活性剂混合使用对增溶作用的影响比较复杂。如 $C_8H_{17}C_6H_4SO_3^-Na^+$ 与 $C_{12}H_{25}(OC_2H_4)_9OH$ 混合时可使染料黄 OB 增溶量增大；而 $C_{10}H_{21}SO_3^-Na^+$ 与 $C_{12}H_{25}(OC_2H_4)_9OH$ 混合液却使染料黄 OB 的增溶量减小。有人认为这种差异是因阴离子表面活性剂碳链中引入的芳环与聚氧乙烯链相互作用所致。

有的表面活性剂可将某些小的极性分子（主要是水）增溶于非水体系中。在非水体系中的增溶主要是指反胶束的作用，因此，首要条件是能在非水溶剂中形成反胶束。由于许多离子型表面活性剂不溶于有机溶剂中，不能形成反胶束，通常是带有两个疏水基和小的亲水基的离子型表面活性剂（如二壬基萘磺酸盐、双十二烷基二甲卤化铵等）和聚氧乙烯链不太长的非离子型表面活性剂用于非水体系（主要是非极性或弱极性物质，如饱和烃、乙二醇等）中的增溶研究。非水体系增溶作用可用于对干洗过程的分析和防止燃料与润滑剂中某些极性物质对机械设备的腐蚀。

在离子型表面活性剂反胶束中，小的极性分子增溶于表面活性剂极性端基构成的胶束内核，它们与胶束内核中表面活性剂离子的反离子间存在离子-偶极子相互作用。在非离子型表面活性剂反胶束中，增溶物与聚氧乙烯基或其他亲水极性基团间有弱的相互作用（如形成氢键）。

在烃类溶剂中，离子型表面活性剂反胶束增溶水的最大增溶量与表面活性剂的结构、性质、反离子价数有关。随表面活性剂碳链增长、浓度增大、反离子价数增高、表面活性剂疏水基引入双键水的增溶量增大，带支链的比直链的表面活性剂对水的增溶量较大，这可能是由于前者胶束较为疏松。加入中性盐可使水的增溶量显著降低，其原因可能是中性盐中表面活性剂离子的反离子压缩表面双电层，活性离子端基斥力减小，从而它们排列得更为紧密，可增溶水的反胶束内核空间减小。

溶剂的性质和分子量对水的增溶也有影响。溶剂极性增大，反胶束聚集数减小，并对表面活性剂极性基团有竞争作用，这些都不利于水的增溶。以烷烃为溶剂时，随其分子量增大常在某一碳链长度水的增溶量有极大值。

水在非离子表面活性剂反胶束中的增溶量随表面活性剂浓度、聚氧乙烯链长、

温度的增加而增加。电解质对聚氧乙烯类非离子表面活性剂比对离子表面活性剂增溶能力的影响小，而且电解质中阴离子比阳离子影响大得多。电解质的影响主要是因盐析作用，破坏聚氧乙烯链的醚氧原子与增溶水的氢键。

不同类型表面活性剂在非水溶剂中对水增溶能力的大小依次为：

阴离子型表面活性剂>非离子型表面活性剂>阳离子型表面活性剂。

盐、糖及水溶性染料等水溶性物质在已有增溶水的表面活性剂反胶束中的再增溶作用是干洗过程中水溶性污物去除的主要机理。现有的一些结果表明，在表面活性剂反胶束中增溶的水可分两类：与表面活性剂亲水基紧密结合的水和自由的水。后一类水对水溶性污物的增溶去除起主要作用。

三、增溶作用的一些应用

胶体与表面化学是一门应用性极强的科学，但几乎没有一种实际应用是完全依靠这门科学的原理单独完成的，也就是说它常与其他科学原理相互结合而达到实际应用的目的，表面活性剂的应用也是如此。增溶作用在工农业生产、生命过程和日常生活中实际应用的一些内容在以后的章节中涉及，本节仅举几例概括说明。

洗涤过程是多种作用的综合结果，但油污（或水溶性污垢）在表面活性剂胶束（或反胶束）中的增溶是重要因素之一，因为将污垢增溶于胶束中使其不再在被清洗物体表面沉积是达到洗涤效果的合理依据。也正因此，影响增溶作用的各种因素在调整洗涤剂配方和选择适宜洗涤条件时都必须充分注意。如洗涤中加入无机盐可以有效地降低 cmc 和增大胶束聚集数，从而提高增溶能力并可能增强洗涤效果。

在三次采油中应用的微乳液驱油体系就是利用表面活性剂、助表面活性剂、油及水形成的分散相半径极小的胶体溶液，对油有很大的增溶能力，同时这种胶体溶液对岩层、砂石有良好润湿性质以及较适宜的黏度，从而提高采收率。

乳液聚合常作为增溶作用的典型实例之一介绍，其基本原理是，在水溶液中少量高分子单体以真溶液形式存在，另有一部分包溶于被表面活性剂乳化所形成的 O/W 型乳状液滴之中，再有一部分增溶于表面活性剂胶束内。反应在水相中引发，产生的单体自由基扩散入胶束内并在其中发生聚合反应。乳状液滴只起单体储器的作用。当胶束中增溶的单体因发生聚合反应而减少后，由乳状液滴中的单体补充。生成的聚合物脱离胶束分散于水相中成聚合物小珠，并为表面活性剂所稳定。乳液聚合的优点是因胶束体积很小便于控制反应热的释放，使反应可在较低温度下进行，并可因催化剂溶于水相得以提高生产效率。

胶束催化是将胶束作为微反应器，反应底物在胶束中增溶、浓集，反应离子也可在带反号电荷胶束表面富集，反应物局部浓度的骤增并在胶束不同区域有最适于反应的极性环境使得反应速率大大提高，文献报道有的反应可提高10^6倍。

在生理过程中某些具有两亲性生物物质的增溶作用起重要作用。有些两亲性有机分子与蛋白质的相互作用可引起多种变化（如变性、沉淀、钝化等），在这种相互作用中两亲分子的胶束结构和性质有重要意义。如在一定浓度下一些脂肪酸阴离子可使天然蛋白质沉淀，而在更高浓度下却又使沉淀溶解，并且这类作用还与介质 pH 值和离子强度有关。许多研究证实，胆盐及脂肪酸盐对一些水不溶性物质的乳化和增溶起重要作用，从而有助于这些物质的消化与吸收[12]。胆盐胶束的增溶作用是脂肪消化过程的必要条件。在生命过程中脂肪的消化提供了代谢过程的主要能源，图 6-7 是在胃和肠中脂肪消化及增溶的几个步骤示意图。该图显示了增溶作用的重要性。由胆固醇合成的胆盐进入胆管形成含有卵磷脂和胆固醇的混合胶束。脂肪在胃中消化、乳化，并在酶参与下水解成脂肪酸。脂肪酸在低 pH 值介质中溶于水与胆盐成混合胶束。在此混合胶束中还有含有 2-甘油一酸酯。没有胆盐，人体就不能消化带有长碳链的脂肪。经混合胶束的输送，使类脂通过肠壁被上皮细胞双层脂膜吸收，而 2-甘油一酸酯经酶化成三甘油酯。

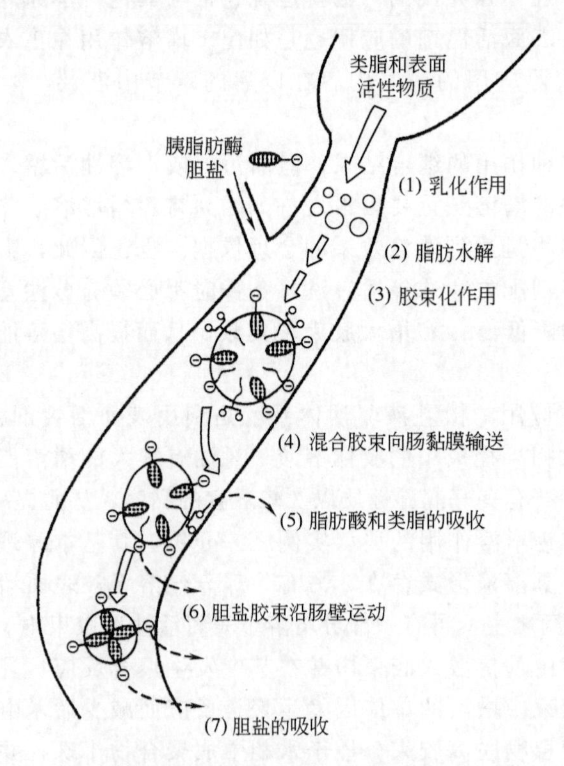

图 6-7　在胃和肠中脂肪的消化及增溶作用几个步骤的示意图

在药剂学中常利用 Tween、SDS 等表面活性剂胶束的增溶作用控制难溶药物的溶解和释放。如难溶中草药有效成分在胶束存在下能增加主药浓度，改善主药液体制剂的澄明度和稳定性。Tween-80 是最常用的增溶剂。表 6-9 中列出常用的增溶剂和被增溶药物[13]。

表 6-9 常用的增溶剂及被增溶药物

增溶剂（表面活性剂）	被增溶药物
十二烷基硫酸钠（SDS）	黄体酮（孕酮）
胆酸钠	强的松，地塞米松
土耳其红油（主要成分：硫酸化蓖酸盐）	外用制剂
琥珀酸二异辛酯磺酸钠（AOT）	外用制剂
油酸钠	睾丸素，丙酸睾丸素
Tween-20	睾丸素，维生素 E、维生素 K_2，各种挥发油
Tween-60	雌酮，维生素 A 醇
Tween-80	苯巴比妥，中草药注射剂，各种挥发油 维生素 A、维生素 D、维生素 E、维生素 K_1，里铂金酯类 丙酸睾丸素
Brij（聚氧乙烯月桂醚）	维生素 A 醇
Myrj（聚氧乙烯单硬脂酸酯）	维生素 A、维生素 D、维生素 E，里铂金酯类

在药剂学中选择增溶剂主要由增溶剂的亲水、亲油性相对大小与增溶药物匹配，毒性大小，给药途径等方面考虑。例如，对极性小的苯巴比妥，Tween-60 和 Tween-80 的增溶性好。这是因为这两种表面活性剂的疏水链较长。毒性大的阳离子型表面活性剂和毒性小些的阴离子型表面活性剂多用于外用制剂，毒性小的非离子型表面活性剂才可用于内服制剂和注射剂。Tween、磷脂、聚醚、聚乙二醇等无毒的非离子型表面活性剂才可用作静脉注射剂的增溶剂[14]。

四、吸附胶束的增溶作用

吸附胶束的增溶作用也称为吸附增溶（adsolubilization），是近 30 年才开始研究的一种界面现象。吸附增溶是不溶或难溶的有机物增溶于吸附胶束中的结果。最早 Koganovskii 发现乙炔黑水溶液中在三种非离子型表面活性剂存在下萘的吸附量大于在三种表面活性剂胶束溶液中的增溶量，故他们将其称为共吸附。实际上，萘即可增溶于吸附胶束中，也可直接吸附于乙炔黑表面。Nunn 等最早直观地研究了吸附增溶。他们用频钠氰醇氯化物燃料的吸附增溶研究了 p-（1-丙烯基壬基）苯磺酸钠在 γ-氧化铝上吸附层的性质[15]。已知频钠氰醇在水介质中显红色，在有机环境中显蓝色。当频钠氰醇加入到有氧化铝的水中时，氧化铝起初为白色，水显红色。再加入表面活性剂，当浓度低于 cmc 时，水溶液仍为红色，而氧化铝则显蓝色。当表面活性剂浓度大于 cmc 时，氧化铝和水溶液都显蓝色。变蓝色说明频钠氰醇增溶于水溶液中的胶束和吸附在氧化铝上的吸附胶束中的结果。

吸附胶束增溶作用的研究给以下的研究方向提供了方便：① 利用吸附增溶了解表面活性剂在固体表面的吸附层的性质；② 提供了一种物质分离方法；③ 利用吸附增溶技术形成某些被增溶物的超薄膜；④ 进行吸附胶束的研究。

作为一种新的分离方法，其特点是：① 被分离物在吸附胶束中有选择性的增溶能力；② 吸附增溶量较一般直接吸附量大；③ 吸附增溶只有在表面活性剂浓度超过 cmc 时才能发生；④ 可在常温下进行，这有利于生物技术中的应用。Barton 等报道了用吸附胶束色谱法分离和富集三种庚醇异构体的结果，他们用氧化铝为色谱担体，用阴离子表面活性剂 SDS 形成吸附胶束[16]。

应用吸附增溶方法形成超薄膜实际上是一种表面改性技术。通常是使在表面活性剂双层中吸附增溶的高分子单体聚合，以在固体基底上面形成超薄聚合物膜。这一技术的应用前景广阔，如：① 改变某些材料（如 TiO_2，Al_2O_3，SiO_2 等）的表面性质，使其能用作填料、补强剂等；② 在生物技术和分离应用中作为改变固体表面性质的手段；③ 在各种实际应用中黏结不同组成材料的方法等。Wu 等应用这种方法在氧化铝上形成聚苯乙烯超薄膜，制备强疏水性的改性氧化铝[17]。

参考文献

[1] 麦克贝因 M E L，休钦生 E. 增溶作用及有关现象．柳正辉译．北京：科学出版社，1965.

[2] Myers D. Surfacant Science and Technology，2nd ed. New York：VCH，1992.

[3] Fendler J H，Fendler E J. Catalysis in Micellar and Macromoleular Systems. New York：Academic Press，1975.

[4] Christian S D，Scamehorn J F.（eds），Solubilization in Surfactant Aggregates. New York：Marcel Dekker Inc.，1995.

[5] 赞恩 R. 表面活性剂溶液研究完新方法．北京：石油工业出版社，1992.

[6] Klevens H B. Chem. Revs.，1950，47：1.

[7] Bunton C A，Bacalolu R J. Colloid Interface Sci.，1987，115：288.

[8] Ekwall P，Mandell L，Fontell K J. Colloid Interface Sci.，1977，61：519.

[9] Winsor P A. Manuf. Chem.，1966，89：130.

[10] Kolthoff I M，Strick W J. Phys. Colloid Chem.，1948，52：915.

[11] Kuriyama K. Kolloid-Z.，1962，180：55.

[12] Evans D F ，Wennerstron H. The Colloidal Domain，2nd ed.，New York：Wiley-VCH，1999.

[13] 侯新朴，武凤兰，刘艳．药学中的胶体化学．北京：化学工业出版

社，2006.

［14］徐静芬．表面活性剂在药学中的应用．北京：人民卫生出版社，1996.

［15］Nunn C C.，Schechter R S. Wade W H. J. Phys. Chem.，1982，86，3271.

［16］Barton J W，Fitzgerald T P，Lee C，O'Rear EA，Harwell J H. Sep. Sci. Technol.，1988，23：637-648.

［17］赵振国．胶束催化与微乳催化．北京：化学工业出版社，2006.

第七章
乳化作用、乳状液及微乳状液

乳化作用（emulsification）是在一定条件下使互不混溶的两种液体形成有一定稳定性的液/液分散体系的作用。在此分散体系中被分散的液体（分散相）以小液珠形式分散于连续的另一种液体（分散介质）中，此体系称为乳状（浊）液（emulsion）。形成乳状液的两种液体：一种通常为水或水溶液，通称为“水”；另一种通称为“油”。乳化作用除可形成乳状液外，也涉及洗涤作用中将油污以乳化形式除去的过程。分散相为油，分散介质为水的乳状液称为水包油型乳状液，常以 O/W 表示；反之，则称为油包水型乳状液，以 W/O 表示。

为了进行乳化作用和得到有一定稳定性的乳状液必须加入第三种（或自然形成）物质，此物质称为乳化剂（emulsifying agent，emulsifyer）。乳化剂大多为各种类型的表面活性剂，高分散的固体粉末状物质也有作乳化剂的。

乳状液在食品、农药、医药、化妆品、化工、机械加工、能源、环保等各领域有广泛的应用，如冰淇淋、乳剂型农药和药品、雪花膏、涂料、金属切削油、乳化钻井液、乳化沥青等都是乳状液或以乳化形式应用的。作为乳化剂的表面活性剂在乳化作用中具有多功能的性质。根据实际体系选择适宜的乳化剂是使乳化作用顺利进行和得到稳定乳状液的关键。当然，有时在工业生产和日常生活中需使某些乳状液破坏。为了这些目的，需要了解乳状液稳定性的原因及影响因素，乳化剂选择的原则[1]。

一、乳状液的形成

不相混溶的两种液体形成乳状液有极大的相界面积。例如，将 10 mL 油以直径为 0.2 mm 大小的液滴分散于水中形成 O/W 型乳状液，油/水相界面积将增大

10^6倍。为了得到有巨大相界面的乳状液需做的可逆功理论上可依 $W=\gamma_i \Delta A$ 计算。γ_i 为构成乳状液的油/水界面张力，ΔA 为界面面积的增加值。由此式可知，界面张力、界面面积增加的越大（分散相液珠越小）需做得可逆功越大，即体系的界面能越大[2~4]。

乳状液分散相与分散介质间除有巨大的界面面积外，这种界面还是弯曲的。根据 Laplace 公式可知弯曲界面内外存在压力差 $\Delta P\left[=\gamma_i\left(\frac{1}{r_1}+\frac{1}{r_2}\right)\right]$。$r_1$ 和 r_2 分别为分散相液滴的两个主曲率半径，对于球形液滴，$r_1=r_2$，$\Delta P=2\gamma_i/r$，r 为液滴半径。由 Laplace 公式知，弯曲界面凹面一侧的压力总是大于凸面一侧。对于乳状液，液滴内的压力大于液滴外的。因而形成乳状液时必须做额外的克服 ΔP 的功。

由以上讨论可以看出：① 在制备乳状液时需做的功既包括因增大界面面积所需要的，也包括克服形成弯曲界面所引起的附加压力 ΔP 所需的功。这也是形成乳状液所需能量大于界面能的原因。② 由于乳状液体系有大的界面能存在，故其是热力学不稳定体系，有自动聚结（coalescence）、分层（creaming）、沉降(sedimentation) 等变化的趋势，这些变化都可使得体系界面减小。③ 由 $W=\gamma_i \Delta A$ 和 Laplace 公式可知，降低乳状液体系中油/水界面张力有利于乳化作用进行和提高乳状液的相对稳定性。降低界面张力的最有效方法是应用适宜的表面活性剂。

在液/液界面上吸附的表面活性剂分子总是将其疏水基插入极性小的一相，亲水基留在极性大的一相中。吸附量与界面张力的关系服从 Gibbs 吸附公式（有关表面活性剂在液/液界面上的吸附参见本书第三章）。

表面活性剂在液/液界面吸附是乳化作用得以进行的最重要因素，其主要作用机理是：① 降低液/液界面张力，从而使因乳化而引起的界面面积增加带来的体系的热力学不稳定性降低。② 在分散相液滴表面因表面活性剂吸附而形成机械的、空间的或电性的障碍，减小分散相液滴的聚结速度。吸附层的机械和空间障碍作用是使液滴相互碰撞时不易聚结，而空间和电性障碍可以避免液滴间相互靠拢。在这两种作用中有时前者更为重要，例如，有些高分子化合物不带电且无显著降低界面张力的能力，但可形成稳定的强度好的界面膜，在乳化作用中占有重要地位。

二、乳状液的类型

乳状液的基本类型为水包油型（O/W 型）和油包水型（W/O 型）两大类。决定和影响乳状液类型的因素很多，如油、水相的性质和相体积比，温度，形成乳状液时器壁性质，乳化剂的结构与性质，添加剂的性质等。其中尤以乳化剂的性质和结构特点最为重要。乳化剂分子在乳状液液滴的油/水界面上总是形成某种定向和堆积方式的单层膜，这种膜还须有一定的机械强度。图 7-1 是乳化剂分子在两种类型乳状液液滴界面上定向和排列的示意图。

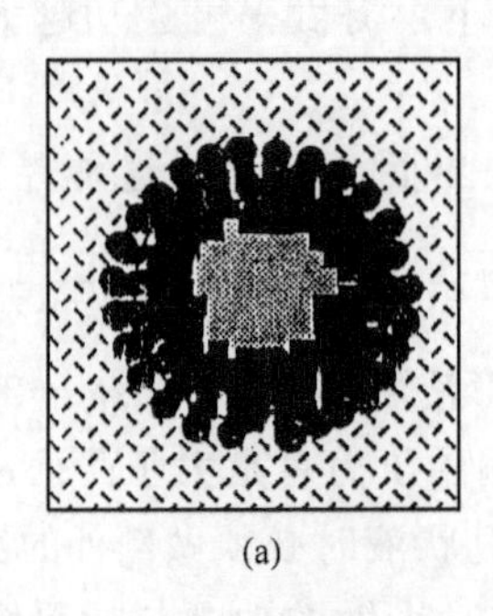
(a)

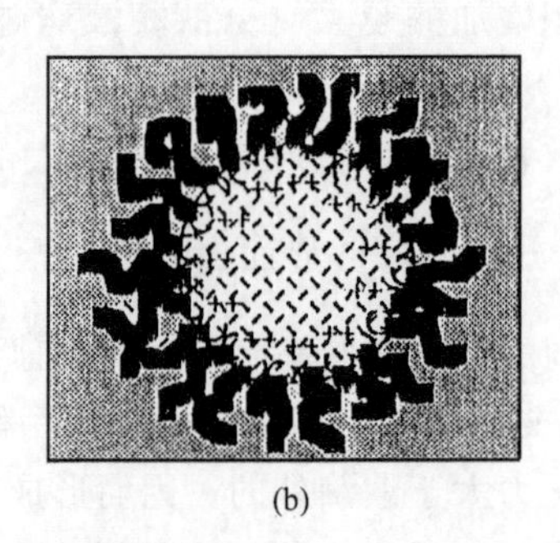
(b)

图 7-1 在乳状液液滴界面上乳化剂分子的定向与排列示意图
(a) 亲水基向外形成 O/W 型；(b) 疏水基链节向外形成 W/O 型

影响和决定乳状液类型的各种理论和实验结果可归纳为四种：能量因素的作用，几何因素的作用，液滴聚结动力学分析，物理因素的影响。

（一）能量因素与 Bancroft 规则

1913 年 Bancroft 提出乳化剂溶解度对乳状液类型影响的经验规则[5]：在构成乳状液体系的油、水两相中，乳化剂溶解度大的一相为乳状液的连续相（外相），形成相应类型的乳状液。对此经验规则可用界面张力或界面能的变化规律做定性解释。表面活性剂分子（或离子）在液/液界面上吸附和定向排列形成界面区，在此区两侧界面张力（或界面压）可能不同，即在表面活性剂分子的亲水端与水相间的界面张力（或界面压）和表面活性剂分子的疏水端与油相间的界面张力（或界面压）不同。形成乳状液时油/水间界面区发生弯曲，界面张力较大的一边缩小面积，体系界面自由能降低。若表面活性剂疏水端与油相间界面张力大于表面活性剂亲水端与水相间的界面张力，疏水端与油相一侧将收缩，形成凹面向油相的界面，油相成为液滴，水相为连续相，即为 O/W 型乳状液。另一种情况是表面活性剂疏水端与油相间界面张力，小于表面活性剂亲水端与水相间的界面张力将形成 W/O 型乳状液。显然，水溶性好的乳化剂，在水界面上有较低的界面张力，易形成 O/W 性乳状液；油溶性乳化剂易形成 W/O 型乳状液。

Bancroft 规则是能量因素影响乳状液类型的实验基础，此规则有相当广泛的实用价值。但是此规则应用于带支链的乳化剂时常出现例外，因为这类乳化剂大多只能形成 W/O 型乳状液。

（二）几何因素与定向楔理论

吸附在油/水界面的表面活性剂分子若其亲水和疏水端基几何性形状相差较大将对乳状液类型产生影响。早期的工作就已报道脂肪酸的碱金属皂能形成 O/W 型乳状液，而二价和三价金属脂肪酸皂则形成 W/O 型乳状液，显然这时表面活性剂分子几何构形在起重要作用。图 7-2 是一价金属皂和二价金属皂对形成不同类型乳状液作用的示意图。在油/水界面表面活性剂分子如一“定向楔”，表面活性剂分子中相对截面积较大的一端总是朝向乳状液的连续相。

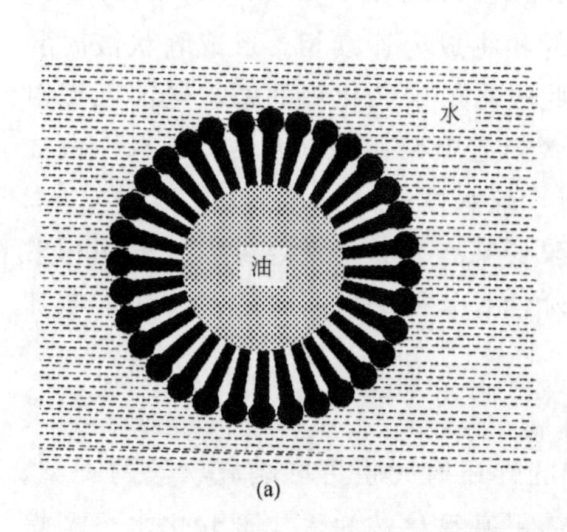

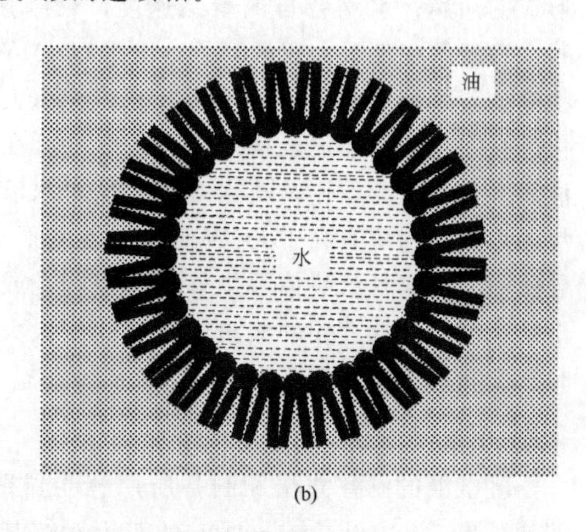

图 7-2　乳化剂几何因素对乳状液类型影响示意图

(a) 一元皂形成的 O/W 型乳状液；(b) 二元皂形成的 W/O 型乳状液

几何因素对乳状液类型的影响具有明显的物理意义、直观性和一定的实验基础。如向由一价脂肪酸皂形成的 O/W 型乳状液中加入高价金属离子即可使乳状液变型为 W/O 型的。

在考虑几何因素对乳状液类型影响时必须顾及表面活性剂的浓度，只有在较高浓度时在油/水界面上的表面活性剂才能紧密排列，此时几何因素才有明显的作用。例如，用 1∶1 的辛烷和水混合制备乳状液，以不同浓度的两种季铵盐为乳化剂所得乳状液类型如表 7-1 所示[6]。由表中结果可知，对于同一类表面活性剂在浓度低时都得到 O/W 型乳状液，浓度大时则得到 W/O 型的。这是因为表面活性剂在水相中浓度越高，界面上的表面活性剂吸附单层排列越紧密，几何因素表现越明显。

表 7-1　两种季铵盐表面活性剂浓度对形成的乳状液类型的影响

表面活性剂	水相中浓度/（mol/L）	乳状液类型
$C_{16}H_{33}N(C_8H_{17})_2C_3H_7I$	0.033	O/W
	0.05	W/O
	0.10	W/O
$(C_{18}H_{37})_2N(CH_3)_2Cl$	0.005	O/W
	0.01	O/W
	0.091	W/O

（三）液滴聚结动力学因素

在乳化剂存在下将油和水一同搅拌，形成的乳状液的类型取决于搅拌时同时形成的油滴、水滴各自的聚结速度，聚结速度快的那一相将成为连续相。因此，若水滴聚结速度远大于油滴的，则形成 O/W 型乳状液；反之，则形成 W/O 型乳状液。若两相液滴聚结速度相近时，体积大的相将成为连续相。形成乳状液时乳化剂吸附于相界面上，构成界面吸附层。在此吸附层中乳化剂的亲水基团区域对油滴聚结起阻碍作用，疏水基团区域对水滴聚结起阻碍作用。因此，亲水性占优势的界面吸附层有利于 O/W 型乳状液的形成，疏水性占优势时利于形成 W/O 型乳状液。若向乳状液体系中外加添加物，或改变某些外界条件，可以改变两相的聚结速度。当连续相的液滴的聚结速度大大降低，分散相液滴聚结速度大大增加时，乳状液将发生变型。

（四）物理因素

乳状液的制备方法和制备所用容器器壁的性质有时也可影响乳状液的类型。例如，表 7-1 中以 0.01mol/L 的双十八烷基二甲基氯化铵为乳化剂乳化水－辛烷混合物，用混合法可得 O/W 型乳状液，用螺旋搅拌法可得 W/O 型乳状液。器壁性质的影响通常是亲水性强的器壁易形成 O/W 型乳状液，疏水性强的器壁易形成 W/O 型乳状液。表 7-2 中列出以苯、汽油为油相，以几种乳化剂水溶液为水相在玻璃和塑料容器中乳化结果[7]。这些结果表明乳状液的类型与两相液体对器壁的润湿性质有关。一般来说，能使器壁润湿的液体相，易在器壁上附着，从而在乳化时不易分散，构成连续相。而难以使器壁润湿的液相构成分散液滴。有时随着表面活性剂浓度增加使得原本不能润湿的器壁表面亲水性质增加，形成的乳状液也可由 W/O 型变为 O/W 型的。例如，0.1%环烷酸钠水溶液与变压器油在塑料器皿中可形成 W/O 型乳状液，而 2%环烷酸钠则可形成 O/W 型乳状液。

表 7-2 器壁性质对乳状液类型的影响

油相	水相	容器	
		玻璃	塑料
苯	0.33%硬脂酸钠	O/W	W/O
	2%油酸钠	O/W	W/O
	0.1mol/L 环烷酸钠	O/W	W/O
汽油	0.33%硬脂酸钠	O/W	W/O
	2%油酸钠	O/W	W/O
	0.1mol/L 环烷酸钠	O/W	W/O

三、乳状液的稳定性

乳状液是多相分散体系，具有热力学不稳定性[4,5]，液滴有自动聚结的趋势。早期的乳状液稳定性理论已注意到添加表面活性剂、聚合物，甚至固体粒子等对乳状液的形成和类型的重要作用，然而稳定性的理论模型一直并不十分清楚。在油/水界面上表面活性剂定向吸附单层膜的研究揭示了乳状液稳定性的可能图像。图 7-3 是乳状液稳定作用各种机理的示意图。

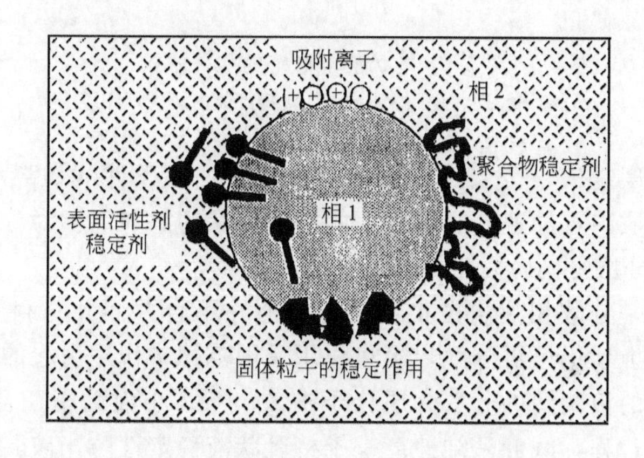

图 7-3　乳状液稳定作用的几种可能机理

表面活性剂吸附膜作为乳状液液滴稳定剂的作用被许多实验结果所证实。早期研究工作表明，由液滴直径和表面活性剂浓度计算出的液滴上每个表面活性剂分子的最小占据面积约为 0.27～0.45nm^2，此值与由单分子膜所得出的脂肪酸盐理论截面积值接近。这些实验结果还表明，表面活性剂在乳状液的油/水界面上形成凝聚膜比形成扩张膜对稳定性更为有利。凝聚膜具有低的可压缩性和紧密的单分子排列。

（一）乳状液不稳定的方式

即使应用最适宜的乳化剂所得到的乳状液也只有相对较好的稳定性。从本质上说，由于乳状液是多相的热力学不稳定体系，只有它破坏了才是最稳定的。

乳状液不稳定方式有多种表示。如分层（creaming）与沉降（sedimentation）、絮凝（flocculation）或聚集（aggregation）、聚结（coalescence）、变型（inversion）、破乳（breaking，deemulsification）等。图 7-4 是乳状液四种不稳定方式的示意图。

分层是因分散相和分散介质密度差异而引起的液滴上浮或下沉的现象。分层使得乳状液分散相液滴浓度不均匀。对于 O/W 型乳状液，分散相油滴上浮，故上层中油滴浓度大。对于 W/O 型乳状液，下层水滴浓度大。发生分层时乳状液并未破坏，即分层并非破乳。一般来说，液滴半径越小，分散相与分散介质密度差越

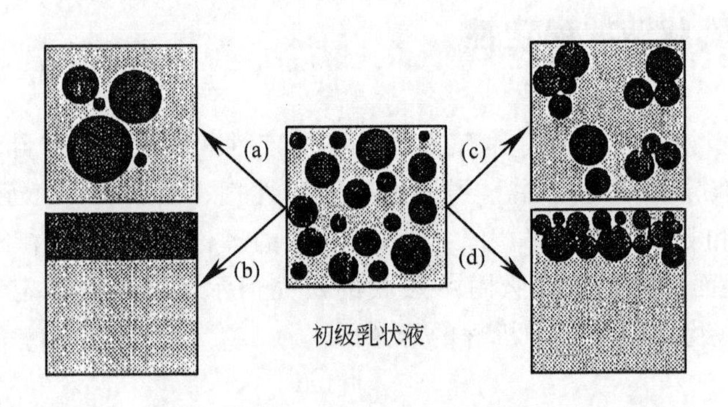

图 7-4 乳状液不稳定的几种方式
(a) 聚结；(b) 破乳；(c) 絮凝或聚集；(d) 分层

小，分散介质黏度越大，分层速度越慢。适宜的外部条件（如离心分离）和添加剂（如某些电解质）可加速分层过程。能加速分层的添加剂称为分层剂（creaming agent）。沉降与分层是同时发生的。

絮凝和聚集是分散相液滴聚集到一起，但并不合并而独立存在，这种多个液滴的聚集体适当搅动仍可再分散，聚集作用是因范德华作用引起的。

聚结是聚集的液滴间的分散介质分子扩散出来，小液滴相互合并形成大液滴，聚结是破乳的前过程，减慢聚结速度是维持乳状液稳定性防止破乳的关键环节。

变型是一种类型的乳状液变为另一种类型的现象。一般来说，乳化剂常能决定形成的乳状液的类型，但当形成某种类型乳状液后若改变外界条件使乳化剂的亲水、疏水性质或液滴表面性质发生变化就可能引起乳状液变型。如提高温度可使聚氧乙烯类非离子型表面活性剂疏水性增加，原 O/W 型乳状液可变型为 W/O 型的；离子型表面活性剂稳定的 O/W 型乳状液加入强电解质可使油滴表面电势下降和表面活性剂与反离子间电性作用增强，从而变为 W/O 型的。常见的变型机制实例示意于图 7-5 中。由胆固醇和十六烷基硫酸钠的混合膜稳定的 O/W 型乳状液因带负电而更加稳定［图 7-5（a）］。在此体系中加入高价无机阳离子（如 Ca^{2+}、Ba^{2+} 等），油滴表面电荷被中和后相互聚集，有一些分散介质水被油滴包围，界面上乳化剂分子重新排列后形成不规则的水滴［图 7-5（b）］。聚集的油滴破裂结合成连续相，形成了 W/O 乳状液［图 7-5（c）］。根据这一机理，分散相液滴的聚集是变型的必要步骤，变型的液滴具有一定不规则性是必然结果。这些看法得到实验证实。

破乳是乳状液的分散相液滴经聚集（或絮凝）和聚结，液滴数目减少，最终两相完全分离。常用的破乳方法有化学法、物理法、机械法等。化学法是加入某些化学试剂（如酸、某些特殊结构的化学试剂或表面活性剂）破坏原有乳化剂的稳定性或将其顶替但又不能形成稳定的油/水界面膜，从而使乳状液破坏。物理法如加热、加压、电场作用下破乳。机械法如离心分离等使两相分离。

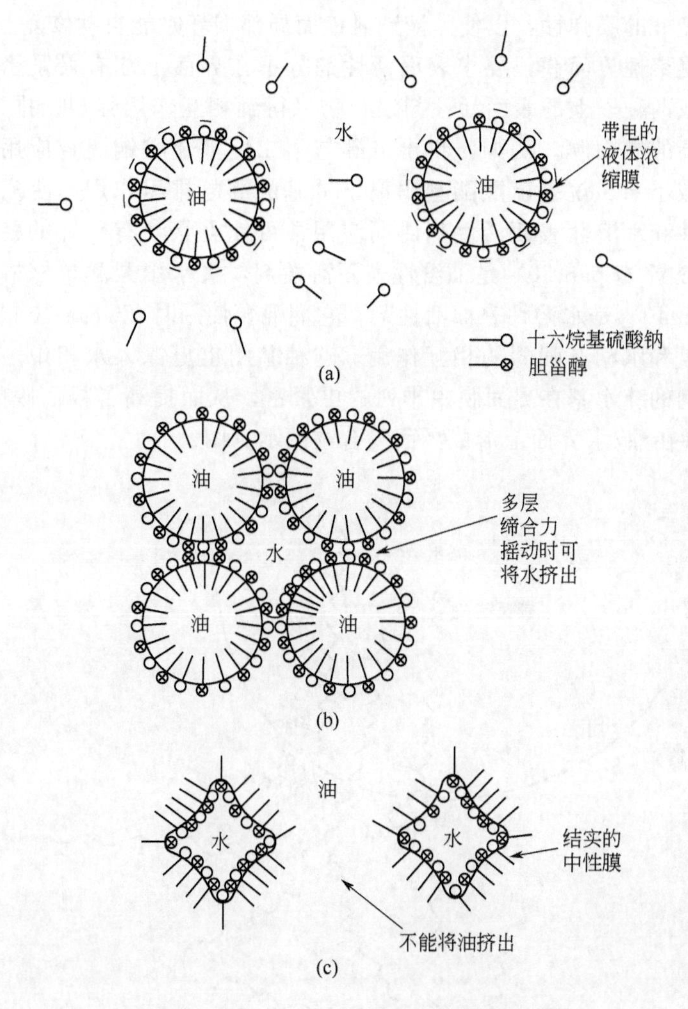

图 7-5　一种 O/W 型乳状液变型机理示意图

（二）乳状液的稳定因素

在实际应用中乳状液的稳定性是指分散相液滴对聚结的抑制能力。分散相液滴的聚结速度在衡量乳状液稳定性中最为重要，它可以通过测定单位体积乳状液中液滴数目随时间的变化来实现。乳状液中液滴聚结成大液滴，最终发生破乳，这一过程的速度主要与下列因素有关：界面膜的物理性质，液滴间静电排斥作用，高聚物膜的空间阻碍作用，连续相的黏度，液滴大小与分布，相体积比，温度等。在这些因素中以界面膜的物理性质、电性作用和空间阻碍作用最为重要。

(1) 界面膜的物理性质　乳状液分散相液滴相互碰撞是发生聚结的前提。聚结不断地进行，小液滴变成大液滴，直至破乳。在液滴碰撞而聚结的过程中液滴界面膜的机械强度是决定乳状液稳定性的首要因素。为使界面膜有大的机械强度，界面膜必须是凝聚膜，构成界面膜的表面活性剂分子间有强烈的侧向作用力。界面膜还须有良好的膜弹性，以使因液滴碰撞而局部损坏时能自动修复。

为得到凝聚性界面膜，要求表面活性剂分子在界面上能有最紧密排列。为此常应用两种或两种以上的表面活性剂混合物以得到相互作用强烈、排列更为紧密、机械强度更高的界面膜。例如，将十二醇与十二烷基硫酸钠混合应用，十二醇在混合膜中可减小十二烷基硫酸酯基阴离子端基的静电排斥作用，使疏水链排列更紧密。油溶性和水溶性表面活性剂协同应用常可使乳状液有较好的稳定性。失水山梨醇单油酸酯（Span-80）是油溶性表面活性剂，失水山梨醇单棕榈酸酯聚氧乙烯醚（Tween-40）是水溶性表面活性剂，它们混合使用时Tween-40的聚氧乙烯基是亲水基团，和水相有强烈的相互作用，这种基团也更深入水相中。这就导致两种表面活性剂的疏水基在界面膜中排列的更紧密，从而提高了界面膜的机械强度。图7-6是二者在油/水界面上形成界面复合物的示意图。

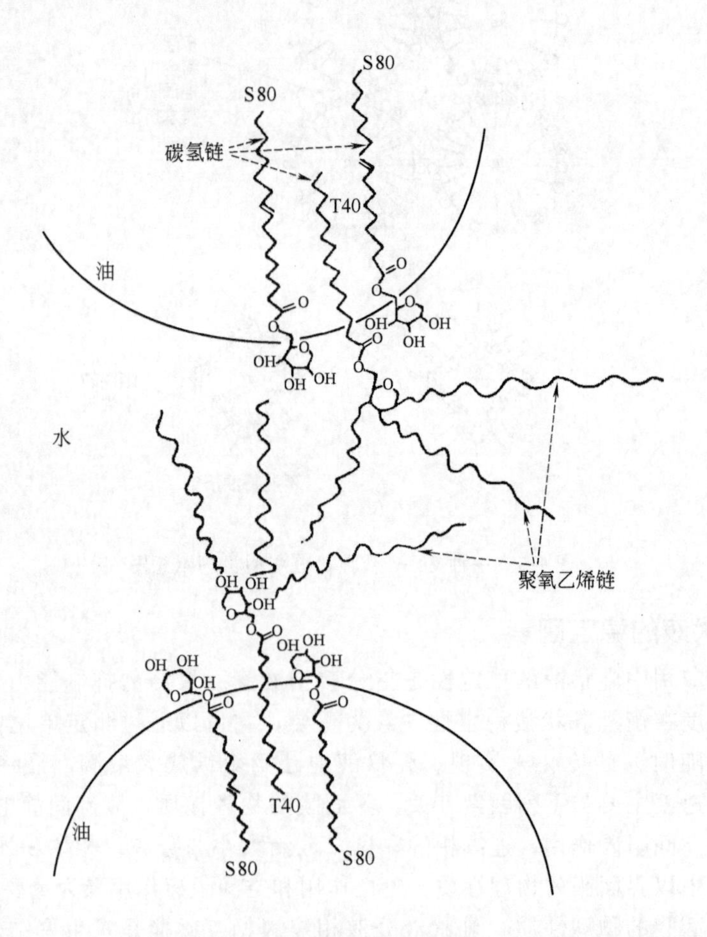

图7-6 Span-80（S80）与Tween-40（T40）在油/水界面上形成界面复合物的示意图

一些研究工作证明W/O型乳状液中水滴常有不规则外形，这从一个角度表明界面膜中表面活性剂排列十分紧密，具有固态膜的特点，这种膜具有很强的刚性。

用高分散的固体粉末作为乳化剂有时也可得到稳定的乳状液。这些固体粉末包括炭黑、二氧化硅、黏土、碳酸钙、金属的碱性盐等。所得乳状液的类型与固体表面的亲水亲油性质有关。一般来说，与固体表面亲和性更大的一相构成连续相，另一相则为分散相。如若固体更易被水润湿，则可得O/W型；反之，为W/O型。当然，若固体被某一相液体完全润湿，即固体完全在此液相中，它也就不能起到乳化作用。因此，可作乳化剂的固体表面与二液相的接触角差别不可太悬殊，只是一个更大些或更小些。接触角稍大的一相构成分散相。图7-7是为固体粉末稳定的乳状液油/水界面示意图。由图可见固体粉末的大部分在连续相介质中，但部分也可被液滴相液体润湿。

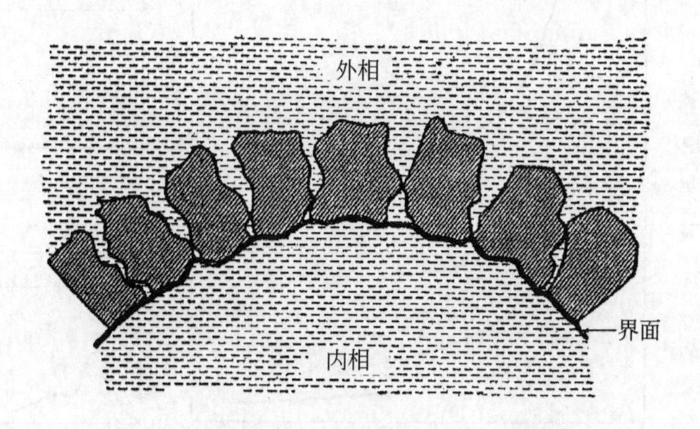

图7-7　固体粉末稳定的乳状液油/水界面示意图

(2) 电性作用　乳状液液滴表面可因多种原因而带有某种电荷：离子型表面活性剂的电离，某些离子在液滴表面的吸附，液滴与介质的摩擦等。O/W型乳状液液滴的带电对防止液滴的聚集、聚结以至破乳起重要作用。根据胶体稳定性理论，范德华力使液滴相互吸引，当液滴接近至表面双电层发生重叠时静电排斥作用阻碍液滴的进一步接近。显然，若排斥作用大于吸引作用液滴不易碰撞和聚结，乳状液稳定；反之，则将发生聚结和破乳。

至于W/O型乳状液，水滴带电少，且因连续介质介电常数小，双电层厚，静电作用对乳状液稳定性影响较小。

(3) 空间稳定作用　用聚合物作为乳化剂时界面层厚度大，如同在液滴周围形成厚厚的亲液性保护层，这种保护层构成了液滴靠近和接触的空间障碍。聚合物分子的亲液性也使得保护层中含有相当量的连续相液体，类似于凝胶。因而，界面区域有较高的界面黏度和良好的黏弹性，这将对阻止液滴合并，保持其稳定性有利。即使有的液滴发生聚结，聚合物乳化剂常以纤维状或结晶的形式聚集于变小了的界面上，使得液滴的界面膜加厚，可防止液滴的进一步聚结。

(4) 液滴大小的分布　相同体积的分散相分散成大小不同的液滴时大液滴体系比小液滴体系的界面积小，界面能低。因而具有较大的热力学稳定性。当乳状液体系中大小液滴同时存在，小液滴有自动减小，大液滴有增大的趋势。若此过程不断地发展，最终将会破乳。因此，液滴大小分布均一的乳状液比平均大小相等但液滴大小分布宽的乳状液稳定性好。乳状液液滴大小对稳定性的影响还表现在体系黏度的变化。有实验结果证明，当构成乳状液的相体积分数一定时乳状液液滴大小越均匀体系黏度越大，且黏度与液滴平均直径成反比。图 7-8 是一系列液滴大小分布不同乳状液黏度与剪速的关系。体系黏度（主要是连续相黏度）的增加使液滴扩散系数减小，液滴碰撞频率和聚集速度降低，乳状液稳定性增加。

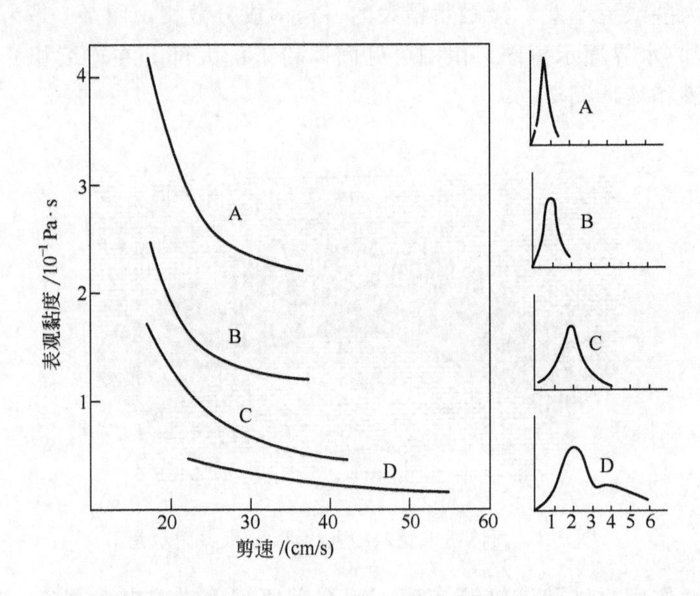

图 7-8　一系列乳状液的黏度与剪速的关系（各乳状液的液滴大小分布见右图）

（5）温度的影响　温度的改变可引起界面张力、界面膜的性质与黏度、乳化剂在两相中相对溶解度、液相蒸气压、分散相液滴的热运动等的变化。这些变化对乳状液稳定性都会产生影响，甚至可能引起乳状液的变型和破乳。任何扰动界面的因素都会使乳状液稳定性下降，升高温度，蒸气压增加，通过界面的分子数增多，扰动了界面，稳定性下降。提高温度是使某些乳状液分层和破乳的物理方法之一。

四、乳化剂及其选择

制备有一定稳定性的乳状液所需加入的第三种物质为乳化剂，乳化剂大多是表面活性剂。

（一）乳化剂的分类及常用乳化剂

乳化剂的分类与表面活性剂的分类相似，可以有各种不同的方法，这些方法又各有利弊。一种乳化剂的分类方法是：合成表面活性剂，合成高分子表面活性剂，天然产物，固体粉末。这种分类突出了合成表面活性剂和合成高分子表面活性剂的重要性和区别。

1. 合成表面活性剂

这是应用最广的乳化剂。和常用的表面活性剂相同，它也有阴离子型、阳离子型、非离子型、两性型等种类，其中以阴离子型和非离子型的应用最多。

(1) 阴离子型乳化剂

① 脂肪酸盐　最常用的是钠盐，易于形成 O/W 型乳状液，不宜在硬水中使用，其溶液为碱性（pH≈10），故适用于不怕高 pH 值的乳状液。胺皂则可在较低 pH 值（如 pH≈8）应用，最常用的是三乙醇胺。这种胺皂适用既能使乳状液有一定的稳定性，又能在使用后即破坏的体系，如地板蜡等。一种去污上光剂的乳液成分即为三乙醇胺、液体石蜡、油酸、硅藻土和水。

② 硫酸酯盐　最常见的是十二烷基硫酸钠，但常用作乳化剂的是脂肪聚氧乙烯醚硫酸酯盐和烷基酚聚氧乙烯硫酸酯盐，当分子中氧乙烯基数目和烷基碳原子数目适宜时它们的钠盐都是良好的 O/W 型乳状液的乳化剂。而它们的钙盐和镁盐则可制备 W/O 型乳状液。异辛基酚聚氧乙烯硫酸钠有良好的表面活性，此类物质商品名也是 Triton，Triton 类表面活性剂并非都是非离子型表面活性剂。

③ 磺酸盐　最常用的是烷基磺酸盐、烷基苯磺酸盐、石油磺酸盐。如十二烷基磺酸钠、十二烷基苯磺酸钠等，它们都可以形成 O/W 型乳状液。此外，脂肪酰胺牛磺酸盐也是良好的乳化剂，如 *N*-椰油酸基-*N*-甲基牛磺酸钠即是，其商品名为 Igepon TC－42。乳液聚合时用十二烷基苯磺酸钠可得到细粒子的树脂乳液。

(2) 非离子型乳化剂

非离子型表面活性剂对介质的酸、碱性，高价金属离子的存在都不敏感，且在合成时较容易调节分子中亲水、亲油基团（特别是亲水基团）的大小，便于控制形成的乳状液的类型。

① 聚氧乙烯醚型　常见的有脂肪醇聚氧乙烯醚、烷基酚聚氧乙烯聚氧丙烯醚、烷基胺聚氧乙烯醚、脂肪酰胺聚氧乙烯醚等。在这些化合物中疏水基脂肪链碳原子数多为 8～16；氧乙烯基团数可为几个至几十个，根据此数目的多少可用作O/W 或 W/O 型乳状液的乳化剂。

② 酯型　主要是失水山梨醇脂肪酸酯、失水山梨醇脂肪酸酯环氧乙烷加成物。后者的单酯与双酯常混合应用，用作 W/O 乳化剂。失水山梨醇脂肪酸酯商品名为 Span 系列，失水山梨醇脂肪酸酯环氧乙烯加成物商品名为 Tween 系列。Span 和 Tween 系列表面活性剂根据成酯脂肪酸的不同和成酯脂肪酸的数目（单酯、三酯等）又有不同的编号，表 7-3 中列出常见的 Span 和 Tween 型表面活性剂。Span 型表面活性剂亲油性好，宜作 W/O 型乳状液的乳化剂；Tween 型表面活性剂因有加成的聚氧乙烯基团，亲水性好，宜用作 O/W 型的乳化剂。

表 7-3 常见的 Span 和 Tween 型表面活性剂

商品名	成分	性质（熔点/℃）
Span-20	失水山梨醇单月桂酸酯	深褐色油状液体
Span-40	失水山梨醇单棕榈酸酯	黄色蜡状固体（42～46）
Span-60	失水山梨醇单硬脂酸酯	黄色蜡状固体（49～53）
Span-65	失水山梨醇三硬脂酸酯	黄色蜡状固体（50～56）
Span-80	失水山梨醇单油酸酯	油状液体
Span-83	失水山梨醇倍半油酸酯	棕褐色油状液体
Span-85	失水山梨醇三油酸酯	黄褐色油状液体
Tween-20	Span-20 环氧乙烷加成物（加成环氧乙烷数 $n=20$，下同）	琥珀色油状液体
Tween-40	Span-40 环氧乙烷加成物（$n=20$）	琥珀色油状液体
Tween-60	Span-60 环氧乙烷加成物（$n=20$）	琥珀色油状液体
Tween-65	Span-65 环氧乙烷加成物（$n=20$）	黄色蜡状固体（27～31）
Tween-80	Span-80 环氧乙烷加成物（$n=20$）	琥珀色油状液体
Tween-81	Span-80 环氧乙烷加成物（$n=5$）	琥珀色油状液体
Tween-85	Span-85 环氧乙烷加成物（$n=20$）	琥珀色油状液体

2. 合成高分子表面活性剂

此类乳化剂中最常见的是聚氧乙烯-聚氧丙烯嵌段共聚物，此类物质是非离子型表面活性剂，相对分子质量可大到几千、几万。其亲水亲油性质可以用调节聚氧乙烯（亲水）、聚氧丙烯（亲油）链节的多少和在它们分子中的排列与次序来控制。一种聚醚型表面活性剂商品名为 Pluronic 系列。因它们毒性小（或无毒性）可用于与人体有关的实用乳状液（如化妆品、医药等）的制备。

苄基苯基聚氧乙烯醚（商品名乳化剂 BP）、苯乙烯基苯基聚氧乙烯醚（商品名农乳 600）是性质接近的非离子型合成高分子乳化剂，此类物质水溶性好，耐硬水和酸碱。

3. 天然产物

天然乳化剂包括天然产物中的高分子化合物和动、植物体中含有的两亲性化合物。

天然乳化剂大多表面活性不高，在特定的条件下或与其他乳化剂混合使用时才有满意的效果，有的天然乳化剂在乳化时只有辅助作用，如提高乳液的黏度有抑制分层的作用。

天然高分子乳化剂主要是各种动物胶、植物胶，纤维素，淀粉等。由植物中提取的水溶性胶为 O/W 型乳化剂，此类物质主要的表面活性成分为多糖类化合物、某些有机酸盐等，所含有的纤维素类化合物则对提高乳状液黏度有利。常见的这类物质有阿拉伯胶、黄芪胶、刺梧桐胶、瓜胶、豆荚胶、田菁胶、魔芋胶等。

磷脂和固醇类化合物也有一定的乳化能力。卵磷脂中有若干中长链饱和和不饱和脂肪酸（如十六酸、十八酸、油酸、亚油酸等）的酯基和磷酸酯基，是良好的 O/W 型乳化剂。胆固醇分子中有小的亲水的羟基和大的疏水基团，是 W/O 型乳化剂。羊毛脂中含有固醇类化合物，它们可能是其有乳化能力的主要原因。

有些天然产物乳化剂是复杂有机酸的盐。如褐藻酸盐是由海草提取的，是甘露糖醛酸和古洛糖醛酸的乙酰化多聚物盐类；鹿角菜胶是由鹿角菜（一种海藻）提取的，是一种多糖硫酸酯混合盐。这类盐在形成乳状液时能构成结实的界面膜。

纤维素衍生物最常用的是甲基纤维素和羧甲基纤维素（主要是其钠盐），它们多用作辅助乳化剂以提高 O/W 型乳状液水相黏度。例如，3%的甲基纤维素可将水的黏度提高一万倍。

（二）乳化剂的选择

在乳化方法及油、水相的性质确定以后，制备相对较稳定的乳状液最重要的条件是乳化剂的选择。在诸多类型和种类的乳化剂以合成表面活性剂应用最为广泛。

1. 乳化剂选择的一般原则

因油、水相成分的可变性以及要求形成乳状液的类型不同，实际上不可能找到一种通用的优良乳化剂。换言之，只是在指定油、水相组成与性质及所要求的乳状液类型后通过适当的方法选择相对最优良的乳化剂。尽管如此，仍有一些通用的规律可供选择乳化剂应用。这些通则如下：① 有良好的表面活性和降低表面张力的能力。这就使乳化剂能在界面上吸附，而不是完全溶解于任一相中。② 乳化剂分子或与其他添加物在界面上能形成紧密排列的凝聚膜，在这种膜中分子有强烈的侧向相互作用。③ 乳化剂的乳化性能与其和油相或水相的亲和能力有关。油溶性乳化剂易得 W/O 型乳状液，水溶性乳化剂易得 O/W 型乳状液。油溶性较大和水溶性较大的两种乳化剂混合使用有时有更好的乳化效果。与此相应，油相极性越大，要求乳化剂的亲水性越大；油相极性越小，要求乳化剂的疏水性越强。④ 适当的外相黏度以减小液滴的聚集速度。⑤ 在有特殊用途时（如食品乳状液、乳液药物体系等）要选择无毒的乳化剂。⑥ 要能用最小的浓度和最低的成本达到要求的乳化效果。

2. 选择乳化剂的常用方法

现时用于选择乳化剂的方法主要有两种：HLB 法（亲水亲油平衡法）和 PIT 法（相转变温度法）。前者适用于各种类型表面活性剂，后者是对前一方法的补充，只适用于非离子型表面活性剂。

(1) HLB 方法　表面活性剂都是两亲性分子，具有亲水性和亲油性两部分，此两部分性质的相对大小决定了该物质的性质和用途。HLB 即亲水亲油平衡（Hydrophilic-Lipophile Balance）的缩写。人为规定每个表面活性剂一个数目，此数目越大亲水性越强，此数目越小疏水性越强。不同 HLB 值的表面活性剂水溶液外观和它们适宜的用途列于表 7-4 中。表中 HLB 与用途的关系只是大致范围，在实际应用时并不严格符合这一界限。

表 7-4　HLB 值的应用

HLB 值	水溶液外观	HLB 值	用途
1～4	不分散	3～6	W/O 型乳化剂
3～6	不良分散	7～9	润湿剂
6～8	搅拌后乳状分散	8～18	O/W 型乳化剂
8～10	稳定乳状分散	13～15	洗涤剂
10～13	半透明至透明	15～18	增溶剂
13～20	透明溶液		

测定 HLB 值的方法最早由 Griffin 提出，该法繁琐且耗时[8]。后来 Griffin 导出一些计算非离子型表面活性剂 HLB 值的公式。

对于多元醇脂肪酸酯，

$$\mathrm{HLB}=20\,(1-S/A) \tag{7-1}$$

式中，S 为酯的皂化数，A 为酸的酸值。例如，甘油硬脂酸一酯的 $S=161$，$A=198$，HLB=3.8，此物宜作 W/O 型乳化剂。

对于多元醇乙氧基化合物，

$$\mathrm{HLB}=(E+P)/5 \tag{7-2}$$

式中，E 为乙氧基（C_2H_4O）的质量分数，P 为多元醇的质量分数。

对于只用乙氧基（C_2H_4O）为亲水部分的表面活性剂和脂肪醇与 C_2H_4O 的聚合体，式（7-2）简化为：

$$\mathrm{HLB}=E/5 \tag{7-3}$$

以上各式不适用于离子型表面活性剂和含环氧丙烷或丁烷、氮、硫等的非离子型表面活性剂。欲求这些表面活性剂的 HLB 值仍需进行繁复的实验[8]，也可用它们水溶液的外观估计其 HLB 值的大致范围（参见表 7-4）。

Davies 将表面活性剂分子分解为不同的基团，每个基团对分子的 HLB 值有一定的贡献，该表面活性剂的 HLB 值与构成分子的各基团对 HLB 的贡献（亲水基团和亲油基团的 HLB 数）间有下述经验关系[9]：

$$\mathrm{HLB}=7+\sum(\text{亲水基团 HLB 数})-\sum(\text{亲油基团 HLB 数}) \tag{7-4}$$

各基团的 HLB 数是由已知 HLB 值的表面活性剂的结果综合而得的。各基团的 HLB 数列于表 7-5 中。

表 7-5　各基团的 HLB 数

基团	HLB 数	基团	HLB 数
亲水性基团		—OH(失水山梨醇环)	0.5
—SO_4Na	38.7	—(C_2H_4O)—	0.33
—COOK	21.1	亲油性基团	

续表

基团	HLB数	基团	HLB数
—COONa	19.1	—CH—	−0.475①
—N(叔胺)	9.4	$—CH_2—$	−0.475①
酯(失水山梨醇环)	6.8	$—CH_3—$	−0.475①
酯(自由)	2.4	═CH—	−0.475①
—COOH	2.1	$—(C_3H_6O)—$	−0.15①
—OH(自由)	1.9	$—CF_2—$	−0.87①
—O—	1.3	$—CF_3$	−0.87①

①负值表示基团为亲油性，在用式（7-4）计算时应以正值代入。

式（7-4）中右边最后一项通常为0.475 n，n 为分子中$—CH_2—$基的个数。但应注意$—(CH_2CH_2O)—$中$—CH_2—$不包括在内，$—(CH_2CH_2O)—$是作为一个单元计算的。

HLB值具有加和性，即混合表面活性剂的HLB值等于各组分表面活性剂HLB值与其含量乘积之和。例如，将各占50%的Tween-40（HLB＝15.6）和Span-80（HLB＝4.3）混合，该混合物的HLB值为15.6×0.5＋4.3×0.5＝9.95。这种加和性给表面活性剂的复配应用带来方便。

有人试图将表面活性剂的其他性质与它们的HLB值联系，以寻求新的测定或估测HLB的方法[5]。这些方法分别从非离子型表面活性剂的浊点、临界胶束浓度、气相色谱的保留时间、表面活性剂的偏摩尔体积和溶解度参数等求出HLB值。图7-9是5%聚氧乙烯衍生物类非离子型表面活性剂水溶液浊点与它们的HLB值的关系，由此经验关系可推算其他类似表面活性剂的HLB值[3]。

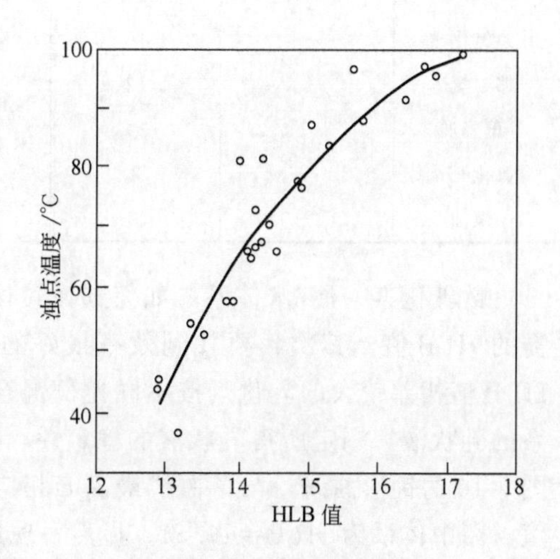

图7-9　聚氧乙烯衍生物类非离子型表面活性剂水溶液的浊点与它们的HLB值的关系

根据乳化剂的临界排列参数 R（或称临界堆积参数，CPP）的大小可预测乳化剂可能形成的乳状液类型：

$R<1/3$，易形成O/W型乳状液；

$R>1$，易形成W/O型乳状液。

临界排列参数的定义、计算方法和实际应用参见第五章第七节。

在制备乳状液时除根据欲得乳状液的类型选择乳化剂外，所用油相性质不同对乳化剂的 HLB 值也有不同要求。不同油相乳化时所需的 HLB 值列于表 7-6 中。显然，乳化剂的 HLB 值应与被乳化的油相所需值一致。

表 7-6　各种被乳化油所需之 HLB 值

油相	W/O 乳状液	O/W 乳状液	油相	W/O 乳状液	O/W 乳状液
苯甲酮	—	14	羊毛脂（无水）	8	12
月桂酸	—	16	芳烃矿物油	4	12
亚油酸	—	16	烷烃矿物油	4	10
蓖麻醇酸	—	16	棉籽油	—	5～6
油酸	—	17	石油	4	7～8
硬脂酸	—	17	凡士林	4	10.5
十六醇	—	15	蜂蜡	5	9
C_{10}～C_{13}醇	—	14	石蜡	4	10
苯	—	15	微晶蜡	—	10
二甲苯	—	14	硅油	—	10.5
四氯化碳	—	16	苯二甲酸二乙酯	—	15
邻二氯苯	—	13	环己烷	—	15
蓖麻油	—	14	甲苯	—	15
氯化石蜡	—	8	松油	—	16
煤油	—	14	丙烯四聚体	—	14

欲乳化某一油/水体系，如何选择最佳的乳化剂？首先，要确定该体系乳化所需的 HLB 值，其次，要找到效率最好的乳化剂混合物。为此，第一，选定一对 HLB 值相差较大的乳化剂按不同比例混合，以此系列混合物为乳化剂制备指定体系的乳状液，测定所得乳状液的稳定性，与计算出的混合乳化剂的 HLB 作图，得图 7-10 的钟形曲线，与该曲线最高峰相应的 HLB 值为乳化指定体系所需的 HLB 值（图中体系为 HLB=10.5）。显然，现选定的混合表面活性剂虽可达到指定体系所需的 HLB 值，但并不一定是效率最佳者。所谓乳化剂的效率好是指稳定指定乳状液所需乳化剂的浓度最低、价格最便宜。价格贵但所需浓度低得多的乳化剂可能比价格便宜、浓度大的乳化剂效率高。第二，在确定欲乳化体系所需 HLB 值后，多选用几对乳化剂混合，使各混合乳化剂的 HLB 值皆为用上述方法确定（如图 7-10 例中的 10.5），用这些乳化剂乳化指定体系，测其稳定性，得图 7-10 中的虚线（实心点为实验点）。显然，有些后来复配的乳化剂的效率比原测定钟形曲线的混合乳化剂的效率还高。综上所述，决定指定体系乳化所需乳化剂配方的方法是：任意选择一对乳化剂在一定的范围内改变其 HLB 值，求得效率最高的 HLB 值后，改变复配乳化剂的种类和比例，但仍需保持此所需 HLB 值，直至寻得效率最高的一对复配乳化剂。

简单的一种确定被乳化油所需 HLB 值的方法是目测油滴在不同 HLB 值乳化

剂水溶液表面铺展情况。当乳化剂 HLB 很大时油完全铺展，随着 HLB 值减小，铺展变得困难，直至在某一 HLB 乳化剂溶液上油刚好不展开时，此乳化剂的 HLB 值近似为乳化的油所需的 HLB 值。这种方法虽然比较粗糙，但操作简便，所得结果有一定参考价值。

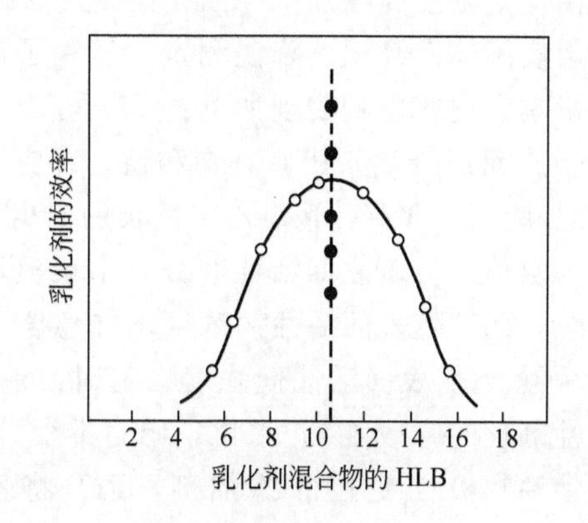

图 7-10　待乳化体系所需 HLB 值的确定和乳化剂的选择

[钟形曲线是用一对乳化剂测定的（○）；●点是用不同的混合乳化剂测定的，最高的黑实心点所用乳化剂为最合适的乳化剂]

应用 HLB 值选择乳化剂有一定的局限性，这是因为 HLB 值不能给出最佳乳化效果时的乳化剂浓度，也不能预示所得乳状液的稳定性。这种方法只能大致预示形成乳状液的类型，有时甚至这种预示也不大可靠。有实验证明，某些乳化剂既可形成 O/W 型乳状液，也可形成 W/O 型乳状液，因为形成乳状液的类型除与乳化剂性质有关外，还与温度、油/水体积比、油一乳化剂比等因素有关，甚至 HLB 值在 3～17 间的不同乳化剂都可形成 O/W 型乳状液。

(2) PIT 法　非离子型表面活性剂的亲水基团（特别是聚氧乙烯链）的水合程度随温度升高而降低，表面活性剂的亲水性下降，其 HLB 值也降低。换言之，非离子型表面活性剂的 HLB 值与温度有关：温度升高，HLB 值降低；温度降低，HLB 值升高。这就使得用非离子型表面活性剂作乳化剂时在低温下形成的 O/W 型乳状液，升高温度可能变型为 W/O 型乳状液；反之，亦然。对于一定的油/水体系，每一种非离子型表面活性剂都存在一相转变温度 PIT（phase inversion temperature)，在此温度时表面活性剂的亲水亲油性质刚好平衡。根据 PIT 可以选择乳化剂：高于 PIT 形成 W/O 型乳状液，低于 PIT 形成 O/W 型乳状液[10,11]。

具体应用 PIT 方法选择非离子型表面活性剂的操作是，取等量的油相和水相，加 3%～5%的表面活性剂制备乳状液，不断振荡并加热体系，观测乳状液的类型变化，当乳状液由 O/W 型变为 W/O 型时的温度即为 PIT。对于该油相，若欲制备 O/W 型乳状液，应选择 PIT 比乳状液保存温度高 20～60℃的表面活性剂；欲制备 W/O 型乳状液，应选择 PIT 比乳状液保存温度低 10～40℃的表面活性剂。低于 0℃时 PIT 不能测定。

为了得到分散相液滴粒径小且体系稳定的乳状液，即使选择出适宜 PIT 的乳化剂也不能在保存温度制备。例如，制备 O/W 型乳状液是在低于 PIT 2～4℃时进行，然后冷却至保存温度。

HLB 和 PIT 都是表征表面活性剂亲水亲油性平衡的经验参数，前者实验测定繁琐、费时，因而大多根据分子结构特点计算而得。HLB 值不能反映温度、表面活性剂浓度、添加剂、油相性质及油/水相比例等因素的影响。而PIT是可方便地由实际体系升温、降温测定，反映了以上各种因素对表面活性剂亲水亲油平衡的影响。这些影响表现如下：① 对于某一乳化剂，油相极性下降，其PIT增加。对于二元混合油，PIT有加和性，即它是每单个油时的PIT与其组分体积分数乘积之和。② 含单一聚氧乙烯链长的非离子型表面活性剂，其浓度为3%～5%时PIT为定值。但若表面活性剂分子中聚氧乙烯链长有一定分布且聚氧乙烯链短的组分多，PIT随表面活性剂浓度增加急剧下降；聚氧乙烯链长的组分多，则PIT下降缓慢。③ 表面活性剂浓度恒定时，油/水比增加，PIT也增加。但固定油-表面活性剂比时，改变油/水比，PIT不变。油-表面活性剂比越低，PIT越低。④ 加入使油相极性变化的添加剂，PIT将变化。使油相极性降低，PIT降低。反之，亦然。

尽管PIT与HLB值相比，能反映更多因素对表面活性剂亲水亲油平衡的影响，但因其主要只能应用于非离子型表面活性剂的选择，故也有一定的局限。HLB与PIT的内在联系，又架起了它们互相换算的桥梁。对于指定体系HLB与PIT有一定的函数关系。图7-11是几种非离子型表面活性剂稳定的体积比为1∶1的环己醇-水乳状液的HLB与PIT关系曲线[12]。

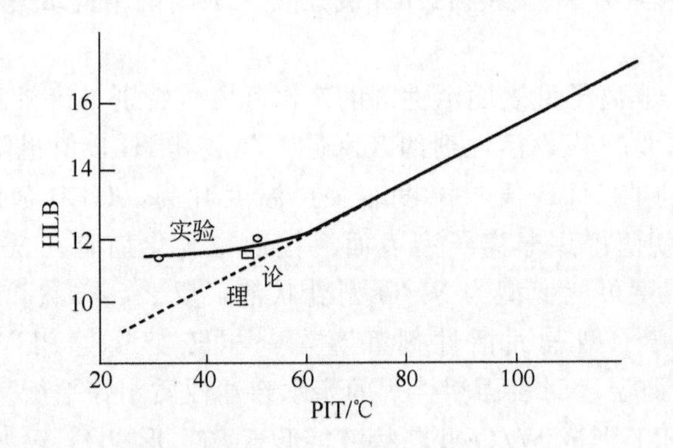

图7-11　以几种非离子型表面活性剂为乳化剂的环己醇-水溶液的HLB与PIT关系

由图可知，这些非离子型表面活性剂HLB大，PIT也大。图中曲线左上方为O/W型乳状液形成区，即降低温度增加HLB都有利于O/W型乳状液形成。曲线右下方为W/O型乳状液形成区，升高温度，减小HLB有利于W/O型乳状液形成。对于不同的油和油/水比体系所得曲线有类似的形状，但位置不同。

五、破乳剂

能使相对稳定的乳状液破坏的外加试剂为破乳剂[13,14]，但通常破乳剂是指特殊结构的表面活性剂和聚合物。

（一）选择破乳剂的一般原则

破乳剂能使原乳状液稳定的因素消除，从而导致乳状液的聚集、聚结、分层和破乳。乳状液稳定的最主要原因是由乳化剂形成带电的（或不带电的）有一定机械强度或空间阻碍作用的界面膜。因此，破乳剂的主要作用是消除乳化剂的有效作用，选择破乳剂就要针对乳化剂的特性。

选择破乳剂的基本原则如下。

① 有良好的表面活性，能将乳状液中乳化剂从界面上顶替下来。乳化剂都有表面活性，否则不能在界面上形成吸附膜，这种吸附作用是自发过程。因此，破乳剂也必须有强烈的界面吸附能力才能顶替乳化剂。

② 破乳剂在油/水界面上形成的界面膜不可有牢固性，在外界条件作用下或液滴碰撞时易破裂，从而液滴易发生聚结。

③ 离子型的乳化剂可使液滴带电而稳定，选用带反号电荷的离子型破乳剂可使液滴表面电荷中和。

④ 分子量大的非离子或高分子破乳剂溶解于连续相中可因桥联作用使液滴聚集，进而聚结、分层和破乳。

⑤ 固体粉末乳化剂稳定的乳状液可选择固体粉末良好的润湿剂作为破乳剂，以使粉体完全润湿进入水相或油相。由这些原则可以看出，有的乳化剂和破乳剂常没有明显的界限，需视具体体系而定。当然也有些表面活性剂只适用于作某一种乳状液的破乳剂，对其他体系既不能作破乳剂也不能作乳化剂。

（二）常用破乳剂

1. W/O 型乳状液破乳剂

这是研究最多的破乳剂，因为石油工业原油乳状液即属 W/O 型。一般认为 W/O 型乳状液液滴不带电或液滴间电性作用极弱。原油的 W/O 乳状液稳定原因主要是原油中的沥青质、胶质富集于液滴的油/水界面上，形成强度很大的膜。沥青质的基本结构是以稠环类为核心，周围连接若干个环烷环和芳香环，它们又连有若干长度不一的正构或异构烷基侧链，分子中还杂有 S、N、O 杂质原子基团及结合的某些金属原子。沥青质通常以缔合聚集形式存在于油相中，但在油-水相共存时，沥青质中的极性基团使其向界面迁移，以单层甚至多层吸附方式形成稳定的、有相当高强度的界面膜。胶质与沥青质存在有分子间氢键，胶质对沥青质的分散作用，使得界面膜韧性增加。原油中的石蜡不仅可提高原油黏度，而且可在水滴表面形成有一定强度的蜡晶网，阻碍水滴聚结。

现在国内外应用广泛的含水原油破乳剂都是聚氧乙烯和聚氧丙烯嵌段共聚物或无规共聚物，相对分子质量可由几千至几万。此类物质表面活性高，能有效降低界面张力，用量小，在极低浓度就可将上述原油水滴表面的沥青质等天然物质顶替下来，而且新形成的界面吸附膜是单分子层的，膜的强度差，极易破乳。常见的这类破乳剂如下。

①SP 型破乳剂　聚氧丙烯（PO）聚氧乙烯（EO）烷基醚，$RO(PO)_n(EO)_m(PO)_lH$

②PE 型破乳剂　聚氧丙烯聚氧乙烯烷基二醇醚。

$$R\begin{cases}(PO)_m(EO)_nH \\ (PO)_m(EO)_nH\end{cases}$$

③AE 型破乳剂　聚氧丙烯聚氧乙烯多乙烯多胺嵌段共聚物。

$$\underset{H(EO)_m(PO)_n}{\overset{H(EO)_m(PO)_n}{N}}-(CH_2)_2-\underset{(PO)_n(EO)_mH}{N}-(CH_2)_2-\underset{(PO)_n(EO)_mH}{\overset{(PO)_n(EO)_mH}{N}}$$

④AF 型破乳剂　聚氧乙烯聚氧丙烯烷基酚醚聚合物。

$$\left[\text{—}C_6H_2(R)(O(PO)_n(EO)_m(PO)_lH)\text{—}CH_2\text{—}\right]_x$$

⑤AP 型破乳剂　聚氧乙烯聚氧丙烯多乙烯多胺嵌段共聚物。

$$\underset{H(PO)_n(EO)_m(PO)_l}{\overset{H(PO)_n(EO)_m(PO)_l}{N}}-(CH_2)_2-\underset{(PO)_n(EO)_m(PO)_lH}{N}-(CH_2)_2-\overset{(PO)_l(EO)_m(PO)_nH}{N}-(PO)_l(EO)_m(PO)_nH$$

⑥PFA 型破乳剂　聚氧乙烯聚氧丙烯酚醛多乙烯多胺嵌段共聚物。

$$C_6H_2(O\text{—}(PO)_m(EO)_nH)(CH_2\text{—}W)_3 \quad (W\text{—}H_2C,\ CH_2\text{—}W,\ CH_2\text{—}W)$$

式中，W 为

$$\text{—}\underset{(PO)_n(EO)_mH}{N}\text{—}(CH_2CH\overset{(PO)_m(EO)_nH}{N})_n\text{—}(CH_2)_2\text{—}\underset{(PO)_m(EO)_nH}{\overset{(PO)_m(EO)_nH}{N}}$$

以上各通式中 PO 代表 C_3H_6O 基团，EO 代表 C_2H_4O 基团，n、m、l 等表示相应基团的数目（聚合度）。

除以上各类型破乳剂外还有聚硅氧烷类、聚磷酸酯等类型破乳剂，各有其适宜的破乳类型和独特的化学性能。

2. O/W 型乳状液破乳剂

此类破乳剂主要用于含油废水和大量注水、化学驱油时油田采出液的处理。

O/W 型乳状液的油滴大多因多种原因而带有电荷。特别是表面活性剂驱油田采出液因所用表面活性剂多为廉价的阴离子表面活性剂（如石油磺酸盐等），故油滴表面多带有负电荷。油滴间的静电排斥作用是 O/W 型乳状液稳定的原因之一。

O/W 型乳状液破乳剂大致有四类：短链醇类、多价无机盐和酸、表面活性剂、高分子化合物。

短链醇（如水溶性的甲醇、乙醇、丙醇、丁醇，油溶性的己醇、庚醇等）等有表面活性，能顶替油滴表面的乳化剂，但因其碳链太短又不能形成结实的界面膜，从而起到破乳作用。这种短链醇在水（或油）相溶解度较大，虽有表面活性但用量大，不适于工业应用。

多价金属盐［如 $AlCl_3$，$Al(NO_3)_3$、$MgCl_2$、$CaCl_2$ 等］主要用其多价阳离子中和负电油滴表面电荷，减少电性稳定作用。无机酸（如盐酸、硝酸等）可改变某些阴离子表面活性剂的亲水亲油平衡，减小其表面活性（如脂肪酸盐变为脂肪酸），从而易于破乳。

表面活性剂用作破乳剂主要是用季铵盐阳离子表面活性剂和胺类非离子型表面活性剂。前者对荷负电的油滴有电性中和作用，而阳离子表面活性剂稳定的乳状液易破坏，这可能是因为阳离子表面活性剂易于在带负电的固体表面（如容器壁，实际乳状液体系中的各种固体悬浮物等）吸附，从而脱离油滴表面，使乳状液破坏。这也可能是很少用阳离子表面活性剂作乳化剂的原因之一。多胺非离子型表面活性剂有良好的水溶性和表面活性，吸附于油/水界面时既可顶替原有乳化剂，又可以其水溶性胺基基团与原乳化剂（如石油磺酸盐）形成良好水溶性铵盐，使原乳化剂失去乳化效果。

用作破乳剂的高分子化合物主要是阳离子和非离子聚合物。其作用机理除阳离子聚合物与荷负电油滴电性中和破乳的因素外，主要是这些破乳剂大分子在浓度适宜时在油滴上的吸附桥连作用引起油滴的聚集、聚结和破乳。常用的聚合物破乳剂都是聚醚和聚酯类化合物。此节可参见第九章的有关内容。

六、多重乳状液

在乳状液分散相液滴中若有另一种分散相液体分布其中，这样形成的体系称为多重乳状液（multiple emulsions）[3,4,13]。多重乳状液可分为 W/O/W 和 O/W/O 两大类型。图 7-12 是 W/O/W 型多重乳状液的示意图。由图可知，这种多重乳状液大液滴外的连续相和大液滴内分散的小液滴为水相，大液滴内的连续介质为油相。对于 W/O/W 或 O/W/O 多重乳状液若其两水相或两油相性质不同时则可写作 $W_1/O/W_2$ 和 $O_1/W/O_2$。

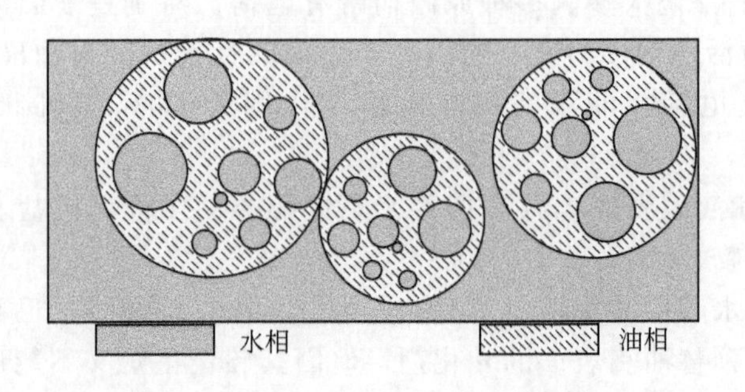

图 7-12　W/O/W 型多重乳状液示意图

(一) 多重乳状液的制备及类型

制备多重乳状液的基本原则是选用两种乳化剂：一种是 HLB 值低、亲油性强的；另一种是 HLB 值高、亲水性强的。用其中之一先制成稳定的某种类型的初级乳状液（primary emulsion），再用另一种乳化剂使初级乳状液分散于连续介质中。

现用 W/O/W 型多重乳状液制备予以具体说明。先用低 HLB 值的乳化剂（如 Span-80、Span-60 等）制备稳定的 W/O 型乳状液，这种初级乳状液的油、水相体积分数一般为 0.4～0.6。再用高 HLB 值的乳化剂（如 Tween-20、Pluronic L61 等）在水中乳化上述初级乳状液即可得到 W/O/W 型多重乳状液。应当注意的是：① 适当在外相中加入增稠剂（如羧甲基纤维素等聚合物）和某些可能产生凝胶化作用的物质（如藻酸盐等）有利于多重乳状液的稳定；② 使用高剪切力混合机械有利于制备高分散的稳定初级乳状液，但在使初级乳状液进一步乳化为多重乳状液时宜用低剪切力搅拌方式，以避免过度搅动引起的多重乳状液液滴的聚结。

根据多重乳状液分散相内部微滴的多少可将其分为三种类型，如图 7-13 所示。以 W/O/W 型多重乳状液为例，A 型是在多重乳状液的油滴中含有一个水滴，而且，水滴体积很大，占据了油滴的大部分体积；B 型是油滴中含有少量小水滴；C 型是在油滴中充满了小水滴，这些小水滴几乎达到紧密堆积的程度。实验证明，用不同的乳化剂可得到不同类型的多重乳状液。如制备 W/O/W 型多重乳状液：以 2% 的 Brij 30 [聚氧乙烯（4）月桂醇醚] 为乳化剂可得到 A 型；以 Triton X-165 [辛基酚聚氧乙烯（16.5）醚] 为乳化剂可得到 B 型；用 3∶1 的 Span-80 和 Tween-80 的混合乳化剂可得 C 型。

(二) 多重乳状液的稳定性

和常规乳状液相同，多重乳状液也是热力学不稳定体系，连续相中的液滴及这些液滴内的小液滴的界面面积都有自动减小的趋势，只有这样才能使多重乳状液体系自由能减小。

多重乳状液趋于不稳定和破坏的途径是（以 W/O/W 型多重乳状液为例）：① 初级乳状液油滴聚结成大油滴 [图 7-14（a）]。② 初级乳状液油滴内的小水滴

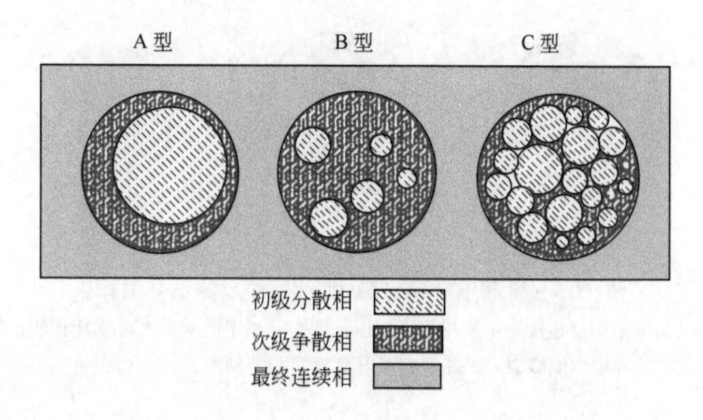

图 7-13　多重乳状液的三种类型

聚结长大［图 7-14（b）］。③ 初级乳状液油滴中的小水滴通过油相向外面的水相扩散，使水滴减少、减小，直至消失［图 7-14（c）］。以上这些过程可能是同时发生的，这使得研究多重乳状液稳定性十分困难。

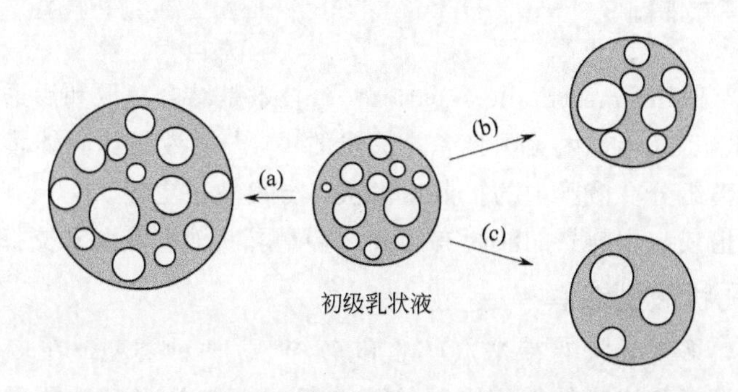

图 7-14　多重乳状液破坏的可能途径

电解质的加入对于那些以离子型表面活性剂为乳化剂的乳状液的稳定性有很大影响。这些影响主要表现在：① 由于界面电性质的变化引起表面活性剂在各界面上作用的改变；② 表面活性剂与电解质的电性作用使界面膜的性质变化；③ 由于两相间渗透压不同引起中相传输性质的改变。对于 W/O/W 型多重乳状液，当外水相中有高浓度电解质时，内水相和外水相间的渗透压将使外相中水进入初级乳状液。这就使内相水滴膨胀，最终破裂，与连续相介质合并。图 7-15 是这一过程的示意图。

多重乳状液的应用至今主要是液膜分离技术（见下节）、医药制剂方法和化妆品的制造。作为某些药品的给药方法主要是应用溶解于 W/O/W 多重乳状液内水相的有效药物成分需扩散通过油相才能释放出来，因而起到缓释作用，使药物得以充分发挥作用。作为制备护肤化妆品的方法，它利于同时包含多种有效成分，减小对皮肤的刺激性。

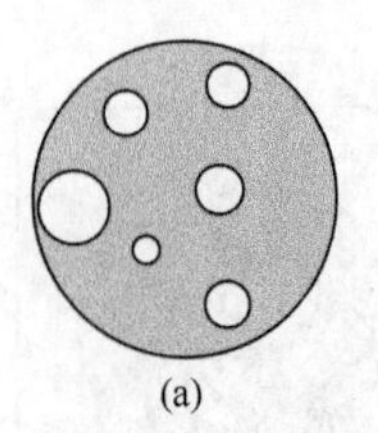
(a)

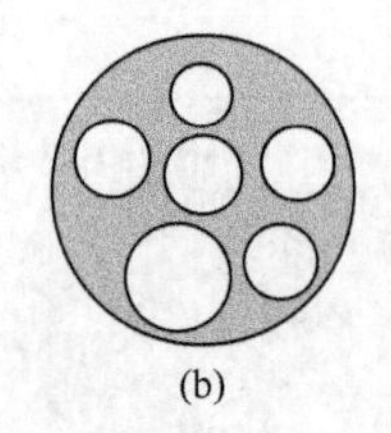
(b)

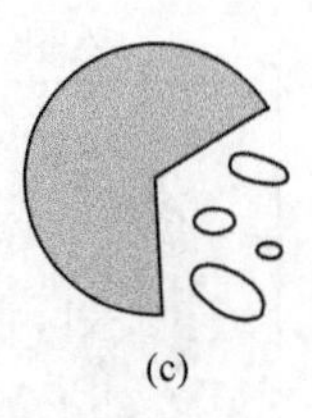
(c)

图 7-15　渗透压对 $W_1/O/W_2$ 多重乳状液破坏的作用

(a) 在初级乳状液中的渗透压高于外相中渗透压；(b) 外相中的水进入初级乳状液，使初级乳状液水滴膨胀；(c) 初级乳状液中水滴破裂，外相和初级乳状液水相差别消失

多重乳状液早在20世纪初已被发现，当时甚至公布过五重乳状液的照片，但可能是因体系的复杂性，至今还缺乏深入的研究。或许多重乳状液的研究可以开发出许多新的工业应用途径。

七、液膜分离

液膜分离（liquid membrane separation）技术是结合萃取和渗透法优点的分离方法，是20世纪60年代由美国黎念之提出的[15~17]。液膜比固体膜（如聚合物薄膜）更薄，分离组分在液膜中的扩散速率快，分离效果更好。

有实用价值或应用前景的液膜有两种：多重乳状液型液膜和支撑液膜。

（一）多重乳状液型液膜

如前所述，多重乳状液有 W/O/W 和 O/W/O 两种类型，在多重乳状液中介于被封闭内相液滴和连续的外相之间的为液膜相，如 W/O/W 型多重乳状液的油相和 O/W/O 型多重乳状液的水相即是，前者称为油膜，后者称为水膜。

1. 液膜的结构与组成

两种类型的多重乳状液液膜结构如图 7-16 所示。用于液膜分离的多重乳状液中初级乳状液液滴直径约 1 μm，其中的分散相微滴平均直径约为 100 μm，液膜的厚度在 1～10 μm 间不等，比大多其他类型人工膜薄 9/10。

在制备稳定的初级乳状液和多重乳液时都要加入表面活性剂。因此，其基本组成是油、水和表面活性剂。为了提高被分离物质通过液膜的迁移速率和加强分离效果，经常在内相和外相加入能与被分离物质发生反应的试剂，在膜相加入有选择性地帮助分离迁移的物质（称为流动载体）。液膜中主要成分及作用如下。

(1) 表面活性剂　主要作用是使多重乳状液稳定，也就是使液膜稳定，它们吸附于油/水界面，表面活性剂的类型有时对被分离物的渗透产生影响。油膜常选用 W/O 型乳化剂（HLB＝4～6），水膜选用 O/W 型乳化剂（HLB＝8～18）。在

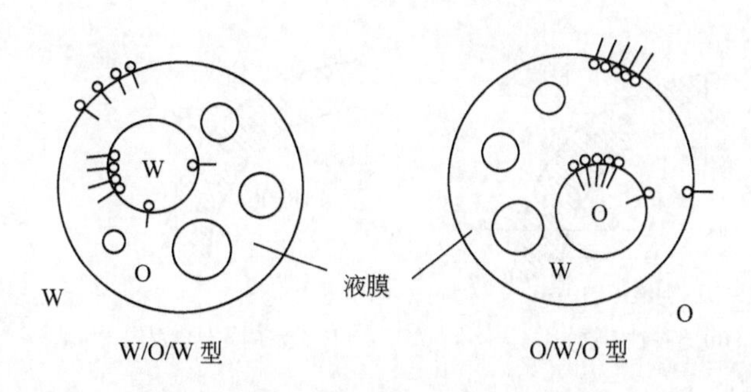

图 7-16 多重乳状液液膜示意图

液膜中表面活性剂含量约为 1%～3%。

（2）溶剂 液膜的主要成分，占液膜总量 90%以上。油膜选择有机溶剂的原则是：① 在水相中溶解度低；② 能优先溶解被分离物质。常用的有机溶剂有煤油、柴油、中性油、磺化煤油等。有时为提高液膜黏度加入增稠剂（如液体石蜡、聚丁二烯等）。

（3）流动载体 约占液膜总量的 1%～2%。对于难于直接分离的无机或有机离子，在液膜中加入有特殊选择性的流动载体。对流动载体的要求是：① 能与被分离物形成溶于膜相的络合物；② 形成的络合物稳定性适中，便于透过膜相后分解。常用的萃取剂（如羧酸、三辛胺、环烷酸、肟类化合物等）可作为流动载体。选择性强的流动载体如图 7-17 所示。大环状聚醚二苯并-18-冠-6 能有选择地络合碱金属，且传质速率与离子大小有关。大环状抗菌素莫能菌素能使钠离子以比钾离子快 4 倍的速率逆着其浓梯方向浓集。

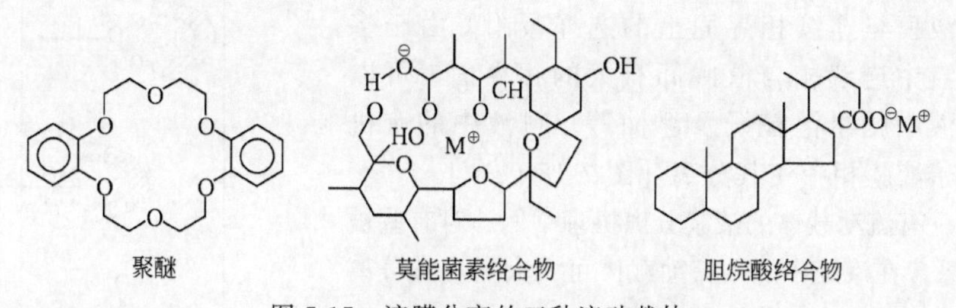

图 7-17 液膜分离的三种流动载体

2. 液膜分离机理

（1）无载体液膜分离机理（参见图 7-18） 选择性渗透［图 7-18（a）］。欲将料液中之 A 与 B 成分分离。B 不溶于液膜，A 可溶于液膜相，A 将渗透过液膜进入膜外连续相，最终使 A 在膜两侧液相中浓度相等，而 B 仍留在原液相中。

在多重乳状液初级乳状液分散相液滴内发生化学反应［图 7-18（b.1）］。欲分离成分为料液中的 C。在制备初级乳状液时分散相液滴内加入可与 C 反应的试剂 R，C 与 R 反应产物 P 又不能透过液膜。这样，透过液膜的 C 将在内液相浓集。

在液膜内发生化学反应［图 7-18（b.2）］。欲分离成分为料液中的 D。制备初

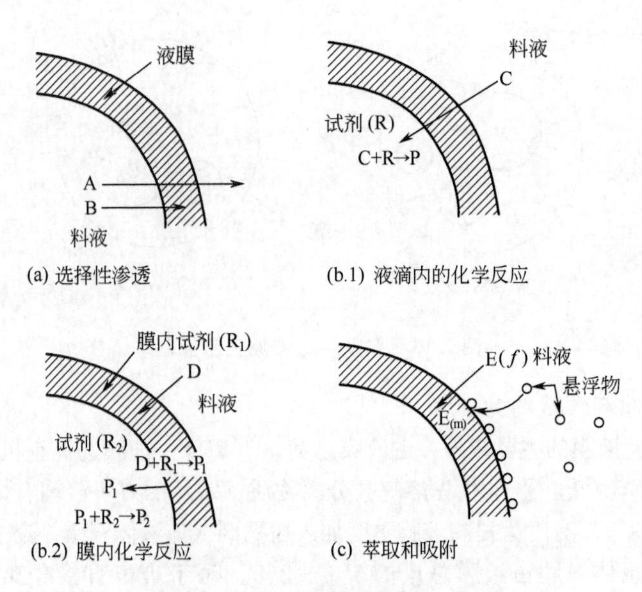

图 7-18　无载体液膜分离机理示意图

级乳状液时分散相内加入反应试剂 R_2，连续相中加入反应试剂 R_1。被分离物 D 溶于液膜相，与 R_1 反应生成产物 P_1，P_1 进入微滴内与 R_2 反应得产物 P_2。产物 P_1 不能回渗入料液相，产物 P_2 不能溶于液膜相，从而使料液中之 D 分离。

在液膜与连续相界面上的选择吸附。由于多重乳状液中连续相与液膜间有大的相界面，可以吸附料液中的悬浮粒子及浮油等，料液中的有机物被溶于液膜相中使其分离［图 7-18（c）］。

（2）有流动载体的液膜分离机理举例　对有些被分离体系，在液膜中加入流动载体可大大提高其分离效率和选择性。流动载体的主要作用是：加速被分离物在液膜相中的迁移；流动载体只与某种被分离物在液膜与料液界面上络合，可提高选择性；流动载体及流动载体与被分离物形成的络合物迁移时有方向性，因而可使被分离物从液膜一侧转移到另一侧。

现以含莫能菌素（流动载体）液膜分离钠离子的过程说明其工作原理。液膜一侧为 0.1mol/L NaOH，另一侧为 0.1mol/L NaCl 和 0.1mol/L HCl，液膜相溶剂为辛醇。液膜分离 Na^+ 机理示

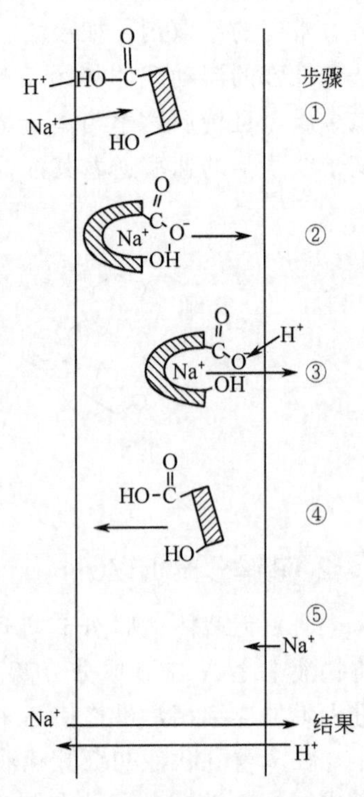

图 7-19　含莫能菌素液膜分离 Na^+ 的工作原理

于图 7-19 中。图中步骤①为位于液膜碱性液一侧界面的流动载体与钠离子迅速反应形成络合物。然后，该络合物在液膜内向酸性一侧迁移（步骤②）。在液膜与酸性液界面钠离子被氢离子取代（步骤③），流动载体恢复原状，并向碱性液一侧迁移（步骤④）。然后再重复上面的步骤。整个过程的净结果是钠离子从膜左侧移至膜右侧，氢离子做相反方向的迁移。

莫能菌素对 Na^+ 有特殊的选择性，而胆烷酸无选择性，这是选择前者为 Na^+ 分离流动载体的原因。表 7-7 给出上述两种流动载体对 Na^+、K^+、Cs^+ 选择性比较。

表 7-7　流动载体对 Na^+、K^+、Cs^+ 的相对选择性

物质名称	Na^+ ∶ Li^+	Na^+ ∶ K^+	Na^+ ∶ Cs^+
莫能菌素	8∶1	3∶1	4∶1
胆烷酸	1∶1	1∶1	1∶1

3. 液膜分离应用举例

（1）废水处理　液膜法处理废水多用上述无流动载体过程，可处理含酚、有机酸、柠檬酸等的废水。以处理含酚废水为例，一种液膜的组成是 Span-80、石油中间馏分（脱蜡 S-100N）、NaOH。图 7-20 是液膜法除酚示意图。

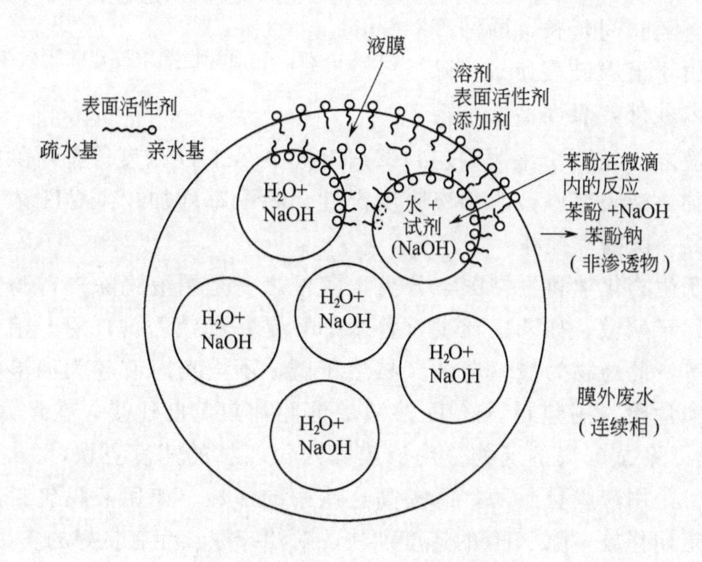

图 7-20　液膜法除酚原理示意图

苯酚部分溶于液膜油相，从膜外水相透过油膜进入膜内碱性水溶液液滴，与碱（NaOH）发生中和反应，生成不溶于油的酚钠，酚钠不能再扩散到膜外水相中。处理有机酸和碱采用相似的原理，溶于液膜再与膜内微滴中的强碱或强酸中和，生成的离子型盐不再溶于油相。

除去废水中离子（如 Cu^{2+}、Hg^{2+}、Ag^+、S^{2-}、NO_3^- 等）等则要在油相中

加入流动载体，以使不溶于油相的离子能进入油相迁移。这些流动载体大多为离子萃取剂，如液膜除 Cu^{2+} 可用肟类萃取剂，液膜除磷酸根可用油溶性胺或季铵盐作萃取剂。

在实际应用液膜进行废水处理时液膜组成、外界条件对处理效果都有直接影响。仍以前述液膜除酚为例，搅拌强度、表面活性剂浓度、乳状液组成等对处理效果有影响。实验结果表明，适当提高搅拌速度除酚速率增加，但搅拌速度达一定值后，酚的去除率不再改变。图 7-21 是表面活性剂浓度对除酚效果的影响。

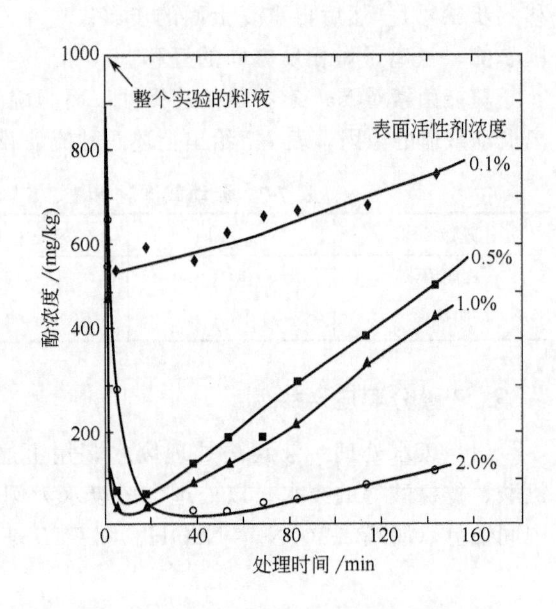

图 7-21　表面活性剂浓度对除酚效果的影响

由图可知，处理开始的短时间内无论何浓度的表面活性剂的液膜酚浓度急剧减小，达一定时间后又都有回升，但以 2% 的 Span-80 液膜效果最好。随时间延长，酚浓度回升可能是由于液膜破裂所致。除表面活性剂浓度外，表面活性剂溶液与试剂溶液之比（R）、液膜内包封试剂溶液中 NaOH 浓度等都对除酚率有明显影响：R 增加，液膜变厚，改善液膜稳定性，除酚率增加；NaOH 浓度减小，液膜稳定性提高，除酚率提高。

（2）用于生物化学和生物医学分离　实例之一是用液膜除去胃肠道中过量的药物，可以用于急救。如苯巴比妥（鲁米那）是一种镇静剂，用于治疗失眠、高血压、惊厥等，此药物为酸性药物，易溶于碱，不电离时有较大油溶性。过量服用此药有生命危险。用包封 NaOH 溶液的液膜捕集苯巴比妥，在最好的情况下，5min 后液膜可除去 95% 的药物。用液膜除阿司匹林的速度更快，9min 可完全除去。实例之二是用液膜包封酶，以提高这些酶的活性。如用液膜包封的尿素酶可在胃肠道中定期释放，除 NH_3 的速度加快，对治疗尿毒症有良好的实用前景。

（二）支撑液膜

将溶解有流动载体的溶液浸入多孔支撑固体小孔形成的液膜。将支撑液膜（supported liquid membrane）置于料液与反萃取液间，用与乳状液液膜分离类似的原理将料液中被分离物转移至反萃取液相。

常用的多孔支撑固体有聚砜、聚四氟乙烯、聚丙烯、聚乙烯等疏水性物质，不用极性固体是因为构成液膜主要成分的溶剂多为有机液体。多孔固体孔径常在

0.02～1μm，膜厚约10～150μm。

液膜由溶剂和流动载体（萃取剂）组成，支撑液膜都应用流动载体以提高选择性。溶剂应不溶解于膜两侧的液体。因用支撑液膜分离的多为水溶性物质，故都用油膜。常用的油膜溶剂有煤油、芳烃等，这与乳状液型油膜的溶剂大致相同。

支撑液膜与乳状液液膜比较，优点在于不需表面活性剂，溶剂用量少，对环境污染小。缺点在于液膜厚，传质速度较慢，液膜稳定性差。

影响支撑液膜稳定性的因素十分复杂，涉及固/液、液/液界面性质和因流动载体的存在液膜体相性质的变化，以及实际运转中的流动载体及溶剂的流失等问题。用支撑液膜分离水溶性组分时，应选用在水中溶解度小、与水界面张力大的液膜，但是因流动载体多为两亲性物质，它将能提高油－水相互溶度，使界面张力下降。同时流动载体也可能会对水有一定的增溶能力，使得在油膜中含水，破坏了油膜的连续性。此外，在选择支撑固体材料时要保证液膜溶剂能润湿固体孔壁，这就要求液膜的表面张力应低于聚合物固体的临界表面张力。换言之，选用临界表面张力大的支撑固体可以使油膜溶剂的选择范围更大。

八、乳状液的应用

乳状液的应用涉及人们的衣食住行各领域，数不胜数，仅举几例简单说明。

（一）乳液聚合

乳液聚合是一种聚合物合成方法。其基本方法是将难溶于水的高分子单体在乳化剂存在下机械搅拌形成水包油型乳状液，（油珠）即为单体。当乳化剂浓度大于cmc时形成胶束，部分单体增溶于胶束中。此时的胶束比不含单体的胶束要大（约10～20nm），空胶束直径约5～10nm。O/W型乳状液中单体油珠直径约为10～20 μm。在水相中加入引发剂，生成的自由基扩散到胶束中导致胶束中单体发生聚合反应，生成胶乳粒子。当然，在水相中也可能引起极少量溶于水相的单体聚合，形成的低聚物自由基也可能扩散入胶束，从而也起自由基的引发作用。随着胶束中单体聚合进行，单体油珠中的单体会向水相扩散并进而扩散入胶束中。新生成的胶乳粒子长大，争抢吸附乳化剂，从而使胶束消失。此时形成的胶粒粒子数目基本上固定，不再增加。

乳胶粒子的继续长大是单体从单体液珠中通过水相向乳胶粒子扩散，并进行聚合反应的结果。这一过程直至单体液珠消失，乳胶粒子的聚合反应完成。最后形成的乳胶粒子一般约为1～0.5 μm。这一过程称为乳液聚合，最终形成的系统称为聚合物乳液或聚合物胶体溶液。

上述的机制称为胶束成核机制（或称异相成核机制）。此外还有均相（水相）成核机制和微液滴成核机制。

微液滴成核机制认为，单体与水相界面的扰动，或者由于温度变化等因素可产生单体微液滴。单体微液滴吸附乳化剂而稳定。同时，在短链自由基存在下可发生单体微液滴聚合成核。微液滴成核机制大有统一乳液聚合机制的机制。一句话，现在乳液聚合机制尚未完全统一。

乳液聚合的优点是反应速度快，产物分子量大；以水为介质，成本较低；系统黏度小，利于传热、输送和操控；反应温度低等。缺点有工序多，乳化剂去除困难，反应机制尚不统一等。

（二）乳化燃油

从 20 世纪 50 年代末期起，石油危机爆发。如何能节省石油，提高石油的利用率，特别是对燃油的热效率引起全球的重视。

将水掺入燃油中燃烧，既能节约能源，又能减少污染。油中掺水的最好方法就是将水油混合，最佳的混合方式就是制成乳状液形式，即将油水混合物制成 W/O型或 O/W 型乳状液。

1981 年召开了国际燃烧学会第一届年会，乳化燃油列为三大节能措施之一。我国石油资源本就相当贫乏，自此开始，研究燃油乳化也受到重视。燃油乳化是一种涉及多门学科的技术，既有许多技术性内容，也与许多基础性学科和应用学科有关联。如化学（特别是胶体化学、表面活性剂的物理与化学）、石油化学、催化化学、燃烧理论、机械学等。

至今，世界上应用的乳化燃油产品主要是乳化柴油和乳化重油，而且其类型主要是 W/O 型的，仅委内瑞拉有 O/W 型产品。

乳化燃油可有效节油。有报告称，当掺水量约 20%时节油率为 4%，含水量 30%时油耗减少 6%，当含水量大于 40%时已无节油的能力。

乳化燃油的环境效益十分明显。以乳化柴油为例，氮氧化物可减排 10%～30%，CO 可减排 10%～60%，CO_2 可减排 1%～3%，颗粒物减排 60%以上，烟基本消除。

良好的乳化燃油中水以 1～2 μm 大小水珠分散于油相中。乳化柴油多呈灰白色，乳化重油的外观比原油清亮。

乳化燃油时多不用单一的乳化剂，而用复配（混合）乳化剂。应用较多的是失水山梨糖醇脂肪酸酯系列，如 Span-60/Tween-80。有时也用离子型表面活性剂，如用 CTAB/Span-80 混合物也可得到稳定的产品。

乳化燃油多加入助乳化剂，以提高产品质量，特别是提高其稳定性。常用的助乳化剂有中长度碳链的醇、胺（铵）、醚等。有时也加入 $KMnO_4$ 以促水分解和蓖麻油（提高黏度，稳定性增大）。

现有的技术条件下，一般掺水量 1%～15%为佳。乳化剂与水质量比约 1∶1 可得到稳定透明的乳化柴油。

乳化燃油节能机理尚在不断研究中。但有几点粗浅、直观的看法是有道理的：① 油或水以小液珠形式分散，有巨大的界面能，在燃烧时能与空气均匀混合，达到充分燃烧；② 水可使 CO 转化为 CO_2（发生水煤气反应），减少 CO 和 C 的排放；③ 降低燃烧室内的燃烧的峰值温度和局部高温，提高了碳热值利用率，减少碳颗粒的形成。

乳化燃油的利用还处在一些有待改进的问题，如：由于乳化剂成本高价格贵，乳化燃油的应用现在是节能不省钱，推广困难；乳化燃油稳定性还不够好，不能长期储存；外观不透明，不受欢迎；乳化设备昂贵等。

（三）其他应用[1, 18~21]

1. 化妆品乳状液[1,17,18]

化妆品是用于清洁和美化人类肌肤及毛发等的日常生活用品。化妆品的种类很多，主要有乳剂类产品（如润肤霜、冷霜、雪花膏等），美容类化妆品（如胭脂、唇膏、眉笔、面膜等），染发护发类化妆品（如发蜡、发乳、发胶等），香波类产品（如去头屑香波、液体香波等，香波 shampoo 即洗发膏），香水等。其中乳状液类化妆品占有重要地位。

乳状液类化妆品分为无载色剂（vehicle）和有载色剂的两类。前者是一种简单的乳状液，如冷霜、雪花膏等。后者所加载色剂实际上除 TiO_2、ZnO 等外还包括某些药物。表 7-7 给出一种增湿乳状液的基础配方。增湿乳状液可有 W/O 型或 O/W型的（如冷霜、润肤霜、日霜、夜霜、雪花膏等），其作用在于在皮肤上能形成可保持一段时间的润湿层。现也应用高含水量的增湿洗剂。要使乳剂应用时感到舒适，易铺展，不觉得黏是不容易的，特别对 W/O 型乳剂更是如此。因此，近来正在研究能使皮肤产生有类似 O/W 型乳剂感觉的 W/O 型乳剂。蜡通常会给人皮肤以不舒服的感觉，必须谨慎选用。在表 7-8 中可选用多种活性物质，如骨胶原，动物蛋白质衍生物，水解了的胶乳蛋白，各种氨基酸，尿素，山梨糖醇，蜂王胶等。

表 7-8　一种增湿乳状液的基础配方

组分	含量/%	组分	含量/%
水	20～90	乳化剂	2～5
多元醇	1～5	润湿剂	0～5
各种油，稠度调节剂，脂肪	10～80	防腐剂和香味剂	适量

洗涤用乳状液比增湿乳剂中含有更多的乳化剂和油。这是因为乳化剂不仅要与被清洗的污垢起作用，而且还与水化类脂的外层作用。典型的洗涤用乳液含2%～8%的乳化剂，20%～50%油，5%～10%多元醇，其余为防护剂和水。表 7-9 是一种 O/W 型洗涤用乳液的配方。表 7-8 中的水相与油相物在 75℃时乳化和混合，再搅拌 5 min，冷却至 40℃，加入香味剂，30℃时用均化器处理得产物（洗涤用乳液）。

表 7-9 一种 O/W 型洗涤用乳液的配方

组分	含量/%	组分	含量/%
水	88	十六醇	1
硼砂	1	胶	1
油（矿物或植物油）	1	保湿剂	5
硬脂酸	3		

实际上乳液化妆品还涉及流变学、稳定性、制备与保存方法等多种问题，含药物的乳液还有药物扩散等问题[1]。

香波与护发素是毛发的化妆品。香波是对洗头膏和洗发香波的习惯性称谓。香波的特点是：去污垢、去头屑、促进头发新陈代谢、抑制皮脂过分分泌、头发易梳理等。要求香波使用安全、刺激性小、调理性好。因此，香波的主要作用：一是去污（洗涤作用）；二是改善头发的梳理性和头发（及头部皮肤）的生理功能。

常用洗发香波的物理性状有膏状、粉状、透明液状和乳液状、冻胶状等。其中尤以乳液状最为多见。根据头发和皮肤的油性、干性和中性的分类，香波也有对应的类型。供油性头发用的香波配方中，洗涤剂比例较干性头发用香波的高。

在香波配方中洗涤剂多用阴离子型表面活性剂（如烷基硫酸钠，烷基醚硫酸盐）。一种香波的配方是：烷基硫酸钠（70%），20%；脂肪醇酰胺，4%；NaCl，1%～2%；香味剂，防腐剂等，适量；用柠檬酸将 pH 值调为 7～7.5，补加水至 100%。由于在水中头发表面带负电，用香波洗发后，负电荷密度更大，易产生静电，梳理不变。护发素的主要活性组分是阳离子型表面活性剂，即可中和头发表面负电荷，又可形成疏水基朝外的吸附层。疏水的碳氢链使头发柔软、有光泽、抗静电、易梳理。护发素多为乳剂。常用的阳离子型表面活性剂有：烷基二甲基苄基氯化铵，烷基三甲基氯化铵，双烷基二甲基氯化铵等。一种护发素的配方见表 7-10。

表 7-10 一种护发素的配方[18]

组分	实例	作用	含量/%
阳离子型表面活性剂	烷基三甲基氯化铵	柔软，抗静电	0.5～5.0
增脂剂	白油、植物油、羊毛脂	护发，增稠，改善梳理性	1.0～10.0
保湿剂	丙三醇、丙二醇	保湿，调黏	1.0～10.0
乳化剂	Tween，Span	乳化，稳定乳液	1.0～5.0
添加剂	水解蛋白	护发	适量
防腐剂	尼泊金酯	防腐	适量

2. 食品乳状液

食品乳状液是乳状液最重要的应用领域。牛奶、蛋黄酱是 O/W 型乳状液，人造奶油是 W/O 型乳状液。

人造奶油是植物油在牛奶中的乳状液。一种人造奶油中油的成分是：牛油，15%；椰子油，15%；棕榈仁油，50%；花生油，10%；棉籽油，10%。显然这是动植物油脂的混合物。制备方法是将约占 80%的上述油脂加热熔化，与约占 20%的牛奶均匀搅拌，以山梨糖醇酯、聚甘油酯等为乳化剂，冷却后加工而成。食品乳状液的乳化剂选择至关重要。联合国粮农组织（FAO）和世界卫生组织（WHO）批准使用的表面活性剂有：甘油脂肪酸酯，丙二醇脂肪酸酯，失水山梨糖醇脂肪酸酯，蔗糖脂肪酸酯，大豆磷脂，乙酸及酒石酸的一及二甘油酯，二乙酰酒石酸二甘油酯，柠檬酸一及二甘油酯，甘油酯磷酸铵，甘油及丙二醇乳酸和柠檬酸酯，聚甘油脂肪酸及蓖麻酸酯，硬脂酸柠檬酸及油石酸酯，硬脂酰乳酸钙（钠），硬脂酰富马酸钠，聚氧乙烯（20）失水山梨醇脂肪酸酯，聚氧乙烯（20）及（40）硬脂酸酯等。显然，上述乳化剂多为与天然产物有关的多元醇类非离子型表面活性剂。

蛋白质是常用的食品乳化剂，主要是以牛奶为原料的 α_{s1}-，α_{s2}-，β-，κ-酶蛋白和以小麦为原料的 α-乳蛋白和 β-乳球蛋白。酶蛋白类的柔性蛋白可以像杂聚物一样吸附于 O/W 型乳状液的油滴表面。应用蛋白质作为乳化剂的优点在于，大的蛋白质分子在液珠表面吸附可以起到空间阻碍作用。但是也因为蛋白质分子较大，扩散慢，在乳化工艺方法上可能会要求变化。如用均化器时，液珠形成很快，在毫秒数量级的范围内许多液珠表面不能被蛋白质包覆，不能形成良好的乳状液。因此，在用蛋白质为乳化剂时用胶体磨、涡轮式搅拌器效果更好。在用蛋白质为乳化剂时若加入第二种表面活性剂有可能将原乳化剂置换出来，引起乳状液稳定性变化。如当以明胶为乳化剂制备 O/W 型乳状液，在加入低分子量乳化剂或疏水性更强的蛋白质时，液珠可能发生聚集，并使液珠变大。表 7-11 即为实例。

表 7-11　以明胶为乳化剂制备含 40%豆油的 O/W 型乳状液时加入 0.04%第二种表面活性剂明胶被从液滴上置换结果

第二种表面活性剂	溶液中明胶含量/%	液体表面明胶量/（mg/m²）	液滴大小/μm
无	0.10	1.0	2.5
Tween-60	0.36	0.4	3.6
甘油单酯	0.30	0.4	3.6
酪蛋白酸钠	0.28	1.0	3.4
卵磷脂	0.16	2.0	3.3

冰淇淋（ice cream）是一种复杂的胶体分散体，是含有冰的小粒子、气泡、半

固态脂肪乳状液、蛋白质聚集体、蔗糖和多糖的黏稠物体。冰淇淋的制法是先用均化器制成由蛋白质所稳定的O/W型乳状液（液珠大小约为0.5～1 μm）。然后快速冷却，使油凝固，成半固态液珠。在高切力作用下，向冷却的混合物通入气体，同时发生冷冻结霜。在结霜之前脂肪已被分散于混合物中。混合物的絮凝和聚结取决于液珠间的作用。一般来说，脂肪的油珠因其表面有蛋白质吸附而稳定（静电的和空间阻碍作用）。

虽然在上述混合物中乳状液是相对稳定的，但制造冰淇淋时还要求这种乳状液有可控的不稳定性。这是因为在通气和冷冻阶段脂肪油珠还要能与空气泡作用。由于脂肪液珠是半固态的，它们形成的聚结粒子不同于完全聚结时所形成的O/W型乳状液的液态，亦即两个或多个脂肪液珠聚结后仍保留各自一些结构特点，而不是形成一个大的球形液珠。此过程导致一些重要的后果：气泡稳定性增加，冰淇淋融化慢，冰淇淋含有更多奶油，味觉和质地更柔和、均匀。

3. 药用乳状液

药用乳状液主要有口服乳剂和注射用乳剂两类。前者有利于矫正药物的口味，使患者易于接受；后者的作用在于便于给药，使某些易氧化、水解药物得以保护，控制药物释放以提高疗效。

在医用乳剂的性质和制备方面要特别注意乳化剂的选择（无毒、无臭、无味、化学稳定性好等）。乳液的防腐及乳液的流变及表面性质（如注射用乳液应具备通针性，外用乳液要有良好铺展性等）。

乳油农药是农药中最常用的剂型。乳油由原药、溶剂、乳化剂及其他助剂（助溶剂、稳定剂等）组成。表7-12是农药氯丹乳油的一种配方。

表7-12 氯丹（Chlordane）乳油配方

成分	含量/%	成分	含量/%
氯丹	74.0	Atlox 3404①	2.5
煤油	21.0	Atlox 3403①	2.5

① 主要成分可能是聚氧乙烯失水山梨糖醇脂肪酸酯、树脂酸酯的商品名。

将有机农药溶于有机溶剂中，加入适量表面活性剂等即成。实际应用时将乳油加大量水稀释即形成O/W型乳状液。一般乳油加入水中时因含有乳化剂故可自动乳化。加入的乳化剂的HLB值要与原药和溶剂要求的HLB值匹配。

4. 沥青乳状液

沥青是一种稠环芳烃混合物的无定形黑色固体，有良好的黏接性、抗水性、防腐性。可用于防腐，铺路，制炸药、炭黑、石墨、油毛毡等材料。由于其常温下为固态，故实际应用时需加热熔化，若配制成乳状液，应用于铺路、建筑施工或制备绝缘防水材料更为方便。

常用的沥青乳状液为O/W型的，大致组成为：沥青，50%～70%；水，

50%～30%；乳化剂，0.1%～3%。由于应用乳状沥青施工对象（如铺路时的石块，涂渍用的布、纸，建筑材料，粘合的木、水泥制品等）在水存在下表面均带负电荷，故乳化沥青所用乳化剂大多为阳离子型表面活性剂，形成带正电荷的沥青液珠，易于在施工对象上吸附，并使乳状液破坏形成沥青膜，起到黏合、防水等作用。对特殊的施工对象和条件有时也以阴离子型或非离子型表面活性剂为乳化剂。常用乳化沥青的乳化剂有：烷基胺，烷基季铵盐，木质素胺，木质素磺酸盐，脂肪醇聚氧乙烯醚，烷基酚聚氧乙烯醚，聚氧乙烯脂肪酸酯，聚氧乙烯烷基胺，聚氧乙烯烷基酰醇胺等。一种沥青乳状液的组成列于表 7-13 中。

表 7-13　一种沥青乳状液的组成

成分	含量/%	成分	含量/%
沥青	50～70	助剂	适量
乳化剂	0.1～3	水	50～30

九、微乳状液

（一）微乳状液的形成与性质

微乳状液（microemulsion）简称微乳液或微乳[22～24]，是在较大量的一种或一种以上两亲性化合物存在下不相混溶的两种液体自发形成的各向同性的透明的胶体分散体系。所用的两亲性物质一种是适宜的表面活性剂，另一种通常为中等链长的极性有机物（如戊醇、己醇、癸醇等）常称为助表面活性剂(cosurfactant)。不相混溶的两种液体一种是水，另一种通常为极性小的有机物(如苯、环己烷基等）通常称为油。微乳液分散相液珠大小一般为 10～100nm，大致介于表面活性剂胶束和常见疏水胶体粒子之间，远小于乳状液液珠大小（见图 7-22)。在用非离子型表面活性剂形成微乳液时，常不需加入助表面活性剂，这种体系是三元体系。一般认为微乳液是热力学稳定体系。

和乳状液相似，微乳液的主要类型是水包油型（O/W）和油包水型（W/O)。此外还有一种双连续相类型（也称微乳中相)，顾名思义，在双连续相微乳液中水和油都是连续的。如图 7-23 所示。

由于微乳状液是介于胶束溶液和一般的乳状液之间的一种液-液分散体系，其性质有的与胶束溶液相近（如均为热力学稳定体系，外观可有透明的等)，有的性质又与乳状液接近（如都有 O/W 和 W/O 型体系等)。可能也正因此，有的学派将微乳状液看作是溶胀的胶束，有的学派则认为微乳液是在大量表面活性剂和助表面活性剂作用下分散相高度分散的乳状液。尽管出发点不同，但他们的研究丰富了微乳液的理论与应用。

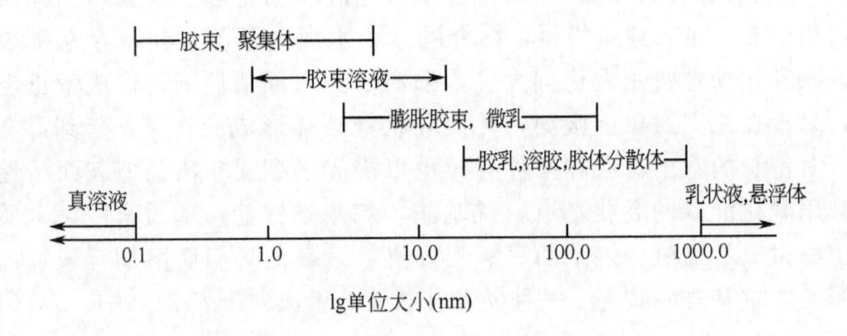

图 7-22　微乳状液液珠粒径大小与其他相关体系比较

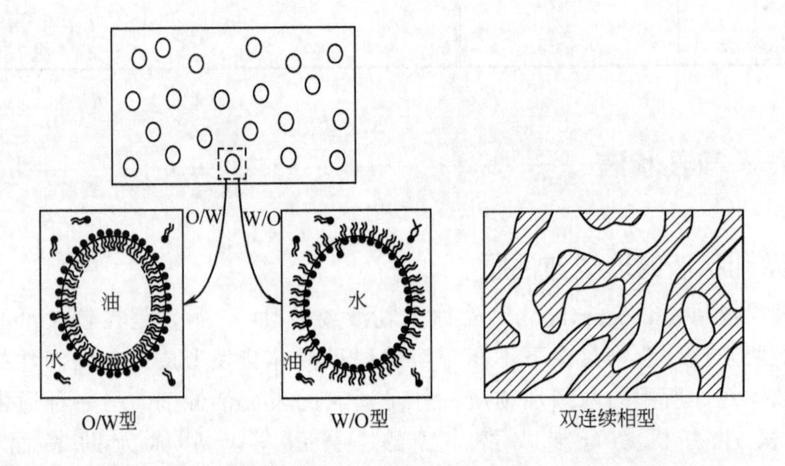

图 7-23　微乳液的三种基本类型（斜线区为油相）

（二）微乳状液形成的机理

微乳液形成的理论很多，引用较多的有增溶作用理论，混合膜理论，热力学模型理论，几何排列理论和 R 比理论等。

热力学理论是从计算微乳形成的自由能变化来寻求生成稳定微乳液的条件，此类研究虽然有少量实验结果，但基本上仍处于理论探讨阶段。

几何排列理论是从形成微乳液界面膜的表面活性剂和助表面活性剂的几何形状出发预示形成微乳的类型。几何排列理论的最重要参数是填充系数。填充系数定义为 $V/a_{\circ}l_{c}$，V 为表面活性剂碳氢链部分的体积，$a_{\circ}$为其极性基的截面积，l_{c}为其碳氢链长度。对于有助表面活性剂参与的体系，上述各值为表面活性剂和助表面活性剂相应量的平均值，显然，填充系数反映了表面活性剂亲水基与疏水基截面积的相对大小。当 $V/a_{\circ}l_{c}>1$ 时碳氢链截面积大于极性基的截面积，有利于界面凸向油相，即有利于 W/O 型微乳液形成。当 $V/a_{\circ}l_{c}<1$ 时则应有利于 O/W 型微乳液形成。$V/a_{\circ}l_{c}\approx1$ 时有利于生成双连续相结构。通过深入分析几何填充理

论还能解释表面活性剂、助表面活性剂结构特点、油相的性质、电解质的加入及温度等因素对形成微乳液的结构与类型的影响。

1. 增溶作用理论

篠田耕三（Shinoda）、Friberg 等根据对相图的分析认为表面活性剂胶束（或反胶束）溶液增溶油（或水）后可形成膨胀胶团，增溶量大到一定程度就可形成 O/W（或 W/O）型微乳状液，图 7-24 是在含 10%的壬基酚聚氧乙烯醚非离子型表面活性剂的水、油三组分体系，油水组成与温度关系的相图。

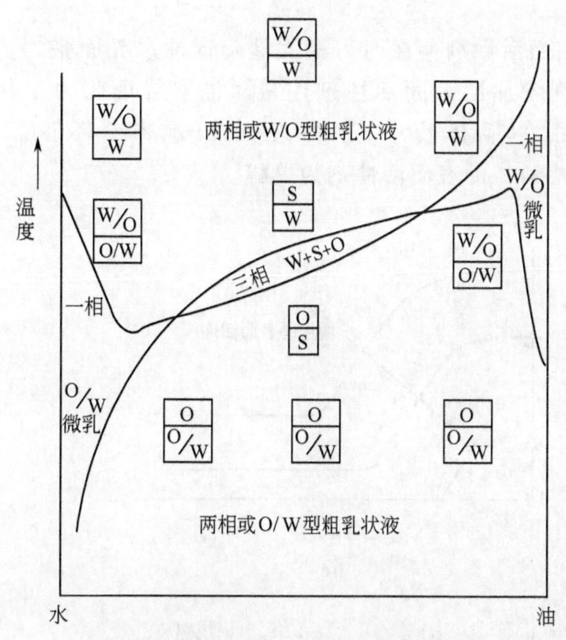

图 7-24　含 10%壬基酚聚氧乙烯醚的水、油三组分体系相行为随温度的变化（图中 S 表示表面活性剂相）

在水含量高的一侧，温度最低时，表面活性剂溶液增溶少量的油，过量的油可被乳化为 O/W 型粗乳状液（coarse emulsion）。温度升高，油的增溶量增加，在一定温度范围内形成 O/W 型微乳液；温度继续升高超过表面活性剂浊点时，将出现油水两相分离或形成 W/O 型粗乳状液。在油含量多的一侧有相反的过程，即在一定温度范围内可以形成单相的 W/O 型微乳液。即使在单相微乳液区域内也含有连续过渡的一般胶团（或反胶团）。在一定的油水组成区域和较窄的温度范围内存在一个三相区，在此三相区内表面活性剂相与含少量表面活性剂的油相及水相共存。三相区内的界面张力极低。在用非离子型表面活性剂制备微乳时常不需助表面活性剂，这就从一个侧面支持了微乳液是膨胀胶束溶液的看法。

2. 混合膜理论

Schulman 和 Prince 等从表面活性剂和助表面活性剂在油水界面上吸附形成作

为第三相的混合膜出发，认为混合吸附膜的存在使得油水界面张力可降至超低值，甚至瞬间达负值。由于负界面张力不能存在，从而体系自发扩大界面形成微乳，界面张力升至平衡的零或极小的正值。因此微乳形成的条件是

$$\gamma=\gamma_{O/W}-\pi<0 \tag{7-5}$$

式中，γ 是微乳体系平衡界面张力，$\gamma_{O/W}$是纯水和纯油的界面张力，π 是混合吸附膜的表面压。油水界面张力 $\gamma_{O/W}$一般约在 50mN/m，吸附膜的 π 达到这一数值几乎不大可能。因此，将式（7-5）中的 $\gamma_{O/W}$应视为在有助表面活性剂存在时的油水界面张力（$\gamma_{O/W}$）$_a$，式（7-5）变为

$$\gamma=(\gamma_{O/W})_a-\pi<0 \tag{7-6}$$

事实上在助表面活性剂存在时可极大地降低油水界面张力。图 7-25（a）是对同一种表面活性剂增加助表面活性剂用量时油水界面张力变化示意图。图 7-25（b）为实际体系图。实际体系为 0.3mol/L NaCl 水溶液-环已烷，表面活性剂为十二烷基硫酸钠（SDS），助表面活性剂为戊醇。

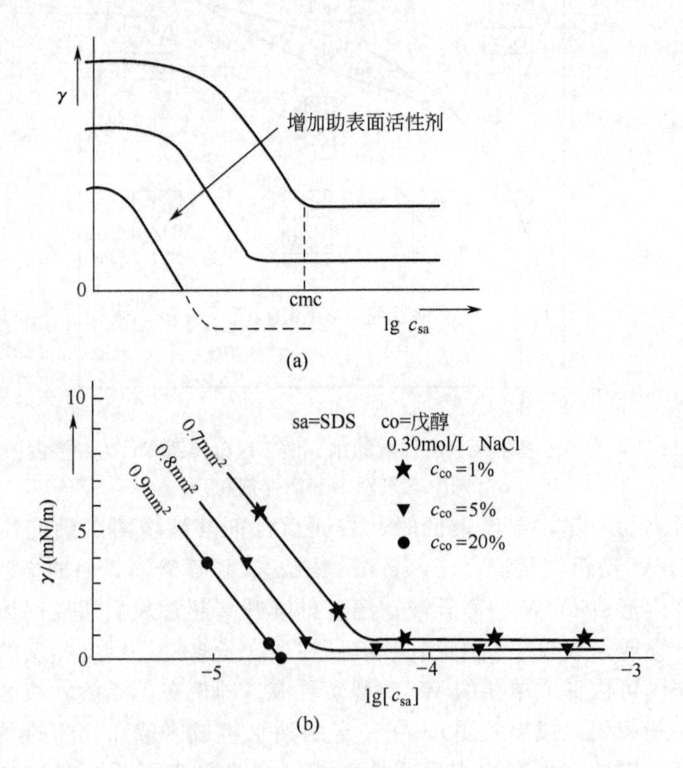

图 7-25 油水界面张力与表面活性剂 sa、助表面活性剂 co 浓度（质量分数）关系示意图（a）和实际体系的结果（b）

根据式（7-6）可知。助表面活性剂的作用是降低（$\gamma_{O/W}$）$_a$ 和增大 π，使得 $\gamma<0$，并在形成微乳后 $\gamma=0$。此外，助表面活性剂参与形成混合膜对提高界面柔

性使其易于弯曲形成微乳也有重要贡献。

混合膜作为第三相介于油、水相之间，膜的两侧面分别与油、水接触，形成两个界面，各有其界面张力和表面压。总的界面张力或表面压为二者之和。当混合膜两侧表面压不相等时，膜将受到剪切力而弯曲，弯曲的程度取决于平界面膜总表面压与总界面张力之差。图 7-26 是微乳液形成过程界面弯曲示意图。图中平界面膜两侧的膜压分别为 π'_O 和 π'_W，总膜压为 π'_g。π'_O 与 π'_W 之差是使界面弯曲的驱动力，π'_g 与界面张力 $(\gamma_{O/W})_a$ 之差决定了界面弯曲的程度。弯曲界面两侧的表面压分别为 π_O 和 π_W，总表面压为 π_g。显然，微乳液形成后 $\pi_O=\pi_W$，或 $\pi_g=(\gamma_{O/W})_a$。

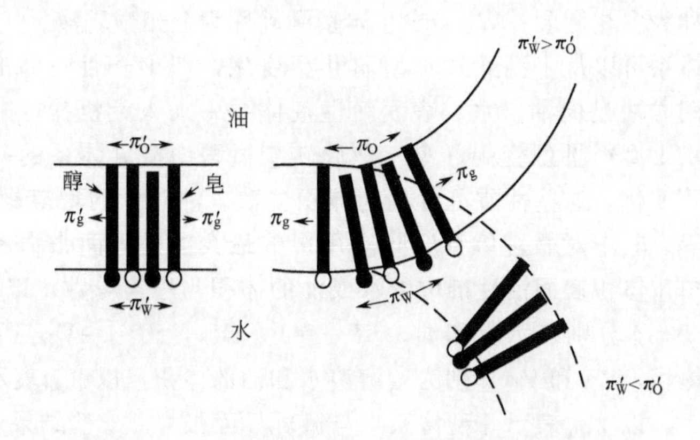

图 7-26 微乳液形成过程界面弯曲示意图

界面张力和表面压都是宏观物质的界面性质，从分子水平上进行讨论有难以理解之处。负界面张力说只能作为一种合理的推想，至今尚无任何实验证据。这些因素又促进了混合膜理论以及其他微乳液形成理论的发展。

(三)微乳状液的相性质

将表面活性剂、助表面活性剂、油和水混合，一般都可形成含微乳液的单相或多相体系。用三元相图表征微乳体系，正三角形的三个顶点分别代表纯的水、油和表面活性剂。当有助表面活性剂加入时正三角形的一个顶点为表面活性剂和助表面活性剂的总和，此时的相图称为拟三元相图。图 7-27 是理想的三元相图。Winsor 将此相图分为三类。Winsor Ⅰ型［图 7-27（a）］相界线上部为单相区，为 O/W 型微乳液，相界线下部为两相区，为 O/W 型微乳和过剩的油。Winsor Ⅱ型［图 7-27（b）］单相区为 W/O 型微乳液，两相区为 W/O 型微乳和过剩的水。Winsor Ⅲ型［图 7-27（c）］有两个两相区（Winsor Ⅰ和 Winsor Ⅱ型），三相为微乳液与油、水相同时到达平衡，微乳液处于中相。Winsor Ⅲ型的中相微乳能同时增溶水和油，两个界面张力均可达超低值，表面活性剂都集中于中相微乳液中。

Winsor Ⅰ型体系中微乳液在下相，常称为下相微乳液；Winsor Ⅲ型体系中微

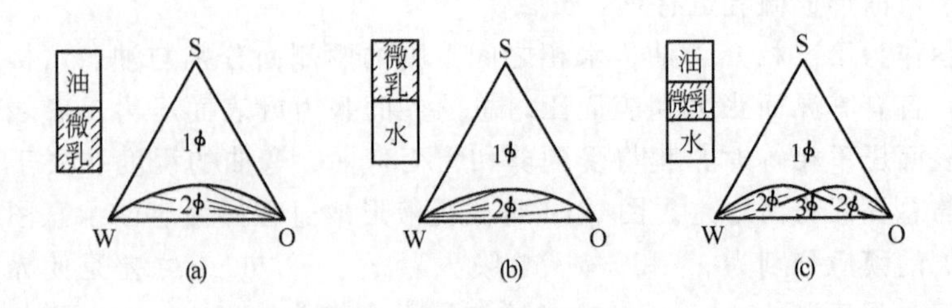

图 7-27　多相微乳液的 Winsor 分类

(a) Winsor Ⅰ型；(b) Winsor Ⅱ型；(c) Winsor Ⅲ型

乳液在中相，称为中相微乳；Winsor Ⅱ体系微乳称为上相微乳液。

三种微乳体系可以从Ⅰ型通过Ⅲ型向Ⅱ型变化，即Ⅰ→Ⅲ→Ⅱ的转变。实现这种转变的常用方法是向油、水、表面活性剂体系中加入无机盐，随着含盐量的增加，体系将从Ⅰ型经Ⅲ型变到Ⅱ型。在此转变过程中微乳体系的一些物理化学性质也将有显著变化。这些性质有各相的体积分数、油和水的增溶量、界面张力、黏度、电导率等，其中对微乳体系实际应用影响最大的是界面张力和增溶量的变化。通常定义单位体积表面活性剂增溶水或油的体积为增溶参数，以 SP_W 或 SP_O 表示，下标 W 和 O 分别表示水和油。$SP_W=V_W/V_S$，$SP_O=V_O/V_S$，式中，V_S 为表面活性剂体积，V_W 和 V_O 分别为增溶溶水和油的体积。以 γ_{om} 表示Ⅰ型体系油与微乳界面张力，以 γ_{wm} 表示Ⅱ型体系水与微乳界面张力。实验结果表明，随着加入盐量（盐度）的增加，SP_O 增加，SP_W 降低，在Ⅲ型区 SP_O 与 SP_W 变化线相交；同时 γ_{om} 降低，γ_{wm} 升高，也在Ⅲ型区内相交；相交处之盐度为 S^* 最佳盐度(见图 7-28)。这些结果表明，在最佳盐度时 Winsor Ⅲ型体系的界面张力很低，且对水和油都有大的增溶能力，是在实际应用中最受关注的体系。

（四）微乳状液的应用

(1) 基于微乳液液滴小的应用　微乳液液滴直径为纳米级，外观透明，流体黏度小，利用这些特点可制成化妆品、液态上光剂等。如以非离子型复合乳化剂和油醇等配制的化妆水渗透性好，黏度小，利于皮肤吸收。以十二烷基聚氧乙烯醇为乳化剂可使标准内燃机油形成 W/O 型微乳液中增溶入 30%的水。这种掺水燃料性能好，可改善排出废气质量，减少防止污染设备费用。微乳液上光剂所含蜡粒子小于可见光波长，施用后无须抛光，材料表面外观光亮平整。

(2) 基于对水或油的高增溶能力和超低界面张力的应用　W/O 型微乳干洗液对油溶性污垢有强烈溶解能力，对水溶性污垢有良好的增溶能力，其所含表面活性物质对固体污垢有吸附去除能力，故此类干洗剂较之仅能去除油溶性污物的干洗剂有更好的使用价值。利用同样的原理，可以配制清除极性污垢和非极性污垢的 O/W 型微乳液清洗液，也可生产既含油溶性又含水溶性药物的微乳剂型药品。

油田建成后靠自喷（一次采油），注水、注蒸汽等（二次采油）一般只能采出

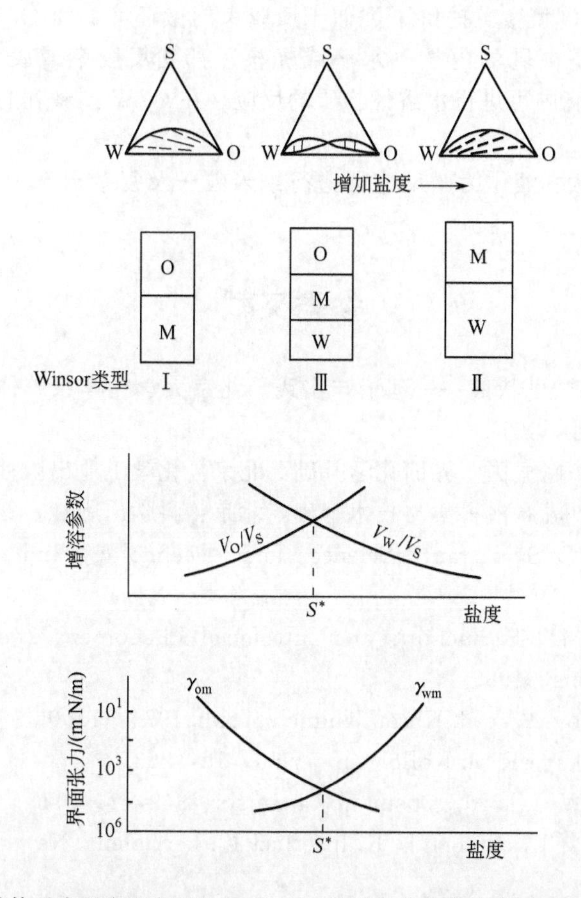

图 7-28　微乳体系中盐度变化引起的 Winsor 类型变化和增溶参数、界面张力的变化

约 30%的原油。采用化学驱油的方法（三次采油）可将原油采收率提高到 80%～85%。化学驱油包括碱水驱、表面活性剂驱、泡沫驱等，微乳液驱是其中的一种。微乳液驱的最大优点是大大降低油/水界面张力，将因受毛细压力不易采出的油挤出，微乳液又具有与油、水的混溶能力，从而提高采油率。影响微乳液驱油效率的因素很多，主要有表面活性剂和助表面活性剂分子结构、含量的选择，最佳含盐度和使用温度的确定，最终使微乳液从 Winsor Ⅰ型转变至Ⅲ型，此时的界面张力最低，增油、增水量相等，是最佳驱油条件。当然，实际采油时地质条件十分复杂，微乳液中高的表面活性剂和助表面活性剂含量带来的高成本，以及在实际应用时这些有效成分被地层中砂石表面吸附等引起的经济上和理论上的问题都是微乳液驱研究的重要内容。也就是说微乳液驱油有良好的应用前景，但仍需不断努力。

（3）基于微乳液特殊微环境性质的应用　如前所述微乳状液是一种高度分散的间隔化液体，水（或油）相以极小的液滴形式分散于油（或水）相中，这就在连续的油（或水）介质中形成分离的小微区。以这些微区为反应器可以发生各种类型的反应。W/O 型微乳提供了类似于反胶束的微环境，而 O/W 型微乳则类似于一般胶束。但是微乳的内核（水滴或烃核）都比反胶束或胶束的内核大。在W/O型微乳的水滴内可进行水溶性物质的反应。在 O/W 型微乳的烃核内常可发生疏水有机反应。

近年来利用微乳液作为微反应器进行纳米粒子及复杂形态无机材料合成多有报道。

参考文献

[1] 贝歇尔 P. 乳状液——理论与实践．北京大学化学系胶体化学教研室译．北京：科学出版社，1978.

[2] 朱玻瑶，赵振国．界面化学基础．北京：化学工业出版社，1996.

[3] 梁文平．乳状液科学与技术基础．北京：科学出版社，2001.

[4] Myers D. Surfactant Science and Technology. 2nd ed. New York：VCH，1992.

[5] Rosen M J. Surfactants and Interfacial Phenomena. 2nd ed. New York：John Wiley & Sons，1989.

[6] Abramzov A. et al. Khim. Khimch. Tekh. 1974：1150.

[7] Dvoretskaya R M. Kolloi. Zh.，956，18：263.

[8] Griffin W C. J. Soc. Cosmetic Chemists. 1949，1：311.

[9] Davies J T，Rideal E K. Interfacial Phenomena. New York：Academic Press，1961.

[10] Shinoda K，Arai H. J. Phys. Chem. 1964，68：3485.

[11] Shinoda K，Saito H，Arai H. J. Colloid Interface Sci.，1971，35：624.

[12] Shinoda K，Takeda H. J. Colloid Interface Sci.，1971，35：624.

[13] 顾惕人，朱玻瑶，李外郎，等．表面化学．北京：科学出版社，1994.

[14] 张天胜．表面活性剂应用技术．北京：化学工业出版社，2001.

[15] 液膜分离技术．张颖，等译．北京：原子能出版社，1983.

[16] 朱长乐，刘荣娥，等．膜科学技术．杭州：浙江大学出版社，1992.

[17] 侯万国，孙德军，张春光．应用胶体化学．北京：科学出版社，1998.

[18] Mollet H，Grubenmann A. Formulation Technology. Wiley-VCH，2001.

[19]《化妆品生产工艺》编写组．化妆品生产工艺．北京：中国轻工业出版社，1987.

[20] Friberg S. Food Emulsion. New York：Marcel Dekker，1976.

[21] 侯新朴，武凤兰，刘艳．药学中的胶体化学．北京：化学工业出版社，2006.

[22] 李干佐，郭荣，等．微乳液理论及其应用．北京：石油工业出版社，1995.
[23] Tadros Th. F. ed. Surfactants，London：Academic Press，1984.
[24] 朱珧瑶，赵振国．界面化学基础．北京：化学工业出版社，1996.

第八章

润湿作用

润湿作用（wetting）是一种界面现象，它是指凝聚态物体表面上的一种流体被另一种与其不相混溶的流体取代的过程。常见的润湿现象是固体表面被液体覆盖的过程，本章主要讨论这种现象。

在许多实际应用中都涉及润湿作用，如洗涤作用、粉体在液体介质中的分散和聚集作用、液体在管道中的输送、液态农药制剂的喷洒、机械的润滑、金属材料的防锈与防蚀、印染、焊接与粘合、矿物浮选等。在这些应用中大多是使液体能润湿固体表面，但有时却要求固体表面不被液体润湿以达到实际应用的目的。

在进行润湿作用研究时首先遇到的问题是如何度量液体对固体（或不相混溶液体）的润湿程度。一种方法是根据润湿过程进行前后体系自由能的改变来判断，这种方法是热力学方法。该法理论严谨，但实际运算有时有困难。另一种方法是接触角法，此法是根据液滴在平面固体上平衡时从气/液界面经液体内部至固/液界面所夹角度大小度量润湿性能。由于接触角可视为三个界面张力平衡结果，故表观上这种方法带有力学平衡的特点。

既然润湿是一种固/液界面现象，因此一切影响固体和液体表面和体相性质的因素都会对润湿作用产生影响。也正由于这一原因，在不是特别严格的条件下得到重复性好的润湿实验结果是困难的，许多结果甚至只有相对的意义。但是这种状况经常不影响对实际问题的分析和讨论。

具有两亲性结构特点的表面活性剂在各界面的吸附以及其体相溶液的特殊性质可以大大影响润湿作用，这也是作为润湿剂的表面活性剂在许多过程中广为应用的原因。

一、润湿过程

Osterhuf 和 Bartell 最早将润湿现象分为三种类型：粘湿（adhesional wetting）、铺展（spreading wetting）和浸湿（immersional wetting）[1]。

粘湿是与固体接触的气体被液体取代，在此过程中消失的固/气界面的大小与其后形成的固/液界面的大小是相等的。铺展是当液体与固体表面接触后，液体自动在固体表面展开后排挤掉原有的另一种流体（通常为空气），铺展过程中固/气界面消失的面积与增加的固/液界面面积相等，同时形成了等量的气/液界面。浸湿是固体完全浸入液体中，原有的固/气界面完全为固/液界面取代。

润湿作用是一个过程，其能否进行和进行的程度可根据该过程始、终态热力学函数变化判断。在恒温、恒压条件下可方便地用润湿过程体系自由能的变化表征。

在上述三种润湿过程中，若改变的都是单位面积，在恒温、恒压条件下各体系自由能的变化应为：

粘湿：
$$\Delta G_A = \gamma_{SL} - \gamma_{SA} - \gamma_{LA} \tag{8-1}$$

铺展：
$$\Delta G_S = \gamma_{SL} + \gamma_{LA} - \gamma_{SA} \tag{8-2}$$

浸湿：
$$\Delta G_I = \gamma_{SL} - \gamma_{SA} \tag{8-3}$$

式中，γ_{SL}、γ_{SA}、γ_{LA} 分别为单位面积的固/液、固/气和液/气界面自由能。ΔG 的下角标 A、S、I 表示相应的润湿类型。

Dupre 得到的固/液黏附功 W_A 为[2]：

$$W_A = \gamma_{SA} + \gamma_{LA} - \gamma_{SL} \tag{8-4}$$

显然，$W_A = -\Delta G_A$

从式（8-1）和式（8-4）可知，γ_{SA} 越大，γ_{SL} 越小，则 W_A 越大，越有利于液体粘湿固体。若 $W_A \geqslant 0$，ΔG_A 必为负值，粘湿过程将自发进行。通常情况下固/液界面自由能总是小于固/气和液/气界面自由能，因而黏附功总是大于零，粘湿过程总是自发进行的。

和粘湿过程相似，浸润功 W_I 为

$$W_I = \gamma_{SA} - \gamma_{SL} = -\Delta G_I \tag{8-5}$$

从式（8-5）亦可知，γ_{SA} 越大，γ_{SL} 越小，则 W_I 越大，越有利于浸湿的进行。若 $W_I \geqslant 0$，则 $\Delta G_I \leqslant 0$，浸湿过程可自发进行。浸润功 W_I 表示固体表面与液体间黏附能力的大小，故也称为黏附张力，常以 A 表示。大多数无机固体和金属的 γ_{SA} 都比 γ_{SL} 大，故浸湿过程常可自发进行。

对于铺展过程，常用铺展系数 S 表示铺展前后体系自由能的变化：

$$S = -\Delta G_S = \gamma_{SA} - \gamma_{SL} - \gamma_{LA} \tag{8-6}$$

由式（8-6）知，γ_{SA} 越大，γ_{SL} 和 γ_{LA} 越小越有利于铺展进行。若 $S \geqslant 0$，则

$\Delta G_S \leqslant 0$，液体可在固体表面上自发展开。

比较式（8-5）～式（8-7）三式可以看出，粘湿、浸湿和铺展过程的条件均与黏附张力 A 有关，即

$$W_A = A + \gamma_{LA} > 0$$
$$W_I = A > 0$$
$$S = A - \gamma_{LA} > 0$$

这也就是说，黏附张力越大（即 γ_{SA} 越大，γ_{SL} 越小）越有利于润湿过程进行。由此三式还可知，一液体在一固体上可以铺展，则粘湿和浸湿也可自发进行。

根据上述讨论，由相应的界面自由能数据原则上可以判断所研究体系润湿过程能否自发进行。但实际上，涉及固体表面的界面自由能数据至今难以准确测定。因而对各润湿过程界面自由能变化进行定量计算尚不可行。这种困难并不降低上述讨论的意义，即可以认识判断各润湿过程进行的热力学依据和使它们能自发进行的必要条件。在上述的各润湿过程自由能变化的关系式中 γ_{SA}、γ_{SL} 和 γ_{LA} 的大小起着决定性的作用，表面活性剂的加入可以改变它们的数值从而控制润湿过程的进行。

二、接触角和 Young 方程

Young 用另一种方法方便地解决了因 γ_{SA}、γ_{SL} 难以测定引起的计算粘湿功、铺展系数和浸润功的困难。此方法的根据是只要一液体不在固体表面上铺展，在忽略重力对液滴形状影响的条件下（液滴不太大），液滴的形状由液体和固体表面性质决定。

（一）接触角与 Young 方程

液体滴在固体表面上，在平衡液滴的固、液、气三相交界处自固/液界面经液体内部到气/液界面的夹角称为接触角（contact angle），通常以 θ 表示（见图 8-1）。

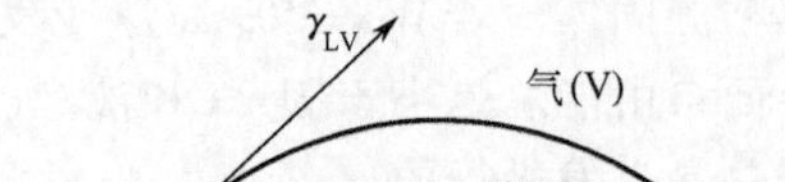

γ_{LV}
气(V)
液(L)
γ_{SV} θ γ_{SL}

图 8-1 由表面力的力学平衡导致形成接触角的示意图

1805 年 Young 提出平衡接触角 θ 与固/气、固/液和液/气界面自由能 γ_{SA}、γ_{SL} 和 γ_{LA} 间有下述关系

$$\gamma_{SA} - \gamma_{SL} = \gamma_{LA}\cos\theta \qquad (8\text{-}7)$$

此式称为 Young 方程或润湿方程，是研究润湿过程最重要的方程，也是界面化学几个最基本方程之一。Young 方程最早是从力学平衡考虑导出的，以后由热力学方程也导出了这一方程。

Young 方程的重要意义在于通过易于实验测定的接触角和液体表面张力定量地得到润湿过程的粘湿功、铺展系数和浸湿功（黏附张力）。

将式（8-7）与式（8-4）～式（8-6）结合，得

$$W_A=\gamma_{LA}(\cos\theta+1) \tag{8-8}$$

$$S=\gamma_{LA}(\cos\theta-1) \tag{8-9}$$

$$W_I=A=\gamma_{LA}\cos\theta \tag{8-10}$$

由以上三式可以方便地得出各润湿过程自发进行的条件：$\theta\leqslant180°$，$W_A\geqslant0$，粘湿自发进行；$\theta=0°$或不存在平衡接触角，$S\geqslant0$，铺展自发进行；$\theta\leqslant90°$，$W_I\geqslant0$，浸湿自发进行。这些就是根据接触角大小对润湿过程度判断条件。或者可以通俗地以接触角大小作为判断润湿的标准是接触角越小润湿性能越好。通常在实用上人为界定$\theta>90°$为不润湿，$\theta<90°$为润湿，$\theta=0°$或不存在平衡接触角为铺展。

由于γ_{SA}和γ_{SL}至今尚无法准确测定，Young 方程也就缺乏实验证明，许多人认为 Young 方程是不证自明的基本关系式，并且在一定条件可根据接触角度测量推算固体表面能。

（二）接触角的测量方法

接触角的测量方法多种多样[3,4]，也有一些专用仪器生产。常见固体样品主要有板状、粉状和丝状，其中尤以前二者最为常见，故本章仅简单介绍液体在平表面固体和粉体上接触角测定方法。

1. 平表面固体上接触角的测量

（1）躺滴或贴泡法　图 8-2 是在平表面固体上的液滴或贴泡，图中标出了接触角。接触角可用接触角测量仪直接测定，也可经照相后在照片上直接测量。此法的优点是仪器简单，测量方便，但要注意人为作切线带来的误差。

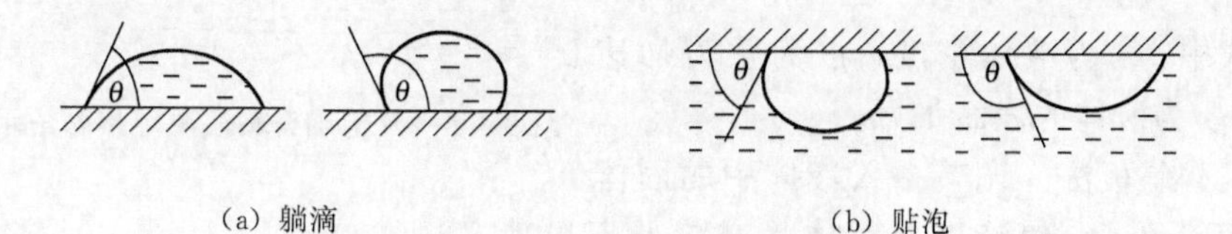

图 8-2　接触角实例

（2）小液滴和液饼法　对于小液滴，其形状可看作球体的一部分，侧剖面如图 8-3（a）所示。

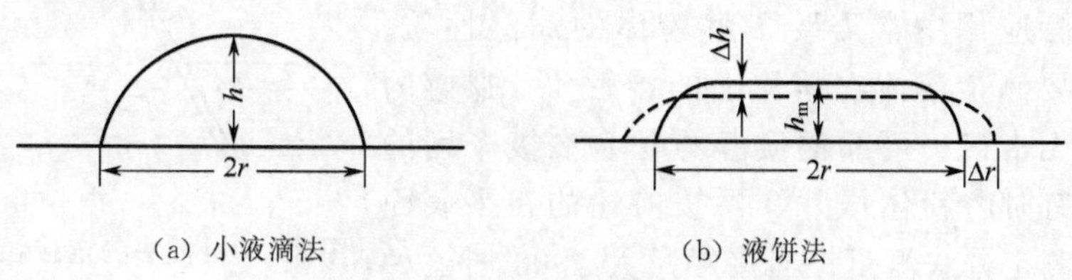

图 8-3　小液滴法和液饼法测定接触角示意图

应用平面几何知识，可以证明：

$$\sin\theta=2hr/(h^2+r^2) \tag{8-11}$$

$$\tan(\theta/2)=h/r \tag{8-12}$$

式中，θ 为接触角，h 为小液滴高度，r 为液滴与固体接触圆的半径。因而，只要测量出小液滴的 h 和 r 即可计算出 θ。此法的优点是用液量小，避免了测量角度的困难。

在均匀、光滑、水平的固体表面上加注液体，若液体不能自发铺展，则起初形成液滴，液滴高度随液量增加而增加，并逐渐成为一圆形液饼。当液量大到一定量后，继续加注液体，液饼高度不再改变，只是扩大液饼直径（图 8-3b）。可以证明[5]，接触角 θ 与液饼极限高度 h 有下述关系：

$$\cos\theta=1-(\rho gh^2/2\gamma_{LV}) \tag{8-13}$$

式中，ρ 为液体密度，g 为重力加速度，γ_{LV} 为液体的表面张力。此法用液量较大，且固体片也要足够大，但也避免了直接度量角度的困难。液饼法可用于直接测定铺展系数 S

$$S=-\rho gh^2/2 \tag{8-14}$$

(3) 垂片毛细升高法　将宽的固体片垂直与液体接触，若液体对固体有一定的润湿性能，将形成一弯曲液面，因弯曲液面两侧压力差的作用使液面沿固体片上升一定高度 h，此值与接触角 θ 有下述关系（图 8-4）

$$\sin\theta=1-(\rho gh^2/2\gamma_{LV}) \tag{8-15}$$

式中，ρ 为液体密度，g 为重力加速度，γ_{LV} 为液体的表面张力。

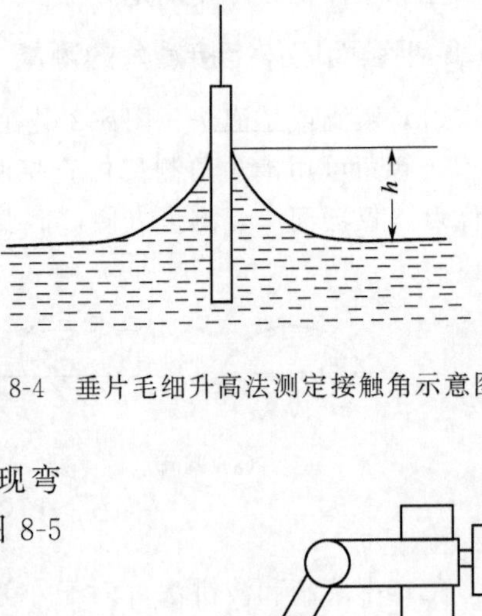

图 8-4　垂片毛细升高法测定接触角示意图

(4) 斜板法　调节插入液体中的固体板的倾斜角度，使液面与固体片交接处不出现弯曲，此时板面与液面夹角即为接触角 θ，如图 8-5 所示。

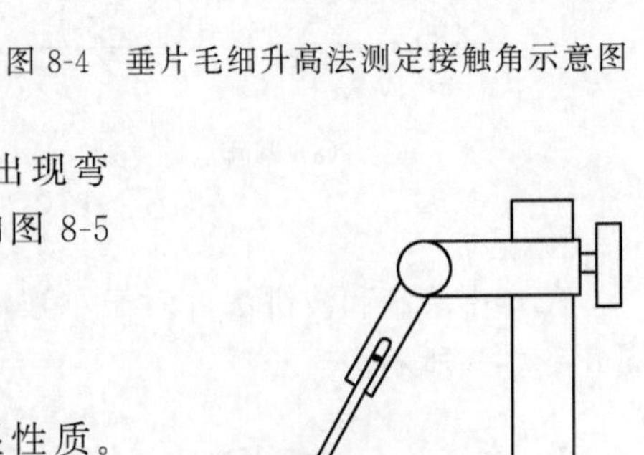

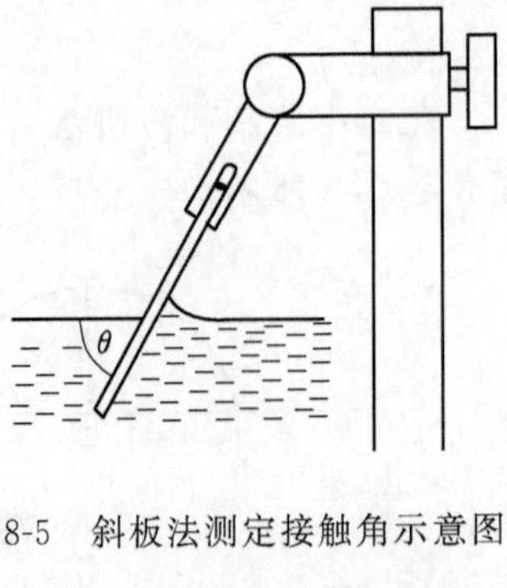

图 8-5　斜板法测定接触角示意图

2. 粉体上接触角的测量

在实际应用中常需要了解粉体的润湿性质。这就必然要测量液体在粉体上的接触角。遗憾的是至今尚无准确、可靠的实验方法。在极个别的情况下，有时将粉体压片，再按前述的在平表面固体上的测定方法测量。当接触角大于 90°时这种结果有一定参考价值。有时对有良溶剂的聚合物粉体可制成薄膜进行测量也有一定的意义。以粉体为直接测定对象测定液体在其上的接触角的困难除了一般影响接触角大小的因素太多外，还在于测量粉体上接触角的测试条件难以重复和至今可选择的有一定意义的实验方法的间接性。

现仅介绍一种实验室常用的方法——透过高度法[6]。此法的原理是测定液体在由粉体柱形成的多孔塞中毛细升高的速度计算接触角。

将粉体均匀地装入圆柱形玻璃管中，这种粉体柱可看作是平均半径为$\bar{r}$的毛细管。已知当液体因毛细作用渗入毛细管中时，在t时间内液体流过的长度l服从Washburn方程[5]

$$l^2=\gamma_{LV}rt\cos\theta/2\eta \tag{8-16}$$

式中，r为毛细管半径，θ. 为接触角，γ_{LV}和η分别为液体的表面张力和黏度。将式（8-16）应用于粉体柱

$$h^2=c\bar{r}\gamma_{LV}t\cos\theta/2\eta \tag{8-17}$$

式中，$\bar{r}$为与粉体柱相当的毛细管平均半径，c为毛细管因子，h为在t时间内液体在粉体中上升高度。当粉体堆积密度恒定时$c\bar{r}$为定值，可视为仪器常数。

透过高度法测粉体接触角度装置如图8-6所示。

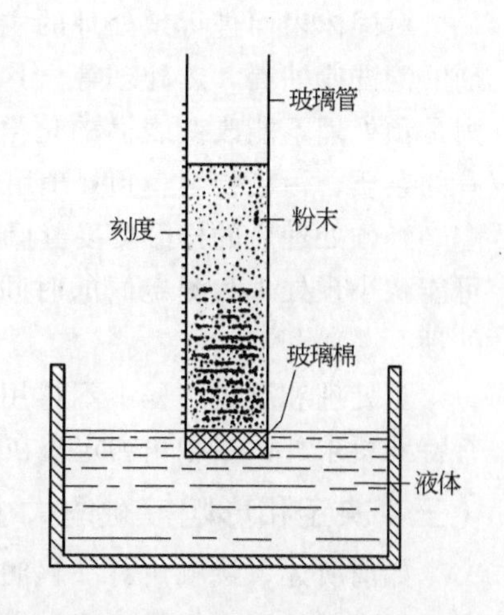

图8-6　粉体接触角测定装置示意图

先选择一已知可完全润湿粉体（$\theta=0°$）的液体，测定不同时间t该液体在固定装填密度的粉体柱中液面上升高度h，作h^2-t图，应得直线。由式（8-17），由该直线斜率和所用液体的γ_{LV}、η值可求出仪器常数$c\bar{r}$。在相同的粉体装填密度条件下测定待测液体的t-h关系。应用所用液体的γ_{LV}、η数据和前已测出的仪器常数，代入式（8-17）即可求得待测液在该粉体上的接触角。显然，这一方法必须以$\theta=0°$的液体为标准求得仪器常数，当不易选择$\theta=0°$的液体时，可选一种渗透速度最快的液体为参考标准，假设其$\theta=0°$，求得其他液体在此粉体上的接触角。显然，这样测出的结果只有相对意义。

3. 接触角测量时液体和固体样品的预处理

测定接触角的主要用途有：① 了解在固体表面上某些液体的润湿性质；② 计算固体的表面能；③ 研究固体表面不均匀性、粗糙性和外界污染对润湿性质的影响。在这些应用中测试液体和固体表层性质的改变都将对测定结果产生影响，有时这种影响可得出完全不同的结论。因此，除非研究某实际特指具体体系外，进行接触角的精细测量前都要对液体和固体样品进行预处理[3]，并且要在严格的实验条件下测量。即使如此，由于影响因素太多（有的因素是无法预料的），测量常要多次重复。

大多数用于测量接触角的纯液体样品都需提纯处理。光谱级试剂可用于常规测量。液体试剂除经常规提纯（如蒸馏、分馏等）外，有时可通过活性氧化铝、硅胶、活性炭的填充柱以除去微量的极性或非极性杂质。有机试剂要避光，并经常检验其纯度。检验纯度的简便方法是测定其表面张力或某些试剂与水的界面张力，试剂中杂质在界面上的吸附常明显地改变表（界）面张力数值。

在选择制备固体样品的方法时，要考虑到不同方法对引入杂质和对表面性质的影响。如用真空蒸发不分解固体使其凝聚成膜时，温度、蒸发速度对表面粗糙度会有影响。熔铸成形制备固体样品时体相中微量杂质会在表面富集。研磨、抛光物体表面可引起表面晶化，造成刻痕。应用解理方法形成新表面时在不同气氛中进行，表面能有很大不同。许多制备方法中应用的助剂可能会在固体表面上有残留物。有些制备方法可能引起固体表面基团的变化。

对固体表面进行预处理的主要方法有：洗涤液清洗，铬酸洗液浸泡，有机溶剂的清洗或抽提，热处理等。具体使用何种方法视待处理固体性质而定。基本原则是预处理不能改变表面的化学组成、表面基团和表面结构，只是除去固体非固有的杂质、污染物等。预处理用的试剂不得残留于固体表面。

经预处理后的样品要妥善保存（如可存放于带有吸附剂的密封器皿中），并尽可能减小预处理和测定间的时间间隔。长时间存放的样品一般在测定前仍需重复处理。

预处理和测定过程中不得用手或其他可能引起污染的物品接触固体表面。除有特殊要求外，接触角测定应在空气经过净化处理的单独实验室进行。

（三）决定和影响接触角大小的因素

如前所述，接触角对了解润湿性质提供了很大的方便，可以定量地对各种润湿过程进行处理。但是，接触角的准确测量却是相当困难的，这不仅是因为有些方法本身有固有的困难（如对躺滴、贴泡测量接触角需人为作切线），而且影响接触角大小的因素太多，有些因素甚至是无法预料和避免的。

1. 物质的本性

根据 Young 方程可知，接触角随黏附张力增加和液体表面张力减小而减小。正三十六烷、石蜡、聚乙烯的 γ_{SV} 依次为 19.1mN/m、25.4mN/m 和 33.1mN/m，几种液体在这些固体上的接触角列于表 8-1 中。为了便于比较，表中同时列出这些液体在 25℃时的表面张力 γ_{LV} 。

表 8-1　几种液体在正三十六烷、石蜡和聚乙烯上的接触角 θ

液　体	γ_{LV} / (mN/m)	接触角 θ/ (°)		
		正三十六烷	石 蜡	聚乙烯
正十六烷	27.6	46	27	铺 展
正十四烷	26.7	41	23	铺 展

续表

液　体	γ_{LV} / (mN/m)	接触角 θ/ (°)		
		正三十六烷	石蜡	聚乙烯
正十二烷	25.4	38	17	铺展
正癸烷	23.9	28	7	铺展
正壬烷	22.9	25	铺展	铺展
苯	28.9	42	24	铺展
水	72.8	111	108	94
甘油	63.4	97	96	79
聚甲基硅氧烷	19.9	20	铺展	铺展

表中数据与由 Young 方程所得定性规律是一致的：① 液体与固体表面性质差别越大接触角越大，反之亦然。水和甘油的极性远大于烷烃的，故它们在非极性和极性不大的固体表面上的接触角都较大；② 在同一固体上液体的表面张力越大，接触角越大；应用同一液体，表面能大的固体上的接触角小。接触角反映了液体分子与固体表面亲和作用的大小，亲和力越强越易于在固体表面上展开，接触角趋于较小值，这种亲和力作用由液体和固体表面的性质所决定。

2. 接触角的滞后现象

在接触角测定中普遍存在的一个现象是当固/液界面扩展时与固/液界面回缩时所得到的接触角不相等。前者称为前进角（advancing contact angle），常以 θ_a 表示；后者称为后退角（receding contact angle），常以 θ_r 表示。通常总是前进角大于后退角。这种同一表面，前进角与后退角不等的现象称为接触角的滞后（contact angle hysteresis）。引起接触角滞后的原因很多，其中影响最大并能引出有实用价值结果的因素是表面粗糙性和表面不均匀性。

（1）表面粗糙性　度量表面粗糙性的参数称为粗糙度（roughness，或称粗糙因子），常以 r 表示。粗糙度的定义是真实的可用实验方法（如吸附法等）测定的粗糙固体表面积与相同体积固体假想的平滑表面积之比，显然 $r \geqslant 1$，r 越大表面越粗糙。将 Young 方程应用于粗糙表面的体系，若某液体在粗糙表面上的表观接触角为 θ'，则应有

$$r(\gamma_{SV} - \gamma_{SL}) = \gamma_{LV}\cos\theta' \tag{8-18}$$

此式称为 Wenzel 方程[7]。此式的重要性在于能说明表面粗糙化会对接触角大小变化产生何种影响。由 Wenzel 方程知，由于 $r>1$，粗糙表面的接触角余弦的绝对值总是大于在平滑表面上的。这在 θ 大于和小于 90°时可有不同的效果：当 $\theta>$ 90°时表面粗糙化将使接触角变大，即润湿性能变差；当 $\theta<$90°时表面粗糙化可使接触角变小，表面润湿性变好。换言之，以接触角 90°为界，小于 90°时表面粗糙化可使表面润湿性提高；大于 90°时表面粗糙化使表面润湿性更差。这也正是可润

湿表面越粗糙化越有利于润湿，不润湿表面越粗糙化越不利于润湿的原因，为使玻璃等高能表面润湿性能良好和使防水材料疏水性能良好，将它们表面粗糙化即为应用实例。

近些年来，人们已认识到固体表面具有分形性质，即这种粗糙的、不平滑的和有缺陷的表面简单地当作是二维表面是不恰当的。表征表面分形性质的特性参数为分形维数（fractal dimension），简称分维，常以 D 表示。D 值越大表面越粗糙。将 Wenzel 方程用于分形表面，接触角在90°附近时可用下述方程表示[8]：

$$\cos\theta' = (L/l)^{D-2}\cos\theta \tag{8-19}$$

式中，L 和 l 是分形性质的上限和下限。图 8-7 是在烷基乙烯酮二聚体（一种纸张填充剂）表面上水滴的图像。（a）为在 $D=2.29$ 的分形表面上，接触角为174°；（b）为在同样材料的平滑表面上，接触角为109°。显然，由于 $\theta>90°$，表面粗糙化使表观接触角增大[8]。

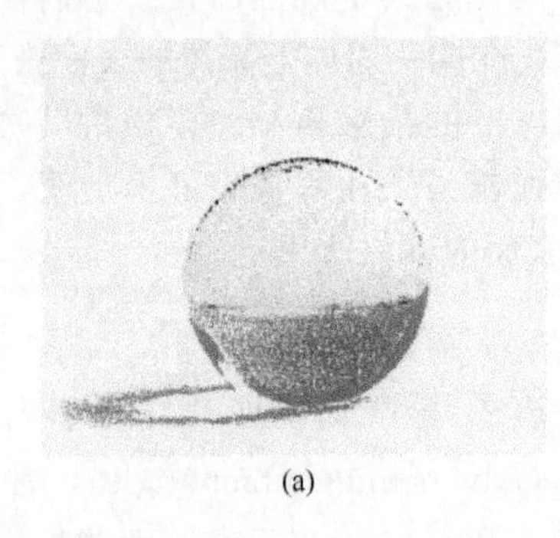
(a)

(b)

图 8-7　在烷基乙烯酮二聚体上的水滴

（a）$D=2.29$ 的分形表面上；（b）在平表面上

表面粗糙引起的接触角滞后可由图 8-8 形象地看出。图 8-8 是在倾斜的粗糙表面液滴接触角的示意图。如图所示，液滴两端真实接触角 θ 是相等的，但实际观测到的前进角 θ_a 与后退角 θ_r 不相等，且 $\theta_a > \theta_r$。

（2）表面不均匀性　因小范围的污染或多晶性造成的不均匀表面可用 Cassie 方程描述[9]

$$\gamma_{LV}\cos\theta = f_1[\gamma_{SV(1)} - \gamma_{SL(1)}] + f_2[\gamma_{SV(2)} - \gamma_{SL(2)}] \tag{8-20}$$

或

$$\cos\theta = f_1\cos\theta_1 + f_2\cos\theta_2 \tag{8-21}$$

式中，f_1 和 f_2 是接触角为 θ_1 和 θ_2 的表面所占有的表面分数，θ 为该不均匀表面的接触角。Cassie 方程对了解复合表面的润湿性质有重要意义。图 8-9 是一具体应用实例。

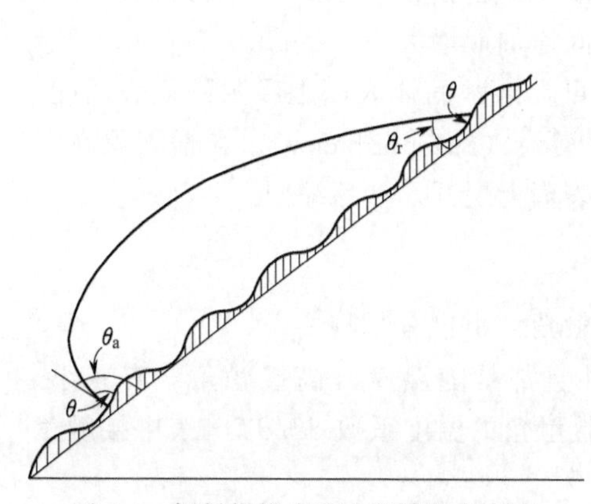

图 8-8　倾斜粗糙表面上液滴的接触角

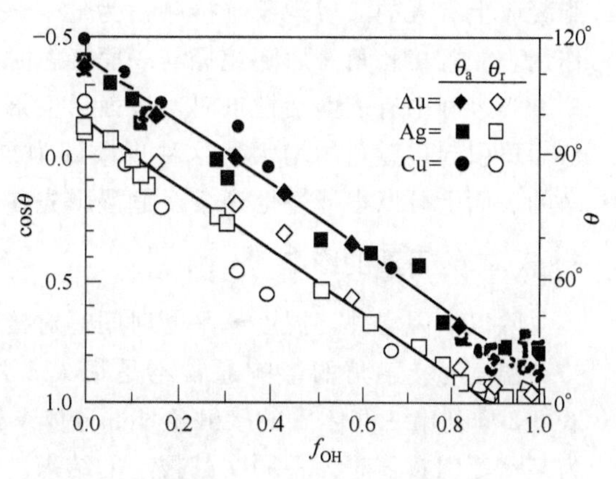

图 8-9　覆盖有 HS $(CH_2)_{11}OH$ 和 HS $(CH_2)_{11}CH_3$ 的金、银、铜表面上水的接触角与 f_{OH} 的关系 [实线为依式 (8-21) 计算结果]

在金、银和铜表面上用 HS $(CH_2)_{11}OH$ 和 HS $(CH_2)_{11}CH_3$ 混合物覆盖，已知表面上各自的覆盖分数，分别测得水在它们表面上的前进角与后退角，作 $\cos\theta$-f_{OH} 图。图 8-9 中数据点为实验点，直线为依式 (8-21) 所计算之结果，实验点与计算线基本一致。

Cassie 方程也可用于筛孔性物质（如金属筛、纺织品、有凸花的高聚物表面等）上的润湿性质研究。若式 (8-21) 中 f_2 是筛孔所占据的表面分数，$\gamma_{SV(2)}$ 为零，$\gamma_{SL(2)}$ 即为 γ_{LV}，故由式 (8-20) 可得

$$\cos\theta = f_1\cos\theta_1 - f_2 \tag{8-22}$$

有些研究工作表明，水滴在筛网和织物上的表观接触角与式 (8-22) 相符。此式在防水织物的润湿性能研究方面有重要意义。

吸附作用是引起表面不均匀性的重要原因之一。高表面能的无机固体易自气相或液相中吸附有机物而使表面变得不均匀，并且表面性质随吸附量变化而变化。这也正是在不能有效地保证环境无污染的条件下测定接触角难以重复的原因。例如，在水蒸气、水蒸气和苯蒸气、水蒸气和实验室空气混合气等气氛中，水在金表面上的接触角可在 7°～86°间变化。

表面不均匀性引起接触角的滞后是由于在与测试液体亲和力弱的部分表面上的接触角是前进角，此角反映的是该部分表面的润湿性质。后退角则是反映与测试液体亲和力强的那部分表面的润湿性质。

(3) 液体与表面作用引起的表面变化和自憎性

第三种引起接触角滞后的原因是液体与固相间的特殊作用。当液体在固体表面移动时可引起固体分子结构的变化，从而导致产生接触角滞后。在聚合物上溶剂的浸泡，使聚合物溶剂化都会使表面扰动。这种现象实例之一是二碘甲烷在琼

脂凝胶上有大的滞后现象（接触角为66°～30°）。烷烃在含氟聚合物表面也有这种作用，并且接触角滞后随烷烃与表面接触时间增加而增大。

当水滴中有表面活性剂时，表面活性剂可在亲水固体表面上吸附降低表面能，从而可引起接触角的增大。这种现象即为自憎性（autophobicity）。自憎现象在干净的表面上可以很清楚地观察：润湿膜先在表面上展开，然后缩回。

3. 其他因素的影响

除以上因素外，温度、平衡时间等对接触角大小也有影响[9～11]。

温度对接触角的影响通常不是很大，并且都是随温度升高接触角略有减小。表8-2中列出一些体系的接触角和部分体系接触角的温度系数 $d\theta/dT$，表中接触角为某一范围数值时为不同文献报道的结果。

表 8-2 一些接触角 θ 数据（前进角，20～25℃）

液体 γ/(mN/m)	固体	θ/（°）	dθ/dT/［（°）/K］
汞（484）①	聚四氟乙烯	150	—
	玻璃	128～148	—
水（72）①	正三十六烷	111	—
	石蜡	110	—
	聚四氟乙烯	98～112	—
	四氟乙烯-六氟丙烯共聚物	108	−0.05
	聚乙烯对苯二酸酯	79.09±0.12	—
	含氟聚合物（3M）	119.05±0.16	—
	异丁橡胶	110.8～113.3	—
	聚甲基丙烯酸甲酯	59.3	—
	人的皮肤（未清除天然油类）	90	—
	聚丙烯	108	—
	滑石	78.3	—
	聚乙烯	103	−0.01
		96	−0.11
		88～94	—
	萘（单晶）	88	−0.13
	石墨	86	—
	炭（Graphon）	82	—
	硬脂酸（沉积于Cu上的LB膜）	80	—
	硫黄	78	—
	热解炭	72	—
	铂	40	—

续表

液体 γ/(mN/m)	固体	θ/(°)	$d\theta/dT$/[(°)/K]
水（72）①	碘化银	17	—
	玻璃	小	—
	金	0	—
二碘甲烷（50.8）①	聚四氟乙烯	85～88	—
	石蜡	60—61	—
	滑石	53—64.1	—
	聚乙烯	46—51.9	—
	聚乙烯（单晶）	40	—
甲酰胺（58）①	四氟乙烯-六氟丙烯共聚体	95.38±0.20	—
		92	−0.06
	聚乙烯	75	−0.01
	聚乙烯对苯二酸酯	61.50±0.37	—
	聚甲基丙烯酸甲酯	50.0	—
	滑石	67.1	—
二硫化碳（约35）①	冰（约−10℃）	35	—
苯（28）①	聚四氟乙烯	46	—
	正三十六烷	42	—
	石蜡	0	—
	石墨	0	—
正丙醇	聚四氟乙烯	43	—
	石蜡	22	—
	聚乙烯	7	—
正癸烷（23）①	石墨	120	—
	聚四氟乙烯	32～40	−0.11～0.12
癸烷	聚四氟乙烯-聚六氟丙烯共聚物	43.70±0.15	—
正辛烷（21.6）①	聚四氟乙烯	30	−0.16
		26	—

①括号内数字为相应液体在室温时的表面张力。

在一些生产活动（如浮选、胶片涂布等）中，涉及液体与固体表面接触不同时间接触角度变化或固体运动过程中的润湿作用，在这些条件下所得到的接触角称为动接触角（dynamic contact angles）。

因液滴碰撞固体表面而引起的接触角随时间的变化是由动能损耗造成的，这种作用可在很短时间完成（如＜0.1 s）。

在有表面活性剂存在的体系中，因表面活性剂在界面上吸附、脱附及重排可引起接触角随时间而变化。例如，石蜡油在覆盖有人血清蛋白的聚苯乙烯上的接触角开始时为120°，在2000 s内降到60°以下，这是因为在此时间内蛋白质从固体表面脱附，而在油气界面吸附所造成的。十二烷基乙酸铵水溶液在石英表面上接触角随时间的变化与液体表面张力的变化规律一致（见表8-3），即接触角和表面张力均随时间延长而减小，这一规律可用Young方程给出合理的说明。

表 8-3　十二烷基乙酸铵水溶液-石英体系动接触角与动表面张力的关系

时间/s	0	30	60	90	120	150
接触角/(°)	80	55	43	28	20	无
表面张力/（mN/m)	70	36	30	29	28	28

当固体以一定速度运动，液体与固体间的接触角将随之变化。图8-10是几种体系的动接触角与界面运动速度的关系。图中$\Delta\cos\theta$为静态接触角θ_s的余弦与动接触角θ_d余弦之差值，即$\Delta\cos\theta=\cos\theta_s-\cos\theta_d$。由图可知，动接触角的大小与构成润湿体系的固体和液体的性质有关；随着界面运动速度增大动接触角增大，并在某一运动速度后动接触角增加更快。

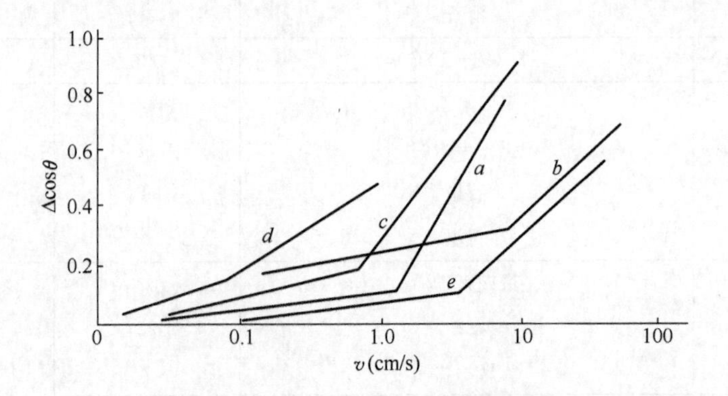

图 8-10　几种体系的动接触角随界面运动速度之变化

a—十六烷/不锈钢，$\theta_s=0°$；b—已烷/有机玻璃，$\theta_s=0°$；
c—溴萘/尼龙，$\theta_s=16°$；d—癸二酸二辛酯/聚四氟乙烯，$\theta_s=61°$；
e—辛烷/聚四氟乙烯，$\theta_s=26°$

动接触角度研究为解决某些实际问题提供了条件。如在胶片生产中为提高产量希望能提高片基运动速度，但又要满足质量要求，又必须使动接触角不能太大。这就要研究添加润湿剂的性质、浓度等对动接触角的影响，以满足生产的要求。

（四）接触角法测固体的表面能

如前所述，固体的表面能至今没有公认得精确测定方法。对于聚合物表面，用接触角的测量估算其表面能是当前较为流行的方法[12,13]。这种方法有时也推广到高能表面表面能的估测，但这一推广带有很大的近似性，只有参考价值。

Good 和 Girifalco 在研究液/液界面张力时提出以下的关系式[14]：

$$\gamma_{ab}=\gamma_a+\gamma_b-2\Phi(\gamma_a\gamma_b) \tag{8-23}$$

式中，a、b 表示两种不相混溶的液体；γ_a、γ_b 表示相应液体的表面张力；Φ 是经验作用参数，与构成界面的物质的摩尔体积有关。

Fowkes 认为液体的表面张力可以分解为极性分量 γ^p 和色散力作用分量 γ^d 两大部分。其中，色散力分量是在任何组分都存在的。若假设在不同组分分子间的色散力与相同组分分子间色散力服从几何平均关系，则式（8-23）可变为[15]

$$\gamma_{ab}=\gamma_a+\gamma_b-2(\gamma_a^d\cdot\gamma_b^d)^{1/2} \tag{8-24}$$

将式（8-24）用于只有色散力作用的固/液界面体系（如石蜡、三十六烷、聚乙烯等固体表面和液体饱和烷烃等只有色散力作用），则有

$$\gamma_{SL}=\gamma_{SV}+\gamma_{LV}-2(\gamma_{SV}^d\cdot\gamma_{LV}^d)^{1/2} \tag{8-25}$$

将式（8-25）与 Young 方程结合可得

$$\cos\theta=-1+2(\gamma_{SV}^d)^{1/2}(\gamma_{LV}^d)^{1/2}/\gamma_{LV} \tag{8-26}$$

根据式（8-26），用一系列已知表面张力及其色散分量和极性分量的液体在固体上形成平衡液滴，测它们的接触角 θ，以 $\cos\theta$ 对这些液体的 $(\gamma_{LV}^d)^{1/2}/\gamma_{LV}$ 作图，应得截距为 -1 的直线，由直线的斜率可求得 γ_{SV}^d。若为低能表面固体，$\gamma_s\approx\gamma_{SV}$，可认为 $\gamma_{SV}^d\approx\gamma_S^d$。$\gamma_s$ 和 γ_S^d 为相应低能表面固体没有气体吸附膜时的表面能和该表面能的色散分量。图 8-11 是四种仅有色散力作用的固体表面用多种液体测定的 $\cos\theta$ - $(\gamma_{LV}^d)^{1/2}/\gamma_{LV}$ 关系图，图的上横坐标为 γ_S^d，各线在 $\cos\theta=1$ 时之交点即为相应固体表面的 γ_S^d 值。

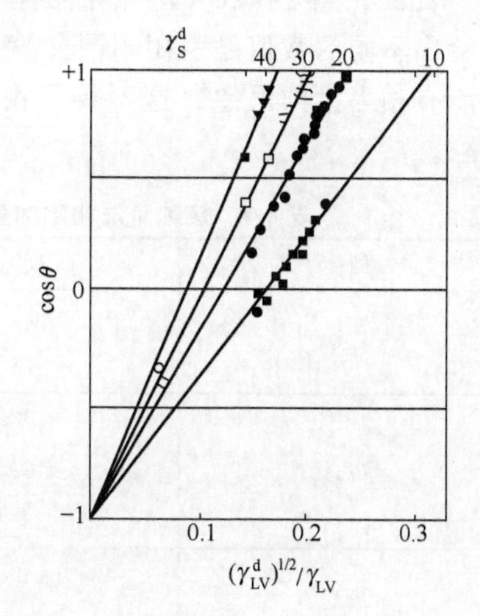

图 8-11　聚乙烯（▼）、石蜡（□）、正三十六烷（●）、月桂酸单层（■）上多种液体的 $\cos\theta$-$(\gamma_{LV}^d)^{1/2}/\gamma_{LV}$ 图

当构成固/液界面的液体和固体分子间除色散力成分外还含有极性作用成分时，式（8-25）应加上极性作用成分的贡献：

$$\gamma_{SL}=\gamma_{SV}+\gamma_{LV}-2(\gamma_{SV}^d\gamma_{LV}^d)^{1/2}-2(\gamma_{SV}^P\gamma_{LV}^P)^{1/2} \tag{8-27}$$

此式可变化为：

$$\cos\theta=-1+2(\gamma_{SV}^P\gamma_{LV}^P)^{1/2}/\gamma_{LG}+2(\gamma_{SV}^d\gamma_{LV}^d)^{1/2}/\gamma_{LV} \tag{8-28}$$

$$\gamma_{LV}(1+\cos\theta)=2(\gamma_{SV}^d\gamma_{LV}^d)^{1/2}+2(\gamma_{SV}^P\gamma_{LV}^P)^{1/2} \tag{8-29}$$

$$\frac{\gamma_{LV}(1+\cos\theta)}{2(\gamma_{LV}^d)^{1/2}}=(\gamma_{SV}^d)^{1/2}+(\gamma_{SV}^P)^{1/2}(\gamma_{LV}^P/\gamma_{LV}^d)^{1/2} \tag{8-30}$$

式（8-28）～式（8-30）三式是完全等效的，在实际应用时可任意选用。应用式（8-28）时，以 $\cos\theta$ 对 $(\gamma_{LV}^d)^{1/2}/\gamma_{LV}$ 作图时所得直线的截距不再是 -1，而是 $-1+2$

$(\gamma_{SV}^{P}\gamma_{LV}^{P})^{1/2}/\gamma_{LV}$，斜率为 $2(\gamma_{SV}^{d})^{1/2}$，由斜率和截距可求得 γ_{SV}^{d} 和 γ_{SV}^{P}。应用式(8-30)的方便在于以 $[\gamma_{LV}(1+\cos\theta)]/2(\gamma_{LV}^{d})^{1/2}$ 对 $(\gamma_{LV}^{P}/\gamma_{LV}^{d})^{1/2}$ 作图所得直线的截距即为 $(\gamma_{SV}^{d})^{1/2}$，斜率即为 $(\gamma_{SV}^{P})^{1/2}$。最后可得到 γ_{SV}，$\gamma_{SV}=\gamma_{SV}^{d}+\gamma_{SV}^{P}$。

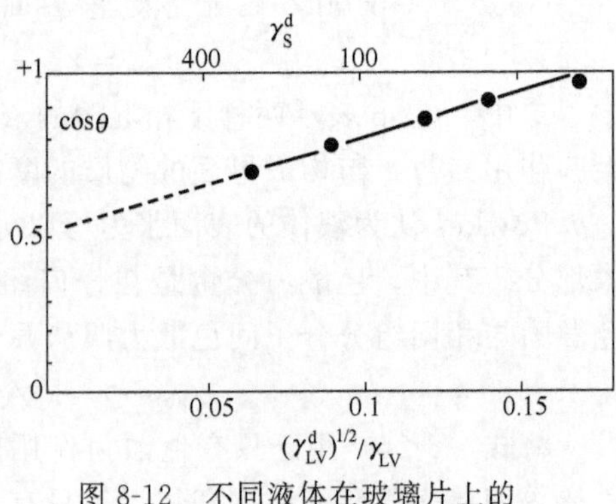

图 8-12 不同液体在玻璃片上的 $\cos\theta$-$(\gamma_{LV}^{d})^{1/2}/\gamma_{LV}$ 图

图 8-12 是利用上述方法估算玻璃片表面能的结果。由图可见，因玻璃表面能有极性分量，故 $\cos\theta$-$(\gamma_{LV}^{d})^{1/2}/\gamma_{LV}$ 图直线截距不是－1。由该直线截距和斜率可求得玻璃表面的 $\gamma_{SV}^{d}=31\text{mN/m}$，$\gamma_{SV}^{P}=64\ \text{mM/m}$，$\gamma_{SV}=(31+64)\ \text{mN/m}=95\text{mN/m}$。

表 8-4 中列出 20℃时用接触角法测出的多种固体的表面能组成。表中同一固体给出不同的数值是引用不同文献的结果，由此也可以看出接触角法估算固体表面能有相当大的误差，这不仅是由于接触角测准的困难，而且理论处理上也有缺陷。

表 8-4 接触角法测定的多种固体的表面能组成 20℃/（mN/m）

固体	γ_{SV}	γ_{SV}^{a}	γ_{SV}^{P}
石蜡	25.4	25.4	0.0
	25.1	25.1	0.0
聚乙烯	33.1	32.0	1.1
	32.8	32.1	0.7
	23～33	22～33	0～1
聚甲基丙烯酸甲酯	40.2	35.9	4.3
	44.9	39.0	5.9
	23～48	14～34	9～14
聚苯乙烯	42.0	41.4	0.6
	23～41	17～34	6～7
聚四氟乙烯	14.0	12.5	1.5
	21.8	21.7	0.1
	16～29	15～28	1
聚氯乙烯	41.5	40.0	1.5
碳纤维	35～38①	28～38	0～9
云母	120	30	90

①不同碳纤维的结果。

显然，在利用式（8-26）、式（8-28）～式（8-30）根据接触角测定结果估算固体表面能时，必须预知测试所用各液体的表面张力 γ_{LV} 和表面张力的极性分量 γ_{LV}^{P} 及色散分量 γ_{LV}^{d}，对于非极性液体，$\gamma_{LV}=\gamma_{LV}^{d}$，$\gamma_{LV}^{P}=0$。对于极性液体，可测出该液体的表面张力以及此液体与一种非极性液体所成界面的界面张力，应用式（8-24）计算出该极性液体的 γ_{LV}^{d}，进而可得 $\gamma_{LV}^{P}(=\gamma_{LV}-\gamma_{LV}^{d})$。表8-5给出几种常见液体的 γ_{LV}、γ_{LV}^{P} 和 γ_{LV}^{d}。

表 8-5　几种常见液体的表面张力 γ_{LV} 及表面张力色散分量 γ_{LV}^{d}、表面张力极性分量 γ_{LV}^{P}（20℃）/（mN/m）

液体	γ_{LV}	γ_{LV}^{d}	γ_{LV}^{P}
水	72.8	21.8	51.0
甘油	63.3	20.2	43.1
甲酰胺	58.4	19.8	38.6
二碘甲烷	50.8	50.4	0.4
乙二醇	48.2	18.9	29.3
二甲亚砜	44	35	9
汞	484	200	284

（五）接触角与表面活性剂在低能固体表面上的吸附量

表面活性剂在气/液界面上的吸附量可通过测定不同浓度时表面张力的变化应用 Gibbs 吸附公式计算求得。大表面积的固体自溶液中的吸附量可由吸附平衡前后溶液浓度的变化求出。在小表面积的低能固体表面上（如聚合物板等）自溶液中的吸附量难以用以上方法得到[16,17]。

根据表面压的定义，对于固体与溶液界面有：

$$\pi=\gamma_{SL}^{o}-\gamma_{SL} \tag{8-31}$$

式中，γ_{SL}^{o} 是固体与纯溶剂间的界面张力；γ_{SL} 是固体与溶液间界面张力。

Gibbs 吸附公式是由热力学基本关系式推出的表征吸附量与表面张力及体系各组分化学势变化的关系式，适用于各种界面吸附。将式（8-31）代入 Gibbs 公式得

$$\Gamma=-\frac{1}{RT}\frac{d\gamma}{d\ln c}=\frac{1}{RT}\frac{d\pi}{d\ln c} \tag{8-32}$$

式中，Γ 为吸附质平衡浓度为 c 时的吸附量。根据上式可知，只要能得到 π 随浓度变化的关系即可计算出吸附量。

将 Young 方程代入式（8-31）

$$\begin{aligned}\pi&=[(\gamma_{SV}^{o}-\gamma_{LV}^{o}\cos\theta^{o})-(\gamma_{SV}-\gamma_{LV}\cos\theta)]\\&=(\gamma_{SV}^{o}-\gamma_{SV})+(\gamma_{LV}\cos\theta-\gamma_{LV}^{o}\cos\theta^{o})\end{aligned} \tag{8-33}$$

式中，γ_{LV}^{o} 和 θ^{o} 为纯溶剂的表面张力和其在固体上的接触角；γ_{LV} 和 θ 为溶液的相应量；γ_{SV}、γ_{SV}^{o} 分别为和纯溶剂及溶液气相成平衡的固/气界面能。对于低能

固体表面，溶质又非易挥发物质，可以认为$\gamma_{SV}^{o}-\gamma_{SV}=0$。因而式（8-32）可简化为

$$\pi=\gamma_{LV}\cos\theta-\gamma_{LV}^{o}\cos\theta^{o}$$

这样，式（8-33）即可变为

$$\Gamma=\frac{1}{RT}\frac{d(\gamma_{LV}\cos\theta)}{d\ln c} \tag{8-34}$$

测定不同表面活性剂浓度时之$\gamma_{LV}\cos\theta$即可求得该浓度时之吸附量。用这种方法得到的辛基硫酸钠和辛基三甲基溴化铵在石蜡/水界面上的极限吸附量n_m^s，极限吸附时的分子面积σ以及此两种表面活性剂在气/液和液/液界面上的相应结果一并列于表8-6中。由表中数据可以看出，用接触角法求出的两种表面活性剂在固/液面上吸附的n_m^s和σ值与用界面张力法求出的在液/液界面上吸附的相应值有可比性，并且在固/液和液/液界面上的n_m^s值比在气/液界面上的小（相应的σ则较大）也是合理的，因为由于有溶剂分子的介入，即使在极限吸附时固/液和液/液界面上吸附的表面活性剂分子也不可能像在气/液界面上排列的那样紧密。

表8-6　在固/液、气/液和液/液界面上辛基硫酸钠、辛基三甲基溴化铵的n_m^s、σ值比较

表面活性剂	$10^{10}n_m^s$ / (mol/cm^2)			σ / (nm^2/分子)		
	固/液	气/液	液/液	固/液	气/液	液/液
辛基硫酸钠	2.6	3.3	2.6	0.64	0.50	0.63
辛基三甲基溴化铵	2.4	2.8	2.5	0.69	0.59	0.68

三、固体表面的润湿性质

固体的表面能有自动减小的倾向。由于在常温常压下固体表面原子流动性极小，它不能像液体那样依靠缩小表面积以减小表面能。固体表面能的降低可以通过吸附作用实现，适宜表面张力的液体在固体表面的润湿作用也可使体系的自由能降低。如前所述，人为界定表面能大于常见液体表面张力的固体表面（如>100mN/m）称为高能表面，其余则为低能表面。根据Young方程可知，固体表面能越高，能使其润湿的液体越多。换言之，高表面能固体易于被常见液体润湿，低能表面固体能使其润湿的液体少，欲使其润湿对它们的表面张力有一定要求。

（一）高能表面的自憎性

干净的高能表面应可被水和其他常见液体润湿，清洗干净的玻璃、金属等表面确能被一般纯液体润湿即为例证。但是，即使在干净的高能表面上，有些两亲性有机物液体的表面张力远低于固体表面能也不能在其上铺展，而是有一定的接触角。这是因为这些有机液体可在高能表面上形成极性基在固体表面，非极性基

朝向外面的紧密定向单分子层膜，露在最表层的基团多是—CH_3、—CF_3、—CF_2H等。这样，高能表面已变为低能表面，这种吸附单层的表面能可能已低于原液体的表面张力和在这种吸附膜上能自发展开所要求的最大的表面张力（临界润湿表面张力）。这样的液体不能在自己的吸附膜上自发展开，这种液体称为自憎液体。自憎液体在高能表面上本应能自发展开却形成一定大小的接触角的现象称为高能表面的自憎现象（或自憎性）。表 8-7 中列出一些自憎液体在几种高能表面上的接触角。这些结果说明，高能表面变为低能表面有时可以自发发生，并且有机物在高能表面上的吸附单层（从气相或从液相中吸附均可）就可使高能表面具有与此吸附单层最外层结构相同的低能表面的润湿性质。细致分析表 8-7 中数据可以看出，对于同一高能表面，不带支链的有机分子（如正辛醇、正辛酸）能形成紧密单层吸附膜，最外层基团为—CH_3，故接触角最大；带支链（如 2-乙基己醇、2-乙基己酸）和极性基在分子中间（如 2-辛醇）的有机分子形成的吸附膜较疏松，接触角较大。

表 8-7　一些自憎液体的表面张力及在几种高能表面上的接触角（20℃）

有机液体	表面张力/（mN/m）	接触角/（°）			
		不锈钢	铂	石英	α-Al_2O_3
1-辛醇	27.8	35	42	42	43
2-辛醇	26.7	14	29	30	26
2-己基-1-己醇	26.7	<5	20	26	19
2-丁基-1-戊醇	26.7	—	7	20	7
正辛酸	29.2	34	42	32	43
2-己基己酸	27.8	<5	11	17	12
磷酸三邻甲酚酯	40.9	—	7	14	18
磷酸三邻氯苯酯	45.8	—	7	19	21

（二）低能表面的润湿临界表面张力

Zisman 等对有机固体和聚合物表面的润湿性质做了大量的研究工作[18]。他们的实验结果表明，在同一低能表面上同系列有机液体接触角的余弦（$\cos\theta$）是这些液体表面张力的单调函数，其关系式为

$$\cos\theta = a - b\gamma_{LV} = 1 - \beta(\gamma_{LV} - \gamma_c) \qquad (8\text{-}35)$$

此式说明，在同一固体表面上同系列有机液体的接触角随液体表面张力降低而减少，而且 $\cos\theta$ 与 γ_{LV} 有直线关系，将此直线外延至 $\cos\theta = 1$ 处时相应之表面张力值称为该固体之润湿临界表面张力，简称临界表面张力（critical surface tension）通常以 γ_c 表示。非同系物液体在同一低能固体表面上 $\cos\theta \sim \gamma_{LV}$ 关系也常是直线或一窄带，窄带外延至 $\cos\theta = 1$ 时之下限亦为 γ_c。图 8-13 是几种同系物和极性液体在聚四氟乙烯上的结果。

临界表面张力 γ_c 是表征低能固体表面润湿性质的最重要经验参数。γ_c 的物理

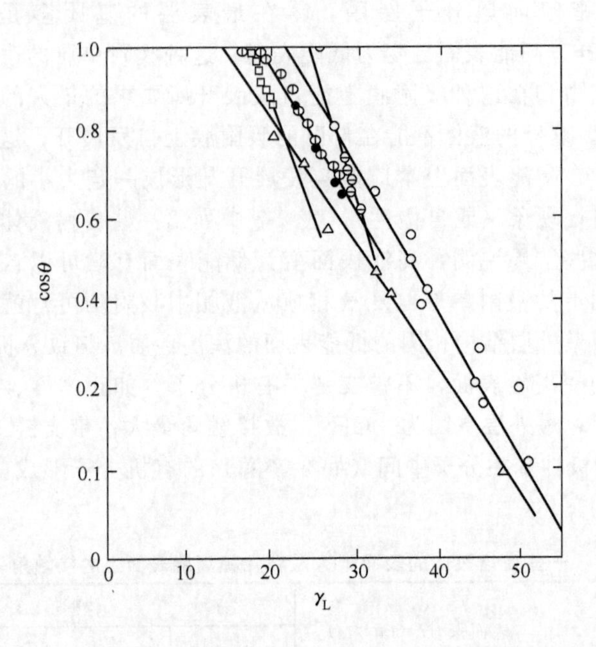

图 8-13 几种同系物和极性液体在聚四氟乙烯上的 Zisman 图

○—卤代烷；⊖—烷基苯；⦶—正构烷烃；●—二烃醚；□—硅氧烷；△—多种极性液体

意义是只有表面张力等于或小于 γ_c 的液体才能在此固体上自发铺展。显然，γ_c 值越小，能在这种固体上铺展的液体越少，固体润湿性能越差。

表 8-8 中列出一些聚合物、有机固体和单分子层的 γ_c 值。

表 8-8 一些聚合物固体、有机固体和单分子层的 γ_c 值

固体表面	γ_c /（mN/m）	固体表面	γ_c /（mN/m）
聚合物固体		有机固体	
聚乙烯	31	石蜡	23～26
聚丙烯	32	正三十六烷	22
聚苯乙烯	33	季戊四醇四硝酸酯	40
聚氟乙烯	28	无金属酞菁	35.6
聚偏二氟乙烯	25	氯化铜酞菁	24.7
聚三氟乙烯	22		
聚四氟乙烯	18	单分子层	
聚六氟丙烯	10	全氟月桂酸	6
聚氯乙烯	39	全氟丁酸	9.2
聚甲基丙烯酸甲酯	39	十八胺	22
聚甲基丙烯酸丁酯	32	硬脂酸	24

续表

固体表面	γ_c /（mN/m）	固体表面	γ_c /（mN/m）
聚甲基丙烯酸辛酯	23.5	苯甲酸	53
聚酯	43	α-萘甲酸	58
聚乙烯醇	37		
尼龙 66	46		
脲醛树脂	61		

由表 8-8 中数据可知：① 聚合物的 γ_c 值与其元素组成有关。聚合物中氢原子被其他元素取代，γ_c 将发生变化。以氟取代氢原子时使聚合物 γ_c 降低，取代的越多降低的越多。其他卤素原子取代氢原子或在聚合物碳氢链中引入氧、氮原子时可使其 γ_c 增大。取代或引入原子使聚合物 γ_c 值增加的顺序如下：

$$N > O > I > Br > Cl > (H) > F$$

② γ_c 只反映固体最表层原子或原子团的润湿性质，与固体体相内的性质、组成、结构无关。因此，在高能表面上覆盖某些有机物的单分子层可表现出低能表面的性质。③ 当固体表面的 γ_c 值很小时，在这种表面上水和常见的有机液体都不能铺展，表现出既憎水又憎油的双憎性质。这种材料很有实用价值。如民用不沾锅内大多有聚四氟乙烯涂层；采油管路涂以低 γ_c 值聚合物层可防止在管壁上结蜡等。

（三）浸湿热

浸湿过程所放出的热量称为浸湿热，也称浸润热、润湿热，其单位为 mJ/m^2。

浸湿是固/气界面被固/液界面取代的过程，此过程单位表面自由能变化 G_i 为。

$$G_i = \gamma_{SL} - \gamma_{SV} = \gamma_{LV}\cos\theta$$

浸湿过程单位表面的浸润热 Q_i 和浸润焓变 H_i 为

$$-Q_i = H_i = H_{SL} - H_{SV}$$

与Young 方程，式（8-7）结合，联立得

$$\begin{aligned} -Q_i = H_i &= \gamma_{SL} - \gamma_{SV} - T\left(\frac{\partial G_i}{\partial T}\right)_P \\ &= -\gamma_{LV}\cos\theta + \left[T\left(\frac{\partial \cos\theta}{\partial T}\right)_P + \cos\theta\left(\frac{\partial \gamma_{LV}}{\partial T}\right)_P\right] \\ &= \left[-\gamma_{LV} + T\left(\frac{\partial \gamma_{LV}}{\partial T}\right)_P\right]\cos\theta + T\gamma_{LV}\left(\frac{\partial \gamma_{LV}}{\partial T}\right)_P \end{aligned}$$

因此，只要已知表面张力以及接触角的温度系数，即可求出浸润热。

图 8-14 是聚四氟乙烯-正构烷烃浸润热的计算值与量热测量结果比较。

浸润热可用精密量热计直接测量。用细粉固体测量出的一些浸润热结果列于表 8-9 中。

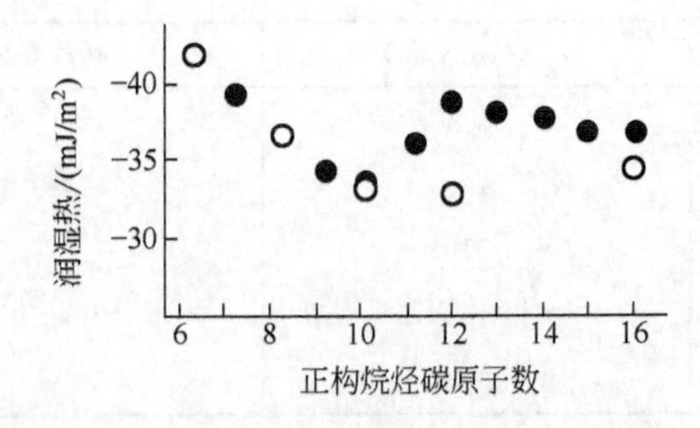

图 8-14　由接触角法（●）和量热法（○）得出的聚四氟乙烯-正构烷烃浸润热比较

表 8-9　25℃时的浸润热（mJ/m^2）

固体	水	C_2H_5OH	正丁胺	CCl_4	n-C_6H_{14}
TiO_2（金红石）	550	440	330	240	135
Al_2O_3	400～600	—	—	—	100
SiO_2	400～600	—	—	220	—
Graphon①	32.2	110	106	—	103
聚四氟乙烯	6	—	—	—	47

①一种高温处理的炭。

由表中数据可知，极性固体（如 TiO_2、SiO_2、Al_2O_3）在极性液体中（如水，乙醇）比在非极性液体中（如 CCl_4、正已烷）的浸润热大；非极性固体（如聚四氟乙烯）的浸湿热都较小，但相对而言在非极性液体中比在极性液体中大些。碳质固体表面的浸湿热规律较为复杂，这类固体表面有极性部分也有非极性部分，各占据的表面分数随处理条件不同而异。

四、表面活性剂对润湿过程的作用

润湿性质的改变有两个途径：改变固体表面的性质和改变液体的性质。前者即为固体的表面改性，可以用不同方法将高能表面变为低能表面，或者将低能表面变为高能表面，这将在下节中介绍。改变液体的性质主要应用添加化学物质（主要是表面活性剂）改变气/液、固/液界面张力以及在固体表面形成一定结构的吸附层。

（一）表面活性剂在润湿过程中的两种作用

1. 界面张力降低对润湿的影响

欲使液体在固体表面铺展必须满足的条件是铺展系数 S 为正值，即 $\gamma_{SV}-\gamma_{SL}-\gamma_{LV}>0$。常用的液体水的表面张力是常见液体中最大的，它不能在低能表面上铺展。加表面活性剂后水的表面张力大大降低，同时也可能降低固/液界面张力，从而使在低能表面上的铺展系数为正值；可以在此表面上自发铺展。

孔性固体和疏松性固体物质（如羊毛、纤维等）有的表面能高，液体原则上可在其上铺展，即可认为 $\cos\theta=1$，再添加表面活性剂时无益于润湿能力的提高。这是因为，这类物质有丰富的毛细孔，根据 Laplace 公式 $\Delta P=2\gamma_{LV}\cos\theta/R$（式中，$\Delta P$ 为弯曲液面内外压力差，θ 为接触角，R 为弯曲液面曲率半径，可近似视为毛细管平均或等当半径），即使在 $\cos\theta=1$ 时，液体表面张力的降低使 ΔP 减小，从而不利于液体向毛细管内的渗透。由此也可以看出，提高润湿能力和提高渗透能力有时并非完全一致。

2. 界面吸附对润湿作用的影响

表面活性剂在界面上的吸附可改变界面张力，从而影响接触角和润湿性质的变化。在应用式（8-34）由接触角的变化计算吸附量时，忽略了因吸附而引起的固/气界面的吸附量，对于低能表面这一近似处理是合理的。更一般的情况是将 Gibbs 公式和 Young 方程结合，得到

$$d(\gamma_{LV}\cos\theta)/d\ln c=(d\gamma_{SV}/d\ln c)-(d\gamma_{SL}/d\ln c)=-RT\Gamma_{SV}+RT\Gamma_{SL} \tag{8-36}$$

而根据数学关系可知

$$d(\gamma_{LV}\cos\theta)/d\ln c=-RT\Gamma_{SV}\cos\theta-\gamma_{LV}\sin\theta(d\theta/d\ln c) \tag{8-37}$$

将上二式结合，联立得

$$\gamma_{LV}\sin\theta(d\theta/d\ln c)=RT(\Gamma_{SV}-\Gamma_{SL}-\gamma_{LV}\cos\theta) \tag{8-38}$$

由于 θ 总是在 0～180°，故 $\gamma_{LV}\sin\theta$ 是正值。这样，接触角随表面活性剂浓度变化关系就应与表面活性剂在各界面的吸附量有关。并且，$(d\theta/d\ln c)$ 应与式（8-34）中等号右项有相同的符号。由此，接触角和润湿性质的变化有以下三种关系：

①添加表面活性剂使接触角减小和改善润湿，$d\theta/d\ln c<0$。与此相应，应有 $\Gamma_{SV}<\Gamma_{SL}+\gamma_{LV}\cos\theta$ 或 $\Gamma_{SV}-\Gamma_{SL}<\gamma_{LV}\sin\theta$。

②添加表面活性剂不影响接触角，也不改变润湿性质，即 $d\theta/d\ln c=0$。与此相应，有 $\Gamma_{SV}=\Gamma_{SL}+\gamma_{LV}\sin\theta$，或 $\Gamma_{SV}-\Gamma_{SL}=\gamma_{LV}\sin\theta$。

③添加表面活性剂使接触角升高和润湿性质变差，即 $d\theta/d\ln c>0$。与此相应，有 $\Gamma_{SV}>\Gamma_{SL}+\gamma_{LV}\sin\theta$，或 $\Gamma_{SV}-\Gamma_{SL}>\gamma_{LV}\sin\theta$。

对有些实际体系，表面活性剂对润湿作用的影响是可变化的，如在某一表面活性剂浓度范围内表现为上述第①种的关系，而在另一浓度范围却表现为上述第③种关系。一般来说，第①和②种情况多见于非极性低能固体体系，并且通常是使润湿性能改善。第③种情况仅见于极性高能固体体系。

表面活性剂的界面吸附对润湿作用的影响很大程度上取决于在固/液界面吸附层中表面活性剂的定向方式。如，表面活性剂以其亲水基吸附于固体表面，疏水基指向水相，则将降低水在表面上的润湿能力。在带负电的玻璃、纤维等固体表

面上，阳离子表面活性剂在其浓度大小不足以形成双层吸附时即可出现这种情况。与上述情况相反，若表面活性剂以其疏水基吸附在固体表面上，亲水基指向水相，则常使表面亲水性增强。低能表面或有低能区域的表面（如活性炭、炭黑、石墨等）上均可有此类吸附发生。因表面活性剂吸附而引起固体表面性质的变化也是固体表面改性的一种方法。

许多高分子化合物在液/气界面上吸附弱，而在固/液界面上可强烈吸附，这也将影响固体表面的润湿性质。如果吸附的高分子化合物能形成低能表面，将减少其对水的可润湿性；如果形成高能表面，则可改善其润湿性质。

（二）非极性固体表面的润湿

临界表面张力 γ_c 是表征低能固体或非极性固体表面润湿性质的最重要的经验参数，它只由固体表面性质决定，一般与润湿液体的性质无关。根据 γ_c 的物理意义和铺展系数的定义可知，只有当表面活性剂溶液的表面张力等于或低于 γ_c 时此溶液才能在固体上铺展，即接触角为 0°或无平衡接触角。为此，对于指定的低能固体，可以改变某一表面活性剂浓度使其溶液的表面张力低于固体的 γ_c。当此表面活性剂浓度达到 cmc 时仍达不到低于 γ_c 的表面张力，则应更换表面活性剂的品种。

应当注意的是，表面活性剂溶液的表面张力等于或低于非极性固体的 γ_c 是发生完全润湿的必要条件，但并非满足此条件就一定能够使溶液在固体表面上铺展。这是因为某些特殊性质的表面活性剂在固/液界面上吸附可能形成比原非极性固体 γ_c 更低的表面吸附层，此吸附层的 γ_c 值若低于表面活性剂溶液的表面张力，则该溶液将不能铺展。例如，聚乙烯的 γ_c 为 31mN/m，碳氟表面活性剂（如全氟辛酸钠等）溶液的表面张力可远低于 31mN/m，但其吸附层的 γ_c 更低（如可降至 15mN/m～20mN/m），以致溶液不再能在聚乙烯表面上铺展。

在非极性固体表面上，能使液体表面能降低（如加入表面活性剂或某些添加剂、改变温度等）的各种因素，都可能使接触角减小，改善润湿性质。

一般的碳氢表面活性剂在非极性固体表面上吸附与润湿性质的关系可如图 8-15 所示。

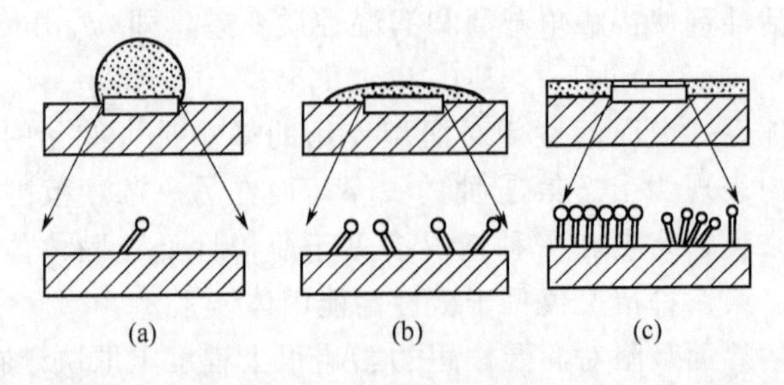

图 8-15　在非极性固体表面上碳氢表面活性剂吸附与润湿关系示意图

在表面活性剂未吸附或吸附量极低时，溶液在表面上的接触角很大［不润湿，图 8-15（a）］随着表面活性剂吸附量增大，以其疏水基吸附于固体表面，亲水基翘向水相，接触角减小［图 8-15（b）］。在固/液界面上形成吸附饱和单层或半胶束时接触角最小，甚至可以完全润湿［图 8-15（c）］。由此图解可以看出，碳氢表面活性剂在非极性固体表面上难以形成双吸附层结构，不会有疏水基指向水相的第二层吸附层，因而其润湿性质将随表面活性剂在固/液界面吸量的增加而逐渐改善。

（三）极性固体表面的润湿

极性固体主要是指无机极性固体（如矿物、陶瓷、金属及金属氧化物等）和少量的极性有机固体。无机极性固体一般都有大的表面能，有机极性固体的表面能低。无机极性固体通常均可为高表面张力的液体（如水）所完全润湿；而有机极性固体却只能为少量表面张力不大的液体润湿，类似于非极性固体表面的润湿性质。有时极性固体表面与极性液体间有特殊作用使得润湿性质有复杂的变化，实例之一就是前文中曾提及的自憎作用。

表面活性剂溶液在极性固体表面上的润湿作用十分复杂。这是因为表面活性剂与固体表面、表面活性剂与水（或油）、水（或油）与固体间可能存在复杂的相互作用，这其中还未涉及添加剂的作用。润湿作用是这些相互作用的综合结果。对于指定的体系，润湿性质还与表面活性剂在固/液界面上的吸附量和吸附模型有关。

在溶液中大多数极性固体表面可因多种因素而带有某种电荷。离子型表面活性剂在带相同号电荷的固体表面因电性斥力作用较难以被吸附，但表面活性剂可使水溶液 γ_{LV} 的降低而使接触角减小，润湿性能得以改善。

离子型表面活性剂水溶液在与表面活性剂离子带电符号相反的极性固体表面接触时，因电性作用表面活性剂离子的荷电基团（也常为其亲水基）吸附于固体表面，疏水基指向水相。随着表面活性剂浓度增加，吸附量增加，表面电荷被中和，疏水基排列趋于紧密，表面疏水性增大，接触角增大。当表面活性剂浓度继续增加时，已吸附的表面活性剂的疏水基与溶液中的表面活性剂因疏水相互作用而逐渐形成亲水基朝向水相的第二吸附层，使水在其上的接触角又变小。图 8-16 是此变化过程的示意图[19]。

（四）纤维的润湿

纤维及纺织品因其结构疏松有大的表面积，在与表面活性剂溶液接触时在有限的时间内难以达到吸附和润湿的平衡状态，故通常以润湿动力学结果判别润湿性质。如在一定温度和一定时间内使纤维达到一定润湿程度（如完全润湿）所需的表面活性剂最低浓度；在固定体系和固定的表面活性剂浓度使纤维达到完全润湿所需的时间长短等。测定表面活性剂对纤维和纺织品润湿能力的最常用方法是 Draves 法[20]。这种方法是在一定温度下测定放在指定浓度和电解质组成的表面活

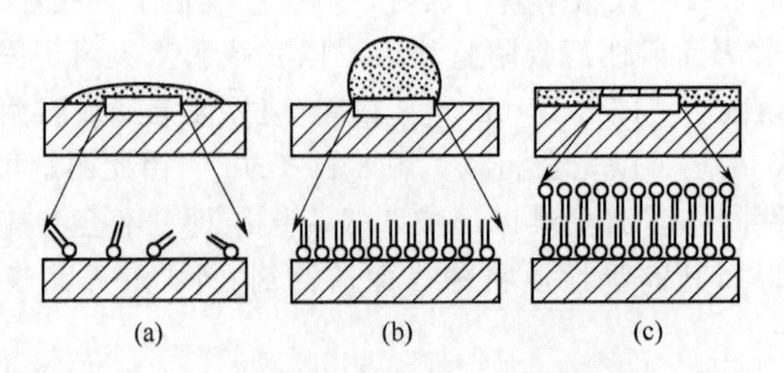

图 8-16 在带电符号相反的极性固体表面上表面活性剂吸附与润湿性质改变示意图

性剂溶液表面上的一定质量纤维或纺织品完全润湿所需的时间。实验的标准条件通常定为25℃，低离子（Ca^{2+}）强度（<300mg/kg）和0.1%质量浓度的表面活性剂水溶液。表8-10中列出一些常用表面活性剂溶液完全润湿5g棉纱所需的时间。将此法做适当改进也可用于粉体、多孔性固体的润湿性质研究。

表 8-10 在 Draves 润湿试验中一些常用表面活性剂的润湿时间

表面活性剂	质量分数/%	润湿时间/s	
		纯水	300 mg/kg $CaCO_3$
n-$C_{12}H_{25}SO_4Na$	0.025	>300	
n-$C_{12}H_{25}SO_4Na$	0.05	39.9	
n-$C_{12}H_{25}SO_4Na$	0.10	7.5	
n-$C_{14}H_{29}SO_4Na$	0.10	12	
n-$C_{16}H_{33}SO_4Na$	0.10	59	
n-$C_{18}H_{37}SO_4Na$	0.10	280	
sec-n-$C_{13}H_{27}SO_4Na$	0.063	180	
sec-n-$C_{14}H_{29}SO_4Na$	0.063	19.4	
sec-n-$C_{15}H_{31}SO_4Na$	0.063	14.0	
sec-n-$C_{16}H_{33}SO_4Na$	0.063	22	
sec-n-$C_{17}H_{35}SO_4Na$	0.063	25	
sec-n-$C_{18}H_{37}SO_4Na$	0.063	39	
$C_{12}H_{25}C_6H_4SO_3Na$	0.125	6.9	
$C_8H_{17}C(C_4H_9)(SO_3Na)COOCH_3$	0.10	13.3	5.2
$C_8H_{17}C(C_6H_{13})(SO_3Na)COOCH_3$	0.10	1.3	3.7
$C_8H_{17}C(C_8H_{17})(SO_3Na)COOCH_3$	0.10	2.8	3.8
$C_7H_{15}CH(SO_3Na)COOC_5H_{11}$	0.10	12.1	5.3
$C_7H_{15}CH(SO_3Na)COOC_6H_{13}$	0.10	2.2	1.4
$C_7H_{15}CH(SO_3Na)COOC_7H_{15}$	0.10	0.0	3.0
$C_7H_{15}CH(SO_3Na)COOC_8H_{17}$	0.10	1.5	10.8

续表

表面活性剂	质量分数/%	润湿时间/s	
		纯水	300 mg/kg $CaCO_3$
$C_7H_{15}CH(SO_3Na)COOC_9H_{19}$	0.10	3.8	33.1
n-$C_{10}H_{21}CH(CH_3)C_6H_4SO_3Na$	0.10	10.3	80
n-$C_{12}H_{25}CH(CH_3)C_6H_4SO_3Na$	0.10	30	>300
n-$C_{14}H_{29}CH(CH_3)C_6H_4SO_3Na$	0.10	155	>300
p-t-$C_8H_{17}C_6H_4(OC_2H_4)_5OH$	0.05	25	
p-t-$C_8H_{17}C_6H_4(OC_2H_4)_8OH$	0.05	25	
p-t-$C_8H_{17}C_6H_4(OC_2H_4)_9OH$	0.05	25	
p-t-$C_8H_{17}C_6H_4(OC_2H_4)_{10}OH$	0.05	30	
p-t-$C_8H_{17}C_6H_4(OC_2H_4)_{12}OH$	0.05	50	

由表 8-10 中数据可知：① 在相同介质中同一表面活性剂浓度增加润湿能力提高；② 在纯水和 $CaCO_3$ 浓度不大于 300 mg/kg 水中亲水基在分子端基位置的离子型表面活性剂，其疏水基有效长度约为 12～14 个碳原子时有最佳润湿性能；③ 离子型表面活性剂分子中引入第二个亲水性离子基团一般对润湿作用不利；④ 非离子型表面活性剂溶液中的润湿时间在适宜的氧乙烯基团数目有最小值。

在离子型表面活性剂水溶液中添加电解质对润湿时间会有很大影响，这种影响主要是对溶液表面张力降低的作用以及对表面活性剂溶解度和临界胶束浓度的改变。一般来说，添加电解质可使具有最好润湿能力的阴离子表面活性剂疏水基长度比在纯水中所需求的短些。添加长链脂肪醇或聚氧乙烯醚类型的非离子型表面活性剂常可提高阴离子表面活性剂的润湿能力。

（五）润湿剂

能有效改善液体在固体表面润湿性质的外加助剂称为润湿剂（wetting agent），润湿剂都是表面活性剂。在一些实际应用中关注的是液体与固体作用的其他性质。如使液体能渗透入纤维或孔性固体内，为此目的添加的助剂称为渗透剂；使粉体（如颜料等）稳定地分散于液体介质中所用的助剂称为分散剂；在纺织工业中为提高某些染料的移染性和分散性所用的助剂称为匀染剂等。渗透剂、分散剂等都是广义的润湿剂。换言之，它们都必须具有良好的改善液体对固体润湿作用的性质。因此，也常笼统地称为润湿分散剂，润湿渗透剂等。当然，良好的润湿剂并不一定是良好的渗透剂，因为后者更要考虑润湿动力学因素等。

润湿剂能改善润湿作用的基本原因是它可降低液体的表面张力和固/液界面张力，根据 Young 方程可以定性地判断，这将使接触角变小。

大多数固体（如不溶性金属和非金属氧化物、金属、天然纤维等）在中性水甚至弱酸性水中表面都带有负电荷，阳离子与表面的强烈电性作用使得很少用阳离子表面活性剂做润湿剂。

润湿剂主要是阴离子和非离子型表面活性剂。

阴离子表面活性剂用作润湿剂，其分子结构至少应有如下特点。

① 疏水基侧链化程度高，极性基位于分子中部有利于提高润湿能力。表 8-11 中列出几种分子量相同结构有异的烷基琥珀酸酯磺酸钠 Daves 试验结果。由表 8-11 中数据可以看出—SO_3Na 位于分子中间位置，碳氢链分支越多润湿性能越好。这是因为一方面润湿性质与溶液表面张力的降低有大致一致的关系，即能使溶液表面张力降得多的表面活性剂有较好润湿能力；另一方面极性基靠近分子中间者比在端点的扩散块。

② 直链的表面活性剂，浓度很低时碳氢链较长的比链短的化合物有更好的改善润湿的作用，这可能是前者降低表面张力的效率大。浓度高时，短链化合物变得更为有效，因而Daves 试验润湿时间在化合物链长适中时有最小值，例如，烷基硫酸盐水溶液的润湿时间有以下规律：含量为 0.1%时，C_{14}—$<C_{12}$—$\ll C_{16}$—$\ll C_{18}$—；含量为 0.15%时，C_{12}—$<C_{14}$—。

③ 在分子中引入第二个亲水性离子基团或亲水基团，一般对润湿作用不利。

表 8-11　几种表面活性剂的润湿时间（Daves 法）

表面活性剂	浓度/%	润湿时间/s
$C_{14}H_{29}CH(SO_3Na)COOCH_3$	0.1	25
$C_{10}H_{21}CH(SO_3Na)COOC_5H_{11}$	0.1	1.6
$C_7H_{15}CH(SO_3Na)COOC_8H_{17}$	0.1	1.5
$C_7H_{15}CH(SO_3Na)COOCH(CH_3)C_6H_{13}$	0.1	1.3
$C_7H_{15}CH(SO_3Na)COOCH_2CH(C_2H_5)C_4H_9$	0.1	0.0

常用的阴离子型润湿剂有：烷基硫酸盐（如十二烷基苯磺酸钠），烷基（或烯烃基）磺酸盐，烷基苯磺酸盐（如十二烷基苯磺酸钠），二烷基琥珀酸酯磺酸盐（最常用的为琥珀酸二异辛酯磺酸钠，商品名为 AOT），烷基酚聚氧乙（丙）烯醚琥珀酸半酯磺酸盐，烷基萘磺酸盐（如二丁基萘磺酸钠，商品名为拉开粉），脂肪酸或脂肪酸酯硫酸盐（如硫酸化蓖麻油，商品名为土耳其红油），羧酸皂，磷酸酯等。

含聚氧乙烯链节的脂肪醇、硫醇、烷基酚等类型的非离子型表面活性剂当所含氧乙烯数目适当时均可做润湿剂。当有效碳氢链链长为 10～11 个碳原子时含 6～8个氧乙烯基团为最好的润湿剂［如润湿（渗透）剂 JFC 的通式为 RO—$(CH_2CH_2O)_nH$，R 为 C_8～C_{10} 烷基，$n=6$～8，具有耐酸、碱、硬水、稳定性好，能与其他类型表面活性剂混用等优点］。壬基（或辛基）酚聚氧乙烯醚的氧乙烯基因数目为3～4时润湿性能最好。此外，聚氧乙烯聚氧丙烯嵌段共聚物、山梨糖醇（聚氧乙烯）脂肪酸酯、聚氧乙烯脂肪酸酯、聚乙烯吡咯烷酮等当结构适当时也可用作润湿剂。

以上讨论的都是以水为溶剂的润湿剂。在有机溶剂介质中润湿剂多用高分子类表面活性剂。

五、润湿作用应用举例

在表面活性剂参与下，液体在固体表面的润湿性质可以有许多变化，这种润湿性质的变化从根本上讲是由于体相溶液和固体表面性质的改变。在许多实际过程中（如分散、润滑、洗涤、渗透、防水等）润湿作用都有重要地位。

现仅举几例从润湿作用的角度予以说明。

（一）固体的表面改性

人们在各种生产活动中使用固体材料主要是应用其两方面的性质：由体相结构而表现出的机械性质、力学性质、热性质、延展性质等（如金属材料、建筑材料、包装材料的应用）；由固体表面结构和物理、化学性质决定的表面性质（如多相催化剂、吸附剂、薄膜材料、功能陶瓷等的应用）。在固体的表面性质中表面光泽、粗糙程度等属表面物理性质，可用机械加工或物理方法予以改变。而表面催化活性、耐腐蚀性、亲（疏）水性及生物适应性等属表面化学性质。原则上说，改变固体表面性质的各种措施都是表面改性或称表面处理、表面修饰[21,22]。

表面改性的方法大致分为两类：物理（机械）方法和化学方法。在物理方法中除如机械的和物理的方法（如机械加工、热处理等）外也包括物理化学方法，即虽然改性剂与表面不发生化学反应，但可以物理的或物理化学作用使改性剂附着于固体表面达到表面改性目的。化学改性法是利用化学试剂或具有可反应基团的有机物与固体表面发生化学反应形成新的表面基团，表面化合物和表面覆盖层。

本节内容只涉及表面活性剂及某些有机化合物在固体表面改性中的应用。

1. 表面活性剂吸附

在上节中已讨论了表面活性剂吸附对改变固体表面润湿性质的基本原理。此处作补充说明。不溶性无机氧化物和氢氧化物（如 SiO_2，Al_2O_3，TiO_2，ZrO_2 等）表面多有羟基，并在不同pH值范围内带有不同电荷，它们可以吸附表面活性剂而形成覆盖层。当只发生单层吸附时由于表面覆盖层疏水基朝向水相，故表面亲水性减小；若形成双层吸附，覆盖层表层为表面活性剂亲水基团，故亲水性又变强。表8-12中列出用不同浓度的阳离子表面活性剂十六烷基三甲基溴化铵（CTAB）吸附改性的 SiO_2 上水的接触角。CTAB的cmc约为 8.5×10^{-4} mol/L。

由表中数据可知，随着CTAB浓度增大，接触角先增大直到90°，此时形成单层吸附；浓度超过cmc后，接触角又变小，直至0°，此时形成双层吸附。

表 8-12　CTAB 浓度与水在改性 SiO_2 上的接触角

CTAB 浓度/(mol/L)	0	10^{-7}	10^{-6}	10^{-4}	2×10^{-4}	5×10^{-4}	10^{-3}
接触角/(°)	0	84	90	90	68	51	0

等电点较低的 SiO_2、TiO_2 等可用在低于cmc浓度的中性水中吸附阳离子表面活性剂形成单层吸附而使表面由亲水变疏水。等电点高的 Al_2O_3、MgO、ZnO_2 等则可在低于cmc浓度的中性水中吸附阴离子表面活性剂达到类似效果。由于阳离子表面活性剂价格较高，有时也可用价格较低的阴离子表面活性剂吸附使等电点低的固体表面改性，但需预先用高价阳离子（如 Ca^{2+}，Ba^{2+}，Al^{3+} 等）处理固体，使表面带有正电荷。已有试验结果证明，与 TiO_2 表面上覆载的 Al^{3+} 能形成难溶性盐的表面活性剂有更好的改性效果。

含聚氧乙烯基团的非离子型表面活性剂在极性固体表面上先主要以其聚氧乙烯基吸附从而使表面疏水性增加，随着表面活性剂浓度增大可以发生疏水基相互作用而形成双层吸附，表面亲水性又增加。但是，当聚氧乙烯基团足够多，形成单层吸附时疏水基也不可能达到定向紧密排列，故接触角变化较小。表8-13中列出的非离子型表面活性剂Triton X-100和Triton X-305水溶液的浓度与该溶液在石英上接触角的变化证明了上述看法。

表 8-13　Triton X-100 和 Triton X-305 水溶液在石英上的接触角

Triton X-100		Triton X-305	
浓度/（mol/L）	接触角/（°）	浓度/（mol/L）	接触角/（°）
0	4	0	4
2.6×10^{-6}	19	1.1×10^{-6}	18
2.0×10^{-5}	25	8.2×10^{-6}	27
4.0×10^{-5}	30	1.6×10^{-5}	30
8.0×10^{-5}	34	3.3×10^{-5}	28
1.2×10^{-4}	32	4.9×10^{-5}	17
1.6×10^{-4}	21	6.5×10^{-5}	14
2.4×10^{-4}	12	1.3×10^{-4}	9
3.2×10^{-4}	10	6.7×10^{-4}	5
1.6×10^{-4}	5	2.6×10^{-6}	

在碳质固体表面上非离子型表面活性剂以其疏水基吸附在表面上，亲水的聚氧乙烯基留在水相中，因此难以形成第二层吸附，疏水性在其cmc前逐渐降低，在形成饱和单层吸附（cmc浓度前后）时接触角不再变化。图8-17的Triton X-100水溶液与石墨-水溶液-环己烷和石墨-水溶液-空气接触角关系图即为证明[23]。

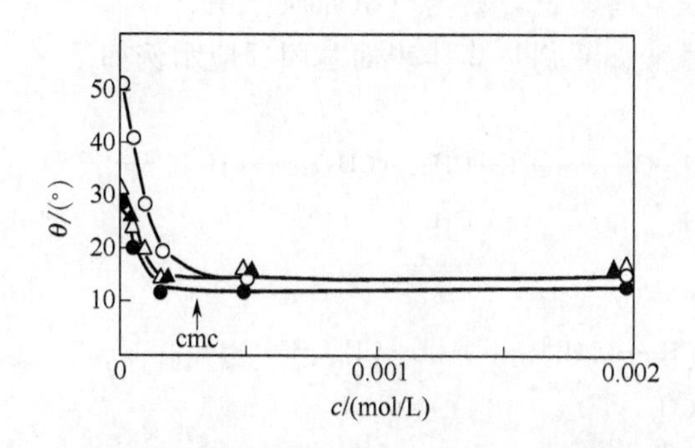

图 8-17　Triton X-100 水溶液浓度与石墨-水溶液-环己烷和石墨-水溶液-空气的初始接触角 $\theta_{始}$ 及平衡接触角 $\theta_{平}$ 关系图

2. 偶联剂处理

偶联剂（coupling agent）是一种同时具有能分别与无机物和有机物反应的双官能团的分子量不大的化合物，极特殊情况可以只有一个功能基团。偶联剂的作用是其一端能与固体表面结合，另一端可与介质有强的相互作用。例如，白炭黑的成分为 SiO_2，是重要的橡胶制品填料。SiO_2 为极性表面，与高聚物没有强烈的结合能力。若用偶联剂处理后，白炭黑表面疏水性增强，偶联剂的另一端可与高聚物发生化学反应、化学吸附或其他较强的结合作用。因此，用偶联剂处理是固体表面改性方法之一。

常用的偶联剂有硅烷偶联剂和钛酸酯偶联剂。

硅烷偶联剂的通式为 R—Si—X，R—和 X—为两个功能基团。常见的 R—基有—CH_3，—CH═CH_2，—$CH_2CH_2NH_2$，—CH_2—(C_2H_4O)等，这些基团大多能与聚合物分子发生反应。X—基有—Cl，—OCH_3，—OC_2H_5等，这些基团多与固体表面某些基团反应，使偶联剂分子锚接于表面。乙烯基三乙氧基硅烷［CH_2═$CHSi(OC_2H_5)_3$］、苯胺甲基三乙氧基硅烷［C_6H_5NH—CH_2—$Si(OC_2H_5)_3$］、γ—甲基丙烯酸氧丙基三甲氧基硅烷［CH_2═$C(CH_3)$—$COO(CH_2)_3$—$Si(OCH_3)_3$］、γ—巯丙基三甲氧基硅烷［$HSCH_2CH_2CH_2$—$Si(OCH_3)_3$］等是目前常用的硅烷偶联剂。

极性固体（—OH，—OH，—OH）+ $(C_2H_5O)_3Si$—CH═CH_2 ⟶ 极性固体（—O—，—O—，—O—）Si—CH═CH_2 + $3C_2H_5OH$

酞酸酯偶联剂为较新型的偶联剂，应用最广的为单烷氧基脂肪酸型的，如三异硬脂酰基钛酸异丙酯［$(CH_3)_2CHOTi(OOCC_{17}H_{35})_3$］。酞酸酯偶联剂分子一端为可与固体表面基团发生反应的基团（如异丙氧基），另一端无明显可反应基团，但有机链长较长且有多链，易与有机介质作用。

硅烷偶联剂和酞酸偶联剂与固体表面基团反应示例如下

$$\text{—OH} + \text{CH}_3\text{—}\underset{\text{CH}_3}{\underset{|}{\text{CH}}}\text{—O—Ti—}[\overset{\text{O}}{\overset{\|}{\text{OC}}}\text{—}\underset{\text{CH}_3}{\underset{|}{\text{CH}}}\text{—(CH}_2)_{14}\text{—CH}_3]_3 \longrightarrow$$

$$\text{—O—Ti—}[\overset{\text{O}}{\overset{\|}{\text{OC}}}\text{—}\underset{\text{CH}_3}{\underset{|}{\text{CH}}}\text{—(CH}_2)_{14}\text{—CH}_3]_3 + \text{CH}_3\overset{\text{CH}_3}{\overset{|}{\text{CH}}}\text{—OH}$$

锚接于表面的硅烷偶联剂另一端基可反应基团在一定条件下可与介质或介质中的某些物质继续发生化学反应，直至端基不再能进行反应。

锚接于表面的钛酸酯偶联剂的另一端虽大多无可反应基团，但可与聚合物以范德华力作用而结合。

用偶联剂对表面进行改性大多使用其酒精和水的稀溶液，当作黏合应用时可将偶联剂直接掺入黏合剂中。偶联剂多用于提高无机材料与聚合物材料的亲和性，以改善材料的耐热、耐冲击、弹性、耐腐性等性质。

3. 表面接枝反应

上述的偶联剂与固体表面基团的反应是将有机小分子连接于固体表面以改变表面性质。在无机固体表面也可进行聚合反应，如 TiO_2 表面羟基与丙烯酸反应形成含乙烯基的表面化合物，在适宜条件下再与苯乙烯单体聚合，最后得到被聚苯乙烯包覆的 TiO_2。

固体聚合物材料表面接枝改性大多需先在适宜条件应用化学或物理的方法使表面活化形成自由基或可反应的表面基团，进而与气相或液相中的某些物质反应形成表面化合物。

近些年来，等离子体处理引起的表面接枝反应日益受到重视。等离子体是一种全部或部分电离的气态物质，含有原子、分子、离子亚稳态和激发态、电子、游离基、光子等，其中带正电荷与带负电荷物质大致相等，故称等离子体。等离子体可通过放电、高频振荡、射频和微波、燃烧等方法使空气中少数离子或电子在高频高压电场中加速和增加动能，撞击其他分子而产生离子、电子、自由基等，这些荷电粒子又被加速，如此循环往复而产生等离子体。用等离子体撞击聚合物表面可使化学键破坏或重组，大分子降解，并可与外界物质发生化学反应。如聚乙烯薄膜经等离子体处理，表面可增加醇基、醚基、酯基、醛基、酮基，羧酸基、硝基、氨基等基团。在适宜条件下在这些基团上可发生接枝反应。等离子体处理也可引起表面碳氢、碳碳键断裂，产生自由基，这些自由基可引发氧化、热分解以及表面接枝聚合等反应。

利用紫外光照射引发的聚合物光接枝表面改性设备简单、技术需求不太苛刻。

适于工业化应用，故也逐渐受到人们重视。紫外光照射表面接枝反应通常需在光敏剂存在下进行，常用的光敏剂有氧杂蒽酮、二苯甲酮、过氧化氢、蒽醌及 Ce^{4+}，Fe^{3+} 等金属离子。不用光敏剂时可先用等离子体处理或紫外光预照射。在表面光接枝中延长照射的时间，提高温度和单体浓度等可增大接枝率。光接枝表面改性应用最为成熟的是提高聚合物表面亲水性。实验证明，聚合物表面亲水性物质接枝密度只要达到 0.1g/m^2 就可大大改善表面的亲水性[24]。

4. 涂布改性

在片状聚合物表面形成能长期保持其表面性质或有效改变其表面性质的耐久性涂层称为涂布改性。对形成涂层的涂布液的基本要求是：有特定的功能，与片状基底物有良好的粘接性能，能形成有一定耐磨、耐腐蚀、耐温度变化的涂层。这些基本要求决定了涂布液的主要组成。从涂布工艺考虑涂布液中必须应用表面活性剂等助剂，其目的如下：① 降低涂布液的表面张力，使其低于固体基底的临界表面张力。为此要调节涂布液的表面张力和用适当改性方法提高基底的临界表面张力。在多层涂布时还要考虑各层涂布液表面张力的搭配关系。② 欲使涂布液能在固体基底上展开，要尽可能地降低接触角。在基底以旋转方式涂布时还要尽可能减小动接触角。为此需选择加入适当结构和浓度的表面活性剂。③ 涂布液的流动性（主要以黏度为代表）常对涂层厚度产生影响。一般来说加入降粘剂可降低涂布液黏度有利于涂层变薄。

固体表面改性是涉及内容极为广泛的研究课题，有重要的理论和实际意义。从广义的润湿角度来看，固体表面改性就是采用适当的物理、化学、生物甚至是机械的方法改变表面的性质，增大或减小表面与介质的亲和性，从而达到在工业或日常生活中各种实际应用目的。例如，改变颜料和粉体填充剂的表面性质可以提高它们在涂料、油漆、油墨中的分散稳定性。白炭黑（化学成分为 SiO_2）只有经表面改性后使其亲水的极性表面变为疏水性质才能作为橡胶、塑料的补强剂应用。实验证明白炭黑经表面酯化后能明显增加以其为补强剂的橡胶的拉伸强度和撕裂强度，甚至可达到常用补强剂炭黑的水平。用阳离子表面活性剂处理的白炭黑、陶土、碳酸钙、凹凸棒土粉体填充于橡胶中都有明显补强作用[25]。

（二）矿物的泡沫浮选

浮选（flotation）是将有用的矿石从脉石中分出的各种矿物相互分离的工业过程。矿物泡沫浮选是将矿石细粉投入含有捕集剂、起泡剂及其他助剂的水中，在捕集剂作用下有用矿粒黏附于由起泡剂所稳定的气泡上，上浮至水面而被分离的浮选过程。矿物泡沫浮选的基本要素是泡沫的形成与稳定，捕集剂对有用矿粒的表面改性，改性矿粒润湿性质的改变及在气泡上的黏附。矿粒润湿性差异是泡沫浮选的前提和基础，而改性的疏水矿粒在泡沫上的有效富集使得泡沫浮选得以完成。

一粒矿粒黏附在气泡上，若矿粒重量减去浮力后等于或小于沿固/液/气接触线上方向指向气相的表面张力的垂直分力，矿粒将浮起而不下沉。为使表面张力垂直分量的方向与重力方向相反，水与矿粒固体的接触角应大于90°。图8-18（a）是$\theta>90°$时矿粒浮选示意图。

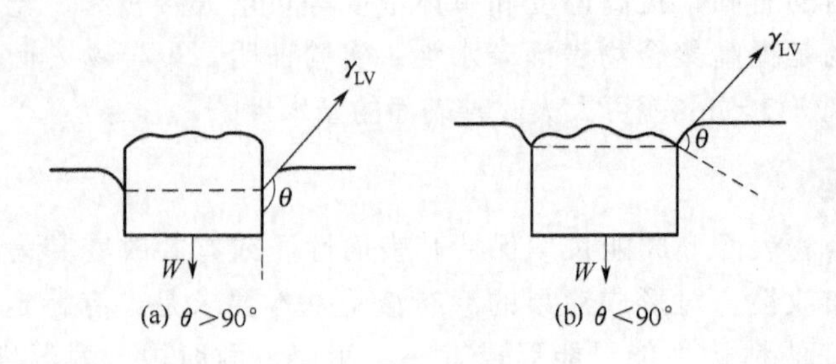

图8-18 矿粒浮选示意图

图中W为矿粒重量减去浮力之值，当$W \leqslant l\gamma_{LV}\cos(180°-\theta)$矿粒将浮起，式中$l$为固/液/气接触线的长度。当$\theta=0°$时液体在矿粒上铺展，矿粒将下沉不能浮起。当$\theta<90°$时只要$\theta$和$\gamma_{LV}$足够大，矿粒也能浮起。实际浮选过程比上述讨论要复杂得多，但定性地看，矿粒尽可能细小，θ和γ_{LV}要有一定大的值是必要的。

参考文献

［1］Osterhuf H J，Bartell F E . J phys. Chem.，1930，34：1399.

［2］Myers D. Surfactant Science and Technology（2nd ed）. New York：VCH，1992.

［3］Good R J，Stromberg R R（eds.）Surface and Colloid Science. Vol 11，New York：Plenum Press 1979.

［4］北京大学化学系胶体化学教研室. 胶体与界面化学实验. 北京：北京大学出版社，1993.

［5］Davies J T，Rideal E K. Interfacial Phenomena（2nd ed）. New York：Academic Press，1963.

［6］Bruil H G，Van Aartsen J J. Colloid Polym，Sci.，1974，252：32.

［7］Wenzel R N. J. Phys Colloid Chem.，1949，53：1644.

［8］Onda T，Shibuichi S，Satoh N，T sujii K. Langmuir，1996，12：2125.

［9］Adamson A W，Gast AP. Physical Chemistry of Surfaces（6th ed）. New York：John Wiley Sons，Inc.，1997.

［10］卢开森-闰德斯 E H. 表面活性剂作用的物理化学. 北京：轻工业出版社，1988.

［11］赵国玺. 表面活性剂物理化学，北京：北京大学出版社，1984.

［12］Miling A J.（ed）Surface Characterization Methods. New York：Marcel

Dekker，Inc.，1999.

［13］顾惕人，朱玚瑶，李外郎，等．表面化学．北京：科学出版社，1994.

［14］Girifalco L A，Good R J. J. Phys. Chem.，1957，61：904.

［15］Fowkes F M. J Phys. Chem.，1953，67：2538.

［16］Harkins W D. The Physical Chemistry of Surface Films．New York：Reinhold，1952.

［17］赵振国．化学研究与应用．2000，12：370.

［18］Zisman W A. Adv. Chem. Ser.，No. 43，1964.

［19］Myers D. Surfaces，Interfaces，and Colloids. New York：VCH Pubilshers，Inc.，1991.

［20］Rosen M J. Surfactants and Interfacial Phenomena. New York：Wiley-Interscience，1986.

［21］沈钟．化工进展．1993，(2)：41，1993，(3)：44.

［22］侯万国，孙德军，张春光．应用胶体化学．北京：科学出版社，1998.

［23］赵振国，顾惕人．化学学报．1987，45：645.

［24］郭锴，李军，伊敏．大学化学．1999，(2)：7.

［25］沈钟，赵振国，康万利．胶体与表面化学. 第 4 版. 北京：化学工业出版社，2012.

第九章

分散和聚集作用

某些产品（如化妆品）的生产过程，常需要得到稳定的均匀分散的固/液或液/液分散体系。如油漆、油墨、钻井泥浆等都是固体粉体（颜料、燃料、白土等）分散于液体（如油、水等）介质中形成悬浮体；一些乳品、牛奶等则是液/液分散体系。为使这些产品和生产工艺稳定常需加入分散剂（dispersant agent）。

固体或液体分散在与其不相溶的介质（常用的是液体）中都是热力学不稳定体系，有自动分离的趋势。分散相粒子以任意方式和受任何因素的作用而结合到一起形成有结构或无特定结构的集团的作用称为聚集作用（aggregation），形成的这些集团称为聚集体。聚集体的形成称为聚沉（coagulation）或絮凝（flocculation）。聚沉与絮凝常是通用的，细致区别是前者形成的聚集体较为紧密，后者较为疏松，易于再分散。聚集作用在日常生活和生产活动中也常应用。如工业污水和生活原水处理都是用化学或生物方法使它所含杂质以不溶性固体状聚沉或絮凝，以便于分离处理。能有效促使分散体系发生聚沉或絮凝作用的外加物质称为聚沉剂（coagulant agent）和絮凝剂（flocculanting agent）。

决定和影响分散和聚集作用的因素很多，人们对各种因素做了广泛的研究，提出了许多看法和理论。但是，可能正是由于体系的复杂，欲得到包罗各种因素的理论看来是不可能的，也是不必要的。即使现在已广为大家接受的某些成熟的理论也有一定的适用范围和必要的假设。

一、分散系统[1]的稳定性

非均相的分散体系，依分散相粒子大小不同，可形成性质不同、名称各异的体系。如粒子大小在1～100nm间的分散体系称为胶体分散体系，若分散相为疏液性固体，则又称为疏液胶体，简称溶胶。分散相粒子大小约大于100nm的分散体系，称为粗分散体系或悬浮体（分散相为固体）和乳状液（分散相为液体）。

胶体分散体系的不稳定性的基本原因在于它们有大的相界面和界面能，因而有自动减小界面，粒子相互聚结的趋势。此即谓热力学不稳定性。另一方面，因分散相粒子小，布朗运动虽可使粒子难以下沉，但一旦碰撞将使他们加速聚集。对于粗分散体系，因其分散相粒子大，在重力场中就可快速沉降（分散相密度大于分散介质）或上浮（分散相密度小于分散介质），体系失去稳定性。

利用添加剂或改变外界条件可以提高分散体系的稳定性（stability of dispersions）。如加入表面活性剂降低界面能；加入高分子物质，在分散相表面形成亲液性保护层；加入电解质使界面电荷密度增大；增大分散介质黏度等。

（一）胶体稳定性及DLVO理论

胶体大小的粒子有自动聚集的倾向，这是由于粒子间存在范德华力和界面能要自发减小。胶体稳定性理论可以分为疏液胶体（无明显溶剂化作用）和亲液胶体（大多有溶剂化层）两部分讨论[1,2]。

亲液胶体粒子表面覆盖有溶剂化层，可以防止粒子聚集。同时大部分亲液胶体粒子表面也带有电荷，粒子间也可存在电性斥力，从而使得粒子难以聚集。部分亲液胶体只有除去粒子表面溶剂化层才可发生聚集作用。向体系中加入水化强的离子或与水有结合能力的有机溶剂都可达到亲液胶体粒子去溶剂化的目的，从而发生聚集作用。加入第二种溶剂使亲液胶体聚集的方法也适用于非水体系，如橡胶在苯中的分散体系加入乙烷可使橡胶聚集。

1. DLVO理论

疏液胶体体系稳定性理论相对地说比较成熟。最著名的就是由DerjaguiN-Landau和Verwey-Overbeek先后在1937～1941年间独立提出的理论，简称为DLVO理论。DLVO理论的基本点是分散相粒子间存在排斥与吸收势能，排斥势能是因粒子间静电排斥作用引起的，吸引势能是粒子间范德华力作用的结果。排斥势能大于吸引势能时粒子分散；反之，则聚集。

(1) 粒子间的吸引势能　半径为a的两个球形粒子间的范德华力作用吸引势能V_A可表述为

---

[1] 根据化学术语修订方案，规定“系统”和“体系”统称为“系统”。本书暂未统一。

$$V_A = -Aa/12H \tag{9-1}$$

式中，H 为两粒子表面间之最小距离，粒子球心距离 R 应等于 $H+2a$ 。式(9-1) 适用于 $H \ll a$ 的情况。V_A总为负值，因为在无限远处其值为零，随粒子间相互接近V_A减小。式中，A 是与组成粒子的分子间相互作用参数有关的常数，称为 Hamaker 常数。式 (9-1) 表示的是二粒子在真空中的吸引势能。对于在分散介质中的粒子，A 应用有效 Hamaker 常数 [$=(A_2^{1/2}-A_1^{1/2})^2$，A_2和 A_1分别是粒子和分散介质的 Hamaker 常数]。

(2) 粒子间的排斥势能　根据扩散双电层模型可知，带电粒子及其周围双电层中的反离子作为整体是电中性的，只要双电层不交联，粒子间就没有静电排斥作用。但当粒子相互接近，双电层重叠时，双电层的电势及电荷分布发生变化，重叠处过剩离子的渗透压将引起二带电粒子间的静电排斥作用。排斥势能 V_R与粒子的大小与形状、粒子间距离、表面电势 Ψ_0、离子强度和液体介电常数 ε 等因素有关。对于两个半径为 a 、表面间距为 H 的球形离子，当 $\kappa a \ll 1$ 时，即粒子小，扩散双电层厚时（κ 为扩散双电层厚度的倒数）：

$$V_R = \frac{1}{R}\varepsilon - a^2\psi_0^2\exp(-\kappa H) \tag{9-2}$$

当 $\kappa a \gg 1$，即粒子大，扩散双电层薄时，

$$V_R = \frac{1}{2}\varepsilon a\psi_0^2\ln[1+\exp(-\kappa H)] \tag{9-3}$$

排斥势能总是正值，这是因为无限远处其值为零，随粒子相互接近其值增加。

二粒子间总作用势能 V 应等于吸引势能与排斥势能之和，即 $V=V_A+V_R$。当粒子间距小于某一数值时，吸引势能大于排斥势能，V 将为负值，粒子将发生聚集。图 9-1 是二粒子间总作用势能与距离关系曲线，排斥势能和吸引势能曲线未画在图中。总作用势能曲线形状与粒子大小、双电层厚度的比值（κa），介质中电解质浓度有关。

由图 9-1 可知，当 $\kappa a \ll 1$，在二粒子距离相对较大时即可能出现 V 的极小值（第二极小），此时粒子的聚集常称为絮凝。随着二粒子间距离减小，排斥势能又大于吸引势能，总作用势能增大出现峰值势垒，若势垒足够大时可阻止粒子接近，体系趋于相对稳定。粒子继续接近，吸引势能大于排斥势能，总势能又为负值并急剧减小。当二粒子极为接近时电子云相互作用而产生排斥势能使总作用势能急剧上升为正值，在距离很小时的总作用势能极小值称为第一极小值，在此处粒子发生聚沉。显然，总作用势能曲线中势垒大小在胶体稳定性

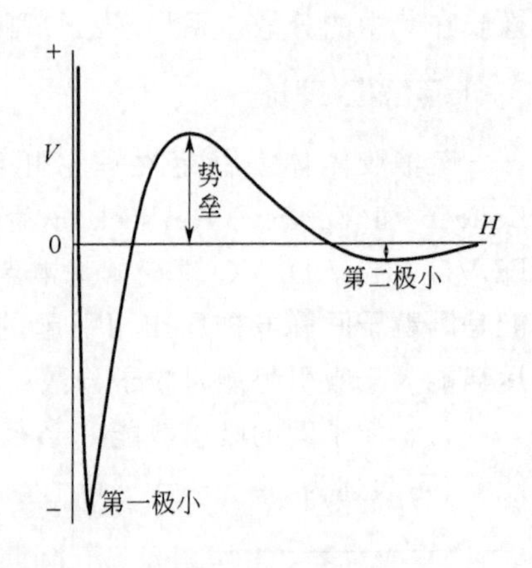

图 9-1　总作用势能曲线

中起决定作用。

在非水介质和水中加入电解质将引起双电层压缩，从而对总作用势能产生影响。当电解质浓度增加时 κ 增加，势垒减小，甚至可能会消失，从而导致聚沉的发生。表面电势增加可使势垒增大。因此，离子型表面活性剂在粒子上吸附若能使其 Stern 层电势增加，将提高分散体系的稳定性；反而将降低其稳定性。

2. 空间稳定作用

DLVO 理论成功之处在于用粒子间的范德华作用和带电粒子双电层重叠而产生的电性排斥作用说明了疏液胶体的稳定性。但是，当应用非离子型表面活性剂和高分子化合物时即使在水介质中粒子的电动电势也会下降，用电性排斥作用也难以解释在这些体系中胶体稳定性的提高。

在一定浓度时高分子化合物在胶体粒子表面吸附形成的亲液性强的有相当厚度的保护层能有效地屏蔽粒子间的范德华作用，大大提高分散体系的稳定性。这种作用称为空间稳定作用（steric stabilization）[3]。

对空间稳定作用已作了多种理论解释，如熵效应，渗透效应，体积限制效应，混合自由能排斥效应，弹性排斥效应等。

熵效应是指吸附在粒子表面的高分子化合物在粒子相距很远时构型熵较小；相距近时链节运动受到限制，熵减小。这种构型熵变化引起的排斥能与粒子间距离，高分子化合物分子长度和在粒子上的吸附量等有关。

混合自由能排斥效应是指吸附于两个粒子上的高分子化合物吸附层在相距近时互相交联，可以将此交联看作是高分子液/液的混合，计算此过程的熵变与焓变，从而可得出混合自由能变化，若此值为正值，粒子间互相排斥，体系趋于稳定。

空间稳定作用的特点是：① 由于在粒子相距很近时空间稳定作用引起的排斥势能趋于无穷大，故图 9-1 中第一极小处的聚沉不大可能发生，至多在总作用势能为第二极小处絮凝。② 在水和非水介质中空间稳定作用都起作用。③ 外加电解质的性质与浓度对空间稳定作用影响较小。

（二）悬浮体的稳定性

悬浮体大都是疏液粗分散体系，是聚结不稳定体系，极易聚沉。为使其有一定的稳定性可采用下述方法[4]。

①使悬浮体粒子带有较多的电荷，形成双电层。双电层的存在使粒子间有静电排斥作用。但是，由于悬浮体粒子粗大，在较远距离粒子之间吸引势能比胶体粒子间的大得多，总作用势能在第二极小时（参见图 9-1）即可有聚沉趋势。

②在粒子表面形成具有特殊结构和特殊性质的溶剂化层或吸附溶剂化层，溶剂化层的性质不同于体相介质的性质。溶剂化层或吸附溶剂化层处于粒子表面力场作用之下并受其制约。例如，在液态烃介质中的玻璃亲水表面上吸附有表面活性剂时形成吸附溶剂化层，介质分子不与玻璃表面直接作用，而是通过表面活性

剂的定向吸附层发生作用，溶剂化层中的烃分子比在体相介质中排列得更为有序（参见图 9-2）。带有吸附溶剂化层的粒子靠近和聚集必须使溶剂化层厚度减小，使排列较为有序的溶剂分子无序化，这就需要做功。

吸附溶剂化层存在对悬浮体稳定作用的机理可用溶剂的渗透作用解释。由于粒子表面对表面活性剂的吸附作用，在粒子间表面活性剂的浓度增加，这就使溶剂分子力图向粒子间渗透，从而起到阻碍粒子聚集的作用。此外，长链有机物（高分子化合物和某些表面活性剂）吸附后，粒子靠近时这些吸附分子的微布朗运动减小，导致体系熵减小，从而使体系自由能增大，对聚集不利。

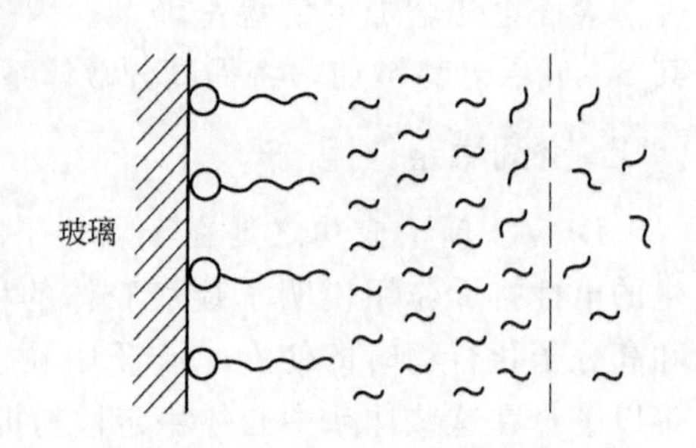

图 9-2 玻璃表面的吸附溶剂化层示意图

③微小的胶体粒子对悬浮体中大粒子有稳定作用。图 9-3 清楚地表示了大小粒子在浓度关系一定时小粒子对大粒子的稳定作用。大粒子（K）和小粒子（M）的总作用势能曲线（图中 K-M 线）有第二极小值（参见图 9-1），小粒子就处于该第二极小值处。在这样形成的大小粒子聚集体互相靠近时，小粒子间的总作用势能曲线（图中 M-M 线）具有较小的势垒，但没有明显的第二极小值。当势垒足够大时聚集体互相排斥，从而使悬浮体有一定的稳定性。

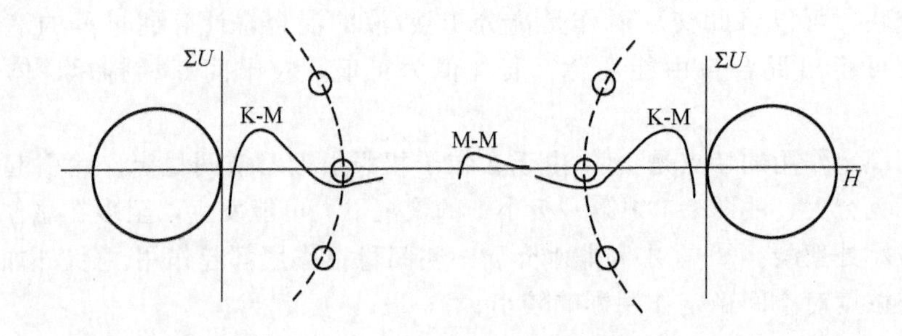

图 9-3 小粒子对大粒子的稳定作用
（K-M 为大粒子与小粒子之间的总作用势能曲线 M-M 为两个小粒子之间的总作用势能曲线）

在悬浮体中，大的分散相粒子不能进行布朗运动，在重力场中，这些粒子将快速沉降。因而，在胶体溶液中能使较小粒子保持悬浮状态的扩散作用不能使悬浮体稳定。显然，悬浮体分散相粒子越大，沉降越快。这正是使多分散的悬浮体系粒子大小分级（沉降分析）的基本道理。

二、分散作用与分散剂

将固体以小粒子形式分布于分散介质中形成有相对稳定性体系的全过程称为分散作用[1,5,6]。用分散方法通常形成粒子大小分布较宽的悬浮体，大多数情况下粒子平均大小超出胶体粒子范围。

（一）分散过程

表面活性剂在分散过程中的作用体现在分散过程中各个阶段。Parfitt 将固体在液体中的分散过程分为三个阶段：使粉体润湿，将附着于粉体上的空气以液体介质取代；使固体粒子团簇破碎和分散；阻止已分散的粒子再聚集[7,8]。

1. 粉体的润湿

有机或无机物粉末可用各种干法制备。这些方法有一般干燥法，喷雾干燥法，流化床干燥法等。有时也可用研磨法制备，这样得到的粉末粒子有不同的大小和形状。一般来说，干燥粉末以聚集体形式存在，这种聚集体可以它们的晶面连接，也可以粒子的角、棱接触形成更为松散、开放的结构形式。

用液体润湿粉末是固/气界面被固/液界面取代的过程。当发生完全润湿时粒子间隙和粒子孔中的气体也将被液体取代。固体表面的粗糙性、不均匀性将影响润湿作用。达到完全润湿，即液体在固体上的铺展系数 S 必须为正值，即

$$S=\gamma_{SV}-\gamma_{SL}-\gamma_{LV}=\gamma_{LV}(\cos\theta-1)\geqslant 0$$

由上式可知，决定铺展润湿进行的物理量是 γ_{SL}、γ_{SV} 和 γ_{LV}。显然 γ_{SV} 越大，γ_{SL}、γ_{LV} 越小越有利铺展润湿进行。通常情况下，γ_{SL} 是介于 γ_{SV} 和 γ_{LV} 之间的数，而当粉体指定后 γ_{SV} 也是定值，因而可改变的只有 γ_{LV}（和 γ_{SL}），加入表面活性剂后其在固/液、液/气界面的吸附可使 γ_{SL}、γ_{LV} 减小，有利于使 $S\geqslant 0$。由于 γ_{SL} 和 γ_{SV} 的难以测定，应用 Young 方程得到上式的 $S=\gamma_{LV}(\cos\theta-1)\geqslant 0$，使对铺展润湿的认识更为方便。由于 γ_{LV} 总是正值，故只有接触角为零或无平衡接触角时 S 才可能为正值。

2. 固体粒子聚集体的破碎和分散

如上所述，由晶面结合形成的团簇聚集体粉末比以边、棱等结合而成的聚集体粉末结合力强，分散也相对较为困难。使固体粒子聚集体破裂就是要将粒子间的固/固相结合破开。在形成粒子聚集体时总会存在有缝隙，若将这些缝隙看作是等当的毛细管，分散介质将可能在这些缝隙中渗透。液体进入半径为 r 的毛细管所需的压力是

$$\Delta P=2\gamma_{LV}\cos\theta/r=2(\gamma_{SV}-\gamma_{SL})/r \tag{9-4}$$

式中，θ 是液体在毛细管壁上的接触角。由式（9-4）可知，$\theta<90°$时渗透就能自发进行；γ_{SL} 足够小也是自发渗透的条件，而表面活性剂在固/液界面吸附不难满

足这一条件，但是，当$\theta>90^\circ$，即习惯上算为不润湿时ΔP为负值，渗透过程不能自发进行，不利于聚集团簇的破裂和分散。

在粉体的润湿和分散过程中另一重要因素是液体进入聚集体孔隙的渗透动力学。渗透速度快有利于分散作用。液体进入聚集体孔隙的渗透速度可定量地用Washburn方程表述：

$$\frac{dl}{dt}=\frac{r\gamma_{LV}\cos\theta}{4\eta l} \tag{9-5}$$

式中，l是t时间内液体沿孔隙渗入的距离，r是粉体缝隙等当毛细管半径，η是液体黏度。应用此式时假设粉体缝隙可看作是柱状毛细孔。由式（9-5）可以看出，渗透速度正比于毛细管半径r和$\gamma_{LV}\cos\theta$，反比于黏度η。因此，γ_{LV}尽可能高，θ尽可能小有利于渗透速度的提高。但是，高γ_{LV}和低θ值是相互矛盾的条件；通常小的接触角是更为重要的。

用研磨法（干磨和在液体介质中研磨）分散固体物质是一个十分复杂的过程，至今对其机理仍在不断探讨中。任何研磨过程都包括化学键的断裂和新表面的形成。因而在此过程中化学键断裂得越多使粒子变小越容易。有一种看法认为，表面能降低有利于研磨，这种看法在实际应用中尚难以验证，因为任何湿磨过程消耗的能量远大于形成新表面所要求的能量。但是，表面能的降低有利于防止破碎形成的新表面的重新结合和粒子的再聚集。早期的研究工作已证实，减小粒子大小所需的能量与表面积的增加成正比（雷丁格定律，Rittenger's law）。

3. 防止粒子的重新聚集

无论用凝聚法或分散法制备胶体和悬浮体分散体系都需要保持粒子形成时的大小，粒子的聚集作用对其储存和以后的处理过程带来困难。为此必须设法降低体系的热力学不稳定性。换言之，需减小体系的大的界面能。由于界面能等于界面张力与界面面积之乘积，而为保持体系粒子形成时之大小不变（即界面面积不变），故只能降低界面张力来使总界面能减小。为此应用表面活性剂是有效的。此外不同类型的表面活性剂在粒子上的吸附层也可形成静电的、溶剂化的或空间稳定的防止聚集的作用。当然，有时需要控制粒子的聚集程度以满足实际需求。例如，为避免粗悬浮体的黏结和烧结，有时需使粒子先发生弱的絮凝。而为了使粒子从介质中分离出去，提高沉降速率和易于过滤，有时则希望粒子能够发生聚集作用。

（二）表面活性剂在分散过程中的作用

1. 表面活性剂在分散过程中的主要作用

根据分散过程三个阶段的描述和分散体系稳定性理论可知，欲使固体物质能在液体介质中分散成具有一定相对稳定性的分散体系，需借助于加入助剂（主要是表面活性剂）以降低分散体系的热力学不稳定性和聚结不稳定性。

表面活性剂（及一些高分子化合物）在分散过程中的主要作用如下。

①降低液体介质的表面张力 γ_{LV}、固/液界面张力 γ_{SL} 和液体在固体上的接触角 θ，提高其润湿性质和降低体系的界面能。同时可提高液体向固体粒子孔隙中的渗透速度，以利于表面活性剂在固体界面的吸附，并产生其他利于固体粒子聚集体粉碎、分散的作用。

②离子型表面活性剂在某些固体离子上的吸附可增加粒子表面电势，提高粒子间的静电排斥作用，利于分散体系的稳定。

③在固体粒子表面上亲液基团朝向液相的表面活性剂定向吸附层的形成利于提高疏液分散体系粒子的亲液性，有时也可以形成吸附溶剂化层。

④长链表面活性剂和聚合物大分子在粒子表面吸附形成厚吸附层起到空间稳定作用。

⑤表面活性剂在固体表面结构缺陷上的吸附不仅可降低界面能，而且能在表面上形成机械蔽障，有利于固体研磨分散。这种作用称为吸附降低强度效应[9]。

2. 在以水为分散介质的分散体系中表面活性剂的作用

对非极性固体粒子：非极性固体多指碳质固体（如石墨、炭黑、活性炭等），这种固体表面大多疏水性较强。应用离子型表面活性剂和非离子型表面活性剂均可提高其润湿、分散性能。其机制如下：① 离子型表面活性剂吸附可使粒子表面电势增加，带同号电荷的粒子间有静电排斥作用；② 在粒子表面，表面活性剂以其疏水基吸附，亲水基在水相，降低了固/液界面张力（增加了表面亲水性）；③ 碳质吸附剂并非都是完全非极性的，即有时在水介质中也带有电荷（如大部分活性炭、炭黑的等电点约在 pH＝2～3 间），因而选择表面活性剂类型时要考虑表面可能带有电荷的影响。

对极性固体粒子：极性固体在水介质中表面大多都带有某种电荷，带电符号由各物质的等电点和介质 pH 值决定。① 当表面活性剂离子与粒子表面带电符号相反时，吸附易于进行。但若恰发生电性中和，失去粒子间静电排斥作用，可能会导致粒子聚集。提高表面活性剂浓度，使以带电极性基吸附于固体粒子表面，朝向液相的非极性基与液相中表面活性剂的疏水基发生疏水相互作用，形成极性基向水相的第二吸附层或表面胶束。同时，因吸附量大增，粒子重新带电，但是符号与表面活性剂离子的相同。这样，可使粒子得到分散和稳定。② 表面活性剂离子与粒子带电符号相同时，表面活性剂浓度低时因电性相斥作用吸附难以进行，吸附量小。浓度高时，也可因已吸附的极少量表面活性剂的疏水基与溶液中的表面活性剂发生疏水作用形成表面胶束，提高粒子表面的亲水性和静电排斥作用，使体系得以稳定。

从以上讨论可以看出，无论是何种性质的粒子，用离子型表面活性剂进行分散和稳定时都需要较大的浓度。此外，离子型表面活性剂分子中引入多个离子基团，常有利于粒子的分散。这是因为这些基团有的可吸附于粒子表面，有的留在水相，它们更易于使表面重新带电（与固体表面带电符号相反时）或提高表面电势（与固体表面带电符号相同时），起到静电稳定作用。事物总是一分为二的。增加表面活性剂分子中离子基团的数目常又使其在水中溶解度增加，致使吸附量下降，这当然不利于对粒子的分散和稳定作用。因此，有时表面活性剂在粒子上的吸附能力和对粒子的分散能力，随着表面活性剂分子中离子基团数的增多出现一最大值。

非离子型表面活性剂对各种表面性质的粒子均有较好的分散、稳定作用。这可能是因为长的聚氧乙烯链以卷曲状伸到水相中，对粒子间的碰撞可起到空间阻碍作用，而且厚的聚氧乙烯链水化层与水相性质接近，使有效 Hamaker 常数大大降低，从而也减小了粒子的范德华力。

3. 在非水介质体系中表面活性剂的作用

非水介质一般介电常数小，粒子间静电排斥不是体系稳定的主要原因。在这种情况下表面活性剂的作用表现如下：① 空间稳定作用。吸附在粒子上的表面活性剂以其疏水基伸向液相阻碍粒子的接近。② 熵效应。吸附有长链表面活性剂分子的粒子靠近时使长链的活动自由度减小，体系熵减小。同时吸附分子伸向液相的是亲液基团，从而使有效 Hamaker 常数减小，粒子间的吸附势能也就降低了。当然，对于介电常数大的有机介质，仍要考虑表面电性质对分散稳定性的影响。

（三）分散剂

1. 分散剂的选择

能使分散体系形成并使其稳定的外加物质称为分散剂。选择分散剂涉及若干因素，其中以使分散体系稳定最为主要。

分散剂应具有下述特点：① 良好的润湿性质。能使粉体表面和内孔都能润湿并使其分散。② 便于分散过程的进行。要有助于粒子的破碎，在湿磨时要能使稀悬浮体黏度降低。③ 能稳定形成的分散体系。润湿作用和稳定作用都要求分散剂能在固体粒子表面上吸附。因此，分散剂的分子量、分子量分布及其电性质对其应用都是重要的。

分散剂的最适宜结构取决于应用的稳定机制，分散相粒子表面和分散介质的性质。分散剂的效率常随介质 pH 值的不同而变化，因而分散体系及其应用的 pH 值范围在选择分散剂时是应斟酌的条件之一。其他如溶解度、对电解质的敏感性、黏度、起泡性、毒性、价格、各种物理性质以及絮凝体的再分散性等都是选择分散剂时要考虑的。

2. 分散剂的结构

分散剂有无机分散剂、低分子量有机分散剂、高分子分散剂和天然产物分散剂等，其中低分子量有机分散剂和部分高分子化合物都是表面活性剂。

(1) 无机分散剂　主要是弱酸或中等强度弱酸的钠盐，钾盐和铵盐。无机分散剂是以静电稳定机制使分散体系稳定。常用的无机分散剂都是不同分子量的某类化合物的混合物，如多磷酸盐 $NaO(PO_3Na)_nNa$，聚硅酸盐 $NaO(SiO_3Na_2)_nNa$，聚铝酸盐等。分散剂必须在粒子表面吸附才能起到分散作用。无机盐作为分散剂必须有其特殊的分子结构才使其与粒子表面有强烈的作用。例如，磷酸不能用作分散剂，而多磷酸盐 $Na_{n+2}P_nO_{3n+1}$（$n\geqslant2$），偏磷酸盐 $Na_nP_nO_{3n}$（$n\geqslant4$），就可稳定二氧化钛和氧化铁在水介质中的分散体系。多磷酸盐羧基的解离常数随pH值不同而变化。它不适于在酸性介质中使用，因为它将解离为正磷酸，而后者不能用作分散剂。

（2）低分子量有机分散剂　低分子量有机分散剂即为常用阴离子型、阳离子型、非离子型、两性型等表面活性剂。

① 阴离子型分散剂　这种分散剂的阴离子吸附于粒子表面使其带有负电荷，粒子间的静电排斥作用使分散体系得以稳定。亚甲基二萘磺酸钠、直链烷基苯磺酸盐（LAS）、十二烷基琥珀酸钠、十二烷基硫酸钠（SDS）、磷酸酯等都是常用的阴离子型分散剂。萘磺酸甲醛缩合物是一种混合物，分子中萘环为2～9时相对分子质量约为500～2300。其作为分散剂的分散效率随分子中萘环增加而增加，用这种分散剂时，疏水性还原染料分散体系稳定性在分散剂分子中含4个萘环后才不再变化。图9-4给出了相应结果，由图可知在含4个萘环以下，随萘环数增加分散体系稳定性（以沉降体积表征）增加。而亲水性粒子分散体系用这种物质作分散剂时分子中至少含10个萘环体系稳定性方可达最大值。

② 阳离子型分散剂　在亲油介质中阳离子型分散剂是有效的。在这种情况下，分散剂电荷端基吸附于负电性粒子表面，碳氢链留在介质中，在水中阳离子分散剂常可引起絮凝。高昂的价格，对介质pH值的敏感性也是阳离子型分散剂在水分散剂体系中应用受到限制的原因。

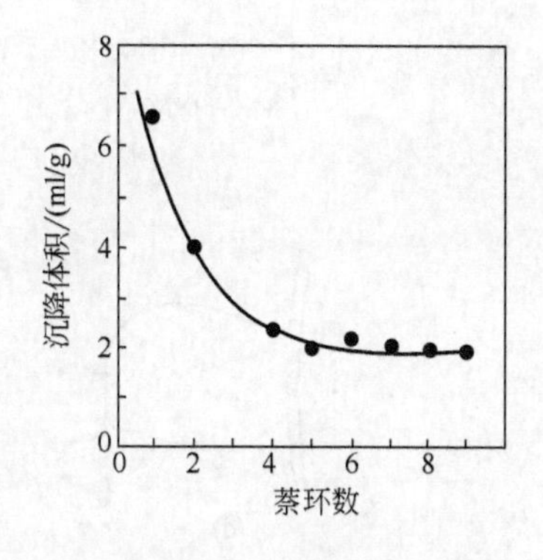

图9-4　分散剂（萘磺酸甲醛缩合物）中萘环数对还原染料分散体系沉降体积的影响

③ 非离子型分散剂　非离子型分散剂在粒子表面吸附时以其亲油基团吸附，而亲水基团形成包围粒子的水化壳。非离子型分散剂日益受到重视是因为它的应用不受介质pH值的影响，对电解质也不太敏感。并且，其亲水-亲油平衡易于用调节氧乙烯链的方法予以改变。

最常用的非离子型分散剂是烷基酚聚氧乙烯醚（APE），脂肪醇聚氧乙烯醚和聚氧乙烯脂肪酸酯。近年来，出于环保考虑，后二者有取代APE的趋势。钛酸酯［$Ti(OR)_4$］作为颜料的分散剂已有应用。在颜料表面吸附的低分子量的钛酸酯在水存在下可很快水解，形成亲水表面。分散于水中的改性颜料又可与脂肪酸或脂肪胺反应形成亲油表面可用于油基性涂料和印刷油墨制造。

（3）高分子分散剂　高分子分散剂可以空间稳定机制，有的带电高分子还可以静电稳定机制使分散体系稳定，因而这种分散剂常比有机小分子分散剂更为有效。在非水介质中因其低的介电常数静电稳定机制不起作用，主要是空间稳定机制的作用。高分子分散剂的分散效率与高分子在粒子表面的吸附和吸附层结构有关。因此，需要了解分散剂吸附层的厚度，吸附层的结构，高分子链段的活动性，吸附层中极性基团和表面电荷的分布，吸附的分散剂与分散介质的作用等。

用作分散剂的高分子化合物是均聚物或共聚物。最常用的均聚物有聚丙烯酸，聚甲基丙烯酸，聚乙烯醇。聚丙烯酸和聚甲基丙烯酸的解离度取决于溶剂的 pH 值和离子强度。随着介质 pH 值增加解离度和负电荷增加。在 pH 值低于 3 的酸性介质中这些聚合物几乎是不溶解的，也是电中性的。溶度与 pH 值的关系影响到分散剂的吸附与稳定作用。

为了保证空间稳定作用和静电稳定作用有效果，分散剂必须能黏附于粒子表面。均聚物可优先与粒子表面结合，也可以与溶剂结合，因而均聚物作为空间稳定剂就不很有效。作为分散剂的共聚物可是无规共聚物或嵌段共聚物，它们在粒子表面的图像表示于图 9-5 中。用作共聚物的单体有异丁烯、环氧乙烷、环氧丙烷、羟乙基丙烯酸酯、甲基丙烯酸酯、马来酐、丙烯酸、甲基丙烯酸、丙烯酰胺、甲基丙烯酰胺、苯乙烯、乙烯基吡咯烷酮等。

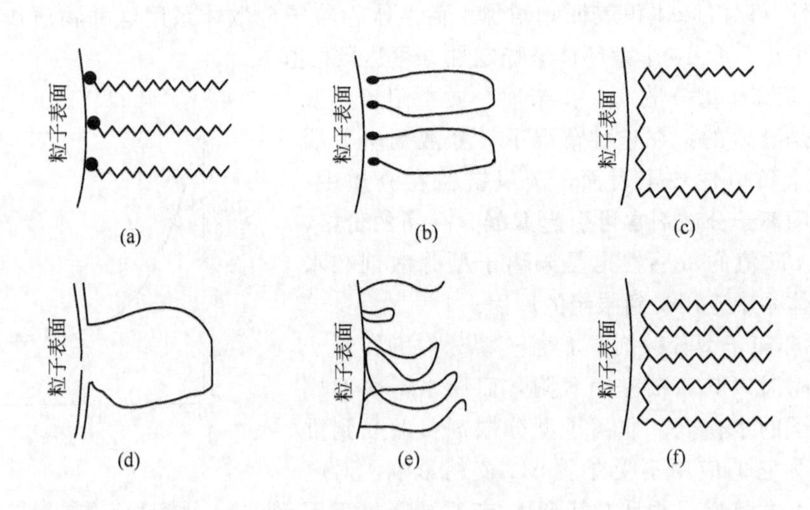

图 9-5　高分子分散剂在粒子表面的可能图像

（a）功能基团在末端的聚合物；（b）功能基团在两端的聚合物；（c）BAB 嵌段共聚物；（d）ABA 嵌段共聚物；（e）无规共聚物；（f）接枝或梳状共聚物

高分子分散剂可以有阴离子型、阳离子型、非离子型、两性型等。无机固体粒子表面可以有阴离子或阳离子的吸附位，它们可与离子型分散剂形成离子对而吸附。当然，也可能以形成氢键、疏水相互作用、分子间作用力等形式吸附。

选择聚合物作分散剂分子量大小必须考虑。因为分子量大小不同时聚合物可能作为分散剂也可能适于作絮凝剂。有的研究工作表明，聚合物适合作分散剂还是絮凝剂不仅与分子量有关还与其在分散介质中的溶解能力，分散相固体粒子的大小有关[10]。

(4) 天然产物分散剂　天然产物分散剂包括聚合物和低分子量的物质，如磷脂（如卵磷脂），脂肪酸（如鱼油）等。

无机氧化物在有机液体中的分散体系通常可用合成高分子分散剂制备，但陶瓷粉在有机溶剂中的分散体系却用低分子量的分散剂，如脂肪酸、脂肪酸酰胺、胺和脂等。有时带有扭曲碳链的脂肪酸可作为分散剂，而直链的却无效。例如，油酸是分散剂，而硬脂酸不是。用油酸吸附单分子层可使二氧化钛分散于苯中，此时油酸以其羧基吸附在二氧化钛上，故其分散效率随碳链增长而增加。

许多天然产物聚合物可用作分散剂或用于制造分散剂。如多糖、纤维素衍生物、天然胶及其制品、单宁酸盐、木质磺酸盐、酪蛋白等。

作为分散剂的木质素磺酸盐是相对分子质量范围在2000～10000的聚合物混合物，其结构尚不十分清楚，但已知它是带有磺酸根的邻甲苯丙基与脂肪链相连（图9-6）。

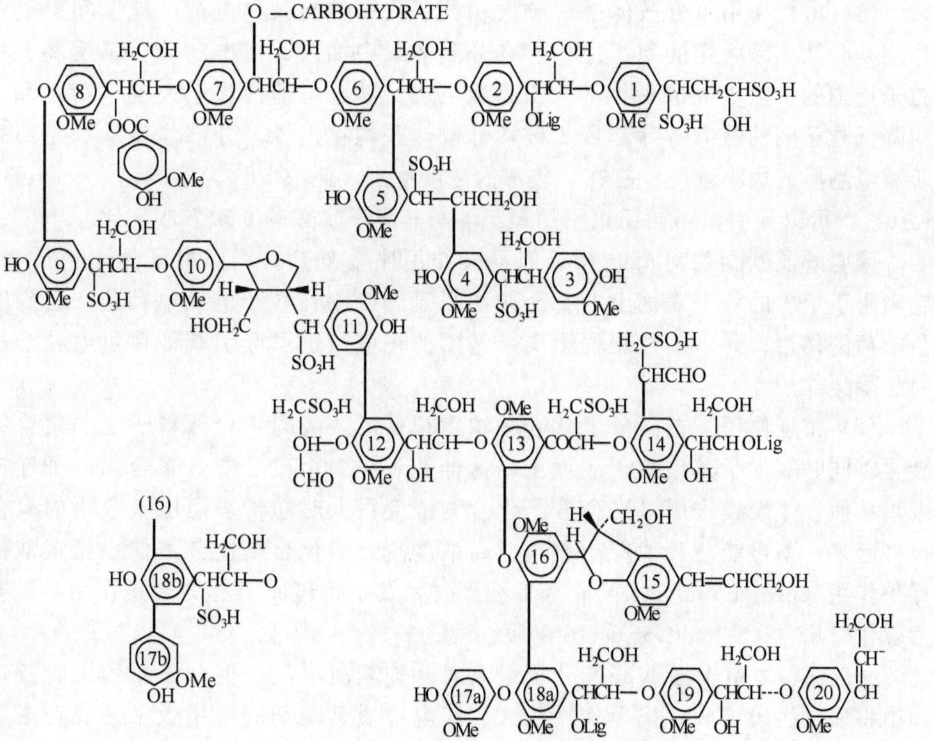

图9-6　木质素磺酸盐结构图

三、聚集作用与絮凝剂

区别聚沉、絮凝和聚集这三个术语是困难的，因为它们本无实质上的不同，只是习惯用法上的差异。有人建议以聚集作用为通用术语，以避开区分聚沉、絮凝的困难。当然也有人按照自己的习惯仍对聚沉、絮凝做细致的区分。如有人认为絮凝与聚沉在聚集机理上是不同的：絮凝是胶体粒子被聚合物（包括聚合电解质）聚集的作用，而聚沉是用低分子量电解质使其聚集的作用。

（一）聚集作用机理

聚集作用（聚沉或絮凝）可看作两步的过程：① 被分散粒子的去稳定作用（destabilization）导致的粒子间排斥作用的减弱。② 去稳定的粒子相互聚集。粒子间的排斥力抑制聚集作用，而吸引力对抗排斥力利于聚集作用。上述的两个步骤可分别用胶体的相互作用和聚集动力学进行研究。粒子的无规布朗运动随时在进行。不同大小的粒子以不同的速度作相对运动将引起碰撞和絮凝。当粒子相当大和紧密时甚至可以发生明显的沉降作用。

聚集作用一般有以下几种机制。

(1) 电性作用　分散体系中分散相粒子大多带有某种电荷，粒子间静电排斥作用是分散体系稳定的原因之一。在分散体系中加入无机电解质，其反离子将向粒子周围的扩散双电层中扩散，压缩双电层，甚至可能使粒子表面电荷中和，从而降低粒子间的静电排斥作用，破坏分散体系的稳定性。分散体系从稳定到絮凝所需电解质的最小浓度常是在一较窄的浓度范围，此浓度称为聚沉值（coagulation value）。可以证明，不同反离子的聚沉值与其离子价数的 6 次方成反比。

聚电解质絮凝剂对荷电粒子的絮凝作用比较复杂。以阳离子聚电解质为例，它吸附于负电的粒子表面上时部分阳离子基团吸附在粒子的负电荷位，起到中和负电荷的作用；另一些过剩的阳离子基团的正电荷也可吸引其他荷负电粒子从而引起聚集作用。

(2) 桥连作用　在高分子化合物浓度很低时，吸附于分散粒子上的聚合物长链可以同时吸附于其他粒子表面上，这样就可将多个粒子通过聚合物分子连接起来，从而发生聚集作用。当高分子化合物浓度很大时粒子表面已被吸附的聚合物包裹起来，不再能与其他粒子桥连。高浓度高分子化合物使分散体系稳定常称为保护作用（protective action）；极低浓度时因发生桥连而引起的聚集作用，早期称为敏化作用（sensitization）（图 9-7）。

一般来说，高分子絮凝剂分子量大对桥连絮凝有利，但分子量太大时桥连过程中将发生链段重叠，排斥作用加大。聚电解质絮凝剂的应用效果还要考虑其离解度，带电符号及粒子荷电性质的关系。通常，聚电解质离解度大，电荷密度高，分子舒展，有利于桥连。但是，若聚电解质与粒子带电符号相同时，聚电解质解

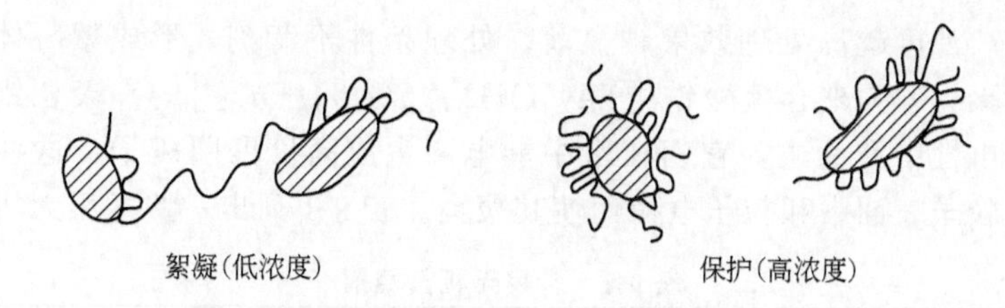

图 9-7　聚合物对分散相粒子的敏化作用与保护作用

离度越大，越不利于其在粒子表面的吸附。在这种情况下，通常用加入高浓度电解质，使其反离子起到促进聚电解质吸附和压缩粒子表面双电层双重作用，最终使得吸附的聚电解质能跨越压缩后两倍双电层厚度的距离起到桥连作用（参见图 9-8）。

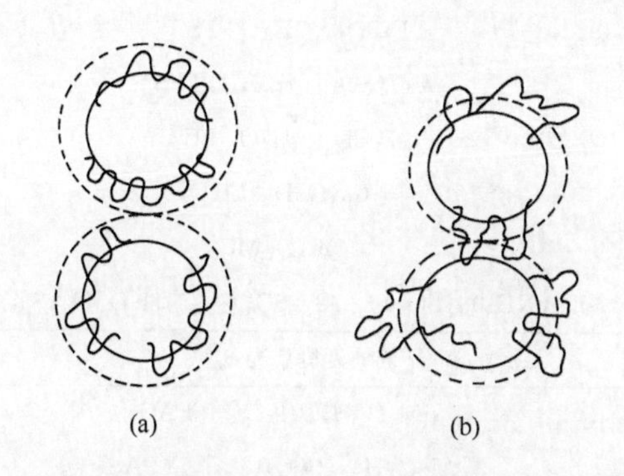

图 9-8　电解质存在下聚合物桥连絮凝示意图

(a) 低离子强度，静电斥力阻碍桥连；(b) 高离子强度，双电层变薄，利于桥连

（二）絮凝剂

絮凝剂是在很低浓度就能使分散体系失去稳定性并能提高聚集速度的化学物质[6,11]。絮凝剂主要用于生活用水、工业用水和污水的处理，以除去其中的无机和有机固体物。絮凝剂也用于固液分离、污泥脱水、纸料处理等。絮凝剂主要有无机絮凝剂和有机絮凝剂两大类。有机絮凝剂以高分子絮凝剂为主。

1. 无机絮凝剂

常用的无机絮凝剂有水溶性铝盐、铁盐、氯化钙、硅酸钠、酸（HCl、H_2SO_4）、碱［NaOH、$Ca(OH)_2$］等，铝盐和铁盐有硫酸铝、三氯化铝、三氯化铁、硫酸铁等，它们在水中都以三价铝和三价铁各种形态存在。这类絮凝剂分子量不大，可称为低分子量无机絮凝剂。

另一类无机絮凝剂是高分子量无机絮凝剂，常用的有聚合铝和聚合铁。聚合铝的基本化学式有铝溶胶[xAl$(OH)_3$、$AlCl_3$]、聚氯化铝{[$Al_2(OH)_nCl_{6-n}$]$_m$}、聚合硫酸铝{$[Al_2(OH)_n(SO_4)_{3-n/2}]_m$}等。聚合铝作为絮凝剂的优点是适用于各种废水处理，浊度越高处理效果越显著，处理条件不苛刻，形成絮凝体快，沉淀速度快等。聚合铁为聚合硫酸铁{$[Fe_2(OH)_n(SO_4)_3-n/_2]_m$}。聚合铝与聚合铁絮凝机制以电性中和为主，它们在水中能电离生成高价聚阳离子，这些聚阳离子吸附在负电粒子表面中和粒子电荷而使其聚集。表 9-1 列出一些常用无机絮凝剂。

表 9-1 常用无机絮凝剂

絮凝剂	分子式(缩略语)	适用 pH 范围
	低分子量无机絮凝剂	
硫酸铝	$Al_2(SO_4)_3 \cdot 18H_2O$ [AS]	6.0～8.5
硫酸铝钾	$Al_2(SO_4)_3 \cdot K_2SO_4 \cdot 24H_2O$ [KA]	6.0～8.5
氯化铝	$AlCl_3 \cdot nH_2O$ [AC]	6.0～8.5
铝酸钠	Na_2AlO_4 [SA]	6.0～8.5
硫酸亚铁	$FeSO_4 \cdot 7H_2O$ [FSS]	4.0～11
硫酸铁	$Fe_2(SO_4)_3 \cdot 2H_2O$ [FS]	8.0～11
三氯化铁	$FeCl_3 \cdot 6H_2O$ [FC]	4.0～11
消石灰	$Ca(OH)_2$ [CC]	9.5～14
碳酸镁	$MgCO_3$ [MC]	9.5～14
硫酸铝铵	$(NH_4)_2(SO_4)_3 \cdot Al_2(SO_4)_3 \cdot 24H_2O$ [AAS]	8.0～11
	高分子量无机絮凝剂	
聚氯化铝	$[Al_2(OH)_nCl_{6-n}]_m$ [PAC]	6.0～8.5
聚硫酸铝	$[Al_2(OH)_n(SO_4)_{3-n/2}]_m$ [PAS]	6.0～8.5
聚硫酸铁	$[Fe_2(OH)_n(SO_4)_{3-n/2}]_m$ [PFS]	4.0～11
聚氯化铁	$[Fe_2(OH)_nCl_{6-n}]_m$ [PFC]	4.0～11
聚硅氯化铝	$[Al_A(OH)_BCl_C(SiO_x)_D(H_2O)_E]$ [PASC]	4.0～11
聚硅硫酸铝	$[Al_A(OH)_B(SO_4)_C(SiO_x)_D(H_2O)_E]$ [PASS]	4.0～11
聚硅硫酸铁	$[Fe_A(OH)_BCl_C(SiO_x)_D(H_2O)_E]$ [PFSS]	4.0～11
聚硅硫酸铁铝	$[Al_A(OH)_BFe_C(OH)_D(SO_4)_E(SiO_x)_F(H_2O)_G]$ [PAFSS]	4.0～11

2. 有机絮凝剂

有机絮凝剂有表面活性剂、水溶性天然高分子化合物和合成高分子化合物。其中以合成高分子絮凝剂应用最为广泛。

天然高分子絮凝剂（如淀粉、纤维素衍生物、胶类等）分子量小、絮凝效果差，应用远比合成高分子絮凝剂少。但近年来由甲壳素加工而成的絮凝剂受到重视。

合成有机高分子絮凝剂也有阴离子型、阳离子型、非离子型、两性型等多种。阴离子型的有部分水解聚丙烯酰胺，聚苯乙烯磺酸盐，聚丙烯酸盐等，一般阴离子絮凝剂要求其分子量大（如大于 10^6）才有效。非离子型的有聚丙烯酰胺、聚氧乙烯、聚乙烯醇等。非离子型和阴离子型絮凝剂主要以桥连作用起絮凝作用，故要求分子量大才有效。

阳离子型高分子絮凝剂在水中都有带正电的基团（如氨基、亚氨基、季铵基等），而大多数固体粒子在中性水中带负电荷，因而阳离子型高分子絮凝剂无论分子量大小均可起絮凝作用。常用的阳离子型高分子絮凝剂有聚羟基丙基二甲基氯化铵、聚二甲基二烯丙基氯化铵、聚乙烯氯化吡啶、聚乙烯胺、聚乙烯吡咯、聚氨甲基丙烯酰胺等。

由于这几种类型高分子絮凝剂带电符号、功能基团性质和絮凝机制不同或不完全相同，因而它们适用条件和功能也有差别，表 9-2 列出不同类型高分子絮凝剂功能比较。

表 9-2　有机高分子絮凝剂的实例及应用

类型	实例	分子量范围	适用污染物及 pH 范围
阳离子型	聚乙酰亚胺，乙烯吡咯共聚物	10^4～10^5	带负电荷胶体粒子 pH 中性至酸性
阴离子型	水解聚丙烯酰胺，聚甲基纤维素钠，磺化聚丙烯酰胺	10^6～10^7	带正电的贵金属盐及其水合氧化物 pH 中性至碱性
非离子型	聚烯酰胺，淀粉，氯化聚乙烯	10^6～10^7	无机类粒子或无机－有机混合粒子
两性型	两性聚丙烯酰胺		pH 弱酸性至弱碱性无机粒子，有机物 pH 范围宽

近年来有人研究对某些体系将两种聚合物复配可得到更好的絮凝效果，混合絮凝剂甚至可以是由分子量大小不同的阴、阳离子型聚合物复配而成[12]。

高分子絮凝剂应用的主要问题是制造成本和毒性。特别是长期大量应用对人体健康是否会带来危害，絮凝物的后处理是否困难都应十分重视。由于高分子絮凝剂的价格高于无机絮凝剂的几十倍，故生产工艺流程的改进、原料价格的降低都需要考虑。近年来将有机与无机絮凝剂联合应用收到良好的效果。

四、分散系统稳定性的一些实验研究方法

实际分散体系种类繁多，表征它们稳定性的方式也各不相同，因而没有也不可能有标准的定型的研究分散体系稳定性的方法。尽管如此，涉及分散体系稳定性的基本性质和参数仍需要用一定手段测定。本节列出一些常见的较易采用的研究方法[4,6,11]。

(一)稀分散系统

(1) 目测法 胶体体系聚沉值、胶体离子带电符号等均可用目测法测定。如预先准备好溶胶和5种电解质溶液，这些电解质有不同价数的阳离子和阴离子[如 KNO_3、$Ba(NO_3)_2$、$Al(NO_3)_3$、K_2SO_4、$K_3(COO)_3C_3H_4OH$]。另6支试管中各加入1 mL溶胶，再将1 mL蒸馏水、上述五种电解质一定浓度的溶液分别加入试管中，摇动后目测观察各试管中溶胶浑浊情况。依照相同方法用成倍冲释的电解质溶液进行上述试验，直至溶胶无聚沉现象发生，所用电解质溶液最小浓度即为聚沉值。比较各电解质的聚沉值就可判断出聚沉剂离子和胶体粒子带电符号[4]。

(2) 浊度法和光度法 这类方法可根据体系浊度或光密度变化快速监测快絮凝和慢絮凝的进行。Giardino-Palmiro 等用浊度法研究了非离子型表面活性剂（辛基酚聚氧乙烯醚）对胶态二氧化硅絮凝的作用[13]。浊度法测量适用的粒子的极限大小是指定光波长的1/20。Fleer 和 Lyklema 用光度法研究了电解质[$La(NO_3)_3$、$Ca(NO_3)_2$、KNO_3]对在聚乙烯醇 PVA 存在下碘化银（AgI）溶胶絮凝效率的影响，其结果如图9-9所示。

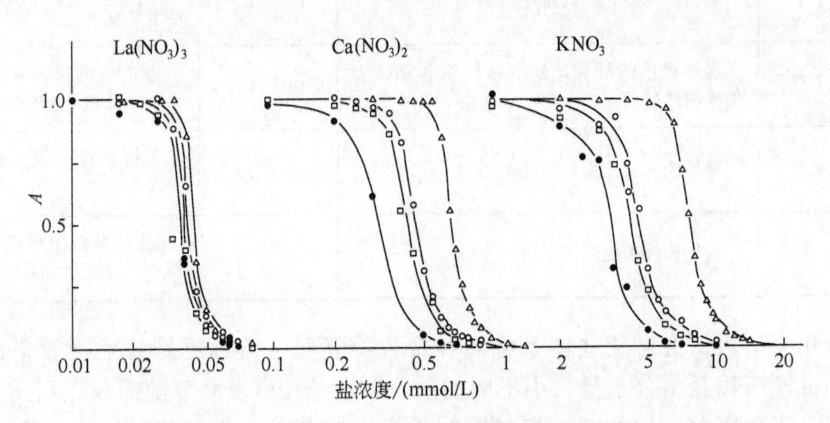

图9-9 盐的浓度对在PVA存在下碘化银溶胶絮凝作用的影响
(胶体体系光密度与盐浓度的关系)
PVA分子量：●—63000；□—101000；○—56000；△—15000

由图可见，为使在PVA存在下碘化银分散体系絮凝需加入一定浓度的盐，电解质的临界絮凝浓度与阳离子价数有很大关系。显然，电解质压缩聚合物层外的双电层使粒子彼此接近。王舜等用光度法研究了在恒定聚沉剂(NaCl)浓度下不同类型的表面活性剂（十二烷基苯磺酸钠 SDBS、氯化十四烷基吡啶 TPC 和 Triton X-100）对氧化铝微粉水悬浮体稳定性的影响[14]（图9-10）。

由于所应用的氧化铝粒子等电点（IEP）约为 pH＝8.5，故介质 pH＜8.5 时表面带负电荷。由图9-10可知，氧化铝粒子吸附带相反号电荷的 SDBS 或 TPC 离子时粒子悬浮体稳定性随表面活性剂浓度增加先降至最小值，随后又升高并趋于

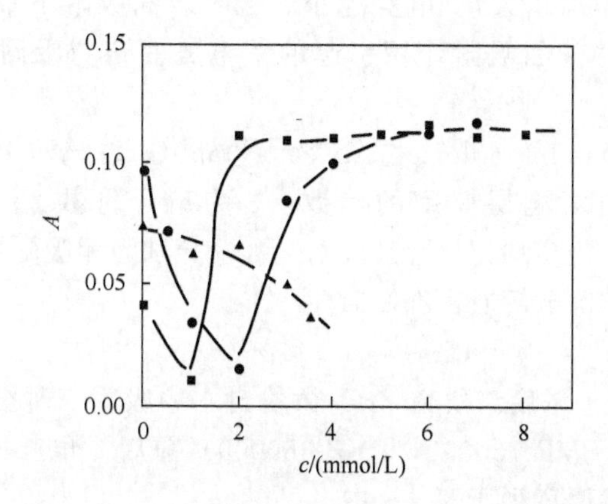

图 9-10　氧化铝微粉水悬浮体的光密度与加入的表面活性剂浓度关系

■—SDBS，pH＝5.9，0.03mol/LNaCl；●—TPC，pH＝10.4，0.03mol/LNaCl；

▲—Triton X-100，pH＝6.9，0.02mol/L NaCl

稳定。这是因为在表面活性剂浓度很低时它们的吸附使表面电性中和，电动电势下降至零，粒子间静电斥力减小，悬浮体最不稳定；表面活性剂浓度再增加，粒子电动电势变号，在粒子表面可能形成亲水基朝水相的表面活性剂吸附层，电性斥力和表面的亲水性增加都使得悬浮体又趋于稳定。Triton X-100 的作用与 SDBS、TPC 的不同。这可能是它与表面主要是形成氢键的作用，对电性质影响不大，因而对悬浮体稳定性的影响也不大。但毕竟 Triton X-100 的吸附其疏水基增大了表面疏水性因而使体系稳定性略有降低。

(3) 电泳法　在外电场作用下分散体系中荷电粒子向与其带电符号相反的一极运动，扩散层中的反离子向另一极移动，这种现象称为电泳。电泳是电动现象中较易实验研究的一种。根据荷电离子电泳的相对移动速度可计算电动电势 ζ。通过带电粒子的电泳法研究可以了解到离子带电符号；求得 ζ 电势；测出粒子的等电点；在特定条件下计算出表面吸附层厚度；深入了解絮凝机理等。粒子电泳速度的测定方法主要有显微电泳法，界面移动法，区带电泳法等，可参考有关理论和实验书[4,15,16]。

当介质 pH 值大于或小于分散相粒子的等电点时，随 pH 值的增加或降低粒子表面电荷密度和分散体系的稳定性增加。而且，在不考虑其他条件时，一般来说介质 pH 值与粒子等电点差别越大，分散体系越稳定。文献报道 α-Al_2O_3 水中的 ζ 电势与介质 pH 的关系以及该 α-Al_2O_3-水分散体系浊度与 pH 值的关系之间有相互对应的关系。即：① α-Al_2O_3 的等电点约在 pH＝9～10 间；② 在 α-Al_2O_3 粒子等电点附近该分散体系的浊度最小，体系最不稳定。这就证实了粒子间的静电排斥作用是保持体系稳定性的重要原因。

根据扩散双电层理论，粒子表面滑动面电势为 ζ 电势。当表面电势一定时，滑动面距粒子表面距离越大，ζ 电势越小。粒子表面吸附不带电的高分子化合物时滑动面将明显外移。因吸附作用引起的 ζ 电势变化与吸附层厚度 δ 间有下述关系

$$\kappa\delta = \ln[\tanh(ze\zeta_1/4kT)]/[\tanh(ze\zeta_2/4kT)] \tag{9-6}$$

式中，κ 为扩散双电层厚度的倒数，z 为离子价数，e 为电子电荷，k 为 BoItzmann 常数，T 为实验温度（K），ζ_1 和 ζ_2 分别为无吸附层和有吸附层时粒子的 ζ 电势。对于 1-1 价电解质，25℃时

$$\kappa^{-1}(\text{cm}) = (3.06/c^{1/2}) \times 10^{-8} \tag{9-7}$$

式中，c 为反离子浓度。研究 ZrO_2 微粉自水中吸附三种分子量的聚乙烯吡咯烷酮（PVP 40000，PVP 160000，PVP 360000）前后 ζ 电势的变化，依式（9-6）计算出相应的吸附层厚度列于表 9-3 中。

表 9-3　不同 pH 时三种 PVP 在 ZrO_2 微粉上的吸附层厚度 δ/nm

pH 值	PVP 40000	PVP 160000	PVP 360000
4.1	24.6	25.9	39.9
5.8	8.9	11.7	13.8

由表中数据可知：在相同 pH 值介质中，PVP 分子量越大吸附层越厚；对同一分子量 PVP，介质 pH 值减小吸附层厚度增加。随后的聚沉实验证明，在聚沉剂 NaCl 浓度相同时，使分散体系达到相同或相近稳定程度所需 PVP 浓度随其分子量增加而降低，这显然是由于分子量大的吸附量大、吸附层厚所致。而且在 pH＝4.1 介质中使分散体系稳定所需 PVP 浓度比在 pH＝5.8 质中的低得多，这也与吸附层厚度有关[17]。

（4）显微镜法　用光学显微镜或电子显微镜可以直接观测聚集引起的粒子大小和形状的变化，从而给出分散体系中发生聚集作用的信息。Copper 等用显微镜计数法统计单位体积分散体系中粒子数目随时间的变化，研究了 β-酞菁铜和 α-氯酞菁铜在正庚烷中絮凝速率，得出结论认为表面活性剂 AOT 的稳定机制不是空间稳定作用，而是由 ζ 电势的大小决定，且与 ζ 电势的符号无关[18]。

（5）沉降法　测定分散体系分散相的沉降体积和沉降速度可以了解分散体系的状态，评价其稳定性。由于小粒子沉降得慢，故重力沉降法通常只适用粒子大小不小于 5nm 的体系。离心沉降法可提高沉降速率，测定粒子的平均大小。马季铭等用离心式粒度分布测定仪测定钛酸铅 PT 微粉在不同液体介质中粒子大小，讨论了这些分散体系的稳定性。表 9-4 列出在各种液体中 PT 粉的平均粒子大小。

表 9-4　在各种液体中钛酸铅微粉粒子的大小

液　体	介电常数	粒子平均大小/nm
水	78.5	240
甲醇	32.6	250
乙醇	24.4	350
异丙醇	18.3	390
甲氧基乙醇		360
乙氧基乙醇	29.6	330
环己酮	18.3	300
苯甲醛	17.8	290
苯乙酮	18.1	360
丁酮	18.5	340
氯仿	4.8	390
二氧六环	2.3	480
苯	2.3	560
环己烷	2.0	1190

由表中数据可知，在非水介质中 PT 粉有强烈的聚结趋势，粒子的平均大小大致随液体介电常数的减小而增加。在非极性液体中加入微量水促进 PT 微粉粒子的聚结。油溶性表面活性剂或高分子化合物的加入可改善 PT 粉在有机介质中的稳定性。图 9-11 是十二烷基苯磺酸钠（SDBS）和卵磷脂对 PT 粉/甲苯分散体系稳定性的影响。由图可见在甲苯中 PT 粉聚集体大小在低浓度表面活性剂存在下都有减小。只是在有卵磷脂时随其浓度的增加聚集体大小有一最小值，这可能是发生表面活性剂的双层吸附所致[19]。

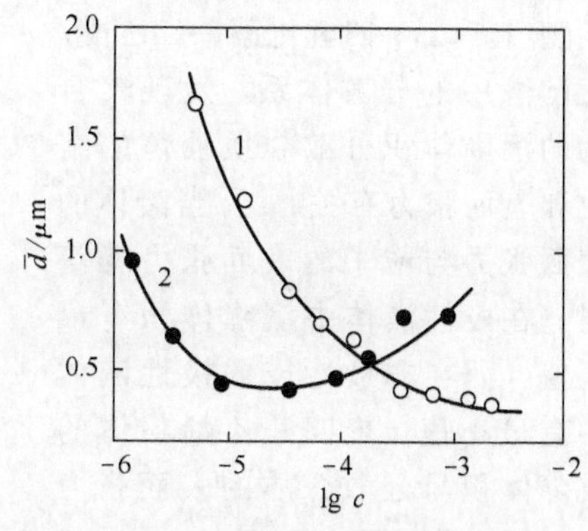

图 9-11　SDBS（曲线 1）和卵磷脂（曲线 2）对 PT-甲苯分散体系粒子大小的影响

(6) 光散射法　静态和动态光散射技术均可用于研究分散体系的聚集作用。静态光散射可测定聚集体的分形维数、粒子平均大小和质量。动态光散射可研究聚集动力学，从而获得粒子大小分布的信息。

(二) 浓分散系统

大多数实用的分散体系（如油漆、油墨、涂料、泥浆等）都是浓分散体系，其中，分散相在总分散体系中占有相当大的体积分数，有时形成某种结构。但是，浓分散体系与稀分散体系并无严格的界定。

浓分散体系的实验室研究不多，有时将其冲稀，采用稀分散体系的研究方法也可得到有价值的结果。直接以浓分散体系为对象进行研究大多为有关工业部门特殊的研究手段或有专用的设备，这是我们不熟悉的，可参考那些部门的专业书籍。现仅介绍化学实验室常用的方法。

(1) 沉降体积　沉积物的体积和结构可以提供分散体系状态、沉降机理、分散相粒子特性、粒子间相互作用的有关信息。所谓沉降体积笼统地说是沉降了的接触粒子所占据的体积。但是若粒子接触后不再能活动则沉降体积大；粒子接触后还能进行滑动和再排列，则沉降体积可能随时间延长而变小。因此，测定沉降体积随时间的变化对了解分散体系状态、粒子间及粒子与介质间的相互作用是有价值的。多分散的分散体系或悬浮体的沉降是复杂的过程，对其作任何预测是很困难的。有一定结构的絮凝块沉降时它们的排列取决于其形状和密度。沉降体积可直接根据其在容器（如刻度试管）中沉淀的体积或高度测量。利用沉降体积可以研究分散体系稳定性的有关问题。如介质性质，分散相性质，聚沉剂的性质与浓度，稳定分散剂的性质与浓度等对分散体系稳定性的影响，并根据这些结果推断稳定机制、聚沉机理等。

Vargha-Butler 等研究了聚四氟乙烯粉在正己烷/正十六烷，二乙醚/1,2,3,4-四氢化萘、二乙醚/正己醇中的分散体系，发现聚合物的沉降体积分散介质液体的组成和表面张力有关[20]。当液体的表面张力与粒子的表面张力相等时，在极性液体中沉降体积有最大值，而在非极性或弱极性液体中有最小值。聚四氟乙烯粉体的沉降体积与分散介质的表面张力 γ_{LV} 的关系如图 9-12 所示。

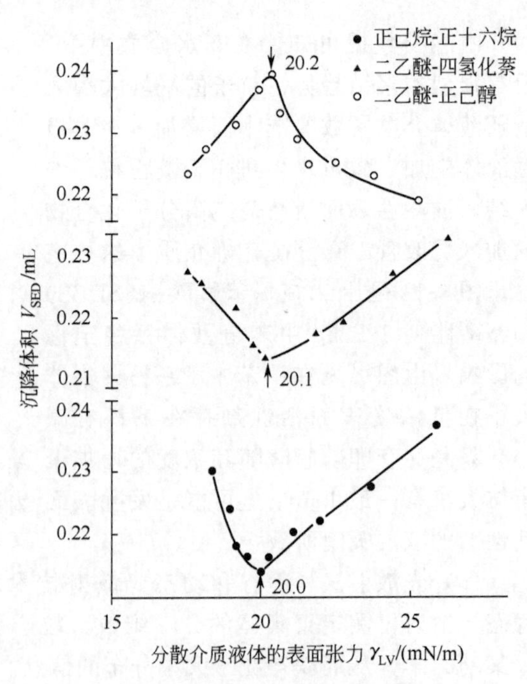

图 9-12　聚四氟乙烯沉降体积与分散介质液体表面张力的关系

工业污泥沉降体积的大小，直接与污泥脱水性质及排泥量有关。而决定污泥沉降体积大小的因素是絮凝剂的结构特点和作用机理。① 高分子效应。若絮凝剂为高分子化合物，其絮凝机理主要是桥连作用。即粒子间距与高分子链统计伸长度有关。同时由于污泥粒子表面带负电，离子型絮凝剂将会与粒子表面有电性作用，若为阴离子型絮凝剂因使粒子表面负电荷密度增大，沉降体积将增大。② 渗透压效应。离子型絮凝剂的反离子存在引起渗透效应。③ 水合效应。絮凝剂的不同离子基团和外加无机离子对水的结构有不同影响，水合量也不相同，因而使得沉降污泥中含水量不同。以这三种效应为主的综合作用使沉降污泥体积可有很大差别。

（2）流变性质　浓分散体系的流变性质反映了这些体系结构特点、粒子间及粒子与介质间的相互作用。当有外加絮凝剂或电解质时流变性质将发生变化。因此，测定浓分散体系的流变性质可以了解体系的结构特点、粒子间相互作用等。例如，铁磁性物质悬浮体稳定性受磁场影响而变化，而这种变化可通过体系流变性质的测定予以定量的计算和讨论[4]。

Furusawa 等研究了聚苯乙烯磺酸钠为分散剂时水煤浆悬浮体的稳定性。该体系的稳定作用机制是空缺稳定作用。高分子的空缺稳定作用（depletion stabilization）是在其良溶剂中吸附在分散相粒子上的聚合物被挤入体相溶液中，这样在能量上更为有利，粒子相互作用时存在势垒，有利于体系稳定。水煤浆悬浮体的稳定性可用体系黏度变化来说明。悬浮体黏度用旋转式黏度计测定。结果表示于图 9-13 中。由图可见，加入 0.7%（质量）聚苯乙烯磺酸钠（PSSNa）时体系黏度小，且随时间延长数值几乎无变化。不加分散剂的体系黏度随时间增加而急剧增加[21]。

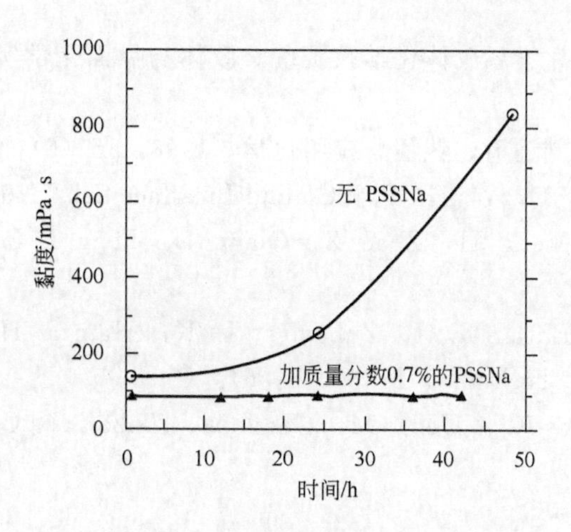

图 9-13　水煤浆黏度与时间关系

参考文献

［1］Rosen M J. Surfactants and Interfacial Phenomena. 2nd ed. New York：John Wiley & Sons，Inc.，1989.

［2］王果庭．胶体稳定性．北京：科学出版社，1990.

［3］Sato T，Ruch R. Stabilization of Colloid Dispersions by Polymer

Adsorption. New York：Marcel Dekker，Inc.，1980.

［4］拉甫罗夫 И С. 胶体化学实验. 赵振国译 . 北京：高等教育出版社，1992.

［5］Tadros Th F. Surfactants. London：Academic Press .，1984.

［6］Kissa E. Dispersions. New York：Marcel Dekker，Inc.，1999.

［7］Parfitt G D. Dispersions of Powders in Liguids（3rd ed.）New York：Appl. Sci. Publ.，1981.

［8］Parfitt G D. Picton N H. Trans. Faraday Soc.，1968，64：1955.

［9］Rehbinder P A. Colloid J. USSR. 1958，20：493.

［10］Clayfield F J，Lumg E C. J. Colloid Interface Sci.，1966，22：269.

［11］常青，傅金镒，郦兆龙 . 絮凝原理 . 兰州：兰州大学出版社，1993.

［12］Swerin A，Odberg L，Wagberg L. Colloids Surfaces. 1996，A113：25.

［13］Giordano-Palmino F R，Denoyel F R，Rouquerol J. J. Colloid Interface Sci.，1994，165：82.

［14］王舜，赵振国，刘迎清，钱程 . 北京大学学报（自然科学版），1998，34，735.

［15］周祖康，顾惕人，马季铭 . 胶体化学基础 . 北京：北京大学出版社，1987.

［16］北京大学化学系胶体化学教研室 . 胶体与界面化学实验 . 北京：北京大学出版社，1993.

［17］赵振国，刘迎清，钱程 . 应用化学，1998，15（6）：6.

［18］Copper W D，Wright P. J. Colloid Interface Sci.，1976，54：28.

［19］Ma J，Cheng H，Zhao Z，Qiang D，Feng L. Powder Technology，1992，73：157.

［20］Vargha-Butler E I，Zubovits T K，Hamza H A，Neumann A W. J. Dispersion Sci. Technol.，1986，46：61.

［21］Furusawa K.，Ueda M，Chen M，Tobori N. Colloid Polym. Sci.，1995，273：490.

第十章

在表面活性剂有序组合体微环境中的化学反应

表面活性剂分子在溶液中可以自发形成多种有序组合体。胶束、反胶束、脂质体和囊泡都是表面活性剂常见的分子有序组合体。广义地说，微乳液，甚至乳状液也可视为表面活性剂分子有序组合体所构成的系统。在界面上形成的表面活性剂吸附胶束，各种界面膜也都是表面活性物质的有序组合体。

多数化学反应都在一定的介质中进行，这些反应介质常是宏观的水溶液或有机液体，介质可视为反应环境。反应速率常数与介质的性质有关，亦即与反应进行的环境有关。

表面活性剂胶束的大小约为 10^{-2} μm，微乳液粒子的大小约为 $10^{-2}\sim10^{-1}$ μm，而粗乳状液分散相粒子大小 $2\sim10^{2}$ μm，因此，在胶束、脂质体、微乳液系统中进行的反应是在很小的介质环境（微环境）中进行的，有一些独特的性质。

一、胶束催化

许多实验证明，以胶束（反胶束）为反应介质（或称为微反应器）对许多化学反应有抑制或加速的作用。如，阳离子型表面活性剂胶束可加速亲核阴离子与中性有机底物的反应，而阴离子型表面活性剂胶束抑制这类反应，非离子型表面活性剂胶束对有机亲核取代反应无明显的催化效果。有些胶束系统对无机反应也有明显的催化作用。如在十六烷基硫酸钠胶束溶液中 Hg^{2+} 与 $Co(NH_3)_5Cr^{2+}$ 的反应速率比在纯水中提高 140000 倍[1]。在胶束催化中，胶束的主要作用是：① 在极小的胶束容积内，增溶的反应物浓度较体相溶液中要大得多；② 常用的胶束的内核为非极性的，而胶束表面不同深度的不同位置极性大小不同，反应物处于胶束中的不同位置时各种性质可有适当的调节（如，电离势、解离常数、氧化还原性质等）以利于化学反应的进行；③ 某些离子型表面活性剂的带电胶束可与某些反应物间有静电作用，从而降低反应活化能[2]。

反胶束对某些水合反应有催化作用的原因在于极性反应物可增溶于极性的反胶束水核中。反胶束的水核与一般水相有很大差异。如在 $C_8H_{17}N^+(CH_3)_3 \cdot C_{13}H_{27}COO^-$ 的反胶束溶液中 $Cr(C_2O_4)_3$ 的水合反应速率比在纯水中提高5400000倍[3]。

研究胶束催化的意义在于：① 有些化学反应在胶束系统中反应速率大大提高有利于实现其工业化，开辟了现代催化技术的新领域；② 由于表面活性剂分子有序组合体常可用于生物膜模拟，故胶束催化研究有助于了解生物膜功能的机理；③ 有助于了解许多反应机理，并可能探讨影响反应速率的因素[4]。

（一）胶束催化反应的速率常数

胶束催化反应可用下式表示：

$$\begin{array}{ccc} M+S & \xrightleftharpoons{K_s} & MS \\ \downarrow k_0 & & \downarrow k_m \\ P & & P \end{array} \tag{10-1}$$

式中，M 表示胶束，S 是反应物，P 是产物，MS 是胶束-反应物复合物；k_0是在溶剂中直接生成产物反应的速率常数；k_m是在胶束中形成产物反应的速率常数；K_s称为结合常数，即为反应物与胶束形成复合物过程的平衡常数。

设在 t 时系统内反应物的总浓度为 $[S]_t$，在体相溶液中反应物 S 的浓度为 $[S]$，反应物-胶束复合物的浓度为 $[MS]$，则应有

$$[S]_t = [S] + [MS] \tag{10-2}$$

因而，式（10-1）反应的速率方程为

$$-\frac{d([S]+[MS])}{dt} = -\frac{d[S]_t}{dt} = \frac{d[P]}{dt} \tag{10-3}$$

而

$$\frac{d[P]}{dt} = k_0[S] + k_m[MS] \tag{10-4}$$

实验测出的形成产物的总速率常数（表观速率常数）k_ψ为

$$k_\psi = -\frac{d[S]_t/dt}{[S]_t} = k_0F_0 + k_mF_m \tag{10-5}$$

式中，F_0和 F_m分别为未与胶束复合的和已与胶束复合的反应物的化学计量分数。

对于准一级反应，$[M] \gg [MS]$，故 F_m可视为常数。K_s可用复合的和未复合的反应物的分数表示：

$$K_s = \frac{[\mathrm{MS}]}{([\mathrm{S}]_t - [\mathrm{MS}])[\mathrm{M}]} = \frac{F_m}{[\mathrm{M}](1 - F_m)} \tag{10-6}$$

当表面活性剂浓度大于其临界胶束浓度 cmc 时，表面活性剂单体的浓度为常数（即 cmc 值），[M] 即为

$$[\mathrm{M}] = \frac{[\mathrm{D}] - \mathrm{cmc}}{n} \tag{10-7}$$

[D] 为表面活性剂总浓度，n 为胶束聚集数。cmc 和 n 的数值可由手册中查出。由式（10-5）和式（10-6）可得

$$k_\psi = \frac{k_0 + k_m K_s[\mathrm{M}]}{1 + K_s[\mathrm{M}]} \tag{10-8}$$

联立式（10-7）与式（10-8）可得

$$\frac{1}{k_0 - k_\psi} = \frac{1}{k_0 - k_m} + \left(\frac{1}{k_0 - k_m}\right)\left[\frac{n}{K_s([\mathrm{D}] - \mathrm{cmc})}\right] \tag{10-9}$$

$$\text{或} \quad \frac{k_\psi - k_0}{k_m - k_\psi} = \frac{K_s([\mathrm{D}] - \mathrm{cmc})}{n} \tag{10-10}$$

k_ψ和 k_0可根据动力学实验测出，n 可用测定聚集数的方法测得（或由相关手册查出）。故根据式（10-9），以 $1/(k_0-k_\psi)$ 对 $n/([\mathrm{D}]-\mathrm{cmc})$ 作图，由直线的斜率可得出 K_s，由截距可求出 k_m。

图 10-1 是几种磷酸二硝基苯酯在十六烷基三甲基溴化铵胶束水溶液中水解反应的反应速率常数与胶束浓度的关系依式（10-9）处理的结果[5]。

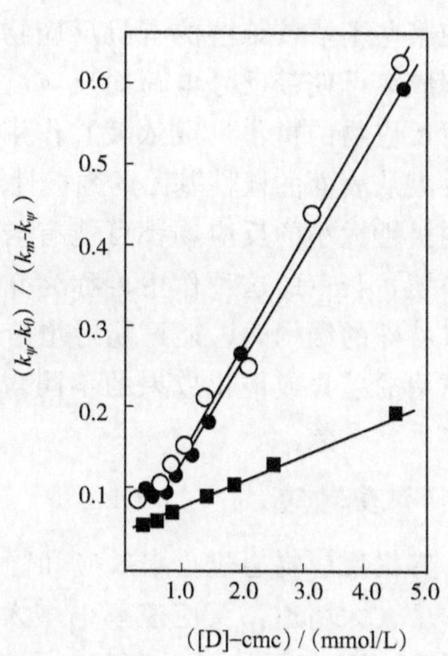

图 10-1 几种磷酸二硝基苯酯在十六烷基三甲基溴化铵胶束水溶液中胶束催化速率常数与浓度关系图（pH 值＝9.0，25℃）

● 1.8×10^{-5} mol/L 2，6-二硝基苯磷酸酯

○ 9.4×10^{-5} mol/L 2，6-二硝基苯磷酸酯

■ 6.3×10^{-5} mol/L 2，4-二硝基苯磷酸酯

胶束催化速率常数原则上可用各种化学反应动力学研究方法测定。当研究含芳环的反应物用紫外-可见分光光度法测定反应物或产物浓度随时间的变化进行研究是十分方便的[6]。

K_s是胶束催化研究中重要的物理量。一般来说 K_s的大小与反应物疏水性大小有关，疏水性越大，K_s也越大。常用的 K_s测定及求算方法有：① 速率常数法，即前述的根据式（10-9）求算 K_s；② 增溶量测定法，即测定反应物在无表面活性剂和有表面活性剂时的溶解度（浓度），依式（10-11）求算 K_s：

$$K_s/n = \frac{[\mathrm{S_M}]}{[\mathrm{S_W}]([\mathrm{D}] - [\mathrm{S_M}] - \mathrm{cmc})} \tag{10-11}$$

式中，[S_W] 和 [S_M] 分别为在水相和胶束中反应物的浓度，[D] 为表面活性剂的总浓度，n 为胶束聚集数；③ 荧光猝灭光谱法[4,5]，液相色谱法，核磁共振谱法[7]等。表 10-1 列出几种反应物与胶束的结合常数 K_s值及测定方法。

表 10-1 在一些胶束系统中反应物的结合常数 K_s

反应物	表面活性剂	K_s/(L/mol)	测定方法
对硝基苯乙酸酯碱性水解	$R_{10}NHCH_2C_6H_4N^+(CH_3)_3Cl^-$	1.0×10^4	动力学方法
对硝基苯乙酸酯水解	$R_{12}NO(CH_3)_2$	5×10^4	动力学方法
磷酸-2,4-二硝基苯酯水解	$R_{16}(CH_3)_3N^+Br^-$	1.1×10^5	速率常数法
磷酸-2,6-二硝基苯酯水解	$R_{16}(CH_3)_3N^+Br^-$	3.9×10^4	速率常数法
2,4-二硝基氯苯碱性水解	$R_{16}(CH_3)_3N^+Br^-$	1.6×10^4	增溶量法
1,3,6,8-四硝基萘碱性水解	$R_{16}(CH_3)_3N^+Br^-$	1.9×10^5	速率常数法

（二）胶束催化的基本原理

化学反应速率与反应物的浓度、性质、温度、介质（环境）的性质等因素有关。在有催化剂存在时当然也与催化剂的性质有关。在胶束催化中，胶束的存在可使某些不溶或难溶的有机反应物增溶于胶束中，浓度大大提高，离子型表面活性剂胶束可使带反号电荷的反应物离子在胶束表面富集，胶束的这类作用均可称为对反应物的富集（或浓集）作用。由于表面活性剂是两亲分子，在水溶液中一般胶束从表面的极性基团的强极性到胶束内核的非极性，不同位置极性大小不同，不同极性大小的反应物都可能有与其匹配的极性位置，适于与其发生化学反应的微环境，胶束的这种作用可称为介质效应。当构成胶束的表面活性剂的极性基团具有特殊的结构时，还可能对增溶的有机反应物的定向方式产生影响从而导致产物结构的差异或催化效果的不同。其他如胶束的存在可能影响反应的活化能和活化热力学参数。

1. 浓集效应

有机反应物通过疏水效应和静电作用在体积很小的胶束中增溶，从而使反应物浓度大大增加，反应速率也增大。以 25℃ 2,4-二硝基氯苯（DNCB）为例，实测得 DNCB 在每摩尔 0.0298mol/L 的十六烷基三甲基溴化铵（CTAB）阳离子型表面活性剂胶束溶液中的增溶量为 0.23mol/L[8]。Bunton 等报道在胶束相中反应区域体积 V_m 在 0.14～0.371 L/mol 间[9]。由上述实测 DNCB 在 CTAB 胶束溶液中的增溶量可以计算出，当在胶束中 DNCB 浓度在 1.64～0.62mol/L 间时，此浓度比体相溶液中 DNCB 的浓度大 202～76 倍。表 10-2 列出四种烷基三甲基溴化铵胶束溶液对 DNCB 的增溶量及胶束相中 DNCB 的浓度，显然胶束相中反应物浓度的增大，可使反应速率增加。

表 10-2 在四种烷基三甲基溴化铵胶束溶液中 DNCB 的增溶量、体相溶液中和胶束相中 DNCB 的浓度及相应浓度比

表面活性剂	表面活性剂浓度/(mol/L)	DNCB 增溶量①/mol	体相溶液中 DNCB 浓度 C/(mol/L)	胶束相中 DNCB 浓度 C^M/(mol/L)	C^M/C
$C_{12}H_{25}N(CH_3)_3Br$	0.0301	0.01	3.96×10^{-3}	0.07～0.027	17～6.8
$C_{14}H_{29}N(CH_3)_3Br$	0.0300	0.18	6.63×10^{-3}	1.29～0.49	195～74
$C_{16}H_{33}N(CH_3)_3Br$	0.0298	0.23	8.11×10^{-3}	1.64～0.62	202～76
$C_{18}H_{37}N(CH_3)_3Br$	0.00322	0.28	2.12×10^{-3}	2.0～0.76	943～354

①相对于每摩尔表面活性剂。

对于如 DNCB 碱性水解反应这类的双分子反应，是增溶的 DNCB 与胶束表面的 OH^- 间反应生成 2,4-二硝基苯酚：

$$\text{C}_6\text{H}_3\text{Cl}(\text{NO}_2)_2 + \text{OH}^- \longrightarrow \text{C}_6\text{H}_3(\text{OH})(\text{NO}_2)_2 + \text{Cl}^- \tag{10-12}$$

对于 DNCB 碱性水解反应，胶束催化反应速率不仅与 DNCB 在胶束中的增溶浓度有关，而且与胶束表面反应活性离子 OH^- 的浓度有关。OH^- 在阳离子型表面活性剂胶束表面的浓度和 OH^- 与胶束的作用有关。这类作用可用胶束的反离子结合度表征。在第五章中已指出胶束的反离子结合度是指反离子与胶束结合的程度，是在胶束中平均每个表面活性剂离子结合反离子的个数，反离子结合度与表面活性剂的结构及反离子的性质等有关，一般在 0.5～1.2 之间。反离子结合度 K_0 与表面活性剂的临界胶束浓度 cmc 有下述经验关系[10]：

$$\lg \text{cmc} = A - K_0 \lg c_i \tag{10-13}$$

式中，c_i 为反离子浓度。

离子型表面活性剂胶束的反离子结合度越大表示反离子越易与胶束结合，胶束表面反离子浓度越大，将越能减弱胶束中表面活性剂离子间的电性排斥作用，从而有利于胶束的形成，表面活性剂的 cmc 减小。当反离子是参与反应的活性离子时，显然反离子结合度增大使得 cmc 减小和胶束表面反离子浓度增加都可引起胶束催化作用增强。

实验测出表 10-2 中四种烷基三甲基溴化铵的 OH^- 反离子结合度依次为 0.52、0.56、0.61 和 0.66[8]。这一结果说明，对同系列表面活性剂，随碳链增长，反离子结合度增大，胶束表面反应活性离子 OH^- 的浓度增大，利于 DNCB 碱性水解反应进行。

在胶束催化反应中，只考虑反应物在胶束中的增溶量是不够的，还要顾及反应物的增溶位置。只有增溶于胶束表面区域，并且反应物的可反应基团有适宜的定向方式（利于反应离子有效接触）方可使胶束催化反应进行。例如，在季铵盐阳离子表面活性剂胶束溶液中萘磺酸甲酯的碱性水解反应，萘磺酸甲酯虽增溶于胶束表面层，但其反应基团—SO_3CH_3必须朝向水相时才有利于与表面活性离子OH^-接触，使反应速率提高（图10-2）。

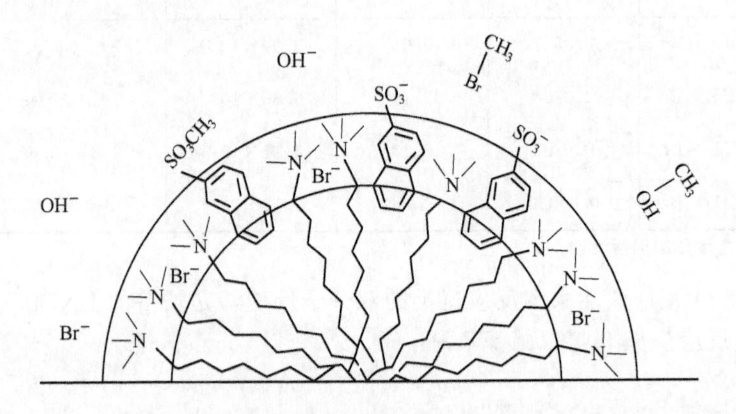

图10-2　季铵盐阳离子表面活性剂胶束中萘磺酸甲酯碱性水解反应的二维图解示意

2. 介质效应

介质效应主要是指作为微反应器和反应介质对胶束催化反应的影响。作为反应介质，胶束不同部位的极性大小，胶束的微黏度，胶束的电性质等都会对产物的增溶量、增溶位置、增溶反应物的定向方式、反应过渡态的稳定性、反应的选择性等产生影响。

胶束可使有机反应物增溶于胶束的某一位置，并采取一定的定向方式。这种以几何的和空间的方向控制反应物在胶束中的位置和取向，有利于提高反应活性。已知带电的反应物多定位于带反号电荷的胶束表面层附近，这种定向方式有利于反应物与在胶束表面的反应活性离子接触。当反应物为芳香族阴离子时，阳离子型表面活性剂胶束的表面活性剂亲水端基的正电离子和反应物的芳环π电子更易于相互作用。例如，芳香酸碱性水解、硝基氯苯的亲核取代反应等在阳离子型表面活性剂胶束中的催化反应即有此特点。

胶束的微黏度比体相水溶液大得多（如Triton X-100胶束的微黏度高达上百厘泊，比水的大百倍），这将导致在胶束中增溶的反应物分子平动和转动自由度大大减小，从而使反应速率常数减小，并可能影响反应产物的选择性。

胶束的极性从表面到内核减小从大到小（即从近于水的极性到烃类的极性），反应物易增溶于与其极性匹配的位置，这种作用对那些对于介质敏感的反应尤为重要。例如，DNCB、2-氯-3,5-二硝基苯甲酸阴离子、4-氯-3,5-二硝基苯甲酸阴离子在阳离子型表面活性剂$C_{16}H_{33}NR_3Br$（R=Me，Et，n-Pr，n-Bu基）胶束溶液中进行亲核取代去氯羟化反应时，随R基增大，DNCB的反应速率增大，而后两种反应物的反应速率减小。这是因为，R增大时胶束表面区域极性减小，而后两种反应物反应中间体带两个负电荷（DNCB 反应中间体带一个负电荷）对介质极性更为敏感。

已知 DNCB 亲核取代生成硝基苯酚的反应机制（式 10.12）是首先生成负离子 σ-配合物，然后离去基团脱除，生成产物：

$$\text{(Cl, }NO_2\text{, }NO_2\text{-苯)} + OH^- \longrightarrow \left[\text{(Cl, OH, }NO_2\text{, }NO_2\text{)}^-\right] \longrightarrow \text{(OH, }NO_2\text{, }NO_2\text{-苯)} + Cl^- \qquad (10\text{-}14)$$

负电性 σ-配合物

该反应分两步进行：① 活性反离子 OH^- 进攻苯环上与 Cl 连接的碳原子，形成带负电的 σ-配合物；②Cl 的离去反应。第一步为反应的决速步骤[12]。阳离子表面活性剂胶束与负电性 σ-配合物作用，分散其负电荷，形成的胶束-σ-配合物比原 σ-配合物势能低，有利于反应进行。

3. 胶束对有机反应选择性的作用

有时反应物在胶束中预定向作用对反应产物的结构产生影响。例如，在有机溶剂中用紫外线照射 2-取代萘主要生成反式二聚体。在胶束催化时却主要生成顺式二聚体。这是因为在离子型表面活性剂胶束中 2-取代萘有一定取向方式，即 2-取代萘的亲水性基团 R_2 要朝向胶束表面（亲水方向）。图 10-3 为示意图[13]。

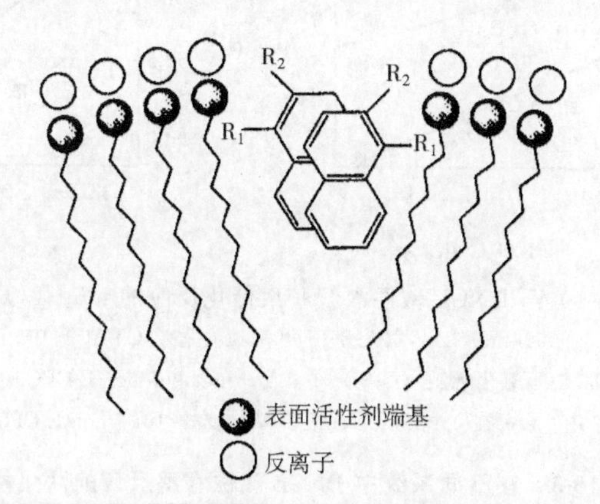

图 10-3 2-取代萘的亲水基团 R_2 在胶束表面的预定向作用示意图

可以预料，若胶束中有两种反应物，他们都含有极性基团，这些亲水极性基团总是采取朝向胶束表面的方式。当这两种分子发生反应时，其产物的极性基必在一个方向。若为二聚反应，则将生成顺式结构产物。例如，在离子型表面活性剂胶束中蒽的 9 位取代化合物，若取代基为亲水基，将发生端-端二聚反应[14]。

胶束催化某些有机反应，若手性表面活性剂分子构成的胶束表面具有独特的手性排列组合，具有手性识别能力。手性反应物的对映选择反应可在手性表面活性剂胶束或手性催化剂与手性表面活性剂的混合胶束中进行。在这类反应中反应物的手性最为重要[15]。

4. 胶束催化的活化能

根据化学动力学的过渡状态理论，由反应物生成产物之间，先生成活化络合物，活化络合物与反应物零点能之差即为活化能。换言之，活化能是非活化的反应物分子转变为活化分子所吸收的能量，即反应物分子要克服其与产物间的能垒所必须具有的能量[16]。

反应速率常数 k 与反应温度 T 和活化能 E_a 的关系服从 Arrhenius 方程：

$$k = A\exp(-E_a/RT) \tag{10-15}$$

或

$$\ln k = \ln A - (E_a/RT) \tag{10-16}$$

式中，A 为指前因子，R 为气体常数。

赵振国等测定了在不同温度下 DNCB 在十六烷基三甲基氯化铵（CTAC）、十六烷基氯化吡啶（CPC）胶束溶液中碱性水解反应的动力学数据，计算出相应的二级反应速率 k_2，以 $\ln k_2$ 对 $1/T$ 作图，得图 10-4。由图中直线斜率求出相应系统的表观活化能 E_a（列于表 10-3 中）[17]。

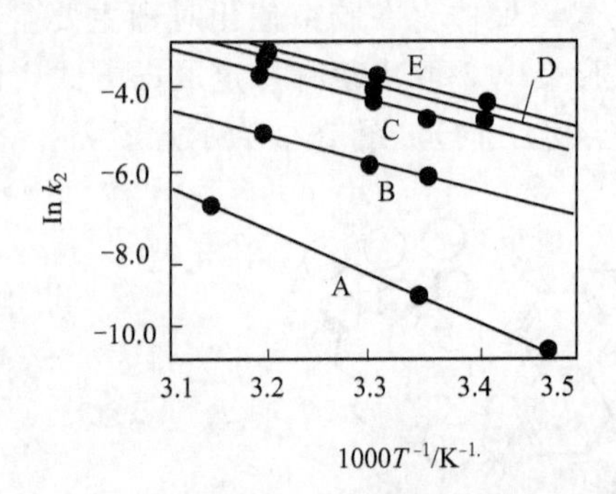

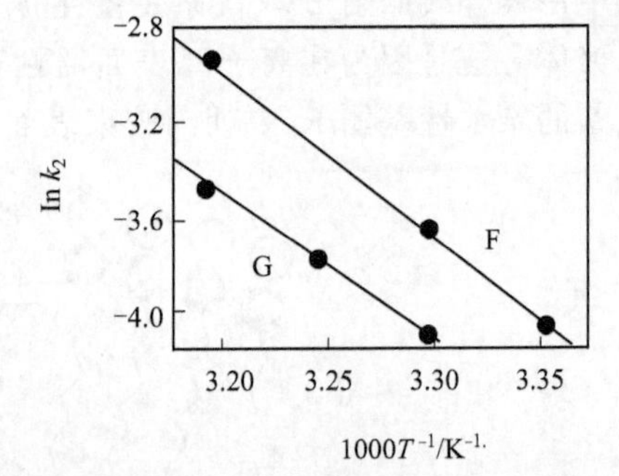

图 10-4　DNCB 碱性水解胶束催化反应的 $\ln k_2$-$1/T$ 图

A—纯水中；B—在 0.00064mol/L 十六烷基三甲基氯化铵（CTAC）中；C—在 0.0022mol/L CTAC 中；D—在 0.003mol/L 十六烷基氯化吡啶（CPC）中；E—在 0.005mol/L CPC 中；F—在 0.0177mol/L 正丁醇+1.3×10^{-3}mol/L CPC 中；G—在 0.026mol/L 正丁醇+4.3×10^{-3}mol/L CPC 中

表 10-3　在不同系统中 DNCB 碱性水解反应的活化能 E_a

系统	E_a/（kJ/mol）
H_2O	91.0
0.003mol/L CPC	49.2
0.005mol/L CPC	49.0
0.00064mol/L CTAC	49.8
0.0022mol/L CTAC	49.0

续表

系统	E_a/（kJ/mol）
0.0764mol/L 正丁醇＋0.0043mol/L CPC	54.2
0.0177mol/L 叔丁醇＋0.0013mol/L CPC	46.8

由表10-3中数据可知：① 在胶束溶液中DNCB碱性水解反应的活化能比在纯水中的降低约一半；②在表面活性剂浓度大于各自cmc后胶束催化反应的活化能基本恒定，与表面活性剂浓度改变关系不大（CPC的cmc约为10.5×10^{-4}mol/L，CTAC的cmc约为9×10^{-4}mol/L）；③ 在CPC和CTAC胶束溶液中DNCB水解反应的活化能接近。这说明表面活性剂亲水基的性质对活化能影响不大；④ 在胶束中添加丁醇对活化能有影响（添加正丁醇E_a略有增加，添加叔丁醇略有减小），这可能与不同分子结构的丁醇加入，使胶束表面带电极性基的电性斥力大小不同，对DNCB水解中间过渡态σ-配合物的电性作用不同。

5. 胶束催化的活化热力学参数

胶束催化的活化热力学参数的研究可以对胶束催化的反应速率变化给出热力学解释。

将胶束催化过程用化学动力学过渡态理论处理，即将胶束催化可看作是胶束与反应底物先形成胶束-底物复合物，再经催化反应形成过渡态配合物，该配合物再分解为产物。根据过渡态理论的热力学处理方法，有以下关系式[16]。

$$k_\psi=\frac{kT}{h}\exp\left(-\frac{\Delta G^{\neq}}{RT}\right) \tag{10-17}$$

从而可得

$$\Delta G^{\neq}=-RT\ln\ (k_\psi h/kT) \tag{10-18}$$

对于液相反应

$$\Delta H^{\neq}=E_a-RT \tag{10-19}$$

由热力学基本关系式，得

$$\Delta S^{\neq}=\frac{\Delta H^{\neq}-\Delta G^{\neq}}{T} \tag{10-20}$$

式中，$\Delta G^{\neq}$、$\Delta H^{\neq}$和$\Delta S^{\neq}$分别为反应的活化自由能、活化焓和活化熵；k_ψ为表观速率常数；E_a为反应活化能；h为Plank常数；k为Boltzmann常数；R为气体常数；T为实验温度。

活化能E_a可由多个温度时实验测出的速率常数与温度的关系用式（10-16）处理求出。当只有两个温度下的速率常数时，可依式（10-21）计算：

$$E_a=\frac{RT_1T_2}{T_2-T_1}\ln\frac{k_{\psi,T_2}}{k_{\psi,T_1}} \tag{10-21}$$

在阳离子表面活性剂胶束溶液中DNCB碱性水解反应的活化热力学参数是按照下述方法测定的[17,18]：在25℃和40℃下测定了2,4-二硝基氯苯（DNCB）在十二烷基三甲基溴化铵（DTAB）、十四烷基三甲基溴化铵（TTAB）、十六烷基三甲基溴化铵（CTAB）、十四烷基氯化吡啶（TPC）、十六烷基氯化吡啶（CPC）、十六烷基三甲基氯化铵（CTAC）、十四烷基溴化吡啶（TPB）、十六烷基溴化吡啶（CPB）和十八烷基三甲基溴化铵（OTAB）共 9 种阳离子表面活性剂胶束溶液中和在碱过量条件下水解反应表观速率常数 k_ψ与表面活性剂浓度的关系曲线。在此关系曲线上选取浓度大于表面活性剂 cmc 时的若干点数据，根据式（10-18）～式（10-21）计算出活化热力学参数 $\Delta G^{\neq}$、$\Delta H^{\neq}$、$\Delta S^{\neq}$和活化能 E_a。表 10-4 中列出 TPB、CPB、CTAB、DTAB 胶束溶液中的结果，其他表面活性剂体系有类似的规律。

表 10-4 DNCB 在不同浓度的 TPB、CPB、CTAB、DTAB 胶束溶液中碱性水解反应的活化能 E_a和活化热力学参数

表面活性剂	表面活性剂浓度 c/(mol/L)	k_ψ/s^{-1}		E_a/(kJ/mol)	$\Delta G^{\neq}$/(kJ/mol)		$\Delta H^{\neq}$/(kJ/mol)	$\Delta S^{\neq}$/[kJ/(mol·K)]
		25℃	40℃		25℃	40℃		
TPB	0.004	4.00×10^{-4}	1.25×10^{-3}	59.9	92.5	94.1	57.4	−0.118
	0.005	4.85×10^{-4}	1.50×10^{-3}	58.4	92.0	93.6	55.9	−0.121
	0.006	5.10×10^{-4}	1.60×10^{-3}	59.1	91.9	93.5	56.6	−0.118
CPB	0.004	6.65×10^{-4}	1.71×10^{-3}	48.8	92.2	93.3	46.3	−0.151
	0.005	7.15×10^{-4}	1.80×10^{-3}	48.5	91.0	93.2	46.0	−0.151
	0.006	7.35×10^{-4}	1.86×10^{-3}	48.0	91.0	93.1	45.5	−0.153
CTAB	0.010	4.75×10^{-4}	1.05×10^{-3}	41.0	92.0	94.6	38.5	−0.180
	0.015	4.60×10^{-4}	1.05×10^{-3}	42.7	92.1	94.6	40.2	−0.174
	0.020	5.00×10^{-4}	1.15×10^{-3}	43.1	92.0	94.3	40.6	−0.173
DTAB	0.040	2.05×10^{-4}	7.10×10^{-4}	64.2	94.1	95.6	61.7	−0.109
	0.050	2.05×10^{-4}	7.00×10^{-4}	63.5	94.1	95.6	61.0	−0.111
	0.060	2.05×10^{-4}	6.90×10^{-4}	62.8	94.1	95.6	60.3	−0.113

由表 10-4 数据可知，对于同一种表面活性剂，只要其浓度大于 cmc 值，胶束催化反应的活化能和各活化热力学参数约为定值，与表面活性剂浓度大小无关。这是由于在表面活性剂浓度大于 cmc 以后开始大量形成胶束，在一定浓度范围内(如不超过 10 cmc) 随浓度增大，只增加胶束数目，不改变胶束大小和形状，因而胶束催化的活化能和活化热力学参数不会有明显改变。

表 10-5 中列出在上述 9 种表面活性剂胶束溶液中 DNCB 碱性水解反应的 E_a、$\Delta G^{\neq}$、$\Delta H^{\neq}$、$\Delta S^{\neq}$值。表中同时列出在纯水中各表面活性剂的 cmc 值(NaOH 存在，cmc 会更小[17])。表 10-5 中最下一行为根据文献数据计算出的在纯水中的结果。

表 10-5 DNCB在9种阳离子型表面活性剂胶束溶液中碱性水解反应的活化能E_a和活化热力学参数

表面活性剂	cmc(纯水中)/(mol/L)	表面活性剂浓度c/(mol/L)	k_ψ/s^{-1}		E_a/(kJ/mol)	$\Delta G^{\neq}$/(kJ/mol)		$\Delta H^{\neq}$/(kJ/mol)	$\Delta S^{\neq}$/[kJ/(mol/K)]
			25℃	40℃		25℃	40℃		
DTAB	1.6×10^{-2}	0.04	2.05×10^{-4}	7.05×10^{-4}	63.9	94.1	95.6	61.4	−0.110
TTAB	3.5×10^{-3}	0.005	4.3×10^{-4}	1.3×10^{-3}	57.2	92.3	94.0	54.7	−0.126
CTAB	9.2×10^{-4}	0.02	5.0×10^{-4}	1.15×10^{-3}	43.1	91.9	94.3	40.6	−0.172
OTAB	3.1×10^{-4}	0.004	1.78×10^{-4}	4.2×10^{-4}	44.4	94.5	96.9	41.9	−0.177
TPB	2.6×10^{-3}	0.004	4.0×10^{-4}	1.15×10^{-3}	59.9	92.5	94.3	57.4	−0.118
TPC	3.0×10^{-3}	0.004	4.7×10^{-4}	1.6×10^{-3}	63.9	92.1	93.5	61.4	−0.103
CPB	4.4×10^{-4}	0.005	7.15×10^{-4}	1.8×10^{-3}	48.5	91.0	93.2	45.5	−0.153
CPC	9.0×10^{-4}	0.005	1.34×10^{-3}	3.25×10^{-3}	50.4	89.5	91.6	47.9	−0.140
CTAB	9.2×10^{-4}	0.02	5.0×10^{-4}	1.15×10^{-3}	42.6	91.9	94.3	40.1	−0.174
CTAC	9×10^{-4}	0.005	9.0×10^{-4}	2.4×10^{-3}	50.7	90.5	92.4	48.2	−0.142
纯水		0	7.1×10^{-6}	6.75×10^{-5}①	91.0	102.5	103.3①	88.5	−0.047

①45℃结果。

表 10-5 中前四行为烷基三甲基溴化铵系列阳离子表面活性剂胶束催化的结果。由这些数据可知，对表面活性剂同系物，DNCB 在阳离子表面活性剂胶束中比在纯水中水解反应的E_a、$\Delta G^{\neq}$、$\Delta H^{\neq}$和$\Delta S^{\neq}$均有降低，且E_a、$\Delta H^{\neq}$和$\Delta S^{\neq}$均随表面活性剂主疏水链碳原子数增加有减小的趋势，其中，C_{18}和C_{16}链的相应参数变化较小。TTAB 和 CTAB 的$\Delta G^{\neq}$有较小值，相应的k_ψ有较大值。这就是说，k_ψ由$\Delta G^{\neq}$决定，而$\Delta G^{\neq}$是$\Delta H^{\neq}$和$\Delta S^{\neq}$变化的综合结果。

对于烷基三甲基溴化铵系列表面活化剂胶束催化表观速率常数k_ψ在适宜碳链长度有较小值的可能解释是：① 同系列表面活性剂随主碳链碳原子数增加胶束的聚集数和流体力学半径增大，这将加大被增溶的 DNCB 向胶束内部渗入的趋势，使靠近胶束表面的 DNCB 浓度减小，不利于反应进行；② 实验测得 25℃ 时 DTAB、TTAB、CTAB、OTAB 的反离子结合度K_0依次为 0.52、0.56、0.61、0.66，即随表面活性剂主碳链增长K_0略有增加。K_0增大导致胶束表面正电荷密度减小，不利于对反应离子OH^-吸引，从而不利于 DNCB 水解反应的进行。

表 10-5 中列出了表面活性阳离子相同而阴离子不同的阳离子表面活性剂 TPB、TPC、CPB、CPC 和 CTAB、CTAC 胶束催化的E_a和活化热力学参数。这些结果的一般规律是：表面活性阳离子相同时氯盐比溴盐的E_a、$\Delta H^{\neq}$和$\Delta S^{\neq}$大，而$\Delta G^{\neq}$低；在实验浓度范围和相同的表面活性剂浓度，氯盐比溴盐的表观速率常数k_ψ大。

离子型表面活性剂疏水基相同时同价反离子的改变对表面活性剂的 cmc 和胶

束大小影响不大，但不同反离子的结合度却不相同。文献报道，不同反离子对 CTA^+ 活性离子的键合能力依次为 $OH^- < Cl^- < Br^-$[19]，这也是反离子结合度的顺序。因此氯盐比溴盐的阳离子表面活性剂胶束表面正电荷密度大，更易于富集反应离子 OH^-。换言之，Br^- 比 Cl^- 更易于从胶束表面排斥 OH^-，不利于 DNCB 水解反应进行。

用过渡态理论处理胶束催化化学动力学结果可得到活化热力学参数，通过这些参数可以了解发生化学反应环境的有用信息。

活化焓 $\Delta H^{\neq}$ 由活化能决定，在一定温度范围内可视为常数，活化焓反映了阳离子胶束活性端基与离域过渡态电荷的相互作用[20]。已知芳香亲核取代反应首先是亲核试剂进攻，生成负离子 σ 配合物，然后离去基团离去生成产物。因此，可以合理地认为 DNCB 水解反应的过渡态配合物是带有负电荷的。表 10-5 中 DNCB 在 9 种阳离子表面活性剂胶束中水解的 $\Delta H^{\neq}$ 比在纯水中的大幅度降低，表明过渡态配合物与阳离子胶束间有强烈的相互作用。

活化熵 $\Delta S^{\neq}$ 与指前因子有关，它反映了形成过渡态过程中无序性的变化。表 10-4 中阳离子表面活性剂胶束催化的 $\Delta S^{\neq}$ 均为负值，且比在纯水中的 $\Delta S^{\neq}$ 有较大的降低，这表明过渡态配合物比胶束—底物复合物的无序性减小。这一方面是由于 DNCB 水解形成过渡态配合物是双分子反应，导致反应前后反应分子自由度减小；另一方面是因为阳离子胶束对过渡态配合物强烈的电性束缚作用。活化熵的负值越大，说明过渡态配合物越稳定[21]。

活化自由能 $\Delta G^{\neq}$ 是 $\Delta H^{\neq}$ 和 $\Delta S^{\neq}$ 变化的综合结果。由表 10-3 和表 10-4 中数据可知，DNCB 水解阳离子表面活性剂胶束催化的 $\Delta H^{\neq}$ 均为正值，$\Delta S^{\neq}$ 均为负值，故它们对 $\Delta G^{\neq}$ 的贡献不同；$\Delta H^{\neq}$ 减小有利于 $\Delta G^{\neq}$ 降低，$\Delta S^{\neq}$ 负值的增大（即 $\Delta S^{\neq}$ 减小）却使 $\Delta G^{\neq}$ 增大。

任一化学反应是否能进行要视焓效应与熵效应贡献总和最终能否使 $\Delta G < 0$。$\Delta G < 0$ 的可以进行。反应速率可以提高及提高多少，则要由 $\Delta H^{\neq}$ 和 $\Delta S^{\neq}$ 贡献之总和可否使 $\Delta G^{\neq}$ 降低和降低多少来决定。表 10-5 中 DTAB 、TTAB、CTAB、OTAB 胶束催化的 $\Delta H^{\neq}$、$\Delta S^{\neq}$ 虽大致依次下降，但 $\Delta G^{\neq}$ 却是 TTAB、CTAB 胶束的较小，故 k_{ψ} 也较大。对于相同表面活性阳离子的氯盐和溴盐也有相同的结果。这与 2,4-二硝基苯基磷酸 2 价阴离子在阳离子表面活性剂胶束溶液中水解活化热力学参数变化对其反应速率的影响是一致的[20]。

活化热力学性质的研究已广泛应用于多种化学反应和酶催化性质及机理的分析[22,23]；例如，望天志等利用微量热法测定和计算了漆酶催化氧化多种含氧芳香化合物反应的活化热力学参数，以过渡态理论对这些催化过程进行分析。结果表明，稳定的过渡态结构有利于酶促反应；酶-底物在反应时的相互作用仅仅是降低酶的效率；由活化熵为负值可知酶-底物在过渡态的结构较酶-底物复合物的结构更为有序；提出了提高酶催化效率的方法[23]。

（三）影响胶束催化的一些因素

影响胶束催化反应速率常数的因素很多，主要有：表面活性剂、反应物的结构与性质，添加无机盐和有机添加物的性质和浓度，反应温度等。

胶束催化反应速率常数与表面活性剂浓度的关系曲线大致有三种类型：L 型、S 型和有最大值型，其中 S 型最为常见。S 型曲线表明，在表面活性剂浓度低于其 cmc 时，溶液中只有几个表面活性剂分子（或离子）的小聚集体（有时称为预胶束），无大量胶束形成。只有当表面活性剂浓度大于 cmc 时才有大量胶束形成。当表面活性剂浓度大到一定值后，反应物已全部增溶于胶束中，反应速率常数也趋于平缓。L 型曲线可能是 S 型曲线的特例。即若表面活性剂的 cmc 小，而使用的表面活性剂浓度大于 cmc，故 S 型低浓度点缺失，而成 L 型。有最大值的曲线也是常见的。这是由于在浓度大于 cmc 后，可以会有大量无增溶反应物的“空白”胶束存在，这些胶束可以竞争反应活性离子，或者反应物在胶束中平衡分配使胶束中反应物浓度降低，都会速率常数下降。图 10-5 是三种曲线示意图。

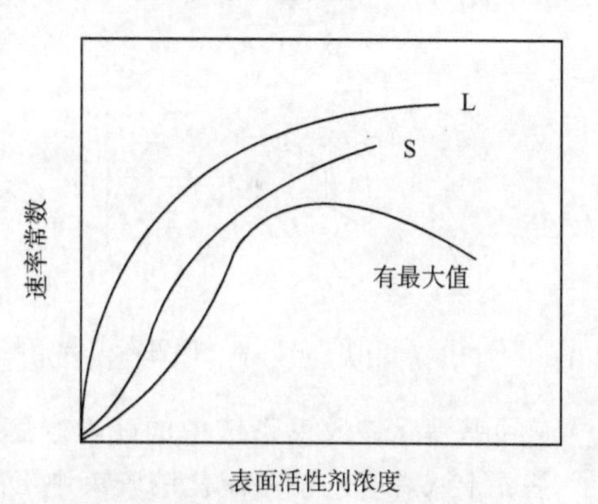

图 10-5　胶束催化反应速率常数与表面活性剂浓度关系类型示意图

(1) 表面活性剂性质的影响　这里的表面活性剂性质主要指其类型、极性基的性质和大小、结构特点、疏水基的大小和结构等。

不同类型表面活性剂的胶束催化性能由反应机理决定。如在阳离子型表面活性剂十六烷基三甲基溴化铵（CTAB）、非离子型表面活性剂聚氧乙烯烷基酚（Igepal）、阴离子型表面活性剂十二烷基硫酸钠（SDS）胶束溶液中，6-硝基苯并异噁唑-3-羧酸根阴离子脱羧反应的表观速率常数 k_{ψ} 与各表面活性剂浓度关系如图 10-6 所示[7]。由图可知，三种表面活性剂对此反应的催化活性依次为 CTAB＞Igepal＞SDS。这是由于该反应的机理如图 10-7 所示。

根据这一机理，带有非定域电荷的过渡态阴离子（图 10-7 中的 B）比原始态（图 10-7 中的 A）更为稳定。SDS 阴离子胶束对反应过渡态有排斥作用，不利于胶束催化反应。这种解释不能说明非离子表面活性剂 Igepal 的催化作用。

一般来说，对于有胶束作用的同系表面活性剂，其端基体积增大，催化活性也增大。如季铵盐类阳离子表面活性剂胶束对磷酸-2,4-二硝基苯酯两价阴离子的碱性水解反应就有这样的结果[20]。这种端基大小影响的原因可能是端基大小对反应物离子及活性反离子与端基电性作用的改变所致，对于同一反应系统，表面活性剂疏水链长度也对反应速率有影响：在实际可应用的碳链长度内，随链长增加，催化活性增大，这是由于随碳链增长，对有机物的增溶量增大。以 DNCB 在烷基

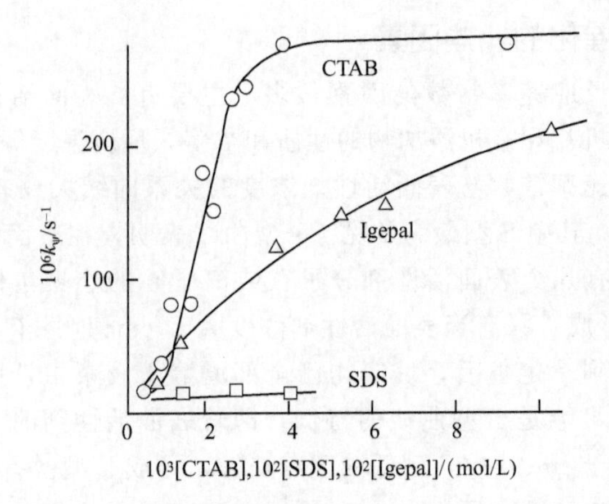

图 10-6 不同类型表面活性剂对 6-硝基苯并异噁唑-3-羧酸根阴离子脱羧反应速率常数的影响

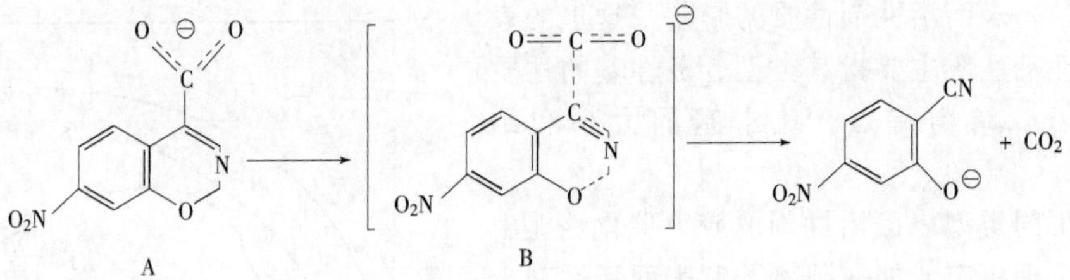

图 10-7 6—硝基苯并异噁唑-3-羧酸根阴离子脱羧反应机理示意图

三甲基溴化铵胶束系统中的碱性水解反应为例，在十二烷基、十四烷基、十六烷基、十八烷基三甲基溴化铵胶束中 DNCB 的增溶量[8]和碱性水解反应速率常数与在水相中的反应速率常数之比（k_ψ/k_0）[24]列于表 10-6 中。

表 10-6 DNCB 在烷基三甲基季铵盐胶束溶液中增溶量及相对胶束催化反应速率常数

表面活性剂	增溶量①/mol	k_ψ/k_0
十二烷基三甲基溴化铵	0.01	1
十四烷基三甲基溴化铵	0.18	4.8
十六烷基三甲基溴化铵	0.23	12
十八烷基三甲基溴化铵	0.28	—

①相对于每摩尔表面活性剂。

（2）反应物结构与性质的影响　反应物的疏水性决定了其在水相中和胶束相中的溶解与增溶能力。疏水性越大，增溶能力也越强，胶束催化反应速率增大。如 CTAB 胶束可使 N-C_{16}-或 N-C_{12}-4-氰基吡啶碱性水解进行，但不能使相应的甲基化合物水解。

反应物分子结构常能决定其在胶束中增溶位置。对于双分子反应（如亲核取代反应，脂肪酸酯等的碱性水解反应）多发生于胶束表面区域，因而增溶位置在胶束内核或靠近内核的反应物难以进行反应。因此，CTAB 可对增溶于胶束表面的苯胺和邻位有卤素取代的硝基苯甲酸酯进行催化反应，而对增溶于胶束内核的对位有卤素取代的硝基苯甲酸酯无催化作用[25]。

（3）盐的影响　当外加无机或有机盐的浓度不很大时，胶束催化反应速率随外加盐浓度增加而减小。盐的作用：① 降低表面活性剂的 cmc，增大胶束聚集数，从而增大反应物的增溶量，利于胶束催化作用；② 盐在水中电离可生成惰性反离子，竞争胶束表面浓集的活性反离子，从而降低胶束催化活性。例如，DNCB 在 CTAB 胶束溶液中的碱性水解反应的准一级反应速率常数 k_1 与外加 5 种溴盐（NaBr，Me_4NBr，Et_4NBr，Bu_4NBr，辛基三甲基溴化铵 C_8TAB）的关系为：随溴盐浓度增加，k_1 减小，且 k_1 与浓度关系曲线五种盐完全重合在一起，这说明 CTAB 反离子 Br^- 的浓度直接决定对 k_1 的影响，与外加盐的阳离子（Na^+，Et_4N^+，Me_4N^+，Bu_4N^+，C_8TA^+）性质无关（图 10-8[26]）。

具体到本实例中，溴盐对 DNCB 碱性水解反应胶束催化的抑制作用除 Br^- 对活性离子 OH^- 的竞争减少了胶束表面 OH^- 浓度外，Br^- 比 OH^- 对带正电胶束有更强的亲和力，更有利于压缩胶束表面双电层，增大胶束的聚集数和胶束直径。

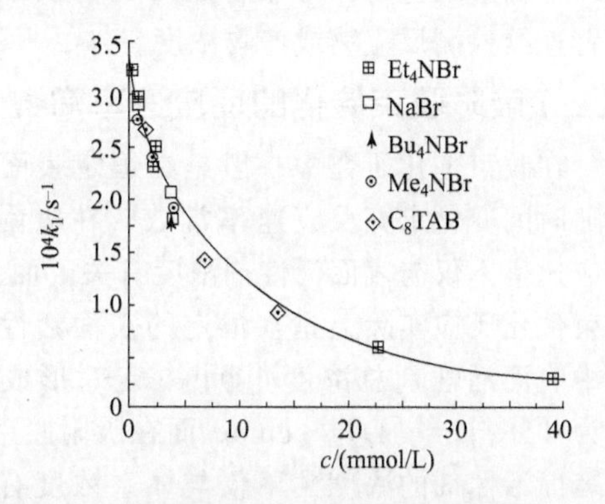

图 10-8　DNCB 碱性水解反应准一级速率常数 k_1 与外加 5 种溴盐浓度的关系（$c_{CTAB}=1.49$ mmol/L，$c_{NaOH}=0.046$mol/L）

添加盐中反离子的种类和价数对胶束催化的抑制作用是有区别的，即不同的反离子抑制能力不同。这是因为不同的反离子（如 Br^- 与 Cl^-）的离子半径、离子极限摩尔电导率、离子淌度、离子活度都不尽相同，对胶束表面电性质影响不相同。一般来说，反离子价数大，离子半径大，对胶束催化反应的抑制作用更强[4]。

（4）小分子有机添加物的影响　多数情况下，小分子有机（非盐类）添加物常对胶束催化不利，其原因是这些添加物改变水相的性质，增加有机反应物在水相中的溶解度。同时若这些添加物进入胶束，将对胶束的结构、大小、电性质产生影响（通常使胶束变大，表面电荷密度减小）不利于胶束催化反应进行。

二、吸附胶束催化

胶束催化具有效率高，不使用有机溶剂，易于控制等优点，胶束催化现象研究的较深入，并在理论上得到发展。已提出假相离子交换模型（PIE）、泊松-玻尔兹曼（P-B）模型和过渡态模型等，这些理论对许多实验结果给出了定量的处理和说明[9,27]。但是，胶束催化也有一些不足之处：① 产物大多在水相，所用表面活性剂是水溶性的，产物分离困难；② 胶束体积很小，欲达到有实际应用的产物产量需大量表面活性剂。因此，从 20 世纪 90 年代起，从多相催化、表面活性剂在固/液界面吸附和表面增溶的研究中得到启发，开始研究吸附于固/液界面上的表面活性剂有序聚集体（吸附胶束）的催化作用，简称吸附胶束催化。

（一）吸附胶束催化的简单研究方法

吸附胶束催化反应速率的测定通常在恒定 pH 值的介质中（常用缓冲溶液）进行。即在一定 pH 值的缓冲溶液中加入一定量表面活性剂（加入量要保证达到吸附平衡后体相溶液中表面活性剂浓度不大于其 cmc 值）和经认真处理过的固体样品，放置一定时间（孔性固体可能需几天）达吸附平衡。向上述系统中用微量注射器注入一定量反应物，开始检测反应物或产物浓度。最方便的方法是用带循环泵的装置连续检测反应物或产物浓度。

（二）吸附胶束催化的反应速率常数

在胶束催化研究中一般是在恒定表面活性剂浓度，根据反应物（或产物）浓度随时间变化求算反应速率常数。在吸附胶束催化中由于有固体存在而复杂化。反应速率不仅与表面活性剂浓度有关，而且与表面活性剂在固体上的吸附量有关。胶束催化反应实际上是在恒定的表面活性剂胶束浓度下进行的。因为，在体相溶液中表面活性剂总浓度［D］一定时形成胶束的表面活性剂浓度［D_M］就一定，因为［D_M］＝［D］－cmc。而在吸附胶束催化中吸附胶束的量（即形成吸附胶束的表面活性剂的浓度）不仅与体系浓度有关，而且与加入固体的量有关。即吸附胶束的表面活性剂浓度 $C_{AM}=\Gamma C_s$，C_s为反应系统中固体的浓度（g/L），Γ 为在表面活性剂某一平衡浓度对每克固体吸附的表面活性剂量（mol/g）。显然，即使体相溶液中表面活性剂浓度一定时，加入不同固体的量，形成的吸附胶束的量也不相同，反应速率常数也不会相同。因此，表示吸附胶束催化效果，除恒定固体量，考察速率常数与表面活性剂浓度的关系，还要考察反应速率常数与吸附量的关系。为此，常用比速率常数与形成吸附胶束的表面活性剂浓度的关系表达。比速率常数是每摩尔吸附胶束形成的表面活性剂的速率常数，如一级反应的比速率常数单位为 L/（min · mol）。

（三）影响吸附胶束催化的一些因素

吸附胶束的研究开始的晚，报道极少。现仅以原苯甲酸三甲酯酸性水解的吸附胶束催化的结果予以介绍[28]。这一介绍显然难以对吸附胶束催化有全面的认识，但至少对酯的水解反应的吸附胶束催化的了解是有意义的。

由于酯的水解反应，通常是形成带电的过渡态（酸性水解中间过渡态带正电，碱性水解的过渡态带负电），然后酰氧键断裂，生成产物。阴离子型表面活性剂十二烷基硫酸钠（SDS）吸附胶束对原苯甲酸甲酯（TMOB）酸性水解催化作用机理是：H^+在带负电的SDS吸附胶束上富集，带负电的吸附胶束对带正电的反应过渡态起稳定作用，TMOB水解产物为苯甲酸甲酯和甲醇。

1. 表面活性剂吸附量对吸附胶束催化反应速率常数的影响

图10-9是SDS在氧化铝上的吸附等温线，由图可知，SDS的吸附等温线为L型的，由吸附量和氧化铝比表面可算出，在SDS吸附量达544 μmol/g时氧化铝表面有约40%形成吸附双层。吸附量也达最大值。图10-10表示TMOB酸性水解反应一级反应速率常数k_1与SDS吸附量的关系。由图可见，在SDS吸附量低于200 μmol/g时k_1很小，随吸附量增大，k_1变化较小。当SDS吸附量大于300 μmol/g以后，k_1随吸附量增加快速增大。对此图的解释是，SDS吸附量小时吸附胶束少且小，不能起有效的胶束催化作用，只有当有大覆盖度的双分子层吸附胶束时才能发生明显的吸附胶束催化作用。

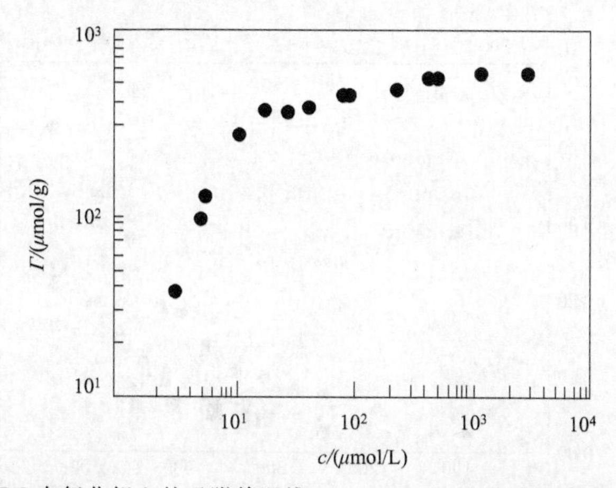

图10-9　SDS在氧化铝上的吸附等温线（0.01mol/L乙酸钠缓冲液，pH=5.4）

2. 介质pH的影响

介质pH的影响可能表现在两个方面：① 由于酯水解反应，活性反离子是H^+或OH^-，介质pH的改变势必表示H^+或OH^-浓度的变化；② 若吸附胶束在金属和氧化物类固体上形成，这些固体的表面电势决定离子是H^+或OH^-，pH对表面符号和电荷密度会有直接影响，从而影响表面活性剂的吸附量和吸附胶束的结构。对于TMOB酸性水解反应，pH减小，H^+增多，反应速率增大。在氧化铝表面，pH减小（pH<IEP，表面带正电荷）氧化铝表面正电荷密度增大，有利于负电的SDS离子吸附胶束的形成，从而对TMOB酸性水解反应有利。

图10-11是介质pH值对TMOB在SDS吸附胶束存在下酸性水解反应表观一级反应速率常数k_1的影响图。由图可知，在SDS吸附量一定时，介质pH越小，k_1越大。这种影响在SDS吸附量大于380 μmol/g时尤为明显。

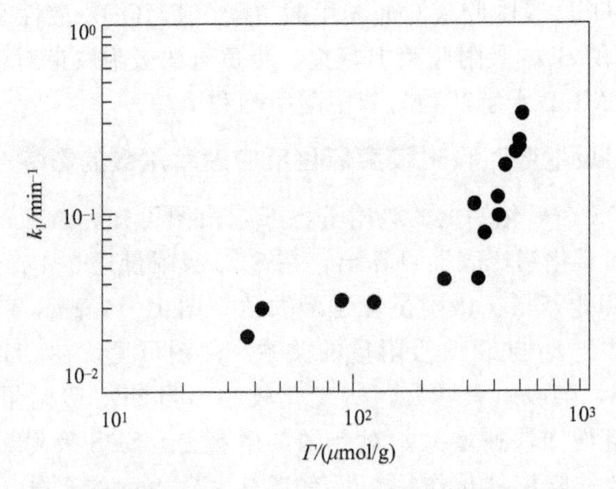

图 10-10　TMOB 在 SDS 吸附胶束系统中的酸性水解反应表观一级反应速率常数 k_1 与 SDS 吸附量的关系

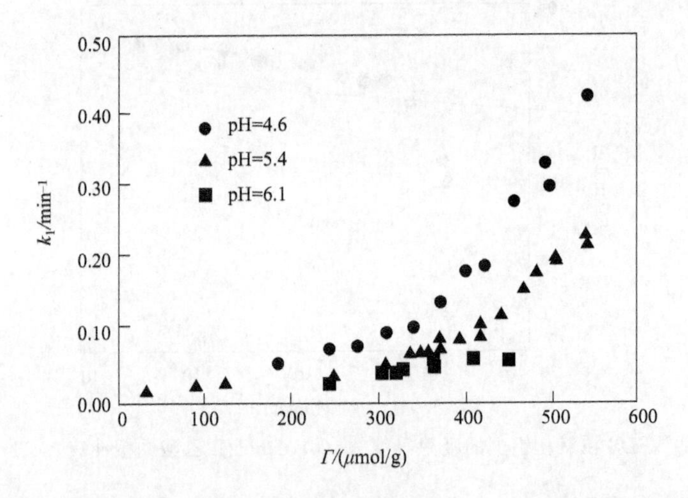

图 10-11　介质 pH 值对 TMOB 酸性水解反应表观一级反应速率常数 k_1 与 SDS 吸附量的关系图（0.01mol/L 乙酸盐缓冲液）

3. 缓冲溶液浓度的影响(无机盐的影响)

与胶束催化的规律相同，加入无机盐通常也会增大吸附胶束的催化活性。

在此乙酸钠缓冲液调节介质 pH 值时实际上是改变 Na^+ 的浓度。图 10-12 是在 pH≈5.6 时进行 TMOB 酸性水解 SDS 吸附胶束催化的 k_1 与 SDS 吸附量的关系图，只是改变了乙酸钠的浓度。得到的曲线形态与图 10-11 相似，这一结果说明，随缓冲液浓度增大，系统中惰性反离子 Na^+ 增加，其将竞争结合于吸附胶束上的活性反离子 H^+，从而减小反应速率。换言之，缓冲溶液浓度增大，反应速率常数降低，对反应起抑制作用。

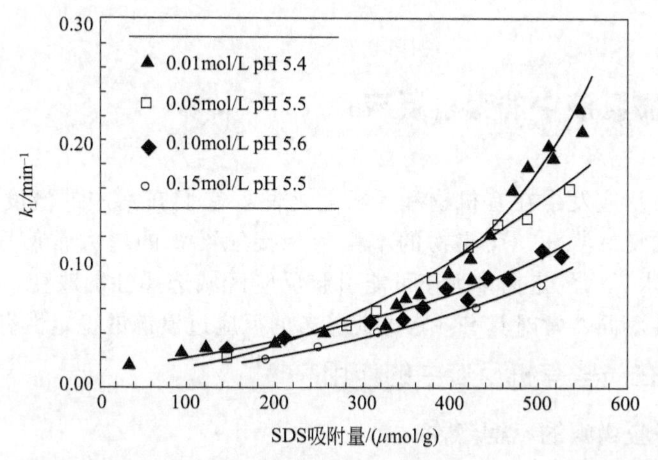

图 10-12　缓冲溶液浓度对 TMOB 酸性水解反应速率常数 k_1 与 SDS 吸附量关系图

（四）胶束催化与吸附胶束催化的联系

图 10-13 是 TMOB 在吸附胶束存在下反应速率常数与 SDS 浓度及 TMOB 在 SDS 胶束溶液中反应速率常数与 SDS 浓度图。在胶束溶液中的数据引自文献［29］，吸附胶束的数据引自文献［28］。

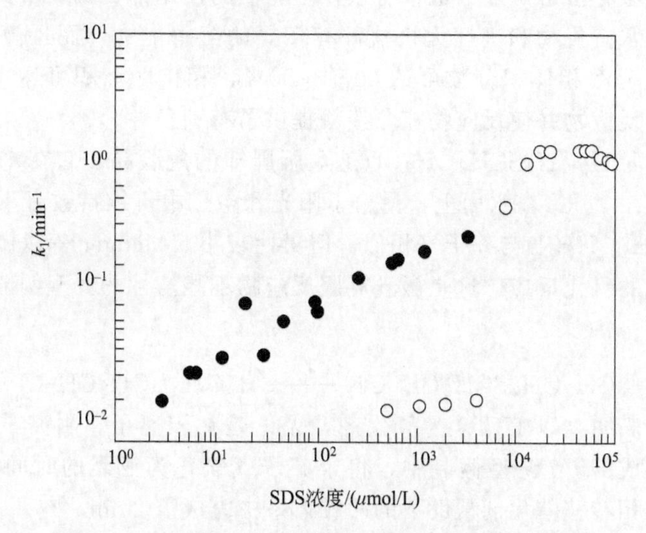

图 10-13　TMOB 的胶束催化（○）和吸附胶束催化（●）酸性水解反应速率常数 k_1 与体相溶液中 SDS 浓度关系的联系

由图 10-13 可知，当 SDS 浓度很低时 TMOB 无水解反应发生，随 SDS 浓度增加，并加入氧化铝后发生吸附胶束催化反应，当 SDS 浓度达 2×10^3 μmol/L（<cmc）时 k_1 已相当大了。SDS 浓度大于其 cmc（约 8×10^3 μmol/L）时有明显的胶束催化反应进行。为避免二者的相互干扰，吸附胶束催化反应使用的表面活性剂浓度（吸附平衡浓度）下进行，而胶束催化当然是在表面活性剂的 cmc 以上进行

的了。

三、微乳液中的有机反应

某些有机反应发生在有机物和无机盐之间，它们在水中的溶度相差较大，微乳是这二者的良好溶剂，反应物的增溶和相接触面积的增大常使反应速率提高。反应物在油/水界面的定向排列还可能引起反应区域选择性的改变。微乳介质与水溶液介质极性不同，常对具有一定电荷分布的反应过渡态的稳定性有所改变。

（一）微乳在一些有机反应中的作用

1. 改善反应物间的不相溶性

在某些有机反应中，常遇到非极性有机物和极性无机盐的有效接触问题。解决这一问题的通常方法有：① 使用可以溶解有机物和无机盐的溶剂或混合溶剂，如一些对质子惰性的溶剂，但这类溶剂大多毒性较大或在低真空蒸发难以除去，故不适合大规模应用；② 在两种不相混溶的溶剂中进行反应，通过加强搅拌使相接触面积增大，相转移催化剂，尤其是季铵盐，对许多两相反应的相接触很有帮助，冠醚在克服相接触问题上也很有效，但它们的使用都受到其昂贵价格的限制。

微乳对疏水有机物和极性无机盐都有良好的溶解能力，而且微乳是高度分散的分散体系，分散相体积分数可达20%～80%，相接触面积可达10^9 cm^2/L[30]，这为大量溶解反应物并使反应物充分接触提供了有利条件。

芥子气($ClCH_2CH_2SCH_2CH_2Cl$)是众所周知的危险品，它在水中溶解度很小(0.0043mol/L，25℃)，水面上，暴露于阳光和空气中可维持数月不变。半芥子气($CH_3CH_2SCH_2CH_2Cl$)与芥子气相似，但毒性较小。Menger 等以微乳为介质，进行了半芥子气的氧化反应，这是微乳克服反应物不相溶性的典型例证[31]。

$$CH_3CH_2SCH_2CH_2Cl \xrightarrow{OCl^-} CH_3CH_2\overset{\overset{\displaystyle O}{\|}}{S}CH_2CH_2Cl \qquad (10\text{-}22)$$

实验结果表明，以 HClO 为氧化剂，无论是在阳离子、阴离子，还是非离子表面活性剂形成的 O/W 型微乳中，将半芥子气氧化为亚砜的时间都不超过 15s，而同样反应在相转移催化剂帮助下的两相体系中完成需 20min[32]。

另一个用微乳克服反应物间不相溶性的实例是金属卟啉的合成反应。

$$\begin{aligned} &Cu^{2+} + TPPH_2 \longrightarrow CuTPP + 2H^+ \\ &TPPH_2 = \text{卟啉} \end{aligned} \qquad (10\text{-}23)$$

由于卟啉只溶于有机相中，金属盐只溶于水相中，故反应只能在界面上发生。在以水、苯、环己醇和表面活性剂形成的 O/W 型微乳中，在含阴离子表面活性剂的体系中反应速率最大[33]。这是因为表面活性剂的阴离子头基和 Cu^{2+} 的静电吸引，使金属离子更易于进入界面层。而在水、甲苯、2-丙醇和表面活性剂形成的

W/O 型微乳中，在含阳离子表面活性剂的体系中反应速率最大[34]。原因是界面层的存在阻碍了反应物间的接触，为与 $TPPH_2$ 接触，Cu^{2+} 必须穿过反离子层进入油相。在含阳离子表面活性剂的微乳中，Cu^{2+} 离子先被静电吸引进入反离子层，如果反离子是适宜的阴离子 X^-，Cu^{2+} 可与之形成络合物：

$$Cu^{2+}+4X^-=CuX_4^{2-}$$

由于 CuX_4^{2-} 离子带有负电荷，所以它被阳离子表面活性剂静电吸引进入油相（见图 10-14）。含有阴离子表面活性剂及不能与 Cu^{2+} 形成负电络合物的阳离子表面活性剂的 W/O 型微乳对反应速率都没有太大影响，说明了上述机理的合理性。

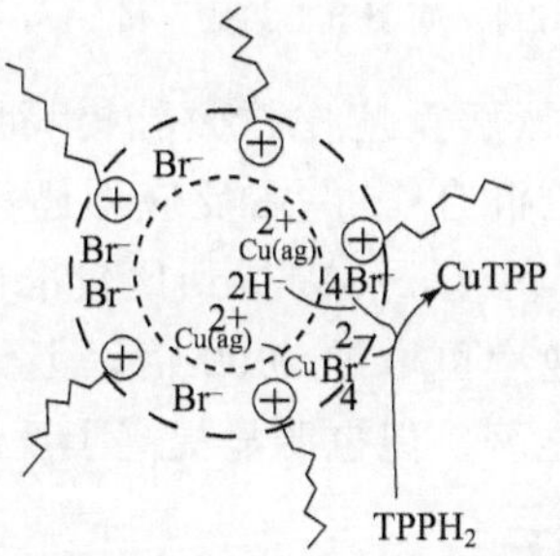

图 10-14　在十六烷基三甲基溴化铵（CTAB）存在下，Cu^{2+} 与 $TPPH_2$ 结合过程模型

Schomacker 描述了包括亲核取代、甲基化、Knoevenagel 缩合、酯水解、氧化和还原等一系列以微乳为介质的反应[35,36]。在这些反应中都存在反应物间不相溶问题。利用水、油和一种非离子型表面活性剂形成的微乳为介质，许多反应都可以在 2h 内完成，且反应步骤简单、过程温和、产物分离简便。

2. 改变反应速率

微乳和胶束对化学反应的催化或抑制作用是通过将反应物和产物的浓集和分隔而实现的。但是除表面活性剂本身是反应物的反应以外，胶束体系的反应物通常浓度很低，这就限制了利用胶束催化大量制备产物的价值。而微乳中油相、水相和界面相的极性不同，介电常数梯度为 2～78，溶质可在不止一相中分配，故可以获得很高的增溶能力[37]，且表面活性剂的类型和浓度可在较大范围内选择，从而使其具有比胶束体系更大的催化潜力。

例如：$Fe(Phen)_3^{2+}$，$Fe(5\text{-}NO_2Phen)_3^{2+}$ 的水解、碱性氧化和氰解反应[38]

$$Fe(x\text{-}Phen)\xrightarrow{H^+}Fe^{2+}(aq)+3x\text{-}PhenH^+ \qquad (10\text{-}24)$$

$$Fe(x\text{-}Phen)\xrightarrow{OH^-,O_2}Fe_2O_3(aq)+3x\text{-}Phen \qquad (10\text{-}25)$$

$$Fe(x\text{-}Phen)\xrightarrow{CN^-}Fe(x\text{-}Phen)_2(CN)_2+x\text{-}Phen \qquad (10\text{-}26)$$

x=H或5-NO_2　　Phen=1,10-二氮杂菲（ 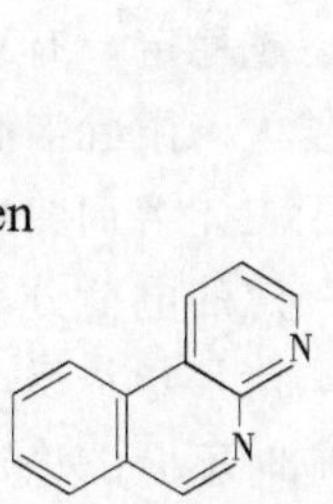　）

反应式（10-24）～式（10-26）在水中和微乳中的反应速率列于表10-7中。

表10-7　在水中和两种微乳中反应式（10-24）～式（10-26）的反应速率常数（T=298K）

反应	式（10-24）k/s^{-1}			式（10-25）k_2 /［L/（mol·s）］			式（10-26）k_2 /［L/（mol·s）］		
	水中	微乳A④	微乳B⑤	水中	微乳A	微乳B	水中	微乳A	微乳B
$Fe(Phen)_3^{2+}$	7.33×10^{-5}	2.17×10^{-4}	2.3×10^{-4}	0.018	44.9①	87.7②	0.024	>300	>200
$Fe(5\text{-}NO_2Phen)_3^{2+}$	4.87×10^{-4}	2.41×10^{-3}	5.2×10^{-3}	0.093	>200①	>200②	0.51③	>300	>200

①［OH^-］=2×10^{-3}mol/L；②［OH^-］=3×10^{-3}mol/L；③ T=305K；④微乳A组成：60%mol 2-丁氧基乙醇、20%mol辛烷、20%mol水；⑤微乳B组成：45%mol 2-丙二醇、40%mol己烷、15%mol水。

由表10-7数据可知，在氰解反应中，微乳提高反应速率的作用效果最显著，由于反应太快，在初始反应物混合1s左右反应即已完成，故无法准确测定其速率常数。微乳中与OH^-的反应稍慢，可以得到比较准确的结果，用W/O微乳代替水溶液作为反应介质，反应速率可增加1000倍以上。微乳对水解反应的作用效果虽不及氰解和碱性氧化反应显著，但也明显提高了反应速率。

3. 改变反应的区域选择性

在某些有机反应中，反应物和试剂按两个或多个方向进行，从而可得到两个或多个异构的产物。如果这些产物的生成量不同，呈现一定的选择性时，则称该反应具有区域选择性。微乳体系中，油/水界面的存在，使得有一定极性的反应物定向排列，从而可以影响有机反应的区域选择性。

苯酚的选择性硝化反应就是微乳介质影响有机反应区域选择性的典型实例[39]。

在水溶液中，硝化苯酚通常得到邻和对位硝基苯酚的比例为1∶2，而在AOT（琥珀酸二异辛酯磺酸钠）形成的O/W微乳中进行时，可以获得80%的邻位产物。微乳中，硝化主要发生在邻位的可能原因是酚在油/水界面的聚集和定向作用使水相中的NO_2^+进攻其羟基邻位比对位更容易（见图10-15）。

4. 对过渡态稳定性的影响

有机反应的过渡态理论认为，反应物相互作用的过程中，可形成一势能高于反应物及生成物的极不稳定的中间阶段结构，即过渡态。反应物与过渡态势能差为活化能。活化能越小，过渡态越稳定，有利于此反应的进行，即反应速率越大。微乳液滴可以溶解底物并提供极性不同于主体溶剂的环境。有机反应的过渡态常具有一定的电荷分布，微乳中表面活性剂头基带有电荷常导致反应过渡态表现出与在水溶液中反应时不同的稳定性。例如，苯甲酸乙

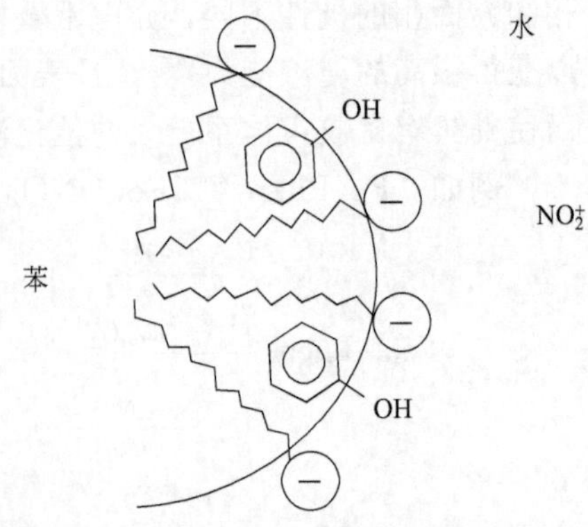

图10-15　在油-水界面上酚的定向排列

酯的水解反应[40]。

$$C_6H_5COOC_2H_5 + OH^- \longrightarrow C_6H_5COO^- + C_2H_5OH \tag{10-27}$$

因为反应式（10-27）的过渡态是负电荷分散的，所以低介电常数的环境将使过渡态稳定。实验所得的活化参数显示，在微乳中进行的反应比在丙酮-水体系中进行时活化熵减小约 90 J/(mol·K)。因此，与反应物相比过渡态的运动自由度大大减小。实验测得反应式（10-27）在CTAB组成的微乳中（介电常数为20）和在丙酮-水混合物中（介电常数为44）的活化能分别为47.7 kJ/mol 和67.3 kJ/mol，这说明了介质的低介电常数对该反应过渡态的稳定作用。

微乳对有机反应的多种作用并非彼此孤立，不同作用之间都有或多或少的联系，而且对任一反应，上述各种作用并不一定都能显示出来。

（二）影响微乳作用的几个因素

1. 表面活性剂性质的影响

表面活性剂是形成微乳的主要组分之一，其性质对微乳的影响很大。首先，对于不同电荷类型的离子型表面活性剂形成的微乳，因其界面性质不同，对带电荷的反应物的静电作用（吸引或排斥）就不同，从而产生不同的效果。例如，在不同电荷类型的表面活性剂形成的 W/O 微乳中，反应式（10-28）具有不同的反应速率[41]。

$$CV^+ + OH^- = CV + H_2O$$

$$CV^+ = (ME_2NC_6H_4)_3C^+ \tag{10-28}$$

反应式（10-28）中，两种反应物虽都溶于水中，但它们具有相反电荷，根据通常看法，表面活性剂离子电荷类型对此反应速率不应有大的影响，但事实上，与水中进行的反应相比，AOT 形成的微乳可略降低反应速率，BHDC［$C_6H_5CH_2$-$N^+(CH_3)CH_2C_{16}H_{33}Cl$］形成的微乳可轻微提高反应速率。这是因为 CV^+ 带正电荷，可以与 AOT 的 SO_3^- 头基形成强离子对，这一强烈去活化作用大于 OH^- 离子与 SO_3^- 头基互相排斥产生的活化作用。而 BHDC 微乳中，CV^+ 与 RN^{4+} 相互排斥的活化作用大于 OH^+ 与 RN^{4+} 相互吸引的去活化作用。

其次，相同电荷类型的不同表面活性剂对同一反应的反应速率也有影响。仍以 $CV^+ + OH^-$ 反应为例，在十二烷基磺酸钠（SDS）/水/己醇形成的微乳中该反应速率大于 AOT/水/癸烷形成的微乳中的[42]。这是由于前一体系中水滴更小。文献报道，W=［H_2O］/［表面活性剂］=30 时，AOT 体系中水滴半径为 5.6nm，而 SDS 体系中，水滴半径为 1.8nm，无疑，水滴的减小使反应物局部浓度变大，故有利于反应进行。

2. 助表面活性剂的影响

在形成微乳时，有时还需加入适量助表面活性剂。助表面活性剂通过其在有机相和水相中的分配改变它们的溶剂性质。常用的助表面活性剂是含 3～8 个碳原子的醇，醇的加入可以减少表面活性剂分子聚集数和液滴大小，防止形成规则的结构，如凝胶、液晶和沉淀等，并可降低体系黏度[43]。在高 pH 值时，醇还可作为较好的亲核试剂。

例如：对硝基苯基二苯基磷酸（PNPDPP）的碱性水解反应[44]

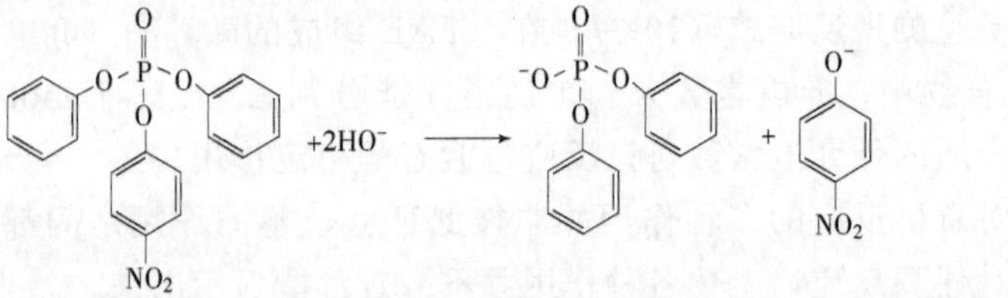

$$(C_6H_5O)_2P(=O)OC_6H_4NO_2 + 2HO^- \longrightarrow {}^-O\text{-}P(=O)(OC_6H_5)_2 + {}^-OC_6H_4NO_2 \qquad (10\text{-}29)$$

在 pH 值较高的微乳中进行时，作为亲核试剂，普通脂肪醇的烷氧基离子比 OH^- 的亲核反应速率小，但当使用苄醇时，因其酸性较强，可以给出更多的苄氧基离子，所以在含苄醇的微乳中，PNPDPP 的水解速率大于相同酸度下水介质中的反应速率。

同样对于 PNPDPP 的碱性水解反应，用 IBA（ 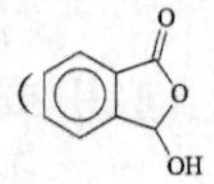 ）作催化剂时，不同助表面活性剂对水解反应速率提高作用的大小依次为[45]：

$$n\text{-}C_4H_9OH < DBF < \text{Adogen 464} \sim MP$$

DBF：$HCN(C_4H_9)_2$；Adogen 464：$(C_{8\sim10})_3N^+(CH_3)Cl$；MP：

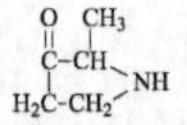

实验结果表明，以 CTAB 和 CTAC（十六烷基三甲基氯化铵）形成的微乳中（O/W），随水相体积分数的增大，k_{IBA} 急剧增大，这是因为无机离子 Cl^- 和 Br^- 随水相体积增大而不断从界面层移向水相，导致界面层正电荷有上升趋势，而 IBA 在碱性条件下是阴离子，为平衡界面电势，它能在界面上浓集，所以反应速率提高。同理，根据静电作用，易于形成正电荷的助表面活性剂对 IBA 在界面上的浓集有利，所以，MP 和 Adogen 464 比 DBF 和 $n\text{-}C_4H_9OH$ 的提高反应速率的作用更大。

3. 微乳组成比例的影响

一般来说，微乳中反应速率随微乳粒子的减小而增大，因此，可以通过改变微乳组成比例而改变其液滴大小，以影响微乳中的反应速率。

例如，由 SDS/水/已醇形成的 W/O 微乳的不同组成比例对 $CV^+ + OH^-$ 反应的影响[42]。

由表 10-8 可知，与纯水中相比，微乳介质抑制了 $CV^+ + OH^-$ 反应。油相含量一定时，反应速率随 W 的减小液滴减小而增大；W 恒定时，随己醇含量升高，微乳液滴减小，反应速率也随之增大。

表 10-8　不同组成比例的微乳中 CV^{+} +OH^{-} 的反应速率常数

W=［H_2O］/［SDS］	30	25	20	15	20	20	20	纯水中
己醇（质量分数）/%	50	50	50	50	60	70	80	—
k_2/［L/（mol·s）］	0.015	0.017	0.018	0.023	0.030	0.036	0.089	0.20

此外，一般来说，油相性质对微乳作用的影响不大，水相中若加入电解质，常会减小微乳界面层的厚度，往往削弱微乳的作用。

所有影响微乳对有机反应作用的因素总是通过宏观上改变微乳相区的面积和形状，微观上改变微乳液滴的大小和界面层性质实现的。对于某一特定反应，可以改变各项条件，得到一个恰当组成的微乳，使该微乳对所选反应的作用效果朝需要的方向进行。

参考文献

［1］Chao J R，Morawetz H. J Am Chem Soc，1972，94：375.

［2］Bunton C A，Saveili G. Adv Phys Org Chem，1986，22：213.

［3］O'Connor C J，Fendler E J，Fendler J H. J Am Chem Soc，1973，95：600.

［4］Fendler J H，Fendler E J. Catalysis in Micellar and Macromolecular Systems. New York：Academic Press，1975.

［5］Bunton C A，Robinson L. J Am Chem Soc，1968，90：5972.

［6］赵振国，沈吉静，马季铭，高等学校化学学报，1987，18：1527.

［7］赵振国，胶束催化与微乳催化，北京：化学工业出版社，2006.

［8］沈吉静，赵振国，马季铭. J Dispr Sci Techn，2000，21：883.

［9］Bunton C A . Cationic Surfactants，Physical Chemistry，New York：Marcell Dekker，Inc. 1991.

［10］赵国玺，朱玻瑶．表面活性剂作用原理. 北京：中国轻工业出版社，2003.

［11］Tascioglu S. Tetrahedron，1996，52：11113.

［12］邢其毅，徐瑞秋，周政，裴伟伟．基础有机化学：第 2 版．北京：高等教育出版社，1994：725.

［13］Ramesh V，Ramamurthy V. J Org Chem，1984，49：536.

［14］Wolf T，Muller N. J Photochem，1983，23：131.

［15］Moss R A，Lee Y S，Lukas T J. J Am Chem Soc，1979，101：2499.

［16］韩德刚，高盘良．化学动力学基础. 北京：北京大学出版社．1987.

[17] 赵振国，焦天恕．高等学校化学学报，1999，20：281.

[18] 赵振国，沈吉静，马季铭．化学学报，2003，61：298.

[19] Bartet D，Consuelo C，Sepulveda I. J Phys Chem，1980，84：272.

[20] Rosso F D，Bartoletti A，Protio P D，et al. J Chem Soc，Pertin Trans 2，1995：673.

[21] Mukhopadhyay L，Nitra N，Bhattacharya P K，et al. J Colloid Interface Sci，1997，186：1.

[22] 胡新根，林瑞森，宗汉兴．化学学报，1995，54：1060.

[23] 望天志，李卫平，刘义等．化学学报，1998，56：625.

[24] Bunton C A，Robinson L，Stam M. J Am Chem Soc，1970，92：7393.

[25] Broxton T J，Marcou V. J Org Chem，1991，56：1041.

[26] 阮科，赵振国，马季铭．J Colloid Polym Sci，2001，279：813.

[27] Hall D G. J Chem Soc. Faraday Trans1，1989，85：3813.

[28] Yu C C，Wang D W，Lobban I L. Langmuir，1992，8：2582.

[29] Dunlap R B，Cordes E H. J Am Chem Soc，1968，90：4395.

[30] Hermarsky C，Mackay R A. Solution chemistry of surfactant (K. L. Mittal ed). New York：Plenum Press；1979，723.

[31] Menger F M，Elrington A R. J. Am. Chem. Soc.，1991，113：9621.

[32] Ramsden J H，Drago R S，Riley R. J Am Chem Soc，1989，111：3958.

[33] (a) Letts K，Mackay R A. Reactions in microemulsion，I. Inorg. Chem.，1975，14：2990.

(b) Letts K，Mackay R A. Reactions in microemulsion，II. Inorg. Chem.，1975，14：2993.

[34] Keiser B，Holt S L，Barden R. J Colloid Interface Sci.，1980，73：290.

[35] Schomacker R，Robinson B H，Fletcher P D I. J Chem Soc Faraday Trans，1，1988，84：4203.

[36] Schomacker R，Stickdorn K，Knoche W. J Chem Soc Faraday Trans，1，1991，87：847.

[37] Mackay R A. Colloids & Surfaces A，1994，82：1.

[38] Blandamer M J，Burgess J，Clark B. J Chem Soc Chem. Commu，1983，12：659.

[39] Chhatre A S，Joshi R J，Kulkarni B D. J Colloid Interface Sci，1993，158：183.

[40] Varughese P，Broge A. J Indian Chem Soc，1991，68：323.

[41] Izquierdo M C，Casado J. Rodriguez A et al. J Chem Kinetics，1992，24：19.

[42] Valaulikar B S. J Colloid Interface Sci，1993，161：268.

[43] Sjoblom J，Lindberg R，Friberg S E. Adv Colloid Interface Sci，1996，65：125.

[44] Bunton C A，de Buzzaccarini F，Hamed F H. J Org Chem，1983，48：2457.

[45] Mackey R A，Burnside B A et al. J Disp Sci Tech，1988，9：493.

第十一章
表面活性剂复配原理（一）

实际应用中很少用表面活性剂纯品，绝大多数场合以混合物形式使用。一方面由于经济上的原因，表面活性剂的每一步提纯都会带来成本的大幅度增加。而更重要的原因是在实际应用中没有必要使用纯表面活性剂，恰恰相反，经常应用的正是有多种添加剂的表面活性剂配方。大量研究证明，经过复配的表面活性剂具有比单一表面活性剂更好的使用效果。例如，在一般洗涤剂配方中，表面活性剂只占总成分的20%左右，其余大部分是无机物及少量有机物，而所用的表面活性剂也不是纯品，往往是一系列同系物的混合物，或是为达到某种应用目的而复配的不同品种的表面活性剂混合物，以及表面活性剂与无机物、高聚物的复配体系等[1,2]。

表面活性剂的复配是实际应用中的一个重要课题，通过表面活性剂与添加剂以及不同种类表面活性剂之间的复配，可望达到以下目的。

① 提高表面活性剂的性能。复配体系常具有比单一表面活性剂更优越的性能。

② 降低表面活性剂的应用成本。一方面通过复配可降低表面活性剂的总用量；另一方面利用价格低廉的表面活性剂（或添加剂）与成本较高的表面活性剂复配，可降低成本较高的表面活性剂组分的用量。

③ 减少表面活性剂对生态环境的破坏（污染）。首先，表面活性剂用量的降低就等于减少了废物的排放，降低了对环境的污染。一个典型的例子是碳氟表面活性剂。碳氟表面活性剂是很难生物降解的，但碳氟表面活性剂在很多应用场合又是必不可少、不可取代的。通过碳氟表面活性剂与碳氢表面活性剂的复配，可大大降低其用量，从而可将碳氟表面活性剂对环境的污染降到最低限度。其次，对一些生物降解性能差的表面活性剂，通过复配可提高其生物降解性。如阳离子表面活性剂有杀菌作用，很多单一的阳离子表面活性剂生物降解性能差，但许多阳离子表面活性剂与其他类型的表面活性剂复配后，不仅不会出现抑制降解的现象，

反而两者都易降解。

本章主要介绍普通表面活性剂之间的复配和相互作用。普通表面活性剂与特种表面活性剂（如氟表面活性剂）、表面活性剂与大分子（高聚物、蛋白质、环糊精、DNA 等）以及表面活性剂与病毒、细菌的相互作用将在第十七章中介绍。

一、表面活性剂同系物混合物

（一）同系物混合物的表面活性

一般商品表面活性剂都是同系物的混合物。如疏水链中碳原子数不同或聚氧乙烯型非离子表面活性剂中乙氧基($—CH_2CH_2O—$)数目不同的混合物。

同系物混合物的情况比较简单，一般规律是同系物混合物的物理化学性质介于各个化合物之间，表面活性的表现也是如此。图 11-1 表示出典型的离子表面活性剂十二烷基硫酸钠和癸基硫酸钠混合溶液表面张力与浓度的关系。

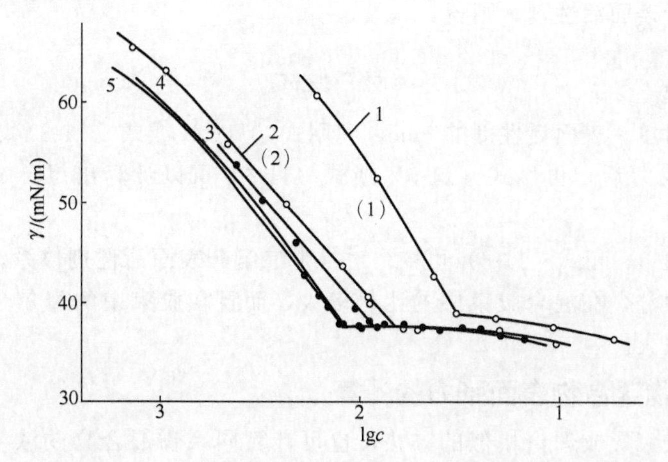

图 11-1　癸基硫酸钠和十二烷基硫酸钠混合溶液的表面张力与浓度的关系（30℃）

1—1：0；2—3：1；3—1：1；4—1：3；5—0：1

由图 11-1 看出，混合物的表面活性介于两纯化合物之间。从混合物的 γ-lg$c$ 曲线可以得到混合物中各种表面活性数据。

（二）同系物混合物的 cmc

同系物混合物 cmc 还可根据单一表面活性剂的 cmc 通过式（11-1）计算出来[1,2]。

$$\frac{1}{\mathrm{cmc}_{\mathrm{T}}^{(1+k_0)}}=\sum\frac{x_i}{\mathrm{cmc}_i^{(1+k_0)}} \tag{11-1}$$

式中，$\mathrm{cmc_T}$ 和 cmc_i 分别为混合物及组分 i 的 cmc，x_i 为组分 i 的摩尔分数，k_0 为与胶束反离子结合度有关的常数。

对二组分混合物，式（11-1）变为

$$\frac{1}{\mathrm{cmc}_{\mathrm{T}}^{(1+k_0)}}=\frac{x_1}{\mathrm{cmc}_1^{(1+k_0)}}+\frac{x_2}{\mathrm{cmc}_2^{(1+k_0)}} \tag{11-2}$$

对非离子表面活性剂的二元混合物，式（11-2）中的 k_0 消失，则为

$$\frac{1}{\mathrm{cmc}_{\mathrm{T}}}=\frac{x_1}{\mathrm{cmc}_1}+\frac{x_2}{\mathrm{cmc}_2} \tag{11-3}$$

（三）同系物混合胶束组成的计算

根据胶束理论，还可以推算出同系物混合胶束的成分[1,2]

$$x_{i\mathrm{m}}=x_i\frac{\mathrm{cmc}_{\mathrm{T}}\ (cmc_{\mathrm{T}}+c_{\mathrm{s}})^{k_0}}{\mathrm{cmc}_i\ (\mathrm{cmc}_i+c_{\mathrm{s}})^{k_0}} \tag{11-4}$$

式中，$x_{i\mathrm{m}}$为组分 i 在混合胶束中的摩尔分数，c_{s}为溶液中外加的、与表面活性剂的反离子有相同离子的无机盐的浓度，其余符号含义与前同。

在无外加盐时，式（11-4）变为：

$$x_{i\mathrm{m}}=x_i\left(\frac{\mathrm{cmc}_{\mathrm{T}}}{\mathrm{cmc}_i}\right)^{1+k_0} \tag{11-5}$$

对非离子表面活性剂，则得：

$$x_{i\mathrm{m}}=x_i\left(\frac{\mathrm{cmc}_{\mathrm{T}}}{\mathrm{cmc}_i}\right) \tag{11-6}$$

因此，自单一表面活性剂的 cmc，利用式（11-2）或式（11-3）求出混合表面活性剂的 cmc 之后，再用式（11-5）或式（11-6）可以计算出组分 i 在胶束中的组成。

由式（11-5）和式（11-6）可知，对一个二组分表面活性剂体系，其中有较高表面活性的组分，在混合胶束中的比例较大，而且在胶束中的摩尔分数比在溶液中的摩尔分数大。

（四）同系物混合物表面张力的计算

利用与胶束形成理论相似的方法，也可计算同系物混合物的浓度、组成与表面张力的关系。对于二组分非离子表面活性剂混合溶液[1,2]：

$$c_{\mathrm{T}}\left[x_1\exp\left(\frac{\gamma-A_1}{B_1}\right)+x_2\exp\left(\frac{\gamma-A_2}{B_2}\right)\right]=1 \tag{11-7}$$

式中，c_{T}为表面活性剂总浓度。常数 A_1、B_1、A_2、B_2可分别自纯组分 1 和纯组分 2 的表面张力实验数据利用 $\gamma=A-B\ln c_i$（注意：该式仅适用于表面张力曲线的直线部分）求得。

因此，可由式（11-7）式求出混合溶液的浓度、组成与表面张力的关系，从而可自纯组分溶液的表面张力曲线得出混合溶液的表面张力曲线。

式（11-7）用于计算 cmc 以下溶液的表面张力。对 cmc 以上溶液的表面张力，可假设胶束对表面张力没有贡献，只有未缔合的单体有贡献。对理想混合胶束的情形，可推导出未缔合的表面活性剂单体浓度 $c_{i\mathrm{s}}$：

$$c_{1s}=\frac{\mathrm{cmc}_1}{2P}[Q\pm(Q^2+4P\alpha c_{\mathrm{T}})^{1/2}] \tag{11-8}$$

$$c_{2s}=\mathrm{cmc}_2 x_{2m}=\mathrm{cmc}_2(1-x_{1m})=\mathrm{cmc}_2(1-\frac{c_{1s}}{\mathrm{cmc}_1}) \tag{11-9}$$

式中，α 为组分 1 在混合物中所占的分数，cmc_i 为纯组分 i 的 cmc，c_{T} 是总浓度

$$P=\mathrm{cmc}_2-\mathrm{cmc}_1$$

$$Q=\mathrm{cmc}_2-\mathrm{cmc}_1-c_{\mathrm{T}}$$

$$x_{1m}=\frac{c_{1s}}{\mathrm{cmc}_1}$$

将式（11-8）及式（11-9）代入式（11-7）中［式（11-7）中的 $c_{\mathrm{T}}x_1$ 及 $c_{\mathrm{T}}x_2$ 即分别为 c_{1s} 及 c_{2s}］，然后可求出表面张力（γ）。

二、表面活性剂与无机电解质混合体系

在表面活性剂的应用配方中，无机电解质是最主要的添加剂之一，因为无机电解质（一般为无机盐）往往可提高溶液的表面活性。这种协同作用主要表现在离子型表面活性剂与无机盐混合溶液中。

（一）无机电解质对离子型表面活性剂的影响

在离子型表面活性剂中加入与表面活性剂有相同反离子的无机盐（如在烷基硫酸钠中加入 NaCl），不仅可降低同浓度溶液的表面张力，而且还可降低表面活性剂的 cmc，此外还可以使溶液的最低表面张力（γ_{cmc}）降得更低，即达到全面增效作用。图 11-2 示出 NaCl 对 $C_{12}H_{25}SO_4Na$ 水溶液表面活性的影响，可以看出溶液表面活性随 NaCl 浓度增加而增强[1]。

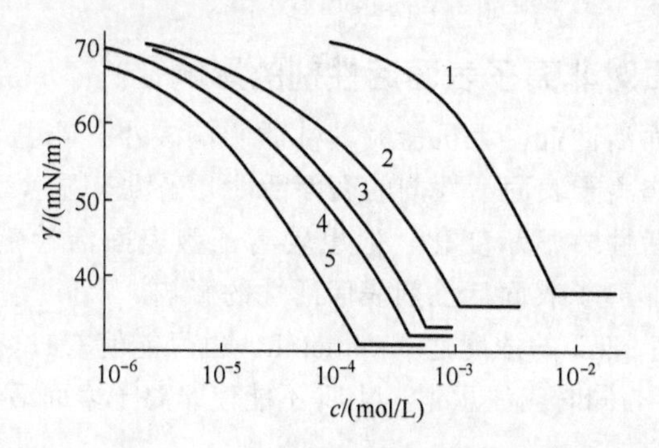

图 11-2 NaCl 对 $C_{12}H_{25}SO_4Na$ 水溶液表面活性的影响（29℃）

NaCl 浓度为：1—0；2—0.1mol/L；3—0.3mol/L；4—0.5mol/L；5—1mol/L

除了反离子的浓度，反离子的价数的影响也很大，高价离子比一价离子在降

低表面活性剂溶液表面张力方面有更强的能力（若高价离子使表面活性剂形成沉淀则另当别论）。

无机盐对离子型表面活性剂表面活性的影响主要是由于反离子压缩了表面活性剂离子头的双电层厚度，减少了表面活性剂离子头之间的排斥作用，从而使表面活性剂更容易在表面吸附层中紧密排列且易于形成胶束，导致溶液的表面张力与 cmc 降低。

根据胶束形成理论可推导出离子型表面活性剂 cmc 与外加无机盐浓度（C_t^i）的关系：

$$\ln cmc = A - K_0 \ln C_t^i \quad (11\text{-}10)$$

式中，A 为常数，K_0 具有明确的物理意义，是表示胶束反离子结合度的常数。

此式与经验公式　$\lg cmc = A - B\lg C_t^i$ 完全相符。

对于有两个离子基团的表面活性剂，斜率将两倍于 K_0

$$\ln cmc = A - 2K_0 \ln C_t^i \quad (11\text{-}11)$$

对高价反离子，cmc 与反离子浓度和反离子的价数（z）有如下关系：

$$\ln cmc = A - \frac{K_0}{z} \ln C_t^i \quad (11\text{-}12)$$

应该指出：

① $\ln cmc$ 与 $\ln C_t^i$ 的上述直线关系并非普遍存在，一般限制在一定的浓度范围内，无机盐浓度过大时往往不能得到很好的直线；

② 除了反离子浓度，反离子的种类（即使价数相同）也可能对 cmc 有影响，如 $C_{12}H_{25}SO_4Na$ 与 $C_{12}H_{25}SO_4N(CH_3)_4$ 的关系式分别为

$$\lg cmc = -3.6 - 0.66\lg[Na^+]$$

$$\lg cmc = -3.65 - 0.57\lg[N^+(CH_3)_4]$$

这种情况在氟表面活性剂中也有，如 $C_7F_{15}COONa$ 和 $C_7F_{15}COOH$，其 K_0 值分别为 0.52 和 0.97，显示出明显的差别。

（二）无机电解质对非离子表面活性剂的影响

对于非离子表面活性剂，无机盐对其性质影响较小。当盐浓度较小时（例如，小于 0.1mol/L），非离子表面活性剂的表面活性几乎没有显著变化。只是在无机盐浓度较大时，表面活性才显示变化，但也较离子型表面活性剂的变化小得多。图 11-3 表示无机盐对非离子表面活性剂表面活性的影响。

可以看出，即使 NaCl 的浓度达 0.86mol/L，也只能使 C_9H_{19}-C_6H_4-$O(C_2H_4O)_{15}H$ 的 cmc 下降大约一半，同时应注意到，NaCl 不能使非离子表面活性剂溶液的 γ_{cmc} 降得更低。

无机盐对非离子表面活性剂的影响是正、负离子作用的总和。正离子和负离子降低 cmc 的效率次序分别为

$$NH_4^+ > K^+ > Na^+ > Li^+ > \frac{1}{2}Ca^{2+},$$

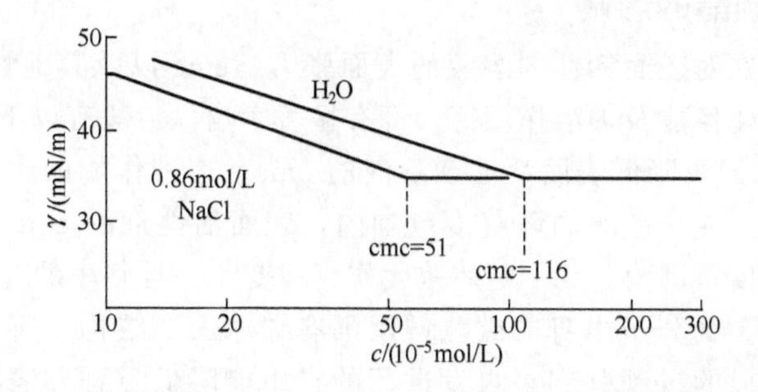

图 11-3　NaCl 对 $C_9H_{19}\text{-}C_6H_4\text{-}O(C_2H_4O)_{15}H$ 表面活性的影响

$$\frac{1}{2}SO_4^{2-}>F^->Cl^->Br^->NO_3^-$$

四烷基季铵盐正离子似乎有增加 cmc 的作用，其次序为

$$(C_3H_7)_4N^+>(C_2H_5)_4N^+>(CH_3)_4N^+$$

这与它们对非极性溶质的“盐溶”作用的次序相同。

与对离子型表面活性剂的影响不同，无机盐对非离子表面活性剂的影响主要在于对疏水基团的“盐析”或“盐溶”作用，而不是对亲水基的作用。起“盐析”作用时，表面活性剂的 cmc 降低，起“盐溶”作用时则反之。电解质的盐析作用可以降低非离子表面活性剂的浊点，它与降低 cmc，增加胶束聚集数相一致，使得表面活性剂易缔合成更大的胶束，到一定程度即分离出新相，溶液出现浑浊（“浊点”现象）。

虽然无机盐电解质对非离子表面活性剂溶液性质影响主要是“盐析作用”，但也不能完全忽略电性相互作用。对于聚氧乙烯链为极性头的非离子表面活性剂，链中的氧原子可以通过氢键与 H_2O 及 H_3^+O 结合，从而使这种非离子表面活性剂分子带有一些正电性。从这个角度来讲，无机盐对聚氧乙烯型非离子表面活性剂表面活性的影响与离子型表面活性剂的有些相似，只不过由于聚氧乙烯型非离子表面活性剂极性基的正电性远低于离子型表面活性剂，无机盐的影响也小很多。

三、表面活性剂与极性有机物混合体系

一般表面活性剂的工业产品几乎不可避免地含有少量未被分离出去的极性有机物（如十二烷基硫酸钠中含有少量的月桂醇）。在实际应用的表面活性剂配方中，为了调节配方的应用性能，也常加入极性有机物作为添加剂。

少量有机物的存在，能导致表面活性剂在水溶液中的 cmc 发生很大变化，同时也常常增加表面活性剂的表面活性。一个早已熟知的事实是：少量极性有机物的存在导致溶液表面张力有最低值的现象。

（一）长链脂肪醇的影响

脂肪醇的存在对表面活性剂溶液的表面张力、cmc 以及其他性质（如起泡性，泡沫稳定性，乳化性能及加溶作用等）都有显著影响，一般有以下规律。

① 长链脂肪醇可降低表面活性剂溶液的 cmc。这种作用的大小随脂肪醇碳氢链的加长而增大。在长链醇的溶解度范围内，表面活性剂的 cmc 随醇浓度增加而下降。在一定浓度范围内，cmc 随醇浓度作直线变化，且斜率的对数为醇分子碳原子数的线性函数。醇分子本身的碳氢链周围有“冰山”结构，所以醇分子参与表面活性剂胶束形成的过程是容易自发进行的自由能降低过程，溶液中醇的存在使胶束容易形成，cmc 降低。

② 长链脂肪醇可显著降低表面活性剂溶液的表面张力。在表面活性剂浓度固定时，溶液的表面张力随醇浓度增加而下降。如图 11-4 所示。

在一定的表面活性剂浓度范围内，长链脂肪醇还可降低表面活性剂水溶液的最低表面张力。考察在长链脂肪醇存在下表面活性剂的 γ-lg$c$ 曲线，与无醇时的表面活性剂溶液相比，醇的存在使溶液表面张力大为降低。在一定表面活性剂浓度范围内，表面张力达到最低值，当表面活性剂浓度超过某一值时，溶液表面张力又上升。如图 11-5 所示。

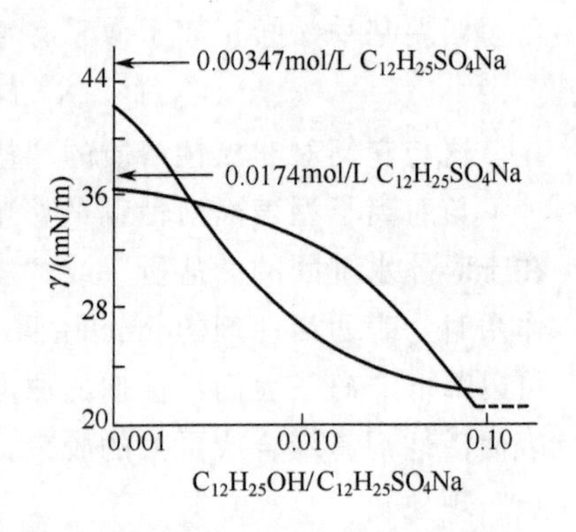

图 11-4　十二醇对 $C_{12}H_{25}SO_4Na$ 水溶液表面张力的影响[1]

③ 加醇后的表面活性剂溶液在其他一些性质上也有突出变化，如溶液的表面黏度由于醇的加入而增加，这可认为是有醇时的表面吸附膜比较紧密。

④ 在有醇存在的表面活性剂溶液中，γ 的时间效应更为明显，即到达平衡 γ 需要更多的时间。对于较长链的脂肪酸和脂肪醇，其时间效应较短，但若脂肪醇的含量很少（作为少量“杂质”存在时），表面张力的时间效应则很长。此种 γ 的时间效应可以认为是由于醇和表面活性剂竞争吸附的结果。

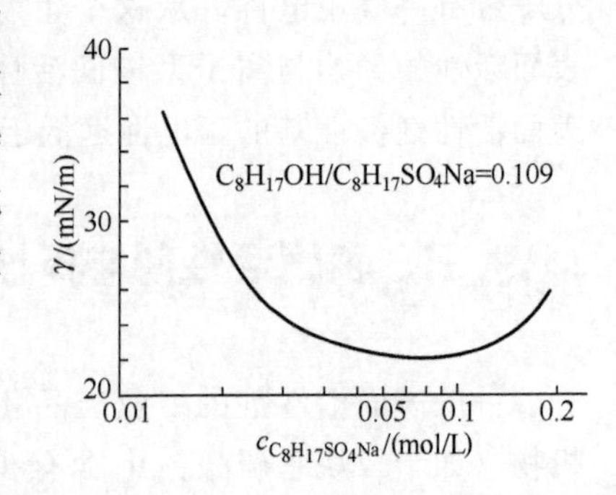

图 11-5　正辛醇对辛基硫酸钠水溶液表面张力的影响（15℃）[1]

（二）短链醇的影响

短链醇在浓度小时可使离子型表面活性剂的 cmc 降低；在浓度高时，则 cmc 随醇浓度增加而变大。对此现象解释是：在醇浓度较小时，醇分子本身的碳氢链周围即有“冰山”结构，所以醇分子参与表面活性剂胶束形成的过程是容易自发进行的自由能降低过程；也有文献中的解释是：醇分子会优先取代表面活性剂头基附近的水分子，由于醇分子体积大于水分子，所以能一定程度减弱头基之间的静电排斥作用，因而醇的存在使 cmc 降低。但在浓度较大时，一方面溶剂性质改变，使表面活性剂的溶解度变大；另一方面由于醇浓度增加而使溶液的介电常数变小，于是胶束的离子头之间的排斥作用增加，不利于胶束形成。两种效应综合的结果，导致醇浓度高时 cmc 上升。

（三）水溶性及极性较强的极性有机物的影响

此种极性有机物分两种情况，一类如尿素、*N*-甲基乙酰胺、乙二醇、1,4 二氧六环等，此类物质一般使表面活性剂的表面活性下降（cmc 及 γ 升高）。对于这种现象，一般认为是水结构破坏的结果。此类化合物在水中易于通过氢键与水分子结合，使水本身的结构易于破坏。此类化合物对于表面活性剂分子疏水链周围的“冰山”结构也同样起到破坏作用，使其不易形成。因而表观上，这类化合物降低了表面活性剂的疏水性、使其在水中的溶解度大为增加。于是表面活性剂的表面吸附及形成胶束的能力减弱，导致表面活性下降。值得一提的是，近期也有不少研究发现某些物质（如尿素）少量添加的情况下也会促进表面活性剂的胶束形成（通过屏蔽头基静电斥力）。但实际应用的多数情况下由于添加量较大，所以表现出降低表面活性的作用。

另外一类强极性的、水溶性的添加物，如果糖、木糖以及山梨糖醇、环已六醇等，则使表面活性剂的 cmc 降低。这类添加剂称为水结构促进者。

（四）表面活性剂助溶剂

某些表面活性剂由于在水中溶解度太小，不利于应用，需要在配方中加入增加溶解度的添加剂，即助溶剂。如 $CH_3CONHCH_3$ 对于 $C_{16}H_{33}SO_4Na$ 即为一种助溶剂。尿素也有助溶作用。除了这类一般极性有机物，更常用作助溶剂的是甲苯磺酸钠和二甲苯磺酸钠一类化合物。适当的助溶剂应该是在增加表面活性剂溶解性的同时，一般不显著降低表面活性剂的表面活性。如 30%二甲苯磺酸钠与 70%十二烷基苯磺酸钠混合物比单纯的十二烷基苯磺酸钠的水溶性要好得多，而且其他特性亦与单纯的表面活性剂很接近，并不因混入大量的非表面活性剂组分而显著降低表面活性。使用时常常将不同的助溶剂混合使用，以增强助溶效果。

四、非离子表面活性剂与离子表面活性剂的复配

非离子表面活性剂与离子表面活性剂的复配已有广泛的应用。如非离子表面活性剂（特别是聚氧乙烯基作为亲水基）加到一般肥皂中，量少时起钙皂分散作用（防硬水作用），量多时形成低泡洗涤剂配方。烷基苯磺酸盐和烷基硫酸盐也常与非离子表面活性剂复配使用，可以获得比单一表面活性剂更优良的洗涤性质、润湿性质以及其他性质。有关非离子表面活性剂与离子表面活性剂的复配规律可

归纳如下。

① 在离子表面活性剂中加入非离子表面活性剂，将使表面活性提高。

在非离子表面活性剂加入量很少时，就会使表面张力（γ）显著下降。如在 $C_{12}H_{25}SO_4Na$(SDS)中加入 $C_{12}H_{25}O(C_2H_4O)_5H(C_{12}E_5)$后，在 $C_{12}E_5$的浓度很小时即可使 cmc 及 γ 大大降低，当 SDS 的浓度增加到其 cmc 附近时，溶液 γ 出现了最低值（比未加 $C_{12}E_5$时的最低值还低）。此时的 $C_{12}E_5$在混合溶液中的摩尔分数仅为 0.001，同时混合溶液的 cmc 也大幅度下降。当 $C_{12}E_5$的摩尔分数达 0.02 时，cmc 由无 $C_{12}E_5$时的 8×10^{-3}mol/L 降到 1×10^{-3}mol/L。

② 在非离子表面活性剂中加入离子表面活性剂，如在 $C_{12}E_5$及 $C_{12}H_{25}O(C_2H_4O)_7H$ ($C_{12}E_7$)中加入 SDS，在 SDS 的加入量不大（浓度较稀时），溶液的表面活性增加（cmc 及 γ 下降）。但 γ_{cmc}却比未加 SDS 时高。

③ 在非离子表面活性剂中加入离子表面活性剂，将使浊点升高。但这种混合物的浊点界限不够分明，实际上常有一段较宽的温度范围。

④ 很多研究表明，非离子表面活性剂与阴离子表面活性剂之间的相互作用强于其与阳离子表面活性剂之间的相互作用，这可解释为非离子表面活性剂（如聚氧乙烯链中的氧原子）通过氢键与 H_2O 及 H_3O^+结合，从而使这种非离子表面活性剂分子带有一些正电性。因此，阴离子表面活性剂与此类非离子表面活性剂的相互作用中还有类似于异电性表面活性剂之间的电性作用。

五、正、负离子表面活性剂的复配

在所有类型的表面活性剂混合体系中，正、负离子表面活性剂（或称阴、阳离子表面活性剂）具有最强的协同作用。

长期以来，在表面活性剂复配应用过程中，把阳离子表面活性剂与阴离子表面活性剂的复配视为禁忌，一般认为阳离子表面活性剂和阴离子表面活性剂在水溶液中不能混合，两者在水溶液中相互作用会产生沉淀或絮状络合物，从而产生负效应甚至使表面活性剂失去表面活性。后来研究发现，在一定条件下，基于阴、阳表面活性离子间强烈的静电作用，正、负离子表面活性剂复配体系具有很高的表面活性，显示出极大的增效作用，混合物具有许多突出的性质[1~3]。

（一）正、负离子表面活性剂混合体系的表面活性—全面增效作用

表 11-1 中列出了一些表面活性剂混合体系的 cmc 和 γ_{cmc}[1]。

表 11-1　正、负离子混合表面活性剂的 cmc 和 γ_{cmc}及与单体系的比较（25℃）

表面活性剂体系	cmc/(mol/L)	γ_{cmc}/(mN/m)
1∶1 $C_8H_{17}N(CH_3)_3Br$-$C_8H_{17}SO_4Na$	7.5×10^{-3}	23
$C_8H_{17}N(CH_3)_3Br$	0.26	41

续表

表面活性剂体系	cmc/(mol/L)	γ_{cmc}/(mN/m)
$C_8H_{17}SO_4Na$	0.13	42.5
1∶1 $C_{10}H_{21}N(CH_3)_3Br$-$C_{10}H_{21}SO_4Na$	4.5×10^{-4}	22
$C_{10}H_{21}N(CH_3)_3Br$	6.0×10^{-2}	40
$C_{10}H_{21}SO_4Na$	3.2×10^{-2}	38
1∶1 $C_8H_{17}N(C_2H_5)_3Br$-$C_8H_{17}SO_4Na$	8.2×10^{-3}	27
1∶1 $C_8H_{17}N(C_2H_5)_3Br$-$C_{10}H_{21}SO_4Na$	2.0×10^{-3}	27

表中数据表明，与单一表面活性剂相比，混合体系的表面活性大大提高。一方面提高了降低表面张力的效能，混合体系的 γ_{cmc} 可低达 25mN/m 甚至更低，另一方面极大地提高了降低表面张力的效率，混合体系的 cmc 小于单一表面活性剂各自的 cmc，甚至降低几个数量级。总之，表现为全面增效作用。

混合体系的增效作用也表现在油水界面张力的降低方面。阳离子表面活性剂 $C_8H_{17}N(CH_3)_3Br$ 与阴离子表面活性剂 $C_8H_{17}SO_4Na$ 等摩尔复配体系在正庚烷/水溶液界面的界面张力可以低至 0.2mN/m，而两种纯表面活性剂溶液相应的界面张力则高得多（分别为 14mN/m 和 11mN/m）。

更值得一提的是，通过复配，还可使一些原本表面活性很差的“边缘”表面活性剂也具有很高的表面活性。上述 $C_8H_{17}N(CH_3)_3Br$-$C_8H_{17}SO_4Na$ 混合体系就是一个典型例子。

正、负离子表面活性剂混合体系的全面增效作用来源于正、负离子间的强吸引力，使溶液内部的表面活性剂分子更易聚集形成胶束，表面吸附层中表面活性剂分子的排列更为紧密，表面能更低。

正、负离子表面活性剂复配后会导致每一组分吸附量增加。这同样是由于阴、阳离子表面活性剂间存在强烈相互作用，这种相互作用包括异性离子间的静电吸引作用以及烃基间的疏水相互作用。阴、阳离子表面活性剂在吸附层呈等比组成时达到最大电性吸引，表面吸附层分子排列更加紧密而使表面吸附增加。如 $C_8H_{17}N(CH_3)_3Br$-$C_8H_{17}SO_4Na$ 的等摩尔复配溶液的饱和吸附量达到 5.6×10^{-10} mol/cm^2。相应的每个吸附分子平均所占面积 A_m 约为 0.3nm^2，比单一表面活性剂溶液表面吸附层的最小分子面积（均大于 0.4nm^2）小得多。

应该注意，由于正、负离子表面活性剂复配体系中表面活性离子的正、负电性相互中和，其溶液的表面及胶束双电层不复存在，故无机盐对其无显著影响，加入无机盐后 γ_{cmc} 和 cmc 变化不大，在盐浓度稍大时，甚至使表面张力有所升高。如 $C_8H_{17}N(CH_3)_3\cdot C_8H_{17}SO_4$（无反离子）和 1∶1 $C_8H_{17}N(CH_3)_3Br$-$C_8H_{17}SO_4Na$，二者溶液的表面张力浓度曲线完全重合。

（二）提高混合物溶解性的方法

尽管正、负离子表面活性剂复配体系有强烈的增效效应，其表面活性比单一组分高。然而正、负离子表面活性剂混合体系的一个主要缺点是由于强电性作用易于生成沉淀或絮状悬浮物，混合体系的水溶液因此不太稳定。一旦浓度超过cmc以后，溶液就容易发生分层析出或凝聚等现象，甚至出现沉淀（特别是等摩尔混合体系），产生负效应甚至使表面活性剂失去表面活性，从而给实际应用带来不利影响。经过多年的研究和实际应用，人们已经尝试了多种方法。

(1) 非等摩尔比复配　正、负离子表面活性剂配合使用时，为避免产生沉淀或絮状悬浮物，达到最大增效作用，两者配比是很重要的。不等比例（其中一种只占总量少部分）配合依然会产生很高的表面活性与增效作用。一种表面活性剂组分过量很多的复配物较等摩尔的复配物的溶解度大得多，溶液因此不易出现浑浊，这样就可采用价格较低的阴离子表面活性剂为主，配以少量的阳离子表面活性剂得到表面活性极高的复配体系。

(2) 降低疏水链长度对称性　在疏水链总长度（碳原子总数）一定时，两疏水链长度越不对称，混合体系的溶解性越好。如 $C_8H_{17}N(CH_3)_3Br$-$C_{12}H_{25}SO_4Na$ 和 $C_{12}H_{25}N(CH_3)_3Br$-$C_8H_{17}SO_4Na$ 形成均相溶液的能力高于 $C_{10}H_{21}N(CH_3)_3Br$-$C_{10}H_{21}SO_4Na$。但应注意的是，降低疏水链长度对称性往往会使表面张力（γ_{cmc}）升高。

(3) 增大极性基的体积　正、负离子表面活性剂混合体系易形成沉淀的原因可归结为异电性离子头基之间强烈的静电引力导致电性部分或全部中和（当然这也正是其具有高表面活性的原因），因此人们设想，是否可以通过增大极性基的体积，增加离子头基之间的空间位阻以降低离子头基之间强烈的静电引力？事实正是如此。如将常见的烷基三甲基铵换为烷基三乙基铵（即烷基三甲基铵离子头的三个甲基换成三个乙基），混合体系的溶解性能即大大改善，如辛基三乙基溴化铵与不同链长的烷基硫酸钠的等摩尔混合溶液均可形成均相溶液，其Krafft点很低，可以在低温下使用。

(4) 引入聚氧乙烯基　离子型表面活性剂分子中引入聚氧乙烯基（即混合型表面活性剂，见本书第二章五）有利于降低分子的电荷密度从而减弱离子头基间的强静电相互作用。聚氧乙烯链的位阻效应减弱了正、负离子表面活性剂之间的相互作用，加上自身附加的亲水性，从而对沉淀或凝聚作用有明显的抑制作用。

(5) 极性基的选择－烷基磺酸盐代替烷基硫酸盐　对于单组分体系，烷基磺酸盐的水溶性明显低于烷基硫酸盐。因此，出于溶解性的考虑，相当一段时期内人们按照惯性思维，一般使用烷基硫酸盐与阳离子表面活性剂（如烷基季铵盐）复配，而不敢使用烷基磺酸盐。然而事实正好相反，烷基磺酸钠-烷基季铵盐混合体系的水溶性远高于烷基硫酸钠-烷基季铵盐混合体系。实验发现，$C_8H_{17}N(C_2H_5)_3Br$ 或 $C_{10}H_{21}N(C_2H_5)_3Br$ 与 $C_nH_{2n+1}SO_3Na$（$n=8,10,12$）的混合体系以及 $C_{12}H_{25}N(C_2H_5)_3Br$ 或 $C_{14}H_{29}N(C_2H_5)_3Br$ 与 $C_8H_{17}SO_3Na$ 的混合体系，在所研究的浓度范围内（最高达0.2mol/L）任意混合比例时均可形成稳定的均相溶液，而且溶液中聚集体的尺寸较小。将溶液升温至60℃，或降温至3℃，均未见溶液有任何变化。将溶液于室温下静置半年，亦无任何变化。正、负离子表面活性剂混合体系在如此高浓度、1∶1混合而能形成均相溶液，这是很不寻常的[5,6]。

另外，从烷基磺酸钠的角度来看，阳离子表面活性剂烷基三乙基季铵盐的加入增加了烷基磺酸钠的溶解性，降低了其Krafft点。烷基磺酸钠单组分体系的Krafft点较高，如$C_{10}H_{21}SO_3Na$或$C_{12}H_{25}SO_3Na$溶液在室温25℃下就会析出晶体，而上面提到的均相混合体系在3℃时静置1月仍为均相澄清溶液。也就是说，阳离子表面活性剂的加入，增大了阴离子表面活性剂的溶解性[5,6]。

烷基磺酸盐与烷基硫酸盐的这种差别是由于前者的头基电荷密度低于后者。根据量子化学计算，头基并非点电荷、而是沿着表面活性剂分子呈现一定分布，磺酸根头基的净负电荷比硫酸根头基的少。

（6）加入两性表面活性剂　将两性表面活性剂加入正、负离子表面活性剂复配体系中，结果表明有利于改善复配体系的溶解性。

（7）加入非离子表面活性剂　若加入溶解度较大的非离子表面活性剂，将使正、负离子表面活性剂复配体系在水中溶解度明显增加。实验表明，当非离子表面活性剂浓度超过cmc后才能使正、负离子表面活性剂沉淀溶解，说明非离子表面活性剂的增溶作用改善了正、负离子表面活性剂混合物的溶解性能。而且，非离子表面活性剂自身有优良的洗涤性能，在水溶液中不电离、以分子状态存在，与其他类型表面活性剂有较好的相容性，因而可以很好地混合使用。

因此，在正、负离子表面活性剂复配体系中加入非离子表面活性剂，不但有利于复配体系溶解度增加，而且还可以起到增强洗涤效果的双重作用。以阴离子表面活性剂为主，加入少量的阳离子表面活性剂，有时再加以适量的非离子表面活性剂辅助，有可能得到性能较好、价格合理、高效的复配型配方产品。

（三）正、负离子表面活性剂混合体系的三个浓度区和两类均相溶液

1. 三个浓度区

正、负离子表面活性剂混合体系的相行为极为复杂，其中最与众不同的性质之一是混合体系中普遍存在三个浓度区和两类性质完全不同的均相溶液[7]。

绝大多数正、负离子表面活性剂混合体系在很低浓度（通常在其cmc附近）即生成沉淀，因而长期以来对此类体系的研究主要集中在cmc附近，人们难以得到均相胶束溶液，实际应用受到极大限制。

研究表明，在形成沉淀的浓度之上，继续增加浓度，混合体系又可形成均相溶液，因此正、负离子表面活性剂混合体系普遍存在三个浓度区，即在很低浓度和较高浓度形成均相溶液，在中间浓度形成复相溶液。图11-6是十二烷基三乙基溴化铵和十二烷基硫酸钠混合体系三个浓度区的相边界。

三个浓度区的存在是正、负离子表面活性剂混合体系的普遍特征。由于三个浓度区的存在，此种混合体系就有两类均相溶液：一类是低浓度（通常在其cmc附近或以下）时形成的普通均相溶液。第二类是在形成沉淀的浓度之上形成的均

相溶液。研究表明，第二类均相溶液具有与第一类普通均相溶液完全不同的物理化学性质。仅从其稀释后出现沉淀即可说明其特殊之处。为便于区分，我们将它称之为“浓均相溶液”（第一类均相溶液可称为“稀均相溶液”）。应该指出，浓均相溶液只是相对于稀均相溶液浓度较高而已，实际上仍然是稀水溶液（很多正、负离子表面活性剂混合体系在浓度远低于1%时即可形成浓均相溶液）。

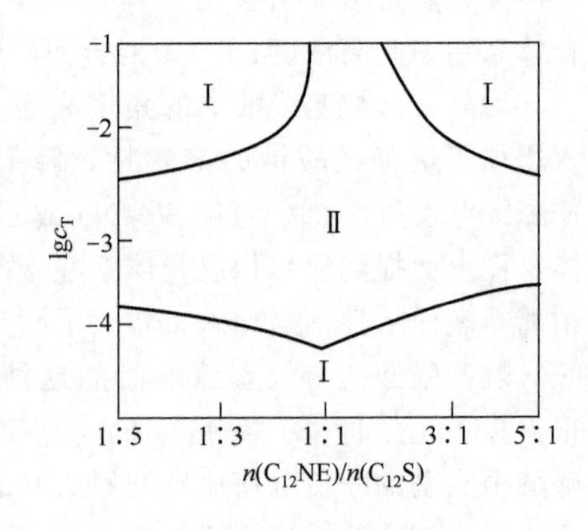

图 11-6　十二烷基三乙基溴化铵（$C_{12}NE$）和十二烷基硫酸钠（$C_{12}S$）混合体系三个浓度区的相边界

（Ⅰ—均相溶液；Ⅱ—沉淀等复相区。25℃，c_T为总浓度）

2. 浓均相溶液的形成规律

可用浓均相溶液的浓度下限（即形成浓均相溶液的最低浓度，c_s）表征其形成的难易程度。

①c_s随过量组分的比例增加而下降。

②烷基季铵盐极性基大小的影响：c_s随极性基体积增加（从烷基三甲铵至烷基三丁铵盐）而下降。如$C_{12}H_{25}N(C_nH_{2n+1})_3Br$-$C_{12}H_{25}SO_4Na$（$n=1\sim4$）混合体系，在摩尔比$[C_{12}H_{25}N(C_nH_{2n+1})_3Br]/[C_{12}H_{25}SO_4Na]$为1∶3时，从烷基三甲铵至烷基三丁铵盐，$c_s$分别为0.02mol/L，$5\times10^{-3}$mol/L，$4\times10^{-3}$mol/L，$3.2\times10^{-3}$mol/L（所有浓度均为总浓度）。

③考察正、负离子表面活性剂的疏水链长度及对称性对c_s的影响，观察到一些反常现象。如对$C_{12}H_{25}N(C_2H_5)_3Br$-$C_{12}H_{25}SO_4Na$与$C_{12}H_{25}N(C_2H_5)_3Br$-$C_{10}H_{21}SO_4Na$两个混合体系，当阳离子表面活性剂过量时，$c_s$随阴离子表面活性剂疏水链长度增加而增加，但当阴离子表面活性剂过量时，c_s随阴离子表面活性剂疏水链长度增加而下降。

3. 浓均相溶液的性质

浓均相溶液具有与普通稀均相溶液完全不同的物理化学性质。在浓均相溶液区，尤其在浓均相溶液与沉淀区的交界处，正、负离子表面活性剂混合体系表现出复杂的相行为及其他物化性质。

（1）浓均相溶液的相行为

①如前所述，浓均相溶液加水稀释即生成沉淀，这是与稀均相溶液最大的不同之处。

②与普通离子型表面活性剂不同，浓均相溶液具有明显的浊点现象，表明其具有非离子表面活性剂的特征。浊点温度随总浓度及某一组分过量程度的增加而升高。如$C_{12}H_{25}N(C_2H_5)_3Br$-$C_{12}H_{25}SO_4Na$混合体系，总浓度为$5\times10^{-3}$mol/L，

摩尔比为1∶3的混合溶液在室温时为澄清透明溶液，当加热至41℃时变浑浊，降温后又变为澄清透明。

③一些浓均相溶液在外界条件改变的情况下（如改变温度及外加无机盐），在很低浓度即可形成溶致液晶、凝胶及其他新相（如双水相等）。如总浓度为0.05mol/L，摩尔比为1∶2 $C_{12}H_{25}N(C_2H_5)_3Br$-$C_{12}H_{25}SO_4Na$混合体系在室温（20～30℃）时为澄清透明浓均相溶液，当加入0.05mol/L NaBr之后，形成双水相。加入0.1mol/L NaBr之后，生成液晶。

（2）浓均相溶液的表面张力　浓均相溶液的表面张力比低浓度区均相溶液的表面张力高。例如摩尔比为5∶1的$C_{12}H_{25}N(C_2H_5)_3Br$-$C_{12}H_{25}SO_4Na$体系，在cmc之后的表面张力（$\gamma_{cmc}$）为24.5mN/m，且在形成浓均相溶液之前基本不再随浓度增加而改变。但在开始形成浓均相溶液后，表面张力又随浓度增加而上升，至一定浓度之后又保持不变。如0.1mol/L浓均相溶液的表面张力高达29.1mN/m[8]。

（3）浓均相溶液的流变性质

①浓均相溶液显示异常的黏度-浓度依赖关系　随浓度增加，黏度首先下降，经过一最低点，然后上升。

②切速依赖的高黏度　在浓均相区与复相区的交界处，浓均相溶液一般具有很高的黏度，且具有剪切变稀性质。

③黏弹性　在浓均相区与复相区的交界处，一些浓均相溶液在具有黏性的同时又具有弹性。

④负触变性　在浓均相区与复相区的交界处，一些溶液具有明显的负触变性，即在恒切速下，黏度随剪切时间的增加而增加，剪切停止后又逐渐恢复原状[9]。

（4）浓均相溶液中胶束的性质　光散射测量结果表明，浓均相溶液中胶束显示异常的大小-浓度关系，即胶束随浓度增加而变小，而且混合胶束表现出明显的多分散性[10]。

对浓均相溶液的研究具有重要意义。因为正、负离子表面活性剂混合体系极高的表面活性早已为人们所瞩目。但其在很低浓度即生成沉淀使人们难以得到稳定的均相胶束溶液，长期以来对它的研究主要集中在cmc附近，因而极大地限制了理论及应用研究。浓均相溶液的发现，使人们能够在更高的浓度范围进行研究。

（四）正、负离子表面活性剂混合体系的分子有序组合体

正、负离子表面活性剂混合体系中聚集体的结构形态具有多样性和独特性。正、负离子表面活性剂混合体系由于头基间的电性中和作用，使得头基有效截面积大大减小，所以根据排列参数理论（参见本书第五章），与单一离子表面活性剂相比，正、负离子表面活性剂混合体系的排列参数更大，所以容易形成低曲率分子有序组合体。

①棒状胶束和蠕虫状胶束。离子表面活性剂单体系在外加无机盐或吸附较大

的有机反离子的情况下，能够形成棒状胶束或蠕虫状胶束，其形成机理即减弱头基间的静电斥力、压缩头基有效截面积。同理，对于正、负离子表面活性剂混合体系，这种聚集体形式同样存在。

②囊泡。Kaler 等在 1989 年发现，正、负离子表面活性剂混合体系在适当的条件下可以自发地形成囊泡。很多实验和理论研究结果都表明正、负离子表面活性剂混合体系形成的囊泡是热力学稳定的，当然这点目前仍颇具争议。与溶液组成相比，囊泡中正、负表面活性剂比例更接近等摩尔，例如，十六烷基三甲基溴化铵（CTAB）-辛基硫酸钠混合体系，当混合溶液中 CTAB 的摩尔分数为 0.21 时，囊泡中 CTAB 的摩尔分数为 0.45，更接近等摩尔组成。

③三维网状结构。棒状胶束或蠕虫状胶束彼此在碰撞、缠绕过程中，可能产生融合的结点，因此构建出三维网状结构。

④层状液晶。正、负离子表面活性剂混合体系容易形成层状结构，除了囊泡、层状胶束以外，特别是可以在较低的浓度下形成层状液晶。无机反离子对于该类混合体系液晶的形成有重要的影响。当去除无机反离子后，只有在表面活性剂浓度很高时，才能形成层状液晶。

上面介绍的正、负离子表面活性剂混合体系的聚集体，当改变溶液的浓度及组成、环境条件以及加入添加物时，都会使聚集体发生变化。例如：

（1）胶束的棒状-球状的转变　已知随着表面活性剂浓度增加，正、负离子表面活性剂混合物在低浓度时胶束经历从球状向棒状的转变。胶束的球-棒转变以及长棒状胶束的凝聚或絮凝已被成功用于解释正、负离子表面活性剂混合物的水溶液在低浓度时（常略高于 cmc）沉淀或浑浊的出现。前已述及随着表面活性剂浓度持续增加，正、负离子表面活性剂混合物的沉淀或浑浊在高浓度变为均相透明溶液。这种异常的现象不能被混合胶束的球-棒转变模型所解释。光散射、黏度等测量表明，与正常的胶束-浓度变化关系正好相反，在相对高浓度，随着表面活性剂浓度增加，正、负离子表面活性剂混合胶束经历了从长棒向短棒、再向球形转变的过程[10]。

（2）胶束-囊泡的转变　正、负离子表面活性剂混合体系的胶束-囊泡的相互转变，是一个被持久关注的课题。其中关于改变表面活性剂浓度和混合比例引起的胶束-囊泡转变的研究较多。对于正、负离子表面活性剂混合体系，随着表面活性剂混合比例接近 1∶1，表面活性剂聚集体的表面电荷大幅减小，曲率小的聚集体更加稳定，因此聚集体会逐渐由胶束转变成囊泡。稀释也能导致胶束到囊泡的转变，因为随着稀释聚集体中正、负表面活性剂的比例更加趋近 1∶1 的缘故。改变温度也可以引起胶束-囊泡的相互转变。加溶有机添加物，例如烷烃，会使囊泡向胶束转变。

（3）囊泡-层状结构的转变　正、负离子表面活性剂混合体系形成的囊泡是否为热力学稳定体系，这点存在很大争议，很多学者认为层状结构才是更稳定的结构，只要平衡时间够长，囊泡就会转变成层状结构。外加盐会破坏囊泡的稳定性，使囊泡转变成为层状结构。另外，层状结构在剪切作用下会转变为囊泡，且囊泡的类型（单室、多室囊泡）、大小及尺寸分布会受到剪切速率的影响。

(4) 聚集体尺寸改变　外加盐对正、负离子表面活性剂混合聚集体的调控可以是非常精细的。例如，考察外加盐 AX($A = Na^+$，K^+，Cs^+；$X = F^-$，Cl^-，Br^-，I^-，SCN^-）对等摩尔混合的 $C_{10}H_{21}N(C_2H_5)_3Br$-$C_{10}H_{21}SO_3Na$ 均相体系的影响，结果表明不同的盐对聚集体尺寸有不同影响——NaF 使聚集体长大，NaCl 对聚集体基本没有影响，而 NaBr、NaI、NaSCN 则使聚集体变小。外加盐阳离子变化顺序为 Na^+、K^+、Cs^+时，聚集体依次减小，但与改变阴离子种类的影响相比，阳离子种类的影响小很多。这可以通过“盐析”、“盐溶”效应来解释，或者是外加电解质中的阴、阳离子各自在混合胶束上的不平等的吸附（由于与反电性头基的结合能力的差异）导致混合聚集体的表面电荷发生变化[11]。

（五）正、负离子表面活性剂混合溶液的流变性质

正、负离子表面活性剂混合体系具有复杂的流变性[12]。前面已介绍了正、负离子表面活性剂混合体系浓均相溶液的流变性质，这些性质在很多正、负离子表面活性剂混合体系溶液中都有体现。很多体系在很低的浓度下就有很高的黏度，由于形成了蠕虫状胶束（wormlike micelle）。蠕虫状胶束的形成会对溶液的流变性产生很大的影响。如辛基三甲基溴化铵-油酸钠体系（浓度 3%，重量混合比为 70/30），由于形成了相互缠绕的蠕虫状胶束，混合体系表现出了极高的黏度（1880 Pa·s）。

正、负离子表面活性剂混合体系还能表现出黏弹性，黏弹性一般认为是由棒状或蠕虫状胶束所致，彼此相互交叠形成了三维网状结构，在剪切力的作用下，结构被破坏，同时体系储存能量，当剪切力停止后，原来储存的能量被释放出来，体系力图恢复原状，因而体系表现出黏弹性。但并不是所有的棒状胶束溶液都表现出黏弹性。另外，囊泡相和层状相也会表现出黏弹性。

正、负离子表面活性剂混合体系还会表现出负触变性，在一定的剪切速率下，流体的黏度随时间的增加而增大，剪切停止后体系又慢慢恢复原状。负触变性据推测是由于层状胶束的存在造成的。对于层状胶束溶液，层与层之间平行分布，在剪切作用下各层平行滑动，故其黏度较小，但随着剪切速率的增大，层与层之间的平行排列方式会被打乱，形成混乱的排布，而且剪切时间越长，混乱排布越明显，因而混合体系表现出负触变性。

上面所述的只是在正、负离子表面活性剂混合溶液中所观察到的一些流变性质，这些性质并非存在于所有的正、负离子表面活性剂混合体系中，只是存在于正、负离子表面活性剂混合体系形成的均相溶液中，而且在浓度较高的均相溶液中才有体现（如前述的浓均相溶液）。而大多数正、负离子表面活性剂混合体系在浓度很低（甚至在 cmc 以下）即形成沉淀，也就不会有上述的这些特殊的流变性质了。

（六）正、负离子表面活性剂混合体系的相行为

正、负离子表面活性剂混合体系具有复杂的相行为，混合体系因聚集体结构不同，所以会表现出多种不同的相态。可以说，凡是表面活性剂溶液所能观察到的相行为，在正、负离子表面活性剂混合体系中几乎都有体现。图 11-7 是十二烷基苯磺酸钠（SDBS）/十六烷基三甲基铵甲苯磺酸盐（CTAT）/水体系的三元相图[13]，由其可看出正、负离子表面活性剂混合体系相行为的复杂性。

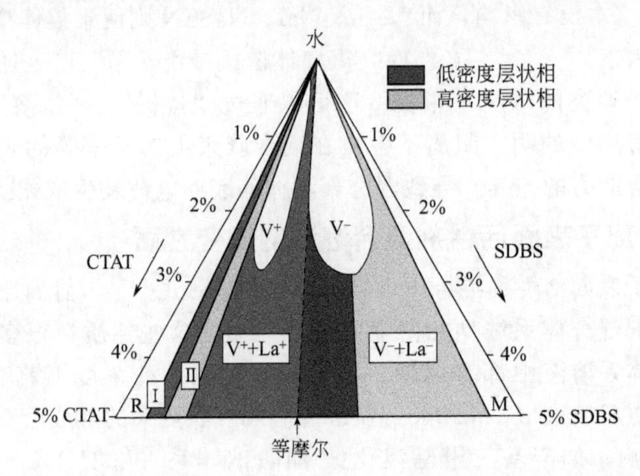

图 11-7　十二烷基苯磺酸钠（SDBS）/十六烷基三甲基铵甲苯磺酸盐（CTAT）/水体系的三元相图（25℃）

［空白区域为单相区，分别是富含 CTAT 的囊泡（V^+）、富含 CTAT 的棒状胶束（R）、富含 SDBS 的囊泡（V^-），以及富含 SDBS 的胶束（M）；阴影区域为两相区，分别别是 V^+ 和富含 CTAT 的层状相（La^+），V^- 和富含 SDBS 的层状相（La^-），R 和六角液晶（Ⅰ区），以及一个沿着等摩尔线的各项同性液体和沉淀；还有一个未判明的多相区（Ⅱ区）。组成用质量百分数表示］

正、负离子表面活性剂的相行为除与浓度相关外，和两种表面活性剂的比例密切相关。通常正、负离子表面活性剂混合体系在等摩尔混合比例时会形成沉淀，当某一组分大大过量时形成胶束，当混合比例接近 1∶1 时形成囊泡或层状相（浓度大时往往会形成多相区）。

正、负离子表面活性剂混合体系有三个特殊的相行为，即三个浓度区、形成双水相和浊点现象。正、负离子表面活性剂混合体系中普遍地存在“三个浓度区”：即在低浓度和高浓度时为均相透明溶液，在中浓度区为复相体系（出现沉淀、浑浊或分层）。前面对此已做了具体介绍，不再赘述。下面重点介绍正、负离子表面活性剂溶液的浊点现象和双水相的形成。

1. 正、负离子表面活性剂溶液的浊点现象

对于正、负离子表面活性剂混合体系，除具有通常离子型表面活性剂的性质外，在很多性能上已类似于非离子表面活性剂。只要正、负离子表面活性剂的疏水链长度相差不多，混合物的表面吸附于胶束化能力就与非离子表面活性剂（其

疏水链长是正、负离子表面活性剂疏水链长度的算术平均值）相似。

对正、负离子表面活性剂混合体系，除具有离子型表面活性剂特有的 Krafft 点外，在很大浓度及混合比范围内可观察到明显的浊点效应[14]。即有些室温下澄清透明的溶液，加热至某一温度时变为乳光或浑浊，降温后又复原；或一些在室温下为乳光或浑浊的溶液，冷却到一定温度时，变为澄清透明，再升温又复乳光或浑浊。而且由清变浑或由浑变清的温度可以重合。图 11-8 为 $C_{12}H_{25}N(C_2H_5)_3Br$-$C_{12}H_{25}SO_4Na$ 混合体系的浊点。

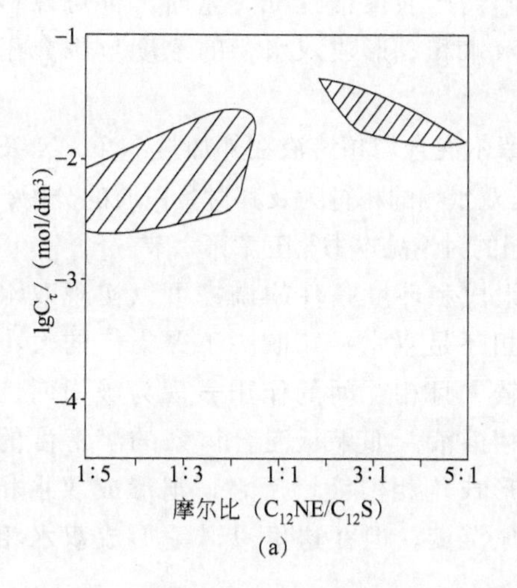

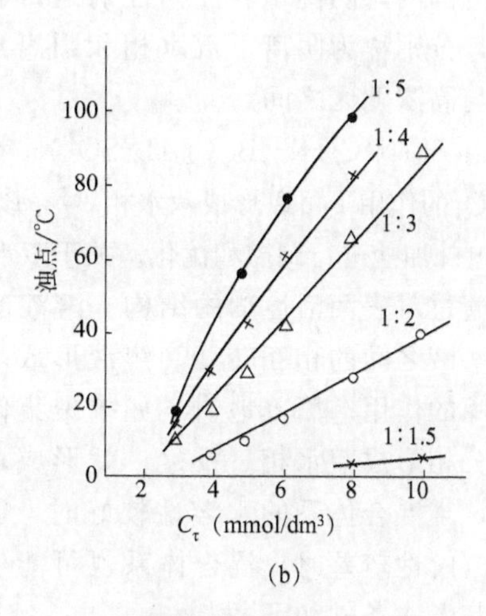

图 11-8　$C_{12}H_{25}N(C_2H_5)_3Br$-$C_{12}H_{25}SO_4Na$ 混合体系的浊点

(a) 浊点区域；(b) 不同比例混合体系的浊点与浓度关系

从图 11-8 可以看出：①浊点现象一般出现于非等摩尔混合体系中；②浊点现象一般出现于相对较高的浓度（在中、高浓度区交界附近及以上一段）；③在同一总浓度，随某一组分过量程度的增加，浊点升高；④在同一混合比，随总浓度增大，浊点升高。

前已述及，对于正、负离子表面活性剂混合体系，具有浊点的溶液，一般为非等摩尔混合体系，且其浓度远在 cmc 以上。前面已指出，在这个区域内的正、负离子表面活性剂混合体系，胶束带有一定数量的电荷，而且由于胶束之间强烈的静电斥力以及带电胶束表面水化层的存在，阻止了胶束的进一步长大或聚结。因而若温度升高，胶束获得足够的能量，即可克服胶束之间的静电斥力。而且温度升高时，胶束表面的水化层也被破坏。两种因素综合作用的结果将使胶束进一步长大甚至发生聚凝，导致原来澄清透明的溶液变浑浊。对一些室温下已浑浊的溶液，可认为体系温度已达到或超过其浊点。若温度降低，胶束间的水化及静电斥力又起主导作用，胶束又复变小，从而使浑浊溶液变为澄清透明。离子-非离子表面活性剂混合体系的浊点温度因胶束带电量增加（胶束中离子表面活性剂的摩尔分数变大）而增加的结果可作为上述机理合理的一个旁证。

2. 正、负离子表面活性剂双水相

正、负离子表面活性剂溶液相行为中另一个引人注目的现象是液-液相平衡，即双水相[15]。当正、负离子表面活性剂在一定浓度混合时，水溶液可自发分离成两个互不相溶的、具有明确界面的水相，其中一相富集表面活性剂，另一相表面活性剂浓度很低，但两相均为很稀的表面活性剂水溶液。利用这种双水相作为分配体系用于生物活性物质的分离。双水相一般出现在 1∶1 混合体系附近很窄的混合比范围内，阴离子表面活性剂过量和阳离子表面活性剂过量时，都可以形成双水相，分别称为阴离子双水相和阳离子双水相。形成双水相的浓度范围介于中浓度区与高浓度区之间。

$C_{10}H_{21}N(C_2H_5)_3Br$-$C_{10}H_{21}SO_3Na$ 等摩尔混合均相溶液在外加盐 NaF、Na_2SO_4 和 Na_3PO_4 的作用下可以形成双水相[16]。该类双水相的相行为及其对蛋白质的分配行为可以通过外加盐进行调控和优化。关于双水相的讨论见本书第五章第六节。

通过对表面活性剂的结构、溶液的组成和环境条件的调控可以实现双水相与均相溶液之间的相互转变。溶液形成均相还是双水相，取决于聚集体的大小及其相互间的作用。简单地讲，如果聚集体较大且相互间的作用表现为吸引时，溶液就会分相形成双水相。反之，就形成均相溶液。如果从混合体系的溶解度的角度来讲，当混合体系的水溶性较好时，就形成均相溶液，反之，则形成双水相。当然，溶解性较差时，混合体系也可能生成沉淀，但在这里只讨论形成双水相的情况，其形成条件如下。

(1) 改变表面活性剂的结构　改变表面活性剂分子的疏水链长度，会使混合体系表现出不同的相行为。随着疏水碳链长度的增加，表面活性剂分子之间的相互作用增强，混合体系的相行为逐渐由形成均相溶液向形成双水相过渡。如 $C_{10}H_{21}N(C_2H_5)_3Br$-$C_{12}H_{25}SO_3Na$ 体系形成均相溶液，而 $C_{12}H_{25}N(C_2H_5)_3Br$-$C_{12}H_{25}SO_3Na$体系和 $C_{14}H_{29}N(C_2H_5)_3Br$-$C_{12}H_{25}SO_3Na$ 体系则可形成双水相。

改变表面活性剂分子的头基大小，也会使正、负离子表面活性剂混合体系的相行为发生明显变化。头基增大，有利于电荷分散，增大溶解性；但头基增大，整体疏水性也随之增加，导致溶解性下降。所以需综合考虑。例如，$C_{10}H_{21}N(CH_3)_3Br$-$C_{10}H_{21}SO_3Na$体系和 $C_{10}H_{21}N(C_4H_9)_3Br$-$C_{10}H_{21}SO_3Na$ 体系可形成双水相，$C_{10}H_{21}N(C_2H_5)_3Br$-$C_{10}H_{21}SO_3Na$ 体系则为均相溶液。

表面活性剂分子的头基种类，对于混合体系的相行为亦有显著影响。与烷基硫酸钠相比，当换成烷基磺酸钠和羧酸钠时，混合体系的水溶性得到了很大的改善。如 $C_{10}H_{21}N(C_2H_5)_3Br$-$C_{10}H_{21}SO_4Na$ 体系形成双水相，$C_{10}H_{21}N(C_2H_5)_3Br$-$C_{10}H_{21}SO_3Na$ 体系和 $C_{10}H_{21}N(C_2H_5)_3Br$-$C_{11}H_{23}COONa$ 体系形成均相溶液。

将聚氧乙烯基或羟基引入表面活性剂分子会增强其亲水能力，改善混合体系的水溶性，使混合体系能够形成均相溶液。例如，$C_{12}H_{25}N(C_2H_5)_3Br$-$C_{12}H_{25}SO_4Na$ 体系形成双水相，而 $C_{12}H_{25}N(C_2H_4OH)_3Cl$-$C_{12}H_{25}(OC_2H_4)_7SO_4Na$ 体系则形成均相溶液。

（2）改变溶液的组成和外部环境　正、负离子表面活性剂混合体系，随着表面活性剂总浓度和混合比例的变化，会表现出不同的相态。该类混合体系普遍存在有“三个浓度区”，即在低浓度和高浓度时为均相透明溶液，在中浓度区为复相体系。因此，当浓度逐渐由大变小时，混合体系可能会依次形成均相、双水相、均相。另外，当混合比例接近1∶1时，混合体系易于形成沉淀或双水相，当混合比例逐渐偏离1∶1时，混合体系就会形成均相溶液。

温度对正、负离子表面活性剂混合体系的相行为有着重要的影响。对于某些混合体系，温度的升高会使双水相区域变大，因此，某些在室温下为均相溶液的混合体系，当温度升高后，就会形成双水相。但对于某些混合体系，温度的升高会使双水相区域逐渐减小，因此，升高温度会使双水相体系形成均相溶液。如十一酸钠、十一烯酸钠与溴化癸基吡啶、溴化癸基三甲铵四种混合体系在室温下可以形成双水相，但当温度达55℃时就成为均相溶液。

外加盐对正、负离子表面活性剂混合体系的影响与外加盐的种类有关。若外加盐使混合体系中的聚集体长大，则混合体系会由均相溶液转变成双水相。反之，则由双水相转变成均相溶液。如在 NaF、Na_2SO_4 和 Na_3PO_4 等外加盐的作用下，$C_{10}H_{21}N(C_2H_5)_3Br$-$C_{10}H_{21}SO_3Na$ 等摩尔混合均相体系会形成双水相。但在外加盐 NaBr 的作用下，$C_{12}H_{25}N(C_2H_5)_3Br$-$C_{10}H_{21}SO_3Na$ 等摩尔混合体系，会由双水相转变形成均相溶液。

加入高分子后，会使均相混合体系形成双水相。如 $C_{10}H_{21}N(C_2H_5)_3Br$-$C_{10}H_{21}SO_3Na$等摩尔混合均相体系，在加入 PEO 后，聚集体会长大，当 PEO 达到一定浓度时，混合体系会出现相分离，形成双水相。

（七）正负离子表面活性剂

前面所述的基本都是阳离子表面活性剂与阴离子表面活性剂按一定比例混合所得混合物，称为正、负离子表面活性剂混合体系或阴、阳离子表面活性剂混合体系（cationic-anionic surfactant mixtures，mixed cationic-anionic surfactants，aqueous mixtures of cationic-anionic surfactants）。

若将烷基季铵碱（或烷基胺）和长链酸（脂肪酸、烷磺酸、烷基硫酸等）等摩尔混合，由于反离子 OH^- 和 H^+ 生成水而消失，即得到一类正、负离子表面活性剂的等摩尔离子对，称为正负离子表面活性剂或阴阳离子表面活性剂（catanionic surfactant）。典型的例子如：$[C_nH_{2n+1}N(CH_3)_3]^+ \cdot [C_nH_{2n+1}SO_3]^-$，$[C_nH_{2n+1}NH_3]^+ \cdot [C_nH_{2n+1}COO]^-$。

这类体系与前面的正、负离子表面活性剂混合体系的差别主要有两点：①正负离子表面活性剂没有反离子所造成共存的无机盐；②表面活性阳离子和表面活性阴离子是等摩尔的。

正负离子表面活性剂的性质与正、负离子表面活性剂混合体系基本相似，但由于前述的两点差别，其性质也有不同之处：

①与非离子表面活性剂相似，但亲水性更差；

②表面张力曲线与等摩尔正、负离子表面活性剂混合体系基本重合；

③聚集体表面不带电（对于碳链对称体系），聚集体曲率更低。即使是等摩尔正、负离子表面活性剂混合体系，由于自带等量的无机盐，当无机盐的阴阳离子（如 F^- 和 Na^+）呈现不等同吸附时也会造成聚集体表面带电；

④正负离子表面活性剂中阴阳表面活性离子间的吸引力更强。例如，$C_{10}H_{21}N(CH_3)_3 \cdot C_{10}H_{21}SO_4$ 与 $C_{10}H_{21}N(CH_3)_3Br\text{-}C_{10}H_{21}SO_4Na$ 混合体系相比，后者由于反离子的存在削弱了头基间的静电吸引使其形成囊泡所需的表面活性剂净浓度更高。

⑤聚集体若带电（对于碳链不对称体系），引入反离子反而会屏蔽聚集体之间的排斥，造成聚集体容易彼此靠近。例如 3-羟基-2-萘甲酸十六烷基三甲基铵的囊泡加 NaBr 造成囊泡紧密堆积；

⑥有些体系能形成特殊形状的聚集体。例如，Zemb 等用肉豆蔻酸与十六烷基三甲基氢氧化铵反应，得到不含反离子的正负离子表面活性剂[18]，发现该体系可以形成直径在几微米到三十纳米的平面圆盘状胶束，这样大的有限尺度的圆盘状胶束在一般的表面活性剂溶液中是非常罕见的。另外还有关于中空二十面体的报道。

六、混合表面活性剂在混合胶束和吸附层中的相互作用参数

在表面活性剂复配研究中，如何能定量表征两种表面活性剂在混合胶束和吸附层中的相互作用一直是人们感兴趣的课题。Rubingh 等在假定此种相互作用符合规则溶液的规律的基础上，推导出相互作用参数，以此定量表征相互作用的大小。

对于混合表面活性剂体系，由于不同类型的表面活性剂的混合胶束并非理想混合，因此，在应用热力学关系式的时候必须用活度 α^m 代替摩尔分数 x^m 。两者的关系是：

$$\alpha_i^m = f_i^m x_i^m \tag{11-13}$$

其中，f_i^m 为胶束中组分 i 的活度系数，其值与两组分间的相互作用有关。Rubingh 假定此种相互作用符合规则溶液的规律。即，对于二组分体系：

$$\ln f_1^m = \beta^m (1 - x_1^m)^2 \tag{11-14a}$$

$$\ln f_2^m = \beta^m (1 - x_2^m)^2 \tag{11-14b}$$

其中，$x_1^m + x_2^m = 1$

β^m 称作胶束中分子间相互作用参数。

①若 $\beta^m = 0$，f_1^m 和 f_2^m 皆为 1，则 $\alpha_i^m = x_i^m$ ，指示混合胶束是理想的。

②若 $\beta^m < 0$，f_1^m 和 f_2^m 皆小于 1，则 $\alpha_i^m < x_i^m$ ，胶束化作用将在较低的浓度

时开始，cmc_T相对于理想公式计算值将显示负偏差。

③若 $\beta^m>0$，f_1^m 和 f_2^m 皆大于1，则 $\alpha_i^m>x_i^m$，胶束化作用将在较高的浓度时开始，cmc_T相对于理想公式计算值将显示正偏差。

进一步可得 β^m 的计算公式（推导过程参见参考文献［1，2］）

$$\beta^m=\frac{\ln\left(\frac{cmc_T x_1}{cmc_1^0 x_1^m}\right)}{(1-x_1^m)^2}=\frac{\ln\left(\frac{cmc_T x_2}{cmc_2^0 x_2^m}\right)}{(1-x_2^m)^2} \tag{11-15}$$

采用试差法自一组 cmc_1^0，cmc_2^0 和 x 数据，根据上式可解出 x_1^m，x_2^m 及 β^m 值。有了一个体系的 β^m 值，又可利用式（11-15）提供体系组成不同时的混合溶液临界胶束浓度、胶束组成等信息。

与混合胶束相似，混合表面活性剂溶液表面吸附层也存在不理想性。采用类似的概念和方法可得出混合吸附层中两组分相互作用参数 β^s 与体系性质的关系：

$$\beta^s=\frac{\ln\left[\frac{c_{T(\gamma)} x_1}{c_{1(\gamma)}^0 x_1^s}\right]}{(1-x_1^s)^2}=\frac{\ln\left[\frac{c_{T(\gamma)} x_2}{c_{2(\gamma)}^0 x_2^s}\right]}{(1-x_2^s)^2} \tag{11-16}$$

其中，$c_{T(\gamma)}$ 和 $c_{i(\gamma)}^0$ 分别是混合或单一表面活性剂溶液表面张力 γ 时的总表面活性剂浓度；x_i^s 和 x_i 分别为表面吸附层和表面性剂混合物中两组分的摩尔分数。应用式（11-16）及一套 $c_{T(\gamma)}$、$c_{i(\gamma)}^0$、x_i 数据可以得到 β^s 值及吸附层组成。有了 β^s 值，也可从单组分溶液的表面张力曲线预示混合溶液的表面张力曲线。

通过一些体系的 β^m 和 β^s 计算结果，可以得出以下规律：

①表面活性剂同系物混合体系的 β^m 和 β^s 值近于0；

②不同类型的碳氢链表面活性剂的参数值都是负的，阳离子型与阴离子型混合表面活性剂体系的参数具有最大的负值，而只有同类型的碳氟链与碳氢链表面活性剂混合体系的吸附层显示出正的相互作用参数。

需要指出，式（11-15）和式（11-16）只适用于非离子型表面活性剂混合体系或加有过量无机盐的离子型表面活性剂混合体系。对于一般的离子型表面活性剂混合体系，还须考虑反离子的影响，式（11-15）和式（11-16）变为：

$$\beta^m=\frac{\ln\left(\frac{cmc_T x_1}{cmc_1^0 x_1^m}\frac{c'_{i1}}{c_{i1}}\right)^{k_{g1}}}{(1-x_1^m)^2}=\frac{\ln\left(\frac{cmc_T x_2}{cmc_2^0 x_2^m}\frac{c'_{i2}}{c_{i2}}\right)^{k_{g2}}}{(1-x_2^m)^2} \tag{11-17}$$

$$\beta^s=\frac{\ln\left(\frac{c_{T(\gamma)} x_1}{c_{1(\gamma)}^0 x_1^s}\frac{c'_{i1}}{c_{i1}}\right)^{k_g}}{(1-x_1^s)^2}=\frac{\ln\left(\frac{c_{T(\gamma)} x_2}{c_{2(\gamma)}^0 x_2^s}\frac{c'_{i2}}{c_{i2}}\right)^{k_g}}{(1-x_2^s)^2} \tag{11-18}$$

其中，c_i 和 c'_i 代表单组分溶液和混合溶液中的该组分的反离子浓度，k_{g1} 和 k_{g2} 代表两组分的反离子结合度。

参考文献

[1] 赵国玺，朱玻瑶．表面活性剂作用原理．北京：中国轻工业出版社，2003.

[2] 朱玻瑶，赵振国．界面化学基础．北京：化学工业出版社，1996.

[3] Yu Z J，Zhao G X Journal of colloid and interface science，1989，130（2）：414，421.

[4] 赵国玺，肖进新．物理化学学报，1995，11（9）：785.

[5] Chen L，Xiao J X，Ruan K，Ma J M. Langmuir，2002，18（20）：7250-7252.

[6] Chen L，Xiao J X，Ma J. Colloid & Polymer Science，2004，282（5）：524.

[7] 肖进新，赵国玺．物理化学学报，1995，11（9）：818.

[8] Xiao J X，Bao Y X. Chin. J. Chem.，2001，19（1）：73-75.

[9] Zhao G X，Xiao J X. Acta Phys.-Chim. Sin. 1994，10（8）：673.

[10] Zhao G X，Xiao J X. Acta Phys.-Chim. Sin.，1994，10（7）：577.

[11] Chen L，Xing H，Yan P，Ma J M，Xiao J X. Soft Matter，2011，7：5365.

[12] Zhao G X，Xiao J X. Colloid Polym. Sci.，1995，273（11）：1088.

[13] Kaler E W，Herrington K L，Kamalakara Murthy A，Zasadzinski J A. N. J. Phys. Chem，1992，96：6698.

[14] 赵国玺，肖进新，日用化学工业，1997，2：1-3.

[15] Xiao J X，Sivars U，Tjerneld F. Journal of Chromatography B，2000，743（1—2）：327-338.

[16] 张莹，陈莉，肖进新，马季铭，化学学报，2004，62（16），1491.

[17] Khan A，Marques E. In Specialist Surfactant；Robb，I. D.，Ed.；Blackie Academic and Professional，an imprint of Chapman & Hall：London，1997：37.

[18] Zemb T H，Dubois M，Demé B，Gulik-Krzywicki T H. Science，1999，283，816.

第十二章
表面活性剂结构与性能的关系

结构决定性能，性能决定用途。因此，探讨表面活性剂结构与性能、性能与用途的关系，有助于人们合理地选择、使用表面活性剂、设计或改进其结构，以期满足特定用途的需要并达到最佳使用效果，为工农业生产及应用表面活性剂提供科学的指导[1~6]。

表面活性剂最基本的性质是在表（界）面上的吸附及在溶液内部的自聚。这两个基本性质赋予表面活性剂特殊的功能，如渗透、润湿、乳化、增溶、洗涤（去污）、发泡、消泡等，以及由此派生的其他功能，例如，柔软性、匀染性、抗静电性、杀菌消毒性等。从结构方面考虑，表面活性剂分子由亲水基和憎水基（亲油基）两部分构成。由于表面活性剂的亲水基种类有阴离子、阳离子、非离子以及两性等，其性质也各异；若从憎水基的种类和表面活性剂整体的亲水性以及分子形状和大小（分子量）等来考虑，则表面活性剂的性质就会有更大的差异。因此，必须从不同角度研究表面活性剂的化学结构与其性质的关系。

应该指出，表面活性剂的化学结构与其性质之间的关系极为复杂，任何企图从单一方面来得出结构与性质之间的确切关系都是困难的。只有全面理解上述的各个方面才有可能做到正确合理选择使用表面活性剂。

一、亲水基的结构与性能的关系

表面活性剂分子亲水基的种类很多，包括极性和离子性的各种不同基团。例如，羧基、硫酸基、磺酸基、磷酸基、胺基、膦基、季铵基、吡啶基、酰胺基、亚砜基和聚氧乙烯基等。亲水基可以位于疏水基链末端，也可移向中间任一位置，可大可小，也可以有几个亲水基。

亲水基的变化多样，要系统总结亲水基的结构与性能的关系是很困难的。一般来讲，相对于疏水基来说，亲水基的结构对表面活性剂性能的影响较小。不同亲水基对表面活性剂性能的影响主要在溶解性、化学稳定性、生物降解性、安全性（毒性）、温和性（刺激性）等方面。

首先来看离子型表面活性剂和非离子型表面活性剂的差别。阴离子型和阳离子型表面活性剂的性能易受无机电解质的影响，在不生成沉淀的情况下，无机电解质的加入常常能提高阴离子型和阳离子型表面活性剂的表面活性。但含有高价金属离子的无机电解质常常能导致阴离子表面活性剂产生沉淀，因此，阴离子型表面活性剂的耐盐性能较差，一般不适宜在硬水中使用。若在硬水中使用，常常需加入钙皂分散剂和金属离子螯合剂。两性表面活性剂则一般具有很好的抗硬水性能。而非离子表面活性剂由于极性基不带电，一般不受无机电解质的影响。为此，在离子型表面活性剂的亲水基和疏水基之间引入聚氧乙烯链，形成的混合型表面活性剂兼具离子型表面活性剂和非离子型表面活性剂的特征，可极大地改善其抗硬水性能。

此外，不同电性（异电性）的离子型表面活性剂一般不宜混合使用。虽然阴、阳离子表面活性剂复配可极大地提高表面活性，但必须遵从特殊的复配规律，而且此类混合体系一般只能在很低浓度范围内得到均相溶液（有一些例外，但很少），而表面活性剂实际应用时往往需要在更高浓度下才能发挥其应用功能。因此，如何在更高浓度范围得到混合阴、阳离子表面活性剂的均相溶液是此类体系走向实际应用的关键之一。相比之下，非离子型表面活性剂则与其他几乎所有类型的表面活性剂都有很好的相容性，可以复配使用。

离子型表面活性剂和非离子型表面活性剂的另一重要差别是二者具有相反的溶解度-温度关系。离子型表面活性剂的水溶性随温度升高而增加，具有 Krafft 点；而聚氧乙烯型非离子表面活性剂具有浊点，其水溶性则随温度升高而减小，当温度达到浊点时，变为几乎不溶而从溶液中析出。

阳离子型表面活性剂最主要的特性是由于极性基带正电荷，容易吸附到带负电的固体表面，从而导致固体表面性质的变化。而非离子型表面活性剂则不易在固体表面发生强烈吸附。此外，阳离子表面活性剂具有很强的杀菌作用，因而毒性也大，而非离子表面活性剂一般无毒，性能温和。

比较烷基硫酸盐和烷基磺酸盐的性能是很有意思的。二者表面活性相近，但水溶性有很大差别，同碳链的烷基磺酸盐比烷基硫酸盐的水溶性差很多，如十二烷基硫酸钠的 Krafft 点为 9℃，而十二烷基磺酸钠的 Krafft 点为 38℃。有意思的是，虽然烷基磺酸钠的水溶性低于烷基硫酸钠的，但烷基磺酸钠的抗硬水性能却比烷基硫酸钠的好得多。更有意义的是，当与阳离子表面活性剂复配时，其溶解性次序与单一体系的正好相反，烷基磺酸钠/烷基季铵盐的水溶性远高于烷基硫酸钠/烷基季铵盐的。

亲水基的体积大小对表面活性剂性能也有明显的影响。① 亲水基体积增大影响到表面活性剂分子在表面吸附层所占的面积，从而影响到表面活性剂降低表面张力的能力。如一般阳离子表面活性剂的 γ_{cmc} 比阴离子表面活性剂的高，即可解释为前者具有较大的极性基。又如烷基季铵盐，一般所用的是烷基三甲铵盐，若将极性基上三个甲基用乙基取代，则可观察到从烷基三甲铵盐到烷基三乙铵盐，γ_{cmc} 升高，如十二烷基三甲基溴化铵和十二烷基三乙基溴化铵的 γ_{cmc} 分别为 38.9mN/m 和 42.1mN/m（25℃，无外加盐）。但对烷基季铵盐这类体系，此种影响往往被其他因素（如疏水性）所抵消，例如，再将极性基上三个甲基分别用丙基和丁基取代，则其 γ_{cmc} 又有新的变化规律（γ_{cmc} 又开始下降）。② 极性基体积的大小影响到分子有序组合体中分子的排列状态，从而影响到分子有序组合体的形状和大小。③ 亲水基的体积大小的影响突出表现在正、负离子表面活性剂混合体系中。对此类混合体系，增大极性基的体积，可降低正离子和负离子极性基之间的静电引力，提高混合体系的溶解性。但应注意，溶解性的提高也带来表面活性的下降。好在对正、负离子表面活性剂混合体系来讲，极性基体积增加所造成表面活性的下降幅度不大，而溶解性的提高则是我们更需要关注的。

对聚氧乙烯型非离子表面活性剂，亲水基的影响主要表现在聚氧乙烯链的长短。聚氧乙烯链长度增加，不仅影响到表面活性剂的溶解性、浊点，而且由于亲水基体积增加，影响到表面吸附（如吸附分子在表面层所占面积）以及所形成的分子有序组合体的性质（如增溶性能）等。

极性基的不同对表面活性剂化学稳定性、生物降解性、毒性、刺激性等的影响将在后面的有关章节中详细讨论。

二、亲水基的相对位置与性能的关系

亲水基可在表面活性剂分子的不同位置。亲水基位置的不同，对表面活性剂性能有很大的影响。

亲水基在分子末端和在分子中间的，不同浓度区域有不同的表面张力关系。亲水基在碳氢链端点者，降低表面张力的效率较高，但能力却较低，并且在溶液浓度较稀时其表面张力比亲水基在链中间者低，但在浓度较高时，亲水基在链中间的化合物降低表面张力之能力则较强。

与降低表面张力的能力相反，亲水基在碳氢链端点者 cmc 比在链中间者低。

一般来讲，亲水基在分子中间的，比在末端的润湿性能强。但在不同浓度区域，情况有所不同。在浓度较高时，由于亲水基在链中间的化合物降低表面张力之能力较强，于是显示出更好的润湿性能，而在很稀浓度时则直链者可能有较好的润湿性能。就在水溶液中的扩散而言，亲水基在碳氢链中间的表面活性剂分子应比在端点者快，这可能也是润湿时间较短（即润湿力较佳）的原因。

对洗涤性能（去污力）而言，则情况相反，亲水基在分子末端的，比在中间的去污力好。

起泡性能，一般亦以极性基在碳链中间者为佳。但要注意，起泡性能与浓度有关，低浓度时可能出现相反情况，这是与其水溶液的表面张力相应的。

对于有苯环的表面活性剂，亲水基在苯环上的位置，对表面活性剂的性质亦有与上述相似的影响。如烷基苯磺酸钠，磺酸基在对位的烷基苯磺酸钠的 cmc 值较邻位的低，且去污力强，生物降解性好，但二者泡沫力相似。具有下面结构的表面活性剂

RCONH—(苯环，环上连有 SO_3Na 与 X)

（R 为碳氢链；X=Cl，OCH_3，OC_2H_5）

—SO_3^-基相对于 RCONH 基的位置为邻位时，润湿性最好，为间位时次之，对位时最差。亦即，亲水基位于末端时润湿力最差。

由环氧丙烷与环氧乙烷整体共聚而成的聚醚型非离子表面活性剂，因聚氧乙烯（亲水基）所在位置的不同，也会导致聚醚性质的差异。例如，Pluronic 表面活性剂，如化学结构为 $HO(C_2H_4O)_a(C_3H_6O)_b(C_2H_4O)_cH$，其聚氧乙烯链（亲水基）在两端（简称为 EPE 型）；如果聚氧乙烯链位于中央，而聚氧丙烯链位于两端，则得 $HO(C_3H_6O)_a(C_2H_4O)_b(C_3H_6O)_cH$，简称为 PEP 型。PEP 型聚醚与分子量相近而且聚氧乙烯含量相同的 EPE 型聚醚相比，则具有较低的浊点和更低的起泡能力（Pluronic 表面活性剂本来就是低泡型表面活性剂，而 PEP 型聚醚则更不易起泡）。在去污力方面，则二者的差别变化不定，无规律可循。

自单功能基引发剂合成的聚醚表面活性剂也有类似情况，二者的结构如下

RPE 型　$R—(C_3H_6O)_a(C_2H_4O)_bH$

REP 型　$R—(C_2H_4O)_a(C_3H_6O)_bH$

R 为具有一活性氢（能与环氧乙烷，环氧丙烷反应的氢原子）的极性有机物残余基团（如 $C_{12}H_{25}O$—基团）。REP 型化合物具有较低的浊点和更低的起泡力，去污力则变化不定。

三、疏水基的结构与性能的关系

（一）疏水基的结构类型

表面活性剂的疏水基一般为长条状的碳氢链。一般表面活性剂的疏水基主要为烃基，来自油脂化学制品或石油化学制品。碳原子数大都在 8～18（也有 20 碳的烃基）范围内。疏水基可以有许多不同结构，例如，直链，支链，环状等。根据一般实际应用情况，可以把疏水基大致分为以下几种。

(1) 脂肪族烃基　包括饱和烃基和不饱和烃基（双键和三键），直链和支链烃

基。如十二烷基（月桂基），十六烷基、十八烯基等；

(2) 芳香族烃基　如萘基，苯基，苯酚基等；

(3) 脂肪芳香烃基　如十二烷基苯基，二丁基萘基，辛基苯酚基等；

(4) 环烃基　主要是环烷酸皂类中的环烷烃基，松香酸皂中的烃基亦属此类；

(5) 亲油基中含有弱亲水基　如蓖麻油酸（含一个OH基），油酸丁酯及蓖麻油酸丁酯的硫酸化钠盐（含酯基—COO—），聚氧丙烯及聚氧丁烯（含醚键—O—）等；

(6) 其他特殊亲油基　如全氟烷基或部分氟代烷基，硅氧烷基等。对于此类基团，特别是全氟烷基，反而有“疏油”的性质（油指一般碳氢化合物），因此，此类基团的“亲油”一词似应改为“疏水”更为恰当。相应地，对氟表面活性剂来讲，由于其氟烷基既疏水又疏油，一般多强调其一端亲水、另一端疏水。对油溶性氟表面活性剂，则为一端亲油、另一端疏油。

（二）疏水基的疏水性

上述各种疏水基，除了如全氟烷基等特殊疏水基之外，其疏水性的大小，大致可排成下列顺序：

脂肪族烷烃≥环烷烃＞脂肪族烯烃＞脂肪基芳香烃＞芳香烃＞带弱亲水基的烃基

若就疏水性而言，则全氟烃基及硅氧烷基比上述各种烃基都强，而全氟烃基的疏水性最强。因此，在表面活性的表现上，以氟表面活性剂为最高，硅氧烷表面活性剂次之，而一般碳氢链为亲油（疏水）基的表面活性剂又次之（在这类表面活性剂中，其次序排列则大致如上所示）。

（三）疏水链长度的影响

许多单链型表面活性剂的效率（cmc）的对数值与碳原子数成直线关系。在同系列的表面活性剂中，随疏水基（亲油基）中碳原子数目的增加，其溶解度、cmc等皆有规律地减小，在降低水的表面张力这一性质上则有明显的增长（即在溶解性允许的情况下 γ_{cmc} 更低）。

（四）疏水链的长度对称性的影响（表面活性剂混合体系中）

对正、负离子表面活性剂混合体系，在疏水链总长度一定的情况下，正离子和负离子表面活性剂疏水链长度的对称性（即两个疏水链长度是否相等）对其性能有明显影响。首先表现在混合体系的溶解性方面，疏水链对称性差者溶解性好。而表面活性正好相反，疏水链越对称，表面活性越高。

研究表明，表面活性剂混合体系中碳氢链长相差越大则 γ_{cmc} 值越大。这一规律不仅存在于正、负离子表面活性剂混合体系，而且在离子表面活性剂-长链醇、离子表面活性剂-非离子表面活性剂混合体系也普遍存在。

有关混合体系中疏水链的长度对称性对性能的影响，将在本章后面详细讨论。

（五）疏水链分支的影响

疏水链分支的影响与亲水基在疏水链中不同位置的情况相似。例如，硫酸基位置在第八碳上的十五烷基硫酸钠，可以看作是正辛基硫酸钠的α-碳原子上再接上一正庚基的支链。两种情况在本质上是相同的。

如果表面活性剂的种类相同，分子大小相同，则一般有分支结构的表面活性剂不易形成胶束，其cmc比直链者高。但有分支者降低表面张力之能力则较强，即γ_{cmc}低。

有分支者具有较好的润湿、渗透性能。但有分支者去污性能较差。

一般洗衣粉中，主要表面活性剂成分为烷基（相当大部分是十二烷基）苯磺酸钠。当烷基链的碳原子数相同而烷基链的分支状况不同时，各种烷基苯磺酸盐的表面活性亦有差异，一般规律为：① 直链烷基苯磺酸盐（LAS）的cmc比支链的低，但支链的烷基苯磺酸盐降低表面张力的效力大；② 如将烷基部分分别为正十二烷基的苯磺酸盐与四聚丙烯基苯磺酸盐（ABS）相比，则后者为有分支结构，其润湿，渗透能力较大，但去污力较小；③ 支链烷基苯磺酸盐有良好的发泡力和润湿力，ABS的发泡力和润湿力高于LAS，而去污力LAS稍优于ABS，特别是在高温下洗涤时更是如此；④ LAS与ABS相比粉体较干爽，不易吸潮；⑤ LAS与ABS相比，最突出的优点是生物降解性好，正是由于生物降解性方面的差异，高度支化的ABS已被LAS所取代；⑥ 烷基链端有季碳原子的，生物降解性显著降低。

又如琥珀酸二辛酯磺酸钠，辛基中有分支者与无分支者，虽然两者皆有相同的分子量、相同的亲水基以及数目完全相同的各种原子，可以说有相同的HLB值，但在性质上它们却表现出明显的差别。前者有更好的润湿、渗透力，但cmc比后者大（分别为2.5×10^{-3}mol/L及6.8×10^{-4}mol/L）。很明显，有分支者不易形成胶束，因而去污性能较差。

疏水链分支的情况与季铵盐阳离子表面活性剂中双烷基季铵盐的相似。如$(C_8H_{17})_2N(CH_3)_2Cl$的cmc为2.66×10^{-2} mol/L，而同分子量的异构物—$C_{15}H_{31}N(CH_3)_3Cl$的cmc则小得多，为2.8×10^{-3}mol/L。

（六）烷基链数目的影响

季铵盐阳离子表面活性剂中烷基链数目的影响与疏水链分支的情况相似，如从前述$(C_8H_{17})_2N(CH_3)_2Cl$和同分子量的异构物—$C_{15}H_{31}N(CH_3)_3Cl$的cmc比较即可说明这一点。换一种比较方式，$(C_8H_{17})_2N(CH_3)_2Cl$其cmc为0.0266mol/L，而$C_{16}H_{33}N(CH_3)_3Cl$的cmc则小得多，为0.0014mol/L。这里两个疏水链明显比不上总碳数相同的一个疏水链。

以烷基苯磺酸钠为例。苯环上有几个短链烷基时润湿性增加而去污力下降，当其中的一个烷基链增长时去污力就有改善。因此，作为洗涤剂活性组分的烷基苯磺酸盐其烷基部分应为单烷基；避免在一个苯环上带有两个或多个烷基。

（七）疏水链中其他基团的影响

疏水链中不饱和烃基，包括脂肪族和芳香族，双键和三键，有弱极性，有助于降低分子的结晶性，对于胶束的形成与饱和烃链中减少1～1.5个CH_2的效果相同。苯环相当于3.5个CH_2。

四、联结基的结构与性能的关系

亲水基和疏水基一般是直接联结的，但在很多情况下，疏水基通过中间基团（联结基）和亲水基进行联结。例如，第二章中梅迪兰和雷米邦类表面活性剂就是典型的例子。有些联结基本身就是亲水基的一部分，例如，AES中的EO，既联结$-SO_4^-$与R，而本身又是亲水基。常见的联结基有—O—，—COO—，—NH—，$>C=C<$，$-CON<$，$-SO_2-$，—CONH—等。一般来讲，上述联结基团可增强表面活性剂的亲水性（水溶性）。对离子型表面活性剂，常常可增加其抗硬水性能。在很多情况下，有些联结基的引入，可增加表面活性剂的生物降解性能。特别是对可解离型表面活性剂，就是专门引入联结基使表面活性剂易于解离。但是，联结基的引入，常常降低了表面活性剂的表面活性（如减弱了降低表面张力的能力和增大了cmc），同时，常常使表面活性剂的渗透力、去污力降低。

五、分子大小与性能的关系

非离子表面活性剂通过增大亲水基（如增加聚氧乙烯链的聚合度）比较容易大幅变更其分子量，从而影响其性能，如水溶性、HLB值、分子扩散速率、乳化及分散能力等。对阴离子或阳离子表面活性剂而言，当固定其憎水基与亲水基类型以后，分子量的变动范围相对较小，但对性能的影响也不小。

表面活性剂分子的大小对其性质的影响是比较显著的。在同系列的表面活性剂中，随疏水基（亲油基）中碳原子数目的增加，其溶解度、cmc等皆有规律地减小，在降低水的表面张力的能力上（溶解性允许的情况下）则有明显的增长。这就是表面活性剂同系物中碳氢链的增长（即分子增大）对性质的影响。这种影响也表现在润湿、乳化、分散、洗涤作用等性质上。一般的经验是，表面活性剂分子较小的，其润湿性，渗透作用比较好，分子较大的，其洗涤作用，分散作用等性能较为优良。

例如，在烷基硫酸钠表面活性剂中，在洗涤性能方面，$C_{16}H_{33}SO_4Na>C_{14}H_{29}SO_4Na>C_{12}H_{25}SO_4Na$。但在润湿性能方面，则是$C_{12}H_{25}SO_4Na$最好。

在不同品种的表面活性剂中，大致也以分子量较大的洗涤力为较好。如聚氧乙烯链型的非离子表面活性剂有比较好的洗涤作用、乳化作用及分散作用。这种优良的洗涤性能，应部分归因于它们有相当长的聚氧乙烯链和相当大的分子量。而且聚氧乙烯链型的非离子表面活性剂如脂肪醇聚氧乙烯醚 $RO(C_2H_4O)_nH$，即使当亲水亲油平衡值（即 HLB 值）相近时，不同的分子大小也显示出明显的性质差异：分子量大者 cmc 值小，因而其加溶作用，分散作用也强；分子量大的表面活性剂，具有较好的洗涤能力，而分子量较小者则有较好的润湿性能。

六、反离子对性能的影响

一价无机反离子对表面活性剂的表面活性影响都不大。若反离子本身就是表面活性离子或是包含相当大的非极性基团的有机离子，那么随着反离子疏水性的增加，表面活性剂的 cmc 降低，特别是当表面活性剂的正、负离子中的碳氢链长相等时，此时等同于正负离子表面活性剂，cmc 和 γ_{cmc} 的降低更为显著。此种表面活性剂正、负电荷的相互吸引，导致两种表面活性离子在表面上的吸附相互促进。形成的表面吸附层中，两种表面活性离子的电荷相互自行中和，表面双电层不复存在，表面活性离子之间不但没有一般表面活性剂那样的电斥力，反而存在静电引力。因而，亲油基的排列更加紧密，从而表现出非常优良的降低表面张力的能力。以 $C_{12}H_{25}N(CH_3)_3Br$ 为例，25℃时其 cmc 值为 0.016mol/L，而$C_{12}H_{25}N(CH_3)_3 \cdot C_{12}H_{25}SO_4$ 的 cmc 则小 400 倍左右，低达 4×10^{-5} mol/L。可见，具有表面活性的反离子，对于表面活性剂胶束的形成及表面吸附有强烈的促进作用。

对氟表面活性剂，反离子对其表面活性亦有影响。一个典型例子是全氟辛酸钠和全氟辛酸铵，前者的 γ_{cmc} 为 24.6mN/m，而后者的为 15.1mN/m。又如全氟辛基磺酸钠和全氟辛基磺酸铵，其 γ_{cmc} 分别为 40.5mN/m 和 27.8mN/m。而有机反离子对氟表面活性剂各项性质的影响可找到如下规律。

例如，全氟辛酸盐[$C_7F_{15}COON(C_nH_{2n+1})_4$，$n=0\sim4$]系列能观察到以下规律[9,10]。

①反离子疏水性越强，其在胶束表面的结合能力越强，对胶束化作用的贡献越大，cmc 越小[9~11]。

②较大的反离子在胶束表面的结合造成空间位阻从而降低了其与 PEO 相互作用的能力，当反离子为四乙铵、四丙铵和四丁铵时氟表面活性剂与 PEO 之间已无明显的相互作用[12]。

③当反离子的疏水性超过一定程度，如 $C_7F_{15}COON(C_4H_9)_4$，将导致氟表面活性剂溶液出现反常的双浊点现象：随温度上升依次经过均相-双液相-均相-双液相的转变。双浊点的形成可能是由于四丁铵离子的搭桥作用造成的[13]。

④反离子显著影响了芘的荧光光谱，不同反离子的疏水性不同，造成了芘显示的极性的差异，甚至出现反常现象：当全氟辛酸四乙铵在浓度超过 cmc 后，芘的第一电子振动峰与第三电子振动峰强度的比值出现上升（显示微极性高于水），

而不是在普通表面活性剂溶液中那样呈现下降。推测原因，芘很可能加溶在全氟辛酸四烷基铵胶束的反离子层中，由于芘分子的大 π 键与有机铵反离子的正电荷相互吸引，再加上碳氟－碳氢物种的互疏性[14]。

另外，在有机反离子中引入羟基，由于反离子亲水性增强、位阻增大，其与表面活性离子的结合能力变弱，使得表面活性剂的表面活性下降（cmc 升高、γ_{cmc} 也升高）[15]。

值得指出的是，表面活性剂的反离子往往对其溶解性或 Krafft 点有较大影响。许多阴离子表面活性剂比如羧酸盐型或磺酸盐型（不管是氟表面活性剂还是碳氢表面活性剂），反离子为 Na^+，K^+ 等碱金属离子时其溶解性很差、Krafft 点较高，但是如果将反离子换成有机铵离子，其溶解性将显著提高，Krafft 点大幅降低（甚至降至 0℃以下）。反离子这种对溶解性或 Krafft 点的影响往往决定其实用性能。

七、烷基苯磺酸盐结构与性能的关系——表面活性剂的分子结构因素的总结

烷基苯磺酸盐，常见结构如下：

R—CH—R′（对位苯环）—SO_3Na

分子中包含了影响表面活性剂性能的很多结构因素，如烷基苯磺酸盐的烷基碳原子数、烷基链的支化度、苯环在烷基链上的位置、磺酸基在苯环上的位置及数目和磺酸盐的反离子种类等均对其性能有影响[4,5]。因此对烷基苯磺酸盐结构与性能的关系的讨论基本可作为表面活性剂的分子结构因素的范本。

（一）烷基链长的影响

对烷基苯磺酸盐，烷基链在 C_8 以上才具有明显的表面活性，C_5 以下的烷基苯磺酸盐在水溶液中不能形成胶束。C_{18} 以上则因水溶性变差亦不能形成胶束，其表面活性明显下降。但长链烷基苯磺酸盐可作为油溶性表面活性剂，用作干洗剂的活性物或润滑油添加剂。

低碳烷基润湿性能好。但烷基链过短时，去污力下降。对去污能力而言，烷基链小于 9 和大于 14 时均显著降低，C_{12} 最好。

对泡沫性来讲，$C_{10}\sim C_{14}$ 的泡沫稳定性均良好，C_{14} 发泡力最好。

烷基链越长，烷基苯磺酸盐的抗污垢再沉积力越强，但烷基苯磺酸盐的抗污垢再沉积力比肥皂差。

（二）烷基链分支的影响

直链烷基苯磺酸盐（LAS）的 cmc 比支链的低，但支链的烷基苯磺酸盐降低表面张力的效能大。

支链烷基苯磺酸盐有良好的发泡力和润湿力，例如，四聚丙烯苯磺酸钠(ABS)。ABS的发泡力和润湿力高于LAS，而去污力LAS稍优于ABS，特别是在高温下洗涤时更是如此。

烷基中支链多者不易生物降解，特别是烷基链端有季碳原子的，生物降解性显著降低。这是LAS与ABS相比最突出的优点，也是ABS被LAS所取代的主要原因。

（三）烷基链数目的影响

苯环上有几个短链烷基时虽然润湿性增加但去污力下降，然而当其中的一个烷基链增长时去污力就有改善。因此，作为洗涤剂活性组分的烷基苯磺酸盐其烷基部分应为单烷基，避免在一个苯环上带有两个或多个烷基。

（四）苯基与烷基结合位置的影响

以十二烷基苯磺酸盐为例，考察苯基在十二烷上的取代位置（从十二烷的一端开始对碳原子依次编号1～6）的影响。

① 溶解性　3-位和4-位烷基苯磺酸盐在水中的溶解度最好，1-和2-位烷基苯磺酸盐在冷水中的溶解度差，1-位溶解性最差，其Krafft点高于60℃。

② 去污力　去污力与其浓度有关。在低浓度时，3-位的最好，2-位次之，依次为4-，5-，6-位。1-位因其溶解度的限制，去污力较低，但在高温洗涤中显示较好的去污力。随浓度增加，各种异构体的去污力都有明显提高，当浓度达到0.2%以上时，除1-位外，各种位置异构体在去污力方面的差别是很小的。

③ 润湿性　以苯基在烷基链的奇数位置为好，且越靠近中心位置润湿力越好。

④ 起泡性　起泡性随着苯基向链中心位置移动而增高，5-位的泡沫力最大，而6-位的泡沫力迅速下降。

⑤ 生物降解性　苯基越接近链的中心位置，生物降解性越差。各种位置异构体的混合物的生物降解性优于任何一种单一的位置异构体。

（五）磺酸基位置及数目的影响

磺酸基在对位的烷基苯磺酸钠的cmc值较邻位的低，且去污力强，生物降解性好，但二者泡沫力相似。

若苯环上有两个磺酸基（如烷基苯二磺酸钠），因磺酸基数目增加，亲水性大大增加，破坏了原有的亲水-亲油平衡，去污力显著下降。而且由于极性基数目的增加，cmc也会增大，表面活性降低。

综上所述，用于洗涤剂的烷基苯磺酸钠，就其分子结构而言，应取C_{10}～C_{13}（平均C_{12}）或C_{11}～C_{14}（平均C_{13}）的直链烷基，苯环最好在烷基链的3-或4-位，磺酸基最好为对位的单磺酸盐。

八、表面活性剂表面活性的影响因素

（一）降低表（界）面张力的能力（γ_{cmc}）

表面活性剂溶液的表面张力是表面活性剂最重要的一个性质，研究各种因素影响表面活性剂水溶液表面张力的规律，不论在理论上或实践上均有重要意义。本节将从表面活性剂本身的化学结构和表面活性剂溶液的表面吸附层结构，来分析考查γ_{cmc}值变化的规律，进而推广于一般的表面活性剂溶液（<cmc）的表面张力。

1. 不同类型表面活性剂溶液的γ_{cmc}

γ_{cmc}值与 cmc 时的表面吸附量（亦即饱和吸附量Γ_{cmc}）值及每个吸附分子（或离子）所占的表面积A_m值平行相关。这就是说，表面活性剂的碳氢链在表面吸附层中的结构排列越紧密，则溶液的表面张力越低。此现象的一个重要原因，就是碳氢链在水溶液表面层中的密度越大，则表面的性质越接近液烃，溶液的表面张力也就降得较低，接近液烃的表面张力。依此原理，我们可定性判断不同结构表面活性剂溶液γ_{cmc}的相对大小。

(1) 一般离子表面活性剂降低表面张力的能力相互差别不大。对于一般直链离子表面活性剂亲油基的碳原子数自 8 增至 20 也只不过使γ_{cmc}值发生几个毫牛每米的变化。

(2) 疏水链长相同时，离子表面活性剂的γ_{cmc}值一般比非离子表面活性剂的大。特别是分子极性头大小相近的表面活性剂［例如，$C_{10}H_{21}SOCH_3$与$C_{10}H_{21}SO_4Na$及$C_{10}H_{21}N(CH_3)_3Br$］更是如此。即使是大极性头的非离子表面活性剂［如$C_{10}H_{21}(OCH_2CH_2)_6OH$］，其$\gamma_{cmc}$值亦比离子表面活性剂的小。这可认为是由于离子表面活性剂的表面活性离子在吸附于表面时，同电性的头基互相排斥，因此，在溶液表面吸附层中不能排列得十分紧密，Γ_{cmc}较小，相应的A_m值较大；而非离子表面活性剂分子间无电性斥力，排列较为紧密，只有极性头的大小影响其排列紧密程度。因此，非离子表面活性剂比离子型表面活性剂更容易在表面上吸附，表面活性较高。

2. 聚氧乙烯链长的影响

非离子表面活性剂的亲油基链长不变时，其降低表面张力的能力随聚氧乙烯链长增加而明显下降。因此，对于降低表面张力的能力而言，聚氧乙烯链在表面上的截面积是一个决定性因素。

3. 不同疏水基的影响

碳氢表面活性剂水溶液表面饱和吸附层有近似液烃的性质，因而表面张力接近液烃。相应地，碳氟表面活性剂溶液的饱和吸附层应有近似氟烃的性质。第一章已讨论过，表面张力是分子间相互作用大小的量度。由于氟烷烃内分子间引力远低于烷烃内的，故碳氟表面活性剂水溶液的 γ_{cmc} 值应远低于碳氢表面活性剂溶液的。此外，硅油（聚硅氧烷）的表面张力也低于一般烷烃，所以有硅氧烷疏水基的硅表面活性剂，其水溶液的 γ_{cmc} 值也相当低。已知碳氢表面活性剂水溶液的最低 γ_{cmc} 值约为 35～40mN/m（正、负离子表面活性剂混合体系可达到 24～25mN/m），硅表面活性剂水溶液的最低 γ_{cmc} 值约为 20mN/m，而碳氟表面活性剂水溶液的最低 γ_{cmc} 值则可低达 14～15mN/m。

4. 疏水基不同结构的影响

对同系物，疏水基为直链正构烷基而只是碳原子数稍有不同时，其最低表（界）面张力的变化幅度有限。以 $C_nH_{2n+1}SO_4Na$ 为例，当 $n=8$、10、12、14、16 时，其在 cmc 时的庚烷/水溶液的界面张力分别为 12mN/m、12mN/m、10mN/m、8mN/m、8mN/m。

同理，对 γ_{cmc} 值有较大影响的疏水基主要结构因素不是碳链长度，而是看端基结构和有无分支结构。

（1）分支结构　疏水链中有分支结构会使 γ_{cmc} 值降低。其原因可归于表面疏水基（特别是 CH_3 基团）覆盖率增加、密度增大，使表面更接近液烃表面。

对比 $CF_3(CF_2)_6COONa$ 和 $(CF_3)_2CF(CF_2)_4COONa$ 两种表面活性剂，其端基皆为 CF_3 基团，但前者只有一个 CF_3，而后者因分支结构有两个 CF_3，二者的 γ_{cmc} 分别为 26mN/m 和 20mN/m。这就是说，在溶液表面饱和吸附时，前者的 CF_3 基团表面密度明显小于后者，因而导致溶液 γ_{cmc} 更低。

（2）端基结构　同类型、同极性基的两种表面活性剂，如果疏水链的端基不同，则 γ_{cmc} 有明显差别。在碳氢链疏水基中，CH_3 端基与 CH_2 端基相比，有较低的表面能（比较分子量近于相同的正己烷和环己烷的表面张力 18 和 25mN/m，即可得此结论）。这就是端基为 CH_3 的表面活性剂其 γ_{cmc} 比端基为 CH_2 者低的原因。对比 $H(CF_2)_8COONH_4$ 与 $F(CF_2)_8COONH_4$ 的 γ_{cmc}（分别为 24mN/m 和 15mN/m）可以看出 CF_3 端基比 CF_2H 端基有较大的降低 γ_{cmc} 值的作用。表面层若由具有较低表面能的基团组成，会导致溶液 γ_{cmc} 较低。

因此，从上述疏水基端基结构及分支结构影响 γ_{cmc} 的讨论可以看到，除疏水链在水溶液表面排布的密度外，表面最外层的基团性质是决定表面活性剂溶液表面张力的另一主要因素。在讨论表面活性剂混合体系时，这个因素起着重要的作用。

5. 疏水链的长度对称性（表面活性剂混合体系中）

对正、负离子表面活性剂混合体系，在疏水链总长度一定的情况下，两疏水链长度越对称，γ_{cmc} 越低。$C_7H_{15}N(C_2H_5)_3Br$-$C_{12}H_{25}SO_4Na$ 体系的 γ_{cmc} 比链长对称的体系 $C_8H_{17}N(C_2H_5)_3Br$-$C_8H_{17}SO_4Na$ 及 $C_{10}H_{21}N(C_2H_5)_3Br$-$C_{10}H_{21}SO_4Na$ 体系高，而三体系的平均分子面积 A_m 值（表示表面碳氢链密度）差不多大，由此可看出混合体系碳氢链长的对称性对 γ_{cmc} 的影响。比较碳链长度不对称的三

个体系 $C_7H_{15}N(C_2H_5)_3Br$-$C_{12}H_{25}SO_4Na$、$C_8H_{17}N(C_2H_5)_3Br$-$C_{12}H_{25}SO_4Na$、$C_8H_{17}N(C_2H_5)_3Br$-$C_{10}H_{21}SO_4Na$ 的 γ_{cmc}，分别为 29.8mN/m，28.2mN/m 及 27.0mN/m，也说明了碳氢链长相差越大则 γ_{cmc} 值越大的规律。

上面现象可理解为，根据物质分子运动的观点，体系中较长的碳氢链作自由运动的可能性（概率）较大，因为其顶部周围有“空白”，允许单键自由转动。于是较长碳氢链有可能弯曲而覆盖于较短碳氢链之上，使暴露在最外表面的 CH_3 基团数目减少而 CH_2 基团数目增多（如图 12-1 所示，图中给出的例子为烷基硫酸钠-辛醇体系的混合表面吸附层的结构）。如前所述，CH_2 基团表面能高于 CH_3 基团，所以表面上 CH_3 较少会导致其表面张力较高。

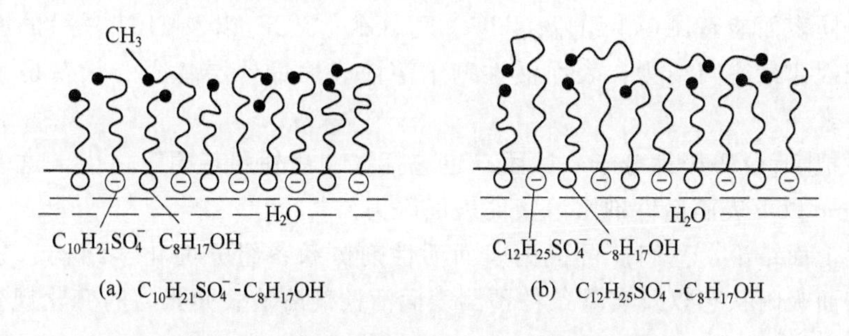

图 12-1　混合表面活性剂吸附层结构示意图

离子表面活性剂-长链醇混合体系中，两组分的疏水链长不同也会引起 γ_{cmc} 有规律地变化：两疏水链长相差越大，则 γ_{cmc} 值越高，如 $C_{10}H_{21}SO_4Na$-$C_8H_{17}OH$ 体系与 $C_{12}H_{25}SO_4Na$-$C_8H_{17}OH$ 相比较，后一体系的 γ_{cmc} 值显著高于前者。如图 12-1 所示，$C_{12}H_{25}SO_4Na$ 的碳氢链比 $C_8H_{17}OH$ 的长出一半，而 $C_{10}H_{21}SO_4Na$ 只长出 1/4，所以前者碳链更容易弯曲、并覆盖住临近的 C_8 链，导致体系表面 CH_3 基团的密度较少，γ_{cmc} 值较高。

氟表面活性剂与长链醇混合体系的情况亦类似但解释机理略有不同。如在 $C_7F_{15}COONa$ 与 $C_nH_{2n+1}OH$ 的混合体系中，当 $n=5\sim7$ 时，随 n 增加，γ_{cmc} 逐渐降低。但当 n 等于和超过 8 时，γ_{cmc} 有所升高。同样可以看到，碳链匹配性越高、γ_{cmc} 越低。但是，碳氟链与碳氢链不同，碳氟链具有较强的刚性，不像碳氢链那样容易弯曲。在 $C_7F_{15}COONa$ 与 $C_nH_{2n+1}OH$ 的混合体系中，n 从 5 增加到 7 时，醇由于疏水性提高所以在表面的吸附能力增强，且吸附的醇分子能屏蔽氟表面活性剂头基间静电斥力，这种协同作用使得表面层疏水链的密度增大，所以 γ_{cmc} 依次降低；当 n 等于和超过 8 时，碳氢链长于碳氟链，碳氢链弯曲有可能覆盖一些 CF_3 端基，故最外层表面的 CF_3 基团密度开始减小，而较高表面能的 CH_2 及 CH_3 基团增多，于是 γ_{cmc} 有所升高。

离子表面活性剂-非离子表面活性剂混合体系与上述离子表面活性剂-长链醇体系类似。比较 $C_{10}H_{21}SOCH_3$-$C_nH_{2n+1}SO_4Na$（$n=10\sim12$）可以看到：同碳氢链长($C_{10}H_{21}SO_4Na$-$C_{10}H_{21}SOCH_3$)的混合体系有最低的γ_{cmc}值，虽然此体系表面分子排列最不紧密。若两个组分碳氢链长不等，即使表面分子排列较为紧密，由于前述部分CH_3可能被覆盖的原因，也会导致γ_{cmc}值较高。

6. 小结

综上可以得出结论：表面活性剂溶液γ_{cmc}的决定因素主要有两个。① 疏水基的本性。前面对碳氢表面活性剂、硅表面活性剂及氟表面活性剂水溶液最低γ_{cmc}的比较［分别为（35～40）mN/m、20mN/m、（4～15）mN/m］即可说明这一点；② 表面吸附层的结构，即表面吸附层中疏水链排列的状态和紧密程度。其中，暴露于最外表面的基团性质为影响γ_{cmc}的主要因素。所以实际上γ_{cmc}主要决定于表面上不同表面能基团(如CH_3、CH_2、CF_3、CF_2、$ClCF_2$以及HCF_2等)的密度。因此可以把规律最终归结为：表面活性剂水溶液表面最外层基团的状态是γ_{cmc}的主要决定因素。

如果把H_2O等极性分子（基团）也包括在“最外层基团”之内，这一规律也适用于cmc以下表面活性剂水溶液的表面张力。

依据上面结论，我们即可根据表面活性剂体系各组分的化学结构、分子相互作用、表面吸附状态以及实验条件预测表面活性剂溶液表面张力的变化规律。

（二）表面活性剂的cmc及表（界）面张力降低的效率

由于表面活性剂的cmc大小也是表面活性剂表（界）面张力降低的效率的一种量度，因此，cmc的变化规律与表面活性剂表（界）面张力降低的效率变化规律基本一致。

1. 表面活性剂的碳氢链长

对于表面活性剂同系物，随亲油基碳原子数的增加，降低表面张力的效率增加（即cmc下降）。离子型表面活性剂同系物中碳氢链的碳原子数在8到16范围内，cmc随碳原子数变化呈现一定的规律：一般碳原子数增加一个时，cmc下降约一半。以$C_nH_{2n+1}SO_4Na$（n =8、10、12、14、16）为例，其cmc值随碳原子数的增加而规律地减小，每增一个碳原子，则cmc减小一半，例如，$C_{14}H_{29}SO_4Na$的cmc为2.4×10^{-3}mol/L，而$C_{15}H_{31}SO_4Na$的cmc则为1.2×10^{-3}mol/L。

对于非离子型表面活性剂，增加疏水基碳原子数引起cmc下降的程度更大：一般每增加两个碳原子，cmc下降至1/10，例如$C_{14}H_{29}(OC_2H_4)_6OH$的cmc为$1.0\times10^{-5}$mol/L，而$C_{16}H_{33}(OC_2H_4)_6OH$的cmc则降至$1.0\times10^{-6}$mol/L。

对于同系物，此种规律可以用下列经验公式表示：

$$\lg cmc = A - Bn \tag{12-1}$$

式中，A与B均为具有正值的经验常数；n为疏水基碳氢链的碳原子数。

若以pc_{20}来表示［定义见本书第一章四（二）节］，也可推导出效率因子pc_{20}是直链亲油基中碳原子数的线性函数（随碳原子数增加而增加）。

2. 碳氢链分支的影响

在碳原子数相同的条件下，表面活性剂碳氢链为直链的 cmc 比碳氢链有分支的 cmc 小得多。例如，$C_6H_{13}CH(C_4H_9)CH_2$-C_6H_4-SO_3Na 降低表面张力的效率大致在正十烷基苯磺酸钠与正十二烷基苯磺酸钠之间。若将碳原子数较多的部分(C_6H_{13}—)作为支链，其“效率”即相当于直链的三分之二。

3. 亲水基位置的影响

亲水基在碳氢链中的位置越靠近中间者 cmc 越大。实际上，当亲水基不在亲油基端点位置时，等效于亲油基有分支存在。例如，75℃时对位正十二烷基-6-苯磺酸钠，其效率与对位正十烷基苯磺酸钠相同。又以十四烷基硫酸钠为例，硫酸基在第一碳原子上者，cmc 为 2.4×10^{-3} mol/L；而在第七个碳原子上者，则 cmc 为 9.7×10^{-3} mol/L；相差近 4 倍。硫酸基在第三个碳原子上的其 cmc 为 4.3×10^{-3} mol/L，在前二者中间。

4. 碳氢链中其他取代基的影响

在疏水基中除饱和碳氢链外还有其他基团时，必然影响表面活性剂的疏水性，从而影响其 cmc。

①在疏水基中有苯基时，一个苯基大约相当于 3.5 个直链的—CH_2—基，如 $C_{14}H_{29}SO_4Na$ 的 cmc 为 2.5×10^{-3} mol/L，而 p-n-$C_8H_{17}C_6H_4SO_3Na$ 虽有十四个碳原子，但却只相当于有 11.5 个碳原子的烷基磺酸钠，即 cmc 为 1.5×10^{-2} mol/L。比 $C_{14}H_{29}SO_4Na$ 的 cmc 大。

②若碳氢链中有双键，其 cmc 将比相同碳原子数的饱和碳氢链表面活性剂的 cmc 大。一个明显的例子是硬脂酸钾与油酸钾的对比：前者的 cmc 为 4.5×10^{-4} mol/L（55℃），后者的 cmc 为 1.2×10^{-3} mol/L（50℃）。

③在疏水基中引入极性基（如—O—、—OH、—NH—等）也可使 cmc 增大。

④对于 $RCOO(CH_2)_nSO_3Na$ 系列（n =2～4），在—COO—与—SO_3Na 之间的一个 CH_2 基大致只相当于 R 中（直链部分）的 1/2 个 CH_2 基。

5. 亲水基团的影响

①在水溶液中，离子型表面活性剂的 cmc 远比非离子型的大。两性表面活性剂 cmc 则与有同碳原子数疏水基的离子表面活性剂相近。

②离子型表面活性剂中亲水基团的变化对其 cmc 影响不大。在季铵盐类以及叔胺氧化物类表面活性剂中，联结在 N 原子上的短链烷基（碳原子数小于 4 者，包括吡啶基）的碳原子数多少似乎影响不大，例如，$C_{12}H_{25}N(C_mH_{2m+1})_3Br$（$m$=1～4）系列，随头基碳数的增大其 cmc 下降幅度较小，依次为 15.2 mM，13.7 mM，9.6 mM，5.6 mM（25℃）[16]。由此可见，降低表面张力的效率主要取决于长碳氢链的碳原子数。

③非离子型表面活性剂中聚氧乙烯链的乙氧基单元数的变化，对 cmc 的影响也不太大（这是与疏水基的变化相较而言）。对于有相同亲油基的聚氧乙烯醚型的非离子表面活性剂，效率因子 pc_{20} 与乙氧基数目（n）近于直线关系（在 $n=7\sim30$ 范围内）

$$pc_{20}=A+Bn \tag{12-2}$$

其中，B 为负值，即非离子表面活性剂降低表面张力的效率，随聚氧乙烯链中 EO 数目的增加而缓慢地下降。

④在 $RO(C_2H_4O)_nSO_4Na$ 类化合物中（$n=1\sim3$），不管 $n=1$，2 或 3，$—(C_2H_4O)_n—$ 总是相当于两个半 CH_2 基团。

6. 碳氟链化合物

由于碳氟链有很强的疏水性，因此含氟表面活性剂，特别是碳链上的氢全部被氟取代的氟表面活性剂，具有很高的、而且非常特殊的表面活性（氟表面活性剂的性能见本书第十三章）。与同碳原子数的一般表面活性剂相比，其 cmc 往往低得多。

碳氢链被部分氟化的表面活性剂，其 cmc 随氟代程度的增加而变小。很多例子表明，末端 $HCF_2—$ 变成 $CF_3—$ 之后相应化合物的 cmc 显著降低（下降 4～5 倍）。

（三）表面活性剂复配体系的表面活性

表面活性剂复配体系以及表面活性剂与其他表面活性物质（如长链醇）的复配均是我们获得更高表面活性体系的重要途径。下面举例介绍：

1. 离子表面活性剂——长链醇混合体系

在离子表面活性剂中加入长链醇后，γ_{cmc} 值大为降低。如 $C_{10,12}H_{21,25}SO_4Na$ 或 $C_{10,12}H_{21,25}N(CH_3)_3Br$，当分别加入 $C_8H_{17}OH$ 后，其 γ_{cmc} 自无醇时的 40mN/m 附近，降至加醇后的 22～26mN/m，下降幅度相当大，cmc 值也降低，表面活性增大。这可理解为由于 $C_8H_{17}OH$ 分子通过疏水效应以及可能产生的离子—偶极子相互作用，易于"插入"排列疏松的离子表面活性剂吸附层中，减弱头基静电斥力，增加表面疏水链密度，从而降低了 γ_{cmc} 值。

2. 正、负离子表面活性剂混合体系

在所有混合表面活性剂体系中，正、负离子表面活性剂混合体系具有最高的表面活性。单一离子表面活性剂的 γ_{cmc} 一般在 35～40mN/m 左右，而正、负离子表面活性剂混合溶液的 γ_{cmc} 下降到 30mN/m 以下（可低达 24～25mN/m），cmc 也下降很多。例如，$C_{10}H_{21}N(CH_3)_3Br\text{-}C_{10}H_{21}SO_4Na$ 体系，cmc 比单一组分约降低了两个数量级（两单一组分的 cmc 平均值约为 4.8×10^{-2} mol/L，为混合体系 cmc 的 100 倍）。

正、负离子表面活性剂混合体系这种突出的高表面活性是由于正、负离子之

间的强烈相互作用，两表面活性剂组分在表面吸附或在溶液中形成胶束有协同作用，混合溶液的 cmc 和 γ_{cmc} 均大大降低。

（四）表面活性的其他影响因素

1. 电解质（无机盐）

无机盐对离子表面活性剂体系的表面活性有明显的影响。无机盐的加入可降低离子表面活性剂的 γ_{cmc} 值和 cmc 值，即提高了表面活性。如十二烷基硫酸钠水溶液中加入的盐（如 NaCl）浓度不同时有不同的 cmc 和 γ_{cmc}，盐浓度越大则 cmc 与 γ_{cmc} 越低。

无机盐对离子表面活性剂表面活性的影响可解释为无机盐可以压缩表面及胶束周围的扩散双电层，因而减弱吸附层和胶束中表面活性离子之间的电性斥力，使之排列得较为紧密，从而降低了 cmc 和 γ_{cmc}。

对于碳氢链长相同的正、负离子表面活性剂混合物，由于表面活性离子的正、负电性相互中和，其溶液的表面及胶束双电层不复存在，故无机盐对之无显著影响，γ_{cmc} 和 cmc 变化不大（盐浓度稍大时，甚至使表面张力有所升高）。

对于非离子表面活性剂，因为本身不带电，所以无机盐的影响不大。

2. 有机物的影响

长链的极性有机物一般都能提高表面活性剂的表面活性。例如，醇、酸、胺等化合物随着碳氢链的增长，表面活性剂的 cmc 值下降。脂肪醇对 cmc 的影响的原因是醇分子能穿入胶束形成混合胶束，减小表面活性剂离子间的排斥力，并且醇分子的加入会使体系的熵值增大，因此胶束容易形成和增大，使 cmc 降低。

甲醇、乙二醇等这类极易溶于水的有机溶剂对 cmc 影响不大。但若加量过大会产生助溶作用而使 cmc 增大。

若在水溶液中加入所谓“水结构促进剂”（如果糖和木糖），或“水结构破坏剂”（如 *N*-甲基乙酰胺），则聚氧乙烯型的非离子表面活性剂降低表面张力的效率有显著变化，但对于降低水表面张力的能力则影响不大。如辛基苯酚聚氧乙烯醚（EO 数为 9）水溶液中加入 *N*-甲基乙酰胺后，其 cmc 大为增加，亦即其降低水的表面张力的效率大为降低，而加入果糖和木糖后，则使其降低水表面张力的效率增加。

3. 温度

温度变化对离子表面活性剂溶液的表面张力影响不大。但由于离子型表面活性剂的溶解度会随温度升高而升高，所以离子型表面活性剂的 cmc 会随温度的增加而略有上升。但对于非离子表面活性剂（特别是有聚氧乙烯链者），升高温度容易破坏极性头与水分子形成的氢键，使表面活性剂分子的疏水性增大，从而 γ_{cmc} 及 cmc 值均下降。

九、表面活性剂溶解性的影响因素

表面活性剂依其亲油基链长的不同，可以是水溶性的，水中分散的，也可以是油溶性的，其同系物在水中的临界溶解温度随亲油基碳数的增加而提高。

（一）不同类型表面活性剂的溶解性比较

①在一定温度下，表面活性剂在水中的溶解性随亲油基的相对增大而减小。

②在一般室温下，聚氧乙烯型非离子表面活性剂的溶解度最大（大多数与水混溶），离子型的较小。

③在离子型表面活性剂中，当碳氢链长相同时，季铵盐类阳离子表面活性剂的溶解度较大。两性表面活性剂中，也以正离子部分为季铵盐的溶解度为大。

④对于混合型表面活性剂，如 $C_{16}H_{33}(OC_2H_4)_nSO_4Na$ 类化合物，其溶解度随 n 值之增加而变大。$C_{16}H_{33}SO_4Na$ 溶解度突增的温度约为45℃，而 $n=1\sim4$ 时各表面活性剂的溶解度突升点，则分别为36℃、24℃、19℃及1℃。

（二）聚氧乙烯型非离子表面活性剂的溶解性

聚氧乙烯化合物的水溶性是由于醚氧原子的水合作用，即水分子借助于氢键对聚氧乙烯链醚键上的氧原子发生作用。当分子中乙氧基数增加时，结合的水分子数也相应增加，因而溶解度随乙氧基数的增加而显著增加。

聚氧乙烯化合物在水中的溶解性，按憎水链碳原子数 N 和环氧乙烷加成数 n 间的关系，可有如下经验规则：

① $n=N/3$，溶解性最小；

② $n=N/2$，溶解性中等；

③ $n=(1\sim1.5)N$，溶解性优良。

以 $C_{12}\sim C_{15}$ 脂肪醇聚氧乙烯醚（AEO）为例，$AEO_{2,3}$ 不溶于水［下标为乙氧基（EO）的数目］，而 $AEO_{4,6}$ 就成为油溶性乳化剂；$AEO_{7,9}$ 用作去油污的洗涤剂，而 $AEO_{15,20}$ 则作为匀染助剂使用。

（三）温度的影响——克拉夫特（Krafft）点和浊点

溶解度随温度变化的规律因表面活性剂类型不同而异。离子型表面活性剂与非离子表面活性剂的溶解度-温度变化规律正好相反。大多数表面活性剂的溶解度随温度的变化存在明显的转折点。对离子型表面活性剂和非离子型表面活性剂，转折点的意义有本质差别，分别称为表面活性剂的克拉夫特点和浊点。

1. 克拉夫特点

离子型表面活性剂的溶解度在较低的一段温度范围内随温度上升非常缓慢，当温度上升到某一定值时其溶解度随温度上升而迅速增大，存在明显的转折点。如图 12-2 所示。

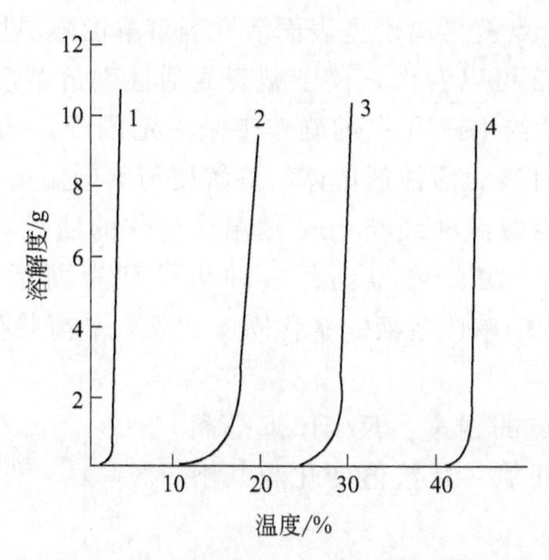

图 12-2　烷基吡啶卤化物的溶解度（相对于 100g 水）曲线

（1—$C_{12}H_{25}PyBr$；2—$C_{16}H_{33}PyCl$；3—$C_{16}H_{33}PyBr$；4—$C_{16}H_{33}PyI$）

此现象是克拉夫特（Krafft）在研究肥皂的溶解度随温度的变化过程中发现的，后来就把这个突变的温度称为克拉夫特温度，也叫克拉夫特点，有些教科书中也称为临界溶解温度。

一般离子型表面活性剂都有 Krafft 点。表 12-1 是一些表面活性剂的 Krafft 点。

表 12-1　一些表面活性剂的 Krafft 点

表面活性剂	Krafft 点/℃	表面活性剂	Krafft 点/℃
$C_{12}H_{25}SO_4Na$	9	$C_8F_{17}COOH$	0
$C_{12}H_{25}SO_3Na$	38	$C_8F_{17}COOLi$	<0
$C_{12}H_{25}SO_4(Ca)_{1/2}$	50	$C_8F_{17}COONa$	8
$C_{12}H_{25}SO_4(Mg)_{1/2}$	25	$C_8F_{17}COOK$	25.6
$C_{12}H_{25}SO_4(Ba)_{1/2}$	105		

（1）克拉夫特点的形成机制　克拉夫特点时的表面活性剂的溶解度，就是该点（温度）的临界胶束浓度。主要原因是因为此时表面活性剂在溶液中以胶束形式溶解。这可从表面活性剂-水体系相组成情况来说明。图 12-3 是一幅典型的表面活性剂-水体系相态图，其中的两条曲线是表面活性剂的溶解度-温度曲线和临界胶束浓度-温度曲线。在 Krafft 点以下，临界胶束浓度高于溶解度，故溶液浓度升高到一定程度就出现饱和溶液与表面活性剂固体相的平衡，不能形成胶束。体系温度在 Krafft 点以上时，临界胶束浓度低于溶解度，溶液浓度增加时，首先形成胶束。这时，溶液中表面活性剂单体浓度保持在 cmc 水平，故不至于析出表面活性剂相。由于胶束尺寸很小，非肉眼可见，故溶液外观清亮，而显示出溶解度激增的现象。实际上，这时的清亮溶液已非单体溶液，而是胶束溶液了。

通俗地讲，Krafft 点就是离子型表面活性剂溶解度随温度升高迅速增大的那一点的温度。但从图 12-2 可以看出，离子型表面活性剂溶解度随温度升高迅速增大是一小段温度范围，这给 Krafft 点的确定带来一定困难。结合 Krafft 点与 cmc 的关系，即在 Krafft 点时表面活性剂单体的溶解度与其同温度下的 cmc 相等。为此，可将 Krafft 点定义为溶解度曲线与 cmc 随温度变化的曲线（cmc-温度曲线）的交叉点，如图 12-3 所示。由此可得到每一种离子型表面活性剂的 Krafft 点。在 Krafft 点时，表面活性剂单体溶液、水化固体和胶束平衡共存，此时的单体浓度等于 Krafft 点时的 cmc。

（2）影响 Krafft 点的因素　Krafft 点是离子型表面活性剂的特征值，其数值变化与其溶解度的变化相对应。

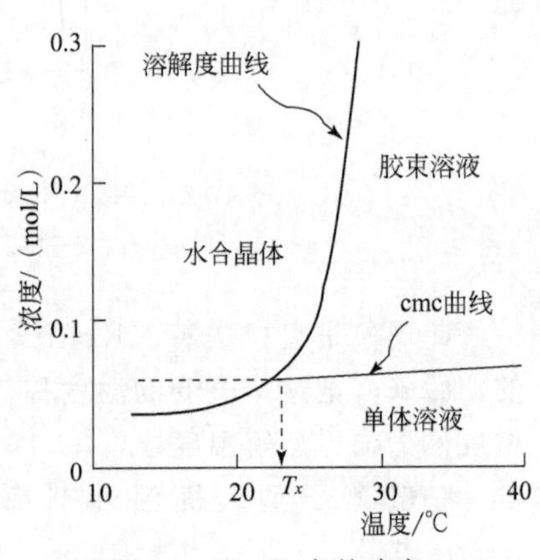

图 12-3　Krafft 点的确定

① 同系物表面活性剂的 Krafft 点随疏水链长的增加而增加，甲基、乙基等小支链越接近长烃链中央其 Krafft 点越低；

② 疏水链支化或不饱和化使 Krafft 点降低，因为这样可降低分子间的结晶化作用；

③ Krafft 点与反离子种类有关，a. 烷基硫酸钠的 Krafft 点低于烷基硫酸钾的，但羧酸盐则反之，羧酸钠的 Krafft 点高于羧酸钾的；b. 高价金属离子盐的 Krafft 点比一价金属离子的盐高，如 Ca^{2+}、Sr^{2+}、Ba^{2+} 盐的 Krafft 点依次升高，且均高于 Na^{+}、K^{+} 盐的；

④ 表面活性剂分子中引入乙氧基可显著降低 Krafft 点；

⑤ 加入电解质可使 Krafft 点升高；加入醇及甲基乙酰胺等则使 Krafft 点降低；

⑥ 同系烷基硫酸钠中，临近两个组分混合可使 Krafft 点产生一个最小值，但若两个组分链长相差太大，则 Krafft 点反而更大；

⑦ 相同碳链磺酸盐的 Krafft 点比硫酸盐的高。

⑧阴离子表面活性剂（比如羧酸盐型或磺酸盐型）反离子为 Na^{+}，K^{+} 等碱金属离子时，如果将反离子换成有机铵离子，Krafft 点大幅降低（甚至降至 0℃以下）。

Krafft 点可以衡量离子型表面活性剂的亲水、亲油性。它表示表面活性剂应用时的温度下限，Krafft 点低，表面活性剂的低温水溶性好。只有当温度高于 Krafft 点时，表面活性剂才能更大程度地发挥作用。例如，十二烷基硫酸钠和十二烷基磺酸钠的 Krafft 点分别约为 9℃和 38℃，显然，后者在室温下表面活性不够理想。

2. 浊点

非离子表面活性剂的溶解度随温度的变化则与离子型表面活性剂不同。对非离子表面活性剂，特别是聚氧乙烯型的，升高温度时其水溶液由透明变浑浊，降低温度溶液又会由浑浊变透明。这个由透明变浑浊和由浑浊变透明的平均温度称为非离子表面活性剂的浊点（cloud point）。在浊点及以上温度，表面活性剂由完全溶解转变为部分溶解。表 12-2 列出几种表面活性剂的浊点。

表 12-2　几种表面活性剂的浊点

表面活性剂	浊点/℃	表面活性剂	浊点/℃
$C_{12}H_{25}EO_3OH$	25	$C_8H_{17}EO_6OH$	68
$C_{12}H_{25}EO_6OH$	52	$C_8H_{17}C_6H_4EO_{10}OH$	75
$C_{10}H_{21}EO_6OH$	60		

（1）浊点的形成机制　非离子表面活性剂的浊点现象可解释为：非离子表面活性剂分子在水中起溶解作用的是它的极性基［如聚氧乙烯基（$—CH_2CH_2O—)_n$，简写为 EO_n］与水生成氢键的能力。通常情况下，聚氧乙烯醚分子以锯齿形存在，当其溶于水中时，则转变为蜿曲形，将氧原子排在外侧而与水分子形成氢键使得自身溶解于水中。

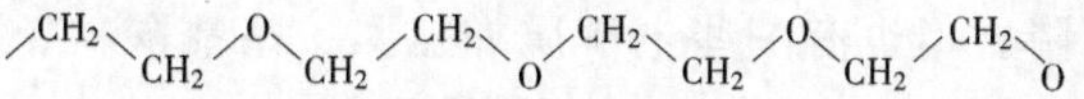

锯齿形

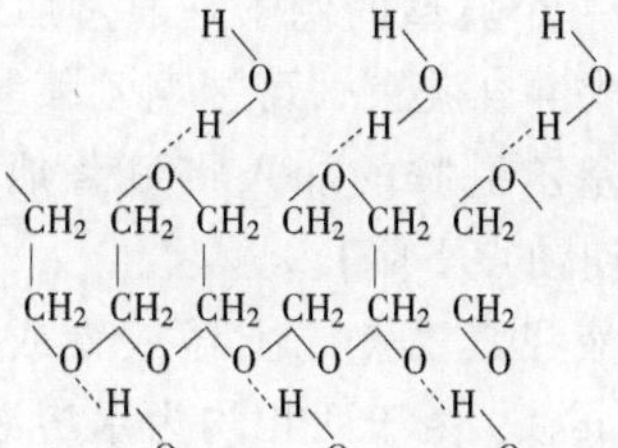

蜿曲形

氢键键能较小，所以醚键氧原子与水分子的结合力比较松弛。温度升高不利于氢键形成。如果将聚氧乙烯类非离子表面活性剂的水溶液加热时，随着温度的上升，氢键被破坏，结合的水分子则由于热运动而逐渐脱离，因而亲水性也逐渐降低而变为不溶于水，以致开始的透明溶液变成浑浊的液体。当冷却时，氢键又恢复，因而又变为透明溶液。

关于浊点现象还有其他一些解释，如认为升温导致非离子表面活性剂分子构象发生变化等。

（2）影响浊点的因素

① 表面活性剂分子结构的影响

a. 对一特定疏水基来说，乙氧基在表面活性剂分子中所占比重越大，则浊点越高（并非直线关系）；

b. 在相同乙氧基数下，疏水基中碳原子数越多，其浊点越低；

c. 如果乙氧基含量固定，则减小表面活性剂相对分子质量、增大乙氧基链长的分布、疏水基支链化，乙氧基移向表面活性剂分子链中央、末端羟基被甲氧基取代、亲水基与疏水基间的醚键被酯键取代等均可使浊点下降；

d. 疏水基结构不同对浊点的影响还表现在支链、环状以及位置方面。如壬基酚聚氧乙烯醚（乙氧基数 10.8），壬基在邻位及对位的浊点分别为 31℃ 及 47℃。含有同样 6 个乙氧基的烷基聚氧乙烯醚，癸基、十二烷基、十六烷基化合物的浊点分别为 60℃ 、48℃ 、32℃。

② 浓度的影响。浊点与浓度有关，随浓度增加，一般表现为 U 型曲线。即在很低浓度区，浊点随浓度增加而下降，在高浓度区，浊点随着浓度的增加而增加，在中间浓度，浊点随浓度变化较小，基本不变。但也不尽如此。如辛基酚聚氧乙烯醚（EO 数 8.5）的浊点在浓度为 0.3%～5%时为 48～50℃，而在 0.10%～0.15%时，则大于 100℃。

由于浊点与浓度有关，因此，在说浊点时，应表明表面活性剂的浓度。一般所说的浊点是用 1%溶液进行测定的。

③ 电解质的影响。电解质的加入，一般都使浊点降低，而且浊点随电解质浓度增加而呈线性下降。但也有一些电解质如盐酸、高氯酸盐、硫氰化钠等可使浊点提高。

④ 有机添加物的影响。一个典型的例子是通过加入合适的阴离子表面活性剂，如十二烷基苯磺酸钠使其形成混合胶束，可提高乙氧基化合物的浊点。

水溶助长剂如尿素、甲基乙酰胺的加入将显著地提高浊点。加入小分子醇也能使浊点上升（而高碳醇则使浊点下降）。

非离子表面活性剂水溶液在其浊点以上经放置或离心可得到两个液相，被称为双水相（aqueous two-phases）。由于两相均为水溶液，可作为一种萃取体系，用于蛋白质等生物活性物质的萃取分离或分析。

浊点是非离子表面活性剂的一个特性常数。所以克拉夫特点主要针对离子型表面活性剂，浊点说的是非离子型表面活性剂。从应用的角度，离子型表面活性剂要在克拉夫特点以上使用，而非离子表面活性剂则要在浊点以下使用。

通常所说的非离子表面活性剂的浊点现象主要是针对聚氧乙烯型非离子表面活性剂而言。并非所有非离子表面活性剂都有浊点，如糖基非离子表面活性剂的性质具有正常的温度依赖性，如溶解性随温度升高而增加。

传统观念认为离子型表面活性剂具有克拉夫特点，而非离子表面活性剂具有浊点。对正、负离子表面活性剂混合体系，虽然仍然是离子型表面活性剂，但普遍观察到明显的浊点现象。

十、表面活性剂化学稳定性的影响因素

（一）酸、碱的作用

①一般阴离子表面活性剂在碱性液中稳定，在强酸溶液中不稳定。如在强酸作用下，羧酸盐易析出自由羧酸，硫酸脂盐则容易水解，而磺酸盐则在酸，碱液中均比较稳定。值得注意的是，全氟羧酸是强酸，因此全氟羧酸盐在一般强酸溶液中都很稳定。

②阳离子表面活性剂中，有机胺的无机酸盐在碱液中不稳定，易析出自由胺，但比较耐酸。因为季铵碱是强碱，所以季铵盐在酸、碱液中都比较稳定。

③对非离子表面活性剂，除羧酸的聚乙二醇酯（或环氧乙烷加成物）外，一般非离子表面活性剂不仅能稳定存在于酸、碱液中，甚至还能耐较高浓度的酸和碱。

④两性表面活性剂一般容易随 pH 的不同而改变性质。在一定的 pH（等电点）时，容易生成沉淀。但分子中有季铵离子的两性表面活性剂则不会析出沉淀。

⑤凡具有酯结构（如—$COOCH_3$，或—$COOCH_2$—）的表面活性剂，在强酸，强碱溶液中都容易发生水解。

（二）无机盐的作用

①无机盐对离子型表面活性剂的溶解性影响较大，可使离子表面活性剂自溶液中盐析出来；

②阴离子表面活性剂对多价金属离子很敏感，羧酸皂即为明显例证：Ca^{2+}、Mg^{2+}、Al^{3+}等与之作用而生成沉淀。阳离子表面活性剂能与一些酸根及有机阴离子作用形成不溶或溶解度较小的盐。值得一提的是，上述情况中不沉淀者则往往能提高表面活性剂的表面活性；

③非离子及两性表面活性剂的耐盐性能较强，无机盐对其作用甚小，比较不易产生盐析作用。有时，这两种表面活性剂甚至可溶于浓盐、浓碱液中，而且与其他表面活性剂有良好的相容性。

（三）其他因素

除上述酸、碱、盐的作用外，表面活性剂的稳定性还有其本身的热稳定性及抗氧化性等。总括而言，离子型表面活性剂中，磺酸盐类（$R—SO_3^-$）最稳定，非离子型表面活性剂中的聚氧乙烯醚类为最稳定。这是由于这些化合物分子中的 C—S 键及醚键比较稳定，不易破坏。若考虑到 C—H 键及 C—C 键的稳定性，则全氟碳链稳定性最高。全氟碳链表面活性剂可耐高温、酸、碱及强氧化剂等。

参考文献

[1] 赵国玺，朱玻瑶．表面活性剂作用原理．北京：中国轻工业出版

社，2003.

[2] 赵国玺 . 表面活性剂物理化学. 修订版 . 北京：北京大学出版社，1991.

[3] Myers D. Surfacant Science and Technology. 2nd ed. , New York：VCH，1992.

[4] 夏纪鼎，倪永全 . 表面活性剂和洗涤剂：化学与工艺学 . 北京：中国轻工出版社，1997.

[5] 徐燕莉 . 表面活性剂的功能 . 北京：化学工业出版社，2000.

[6] 李宗石，等 . 表面活性剂合成与工艺. 北京：中国轻工业出版社，1995.

[7] 张天胜 . 表面活性剂应用技术 . 北京：化学工业出版社，2001.

[8] 梁梦兰 . 表面活性剂和洗涤剂：制备性质应用 . 北京：科学技术文献出版社，1990.

[9] Wang C，Yan P，Xing H，Jin C，Xiao J X. Journal of Chemical & Engineering Data，2010，55：1994.

[10] 金辰，严鹏，王晨，肖进新 . 化学学报，2005，63（4）：279-282.

[11] Xing H，Lin S S，Lu R C，Xiao J X. Colloids and Surfaces A：Physicochem. Eng. Aspects，2008，318：199.

[12] 王晨，金辰，严鹏，肖进新，赵孔双 . 化学学报，2009，67（19）：2159.

[13] Yan P，Huang J，Lu R C，Jin C，Xiao J X. Journal of Physical Chemistry B，2005，109（11）：5237.

[14] Xing H，Yan P，Xiao J X. Soft Matter，2013，9：1164.

[15] Gao A T，Xing H，Zhou H T，Cao A Q，Wu B W，Yu H Q，Gou Z M，Xiao J X. Colloids and Surfaces A：Physicochem. Eng. Aspects，2014，459：31.

[16] Xing H，Yan P，Zhao K S，Xiao J X. Journal of Chemical & Engineering Data，2011，56：865.

第十三章

特种表面活性剂（元素表面活性剂）

表面活性剂在工业和民用领域中的应用越来越广泛，极大地促进了相关领域的迅速发展，同时对表面活性剂品种和性能也提出了越来越高的专业需求。目前，通用表面活性剂产品的性能已不能完全适应这些行业的功能要求，开发新的表面活性剂和寻求现有表面活性剂品种的个性特点已变得非常必要。

一般表面活性剂的疏水基是碳氢烃基（分子中还可含有 O、N、S、Cl、Br、I 等元素），这种常用的表面活性剂称为碳氢表面活性剂或普通表面活性剂。如果在分子中除了上面这些元素外，还含有 F、Si、P、B、Sn 等元素，则称为特种表面活性剂。文献中也常把它们称为“元素表面活性剂”。

一、氟表面活性剂

（一）氟表面活性剂的类型和结构特征

将普通表面活性剂分子中碳氢链上的氢原子全部或部分用氟原子取代，就称之为氟表面活性剂[1~3]，也叫氟碳表面活性剂、碳氟表面活性剂、含氟表面活性剂等[1~3]。其英文名称主要有 fluorinated surfactant，fluorocarbon surfactant，fluorosurfactant，polyfluorinated surfactant 等。若碳氢链上的氢原子全部被氟原子取代，称为全氟表面活性剂（perfluorinated surfactant，perfluorocarbon surfactant），若只有部分氢原子被取代，则称为部分氟化的表面活性剂（partially fluorinated surfactant，semifluorinated surfactant）。最常见的氟表面活性剂有全氟羧酸盐（$C_nF_{2n+1}COOM$，M 常见的有碱金属离子或铵离子）和全氟烷基磺酸盐

($C_nF_{2n+1}SO_3M$)等。

氟表面活性剂的分类与碳氢表面活性剂一样。比如按照亲水基团来分类，可分为离子型和非离子型两大类，离子型又分为阳离子型、阴离子型、两性型。更具体的分类例如，阴离子型分为羧酸盐型、磺酸盐型、硫酸盐型、磷酸盐型等。

氟表面活性剂结构的差别主要体现在含氟烷基的不同。常见的含氟烷基主要有

① 全氟烷基　C_nF_{2n+1}—

② 部分氟化的烷基　$C_nF_{2n+1}(CH_2)_m$—

③ 端基含氢（ω-H）的氟烷基　$HCF_2(CF_2)_n(CH_2)_m$—

④ 端基含卤素（X）的氟烷基　$XCF_2(CF_2)_n(CH_2)_m$—

⑤ 六氟丙烯环氧齐聚体　$F\!\left(CF(CF_3)—CF_2—O\right)_{n-1}CF(CF_3)—$

⑥ 六氟丙烯齐聚体　$[(CF_3)_2CF]_2C{=}C(CF_3)—$

⑦ 四氟乙烯齐聚体　$(CF_3CF_2)_2C(CF_3)—C(CF_3){=}C(CF_3)—$

⑧非全氟链段的烷基　$C_nF_{2n+1}(CH_2CF_2)_m(CH_2)_p$—；$C_nF_{2n+1}(CH_2CF_2)_m[CH_2CH(CF_3)]_p(CH_2)_q$—；$C_nF_{2n+1}[CH_2CH(CF_3)]_m(CH_2)_p$—，等。

与碳氢表面活性剂不同的是，常用的氟表面活性剂疏水链较短，直链的碳氟主链一般不超过 8 个碳。主链 8 碳以上通常由于其水溶性差，在水溶液中较少使用。

除了全氟羧酸盐和全氟烷基磺酸盐这一类阴离子型，氟表面活性剂的一个重要结构特征是由于含氟烷基原料来源的限制，氟烷基大多不是直接与亲水基相连，而是通过一个中间基团（联结基）与亲水基联结。联结基的类型多种多样，多含有 N、S、O 等。典型的例子如：$C_7F_{15}CONH(CH_2)_3N^+(CH_3)_3I^-$（阳离子型），$C_7F_{15}CONH(CH_2)_3N^+(CH_3)_2CH_2COO^-$（两性型）等。

（二）氟表面活性剂的性质

氟表面活性剂是一种最重要的特种表面活性剂。若将普通表面活性剂比做“工业味精”，氟表面活性剂就可称为“工业味精之王”。这主要是因为它们具有普通表面活性剂无法比拟的特殊性能，通常可归纳为“三高”（高表面活性，高热稳定性，高化学稳定性）、“两憎”（氟碳链既憎水又憎油）。一些氟碳表面活性剂的重要性质列于表 13-1[1]。

表 13-1　一些氟碳表面活性剂的重要性质

化合物	γ_{cmc} /(mN/m)	cmc /(mmol/L)	$\Gamma_\infty \times 10^{10}$ /(mol/cm²)	A_s /nm²	Krafft 点 /℃
CF_3COOH		2600			
C_2F_5COOH		2060			
n-C_3F_7COOH		710～750			
n-C_4F_9COOH		530			
n-$C_5F_{11}COOH$		51～82			
n-$C_6F_{13}COOH$		50			
n-$C_7F_{15}COOH$	15.2	8.7～10.5		0.415	20
n-$C_8F_{17}COOH$		2.8～5.6			48.3
n-$C_9F_{19}COOH$		0.78～0.89			
n-$C_{10}F_{21}COOH$		0.48			
n-$C_6F_{13}COOLi$		9.8			0
n-$C_8F_{17}COOLi$		10.6～10.8			0
n-$C_{10}F_{21}COOLi$		0.39			0
n-$C_6F_{13}COONa$		171			0
n-$C_7F_{15}COONa$	24.6	32～36	4.0	0.42	8.6
n-$C_8F_{17}COONa$		9.1			24.6
n-$C_{10}F_{21}COONa$		0.43			58.3
n-C_4F_9COOK		700			
n-$C_5F_{11}COOK$		500			
n-$C_6F_{13}COOK$		62～129			16.2
n-$C_7F_{15}COOK$	20.6	26.3～27	3.9	0.43	25.6
n-$C_8F_{17}COOK$		9.1			35.3
n-$C_9F_{19}COOK$		0.9			
n-$C_{10}F_{21}COOK$		0.34			56.0
n-$C_7F_{15}COORb$		28			
n-$C_5F_{11}COONH_4$		110			
n-$C_7F_{15}COONH_4$		33			2.5
n-$C_8F_{17}COONH_4$		6.7			10.6
n-$C_{10}F_{21}COONH_4$		0.48			33
n-$C_8F_{17}COONH_3C_2H_4OH$		6.5			0
n-$C_{10}F_{21}COONH_3C_2H_4OH$		6.1			18
n-$C_{10}F_{21}COONH(C_2H_4OH)_3$		0.54			20

续表

化合物	γ_{cmc} /(mN/m)	cmc /(mmol/L)	$\Gamma_\infty \times 10^{10}$ /(mol/cm²)	A_s /nm²	Krafft 点 /℃
n-$C_8F_{17}COON(CH_3)_4$		4.5			
n-$C_8F_{17}COO1/2Mg$		2.7			
$(CF_3)_2CF(CF_2)_4COOH$	15.5	8.5		0.48	0
$(CF_3)_2CF(CF_2)_4COONa$	20.2	32	3.8	0.435	0
$(CF_3)_2CF(CF_2)_4COOK$	19.5	30		0.475	0
$(CF_3)_2(CF_2)_4CH{=\!=}CHCH_2COOK$	19.4	1.5			
$H(CF_2)_6COOH$		150			
$H(CF_2)_8COOH$		30,90			
$H(CF_2)_6COONH_4$		250,110			
$H(CF_2)_8COONH_4$		38,28			
$H(CF_2)_{10}COONH_4$		9			
n-$CF_3(CH_2)_8COONa$		187			
n-$CF_3(CH_2)_8COOK$		164			
n-$CF_3(CH_2)_{10}COONa$		51			
n-$CF_3(CH_2)_{11}COONa$		24			
$(C_3F_7)_2P(O)ONa$		220			
$(C_4F_9)_2P(O)ONa$		88			
$(C_5F_{11})_2P(O)ONa$		27			
n-$C_7F_{15}SO_3Na$	37.3	17.5	3.1	0.53	56.5
n-$C_8F_{17}SO_3Li$	29.8	6.3～7.5	3.0	0.55	0
n-$C_8F_{17}SO_3Na$	40.5	8.5	3.1	0.53	75
n-$C_8F_{17}SO_3K$	34.5	8.0	3.7	0.45	80
n-$C_8F_{17}SO_3NH_4$	27.8	5.5	4.1	0.41	41
n-$C_8F_{17}SO_3NH_3C_2H_4OH$	21.5	4.6	3.9	0.425	0
n-$C_8F_{17}SO_3N(C_2H_5)_4$		7.5			
n-$C_8F_{17}SO_3(1/2Mg) \cdot 2H_2O$		0.64			
n-$C_{11}F_{23}SO_3(1/2Mg) \cdot 2H_2O$		0.14			90
$C_6F_{13}CH_2(OC_2H_4)_5OH$		0.35			
$C_7F_{15}CH_2(OC_2H_4)_5OH$		0.048			
$C_6F_{13}C_2H_4(OC_2H_4)_{11.5}OH$		0.45			
$C_6F_{13}C_2H_4(OC_2H_4)_{14}OH$		0.61			
$C_8F_{17}C_2H_4N(C_2H_4OH)_2$		0.16			

续表

化合物	γ_{cmc} /(mN/m)	cmc /(mmol/L)	$\Gamma_\infty \times 10^{10}$ /(mol/cm²)	A_s /nm²	Krafft 点 /℃
$F(CF_2)_6CH_2CON[(C_2H_4O)_3CH_3]_2$		0.55			
$F(CF_2)_8CH_2CON[(C_2H_4O)_3CH_3]_2$		0.012			
$F(CF_2)_{10}CH_2CON[(C_2H_4O)_3CH_3]_2$		0.0003			

注：表中 cmc 数据为不同研究者在不同温度（25～100℃）测得。读者可根据参考文献［1］找到相应的原始文献。其他均为 25℃时的数据。

氟表面活性剂的独特性质与氟原子和碳—氟键的性质有关：①由于氟是电负性最高的元素，范德华半径仅比氢大，原子极化率最低，所以碳—氟（C—F）键的键能比碳与其他原子形成的单键大，键长较短，而且随同一碳取代的氟原子数目增加 C—F 键的键能增大、键长缩短。因此 C—F 键非常牢固，很难以共价键的均裂方式断裂分解，也难发生共价键的易裂分解。剧烈条件下，分子首先发生断裂的是 C—C，而不是 C—F；②全氟烷烃中的 C—C 键比烷烃中的 C—C 键能大，键长短；③共价键合的氟原子的原子半径比氢原子的大，可有效地将全氟化的 C—C键屏蔽保护起来，亦即氟原子正好把碳骨架严密包住，形成一种负电保护层，不易被亲核试剂进攻（屏蔽效应）。上述因素导致碳氟链刚性强，分子偶极矩小，极化率小，因而氟表面活性剂具有很高的热稳定性和化学稳定性。此外，氟原子的高电负性使得含氟烷基为强吸电子基团，因此全氟烷基羧酸和全氟烷基磺酸都是强酸。

1. 氟表面活性剂的稳定性

氟表面活性剂的稳定性首先表现在高的耐热性，如全氟烷基羧酸在硼硅酸盐玻璃上加热至 400℃无明显分解，在更高的温度（550℃）分解成全氟烯烃及其他产物如 HF 和 CO_2 等。固态的全氟烷基磺酸钾，加热到 420℃以上才开始分解，而一般碳氢表面活性剂在此温度早已分解。因而可在高温下使用。碳氟表面活性剂热稳定性的变化规律为：全氟烷基羧酸和全氟烷基磺酸的热稳定性比相应的盐好，而全氟烷基磺酸盐的热稳定性又比全氟烷基羧酸盐的好。

氟表面活性剂有很高的化学稳定性，它可抵抗强氧化剂、强还原剂、强酸和强碱的作用，而且在这种溶液中仍能保持良好的表面活性。如把 0.9g 全氟辛基磺酸钾溶于 $5cm^{-3}$ 水中，在密闭条件下 300℃加热 8h，未见其分解。全氟辛基磺酸在浓硝酸中加热到 160℃，经过 12h 也未见分解。全氟辛基磺酸钾对于硝酸、过氧化氢等氧化剂以及联氨等还原剂也表现得相当稳定。碳氟表面活性剂这种化学稳定性使其可用于氧化剂、强还原剂、强酸和强碱等碳氢表面活性剂不能使用的环境中。

需要指出的是，这里所讲的氟表面活性剂的稳定性主要指全氟羧酸、全氟烷基磺酸及其盐类。对其他类型的氟表面活性剂，其稳定性主要指含氟烷基部分。

非氟烷基部分的稳定性要看其本身的结构稳定性，应具体分析。不过，在大多数情况下，即使非氟烷基部分被破坏，产物一般也是全氟羧酸、全氟烷基磺酸及其盐类，仍然是氟表面活性剂。

2. 氟表面活性剂在水溶液中的表面活性

氟表面活性剂是迄今为止所有表面活性剂中表面活性最高的一种。表现在其水溶液的最低表面张力（γ_{cmc}）和临界胶束浓度（cmc）都远低于碳氢表面活性剂。从降低表面张力的能力来讲，氟表面活性剂水溶液的最低表面张力可达到20mN/m以下，甚至到15mN/m左右。而碳氢表面活性剂水溶液的γ_{cmc}一般只能达到30～35mN/m，正、负离子碳氢表面活性剂混合水溶液的γ_{cmc}可达到24～25mN/m左右。硅表面活性剂水溶液的γ_{cmc}可达到20mN/m左右。从降低表面张力的效率来讲，一般氟表面活性剂在溶液中的质量分数为0.005%～0.1%，就可使水的表面张力下降至20mN/m以下。而一般碳氢表面活性剂在溶液中的质量分数为0.1%～1.0%范围才可使水的表面张力下降到30～35mN/m。

氟表面活性剂的高表面活性是由于其分子间的范德华力小造成的。已知液体的表面张力是其分子间作用力的度量，分子间作用力越小，表面张力越低。全氟烷烃的表面张力可小于10mN/m。当氟表面活性剂在溶液表面吸附形成单分子层时，溶液表面相当于被一层氟碳链（类似于全氟烷烃的单分子层）覆盖，因而可以把表面张力降低到很低。氟碳链不仅对水的亲和力小，而且对碳氢化合物的亲和力也较小，表面活性剂分子从溶液中移至溶液表面所需做的功小，导致了表面活性剂分子在溶液表面大量的聚集，形成强烈的表面吸附，因此，形成了既憎水又憎油的特性。

3. 氟表面活性剂在强酸和强碱水溶液中的表面活性

氟表面活性剂在强酸、强碱中的表面活性包括两个方面。一方面，由于氟表面活性剂优良的化学稳定性，在强酸和强碱溶液中也常常可保持其表面活性。另一方面，一些氟表面活性剂在强酸或强碱介质中由于溶解度增加而具有比在水溶液中更高的表面活性（此类碳氟表面活性剂在水溶液中由于溶解性的限制表面活性较差）。如全氟辛基磺酸钾25℃时水溶液的γ_{cmc}为34.5mN/m，而在强酸水溶液中γ_{cmc}可降至17mN/m。因此，全氟烷基磺酸盐可作为在强酸中使用的表面活性剂。

4. 氟表面活性剂在有机液体中的表面活性

与碳氢链憎水、亲油的性能不同，氟碳链既憎水又憎油。该特点使其可用于有机溶剂（油）中，用于降低油的表面张力，而碳氢表面活性剂则难以胜任。这在实际应用中是很有用的。实际应用中常常涉及表面活性剂的非水溶液问题，如涂料、油漆工业、石油开采、萃取过程、微乳状液以及胶束催化。在这些情况中，由于介质为有机溶液（或有机溶剂与水的混合溶剂），常常需要降低有机溶剂的表面张力。由于一般有机溶剂的表面张力都较低，除了极性很强的液体（如甘油、甲酰胺）及少数其他液体以外，一般有机化合物的表面张力大致在20～30mN/m。因而加入碳氢表面活性剂后，表面张力变化不大，甚至常常会升高（若采取亲油基伸入有机溶剂、亲水基指向空气的排列方式）。氟表面活性剂情况则完全不同。碳氟表面活性剂分子中的含氟烃基，既是憎水基又是憎油基，因而它不仅可降低水的表面张力，而且由于氟碳化合物本身的表面张力低于碳氢化合物，因而若氟碳化合物满足一定的结构，使其可定向排列于碳氢化合物表面，则有可能降低碳氢化合物的表面张力。如全氟丙烯环氧四聚体羧酸甲酯 $(HFPO)_4COOCH_3$ 在甲苯溶液中具有很高的表面活性，它可将甲苯的表面张力由27.4mN/m降至17.8mN/m，降低了9.6mN/m。

在水溶液中，表面活性剂分子同时具有亲水、疏水基团。而在有机液体中，表面活性剂在结构上必须满足亲油、疏油性质。分子的一端为亲油基，另一端为憎油基。因而碳氟化合物中除做为憎油基的碳氟链之外，必须有一定的碳氢部分做为亲油基。由于亲油、疏油效应共同作用使得表面活性剂分子定向排列于有机液体表面，亲油基朝油相、疏油基背离油相，从而使有机液体表面被一层碳氟链覆盖，达到降低表面张力的目的。

不同有机液体的极性不同，因而对表面活性剂亲油基的要求也不同。对甲苯、正己烷、环己烷等非极性或弱极性的有机液体，应选择亲油基极性小的表面活性剂，如 R_fCOOCH_3、$R_fCONHAr$、$R_fCONHC_2H_4OC_2H_5$（R_f表示碳氟链，Ar表示芳基）等。但对氯仿、硝基甲烷、二甲亚砜等极性较强的有机液体，对氟表面活性剂亲油基的限制比较小，其表面活性的大小主要取决于疏油基的结构。

与碳氢表面活性剂水溶液的情况相似，氟表面活性剂在有机溶剂中也存在亲油/疏油平衡问题。亲油性太大或疏油性太差，一方面使达到一定表面张力所需表面活性剂浓度增大，另一方面也不利于达到较低的表面张力。相反，若亲油性太差或疏油性太强，表面活性剂的溶解度太小，往往在达到其最低表面张力之前即成为饱和溶液。

在亲油基相同时，疏油基碳氟链越长，表面活性越高。

氟表面活性剂在有机液体中的表面张力-浓度对数曲线（γ-lg$c$ 曲线）与其在水溶液中的相似。随浓度增加，表面张力下降，当浓度达到一定值时，表面张力基本不再随浓度变化。

值得注意的是，氟碳链的憎油性也有其不利之处，就是其油水界面张力可能比相应的碳氢表面活性剂要高。但这一不利因素可通过在分子中引入碳氢链段加以弥补。但是氟表面活性剂具有很强的降低氟碳化合物（如全氟烷烃）/水界面张力的能力，因而在氟碳化合物-水体系中作为乳化剂。一个典型的例子是血液替代品（全氟萘烷等）中作为乳化剂。

5. 氟表面活性剂水溶液在油面上的铺展

氟表面活性剂最突出的性质之一是其水溶液可在烃油表面铺展。

当一种液体滴加于另一种液体的表面，可出现三种情况。① 液滴下沉于底部，如水滴在油上；② 液滴悬浮于油面，如一滴石蜡在水面上；③ 液滴在另一液体表面铺开形成一层液膜，如长链醇在水面上。第三种情况称为液体在液体上的铺展。

欲使水溶液在油面上铺展，必须满足铺展条件，即铺展系数 $S_{W/O}>0$：

$$S_{W/O}=\gamma_O-\gamma_W-\gamma_{W/O}>0 \tag{13.1}$$

式中，γ_O、γ_W、$\gamma_{W/O}$ 分别表示油、水溶液的表面张力及油/水界面张力。

纯水不能在油面铺展是不言而喻的。碳氢表面活性剂水溶液也不能在油面铺展。当碳氟表面活性剂加入水中时，水溶液的表面张力可降到 20mN/m 以下（甚至 15mN/m 左右，油的表面张力通常在 20～30mN/m）。基于氟表面活性剂水溶液突出的低表面张力，使在油面上铺展一层水膜具有可能，由此发展了一种扑灭油品火灾的高性能灭火剂——水成膜泡沫灭火剂。

（三）氟表面活性剂的合成

与碳氢表面活性剂相比，氟表面活性剂的合成相对比较困难，这也是其价格较高的主因。氟表面活性剂的合成一般分三步。首先合成含 4～10 个碳原子的碳氟化合物（含氟烷基），然后制成易于引进各种亲水基团的含氟中间体，最后引进各种亲水基团制成各类氟表面活性剂。其中含氟烷基的合成是制备氟表面活性剂的关键，也是决定其成本的主要因素。含氟烷基的实验室制法很多，但用于工业化生产的主要有电解氟化法、氟烯烃调聚法和氟烯烃齐聚法三种。

1. 电解氟化法

电解氟化法于 20 世纪 40 年代由美国 Simons J H 研制成功，由 3M 公司最早应用于工业化生产。将准备氟化的物质溶解或分散在无水氟化氢中，在低于 8 V 的直流电压下进行电解。电解过程中在阴极产生氢气，有机物在阳极被氟化。在有机物氟化过程中，有机物的氢原子被氟原子取代，其他一些官能团如酰基和磺酰基等仍被保留。典型的电解氟化的例子如烷基酰氯和烷基磺酰氯分别在无水氟化氢中电解生成全氟烷基酰氟和全氟烷基磺酰氟

$$C_7H_{15}COCl+HF\xrightarrow{\text{电解}}C_7F_{15}COF$$

$$C_8H_{17}SO_2Cl+HF\xrightarrow{\text{电解}}C_8F_{17}SO_2F$$

电解氟化法工艺比较成熟，自 Simons 公开它的专利至今工艺改变不大。不同生产厂家的差别主要在电解槽的材质、电极材料和电解液是否搅拌或循环等方面。

电解氟化法的主要缺点是所得产物为含有支链异构体的混合物。此类支链异构体用普通分离方法很难分开。比如，Acros 公司的试剂级 $C_8F_{17}SO_2F$，标注的含量为 98%，但实际上含有约 30%支链异构体（试剂公司一般对此不做说明，但消费者购买和应用时应注意）。欲得到完全直链产物，需用调聚法产物。

从上述电解氟化产物 $C_nF_{2n+1}COF$ 及 $C_nF_{2n+1}SO_2F$ 出发，即可通过普通的化学反应引入各种亲水基团，得到多个系列的氟表面活性剂。

2. 氟烯烃调聚法

氟烯烃调聚法是利用全氟烷基碘等物质作为端基物调节聚合四氟乙烯等含氟单体制得低聚合度的含氟烷基调聚物。按调聚产物的端基可分为两种类型，一种是由三氟碘甲烷、五氟碘乙烷或七氟碘代异丙烷与四氟乙烯进行调聚反应，合成的产物是全氟碘代烷（一般为8碳）；另一种是四氟乙烯与甲醇的调聚反应，生成的含氟产物带有ω-氢原子［$H(CF_2CF_2)_n$—］。根据活化作用的模式，调聚反应至少可以三种方式进行：① 自由基方式，以各种过氧化物作为引发剂；② 催化剂方式，包括氧化还原体系的引发；③ 热引发方式。

（1）全氟碘代烷的调聚反应　该反应最早是由英国剑桥大学的Haszeldine R N等研究的。它于1951年发现三氟碘甲烷可与乙烯和四氟乙烯发生调节聚合反应。随后，美国Du Pont公司研制开发了以五氟碘乙烷为端基物与四氟乙烯在加热加压条件下进行调节聚合反应的工业生产路线。20世纪60年代，全氟烷基碘的调聚反应得到了迅速发展，开发出除了三氟碘甲烷和五氟碘乙烷之外的多种调聚反应的端基物，如七氟异丙基碘以及低级醇等。典型的氟烯烃调聚反应如下。

$$CF_3CF_2I + nCF_2{=\!=}CF_2 \xrightarrow[\text{加压}]{\text{加热}} CF_3CF_2(CF_2CF_2)_nI$$

由于氟烷基的拉电子效应，$C_nF_{2n+1}I$不易直接发生取代反应，因此，将其与乙烯等烯烃发生加成反应使碘原子与碳氢烷基相连。

$$CF_3CF_2(CF_2CF_2)_nI + mCH_2{=\!=}CH_2 \xrightarrow[\text{加压}]{\text{加热}} CF_3CF_2(CF_2CF_2)_n(CH_2CH_2)_mI$$

从而可利用烷基碘原子的取代反应制得各种碳氟表面活性剂。

（2）四氟乙烯和甲醇进行调聚反应　另一类调聚法是利用四氟乙烯和甲醇进行调聚反应，反应式如下。

$$nCF_2{=\!=}CF_2 + CH_3OH \xrightarrow{\text{加热}} H(CF_2CF_2)_nCH_2OH$$

反应在压力釜中进行，甲醇和引发剂放在反应釜中，加热条件下连续通入或一次加入四氟乙烯。

这是一类较早实现的反应，反应条件比较温和，已经工业化。由于通过四氟乙烯和甲醇的调聚反应一步即生成含氟醇，所以该方法也是合成含氟醇较方便且可商业化的方法。由其出发，即可引入各种亲水基团，得到系列氟表面活性剂。

此类合成含氟烷基的反应比较简单，但由此制备的氟表面活性剂的表面活性较差，因为决定表面活性剂表面活性最重要的因素是最外端基团的性质。以$FCF_2(CF_2)_n$—为端基的氟表面活性剂的γ_{cmc}最低可达14～15mN/m，而以$HCF_2(CF_2)_n$—为端基的相应的氟表面活性剂的γ_{cmc}已报道的基本上在30mN/m以上。虽然这类氟表面活性剂在普通氟表面活性剂“三高”、“两憎”性能中其表面活性差了一些，但另外的“两高”和“两憎”性能依然存在，因此，此类带ω-H的氟表面活性剂在不要求表面张力很低的领域仍有碳氢表面活性剂不可替代的性能，

如 $H(CF_2CF_2)_4COOK$ 就是很好的含氟烯烃分散聚合的分散剂。

3. 氟烯烃齐聚法

四氟乙烯可以自发地进行自由基聚合反应生成聚四氟乙烯树脂（塑料）。但若用阴离子（如 F^-）催化聚合，则可得到小分子量的聚合物，称为齐聚物或寡聚物(oligomer)，这一反应称为齐聚反应。除了四氟乙烯，六氟丙烯和六氟丙烯环氧也能发生类似的齐聚反应。最常用的用于合成氟表面活性剂含氟烷基的齐聚法有四氟乙烯齐聚法、六氟丙烯齐聚法和六氟丙烯环氧齐聚法三种。

(1) 四氟乙烯齐聚法　这是 1970 年代由英国 ICI 公司 Hutchinson J 等发展起来的，利用氟烯烃在极性非质子惰性溶剂中发生齐聚反应得到低聚合度的全氟烯烃齐聚物。常用的催化剂有氟化铯、氟化钾或氟化四烷基铵（R_4NF），产物是高支叉的液体齐聚物，主要产物是四氟乙烯的四聚体、五聚体和六聚体。其中五聚体所占比例最大，可用于合成氟表面活性剂的是五聚体。四氟乙烯五聚体分子中与双键碳原子直接相连的氟原子在碱性介质中可与亲核试剂如苯酚等发生取代反应，由此可合成一系列碳氟表面活性剂。四氟乙烯五聚体的合成及其与苯酚的反应如下。

$$5CF_2{=\!=}CF_2 \xrightarrow{F^-} (CF_3CF_2)_2C(CF_3)-C(CF_3){=}C(CF_3)F \xrightarrow[OH^-]{C_6H_5OH} (CF_3CF_2)_2C(CF_3)-C(CF_3){=}C(CF_3)OC_6H_5$$

产物中的苯环即可进行多种反应，引入各种亲水基，得到一系列氟表面活性剂。也可利用其他亲核试剂如 $HOCH_2CH_2N(CH_3)_2$ 等与四氟乙烯五聚体反应，进而得到系列氟表面活性剂。

(2) 六氟丙烯齐聚法　六氟丙烯 $CF_3—CF{=\!=}CF_2$（HFP）也可以进行氟阴离子催化的齐聚反应。六氟丙烯在 KF/DMF 或 KHF_2 体系中，常温常压下即可发生齐聚反应，基本生成二聚体和三聚体的混合物，也有报道在特殊情况下生成四聚体的。六氟丙烯的二聚体有两种异构体，三聚体有三种异构体。与四氟乙烯五聚体相似，六氟丙烯齐聚体也能与苯酚发生相似的反应，由此可制得各种氟表面活性剂。六氟丙烯三聚体的合成及其与苯酚反应如下。

$$3CF_3CF{=\!=}CF_2 \xrightarrow{F^-} ((CF_3)_2CF)_2C{=}C(CF_3)C \xrightarrow[OH^-]{C_6H_5OH} ((CF_3)_2CF)_2C{=}C(CF_3)OC_6H_5$$

在生产操作中，六氟丙烯比较安全，没有与空气混合爆炸或酸性爆聚爆炸的危险，毒性也较低。同样可参照四氟乙烯五聚体衍生物的反应，得到系列氟表面活性剂。

四氟乙烯和六氟丙烯齐聚反应的结果显示了齐聚反应与调聚反应的不同。齐聚反应齐聚体产物分布较窄，主要产物只有两个（四氟乙烯的四聚体和五聚体，六氟丙烯的二聚体和三聚体），很少有更高碳数的齐聚体产生。

(3) 六氟丙烯环氧齐聚法　六氟丙烯环氧（HFPO）是经空气或过氧化氢将六

氟丙烯氧化生成的。HFPO也可经氟阴离子催化齐聚生成齐聚物。

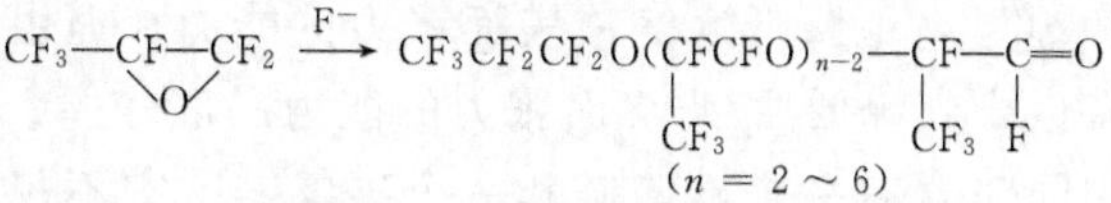

$$nCF_3-\underset{\diagdown O \diagup}{CF-CF_2} \xrightarrow{F^-} CF_3CF_2CF_2O(\underset{CF_3}{\underset{|}{CF}}CFO)_{n-2}-\underset{CF_3}{\underset{|}{CF}}-\underset{F}{\underset{|}{C}}=O$$

$$(n=2\sim6)$$

该产物即可参照电解氟化产物$C_nF_{2n+1}COF$，进一步通过普通的化学反应制备各种结构的氟表面活性剂。

（四）新型氟表面活性剂

自20世纪四五十年代诞生氟表面活性剂以来，各种结构类型的氟表面活性剂层出不穷[4~6]。本节选择几种代表性的新型氟表面活性剂加以介绍。

1. 双链氟表面活性剂及杂交型表面活性剂

传统的碳氟表面活性剂主要是单链型的，目前双链氟表面活性剂引起人们极大的兴趣。已报道的双链氟表面活性剂主要有两类，第一是双链均为含氟碳链，第二是双链分别为碳氟和碳氢链。后一类常被称为杂交型（或混杂型）表面活性剂（hybrid type surfactants）。

第一类双链碳氟表面活性剂的典型代表是$F(CF_2)_n(CH_2)_2OCOCH_2CH(SO_3Na)COO(CH_2)_2(CF_2)_nF$，此类碳氟表面活性剂被认为可有效地增强精细铁磁体粒子在溶剂中的絮凝性及可分散性。虽然此类双链碳氟表面活性剂具有较高的克拉夫特（Krafft）点（一般来讲，碳氟表面活性剂的Krafft点高于同类型的碳氢表面活性剂，这是碳氟表面活性剂的一大缺点），但通过在分子中引入氧乙烯链可使碳氟表面活性剂的Krafft点大大降低。如在上述分子中引入一个氧乙烯链节，当分子中$n=4$时，可将其Krafft点降到0℃以下。当分子中$n=4$和6时，一个氧乙烯链节可将其Krafft点分别降到26℃和73℃。虽然73℃的Krafft点仍使其难溶于水，但引入两个以上氧乙烯链可使其在常温下使用。与单链碳氟表面活性剂相比，此类双链碳氟表面活性剂的cmc要低得多，预示其良好的应用前景。

杂交型表面活性剂分子中同时含有一个碳氟链和一个碳氢链，其代表化合物如：

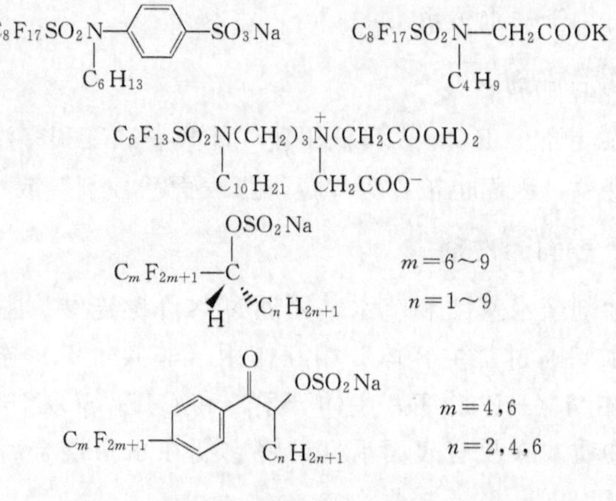

$$C_8F_{17}SO_2\underset{C_6H_{13}}{\underset{|}{N}}-C_6H_4-SO_3Na \qquad C_8F_{17}SO_2\underset{C_4H_9}{\underset{|}{N}}-CH_2COOK$$

$$C_6F_{13}SO_2\underset{C_{10}H_{21}}{\underset{|}{N}}(CH_2)_3\underset{CH_2COO^-}{\underset{|}{\overset{+}{N}}}(CH_2COOH)_2$$

$$C_mF_{2m+1}-\overset{OSO_2Na}{\overset{|}{C}}(H)-C_nH_{2n+1} \qquad m=6\sim9,\ n=1\sim9$$

$$C_mF_{2m+1}-C_6H_4-\overset{O}{\overset{\|}{C}}-\overset{OSO_2Na}{\overset{|}{CH}}-C_nH_{2n+1} \qquad m=4,6,\ n=2,4,6$$

杂交型表面活性剂具有很高的表面活性。一般来讲，虽然碳氟表面活性剂具有比碳氢表面活性剂更高地降低水溶液表面张力的能力，但由于碳氟链既憎水又憎油的“两憎”特性，其降低油/水界面张力的能力一般较差。而由于杂交型表面活性剂同一分子中同时含有一个碳氟链和一个碳氢链，它不仅具有很高地降低水溶液表面张力的能力，而且可大大降低油/水界面张力。此外，有些杂交型表面活性剂能使氟聚醚油（fluorinated polyether oil），甚至两类完全不同的油的混合物（如一种氟聚醚油和一种饱和烃油）分散于水中形成乳状液。而氟聚醚油以往一般只能溶解于氟利昂等氟溶剂中。由于氟利昂对臭氧层的破坏作用使氟聚醚油的应用受到极大限制。杂交型表面活性剂的这一特性为氟聚醚油的广泛使用开辟了良好的前景。相应地，可应用杂交型表面活性剂制备水基油漆，从而避免普通油漆中由于有机溶剂的使用对环境的污染及对操作人员健康的损害。

2. 部分氟化链段来代替全氟链段

这里的“部分氟化链段”不是 $C_nF_{2n+1}C_mH_{2m+1}$，而是含氟烷基被 CH_2、CH 等分隔为不同的短含氟链段，如 $C_nF_{2n+1}(CH_2CF_2)_m(CH_2)_p$—，$C_nF_{2n+1}(CH_2CF_2)_m[CH_2CH(CF_3)]_p(CH_2)_q$—，$C_nF_{2n+1}[CH_2CH(CF_3)]_m(CH_2)_p$—等。此种全氟链段具有比长氟碳链更好的生物降解能力，其降解产物也不属于持久性有机污染物。

（五）新概念氟表面活性剂

前面介绍的新型氟表面活性剂基本上符合普通表面活性剂的概念。下面介绍几种全新概念的氟表面活性剂，这些氟表面活性剂完全颠覆了普通表面活性剂的概念。

1. 无亲水基的氟表面活性剂

这类氟表面活性剂只有憎油（水）基和亲油基，没有亲水基。最典型的是半氟化烷烃，典型结构为 $C_nF_{2n+1}C_mH_{2m+1}$。此类氟表面活性剂主要用于有机液体（统称为“油”）中，分子中氟碳链为憎油基，碳氢链为亲油基。这类氟表面活性剂在油中的行为与普通表面活性剂在水中的行为相似，最大的特点是能降低油的表面张力，因此可用于非水体系。

2. 挥发性表面活性剂

典型的如全氟烷烃 C_nF_{2n+2}，其低压蒸气能显著改变很多液体的表面张力并产生一些新的表面现象，因而也被称为“蒸气氟表面活性剂”或“气体肥皂”。

3. 主客体型氟表面活性剂

传统表面活性剂亲水基团和疏水基团通过共价键连结。主客体型氟表面活性剂的亲水基和疏水基通过“主客体”相互作用（非共价键）连接。一个典型的例子由羟丙基-α-环糊精（HP-α-CD，主体分子）和 $C_8F_{17}SO_2NHC_8H_{17}$（客体分子）组成的。这两种物质本来没有表面活性，将它们在水中混合后，HP-α-CD 的空腔

选择性的包结 $C_8F_{17}SO_2NHC_8H_{17}$ 的碳氢链部分（C_8H_{17}—），包结了碳氢链的 HP-α-CD 作为亲水基，而客体分子露在外边的氟碳链（C_8F_{17}—）则作为疏水基，构成了一种氟表面活性剂。该种主客体氟表面活性剂水溶液的 γ_{cmc} 为 19mN/m（25℃），达到了现有氟表面活性剂的水平。

由于此类表面活性剂通过弱相互作用组装而成（也可称为“组装型氟表面活性剂”），其亲水基和疏水基可通过一定方式“拆”开（包结物的“解包结”），因而可根据实际需要在应用过程中组装使其具有表面活性，而当完成表面活性剂的作用后，又可将其破坏使其失去表面活性，从而可达到“调控”的目的。

（六）拒水拒油剂

拒水拒油剂（repellent）是一类含氟聚合物，主要用作织物整理剂。其分子中的氟碳链键合在聚合物主链上，主链经设计可强烈吸附甚至共价键合于织物表面。因为拒水拒油剂不是在溶液体系中使用，而是用于对固体表面的处理，若按照表面活性剂的一般定义，此类含氟聚合物不能称为氟表面活性剂，称为“氟表面改性剂”似乎更合适。目前通用的名称是“拒水拒油剂”。Kissa E 在其专著《Fluorinated surfactants》的第二版中，就将书名改为《Fluorinated Surfactants and Repellents》，将氟表面活性剂和拒水拒油剂单独讨论[1]。本书为了叙述方便，不做区分，把这类用于固体表面改性的含氟化合物仍然称为氟表面活性剂。

常见的拒水拒油剂是一类含氟烷基的丙烯酸酯共聚物乳液，是由一种或几种氟代单体与一种或几种非氟代单体（乙烯类单体）通过乳液聚合方式共聚而成，结构如下：

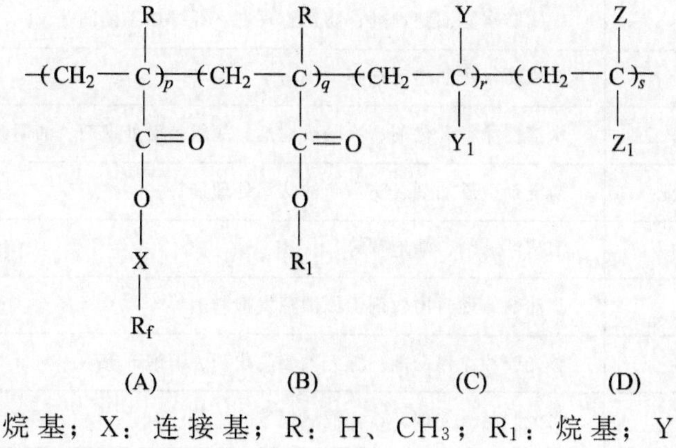

$$-\left(CH_2-\underset{\substack{| \\ C=O \\ | \\ O \\ | \\ X \\ | \\ R_f}}{\overset{\substack{R \\ |}}{C}}\right)_p\left(CH_2-\underset{\substack{| \\ C=O \\ | \\ O \\ | \\ R_1}}{\overset{\substack{R \\ |}}{C}}\right)_q\left(CH_2-\underset{\substack{| \\ Y_1}}{\overset{\substack{Y \\ |}}{C}}\right)_r\left(CH_2-\underset{\substack{| \\ Z_1}}{\overset{\substack{Z \\ |}}{C}}\right)_s$$

(A)　　(B)　　(C)　　(D)

R_f：含氟烷基；X：连接基；R：H、CH_3；R_1：烷基；Y，Y1，Z：H，—CH_3，Cl，—OH 等；Z_1：如—NHR 等。

此种含氟聚合物的生产主要由三部分组成：① 得到含氟烷基；② 与丙烯酸（甲基丙烯酸）生成含氟单体；③ 与其他乙烯类单体共聚。

拒水拒油剂若用于对织物的整理，则称为含氟织物整理剂[8]。目前市场上的商品以乳液型为主，通常是含氟聚合物（“活性成分”）的水性分散液，其中添加乳化剂、助溶剂等形成稳定的整理剂乳液。它能赋予织物防水、防油、防污和易去污功能，同时又可使整理后的织物保持原有的手感、透气性、色泽、穿着舒适等特点。含氟防护整理纺织品是一种高端功能性产品，在服装、装饰和多种产业领域有良好的应用和发展前景。

除了纺织物，拒水拒油剂还可用于皮革、纸张、玻璃等其他表面的“三防”处理，也可作为油墨、涂料、造纸等领域的功能助剂，同时在文物保护、防腐抗污涂料、塑料光纤、隐形眼镜、防反射涂膜等领域都有很好的应用。

（七）氟表面活性剂的应用

氟表面活性剂的独特性能使它有着广泛的用途。特别是在一些特殊应用领域，有着其他表面活性剂无法替代的作用。早期，它曾用作四氟乙烯乳液聚合的乳化剂，以后逐步用作润湿剂、铺展剂、起泡剂、抗黏剂、防污剂等，广泛应用于消防、纺织、皮革、造纸、选矿、农药、化工等各个领域，显示强大的生命力。

表 13-2 与表 13-3 列出氟表面活性剂的一些重要领域。

表 13-2　氟表面活性剂的应用[2]

应用领域	应用实例
化学工业	乳化剂、消泡剂、脱模剂、塑料橡胶表面改性剂、塑料薄膜防雾剂、抗静电剂等
机械工业	金属表面处理剂、电镀液添加剂、助焊剂等
电气工业	电子元件助焊剂、高压绝缘子、保护涂料添加剂、碱性电池电解液添加剂、电镀液添加剂等
纺织工业	织物防水防油整理剂、防污整理剂、纤维加工助剂等
造纸工业	纸张防水防油整理剂等
颜料、涂料、油墨工业	水溶性涂料乳化剂、涂膜改性剂、颜料表面处理剂、油墨改性剂等
玻璃、陶瓷工业	清洗剂、添加剂、防水防油防污处理剂等
冶金工业	泡沫浮选剂、消泡剂等
燃料工业	集油剂、燃料增效剂、原油蒸发抑制剂等
感光材料工业	感光胶片涂料助剂、感光乳胶乳化剂、消泡剂等
建筑工业	水泥制品添加剂、石棉润湿剂等
皮革工业	皮革防水防油防污处理剂等
消防部门	蛋白泡沫灭火剂的添加剂、水成膜泡沫灭火剂等
其他	医药方面作血液替代品乳化剂、农业上作除莠剂、杀虫剂添加剂等

表 13-3　氟表面活性剂性能与用途的关系[2]

性　能	用　　途
乳化分散性	含氟烯烃乳液聚合乳化剂，医药、化妆品乳化剂，人工血液替代品乳化剂，感光乳胶乳化剂等
高表面活性	灭火剂添加剂，涂料、颜料流平剂，原油蒸发抑制剂，电镀液添加剂等
憎水憎油性	织物、纸张防水防油防污整理剂，玻璃、陶瓷防水防油防污处理剂，塑料薄膜防雾剂等
润湿、渗透性	油墨、涂料润湿添加剂，感光胶片涂料助剂、洗涤剂等
防静电性	橡胶、塑料抗静电剂，电线、电缆绝缘包装添加剂等
润滑（不粘）性	塑料加工脱膜剂、磁性记录材料用润滑剂等
发泡、消泡性	泡沫浮选剂、消泡剂等
化学稳定性	电镀铬雾抑制剂、金属表面防腐蚀处理剂等

1. 氟表面活性剂的应用特点

氟表面活性剂的应用有以下几个特点。

①在使用普通表面活性剂的场合，采用氟表面活性剂可增强产品性能。这方面的例子很多，如在油田压裂酸化工艺中作为助排剂。氟表面活性剂产生极低的表面张力，从而降低毛管阻力，清除液体滞留地层而造成的堵塞，是经济方便地提高返排率的有效方法。另一个例子是细水雾型灭火剂，利用氟表面活性剂大幅降低水溶液表面张力，使水更易分散成细水雾。此外，表面张力的大幅降低也使得水溶液对固体表面的润湿（渗透）性增加，因而可用作油墨、涂料润湿添加剂、感光胶片涂料助剂、洗涤剂、涂料、颜料流平剂等。

②氟表面活性剂由于其高热稳定性和高化学稳定性，可用于一般碳氢表面活性剂难以胜任或使用效果极差的领域，如高温、强酸、强碱、强氧化剂、强还原剂存在的环境下，普通表面活性剂可能失效或效果很差。该类应用主要包括电镀铬雾抑制剂、助焊剂、油田酸化压裂液、助排剂、碱性电池电解液添加剂等。

③氟表面活性剂分子中氟碳链的“两憎”性能使其可用于有机溶剂（油）体系，如含氟烯烃乳液聚合乳化剂、人造血液乳化剂、涂料、油漆、颜料添加剂，也可用于石油开采、萃取过程、微乳状液以及胶束催化等。氟碳链的憎油性能使其可以加入水溶液体系增加水溶液的憎油性，如加入蛋白泡沫灭火剂，即得到一种新型灭火剂——氟蛋白泡沫灭火剂，当将其喷洒到着火的油面上，特别是用于液下喷射扑灭油类火灾时，可以避免灭火剂溶液（泡沫）“携油”。

④氟表面活性剂在很低浓度（万分之几，甚至十万分之几）即可把水的表面张力降到很低，以至于水溶液可以铺展在油面形成一层水膜，不仅可抑制油的挥发，而且可用于扑灭油类火灾。由此诞生了水成膜泡沫灭火剂。

⑤氟碳化合物表面能低，具有非黏着性和憎水憎油性。因此除了用于溶液中，

氟碳链的“两憎”性能使其可用于固体表面的改性。若能使氟碳链排列到固体表面，则可使得固体表面同时具有拒水（超疏水表面）以及拒油性能。这方面的实现有两类方式，一类是以胶束溶液形式喷涂于固体表面，另一类是在氟表面活性剂中引入可与固体表面反应的基团，在一定条件下通过反应将氟碳链键合到固体表面。主要应用包括织物和纸张防水防油防污整理剂，塑料薄膜防雾剂，氟涂料，氟橡胶，纸张、金属、玻璃、陶瓷、皮革、塑料等的表面改性剂（防水防油防污处理剂）等。

⑥氟碳链之间的相互作用小，氟碳链之间的侧向引力低，因此氟碳化合物具有润滑（不粘）性，使得氟表面活性剂可以用作塑料加工脱膜剂、磁性记录材料用润滑剂等。

氟表面活性剂由于合成困难，价格较高，目前主要应用于一般碳氢表面活性剂难以胜任或使用效果极差的领域。研究表明，通过碳氟表面活性剂与碳氢表面活性剂的复配，有可能减少碳氟表面活性剂的用量而保持其表面活性。如将异电性碳氢和碳氟表面活性剂复配，不仅可大大减少碳氟表面活性剂的用量，在某些特殊情况下，复配品甚至具有更高的降低表面张力的能力，即达到全面增效作用。

2. 氟表面活性剂应用举例

（1）水成膜泡沫灭火剂　在碳氟表面活性剂的诸多应用中，最引人注目的是作为水成膜泡沫灭火剂的主要成分。

众所周知，水比油重，不能直接用水扑灭油类火灾。而当水中加入极少量碳氟表面活性剂后，水溶液不但不下沉，反而在油面上铺展形成一层水膜，使油与空气隔绝。因而被称为“轻水”。若把“轻水”制成泡沫，即成为“轻水泡沫灭火剂”(也叫水成膜泡沫灭火剂，简称 AFFF)，用于扑灭油类火灾。水成膜泡沫灭火剂的出现是灭火剂的革命——用水扑灭油类火灾。

水成膜泡沫灭火剂的灭火作用是由漂浮于油面上的水膜层和泡沫层共同承担的。当把轻水泡沫喷射到燃油表面时，泡沫迅速在油面上散开，并析出液体冷却油面。析出的液体同时在油面上铺展形成一层水膜，与泡沫层共同抑制燃油蒸发。这不仅使油与空气隔绝，而且泡沫受热蒸发产生的水蒸气还可以降低油面上氧的浓度。水溶液的铺展作用又可带动泡沫迅速流向尚未灭火的区域进一步灭火。

水成膜泡沫灭火剂由氟表面活性剂、碳氢表面活性剂和改进泡沫性能的添加剂（泡沫稳定剂、抗冻剂、助溶剂以及增稠剂等）及水组成。其中绝大部分是水，含量超过 97%。其主要成分有：碳氟表面活性剂、碳氢表面活性剂、泡沫稳定剂、增稠剂、抗烧剂、助溶剂、缓冲溶液、金属缓蚀剂、抗冻剂、抑菌剂、螯合剂等。

（2）油品挥发抑制剂　除了作为水成膜泡沫灭火剂的主要成分，碳氟表面活性剂水溶液还可作为油类密封剂或油品挥发抑制剂（其原理与水成膜泡沫灭火剂相似）。

油类密封剂有两方面的用途：第一是可防止油类着火，预防油类火灾；第二是阻止油类的挥发损耗。由于油类密封剂是飘浮在油面上的，不损害油的组成，因而不影响油的使用。

与水成膜泡沫灭火剂不同的是，油类密封剂只在油面上形成一层很薄的水膜，其用量极少，而且油类密封剂中省略了起泡剂、泡沫稳定剂等许多成份，因而其组成非常简单，成本更低。

油面密封剂主要用于预防油类火灾。此外，在油类露天存放的场合，应用油类密封剂可阻止油的挥发损耗。

(3) 铬雾抑制剂　镀铬是电镀中常见的一种工艺。镀铬液由铬酐（CrO_3）和硫酸组成。镀铬过程中，阴、阳极上分别有氢气和氧气产生，气体逸出时带出大量的铬酸雾不仅造成巨大的经济损失，而且对环境造成严重污染、对操作人员造成极大伤害。因此必须抑制或减少铬雾的产生。但由于电镀液是强酸和强氧化性的，普通碳氢表面活性剂在其中会很快氧化分解而失效，只有使用化学稳定性优良的氟表面活性剂。若在镀铬液中加入少量氟表面活性剂，如全氟辛基磺酸钾或全氟辛基磺酸四乙铵，就能大大降低镀铬液的表面张力，并在液面形成连续致密的细小泡沫层，能有效地阻止铬雾逸出。而且还能使镀铬质量有明显提高。

(4) 织物“三防”整理剂　织物“三防”整理剂是指能改变纺织品的表面性能，使纺织品具有防（拒）水、防（拒）油、防（拒）污（简称“三防”），亦即不易被水、油、污所润湿或沾污的一种多功能织物整理剂。“三防”通常也包括“易去污”，因此也有文献中把“三防”定义为防水、防油（防污）和易去污。

文献中也常把防水和拒水，防油和拒油区分开来。防水（或防油）指在织物表面沉积或涂布一种成膜材料，使水滴或油滴不能透过织物；而拒水（或拒油）是指通过改变纤维表面层分子的组分使水或油不能润湿织物表面而实现水或油不能透过织物的目的。

织物“三防”整理剂主要为含氟化学品，称为含氟织物整理剂（或含氟整理剂、含氟防水防油剂或含氟拒水拒油剂等）[8]。近年来纳米技术用于织物整理，由此产生的纳米织物整理剂也是织物“三防”整理剂的一个重要类别。

商品化的含氟整理剂主要有两类：一类是早期的全氟羧酸络合物，典型代表是全氟辛酸与铬的络合物（如3M公司的Scotchguard FC-805）；另一类是含氟聚合物（含氟树脂），主要是丙烯酸氟烃类树脂。目前综合性能最优异的是含氟的有机聚合物，市场上主要是这一类。本章一、（六）节中介绍的“拒水拒油剂”即为此类。

聚合物（或树脂）类含氟织物整理剂是普通聚合物（或树脂）类织物整理剂中的侧基碳氢链上的氢部分或全部被氟取代的化学品，亦即具有全氟化或部分氟化侧基的有机氟聚合物。工业上生产的含氟拒水拒油剂是由一种或几种氟代单体与一种或几种非氟代单体共聚而成。氟代单体一般为含氟丙烯酸酯单体，提供拒水拒油性；非氟代单体则提供聚合物成膜性、柔软性、黏合性、耐洗性、防污性等。此种含氟丙烯酸酯聚合物不仅具有含氟聚合物表面张力低、拒水、拒油性能好等特性，而且具有良好的化学惰性、耐候性、抗紫外线、透明且折光率低等优点，同时还保持了丙烯酸酯聚合物成膜性和附着性好的特点，可牢固附着于织物纤维表面，赋予织物较为持久的疏水、疏油性能。整理后织物的色泽、手感、透气性、强力等几乎无变化，因而不仅能抵御雨水、生活及工业中一般油水物质的沾污，又能让人体的汗液蒸气即时地排出。

含氟整理剂应用范围跨越了所有的天然及人造合成纤维，并可通过整理剂的复配，获得防污、耐洗、耐磨、柔软、抗静电、抗皱、透湿透气、防霉、防蛀等其他优良性能。可用于涤纶、涤棉、纯棉、维纶、粘胶纤维等织物的耐久性拒水拒油整理加工。经过三防整理的纺织品可广泛应用于服装面料（如高端的妇女和男士的外衣——风衣、夹克衫、休闲装、垂钓服等）、生活用布（伞布、帐篷、厨房用布、餐桌用布、浴帘、装饰用布）、产业用布［如各种防护服——油田、矿井、消防（与阻燃整理复合），化学防护服、手术用布］、劳保用布（如耐气候服装）和军队用布［特种军服（防化部队）］等多种领域。

(5) 氟碳涂料　氟碳涂料（fluorocarbon coatings）是指以氟树脂为主要成膜物质的涂料，又称氟碳漆、氟涂料、氟树脂涂料等。在各种涂料之中，氟树脂涂料由于引入的氟元素电负性大，碳氟键能强，具有特别优越的各项性能。耐候性、耐热性、耐低温性、耐化学药品性，而且具有独特的不黏性和低摩擦性，因而被冠以“涂料王”的美称。

氟碳涂料不同的性能可以有不同的应用领域。① 氟碳涂料的极低的表面能使其具有极强的疏水性及拒油、耐沾污性，表面灰尘可通过雨水自洁，可以得到自清洁氟碳涂料；② 有机氟树脂的高键能、低表面张力使氟碳涂料具有极强的耐腐蚀性，也有高表面硬度、耐冲击、抗屈曲、耐磨性好等优异的物理机械性能，为基材提供保护屏障。特别是当与纳米粒子共混后可制得重防腐涂料；③ 氟碳涂料由于氟原子半径小、键能大，所以抗紫外老化性极强，若同时与纳米 SiO_2、TiO_2、Fe_3O_4、ZnO 等粒子共混使用，可以制备得到新型超强的耐候涂料；④ 某些氟碳涂料具有光催化性能，有净化空气、抑制霉菌、吸收有害物质等作用；⑤ 某些特殊的氟碳涂料还能作为吸波涂料使用，能反射波源侦查，具有自我保护作用。

目前，用来生产氟涂料的氟树脂主要有 PTFE（聚四氟乙烯）氟树脂、FEVE（含羟基的氟烯烃/乙烯基醚酯共聚物）氟树脂和 PVDF（聚偏二氟乙烯）氟树脂等几类。

随着人们对环保的要求不断提高，水性氟碳涂料得到更多重视和发展。水性氟碳涂料是以水性有机氟乳液为成膜物质，并与各种颜料和涂料助剂共混制备而得。水性氟碳涂料集有机氟树脂与水性涂料的优点为一体，在耐候性、耐腐蚀性、耐沾污性、耐久性以及环保、安全、低 VOC（挥发性有机污染物）含量上有突出优势，且其生产工艺简单，具有良好的经济性。

经过几十年快速发展，氟涂料在建筑、化学工业、电器电子工业、机械工业、航空航天产业、家庭用品的各个领域得到广泛应用。成为继丙烯酸涂料、聚氨酯涂料、有机硅涂料等高性能涂料之后，综合性能最高的涂料品牌。

一些氟碳涂料的主要成分就是前面所讲的拒水拒油剂。但大多数氟碳涂料中的氟树脂一般没有亲水基，不能称之为氟表面活性剂。但氟表面活性剂在这些氟碳涂料中作为添加剂，起着举足轻重的作用。一个典型例子是杜邦公司生产的特氟龙（聚四氟乙烯）涂料中即有全氟辛酸铵［尽管特氟龙中全氟辛酸铵在烹饪厨具（如铁锅）中的存在曾引起很大争议］。另外，氟碳涂料在制备和使用过程中，氟表面活性剂作为乳化剂等是必不可少的，特别是在水性氟碳涂料中，氟表面活性剂作为分散剂、乳化剂等更是发挥着重要作用。

（6）人造血液　假如我们将一只老鼠放在盛有碳氟化物溶液的烧杯里，老鼠并不会如我们直觉的反应般（被淹死），主要的原因是碳氟化合物可以溶解大量的氧气。基于这个原理，发展了人造血液（Artificial blood）。又称氟化碳乳剂人工血液、血液替代品，它是一类具有载氧能力，可暂时替代血液部分功能的液体制剂。

作为人工血液应用较好的氟碳化合物有全氟萘烷、全氟甲基萘烷，全氟三丙胺、全氟三丁胺、全氟正丁基呋喃等。它们不仅具有良好的携氧能力，而且化学性质稳定，在生物体内也相当安定，在做成人工替代血液的过程中以及在高温灭菌和后续的产品保存期间也都相当稳定。由于这些碳氟化物不溶于水，所以通常是以乳化的方法将其制成大约 200nm 大小的颗粒分散液。与人体红血球的尺寸（1～8μm）相比，经乳化后的碳氟化物纳米颗粒相当小，其携带氧气的面积可以大幅提高，通过溶解氧的方式来完成血氧代谢，且可以穿过红血球无法通过的阻塞血管，达到实时救命的目的。

（7）超临界二氧化碳萃取　当 CO_2 的温度和压力同时高于其临界值（T_c＝31.1℃，p_c＝7.39×10^6 Pa）时，称为超临界二氧化碳（SC-CO_2）。SC-CO_2 是一种绿色化学溶剂，其溶解能力可以通过简单地调整温度和压力进行连续控制。SC-CO_2 已经作为一种对环境友好的有机溶剂替代品而广泛地应用到萃取、生物技术、材料加工、化学反应工程、环境保护和治理等领域。

然而，CO_2 对高分子或亲水性的分子，像蛋白质、金属离子、和许多聚合物而言溶解性很差，限制了 CO_2 的广泛应用。在体系中加入合适的表面活性剂能够解决 CO_2 这种局限性。如加入特定的表面活性剂可制备热力学上稳定的水/二氧化碳或其他有机溶剂/二氧化碳的乳液或微乳液（反相微乳）。SC-CO_2 微乳液内存在大量的极性微环境，把原来在 SC-CO_2 中不能溶解的强极性或离子型化合物屏蔽在微水池中，以胶束的形式分散在无极性的 SC-CO_2 主体相中，这样在 CO_2 中难溶的物质可以分散溶解到 CO_2 中，达到在 CO_2 中进行金属催化、酶催化反应、制备多孔聚合物等目的。这一性质的利用为 CO_2 在分离、萃取、及循环利用等方面提供了一个途径。

欲形成 CO_2 与水或有机溶剂的乳液或微乳液，所用表面活性剂分子本身的亲水亲CO_2平衡值（HCB）应与研究体系越匹配效果越好。表面活性剂一端溶于二氧化碳，另一端溶于水或有机溶剂，只有这样，表面活性剂才能很好地吸附于界面上，具有优良的降低界面张力的能力。另外，表面活性剂在SC-CO_2中必须具有一定的溶解度，不过这个条件相对于表面活性剂有强的界面吸附能力和较低的界面张力来讲显得并不重要。若在表面活性剂的尾巴上结合一个低溶解度参数、低极性或电子给予作用的Lewis碱性基团（考虑到二氧化碳是一个弱Lewis酸）可提高其溶解性。含有这些特性的亲二氧化碳官能团包括硅氧烷、全氟化醚和全氟烷烃、叔胺、脂肪醚、炔醇和炔二醇等。

由于氟原子与CO_2之间特殊的相互作用，氟表面活性剂被广泛的用于SC-CO_2微乳液中。氟代基团内聚能密度低，因此可以降低其自身的溶解度参数和极化能力。研究表明，氟化表面活性剂能溶解在CO_2中，并且在水/CO_2界面处有较高的表面活性，这也证实了在氟表面活性剂作用下水/CO_2微乳形成的可能性。一个早期的例子是用含氟表面活性剂[$C_7F_{15}(C_7H_{15})CHSO_4Na$]可在35℃、26 MPa条件下形成稳定的水/二氧化碳微乳液。含氟的磷酸盐表面活性剂、相对分子质量为740的全氟聚醚碳酸铵（PFPE-$COONH_4$）表面活性剂也能形成水/二氧化碳微乳液。AOT也能在全氟聚乙醚-磷酸酯（PFPE-PO_4）存在时形成水/二氧化碳微乳液。

（八）氟表面活性剂的困境——斯德哥尔摩公约及应对

氟表面活性剂的高热稳定性和化学稳定性使其具有普通表面活性剂无法比拟的性能和用途，但也正是其氟碳链稳定性太高带来了麻烦——难以生物降解或化学降解。

目前常用的氟表面活性剂中氟碳链主要是8碳。而关键原料之一是全氟辛基磺酰氟（$C_8F_{17}SO_2F$），由辛基磺酰氯或辛基磺酰氟电解氟化而得。以全氟辛基磺酰氟为原料，可制备多种类型和结构的氟表面活性剂（通称为PFOS）。

遗憾的是，PFOS具有持久难降解性、生物积累性和远距离环境迁移能力，符合持久性有机物污染物（Persistent Organic Pollutants，简称POPs）的全部特征。它们会对人体健康和生态环境在较长时间内产生多种毒性和潜在危险，因此国际上开始对它们限用和禁用。在2009年5月4日召开的《关于持久性有机污染物的斯德哥尔摩公约》第四次缔约方大会上，包括PFOS和全氟辛基磺酰氟（PFOSF）在内的9类物质被增列入公约POPs受控名单。中国已正式成为斯德哥尔摩公约的履约国。

氟表面活性剂应用存在一个两难的局面：一方面，氟表面活性剂在很多领域是其他表面活性剂所无法替代的，如水成膜泡沫灭火剂（AFFF）领域。在现有技术条件下，AFFF完全不使用氟表面活性剂是不可能的；另一方面，PFOS对环境的危害性又极大地限制其应用。

为应对斯德哥尔摩公约的限制，可从以下方面着手：①降低PFOS的使用浓度，使其使用浓度降低到规定的限量以下；②合成高性能氟表面活性剂，使其在更低浓度达到理想的性能；③与碳氢表面活性剂的复配，大幅降低氟表面活性剂的用量；④开发短链产品，研究开发不具备 POPs 特征的氟表面活性剂；⑤部分氟化链段来代替全氟链段。

二、硅表面活性剂

在表面活性剂家族中，硅表面活性剂可谓后起之秀。硅表面活性剂是指疏水基为全甲基化的 Si-O-Si、Si-C-Si 或 Si-Si 主干的一类特种表面活性剂[9]。其中以 Si-O-Si 为主干的表面活性剂（称为硅氧烷表面活性剂）因为原料易得，在工业上应用最广。一般所说的硅表面活性剂也主要指硅氧烷表面活性剂。本章主要对其加以论述。

硅表面活性剂有下列特性：

①很高的表面活性。其表面活性仅次于氟表面活性剂，水溶液的表面张力最低可达 20mN/m 左右；

②在水溶液和非水体系都有表面活性；

③对低能表面有优异的润湿能力；

④具有优异的消泡能力，是一类性能优异的消泡剂；

⑤通常有很高的热稳定性；

⑥它们是无毒的，不会刺激皮肤。因而可适用于药物和化妆品；

⑦由不同化学方法可制备不同类型的分子结构，通常有很高的分子量，属于高分子表面活性剂。

由于硅表面活性剂上述特殊性能，在工业上得到了广泛应用。自 20 世纪 50 年代用于聚氨酯（polyurethane）泡沫塑料的稳泡剂以来，至 20 世纪 80 年代硅表面活性剂开始大规模快速全面地发展。随着更多硅表面活性剂被合成，人们系统地研究了其在水和非水体系中的表（界）面活性，有序组合体行为，以及与各种添加剂间的相互作用，建立了其在纤维、涂料、化妆品等工业上应用的理论基础。

硅表面活性剂的缺点是价格相对较高（相对于碳氢表面活性剂而言）。但其高效率可弥补其成本的不足。

（一）硅表面活性剂的分类和结构

硅表面活性剂由全甲基化的 Si—O—Si、Si—C—Si 或 Si—Si 主干（疏水基）和一个或多个极性基团（亲水基）组成。按疏水基的不同，常把以 Si—O—Si 为主干的表面活性剂称为硅氧烷表面活性剂（siloxane surfactant），以 Si—C—Si 为主干的称为聚硅甲烯或碳硅烷表面活性剂（polysilmethylene or carbosilane surfactant），以 Si—Si 为主干的称为聚硅烷表面活性剂（polysilane surfactant）。按亲水基分类的方法和普通表面活性剂一样，分为离子型（包括阳离子、阴离子和两性型）和非离子型。

作为疏水基的硅氧烷主干含不同数量的二甲基硅氧烷单元，末端通常是三甲基硅氧烷基团。二甲基硅氧烷单元的数目可以从1变到更大的数目，它决定了疏水基的长度，从而决定整个表面活性剂的疏水性。亲水基可以是所有类型的阳离子、阴离子、两性和非离子型的。亲水部分通常由较短的烷基链如—$(CH_2)_n$—或—$O(CH_2)_n$—（n一般为2～3）结合到主干上。亲水部分若由纯疏水烷基或全氟烷基取代，则变为完全疏水的表面活性剂，并在非极性溶剂中有表面活性。

最常见的硅氧烷表面活性剂主要有四种类型：

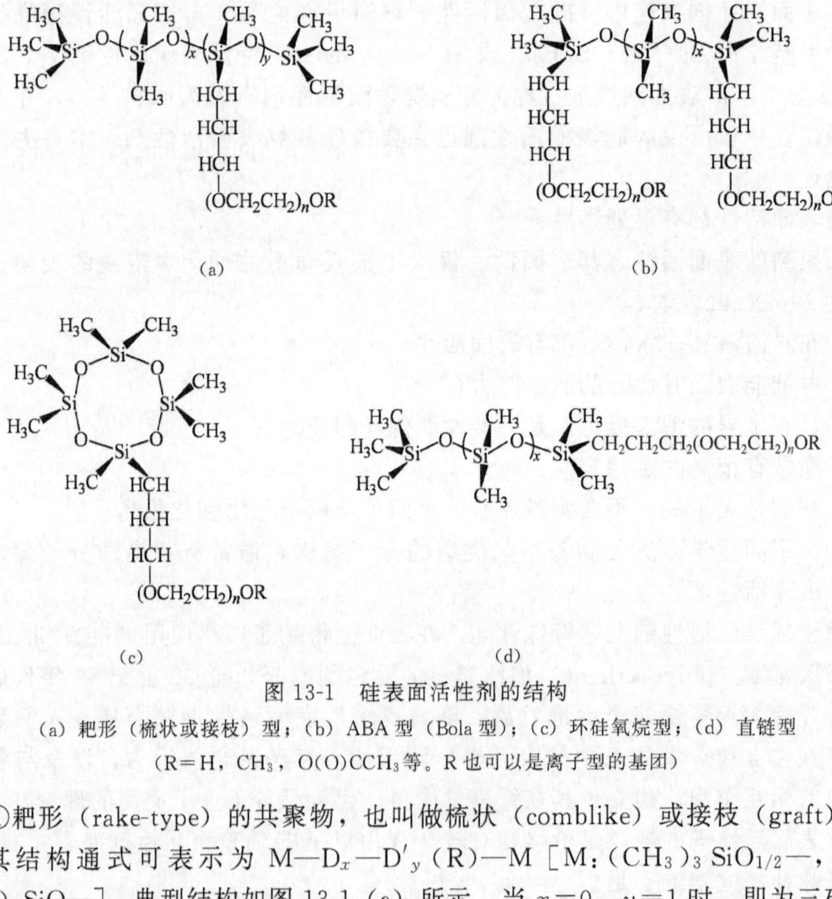

图 13-1　硅表面活性剂的结构

(a) 耙形（梳状或接枝）型；(b) ABA型（Bola型）；(c) 环硅氧烷型；(d) 直链型

（R=H，CH_3，O(O)CCH_3等。R也可以是离子型的基团）

①耙形（rake-type）的共聚物，也叫做梳状（comblike）或接枝（graft）共聚物。其结构通式可表示为 M—D_x—D'_y(R)—M［M：$(CH_3)_3SiO_{1/2}$—，D：—$(CH_3)_2SiO$—］。典型结构如图13-1（a）所示。当$x=0$，$y=1$时，即为三硅氧烷表面活性剂，其结构通式可表示为 M—D′(R)—M。此类结构的硅表面活性剂最为常见。

②ABA型共聚物。这些硅氧烷表面活性剂一般结构为 M′(R)—D_x—M′(R)。也称为α-ω或Bola型。典型结构如图13-1（b）所示。

③环硅氧烷型。结构如图13-1（c）所示。

④直链型。此类结构与普通表面活性剂一端疏水、另一端亲水的结构相似。结构如图13-1（d）所示。

上面这些结构式中，亲水基 R 可以是阴离子（通常为碱金属反离子的硫酸盐），阳离子（通常为烷基化铵，并有各种一价的反离子），两性（甜菜碱或磺基甜菜碱），或非离子（大多数情况下为 EO 单元数目不同的聚乙二醇醚）；通常由$-(CH_2)_3-$基结合到硅原子上，但也可能是亲水的$-CH(OH)-$或醚基。

值得注意的是，大多数硅氧烷表面活性剂的分子式代表的是平均组成，各样品由许多异构体的混合物构成。特别是对于聚合物的情况，其异构体可以是硅氧烷主干的长度、亲水端基的数目和位置不同；对于非离子型，还可能是各支链的 EO 基数目不同。而三聚硅氧烷表面活性剂通常为结构确定的化合物（非离子型的除外，因为 EO 链具有一定程度的分布）。因此，当使用或比较溶液中特定的硅氧烷表面活性剂的文献数据（例如，表面张力，cmc 值，聚集体的尺寸和形状，相图）时必须注意。

（二）硅表面活性剂的合成

硅表面活性剂的合成过程可分为两步：第一步合成带有活性基团的硅氧烷主干；第二步是使硅氧烷主干带上亲水基团。

1. 合成硅氧烷主干

含活性位点（SiOH，SiOR，SiH）的硅氧烷主干，可以通过氯硅烷共水解或者平衡反应而制备。如含活性位点 SiH 的硅氧烷（称为含氢硅油）的制备可表示为

$$2(CH_3)_3SiCl+x(CH_3)_2SiCl_2+yCH_3(H)SiCl_2+H_2O\longrightarrow(CH_3)_3SiO(\underset{CH_3}{\overset{CH_3}{|}}{SiO})_x(\underset{H}{\overset{CH_3}{|}}{SiO})_ySi(CH_3)_3+HCl$$

$$(MD_xD'_yM)$$

2. 使硅氧烷主干带上亲水基团

通过结合一个或更多的基团到全甲基化的硅氧烷主干上可制备各种类型的硅氧烷表面活性剂。三种常见的合成方法如下。

（1）醚交换　$\equiv SiOR^1$直接和 R^2OH 反应（$\equiv$表示 Si 原子上的其他三个键）

$\equiv SiOR^1+R^2OH\rightarrow\equiv SiOR^2+R^1OH$。

式中，R^1一般为甲基或乙基，R^2为聚氧烷烯（polyalkylene oxide）。

（2）直接氢化硅烷化　如含氢硅油与烯丙基聚醚反应（硅氢加成反应）

$\equiv SiH+H_2C=CHCH_2(OCH_2CH_2)_nOR\rightarrow\equiv Si(CH_2)_3(OCH_2CH_2)_nOR$，R 为 H 或 CH_3等。

（3）利用反应中间体的两步合成　此法常用于制备离子型硅氧烷表面活性剂，在由氢化硅烷化得到的反应中间体的基础上，再引入亲水基（而前面介绍的两种方法则主要用于制备非离子型硅氧烷表面活性剂）。如下所示：

$$\equiv Si(CH_2)_3X + NR_3 \rightarrow \equiv Si(CH_2)_3N^+R_3X^-$$（阳离子型，X为卤素）

$$\equiv Si(CH_2)_3OCH_2CH\overset{O}{—}CH_2 + NaHSO_3 \longrightarrow \equiv Si(CH_2)_3OCH_2CH(OH)CH_2SO_3Na$$（阴离子型）

$$\equiv Si(CH_2)_3N(CH_3)_2 + \text{(1,3-丙磺酸内酯)} \longrightarrow \equiv Si(CH_2)_3N^+(CH_3)_2CH_2CH_2CH_2SO_3^-$$（两性型）

以上所讨论的表面活性剂都是基于含有Si—O—Si主干的全甲基化的硅氧烷物种。其他结构可以通过含有全甲基化的Si—C—Si主干（称为聚硅甲烯，或碳硅烷），或者全甲基化的Si—Si主干（称为聚硅烷）来制备。限于篇幅，本章不做介绍，读者可参考有关专著。

（三）硅氧烷表面活性剂的性质

1. 水解稳定性

以Si—C—Si或Si—Si为主干的表面活性剂不受水解的影响，可以用于更苛刻的环境，或者用于需要表面活性剂具有长期化学稳定性的场合，而以Si—O—Si为主干的表面活性剂即硅氧烷表面活性剂最大的缺点是在水溶液中容易水解。三聚硅氧烷化合物在酸性或碱性溶液中能在几小时内完全水解，而在中性pH值下完全水解则需要数周。此水解产生水化的SiO_2和硅油（如六甲基二硅氧烷），使样品失去表面活性。因而可以简单地通过测定溶液的表面张力随时间的变化来判断水解稳定性。

含较长的硅氧烷主干的样品更为稳定，在中性水溶液中可以稳定数月。这可解释为随着硅氧烷主干长度的增加，降低了水中的溶解度，cmc值更低，而水解倾向于未聚集的硅氧烷表面活性剂分子。稳定效应还可能来自亲水支链，其可以将折叠的硅氧烷主干从周围的水中屏蔽开来。

2. 表（界）面活性

与碳氢表面活性剂比较，硅表面活性剂具有高得多的表面活性。碳氢表面活性剂的水溶液在cmc以上通常表面张力为30～40mN/m左右，而硅氧烷表面活性剂在20～30mN/m左右。只有氟表面活性剂有更低的值15～20mN/m左右。这可从不同表面活性剂疏水基间的黏附力来解释，其从烷烃、硅油到全氟烷烃依次降低。黏附力反映在纯物质的表面张力上，例如，正辛烷为21.7mN/m，八甲基三聚硅氧烷为17.0mN/m，全氟正壬烷为14.3mN/m。

一些硅表面活性剂的表面活性参数列于表13-4～表13-8。

需指明，大多数硅氧烷表面活性剂是由许多异构体构成的混合物。因此当使用或比较表13-4～表13-8的数据时，应参照其原始文献（可从本章参考文献［7］查到）。

表 13-4　一些磺基甜菜碱型两性硅表面活性剂不同质量分数的表面张力（γ）、cmc 及分子吸附面积（A）（25℃）

x	R^1	R^2	z	γ/（mN/m）			cmc		A
				0.001%	0.01%	0.1%	%	mmol/L	$10^{-2}nm^2$/分子
0	CH_3	CH_3	3	52.5	40.5	28.2	0.3	7.0	75
0	CH_3	CH_3	4	53.1	41.2	28.0	0.4	9.0	75
0	C_2H_5	C_2H_5	3	53.6	39.7	23.8	0.2	4.4	65
0	CH_3	$(CH_2)_2OH$	3	58.9	48.7	33.9	1.1	24.0	75
1	CH_3	CH_3	3	38.3	25.7	21.1	0.03	0.6	70
2	CH_3	CH_3	3	23.0	22.0	21.2	0.08	1.4	>100
3	CH_3	CH_3	3	22.2	21.8	21.1	0.005	0.008	>100

注：表中磺基甜菜碱型两性硅表面活性剂的结构通式为 $M—D_x—D'(R_1)—M$，其中，$R_1=—(CH_2)_3—N^+(R^1R^2)—(CH_2)_z—SO_3^-$。

表 13-5　一些甜菜碱型两性硅表面活性剂不同质量分数的表面张力（γ）、cmc 及分子吸附面积（A）（25℃）

x	z	γ/（mN/m）					cmc/%	A/（$10^{-2}nm^2$/分子）
		0.001%	0.01%	0.1%	0.5%	1.0%		
0	1	57.5	44.9	31.0	21.5	21.2	0.6	70
0	2	54.4	43.6	28.5	21.8	21.0	0.6	85
1	1	45.4	26.7	22.0	21.4	21.2	0.08	50

注：表中硅表面活性剂的结构通式为 $M—D_x—D'(R_1)—M$，其中 $R_1=—(CH_2)_3—N^+(CH_3)_2—(CH_2)_z—CO_2^-$。

表 13-6　一些非离子型硅表面活性剂的表面张力（γ）$_{cmc}$、cmc、饱和吸附量（Γ）及分子吸附面积（A）（25℃）

x	γ_{cmc}	cmc/(mmol/L)	Γ/(10^{10}mol/cm^2)	A/($10^{-2}nm^2$/分子)
4	22.6	0.079	5.0	33.5
8	22.8	0.1	5.1	32.6
10	23.2	0.16	4.4	38.2
12	24.9	0.63	4.2	39.2
14	24.5	0.63	4.7	35.3
16	25.8	1.0	4.2	39.3
18	26.9	3.2	2.6	64.6
20	27.8	1.6	2.3	72.2

注：表中非离子型硅表面活性剂的结构通式为 $M—D'(R)—M$，其中 $R=—(CH_3)_2—(EO)_x—OH$。

表 13-7 一些碳氟型硅表面活性剂不同质量分数的表面张力 (γ)、cmc 及分子吸附面积 (A)(25℃)

a	b	x	y	z	r	R	R^2	γ/(mN/m)					cmc	A
								0.001%	0.01%	0.1%	1.0%	γ_{cmc}	/%	/(10^{-2} nm^2/分子)
1	1	7	1	0	CH_3	OH	R_F	50.8	28.8	27.0	23.5	29	0.01	40
	1	12	1	0	CH_3	OH	R_F	60.5	30.7	26.5	25.9	28	0.01	30
1	1	7	1	0	R_F	OH	R_F	46.6	46.0	31.0	28.3	31	0.1	50
1	1	12	1	0	R_F	OH	R_F	62.5	43.2	26.5	24.1	27	0.1	60
3	0	7	0	0	—	CH_3CO_2	—	46.6	36.6	28.1	26.3	28	0.1	100
1	1	7	1	3	CH_3	OCH_3	R_F	43.8	28.5	21.9	20.7	22	0.03	60
1	1	12	1	3	CH_3	OCH_3	R_F	54.7	41.8	27.9	20.0	20	0.3	70
1	1	4	0	3	—	OH	R′	41.8	29.9	22.1	20.5	22	0.1	100
1	1	7	0	3	—	OCH_3	R′	45.5	21.0	20.6	20.3	21	0.01	40
0	1	7	1	—	CH_3	OH	CH_3	39	22	21	21	21	0.01	60①
0	1	12	1	—	CH_3	OH	CH_3	36	22	21	21	21	0.01	70①

注：表中氟硅表面活性剂的结构通式为 $M'(R_F)_a—D'_y(r,R^1)—M'_b(R^2)$，其中 $R_F=CF_3—(CF_2)_z—(CH_2)_2—$，$R^1=—(CH_2)_3—(EO)_x—R$；①表中最后两行数据为非氟化的三硅氧烷表面活性剂 M—D′(R^1)—M。

表 13-8 一些硅表面活性剂的临界胶束浓度 (cmc)、cmc 时的表面张力 (γ_{cmc})、cmc 时与癸烷的界面张力 (σ_{cmc})(25℃)

硅表面活性剂	σ_{cmc} /(mN/m)	γ_{cmc} /(mN/m)	cmc /%	cmc /(mmol/L)
M—D′(R)—M R=—$(CH_2)_3$—O—CH_2—CHOH—CH_2—SO_3^- Na^+	—	—	0.35	8.0
M—D′(R)—M R=—$(CH_2)_3$—O—CH_2—CHOH—CH_2—$N^+(CH_3)_3CH_3CO_2^-$	—	—	0.27	6.0
M—D′(R)—M R=—$(CH_2)_3$—O—SO_3^- H_3N^+—$CH(CH_3)_2$	0.4	22.0	0.48	11.5
M—D′(R)—M R=—$(CH_2)_3$—$N^+(CH_3)_2$—$(CH_2)_3$—SO_3^-	—	—	0.03	0.7
M—D′(R)—M R=—$(CH_2)_3$—$(EO)_{16}$—O—CH_3	2.8	24.4	0.037	0.37
M—D_{13}—D'_5(R)—M R=—$(CH_2)_3$—O—SO_3^- H_3N^+—$CH(CH_3)_2$	7.3	24.5	0.3	0.96

续表

硅表面活性剂	σ_{cmc} /(mN/m)	γ_{cmc} /(mN/m)	cmc /%	cmc /(mmol/L)
M—D_{13}—D'_5(R)—M+50mM NaCl R=－$(CH_2)_3$—O—SO_3^- H_3N^+—$CH(CH_3)_2$	9.3	26.9	0.053	0.22
M—D_{11}—D'_5(R)—M R=－$(CH_2)_3$—O—CH_2—CHOH—CH_2—$N^+(CH_3)_2$ —$CH(CH_3)_2CH_3CO_2^-$	9.7	30.0	0.4	1.5
M—D_{11}—D'_5(R)—M+50mM NaCl R=－$(CH_2)_3$—O—CH_2—CHOH—CH_2—$N^+(CH_3)_2$ —$CH(CH_3)_2CH_3CO_2^-$	6.1	28.2	0.185	0.72
M—D_{13}—D'_5(R)—M R=－$(CH_2)_3$—O—CH_2—CHOH—CH_2—$N^+(CH_3)_2$ —$CH(CH_3)_2CH_3CO_2^-$	—	33.1	0.04	0.15
M—D_{13}—D'_5(R)—M R=－$(CH_2)_3$—O—CH_2—CHOH—CH_2—$N^+(CH_3)_2$ —CH_2—CO_2^-	4.3	27.1	0.006	0.024

硅表面活性剂的表面活性功能来源于甲基在表面的紧密排列，硅氧烷主干只是简单的作为一个结合甲基的柔性框架。硅氧烷表面活性剂中的甲基可以高密度地覆盖表面。假定硅氧烷主干平躺在表面，甲基暴露在周围的气相中，如图 13-2 所示。

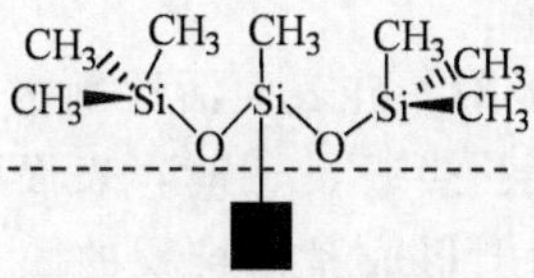

图 13-2 三硅氧烷表面活性剂在水/空气界面上的分子构象示意图
（横虚线表示空气/水界面，下部黑方块表示亲水基）

硅氧烷链柔性很好，从而可以在表面获得高密度的甲基堆积，导致硅氧烷表面活性剂溶液较低的表面张力。甲基饱和表面的表面能大约为 20mN/m，这也是硅表面活性剂所能够达到的最低表面张力。

相比之下，大多数的碳氢表面活性剂的疏水链由烷基组成，主要构成是亚甲基，导致甲基在气/液界面松散排列。这类表面的表面自由能相对较高，所以碳氢表面活性剂一般能达到的表面张力为 30mN/m 或更高。总的来说，硅表面活性剂的低表面张力直接源于分子结构，即硅氧烷主干不寻常的柔性，以及甲基相对紧密的排列方式。

图 13-3 是碳氢表面活性剂和硅表面活性剂的表面特征的比较。

硅表面活性剂水溶液的表面张力曲线与碳氢表面活性剂的表面张力曲线类似。

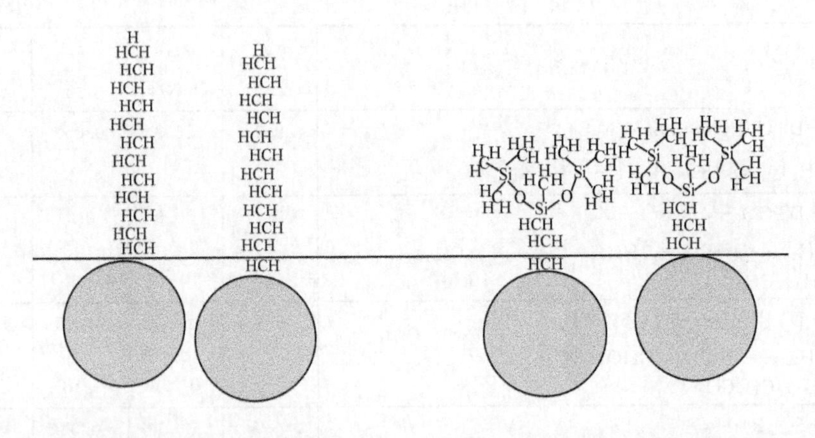

(a) 碳氢表面活性剂界面以—CH_2—基团为主（30～32mN/m）

(b) 硅表面活性剂界面以—CH_3基团为主（20～21mN/m）

图 13-3　碳氢表面活性剂和硅表面活性剂的表面特征的比较

表面张力曲线有转折点，表明形成了分子有序组合体（例如，胶束、囊泡等），由于有些硅表面活性剂在此浓度以上形成囊泡，所以此特征浓度通常定义为 cac (critical aggregation concentration)。在同族系列，疏水基团比例越大，cac 值越小。在水溶液中两种类型的表面活性剂都形成相同类型的有序组合体、液晶相，并且随着分子结构的变化趋势也相同。另外，结合了聚醚基团的硅表面活性剂其溶解性也有逆温性及浊点。

（1）在水/空气界面上的吸附　硅表面活性剂水溶液的表面张力曲线与碳氢表面活性剂的表面张力曲线类似。接近 cmc 时，表面张力随着表面活性剂浓度的对数而直线下降，在此区域表面上形成紧密堆积的膜。在 cmc 以上，表面张力基本保持恒定。

通常 cmc 并非曲线上的急剧转折点，而或多或少为较宽的转变区，这主要是由于杂质的存在以及表面活性剂分子大量的异构体或同系物的关系。与碳氢表面活性剂不同的是，硅表面活性剂的表面张力曲线通常在 cmc 处即使存在表面活性杂质，也不出现最低点。

与碳氢表面活性剂类似，硅氧烷表面活性剂降低表面张力的能力在一定程度上受亲水基的影响较小。非离子和两性硅氧烷表面活性剂降低表面张力的能力最强，表面张力可降到约 20mN/m。离子型硅氧烷表面活性剂一般能力较弱，但是其表面张力仍在 30mN/m 左右。含长硅氧烷主干的接枝共聚物能力不如三聚硅氧烷表面活性剂；这可能是因为样品中含有较多的亲水支链，此特性一般会降低其能力。电解质对硅氧烷表面活性剂能力的影响很复杂。

硅氧烷表面活性剂的效率与分子结构的关系与碳氢表面活性剂的原理相似。也就是说，效力随着疏水硅氧烷主干的尺寸增加而增加，随着亲水基的数目和极性的增加而减小。但对于硅氧烷表面活性剂诸如 Traube 规则等定量的规律还没有被发现。这是由于所得样品通常存在杂质、异构体、同系物所致，但也反映了硅氧烷主干的柔性，其允许更长的硅氧烷链折叠或卷曲，因而疏水链长度所能导致的表面活性剂效率被打了折扣。

(2) 在有机液体/空气界面上的吸附　按极性来分，有机液体可分为强极性、弱极性和非极性液体。硅氧烷表面活性剂在高表面张力的强极性溶剂如乙二醇、甘油、甲酰胺和二甲亚砜中显示了表面活性和有序组合体的性质。此行为可解释为这些溶剂的分子间相互吸引力较强，其与水的分子间作用力强度在同样的范围内，所以硅表面活性剂有疏溶剂效应。

硅氧烷表面活性剂在弱极性有机液体，例如，聚醚聚醇（polyester polyol）和异氰酸酯中也有表面活性。非离子接枝共聚物可用于这个目的，其一般结构式为 $R^1—O—D_x—D'_y(R')—D_x—O—R^1$，其中 $R'=—D_x—R^1$，$R^1=—(EO)_a—(PO)_b—R$，R=H 或各种链长的烷基。聚氧乙烯和聚氧丙烯单元可以作为不同尺寸的嵌段，或者为统计分布。通过改变 EO 和 PO 单元的 a 和 b 值，可以敏感地调节表面活性剂的亲水和疏水特性，从而改变在有机溶剂中的溶解性和表面活性。此优点对于具有不同应用价值的聚氨酯泡沫的形成是特别重要的。

如果用疏水长烷基链对硅氧烷改性，可以得到强疏水性、与油脂能有良好互溶性的硅蜡（siloxane wax）。这些样品，可以从三聚硅氧烷或嫁接共聚物制备，并溶于碳氢化合物中。它们可在非极性溶剂中有表面活性，并将表面张力从 27mN/m 降低至 22mN/m，因而可以显著提高溶液的铺展性能。表面活性是由于硅氧烷基团和碳氢化合物的部分不相溶性，使得表面活性剂在相边界处吸附；有可能硅氧烷基团暴露在空气相中，从而降低了表面张力。通常碳氢表面活性剂可以在非极性溶剂中形成反胶束，但没有表面活性。同理，硅蜡在硅油中没有表面活性，尽管它们在这些溶剂中可溶。

(3) 水和非极性溶剂界面的吸附　能够降低水溶液表面张力的物质一般也可以降低水溶液和油之间的界面张力，界面张力降低的程度取决于表面活性剂疏水基团和油的相溶性。许多硅表面活性剂的水溶液与矿物油、硅油以及正构烷烃的界面张力一般为几个 mN/m，甚至低至 0.025mN/m。

硅氧烷表面活性剂在水/非极性溶剂界面吸附的原理与描述水/空气界面的原理一致。按照 Gibbs 方程，界面张力随着表面活性剂浓度的增加而减小，并在 cmc 以上保持恒定。

文献报道的硅氧烷表面活性剂溶液与碳氢化合物的界面张力一般都比较高。大多数情况下，γ 一般都高于 1mN/m，在 5～10mN/m 之间（也有例外）。可能是由于硅油和碳氢化合物间的部分不相溶性。

3. 润湿和铺展

某些低分子量的硅氧烷表面活性剂的一个独特的能力是促进稀水溶液在诸如

Parafilm 或聚乙烯等疏水表面上铺展，这在 20 世纪 60 年代被发现，从那以后成为大量专利和文章的研究对象。这种在低能（憎水）表面的润湿称为“超润湿”或“超铺展”。三聚硅氧烷表面活性剂可促进在光滑的野草叶子，例如，绒毛叶和 lambsquarter 的表面的铺展，这是它们作为除草剂配料和润湿剂所发挥的作用。关于三聚硅氧烷表面活性剂异常的铺展行为的研究提供了表面活性剂溶液铺展的新视野，而且表明了现有模型的不足之处。

4. 胶体分散体系的稳定性

（1）乳化　某些硅氧烷表面活性剂是高效的油包水乳状液的乳化剂（特别是硅油包水）。它们形成稳定性极佳的油包水乳状液，含质量分数 40%～90% 的水相，可以用于个人养护品，例如，止汗药、皮肤保护产品、有色化妆品。含硅和聚氧烷烯基团的共聚物已经证明可作为硅油的乳化剂，而结合烷基的三聚物倾向于用在烃油中。它们的效率归因于强烈的吸附和由于聚合物特性导致的空间稳定性，以及由这些表面活性剂在油/水界面形成的表面活性剂膜的黏弹性的共同作用。用于此目的的硅氧烷表面活性剂是高度疏水的，只含很少摩尔分数的亲水官能团。三聚物可认为在有机油/水界面与加溶在油相的烷基和水中的亲水基饱和。三聚硅氧烷主干用于连接多个烷基亲水对，并防止它们从界面解吸附。

（2）泡沫和消泡　硅氧烷表面活性剂稳定聚氨酯泡沫的能力是它们最大的商业应用，它们在非水体系应用中作为泡沫稳定剂的功能已经得到广泛的研究。非离子硅氧烷表面活性剂的水溶液起泡行为类似于传统的碳氢非离子表面活性剂——它们是低于中等的泡沫剂。

硅氧烷表面活性剂用于碳氢燃料中的消泡剂，并作为汽油和石油产品的破乳剂。它们作为消泡剂和破乳剂的性能被认为分别与它们在气/油和油/水界面铺展的能力有关。含聚氧烷烯基团的硅氧烷表面活性剂可能有浊点，特别是那些含混合 EO 和 PO 基团的。在浊点温度以上，它们可作为消泡剂，这与其他 EO/PO 共聚物一致。

（3）胶体稳定性　只有少量的研究报道了硅氧烷表面活性剂用于稳定其他类型的胶态分散体。Gritskova 等研究了表面活性有机硅化合物用于稳定聚苯乙烯颗粒分散体的例子。他们合成了几个含二甲基硅氧烷和聚烯、聚氨酯和含羟基的共聚物。这些物质的水溶性更好，有最低的界面张力，但是最疏水的样品的分散最为稳定，粒子分布为窄分布。

5. 硅氧烷表面活性剂的有序组合体行为

与碳氢表面活性剂相似，在水溶液中硅氧烷表面活性剂在 cmc 以上也能自聚形成各种各样的分子有序组合体。并在较高的表面活性剂浓度下，形成溶致液晶（或称介晶相）。有序组合体的结构和介晶相的类型与硅氧烷表面活性剂的构成有关。含长亲水链的样品倾向于在 cmc 以上形成球形胶束，六角相作为最初的介晶相，而含较短的亲水基的样品在 cmc 以上出现大的囊泡，层状相是最初的介晶相。

疏水硅氧烷链的长度一般不会影响硅氧烷表面活性剂的有序组合体和相行为。

疏水硅氧烷表面活性剂在弱极性和非极性溶剂中在临界聚集浓度（cac）以上的有序组合体也是非常类似的，但还没有被明确证实。

关于硅表面活性剂在水溶液中形成有序组合体的行为是令人惊讶的，因为预测它们会在溶液中采取无序盘绕构象。此信息有利于理解浓缩的表面活性剂溶液的物理性质，可能对于理解硅氧烷表面活性剂和传统的表面活性剂间的相互作用特别有用。既然表面活性剂形成的有序组合体的类型可以指示界面上其所倾向采取的固有曲率，有序组合体行为的知识也有助于理解乳化和润湿。

（四）硅表面活性剂的应用

有机硅表面活性剂除具有普通表面活性剂润湿、分散、起泡、消泡、抗静电、乳化、渗透、柔软、润滑、增溶等性能外，还具有较高的表面活性，易展布性、生理惰性、耐候性、耐高温性等特点，这些特点使其在塑料、橡胶、纺织、涂料、医药、食品、化妆品、石油、化工等部门得到广泛应用。这里重点介绍硅表面活性剂在聚氨酯泡沫塑料生产上的应用。

硅表面活性剂的第一个也是最大的商业应用是它们作为聚氨酯泡沫塑料生产的添加剂。聚氨酯泡沫塑料的制备是从聚醇、异氰酸盐、水、爆破剂和催化剂的混合物开始的。两个主要的反应涉及聚氨酯的形成（凝胶化反应）和尿素的形成（爆破反应），其产生 CO_2。在这些反应的过程中，泡沫的温度迅速增加，黏度急剧增加，尿素开始相分离，泡沫成核并迅速铺展。

在聚氨酯泡沫塑料生产中，硅表面活性剂具有四方面的作用：① 乳化作用，即乳化相对不互溶的聚醇和异氰酸盐；② 气泡成核作用；③ 稳泡作用，当体系黏度低时，能使气泡壁中薄的部分自动修复；④ 消泡作用，当气泡达到适当大小时，由表面活性剂参与组成的气泡膜可破裂而开孔。

三、氟硅表面活性剂

氟硅表面活性剂是分子中既有氟碳链、又有硅氧烷主干的表面活性剂。氟硅表面活性剂是应材料科学的发展而发展起来的。

有机硅材料具有优越的耐高低温性能（-60～310℃左右）、高温下优越的物理机械性能、耐老化、自熄性等特性。随着工业技术的不断发展，有机硅材料逐渐暴露出其耐油性和耐化学介质差的缺点；而有机氟材料热稳定性好（-27～300℃左右），具有极其优越的耐燃料油和耐化学介质性。而有机氟材料存在耐低温性差等缺陷。以织物整理剂为例，作为拒水拒油整理剂，有机氟整理剂可以提供卓越的拒水拒油功效，但影响整理织物的手感、柔软性等。

很久以来，人们一直试图将有机硅和有机氟产品结合在一起，以期获得更佳的性能。但在大多数情况下，通过直接将两种产品复配，憎水憎油性不但没有提高，反而降低。有机硅柔软剂的存在同样对有机氟产品产生严重的负面影响。因此如何利用有机硅制得有柔软性的憎水憎油剂（柔软基团和憎水憎油基团集中于同一分子中）也是一个值得研究的课题。

20 世纪 50 年代，Dow Corning 公司巧妙地将具有良好的耐油性、耐化学介质同时耐低温性差的有机氟材料与有机硅材料优势互补，开发了氟硅系列产品，氟硅材料开始成为复合材料的一个新的研究领域，并由此衍生出新型的氟硅表面活性剂。几种典型的氟硅表面活性剂如下。

$$(CH_3)_3SiO\!\left[\begin{array}{c}CH_3\\|\\Si-O\\|\\CH_3\end{array}\right]_m\!\left[\begin{array}{c}CH_3\\|\\Si-O\\|\\OC_2H_4OR_f\end{array}\right]_n\!Si(CH_3)_3 \qquad (CH_3)_3SiO\!\left[\begin{array}{c}CH_3\\|\\Si-O\\|\\CH_3\end{array}\right]_m\!\left[\begin{array}{c}CH_3\\|\\Si-O\\|\\(CH_2)_3N(CH_3)COR_f\end{array}\right]_n\!Si(CH_3)_3$$

$$R(CH_3)_2SiO\!\left[\begin{array}{c}CH_3\\|\\Si-O\\|\\CH_2CH_2(CF_2)_3CF_3\end{array}\right]_n\!Si(CH_3)_2R \qquad R_fCH_2CH_2\begin{array}{c}H_3C\\|\\SiO\\|\\H_3C\end{array}\!\left[\begin{array}{c}CH_3\\|\\Si-O\\|\\CH_3\end{array}\right]_n\!\begin{array}{c}CH_3\\|\\Si\\|\\CH_3\end{array}CH_2CH_2R_f$$

$$R_f=-CF_3,-CH_2CH_2(CF_2)_mCF_3 \quad (m=0\sim5)$$

由于氟碳链具有低表面张力，而硅氧烷主链有柔顺卷曲的特性，因而氟硅的优势互补，使得氟硅表面活性剂兼具有机硅和有机氟化合物的双重性能，在保持有机硅耐热性、耐寒性的同时，兼具有机氟的耐候性、耐溶剂性、耐油性、耐腐蚀性和更低的表面能。另一方面，在有机氟化合物中引入含硅基团，可降低全氟烃类物质的生理活性；同时加入硅氧键后可以尝试减少碳氟链的长度，减弱全氟烷基化合物对环境的不利影响。

氟硅材料作为拒水拒油剂作用于基材表面（如图 13-4 所示），是利用含硅活性官能团与基材表面通过化学吸附或化学反应，形成自组装分子膜。利用含氟长链 R_f 的低表面能的特性，让防水防油剂均匀的施加在基材表面，在基材表面形成了氟原子或原子团的新表面层，借新表面层的氟原子或原子团的化学力使油、水不能润湿它。

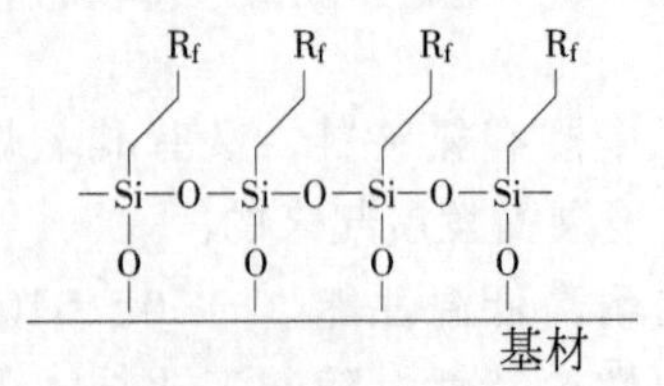

图 13-4 氟硅拒水拒油剂在基材表面的状态

在织物整理剂方面，含氟硅整理剂有望同时具备含氟和含硅整理剂的优点，因而氟硅材料同时具有优异的憎水、憎油和憎污性能、抗静电性能和良好的手感、柔软性，广泛应用在玻璃面、建筑、织物、皮革、室外雕塑、广告、路标的防水、防油、防污等场合，同时还可应用于汽车、建筑、航天等领域。

四、含其他元素的表面活性剂

除了含氟、含硅表面活性剂，还有含硼、磷、硫以及金属等元素的表面活性剂[10]。含磷表面活性剂已在普通表面活性剂中介绍了，这里重点介绍含硼和硫元素的表面活性剂。

（一）含硼表面活性剂

含硼表面活性剂一般指分子中含有 B—O 键，且具有

CHO　OCH
　　B
CHO　HOCH

结构部分的表面活性剂。它是由具有邻近羟基的多元醇、低碳醇的硼酸三酯和某些脂肪酸所合成的[9]。这类表面活性剂一般为非离子型，但在碱性介质中重排为阴离子型，它们有油溶性的也有水溶性的。下面列举这类化合物的一些品种。

CH_2O　OCH_2；$\ominus$B；CHO　δ^+ H　$\oplus$OCH　CH_2CH；CH_2OOCR

硼酸双甘酯单脂肪酸酯
（非离子型，油溶性）

CH_2O　OCH_2；$\ominus$B；CHO　δ^+ H　$\oplus$OCH　CH_2OOCR；CH_2OOCR

硼酸双甘酯双脂肪酸酯
（非离子型，油溶性）

CH_2O　OCH_2；$\ominus$B；CHO　δ^+ H　$\oplus$$OCH_2$　$CH_2O(CH_2CH_2O)_nH$；CH_2OOCR

硼酸双甘酯单脂肪酸酯聚氧乙烯醚
（非离子型，水溶性）

CH_2O　OCH_2；$\ominus$B；CHO　δ^+ H　$\oplus$OCH　$CH_2O(CH_2CH_2O)_mOCR$；$CH_2O(CH_2CH_2O)_nH$

硼酸双甘酯双脂肪酸酯聚氧乙烯醚
（非离子型，水溶性）

含硼表面活性剂通常是一种半极性化合物，沸点一般都很高；不挥发，高温下极稳定，但能水解。

含硼表面活性剂具有很好的抗菌性，其抗菌性的强弱不仅取决于硼的含量，还与表面活性剂的结构密切相关。半极性有机硼表面活性剂不但具有抗菌性，而且毒性低。

含硼表面活性剂主要用作气体干燥剂、润滑油和水溶性无水液体的稳定剂、极压剂、压缩机工作介质和防蚀剂，聚氯乙烯、聚丙烯酸甲酯的抗静电剂、防滴雾剂以及各种物质的分散剂和乳化剂等。

硼是一种无毒、无公害，具有杀菌、防腐、抗磨能力的非活性元素。开发硼系表面活性剂既可以利用硼的杀菌优点提高表面活性剂在水溶液中的使用寿命，又可利用其抗磨性增加表面活性剂油膜强度，使表面活性剂的应用领域进一步扩大。

（二）含硫表面活性剂

表面活性剂分子结构中含有 $-\overset{O}{\overset{\uparrow}{S}}-$ 、$-\overset{+}{\underset{|}{S}}-$ 基团的表面活性剂称为硫表面活性剂。典型例子有

$$R-\overset{O}{\overset{\uparrow}{S}}-CH_2CH_2OSO_3Na \qquad \text{阴离子}$$

$$\begin{matrix}R_1 & & \\ & N-\overset{O}{\overset{\|}{C}}-O-C_6H_3(R_5)-\overset{+}{S}(R_3)(R_4)\cdot X^- \\ R_2 & & \end{matrix} \qquad \text{阳离子}$$

$$R-\overset{O}{\overset{\uparrow}{S}}-CH_2CH_2O(CH_2CH_2O)_nH \qquad \text{非离子}$$

$$R-\overset{CH_3}{\overset{|}{S^+}}-(CH_2)_mCOO^- \qquad \text{两性离子}$$

这类表面活性剂在杀灭或抑制革兰氏阴性菌和采油中遇到的硫酸盐还原菌方面，其效果优于常见的季铵盐。用它配制的洗涤剂，在低温和不加助剂的条件下洗涤效果较好。许多国家对此进行了研究。

含硫表面活性剂主要用于杀菌、杀虫，亦可用于纺织、印染、防锈、防蚀、有机合成、采油、洗涤用品、化妆品、医学、农业、造纸、电解、有机合成等方面。

（三）其他元素表面活性剂

还有一些分子中同时含有 B、P 或卤素的表面活性剂，如

$$\begin{matrix} CH_2O & & OH_2C & & \\ | & \overset{\delta^-}{B} & | & & \\ CHO & & OHC & \overset{O}{\overset{\|}{}} & \\ | & & | & & \\ RCOOCH_2 & & CH_2-O- & \underset{ONa}{\underset{|}{P}} & -OCH_2\underset{C_2H_5}{\underset{|}{CH}}(CH_2)_3CH_3 \\ & H^{\delta+} & & & \end{matrix}$$

含硼含磷表面活性剂

$$\begin{matrix} CH_2O & & OH_2C \\ | & \overset{\delta^-}{B} & | \\ CHO- & & OHC \\ | & & | \\ | & & CH_2O(C_3H_6O)_nH \\ | & H^{\delta+} & \\ CH_2O(C_3H_6O)_m\overset{O}{\overset{\|}{C}}-C_6Br_4-COOC_4H_9 & & \end{matrix}$$

含硼含卤表面活性剂

这类表面活性剂除具有含硼表面活性剂的特性之外，由于分子中含有卤元素，可用作阻燃剂。

用其他金属 Ti、Sn、Zr、Ge 等代替含硅表面活性剂中的 Si，这种表面活性剂

和含硅、含氟表面活性剂一样表面活性高，可使水溶液的表面张力降到20mN/m。在油溶液中也能显示出明显的表面活性。有的还能润湿像合成树脂那样的疏水表面。它们能使无机颜料很好地分散在有机溶剂中，具有很高的乳化能力。但上述产品很少使用。

参考文献

[1] Kissa E，Fluorinated Surfactants and Repellents，Marcel Dekker，New York，2001.

[2] 梁治齐，陈溥. 氟表面活性剂. 北京：中国轻工业出版社，1998.

[3] 曾毓华. 氟碳表面活性剂. 北京：化学工业出版社，2001.

[4] Abe M，Current Opinion in Colloid & Interface Science，1999，4：354.

[5] 肖进新，江洪 . 日用化学工业，2001，31 (5)：24-27.

[6] Zaggia A，Ameduri B. Current Opinion in Colloid & Interface Science 2012，17 (4)：188.

[7] Dou Z P，Xing H，Xiao J X，Chemistry-A European Journal，2011，17 (19)：5373.

[8] 杨栋樑 . 含氟防护整理的近况 . 上海丝绸 . 2010，(01)：18-23.

[9] Hill R M. Silicone surfactants. New York：Marcel Dekker，Inc.，1999.

[10] 蒋文贤 . 特种表面活性剂 . 北京：中国轻工业出版社，1995.

第十四章 新型表面活性剂和功能性表面活性剂

20 世纪 90 年代以来，一些具有特殊结构的新型表面活性剂被相继开发[1~3]。它们有的是在普通表面活性剂的基础上进行结构修饰（如引入一些特殊基团），有的是对一些本来不具有表面活性的物质进行结构修饰，有些是从天然产物中发现的具有两亲性结构的物质，更有一些是合成的具有全新结构的表面活性剂。这些表面活性剂不仅为表面活性剂结构与性能关系的研究提供了合适的对象，而且具有传统表面活性剂所不具备的新性质，特别是具有针对某些特殊需要的功能。高分子表面活性剂和生物表面活性剂也属于此类，但由于其制备、结构和性能的特殊性，且本章篇幅度限制，将其另列两章讨论。

一、孪连表面活性剂

孪连表面活性剂（Gemini surfactant 或 Geminis）是一类带有两个疏水链、两个亲水基团和一个桥联基团的化合物。类似于两个普通表面活性剂分子通过一个桥梁联结在一起，分子的形状如同“连体的孪生婴儿”［如图 14-1（b）所示］。我们将其译作孪连表面活性剂，意为“孪生连体”[4]。其典型化合物具有如图 14-1（c）所示的结构。

与传统的表面活性剂相比，孪连表面活性剂具有很高的表面活性（cmc 和 c_{20} 值很小），其水溶液具有特殊的相行为和流变性，而且其形成的分子有序组合体具有一些特殊的性质和功能，已引起学术界和工业界人士的广泛兴趣和关注。

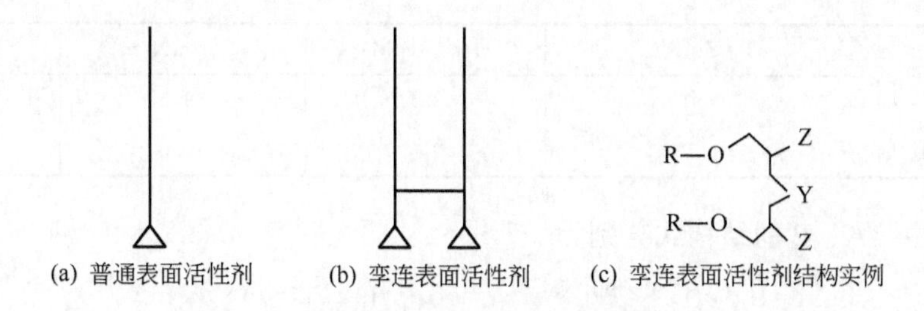

(a) 普通表面活性剂　(b) 孪连表面活性剂　(c) 孪连表面活性剂结构实例

图 14-1　孪连表面活性剂分子的结构简图

R 为烷基，Z 为亲水基，Y 为桥联基，如—O $(CH_2CH_2O)_n$— (n=0～3) 等

(一) 孪连表面活性剂的结构类型

迄今为止，阳离子 Geminis 已有季铵盐型、吡啶盐型、胍基型等；阴离子型 Geminis 有磷酸盐、硫酸盐、磺酸盐型及羧酸盐型等；非离子型 Geminis 出现了聚氧乙烯型和糖基型等，其中糖基既有直链型的，又有环型的。从疏水链来看，由最初的等长的饱和碳氢链型，出现了碳氟链部分取代碳氢链型，不饱和碳氢链型，醚基型，酯基型，芳香型，以及两个碳链不等长的不对称型。

Geminis 的联结基团的变化最为丰富，联结基团的变化导致了 Geminis 性质的丰富变化。它可以是疏水的，也可以是亲水的；可以很长，也可以很短；可以是柔性的，也可以是刚性的，前者包括较短的碳氢链、亚二甲苯基、对二苯代乙烯基等，后者包括较长的碳氢链、聚氧乙烯链、杂原子等。从反离子来说，多数阳离子型 Geminis 以溴离子为反离子，但也有以氯离子为反离子的，也有以手性基团（酒石酸根、糖基）为反离子的，还有以长链羧酸根为反离子的。近年来又出现了多头多尾型 Geminis，它们的出现为 Geminis 大家族增添了新的一员。

(二) 孪连表面活性剂的性质

与普通表面活性剂相比，孪连表面活性剂具有极高的表面活性。不同种类孪连表面活性剂的性质差别较大，下面以具有图 14-1（c）所示结构的孪连表面活性剂为例简述其物理化学性质。表 14-1 列出一些典型孪连表面活性剂的 cmc，c_{20} 及 γ_{cmc}。为便于比较，表中同时列出了普通表面活性剂 $C_{12}H_{25}SO_4Na$ 和 $C_{12}H_{25}SO_3Na$ 的表面活性数据。

表 14-1　孪连型表面活性剂的表面活性数值

类型	Y	cmc/（mM）	γ_{cmc}/（mN/m³）	c_{20}/（mM）
A	$—OCH_2CH_2O—$	0.013	27.0	0.0010
B	—O—	0.033	28.0	0.008
B	$—OCH_2CH_2O—$	0.032	30.0	0.0065
B	$—O(CH_2CH_2O—)_2$	0.060	36.0	0.0010

续表

类型	Y	cmc/（mM）	γ_{cmc}/（mN/m³）	c_{20}/（mM）
$C_{12}H_{25}SO_4Na$		8.1	39.5	3.1
$C_{12}H_{25}SO_3Na$		9.8	39.0	4.4

表中，A、B的结构式分别为

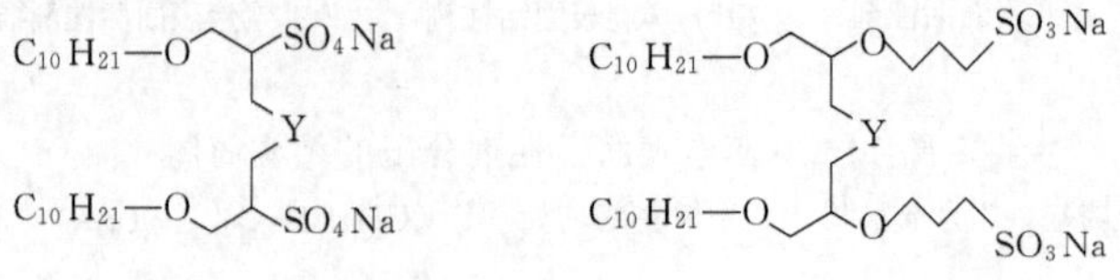

$C_{10}H_{21}$—O　SO_4Na　Y　$C_{10}H_{21}$—O　SO_4Na

A

$C_{10}H_{21}$—O　O　SO_3Na　Y　$C_{10}H_{21}$—O　O　SO_3Na

B

孪连表面活性剂的联结基用化学键将两个离子头基连接起来，减少了具有相同电性的离子头基间的静电斥力以及头基水化层的障碍，促进了表面活性剂离子的紧密排列。因此，与传统的表面活性剂相比，孪连表面活性剂具有很高的表面活性，表14-1中的孪连表面活性剂的 c_{20} 值比普通表面活性剂降低2～3个数量级；cmc值比普通表面活性剂降低1～2个数量级；其 γ_{cmc} 也远低于普通表面活性剂。

此外，具有上述结构的孪连表面活性剂的克拉夫特点都很低，一般在0℃以下。

（三）影响孪连表面活性剂性能的主要因素

对孪连表面活性剂来讲，除了与普通表面活性剂相同的影响因素之外，桥联基的结构（包括其长度、类型等）对其性能起着重要作用。

桥联基对孪连表面活性剂的表面活性影响主要表现在桥联基对cmc及气/液界面表面活性剂分子截面积的影响。其原因可能是桥联基影响表面活性剂分子在体相及界面的空间构型及排列。一般来讲，孪连表面活性剂的桥联基柔性且亲水时，其表面活性较高；桥联基刚性且疏水时，表面活性较差。这可能是由于亲水且柔性的碳链使桥联基弯向水相，形成向外凸的胶束表面，疏水链在表面吸附层中也易于采取直立构象；疏水的桥联基倾向于和两条疏水链一起“逃离”水相，形成胶束的困难程度较前者稍大，而刚性的桥联基对疏水链的空间构型有一定限制，形成胶束的困难程度更大，在表面吸附层中也不易采取疏水链完全直立的构象。

桥联基的长度对表面活性也有很大的影响。当桥联基为柔性或碳链足够长时，孪连表面活性剂分子可能在界面形成“拱门”或“环”状空间构型；桥联基较短或为刚性时，该桥联基可能平躺在界面。前者分子排列较紧密，表面张力较低，而后者分子排列较松表面张力偏高。

二、Bola型表面活性剂

Bola是南美土著人的一种武器的名称，其最简单的形式是一根绳的两端各结一个球。Bola型两亲化合物是一个疏水部分连接两个亲水部分构成的两亲化合物。

已经研究的Bola化合物有三种类型（图14-2）：单链型（Ⅰ型）、双链型（Ⅱ型）和半环型（Ⅲ型）。

图14-2　Bola化合物的类型

这是基于分子形态来划分的。此外，Bola化合物的性质还随疏水基和极性基的性质而有所不同。作为Bola化合物的极性基既有离子型（阳离子或阴离子），也有非离子型。作为Bola化合物的疏水基既有直链饱和碳氢或碳氟基团，也可以是不饱和的、带分枝的或带有芳香环的基团。

Bola化合物溶液的表面张力有以下两个特点。第一，降低水表面张力的能力不是很强。例如，十二烷基二硫酸钠水溶液的最低表面张力为47～48mN/m（图14-3），而十二烷基硫酸钠水溶液的最低表面张力是39.5mN/m。

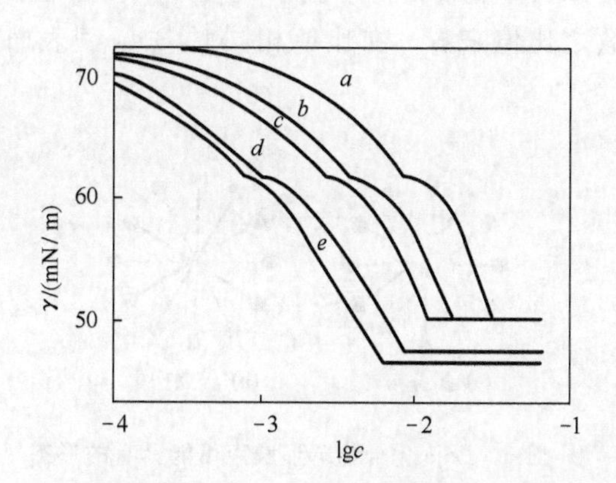

图14-3　不同盐浓度时α,ω-十二烷基二硫酸钠的表面张力-浓度曲线

a—NaCl浓度为0；b—NaCl浓度0.1mol/L；c—NaCl浓度0.2mol/L；d—NaCl浓度0.4mol/L；e—NaCl浓度0.8mol/L

这可能是因为，Bola化合物具有两个亲水基，表面吸附分子在溶液表面将采取U型构象，即两个亲水基伸入水中，弯曲的疏水链伸向气相［图14-4（a）］。于是，构成溶液表面吸附层的最外层是亚甲基；而亚甲基降低水的表面张力的能力弱于甲基，所以，Bola化合物降低水表面张力的能力较差。

第二个特点是，Bola化合物的表面张力-浓度曲线往往出现两个转折点。图

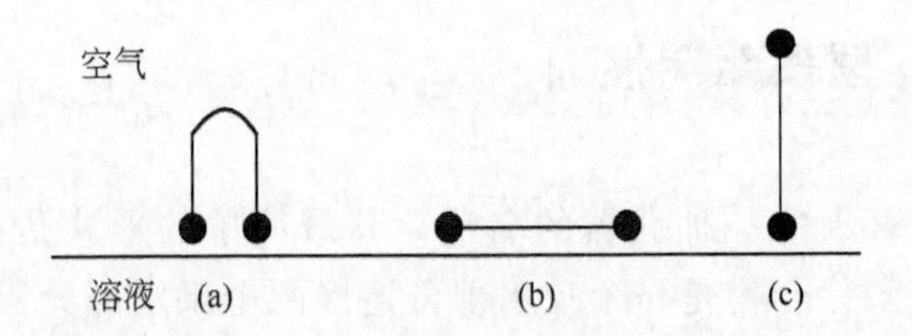

图 14-4　Bola 化合物分子吸附于水面时的构象

14-3就是一例。在溶液浓度大于第二转折点后溶液表面张力保持恒定。

二硫酸盐的表面张力-浓度对数图和微分电导-浓度图上都有两个转折点，被称为第一 cmc（或称 cdc，critical dimer concentration）和第二 cmc（或称 cmc）。实验表明，二硫酸盐在第一 cmc 和第二 cmc 之间只形成聚集数很小的“预胶束”(premicelle)，几乎没有加溶能力。第二 cmc 以上，溶液中形成非常松散的、强烈水化的胶束，其加溶能力较弱。油溶性染料偶氮苯、OB 黄在第二 cmc 以前加溶量很小，第二 cmc 以上，加溶量增大，但仍小于十二烷基硫酸钠胶束的加溶量。这证明第二 cmc 以前溶液中几乎没有形成有加溶能力的胶束。上述结果表明，Bola 两亲化合物的离子性基团在聚集时保持了绝大部分的结合水，故聚集体十分松散。相比而言，通常所称的胶束均具有水不能渗入的疏水核。

与疏水基碳原子数相同、亲水基也相同的一般表面活性剂相比，Bola 型表面活性剂的 cmc 较高，Krafft 点较低，常温下具较好的溶解性。不过，如与按亲水基与疏水基碳原子数之比值来看，在比值相同时 Bola 型表面活性剂的水溶性仍较差。

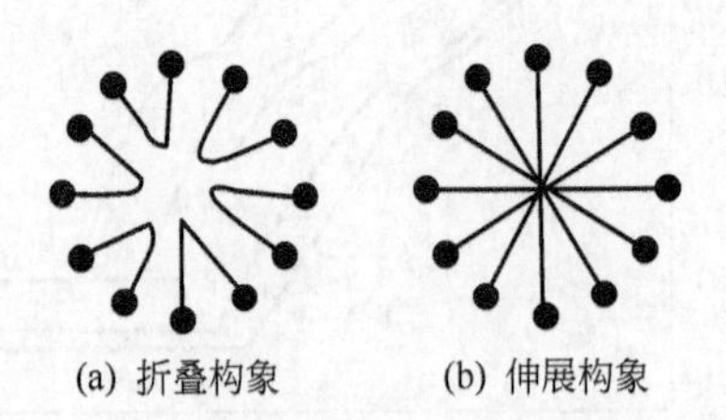

图 14-5　Bola 化合物球形胶束可能具有的形态

Bola 化合物形成的胶束有多种形态。当 Bola 化合物形成球形胶束时，在胶束中可能采取折叠构象，也可能采取伸展构象（图 14-5）。那么，究竟 Bola 化合物在胶束中采取何种构象呢？不难想见，当 Bola 分子在胶束中采取伸展构象时，一个 Bola 分子从胶束中离解，必然有一个带电的极性头需要穿过胶束疏水中心，这是比较困难的。因此，其解离速度常数应该比同碳原子数的一般型表面活性剂小。反之，Bola 分子在胶束中采取折叠构象时，分子从胶束中离解的速度常数比较大，因此，一些碳链较长的 Bola 分子在胶束中可能采取折叠构象。对于疏水链较短的

Bola 分子，在胶束中采取折叠构象可能存在空间结构上的困难。除了球形胶束，有些 Bola 化合物还可以形成棒状胶束。

Bola 两亲化合物分子因为具有中部是疏水基，两端为亲水基团的特殊结构，在水中作伸展的平行排列，即可形成以亲水基包裹疏水基的单分子层聚集体，称为单层类脂膜（MLM）。这种膜的厚度比通常的 BLM 膜薄得多。单层膜弯曲闭合后就形成单分子层囊泡［MLM 囊泡，图 14-6（b）］。

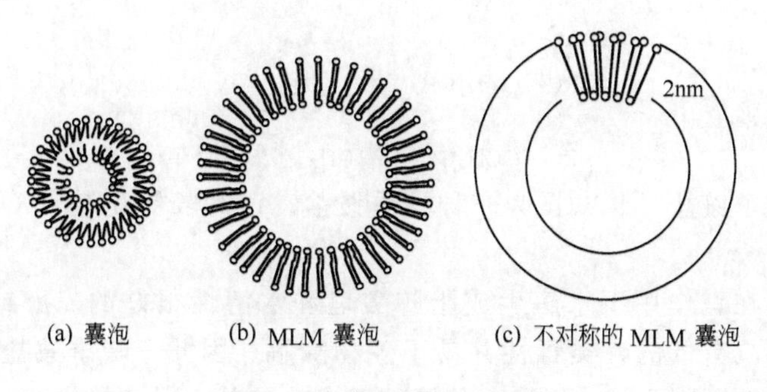

(a) 囊泡　(b) MLM 囊泡　(c) 不对称的 MLM 囊泡

图 14-6　囊泡结构示意图

三、可解离型表面活性剂

可解离型表面活性剂（cleavable surfactant），也称为 tempory 表面活性剂或可控半衰期的表面活性剂（surfactants with controlled half-lives），是指在完成其应用功能后，通过酸、碱、盐、热或光等作用能分解成非表面活性物质或转变成新表面活性化合物的一类表面活性剂。可解离型表面活性剂引起人们极大的兴趣，主要是由于以下原因：① 表面活性剂在环境中易于分解使其更容易生物降解；② 通过表面活性剂的分解使其更容易在使用后分离除去；③ 通过表面活性剂的解离可使解离产物产生新功能。如用于个人护理品的表面活性剂在完成其正常应用功能后，进一步解离产生对皮肤有利的物质。

可解离型表面活性剂可通过其可解离的基团（键）分为酸解型、碱解型、盐解型、热解型和光解型等。最常见的形式是带有可解离基团的季铵盐。

（一）碱解型表面活性剂

这类表面活性剂最常见的是以酯键作为可解离基，一般为带酯基的季铵盐，称为酯季铵盐（ester-quarts）。主要包括以下种类：

1. 季铵化乙醇胺酯

主要有以下几种结构形式

$$\mathrm{I}\qquad \mathrm{R_2\overset{\oplus}{N}(CH_3)_2}\quad X^{\ominus}$$

$$\text{II}\quad \begin{matrix} RCOOCH_2CH_2 \\ RCOOCH_2CH_2 \end{matrix} \!\!>\! \overset{\oplus}{N} \!<\! \begin{matrix} CH_3 \\ CH_3 \end{matrix} \quad X^{\ominus}$$

$$\text{III}\quad RCOOCH_2CH(OCOR)CH_2-\overset{\oplus}{N}(CH_3)_3 \quad X^{\ominus}$$

$$\text{IV}\quad \begin{matrix} RCOOCH_2CH_2 \\ RCOOCH_2CH_2 \end{matrix} \!\!>\! \overset{\oplus}{N} \!<\! \begin{matrix} CH_2OH \\ CH_3 \end{matrix} \quad X^{\ominus}$$

Ⅰ为普通季铵盐，Ⅱ～Ⅳ为三种酯季铵盐。R为长链烷基，X为Cl，Br，或CH_3SO_4。

酯季铵盐在碱作用下水解生成脂肪酸皂和水溶性很好的二醇或三醇季铵盐。这些解离产物具有低的鱼类毒性并易于生物降解。因此，酯季铵盐常被用于纤维柔顺剂和头发调理剂配方，以取代传统的双十八烷基三甲基氯化铵。

2. 酯酰胺季铵盐

酯酰胺季铵盐已经被应用于织物柔软剂。下面是两种酯酰胺季铵盐的结构。

$$\text{I}\quad R-\overset{\oplus}{N}(CH_3)(CH_2CH_2OH)-(CH_2)_3NH-\overset{O}{\overset{\|}{C}}(CH_2)_3O-\overset{O}{\overset{\|}{C}}R \quad X^{\ominus}$$

$$\text{II}\quad R-\overset{O}{\overset{\|}{C}}-OCH_2CH_2\overset{\oplus}{N}(CH_3)\langle\text{piperazine}\rangle N-\overset{O}{\overset{\|}{C}}-R \quad X^{\ominus}$$

R为长链烷基，X为Cl，Br，或CH_3SO_4。

化合物Ⅰ是通过丁内酯用一个脂肪二氨开环，然后加入1mol的环氧乙烷，用一种酸酯化和季铵化而制成的。化合物Ⅱ是通过由羟乙基哌嗪和一个脂肪酸反应，然后季铵化制备的。选择适当的烷基（R和R′），这些化合物就能作为织物柔软剂，同时具有比传统柔软剂更好的生物降解性。化合物Ⅰ的有趣的一个性质是一个酰基基团能够独自地变换其他基团，给出不对称的分子和许多可调节的性质。

3. 甜菜碱酯

其典型化合物的结构如下：

$$\begin{matrix} CH_3 \\ CH_3 \end{matrix} \!\!>\! \overset{\oplus}{N} \!<\! \begin{matrix} CH_2\overset{O}{\overset{\|}{C}}-OR \\ CH_2\overset{O}{\overset{\|}{C}}-OR \end{matrix} \quad X^{\ominus}$$

$$CH_3-\overset{\oplus}{N}(CH_3)_2-CH_2\overset{O}{\overset{\|}{C}}-O-CH\begin{cases}CH_2-O-\overset{O}{\overset{\|}{C}}R\\ CH_2-O-\overset{O}{\overset{\|}{C}}R\end{cases}\quad X^{\ominus}$$

R 为长链烷基，X 为 Cl，Br，或 CH_3SO_4。

碱催化酯水解的反应速率受邻近的给电子基团或吸电子基团的影响。季铵基团是很强的吸电子基团。诱导效应会降低酯键上的电子密度。因此，由酯羰基碳上的氢氧根的亲核进攻开始的碱水解是容易的。前述季铵化乙醇胺酯中的化合物Ⅱ～Ⅳ在铵盐的氮和酯键的氧间都有两个碳原子。这样的酯的碱水解速度要大于缺乏邻近电荷的酯的水解速度，但这个差别是不重要的。另一方面，如果电荷在酯键的另外一边，速度则大幅度提高，这种酯在碱性条件下很不稳定，而在酸性条件下很稳定。

表面活性甜菜碱酯对 pH 的强敏感性使之成为一种可解离的阳离子表面活性剂。它被保存在酸性条件下时寿命很长，水解速率取决于 pH。

4. 胆碱酯

胆碱酯表面活性剂具有以下结构：

$$R\overset{O}{\overset{\|}{C}}-OCH_2CH_2-\overset{\oplus}{N}(CH_3)_2-CH_3\quad X^{\ominus}$$

胆碱酯表面活性剂可用作可控制半衰期的杀虫剂。带有一个 9～13 个碳原子的烷基的化合物有很好的抗微生物作用。体内水解很快，可能是因为丁基胆碱酯酶的催化。因为水解产物是新陈代谢的普通成分，这些酯季铵盐无毒性。

5. 糖酯

近年来，糖酯受到广泛注意，它可通过有机合成或酶催化的酯化反应来制备。下面是一些表面活性糖酯的结构。

$CH_3(CH_2)_{10}\overset{O}{\overset{\|}{C}}OCH_2$ — O, OH, OH, HO, OH（吡喃糖环）

$CH_3(CH_2)_{10}\overset{O}{\overset{\|}{C}}OCH_2$ — O, OH, HO, OH —O— $HOCH_2$, O, HO, CH_2OH, OH（呋喃糖环）

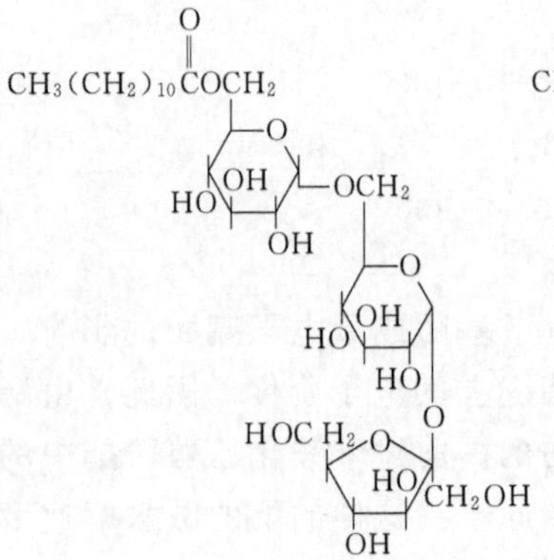

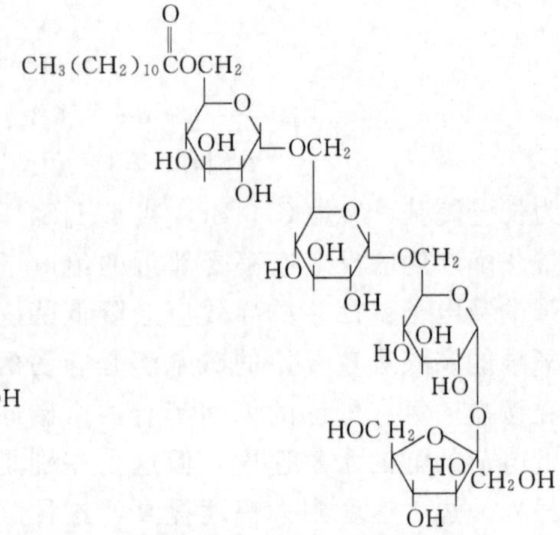

$$CH_3(CH_2)_{10}\overset{O}{\overset{\|}{C}}OCH_2 \qquad\qquad CH_3(CH_2)_{10}\overset{O}{\overset{\|}{C}}OCH_2$$

HO OH OCH₂ OH HO OH HO O HOC H₂ HO CH₂OH OH

HO OH OCH₂ OH HO OH OCH₂ OH HO OH HO O HOC H₂ HO CH₂OH OH

这些化合物在 6 位上都有酯基，因而是一类典型的可解离型表面活性剂。

6. 羟乙基磺酸盐酯

羟乙基磺酸盐酯（isethionate esters）中的羧酸酯，可用于护肤用品。通过一种烷基聚环氧乙烯酸同羟乙基磺酸盐形成的酯如 $R—(OCH_2CH_2)_nOCH_2$-$COOCH_2$-CH_2SO_3Na 在碱性条件下不稳定。当产品用于皮肤上时，酯键会部分解离。

7. 醇醚碳酸盐

聚氧乙烯型非离子表面活性剂是黏稠的油状物质，因而不能用于配制粉末状去污剂。将其同二氧化碳反应可得到一种碱性条件下可分解的固态羧酸盐，这种固态羧酸盐即可用于配制颗粒去污剂，使用时分解为初始的非离子表面活性剂和羧酸盐，如下式所示：

$$R—(OCH_2CH_2)_nOH + CO_2 \xrightarrow{NaOH} R—(OCH_2CH_2)_nOCOONa \xrightarrow{OH^-} R—(OCH_2CH_2)_nOH$$

8. 含硅-氧键的表面活性剂

硅-氧键在碱性和酸性条件下都可水解。在相对中性的 pH 下，可通过氟离子使其断裂（在非水溶液中离子是不水化的，通过 F^- 断裂非常快）。阳离子表面活性剂的单尾结构如下式所示。

$$(n\text{-}C_{12}H_{25})_2\overset{C(CH_3)_3}{\overset{|}{Si}}OCH_2CH_2N^+(CH_3)_3NO_3^-$$

9. 含有亚砜基的表面活性剂

通过对相应的硫化物进行氧化，可得到含亚砜氧乙烯基的阴离子和阳离子表面活性剂。它们在酸性条件下稳定，在弱碱性条件下分解成非表面活性产物亚砜基乙烯和苯酚，如下式所示。

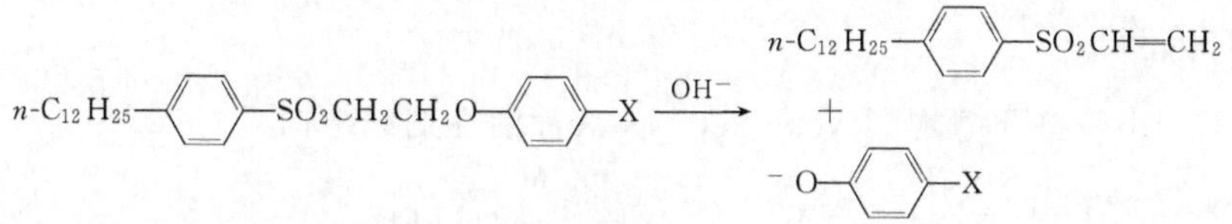

$$n\text{-}C_{12}H_{25}\text{—}C_6H_4\text{—}SO_2CH_2CH_2O\text{—}C_6H_4\text{—}X \xrightarrow{OH^-} n\text{-}C_{12}H_{25}\text{—}C_6H_4\text{—}SO_2CH{=}CH_2 + {}^-O\text{—}C_6H_4\text{—}X$$

阳离子表面活性剂的分解要比阴离子的快，这是因为带正电的胶束更容易被 OH^- 包围。

(二)酸解型表面活性剂

酸性条件下不稳定的表面活性剂大多含有缩醛基（acetal group），水解后生成醛，为碳氢键生物降解的 β 氧化中的中间产物。未取代的缩醛的水解通常很容易，在室温下 pH＝4～5 时速度很快。取代基，例如，羟基、醚氧基、卤素的吸电子性使其水解速度降低。阴离子缩醛表面活性剂比阳离子的更稳定，这是因为胶束表面附近盐氧离子（oxonium ion）的活性的不同。

1. 烷基糖苷

烷基糖苷（APGs）在目前来说是最重要的缩醛表面活性剂，烷基糖苷表面活性剂在酸性条件下分解为葡萄糖和长链醇，而在碱性条件下则非常稳定。由于其分解性及相对简单的合成方法可被应用于各种类型的清洁配方中。

2. 环状缩醛

除了糖苷以外，研究最多的缩醛类表面活性剂是 1,3-二氧戊环（五元环）和 1,3-二噁烷（六元环）化合物，下面是一些环状缩醛表面活性剂的例子。

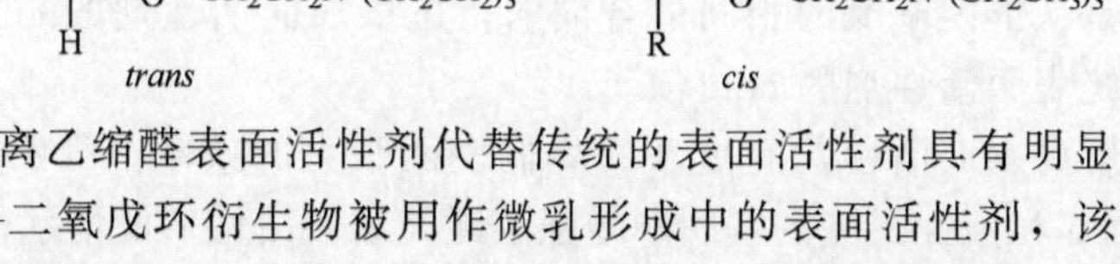

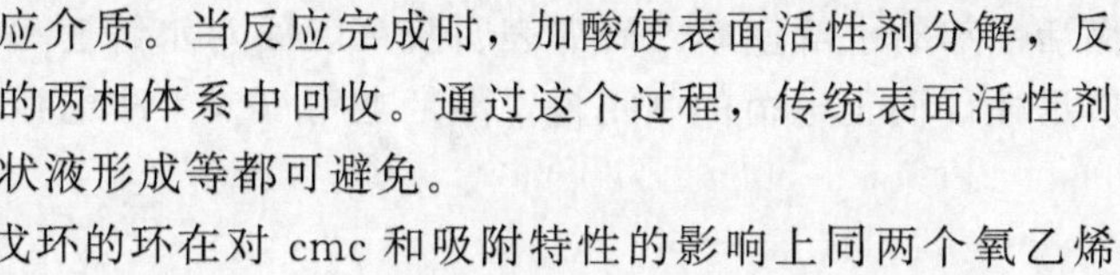

R—CH(—O—)(—O—)C(—)—C(—)—$CH_2OSO_3^{\ominus}Na^{\oplus}$

R—CH(—O—)(—O—)C(—)—C(—)—$CH_2N^{\oplus}(CH_3)_3$ $Br^{\ominus}$

R—(1,3-二噁烷, H)—$CH_2CH_2N^+(CH_2CH_2)_3$ $Br^{\ominus}$

trans

H—(1,3-二噁烷, R)—$CH_2CH_2N^+(CH_2CH_3)_3$ $Br^{\ominus}$

cis

使用可解离乙缩醛表面活性剂代替传统的表面活性剂具有明显的优势。如一种阳离子 1,3-二氧戊环衍生物被用作微乳形成中的表面活性剂，该乳液被用作有机合成中的反应介质。当反应完成时，加酸使表面活性剂分解，反应产物可以很容易地从产生的两相体系中回收。通过这个过程，传统表面活性剂经常遇到的问题如发泡、乳状液形成等都可避免。

1,3-二氧戊环的环在对 cmc 和吸附特性的影响上同两个氧乙烯单元类似。因此，上面的表面活性剂类型Ⅰ同一般式 $R\text{—}(OCH_2CH_2)_2\text{—}OSO_3Na$ 的醚硫酸盐相似。这是很有意义的，因为市场上的烷基醚硫酸盐含有两到三个氧化乙烯。

3. 环缩酮

下面列出一些环缩酮（cyclic ketals）表面活性剂的结构

$$\begin{array}{l} ROCH_2 \\ \quad | \\ HC{-}O \quad CH_3 \\ \quad | \quad\ \ C \\ H_2C{-}O \quad (CH_2)_nCOO^{\ominus} \end{array} \qquad \begin{array}{l} \quad R \\ \quad | \\ H{-}C{-}O \quad CH_3 \\ \quad | \quad\ \ C \\ H_2C{-}O \quad (CH_2)_nCOO^{\ominus} \end{array}$$

缩酮表面活性剂比相应的缩醛表面活性剂更不稳定。例如，缩酮表面活性剂在 pH＝3.5 时被解离而相似结构的缩醛表面活性剂在 pH＝3.0 时被解离。缩酮键的相对不稳定性是由于同缩醛水解中形成的碳正离子比较中，缩酮水解中碳正离子形成更稳定（值得注意的是，在相似结构下缩醛的降解快于乙缩酮的。很明显，在降解的难易程度和化学水解的速率间无严格关联）。

4. 非环缩醛

聚乙二醇单甲基醚（MPEGOH）和一个长链醛反应可得含有两个聚氧乙烯基的可解离表面活性剂，如 $(MPEGO)_2CHR$。

其他例子有

$$R{-}O\diagup\diagdown O{-}C(=CH_2){-}CH_2{-}SO_3 \qquad R{-}O\diagup\diagdown O{-}C(=CH_2){-}CH_2{-}{}^{+}N(CH_3)_3$$

$$R{-}O\diagup\diagdown O{-}C(=CH_2){-}CH_2{-}O(CH_2CH_2O)_nH \qquad R{-}O\diagup\diagdown O{-}C(=CH_2){-}CH_2{-}{}^{+}N(CH_3)_2{-}CH_2{-}COO^{-}$$

此种表面活性剂的物化性质同一般的非离子表面活性剂相似，例如，它们的溶解性能与温度相反，有浊点。

这类表面活性剂酸性水解产生了 PEG-甲基醚和长链醛。这些非环缩醛表面活性剂的水解速率比环缩醛的水解要快好几个量级。从实际来说这是很重要的，因为可解离表面活性剂的许多应用需要一个相当高的分解速率。如果亲水基相同，水解活性随着憎水链长度的降低和而升高。

已报道的多种非环乙缩醛表面活性剂（阳离子的、非离子的，阳离子的和中性）基本上都是从烯丙基氯的中间体合成的，这些表面活性剂的 cmc 值低于相同烷基链长的传统表面活性剂的 cmc 值。

此外，可解离表面活性剂有更高的降低表面张力的效率。很明显，连接基团（即连接憎水尾部和极性头基的基团）增强了此类表面活性剂的憎水作用。

对此类表面活性剂的水解速率的研究表明胶束表面对水解速率的影响：带负电荷的胶束反应迅速，而正电荷的则很慢，不带电荷（或零净电荷）的胶束速率居中。

5. 原酸酯

原酸酯（ortho esters）表面活性剂如下所示。

$$HO\left[(\underset{CH_3}{\overset{|}{CH}}CH_2O)_m{-}\underset{}{\overset{O(C_2H_4O)_nCH_3}{\overset{|}{CH}}}O\right]_q{-}(\overset{CH_3}{\overset{|}{CH}}CH_2O)_mH$$

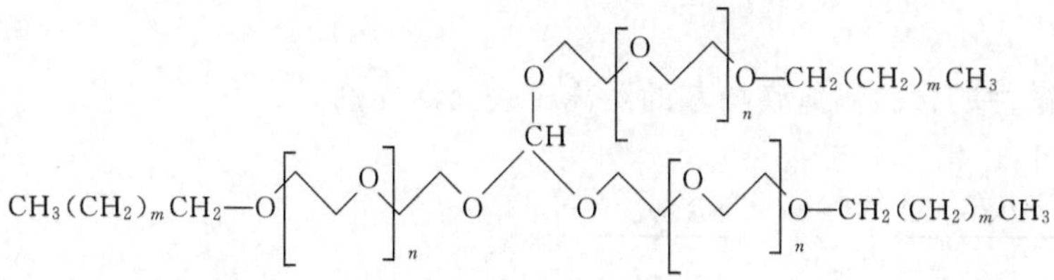

R_1、R_2 和 R_3 为烷基。

原酸酯表面活性剂在碱中是稳定的，同缩醛和缩酮的一样，在酸中分解。水解得到 1mol 烷基甲酸和 2mol 醇。

原酸酯的一个有意思的性质是它们在酸性条件下比乙缩醛和缩酮更不稳定。

6. 含有 N═C 键的表面活性剂

此类表面活性剂由通过 CONHN═C 连接的两部分组成。每个部分都具有表面活性剂的特征，即都带有一个憎水基和一个极性头基，两个极性头基有不同的电性。两个带电部分在分子中距离很远，因此，这种类型完全不同于双链的两性表面活性剂，如卵磷脂。

这种表面活性剂在弱酸中很容易发生水解生成阳离子和阴离子表面活性剂两个部分。表面活性剂在超声下形成巨型囊泡，一个潜在的用途是作为捕获和释放装置，能在 pH 从 7 到 3 的变化下被触发。

含有 N═C 键的表面活性剂的水解过程如下：

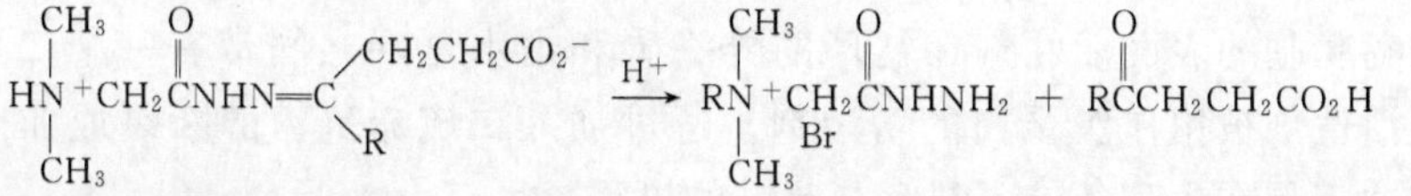

$$HN^{+}(CH_3)_2CH_2CONHN{=}C(R)CH_2CH_2CO_2^{-} \xrightarrow{H^+} RN^{+}(CH_3)_2CH_2CONHNH_2\ Br^{-} + RCOCH_2CH_2CO_2H$$

（三）光敏型表面活性剂

光敏型表面活性剂是指在紫外光照射下可分解的表面活性剂。一个例子是烷基苯基酮磺酸盐，它在光照下分解成苯基磺酸盐和两个带甲基的油酸混合物，如下所示：

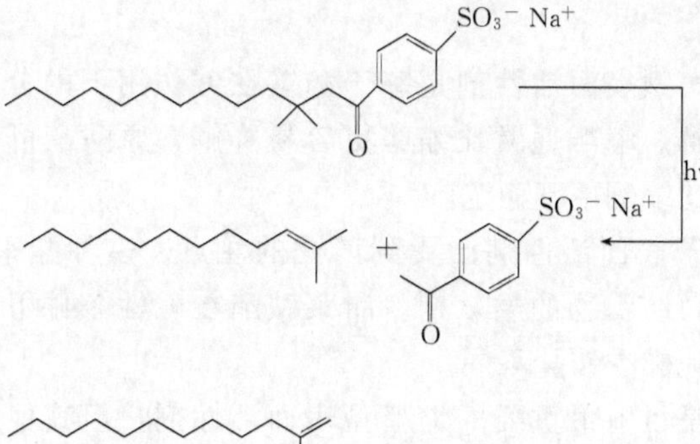

$SO_3^-\ Na^+$ $\xrightarrow{h\nu}$ $SO_3^-\ Na^+$ +

这种表面活性剂可用于溶解蛋白质，并且能很快从溶液中去除表面活性剂。

这种类型的光解，即 Norish Ⅱ裂解，其波长为 300nm。这种低能量的辐射对蛋白质无害。

下面是一类光敏性的含二偶氮磺酸基的阴离子表面活性剂。

$$R-C_6H_4-NH_2 \xrightarrow{NaNO_2/HCl} R-C_6H_4-N_2^{\oplus}Cl^{\ominus} \xrightarrow{Na_2SO_3/Na_2CO_3} R-C_6H_4-N{=}N-SO_3^{\ominus}Na^{\oplus} \quad \text{I}$$

$$\text{I} \xrightarrow[-SO_3{}^{2-}]{hv} R-C_6H_4-N^{\oplus}{\equiv}N \xrightarrow{hv} R-C_6H_4-OH$$

这些表面活性剂在结构上与常用的烷基苯磺酸钠相似。对带有相同 R 基的二偶氮磺酸盐和一般的磺酸盐表面活性剂的 cmc 进行比较，前者值较低，表明偶氮键憎水性的影响。光解产生的含有二偶氮化合物可进一步光解。

用光解表面活性剂在乳液聚合中作为乳化剂，并通过紫外线照射可以控制聚苯乙烯粒子聚结。表面活性剂的离子头基通过光解而去除，使聚苯乙烯颗粒聚集，这种聚苯乙烯可用作涂料。

（四）其他

葡萄糖基的表面活性剂在糖环的异头碳和憎水尾端之间带有一个二硫键。这种表面活性剂被用作膜蛋白的增溶剂。通过加入二硫赤藓糖醇断裂成非表面活性物质，这正是在生理条件下裂解二硫键的过程。

另一种可解离型表面活性剂是热敏感型表面活性剂。在二号位带有醚氧的氧化胺表面活性剂就是一例，其在温度升高时分解成相应的乙烯基醚。

目前，对于可解离型表面活性剂的研究成为热点。它们最大的优点是生物降解速率快，并有工艺上的优势。随着未来对环境的关注的提高，这种表面活性剂的应用会更加广泛。

大多数的可解离型表面活性剂是基于酯键在碱作用下的分解，和缩醛键或缩酮键在酸催化下分解。缩酮通常比缩醛更容易降解，原酸酯可用来代替缩醛或缩酮。在酸性条件下比缩酮更不稳定。

含酯键的阳离子表面活性剂已受到广泛的注意。多种酯季铵盐已经被合成，其用途很广，例如，纺织物的柔软剂。甜菜碱酯在碱性条件下不稳定，在酸性条件下稳定，这与其他酯季铵盐不同。

烷基葡萄糖酸是目前最重要的缩醛型表面活性剂，但其他通过长链醛制备的两亲性缩醛包括环状和非环状的都可用作可解离表面活性剂。

四、反应型表面活性剂和可聚合表面活性剂

反应型表面活性剂是指带有反应基团的表面活性剂，它能与所吸附的基体发生化学反应，从而键合到基体表面，对基体起表面活性作用，同时也成了基体的一部分，它可以解决许多传统表面活性剂的不足。

反应型表面活性剂至少应包括两个特征：其一它是表面活性剂；其二它能参与化学反应，而且反应之后也不丧失其表面活性。反应型表面活性剂除了包括亲水基和亲油基之外还应包括反应基团，反应基团的类型和反应活性对于反应型表面活性剂有特别重要的意义。

根据反应基团类型及应用范围的不同，可将反应型表面活性剂分为可聚合乳化剂［图 14-7（b）］，表面活性引发剂［图 14-7（c）］，表面活性链转移剂［图 14-7（d）］，表面活性交联剂［图 14-7（e）］，表面活性修饰剂［图 14-7（f）］。

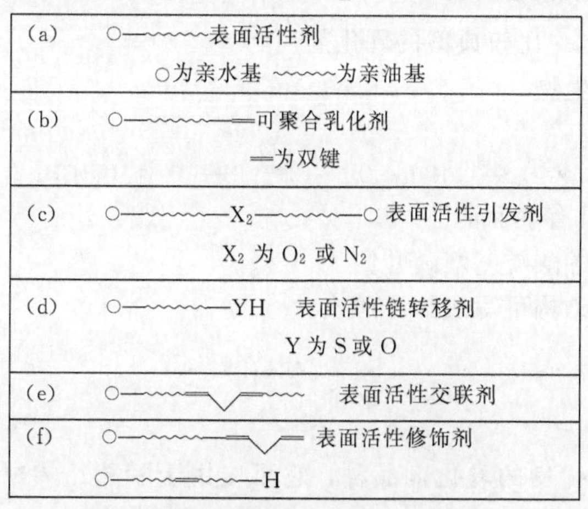

图 14-7　反应型表面活性剂的类型

可聚合乳化剂、表面活性引发剂及表面活性链转移剂主要应用于乳液聚合中，在聚合体系中它们一方面始终发挥乳化剂的各种作用，另一方面分别在乳液聚合的链引发、链增长、链转移三个不同过程中使用乳化剂分子键接到乳胶粒表面，其中可聚合乳化剂的反应基团是双键，它能参与链增长过程中的自由基聚合反应。在反应型表面活性剂中，这类表面活性剂占绝大多数。

反应型表面活性剂具有良好的表面活性和反应活性，所得到的产物有很好的耐水性、耐老化性、耐电解质、耐剪切、良好的稳定性、重分散性等，可以广泛用于乳液聚合、溶液聚合、分散聚合、无皂聚合、功能性高分子的制备等各个方面。在这些方面，传统表面活性剂被反应型表面活性剂全部或部分代替后，产品的性能得到了很大的改善或制得了新的产品。如，稳定的有机硅接枝共聚物，可以在水下或潮湿环境下应用的耐水压敏胶，具有良好补黏性和耐水性的涂料底层剂，成膜后耐水性好、耐热性好的交联型大粒径聚合物乳液，能重新分散、并能与生物活性物质键接在一起的单分散大粒子，涂料中的颜料、弹性体中填料的稳定剂，织物、聚合物材料的表面修饰剂等。

（一）可聚合乳化剂

可聚合乳化剂是指分子结构中含有可发生聚合反应基团的一类乳化剂。这类乳化剂在较高温度或引发剂存在下可发生聚合反应。因此国外又有人称之为表面活性单体（surface active monomer，SURFMER）。

常见的几种可聚合乳化剂主要有以下几类。

（1）烯丙基醚类磺酸盐　这类化合物的化学结构可写成

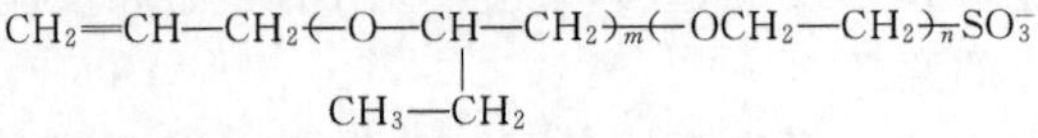

$$CH_2{=}CH{-}CH_2{\leftarrow}O{-}\underset{\underset{CH_3-CH_2}{|}}{CH}{-}CH_2{\rightarrow_m}{\leftarrow}OCH_2{-}CH_2{\rightarrow_n}SO_3^-$$

（2）丙烯酰胺烷基磺酸盐　结构式如下

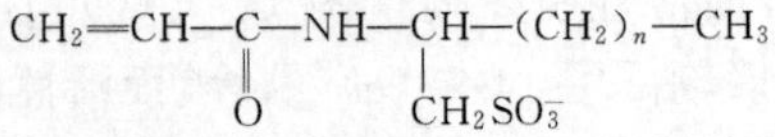

$$CH_2{=}CH{-}\underset{\underset{O}{\|}}{C}{-}NH{-}\underset{\underset{CH_2SO_3^-}{|}}{CH}{-}(CH_2)_n{-}CH_3$$

当$n\geqslant 7$时，是一比较典型的乳化剂。

（3）马来酸衍生物

其通式为：

$$^-O_3S{-}(CH_2)_3{-}O_2C{-}CH{=}CH{-}CO_2(CH_2)_nCH_3$$

当$n>6$时，具有表面活性。

（4）烯丙基琥珀酸烷基酯磺酸钠

这类化合物的结构可写成如下通式。

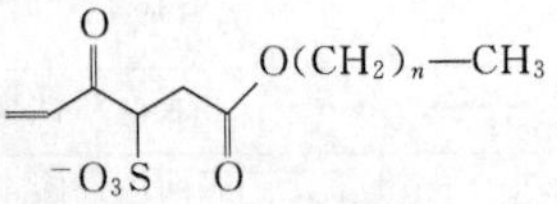

$$CH_2{=}CH{-}\overset{\overset{O}{\|}}{C}{-}\underset{\underset{^-O_3S}{|}}{CH}{-}CH_2{-}\underset{\underset{O}{\|}}{C}{-}O(CH_2)_n{-}CH_3$$

当$n\geqslant 11$时是优良的乳化剂品种，它可应用于醋酸乙烯酯、丙烯酸酯等多数乙烯基单体的乳液聚合之中。

（二）表面活性引发剂

表面活性引发剂的结构特征是分子中既含表面活性基团，又有能产生自由基的结构单元。因此，这类物质兼乳化剂和引发剂性能于一体。用它代替一般乳化剂时，可以减少乳液聚合体系配方的组分。

表面活性引发剂分子至少由三部分组成：自由基生成基、亲水基、亲油基。表面活性引发剂按表面活性基团可分成离子型和非离子型两大类；据引发基团可分成偶氮和过氧两大类；据其结构的对称性又可分为对称和非对称表面活性引发剂。对称的表面活性引发剂分解后生成两个结构完全相同且具有表面活性的自由基，非对称表面活性引发剂分解则生成一个具有表面活性，另一个没有表面活性的两种不同自由基。

表面活性引发剂既是乳化剂，又是引发剂，其表面活性是这类物质的最重要的物理性质。它强烈地影响其在乳液聚合中的聚合行为。表面活性引发剂可以形成胶束、并能被吸附于胶粒表面。可以用临界胶束浓度和单个分子所覆盖的表面积进行表征，同时影响引发剂自由基生成速率的因素对表面活性引发剂也有类似的影响。不同的是分子的表面活性和自由基生成基之间有强烈的相互作用，例如，表面活性引发剂的分解行为强烈依赖于它们的浓度是高于还是低于临界胶束浓度。这是由于表面活性引发剂由于能形成胶束或吸附于胶粒表面，产生了屏蔽效应，导致了初始自由基终止速度加快。表面活性引发剂最大的优点是可以减少乳液聚合的组分，这样可以降低乳液中的电解质含量，减少泡沫的形成及产品中的杂质。也有报道称表面活性引发剂可以实现较高的总聚合速率和生成高相对分子质量的聚合物以及单分散的大粒子。表面活性引发剂最大的不足是引发剂的效率低。

（三）表面活性修饰剂

固体表面可以通过吸附一层反应型表面活性剂并使其聚合以达到表面修饰的目的，由于表面活性剂分子是充分交联的，故此这层很薄的表面膜将是很稳定的，这样亲水的表面将变为亲油性，当然也可以将亲油表面变为亲水性的或表面进行特殊的功能化。由于材料表面结构和组成对于材料的许多物理性能和最终使用性能有极为重要的影响，特别是润湿性、耐候性、相黏性、耐磨性、静电性、相容性、渗透性等。这些在工程技术方面，特别是共混材料加工中是很重要的。本书第十三章中介绍的拒水拒油剂和含氟织物整理剂即为表面活性修饰剂的典型代表。

绝大部分表面活性修饰剂都是双链型，它们包括一个亲水部分和两条碳链。这种结构对于材料表面的覆盖效果很好，下面是一些用到的表面活性修饰剂。

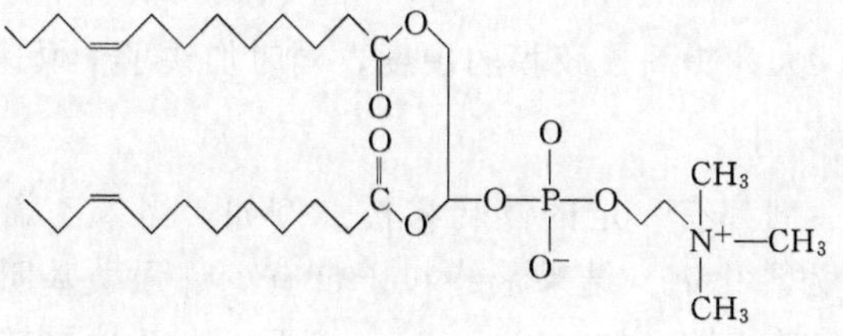

(1)

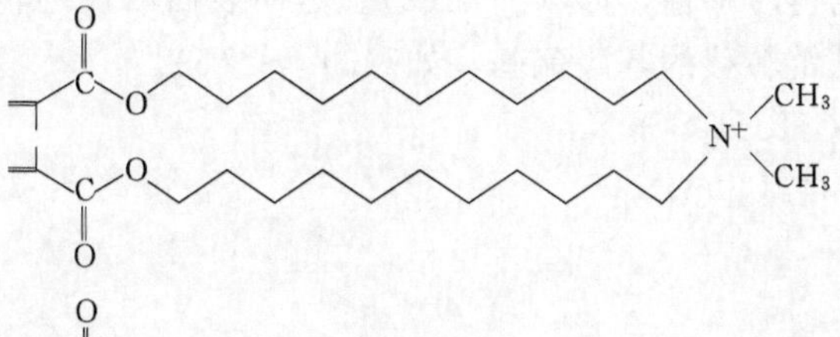

(2)

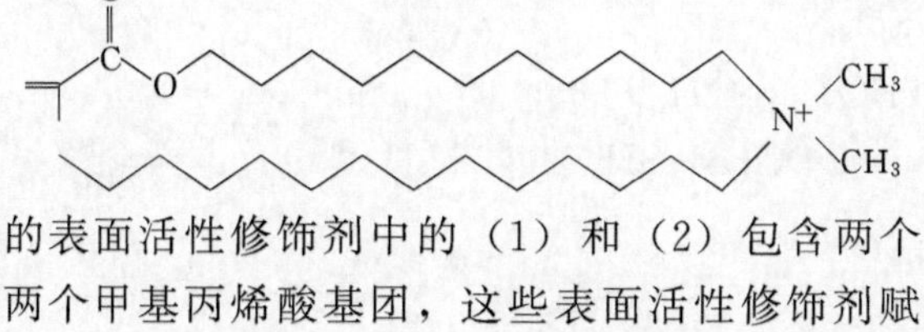

(3)

上面所列的表面活性修饰剂中的（1）和（2）包含两个可聚合基团，分别为两个二炔基和两个甲基丙烯酸基团，这些表面活性修饰剂赋予聚合物永久的极性表面。相应地，含一个可聚合基团的表面活性剂不能起到很好的表面修饰作用，例如，用（3）处理过的聚合物表面与极性液体接触角没有什么变化，而使用（2）

处理过聚合物表面的接触角从87°下降到18°。

（四）表面活性交联剂

这类反应型表面活性剂主要用于涂料中的交联剂。它们在涂料干燥成膜过程中通过自氧化或其他物质引发进行交联聚合从而保证涂料的机械性能等。例如，在配制醇酸树脂乳液漆中所用到的表面活性交联剂就包括两类：自氧化型和非自氧化型。前者在氧的诱导下，可以在醇酸树脂本体相中共聚，也可以在表面单分子层中自聚。一般要用Co或Mn盐作催干剂，常用的两个品种结构如下。

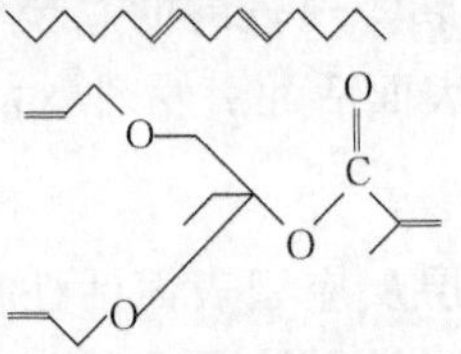

非氧化表面活性交联剂是由自由基引发剂、UV或热诱导等引发交联的，常用两个结构式如下。

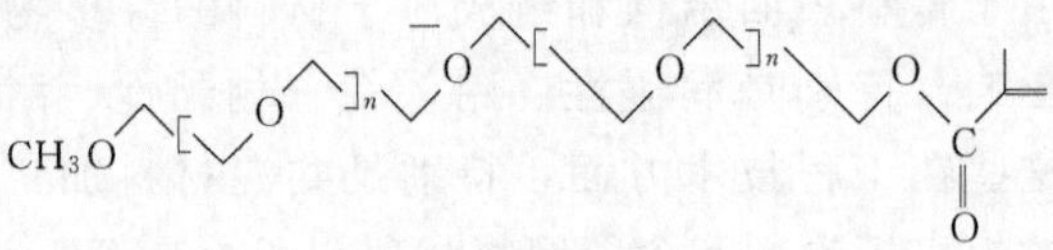

CH_3O ... $]_n$ ... $]_n$ ... $C(=O)$

$$CF_3CF_2(CH_2CF_3)_6SO_2N(CH_2CH_3)—(CH_2)_3OC(=O)—C(CH_3)=CH_2$$

表面活性交联剂不仅大大提高了胶膜的硬度，同时加快了干燥速度及耐水性。

（五）表面活性链转移剂

许多传统的表面活性剂都有一定的链转移性。例如，当苯乙烯的乳液聚合在光化学引发下，以SDS为乳化剂，结果最终粒子带有少许强酸基团电荷，还有一些乳化剂显示了更强的链转移性，如（1）、（2）。然而表面活性链转移剂是表面活性剂带上了一个典型的链转移的基团巯基，如（3）～（5）。

（1）$C_{11}H_{23}CH=CHCH_2SO_3Na$

（2）$C_{11}H_{23}CH(OH)(CH_2)_2SO_3Na$

（3）$HS \cdot C_{10}H_{22}SO_3Na$

（4）$HS \cdot C_nH_{2n}(EO)_m \cdot OH$

（5）$CH_3 \cdot (EO)_n \cdot COOCH_2SH$

五、冠醚类表面活性剂

冠醚类大环化合物具有与金属离子络合、形成可溶于有机溶剂相的络合物的特性，因而广泛地用作“相转移催化剂”。由于冠醚大环主要由聚氧乙烯构成，与非离子表面活性剂极性基相似，故在冠醚大环上加入烷基取代基，则可得到与非离子表面活性剂类似，但又有其独特性质的新型表面活性剂——冠醚类表面活性剂。

冠醚类表面活性剂的典型分子结构为

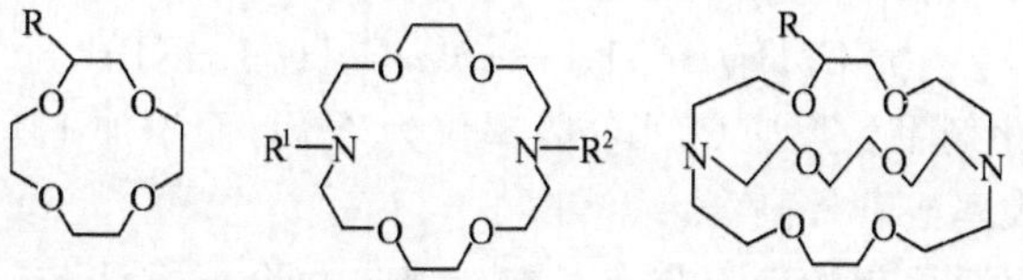

也可简单用下面的结构表示

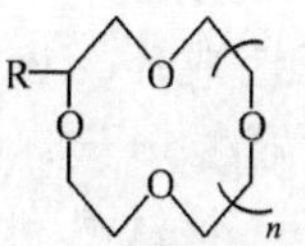

式中，R 可为烷基、烷基酰胺、烷基羧酸、烷基聚醚及芳基衍生物等，n＝1～4。

冠醚类表面活性剂是在环状聚环氧乙烷链上引入亲油性基团而构成的两亲化合物，其中聚环氧乙烷基作为它的亲水基，导致其具备了许多开链聚醚化合物所没有的特性及用途而日益受到重视。

冠醚类表面活性剂的最主要的特点，即其极性基与某些金属离子能形成络合物，例如

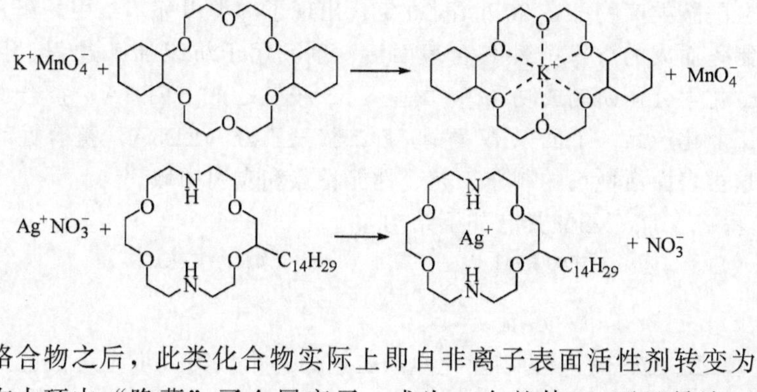

形成络合物之后，此类化合物实际上即自非离子表面活性剂转变为离子表面活性剂（在大环中“隐藏”了金属离子，成为一个整体），而且易溶于有机溶剂中，故大环化合物可用作相转移催化剂。在合成时，可以调节环的大小，使之适

应于与大小不同的离子的络合。

正是由于冠醚类表面活性剂结构的特殊性，所形成的上述表面物理化学性质，使其在金属离子的萃取剂、相转移催化剂和离子选择性电极等方面，显示出良好的应用前景。

在相转移催化方面，由于冠醚能与阳离子形成络合物，而使伴随的阴离子能连续地从水溶相转移到有机相，且此时的阴离子几乎完全裸露，活性很大。因此，对于阴离子促进两相反应，冠醚是高效相转移催化剂。可以推测，其催化活性不仅依赖于冠醚与阳离子络合物的稳定常数以及配体与络合物的分配系数，还与络合物在有机相中的溶解度有关。溴代正辛烷与碘化物的亲核取代反应，常作为评价冠醚化合物相转移催化活性的反应之一。例如：

$$n\text{-}C_8H_{17}Br + KI \longrightarrow n\text{-}C_8H_{17}I + KBr$$

在 60℃无催化剂下，反应 24 h，收率仅为 4%；而添加 1%冠醚后，在同样反应温度下，反应收率显著提高。

由于冠醚表面活性剂的环上带有长链烷基，故合成方法与一般冠醚不尽相同。按引入长链烷基的先后，分为如下两大类。

(1) 通过末端活性基团逐步反应成环　该方法是利用末端带活性基团的长链烃，经相应的步骤合成出表面活性冠醚分子。

(2) 直接在冠环上引入亲油基　该法可利用原料冠醚环上的活性基团，使其与脂肪族化合物反应而制备出具有表面活性的冠醚化合物。

具体有关冠醚类表面活性剂的合成，读者可参考有关文献。

六、螯合性表面活性剂

螯合性表面活性剂是由有机螯合剂如 EDTA、柠檬酸等衍生的具有螯合功能的表面活性剂。早期的螯合性表面活性剂是由 EDTA 与脂肪醇或脂肪胺制备的混合酯或混合酰胺类产物，在 20 世纪 90 年代出现了一类由邻苯二甲酸酐、柠檬酸和聚乙二醇制备而成的柠檬酸性螯合表面活性剂，用于纺织加工过程。目前，美国 Hampshire 化学公司研制成功了 *N*-酰基-乙二胺三乙酸（ED3A）螯合性表面活性剂的系列工业化产品。下面以 *N*-酰基-乙二胺三乙酸（ED3A）螯合性表面活性剂为例介绍这类表面活性剂的制造工艺、性能特点和应用领域。

N-酰基-乙二胺三乙酸具有如下结构

$$\begin{array}{l} ^{-}OOC\text{—}H_2C \diagdown \qquad\qquad\qquad\qquad\qquad \diagup CH_2\text{—}COO^{-} \\ \qquad\qquad\quad N\text{—}CH_2\text{—}CH_2\text{—}N \\ \qquad\qquad \diagup \qquad\qquad\qquad\qquad\qquad \diagdown CH_2\text{—}COO^{-} \\ C_{11}H_{23}C\text{=}O \end{array}$$

N-酰基-乙二胺三乙酸的商业化生产工艺分两步：第一步先合成乙二胺三乙酸（ED3A）；第二步根据 Schotten-Baumann 酰化反应得到 *N*-酰基 ED3A 型表面活性剂。其中，ED3A 是由乙二胺、氢氰酸、甲醛和氢氧化钠通过分子内环化技术合

成的。

改变酰基烷链的长度和反离子的种类，可以得到一系列 *N*-酰基 ED3A 型表面活性剂产品。酰基碳数在 $C_8 \sim C_{18}$ 时，这类物质同时具有表面活性和螯合性；碳数低于 8 时，仅显示螯合性。改变中和碱的种类，可调整这类物质的性能，如其乙醇胺盐的 HLB 值低于相应的钠盐，油溶性较好。

N-酰基 ED3A 具有以下特点：

① 同时具有很强的表面活性和螯合能力；

② 与其他表面活性剂具有优异的配伍性，并能明显地提高混合体系的耐盐性和抗硬水性；

③ 与酶、漂白剂相容性好，具有一定的助溶能力；

④ 对人体温和，对眼睛刺激性低；

⑤ 对环境安全，生物降解速度快，对哺乳动物几乎无毒、无刺激性，对水生动物的毒性远低于传统的阴离子表面活性剂；

⑥ 在酸性条件下，*N*-酰基 ED3A 可以降低低碳钢的腐蚀速度；在碱性条件下，可以使不锈钢表面钝化。

由于 *N*-酰基 ED3A 的上述特性，适于配制无磷、超浓缩重垢液体洗涤剂。其很好的温和性使它适于配制婴儿香波等温和性洗涤剂和其他个人保护用品。它对金属的缓蚀性能等也使其适于配制金属清洗剂、家具清洗剂等硬表面清洗剂，并可用于工业清洗过程。

七、有机金属表面活性剂

有机金属表面活性剂是指分子中含有有机过渡金属元素的表面活性剂。这类表面活性剂的典型代表是分子中含有二茂铁结构的表面活性剂。下面是几个例子：

$$\text{(C}_5\text{H}_4\text{)Fe(C}_5\text{H}_5\text{)}-CH_2-\overset{CH_3}{\underset{CH_3}{N^+}}-C_{12}H_{25}Br^- \qquad \text{(C}_5\text{H}_4\text{)Fe(C}_5\text{H}_5\text{)}-C_{11}H_{22}N^+(CH_3)_3Br^- \qquad \text{(C}_5\text{H}_4\text{)Fe(C}_5\text{H}_5\text{)}-C_{11}H_{22}(OCH_2CH_2)_nOH\ (n=1\sim3)$$

此类表面活性剂最显著的特点是其表面活性可以利用二茂铁发生的电化学变化加以控制和改变。图 14-8 表示通过改变氧化还原电位控制这类表面活性剂聚集状态的示意图。如图所示，通过氧化还原反应可使金属元素电位改变，含有电中性原子的表面活性剂分子在水中能聚集成胶束，而金属元素电位改变后带电表面活性剂分子则由于静电斥力作用而使胶束解离。

一个典型实例是用氧化还原控制 1-邻叠氮基-2-萘酚（TAN）在 ω-二茂铁-十一烷基三甲基溴化铵（FTMA）水溶液中的增溶行为。TAN 原来不溶于水，但在含

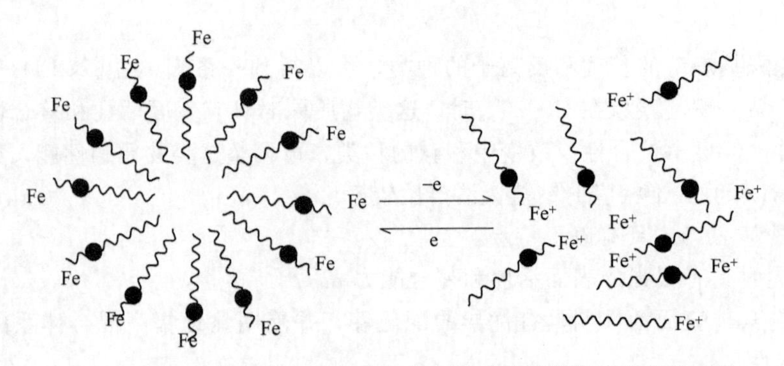

图 14-8 通过改变氧化还原电位控制表面活性剂聚集状态的示意图

有 FTMA 溶液中可溶于此表面活性剂胶束中。而用硫酸铈[$Ce(SO_4)_2$]氧化二茂铁时，FTMA 结构中的疏水基部分带正电，变为亲水基，使其表面活性能力丧失，胶束解离，结果 TAN 从胶束中析出。而上述溶液再用保险粉（$Na_2S_2O_4$）还原时，FTMA 的二茂铁又变成不带电的疏水基而促进 FTMA 胶束的形成和 TAN 溶于胶束之中。因此，可在需要时把不溶于水的有机物质增溶于表面活性剂的胶束中，或把溶液中的有机物质捕捉到胶束中。而在另一些条件下又通过加入氧化剂或还原剂使表面活性剂的胶束解离，将被捕捉到的有机物质释放出来。

除了在有机物分子中引入二茂铁结构之外，还可引入其他有机过渡金属离子或其他配位基团，通过控制氧化还原状态来调控表面活性剂的表面活性。

八、环糊精衍生物

环糊精（简称 CD）是 D-吡喃葡萄糖通过 α-1,4-苷键结合形成的环状分子。通常环中含有 6～12 个吡喃葡萄糖单元，按其单元数为 6、7、8、9 分别称为 α-、β-、γ-、δ-环糊精。

在各类环糊精中，β-环糊精应用最广。图 14-9 示出 β-环糊精的环状结构和中空结构。

环糊精分子在环状结构的中央形成桶状的空穴，葡萄糖基本单元中的疏水基集中在空穴内部。因此环糊精内部空穴是疏水的。而环糊精分子中羟基等亲水基则分布在环状结构的外侧，使环糊精具有一定的亲水性，易于分散到水中。

环糊精表面活性极差，但若对环糊精进行结构修饰，可得到具有表面活性的环糊精衍生物。图 14-10 示出将烷基和硫酸酯基接枝到 β-环糊精分子中形成新型表面活性剂的方法。由此方法把环糊精这种天然产物转变成一种在圆筒结构两端分别接有多个疏水基和多个亲水基的表面活性剂，图 14-10 中当筒状结构的阴离子表面活性剂的疏水基烷基链较短时，其 cmc 低于 $C_{12}H_{25}SO_4Na$，γ_{cmc} 为 40mN/m 左右，是一种表面活性很高的表面活性剂。

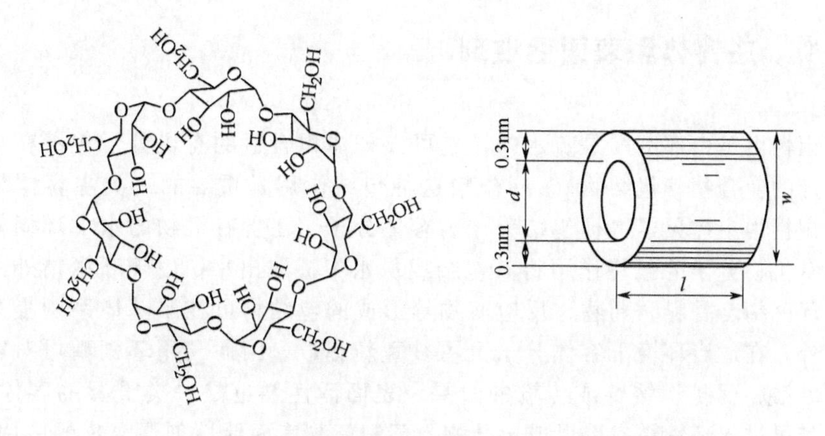

图 14-9　β-环糊精的环状结构和中空结构示意图

β-环糊精 $\xrightarrow[\text{DMF}]{MeSO_2Br}$ [1] $\xrightarrow[\text{NaH}]{RXH}$ [3]：X=S [4]：X=NH $\xrightarrow{DMF \cdot SO_3}$ 硫酸酯盐

[1] → 1.NaN_3　2.MeI/NaH　3.Ph_3P/NH_4OH → [2] $\xrightarrow{RCOCl}$ 酰胺等

OH $OSO_3^- NH_4^+$

CH_2—S—R

疏水基 —

亲水基 —o

[5a] $R = C_4H_9$ ($\overset{7}{—CH_2}\overset{8}{CH_2}\overset{9}{CH_2}\overset{10}{CH_3}$)

[5b] $R = C_8H_{17}$

[5c] $R = C_{12}H_{25}$

图 14-10　用 β-环糊精合成桶状阴离子表面活性剂的方法

环糊精分子对有机物分子具有包覆作用，其包覆能力与它的圆筒结构孔径大小及内孔的疏水程度有关，因此它具有识别有机客体分子的能力。当在其结构中引入不同链长的烷基疏水基会使环糊精内孔的疏水程度发生变化。因此，通过对环糊精分子进行结构修饰，可使其具有新功能，如可望对金属离子表现出选择性吸附性能，并可能被应用到不同金属离子的浮选分离工艺中。

九、主客体型表面活性剂

环糊精由于内部空穴是疏水的，它可以把体积合适的有机分子包覆在空穴中形成稳定的包合物（包结物）。环糊精这种包结作用是重要的一类主客体相互作用，环糊精为主体分子，被包结分子为客体分子。在含有机物的水中环糊精能够通过对有机物分子的包覆作用将其包结或从水中提取出来。由于环糊精外部是亲水的，环糊精与香料、药物、反应底物等形成的包结物可在水基体系中提高溶解性，另外，在适当环境下客体分子又可被重新释放。因而利用环糊精可对客体分子达到增溶、保护、缓释或传输的效果。表面活性剂也是一类重要的客体分子，其疏水基可进入环糊精空腔形成包结物。环糊精与表面活性剂混合物的应用广泛，包括洗涤剂、催化、材料、化妆品、医药、食品等诸多领域。

一般表面活性剂的亲水基和疏水基都是通过共价键连结的（见图 14-11）。前面介绍的环糊精衍生物表面活性剂中疏水基、亲水基亦是通过共价键连结的。然而，这里提出一个设计表面活性剂的新思路，即通过超分子相互作用，使得本来没有表面活性的两种物质，例如，环糊精和碳氢-碳氟两段化合物，通过环糊精和烷基链之间的包结作用形成具有表面活性的包结物。这种新型的表面活性剂的亲水基和疏水基通过非共价键连接，我们称之为“主客体型（或组装型）表面活性剂”（host-guest surfactants）[5]。

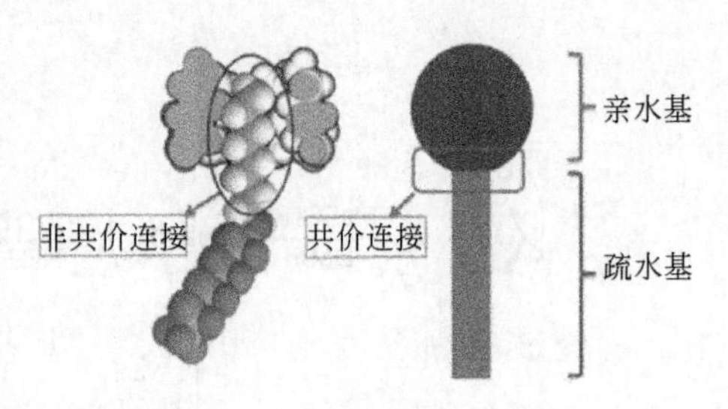

图 14-11 主客体型表面活性剂与传统表面活性剂的差别

（一）主客体型表面活性剂的结构

主客体型表面活性剂结构示例如图 14-12。

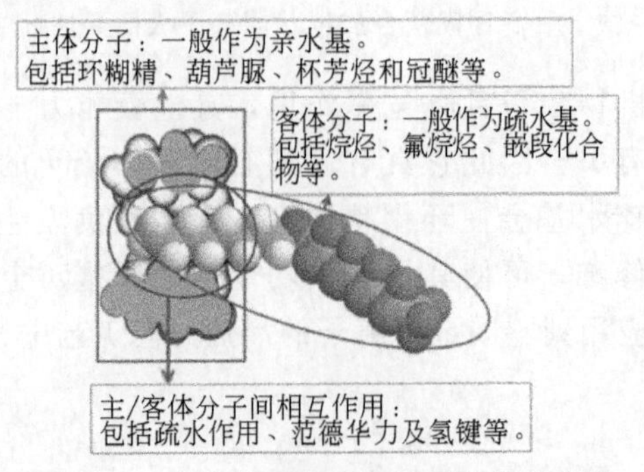

图 14-12 主客体型表面活性剂结构示意图

（二）主客体型表面活性剂的制备

水溶液中将主/客体分子混合，再分离即可，或者根据情况不进行分离直接“原位”使用。例如，先将环糊精制备成均相溶液，加入过量客体分子（如不溶于水的烷烃或嵌段烷烃），长时间搅拌（可适当加热），离心分离沉淀。那么本身不溶于水的客体分子被环糊精捕获形成包结物进入清液中，水溶液中有游离的环糊精以及包结物，即含有主客体表面活性剂的溶液。对于某些水溶性或微溶性的客体分子，环糊精包结物也可能从溶液中沉淀出来。这需要具体问题具体分析。如利用羟丙基-α-环糊精与碳氢-碳氟两段化合物 $C_8F_{17}SO_2NHC_mH_{2m+1}$ 制备主客体表面活性剂。羟丙基-α-环糊精水溶性好，且空腔尺寸只能容纳客体分子的碳氢部分、碳氟链暴露在外，从而使所得包结物具有两亲结构。生成的主客体表面活性剂在表面吸附并显著降低表面张力。

（三）主客体型表面活性剂的类型及性能

1. β-环糊精/烷烃型

β-环糊精水溶性很差，所得包结物的水溶性有限。利用改性的 β-环糊精（如甲基-β-环糊精）与合适碳链长度的烷烃进行包结作用，能够得到与常规碳氢表面活性剂相媲美的主客体表面活性剂，其表面张力最低可达 41mN/m（如图 14-13 所示）。需要指出的是，这种包合物分子构象不稳定，环糊精可能在碳氢链上滑动，所以表面张力测试数据也有一定波动。

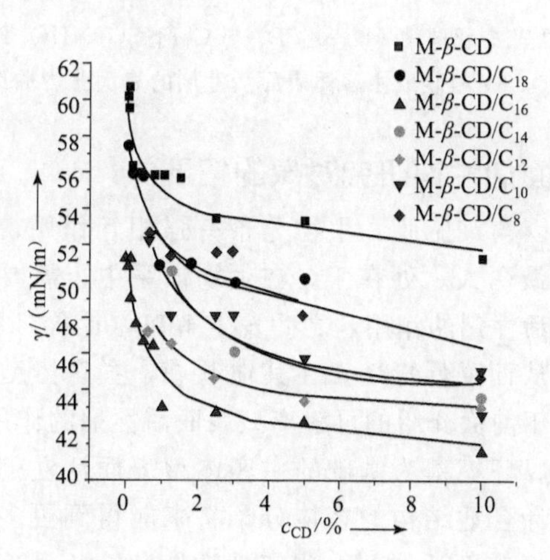

图 14-13　甲基-β-环糊精（M-β-CD）加入过量烷烃（C_nH_{2n+1}，简写为 C_n）制备的清液表面张力随甲基-β 环糊精浓度（c_{CD}，质量分数）的变化（25℃）

2. 含氟主客体型表面活性剂

不同的环糊精空腔的尺寸对客体分子有选择性，例如，β-环糊精的空腔较大，碳氢链或碳氟链都可进入，而 α-环糊精空腔仅能容纳碳氢链、不能容纳较粗的碳氟链（见本书第十七章五节）。所以客体分子设计了一类烷烃-全氟烷烃两段化合物，主体分子选择水溶性极佳的羟丙基-α-环糊精。所得包结物中，羟丙基-α-环糊精起亲水基作用，碳氟链端暴露在外起疏水基的作用，碳氢链则“镶嵌”在环糊精空腔中，从而利用包结作用将亲水基和疏水基通过非共价键相连。这就相当于得到了“主客体型氟表面活性剂”。从表面张力曲线来看（如图 14-14 所示），所得主客体表面活性剂分子结构相当稳定，可以看出 α-环糊精空腔对碳氢链的选择性和空间匹配性非常有效。

图 14-14 显示，羟丙基-α-环糊精/$C_8F_{17}SO_2NHC_8H_{17}$ 的溶液最低表面张力可以媲美现有的常规氟表面活性剂的水平。

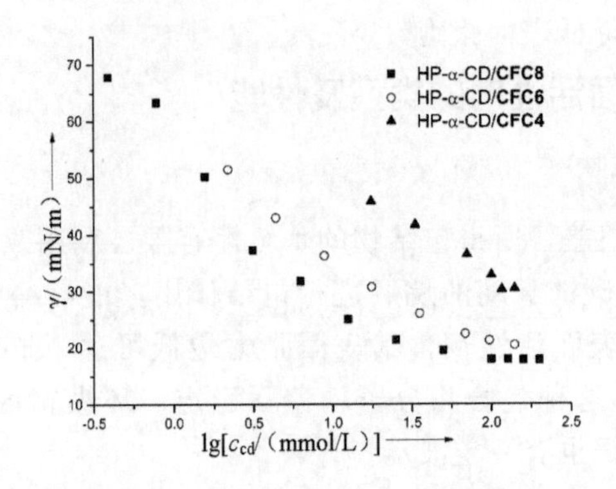

图 14-14　羟丙基-α-环糊精（HP-α-CD）与 $C_8F_{17}SO_2NHC_mH_{2m+1}$（$CFC_m$，$m$ =4，6，8）组装成主客体表面活性剂的表面张力曲线（25℃）

（四）主客体型表面活性剂研究对象的拓展

传统表面活性剂因与细胞膜、生物分子有强相互作用，常具有生物毒性。而主客体型表面活性剂最诱人之处在于，在生物体系中，需要于有限时间内发挥表面活性的场合起表面活性剂的作用，之后发生解离（比如环糊精被消化系统消化）又会失去表面活性，从而降低毒性。在其他领域，主客体型表面活性剂也可以发挥其优势，起到类似于前面介绍的可解离型表面活性剂的作用。

除了上述介绍的以环糊精为基础的主客体型表面活性剂，可以预期选择其他类型的主体分子、设计合适结构的客体分子将来能得到更多种类的主客体型表面活性剂。而且主客体型表面活性剂有望实现功能化，扩展实际用途。例如，下述几个方向很有研究价值和发展前景：①表面活性可调的主客体型表面活性剂；②光敏型主客体型表面活性剂；③电荷敏感型主客体型表面活性剂；④竞争型主客体型表面活性剂。

参考文献

[1] Krister Holmberg. Novel surfactants. New York：Marcel Dekker，Inc.. 1998.

[2] Robb I D. Specialist surfactants. London：Blackie Academic & Professional. 1997.

[3] 梁治齐，宗惠娟，李金华．功能性表面活性剂．北京：中国轻工业出版社．2002.

[4] 肖进新，吴树森，罗妙宣. 孪连型表面活性剂. 自然杂志，1997，19（6）：335.

[5] Dou Z P，Xing H，Xiao J X，Chemistry-A European Journal，2011，17（19）：5373.

第十五章

高分子表面活性剂

高分子表面活性剂是具有很高分子量（一般应在 1000 以上）的表面活性剂[1,2]。高分子表面活性剂的应用已有很长历史，一些天然高分子一直作为表面活性剂使用。1951 年 Stauss 将含有表面活性基团的聚合物——聚 1-十二烷-4-乙烯吡啶溴化物命名为聚皂，从而出现了合成高分子表面活性剂。1954 年，美国 Wyandotte 公司发表了聚（氧乙烯-氧丙烯）嵌段共聚物作为非离子高分子表面活性剂的报道，以后，各种合成高分子表面活性剂相继开发并应用于各种领域。

与常用的低分子表面活性剂相比，高分子表面活性剂降低表面张力的能力较差，成本偏高，始终未能占据表面活性剂领域的优势。近二十多年来，由于能源工业（三次采油、燃油乳化、油/煤乳化）、涂料工业（无皂聚合、高浓度胶乳）、膜科学（仿生膜、LB 膜）的需要，高分子表面活性剂研究有了新的进展，得到了性能良好的氧化乙烯-硅氧烷共聚物、乙烯亚胺共聚物、乙烯基醚共聚物、烷基酚-甲醛缩合物-氧化乙烯共聚物等品种。而且，有些高分子虽然降低溶剂表面张力的能力较差，但可在固/液、液/液界面上起重要作用，如具有分散、凝聚、乳化、稳定泡沫、保护胶体、增溶等能力，可用作胶凝剂、减阻剂、增黏剂、絮凝剂、分散剂、乳化剂、破乳剂、增溶剂、保湿剂、抗静电剂、纸张增强剂等。因此，高分子表面活性剂在近二十多年来迅速发展，目前已成为表面活性剂家族的一个重要成员。

一、高分子表面活性剂的分类及结构类型

高分子表面活性剂按离子分类，可分为阴离子型、阳离子型、两性型和非离子型四种高分子表面活性剂。按来源分类可分为天然高分子表面活性剂和合成高

分子表面活性剂。天然高分子表面活性剂是从动植物分离，精制而制得的两亲性水溶性高分子；合成高分子表面活性剂是指亲水性单体均聚或与憎水性单体共聚而成，或通过将一些普通高分子经过化学改性而制得。文献中也常将普通高分子经过化学改性而制得的高分子表面活性剂称为半合成高分子表面活性剂，如纤维素衍生物、淀粉衍生物以及制取亚硫酸纸浆的副产品木质素磺酸盐等。

从分子结构来看，高分子表面活性剂主要有以下三种结构类型。

(1) 亲水主干-疏水支链型，即疏水基接在亲水主链上 如疏水改性的淀粉 (hydrophobized starch)、疏水改性的纤维素 (hydrophobized cellulose)、烷基取代的聚氨酯 (alkyl substituted polyurethane)、酯多糖 (lipopolysaccharide) 等。其结构如下图 15-1 所示。

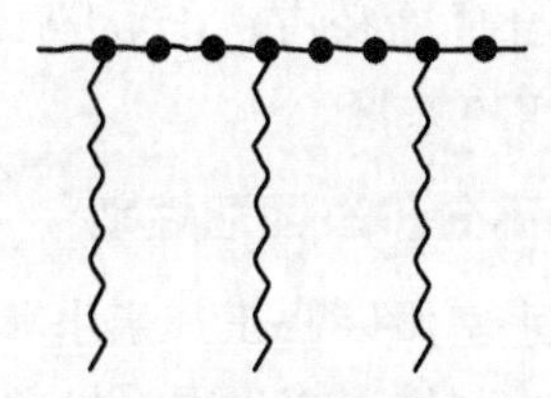

图 15-1 亲水主干-疏水支链型高分子表面活性剂

(2) 疏水主干-亲水支链型（亲水基接在疏水主链上） 如糖蛋白 (glycoprotein)、乙氧基化聚丙烯酸盐 (ethoxylated polyacrylate)、烷氧基化酚醛树脂 (novolac resin alkoxylate)、乙氧基化醇酸树脂 (ethoxylated alkyd resin)、乙氧基化木质素 (ethoxylate lignin)、乙氧基化木质素磺酸盐 (ethoxylate lignin sulfonate)、硅表面活性剂 (silicone surfactant) 等。其结构如图 15-2 所示。

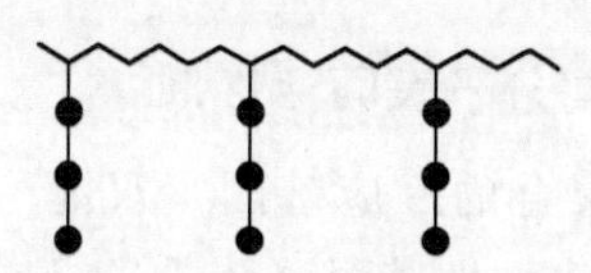

图 15-2 疏水主干-亲水支链型高分子表面活性剂

(3) 疏水基和亲水基交替排列（嵌段）型 此类化合物最为典型的是两亲性嵌段共聚物如 EO/PO 嵌段共聚物、EO 和 12-羟基硬脂酸的共聚物。许多具有明显亲水和疏水区的蛋白质如酪蛋白 (casein) 和一些唾液蛋白 (salivary proteins) 等也属于这种类型。此类高分子表面活性剂的结构如图 15-3 所示。

上面这三种类型也可并为两类，即接枝共聚物和嵌段共聚物。(1)、(2) 为接枝共聚物，(3) 为嵌段共聚物。

以上提到的高分子表面活性剂的分类不应被看作明确的分类。实际上两种或更多的类型可被合并成一种产品，例如，一个表面活性大分子含有一个交替亲水

图 15-3 疏水基和亲水基交替排列型高分子表面活性剂

憎水的主链，此外还含有亲水或憎水的支链，即分子同时可是嵌段共聚物或接枝共聚物。一个接枝共聚物可以有亲水和憎水的支链。

二、高分子表面活性剂的合成

高分子表面活性剂主要的合成途径有：① 大分子化学反应（改性）；② 表面活性单体聚合；③ 亲水/疏水单体共聚[2,3]。

1. 由高分子化学反应制备高分子表面活性剂

在高分子中引入亲水或疏水基团以修正其亲水/疏水性，可得各种类型的高分子表面活性剂。如将一般水溶性纤维素衍生物［如羟乙基纤维素（HEC）、甲基纤维素（MC）、羟丙基纤维素（HPC）］通过在适当条件下与带长链烷基的疏水性反应物进行高分子化学反应，可提高其表面活性并进而制得具有预期性能的含长链烷基纤维素类高分子表面活性剂。将对烷基酚与甲醛缩合所得的线性高分子与环氧乙烷加成，可得水溶性非离子表面活性剂。将此种非离子表面活性剂硫酸化，可得阴离子型高分子表面活性剂。聚丁二烯、聚异戊二烯通过三氧化硫磺化反应，可得阴离子高分子表面活性剂。聚乙烯基吡啶季铵化后可得阳离子型高分子表面活性剂。

2. 由表面活性单体制备高分子表面活性剂

表面活性单体一般由可聚合的反应基团（双键、三键、羧基、羟基、环氧基等）、亲水性基团（链段）及亲油性基团（链段）组成，含有重复单体单元的两亲性单体称为表面活性大单体。按表面活性大单体中亲水/疏水链段的不同连接方式，所制备的高分子表面活性剂具有如图 15-4 所示的三种结构。

典型的表面活性单体如（甲基）丙烯酸聚氧乙烯醚酯、聚氧乙烯醚基苯乙烯

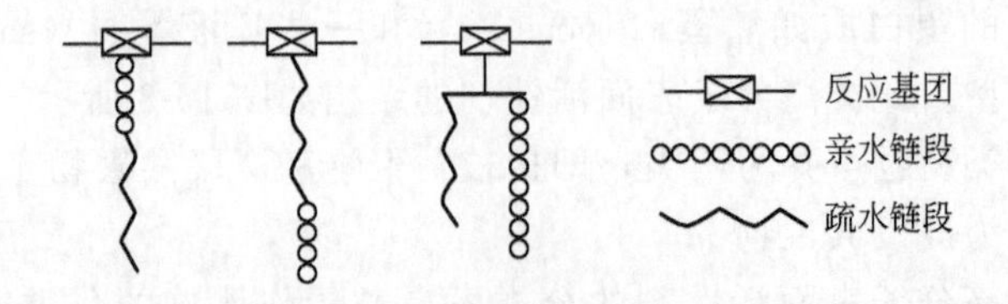

图 15-4 由表面活性单体制备的高分子表面活性剂的三种分子结构

等。这类大单体与甲基丙烯酸 $C_3 \sim C_8$ 酯、苯乙烯的共聚物是一类非离子型高分子表面活性剂。丙烯酰胺、丙烯酸聚氧乙烯醚酯大单体、第三单体共聚可得到表面活性很高的水溶性高分子表面活性剂。

3. 由亲水/疏水性单体共聚制备高分子表面活性剂

采用阴离子聚合或开环聚合法可得到含亲水/疏水链段的嵌段型高分子表面活性剂。亲水链段可以是聚氧乙烯、聚乙烯亚胺等，疏水链段有聚氧丙烯、聚氧丁烯、聚苯乙烯、聚硅氧烷等。

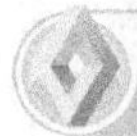

三、高分子表面活性剂的性质及用途

高分子表面活性剂具有很强的进入固/液和油/水界面的能力，而且其在界面上的吸附不像低分子量表面活性剂那样易受物理因素的影响。因此，它在低浓度时就可起到明显的效果，而且其性能受温度、盐等的影响不大。

高分子表面活性剂可带有很长的聚氧乙烯或多糖链，但仍可驻留在界面上（而带有长的亲水链的低分子量表面活性剂则易于脱离界面而溶解于水相中）。因此，高分子表面活性剂对分散体系具有很好的立体保护（稳定）作用，它可吸附在粒子表面，由于粒子被许多高分子表面活性剂分子包围而分散，从而阻止粒子间缔合所产生的凝聚，发挥分散剂功能。当它进入油/水界面，则起乳液稳定剂作用。高分子表面活性剂对分散体系的立体保护（稳定）作用是高分子表面活性剂最突出的性质之一，也是高分子表面活性剂目前最主要的应用之一。

高分子表面活性剂对界面很强的亲和力也使它成为固体表面有效的防污剂(non-fouling agent)，如带有聚氧乙烯（或多糖）链的高分子表面活性剂可阻止蛋白质和其他生物分子在固体表面上的吸附。

与高分子表面活性剂对分散体系的立体保护（稳定）作用相反的是，高分子表面活性剂在有些情况下也可吸附在许多粒子上，在粒子间产生架桥，形成絮凝物（图 15-5）。此时，高分子表面活性剂则起絮凝剂作用。

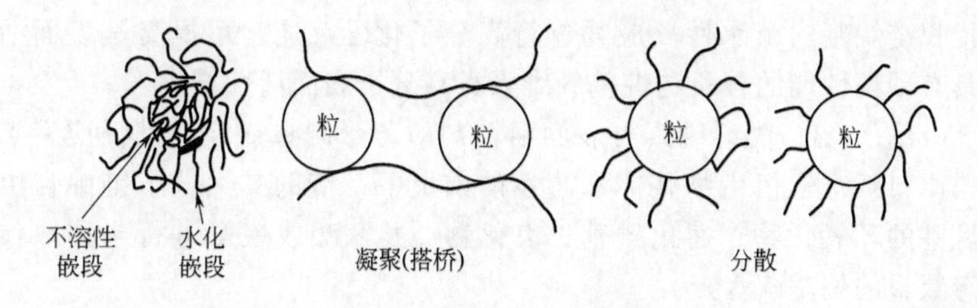

图 15-5　高分子共聚物对粒子的凝聚与分散作用

与其乳化作用相反的是，很多非离子高分子表面活性剂则具有优异的破乳性能，如用作原油破乳剂的所谓“超高分子量”破乳剂，是分子量达数十以至数百万的环氧丙烷-环氧乙烷聚合的聚醚，是典型的非离子型高分子表面活性剂。

高分子表面活性剂一般起泡性较差，而一旦发泡就会形成稳定的泡沫。因此，很多高分子表面活性剂可作为稳泡剂使用。

高分子表面活性剂渗透力较弱，一般来讲去污洗涤作用也较低。许多高分子表面活性剂保水性强，且有增稠作用，成膜性和黏附性能优良。

值得注意的是，大多数高分子表面活性剂降低水的表面张力的能力较差，这可能由于大分子分子内或分子间的缠绕复杂，随分子量增加，大分子链易于卷曲，疏水链段易于被亲水链段覆盖。有些高分子表面活性剂由于分子链极长，单个分子链即能够卷曲成线团，疏水链段缔合形成脱水状态（单分子胶束），或者大分子间相互缠结缔合成多分子胶束。这也是此类高分子表面活性剂降低表（界）面张力的能力较差的原因之一。

但也有很多高分子表面活性剂具有很高的降低表（界）面张力的能力。有些高分子表面活性剂降低表面张力的能力可与低分子表面活性剂相媲美。

四、一些重要的高分子表面活性剂

（一）疏水改性的纤维素

一般的水溶性纤维素衍生物如常见的羧甲基纤维素（CMC）、聚阴离子纤维素（PAC）、甲基纤维素（MC）、羟乙基纤维素（HEC）、羟丙基纤维素（HPC）和羟丙基羧甲基纤维素（HPCMC）等，由于通常其分子量较高（M_W一般在10^4～10^6数量级）且其大分子链中缺少与亲水基团相匹配的疏水性基团，致使其表面活性较差。若将一般水溶性纤维素衍生物进行疏水改性，则可得到性能较好的一类高分子表面活性剂。与一般合成高分子表面活性剂相比，纤维素类高分子表面活性剂不仅可在一定条件下显示出与之相当的增稠、分散、乳化、增溶、成膜、保护胶体等性能，而且还普遍具有可生物降解性、使用安全性和丰富的原材料。

若将一般水溶性纤维素衍生物（如常见的 HEC、MC 和 HPC）通过在适当条件下与带长链烷基的疏水性反应物进行高分子化学反应，可提高其表面活性并进而制得具有预期性能的含长链烷基纤维素类高分子表面活性剂。

图 15-6 总结出该类纤维素类表面活性剂的若干制备途径。其反应特点通常是在不影响原料纤维素衍生物整体水溶性的前提下，借助其大分子链中自由羟基与带长链烷基的环氧化物、卤化酰基、卤化物、异氰酸或酸酐进行亲核取代反应而引入一定数目的烷基疏水链。

一个例子是使纤维素在强碱溶液中肿胀，然后将这种半溶物与环氧乙烷和氯代烷反应，得到一类接枝共聚物（图 15-7）。如果烷基链较短，如乙基，则得到一中等表面活性的产物；如果部分乙基被长链烷基取代，则得到具有高表面活性的

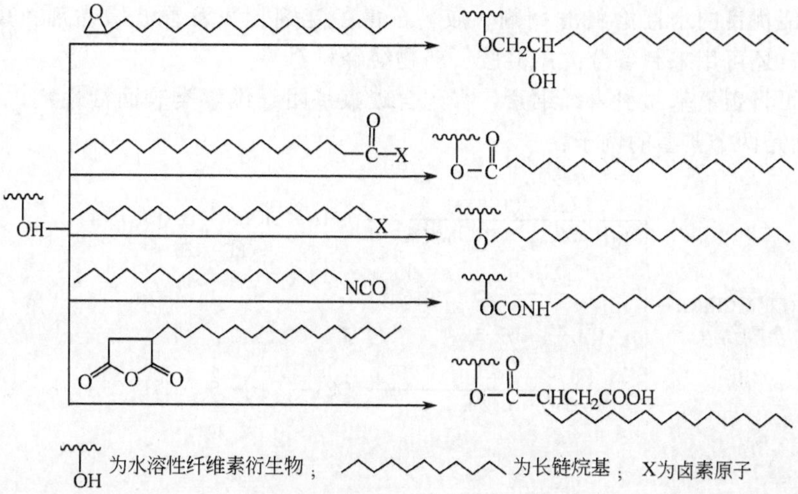

为水溶性纤维素衍生物；为长链烷基；X为卤素原子

图 15-6　含长链烷基纤维素类高分子表面活性剂的制备途径

产物。此类高分子表面活性剂主要用作增黏剂、一些水基配方如水基油漆的流变控制剂（rheology control agent）等[4,5]。

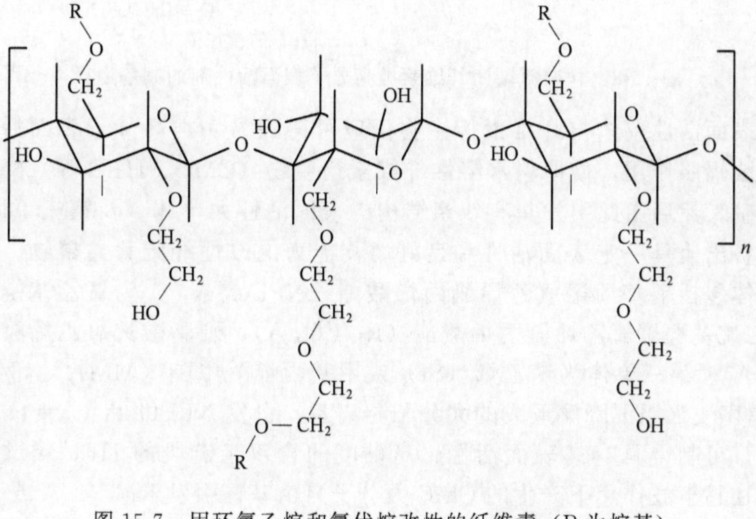

图 15-7　用环氧乙烷和氯代烷改性的纤维素（R 为烷基）

含长链烷基纤维素类表面活性剂的性能，在很大程度上受引入的烷基疏水链长短、数目及所用原料纤维素衍生物和改性剂种类的影响。但合成时只要注意控制好反应条件包括原料用量、反应介质组成、温度和时间，便可使所得产物显示出高分子表面活性剂的优良性能。

目前，含长链烷基纤维素类表面活性剂在国外已形成一些商业品牌，如

Natrosol 250 GR、Natrosol Plus Grade 330（英国 Aqualon 公司）等。它们除可望用作性能优良的水性涂料增稠剂、胶乳分散稳定剂、洗发香波增黏剂、高盐油藏驱油剂，还可用来制备分离用凝胶、药物缓释材料等。

也可将碳氟基团引入纤维素，得到含碳氟基团纤维素类表面活性剂，见图 15-8。下面是两个典型的例子：

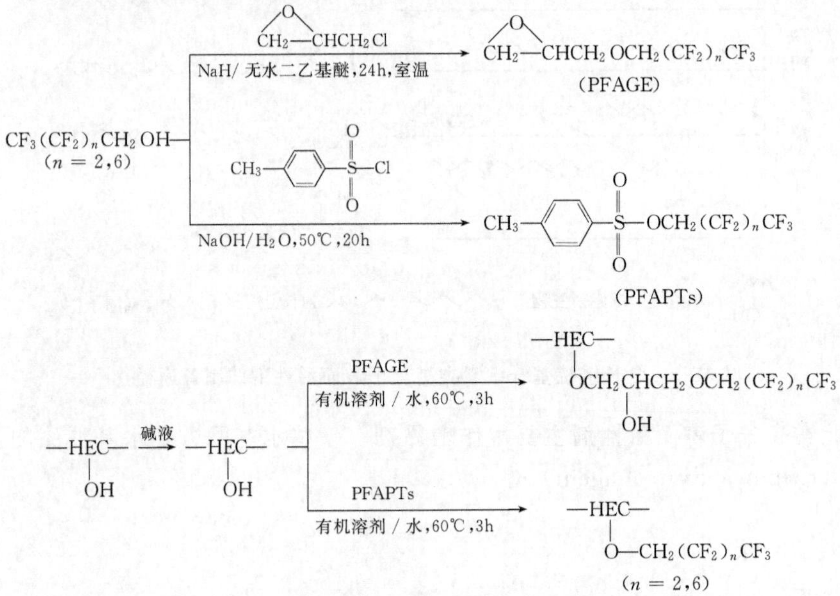

$CF_3(CF_2)_nCH_2OH$（$n=2,6$）

—(环氧) $CH_2—CHCH_2Cl$，NaH/无水二乙基醚，24h，室温 → (环氧) $CH_2—CHCH_2OCH_2(CF_2)_nCF_3$（PFAGE）

—$CH_3—C_6H_4—SO_2—Cl$，NaOH/H_2O，50℃，20h → $CH_3—C_6H_4—SO_2—OCH_2(CF_2)_nCF_3$（PFAPTs）

—HEC—(OH) $\xrightarrow{碱液}$ —HEC—(OH)

—PFAGE，有机溶剂/水，60℃，3h → —HEC—(OCH$_2$CH(OH)CH$_2$OCH$_2$(CF$_2$)$_n$CF$_3$)

—PFAPTs，有机溶剂/水，60℃，3h → —HEC—(O—$CH_2(CF_2)_nCF_3$)（$n=2,6$）

图 15-8　含碳氟基团纤维素类高分子表面活性剂的制备途径

通过表面活性单体与纤维素衍生物反应可得到另一类高分子表面活性剂。如通过超声波辐照作用，使原料水溶性纤维素衍生物（CMC、HEC 等）降解形成大分子游离基，然后由此引发具有双亲结构的表面活性大单体（及第三单体）反应，再进而制备出兼具一定表面活性和良好增稠能力的改性纤维素共聚物。所用表面活性大单体包括壬基酚聚氧乙烯醚丙烯酸酯（$NPEO_nA$，n 为氧乙基链节数，下同）、十二烷基醇聚氧乙烯醚丙烯酸酯（$R_{12}EO_nA$）、硬脂酸聚氧乙烯醚丙烯酸酯（$R_{18}EO_nA$）。第三单体为苯乙烯（St）或甲基丙烯酸甲酯（MMA）。例如，利用 HEC 在超声波辐照下降解形成的大分子游离基，引发 $NPEO_nA$（$n=4$）及 MMA 发生聚合，可制得具有高表面活性、高黏度的含双亲链段的 HEC 类共聚物。又如，通过在超声波作用下产生的 CMC 大分子自由基，引发 $R_{12}EO_nA$ 或 $NPEO_nA$ 反应得到的二元共聚物如 CMC-$R_{12}EO_nA$ 和 CMC-$NPEO_7A$ 以及引发 $R_{12}EO_nA$ 和 St 反应得到的三元共聚物如 CMC-$R_{12}EO_nA$-St，其分子量在 10^4～10^5之间，具有较大的增黏能力，同时也具有较高的表面活性，其表面活性已能与低分子量表面活性剂相媲美。

（二）疏水改性的淀粉

淀粉经长链烷基或烷芳基进行疏水改性，也能得到具有优良性能的高分子表面活性剂。这是一类典型的亲水主干-疏水支链型高分子表面活性剂。

一种疏水改性淀粉的制备方法是：以直链淀粉和高度支化的支链淀粉的混合物为原料，后者在酶的作用下可选择性地在1,6-葡萄糖联结位降解。降解所得线型多糖产物可被氧化生成醛基（或可能为酮），然后与脂肪胺反应（取代度一般在10%以下），即得疏水改性的淀粉，其结构如图图15-9所示。图中，氧化仅仅发生在葡萄糖单元的6-位碳上，实际上，氧化也可使环从2位和3位之间打开，在这些位置生成醛基，这些醛基也可与脂肪胺反应。

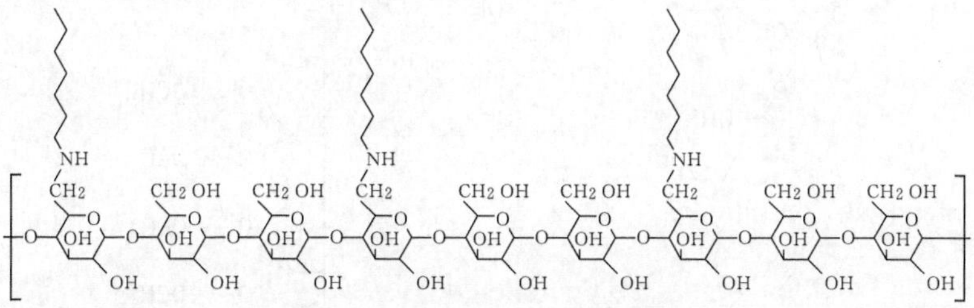

图15-9　一种疏水改性淀粉的结构

（三）疏水改性的聚乙二醇

聚乙二醇（PEG）或聚氧乙烯（PEO）一端或两端的羟基被烷基或氟烷基取代，即得疏水改性的聚乙二醇（聚氧乙烯）。一个典型实例是一个或两个端基为全氟烷烃（如全氟癸酰基）的聚氧乙烯（可简称为氟端基PEO）。据称此类化合物具有很高的表面活性（具有显著降低水溶液表面张力的能力）。

PEG也可接枝到聚丙烯酸主干上。图15-10示出三种制备PEG-取代的聚丙烯酸盐的方法。第一种方法是聚丙烯酸盐（含有沿链分布的羟乙基）的乙氧基化。第二种方法是聚丙烯酸盐（含有甲酯基）与PEG单甲酯的反应。第三种方法是乙氧基化的丙烯酸单体的聚合（即乙氧基化的单体与通常的单体如丙烯酸和甲基丙烯酸的共聚）。

此类接枝共聚物用作分散体系（如油漆等）的稳定剂。另一个有意义的应用是它可用于固体表面的修饰以阻止蛋白质和其他生物物质在固体表面上的吸附。

（四）疏水改性的聚乙烯醇

聚乙烯醇（PVA）是由聚醋酸乙烯酯醇解而得到的。有三种方法可得到疏水改性的聚乙烯醇。

1. 烷基化反应

所谓烷基化反应就是以高级醇或氯代烷为溶剂进行醋酸乙烯（VAC）的溶液聚合。由于溶剂的链转移反应，在PVA分子链末端引入烷基，然后醇解而得到烷基PVA，如下所示。

$$RX + nCH_2{=}\underset{\displaystyle |\atop \displaystyle O{-}COCH_3}{CH} \longrightarrow R{-}(CH_2\underset{\displaystyle |\atop \displaystyle OCOCH_3}{CH}{-})_nX \xrightarrow{NaOH} R{-}(CH_2\underset{\displaystyle |\atop \displaystyle OH}{CH}{-})_nX$$

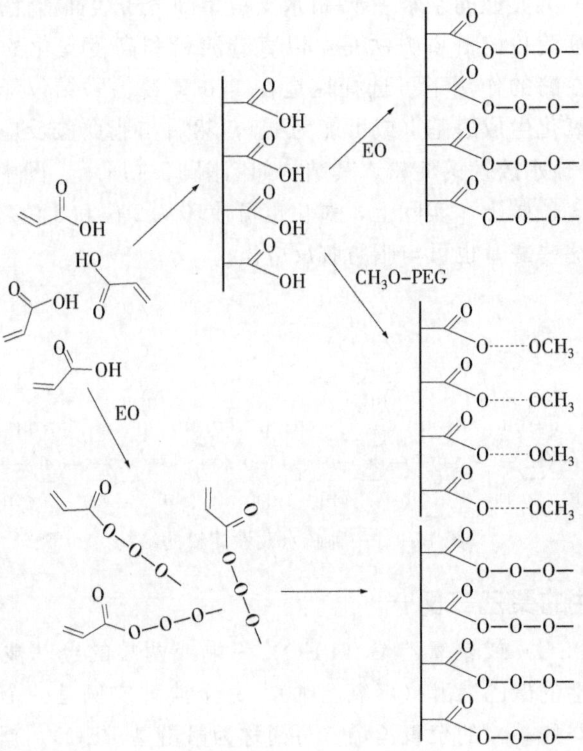

图 15-10　三种制备 PEG-取代的聚丙烯酸盐的方法

烷基 PVA 具有很好的界面活性，但烷基 PVA 醇解度较高时，溶解性能较差。在烷基 PVA 中引入硫酸根，可改善其溶解性能。

非离子型的烷基 PVA 表面活性剂也可转化为阴离子、阳离子或两性表面活性剂。

2. 聚合物的化学反应

利用 PVA 中羟基的酯化、醚化、酰化和缩醛化反应，在其侧链上引入部分疏水基团，可制得具有表面活性的改性 PVA。如将常用的 PVA 与氯代烷或醇进行醚化反应，可得到具有表面活性的改性 PVA，如下所示。

$$—(CH_2\underset{|}{\underset{OH}{C}}H—)_x(—CH_2—\underset{|}{\underset{OCOCH_3}{C}}H)_y—(CH_2—\underset{|}{\underset{OR}{C}}H—)_z—$$

式中，R 为长链烷基。其性能与 3 种链节含量有关。

3. 共聚合反应

将乙烯醇与其他乙烯基单体共聚后醇解，得乙烯醇-醋酸乙烯共单体的三元或四元共聚物，即改性 PVA。在大分子链中引入共聚单体有以下三种情况。

① 亲水性单体，如马来酸或马来酸酐，依康酸丁烯酸等；

② 疏水性单体，如十二烷基乙烯基醚，α-十二烯烃等；

③ 亲水-疏水两种单体，如马来酸等，以此调节分子的亲水和疏水基团比例，以达到预期的表面活性。

此外，部分醇解型 PVA 大分子链中若含有一定量的残存乙酰基并成嵌段分布，即具有嵌段分布的部分醇解型聚乙烯醇也具有较高的表面活性。如在 PVA 进行醇解时，将苯混入甲醇溶剂中可制得具有嵌段分布的部分醇解型 PVA，苯量越多，乙酰基的分布越成嵌段化。

若在 PVA 分子链中引入有机硅化合物，可提高其表面活性和防水能力。常见的有两种。

① 聚乙烯醇与聚二甲基硅氧烷的接枝共聚物，典型化合物如

$$-\!\!(CH_2-\underset{OH}{\underset{|}{CH}})_m\!\!-\;-\!\!(CH_2-\underset{\underset{n\text{-}Bu}{|}}{\underset{CH_3-Si-CH_3}{\underset{|}{\underset{(O)_{n+2}}{\underset{|}{\underset{CH_3-Si-CH_3}{\underset{|}{CH}}}}}}})_p\!\!-$$

(Bu 为丁基)

接枝共聚体中硅氧烷含量增加，产物逐渐由水溶性变为油溶性。当含量达 20%时防水效果好。这类共聚体是一种优良的乳化剂和分散剂。

② 聚乙烯醇与聚二甲基硅氧烷嵌段共聚体，典型化合物如

$$H\!-\!\!(\underset{OH}{\underset{|}{CH}}-CH_2)_{n+1}\!\!-\!\!(\underset{CH_3}{\overset{CH_3}{Si}}-O)_m\!\!-\underset{CH_3}{\overset{CH_3}{Si}}-CH_3$$

此类嵌段共聚体具有较高的表面活性，能够润湿疏水性的合成树脂表面。它和接枝共聚体一样是优良的乳化剂和分散剂。

（五）聚氧乙烯-聚氧丙烯（EO-PO）嵌段共聚物

用含活性氢原子的有机化合物为引发剂加聚环氧丙烷、环氧乙烷等烯烃的氧化物得到的聚合物称为聚醚。聚醚中若同时含有聚氧乙烯和聚氧丙烯，且聚氧乙烯和聚氧丙烯呈嵌段分布，称为聚氧乙烯-聚氧丙烯嵌段共聚物，常简称为 EO-PO（或 PEO-PPO）嵌段共聚物。

EO-PO 嵌段共聚物属于非离子型高分子表面活性剂。其中，亲水部分是聚氧乙烯（聚乙二醇）基。其亲油部分是聚氧丙烯基，亲油、亲水部分的大小可通过调节聚氧丙烯与聚氧乙烯比例加以控制。

EO-PO 嵌段共聚物具有代表性的是以聚丙二醇为憎水基的聚氧丙烯的 Pluronic 系嵌段聚合物，以及以乙二胺为引发剂，依次加成环氧乙烷、环氧丙烷的具有阳离子特征的 Tetronic 系列聚合物。它们都是在碱性催化剂的存在下，由环氧乙烷、环氧丙烷开环聚合而成。通过改变聚氧丙烯的分子量（或引发剂的种类）及环氧乙烷的加成量，可获得不同亲水性-憎水性的 EO-PO 嵌段共聚物。

表 15-1 是一些典型的聚氧乙烯-聚氧丙烯嵌段共聚物的例子。

表 15-1 典型的 EO-PO 嵌段共聚物

结构式	引发剂	典型产品
$RO(EO)_n(PO)_m$ 或 $RO(PO)_n(EO)_m$ ($R=C_{12}\sim C_{18}$)	一元醇	Tergital XD 和 XH
$(EO)_n(PO)_m(EO)_n$	丙二醇	Pluronic
$(PO)_n(EO)_m(PO)_n$		反型 Pluronic
$CH_2-(EO)_n(PO)_x$ $CH-(EO)_m(PO)_x$ $CH_2-(EO)_n(PO)_x$	丙三醇	Polyglyol 112
$[(PO)_m(EO)_n]_2N-CH_2-CH_2-N[(EO)_n(PO)_m]_2$	乙二胺	Tetronic

上面介绍的主要是以单官能团至四官能团为引发剂的嵌段共聚物。此外，以二乙基三胺和山梨醇等具有五、六官能团的原料为引发剂亦可制得各种不同类型的嵌段共聚物。

除了聚氧乙烯-聚氧丙烯型（PEO-PPO）聚醚，还有聚氧乙烯-聚氧丁烯型（PEO- PBO）聚醚，其中聚氧丁烯嵌段部分为疏水基。

1. EO-PO 嵌段共聚物的性质和用途

嵌段共聚物属于两亲类共聚物，其中各嵌段通常是热力学不相容的。这种不相容嵌段的存在给该类物质提供了界面活性，使其可以以一定的构象吸附于两相界面或伸入构成界面的两相以改变体系的界面行为。而且嵌段的不相容性使得该类共聚物在溶液中趋向自组装，其结果使嵌段共聚物在溶液中相互聚集组装成特定的分子有序聚集体。

EO-PO 嵌段共聚物一般有以下特性。

① EO-PO 嵌段共聚物的性质在很多方面与聚氧乙烯型非离子表面活性剂相似，如具有反向的溶解度-温度依赖性，即它们在冷水中的溶解性比在热水中的大，而且具有浊点；

② EO 含量低的产物起泡性能差。EO/PO 比在 1∶4～1∶9 之间有最佳的消泡性。反向产物，即 PO/EO/PO，起泡性能最差；

③ 具有高分子量、而且 PO 含量高的产物有好的润湿性；

④ EO 含量高的产物有好的分散性；

⑤ 生物降解性能较差，特别是当 PO 含量高的产物生物降解性能更差。

一些典型的 EO-PO 嵌段共聚物已用于以下领域：① 消泡剂，已用于洗碗机粉、纺织工业（染色及成品）、石油工业、乳化油漆等；② 润湿剂，已用于洗碗机、润滑剂；③ 颜料的分散剂；④ 除草剂及杀虫剂中用作乳化剂或共乳化剂；⑤ 破乳剂，例如，在采油中（20%～50%EO 的产物用作 W/O 乳液，5%～20%

的产物用作 O/W 乳液)；⑥ 个人护理品；⑦ 药物配方。

2. EO-PO-EO 嵌段共聚物——Pluronic

Pluronic 是以丙二醇为引发剂、依次加聚环氧丙烷、环氧乙烷得到的嵌段共聚物。其结构为 $HO(C_2H_4O)_a(C_3H_6O)_b(C_2H_4O)_cH$。

Pluronic 中疏水基为聚氧丙烯，亲水基为聚氧乙烯。$b \geqslant 15$，聚氧乙烯 $(C_2H_4O)_{(a+c)}$ 约占总量的 20%～90%。

Pluronic 产品的品种和组成可用其产品的网格图表示。它是以 Pluronic 的亲水性（即聚氧乙烯部分的质量分数）为横坐标，以相对分子质量（以聚氧丙烯部分的平均相对分子质量为代表）为纵坐标作出的（图 15-11）。图上字母与数字的组合符号（如 L64）即为 Pluronic 的商品牌号，其中的字母代表商品形态［L 为液体，P 为糊（浆）状物，F 为片状物］，最后一位数字表示分子中聚氧乙烯的百分含量（质量分数），二位数中的第一位数和三位数中的第一、二位数则表示分子中具有一定相对分子质量的疏水基部分聚氧丙烯所处位置的编号顺序。例如 P84，表示产品为浆状，分子中亲水基部分聚氧乙烯含量为 40%，疏水基部分聚氧丙烯的相对分子质量为 2250，在网格图中纵坐标上对应的顺序编号为 (8)。

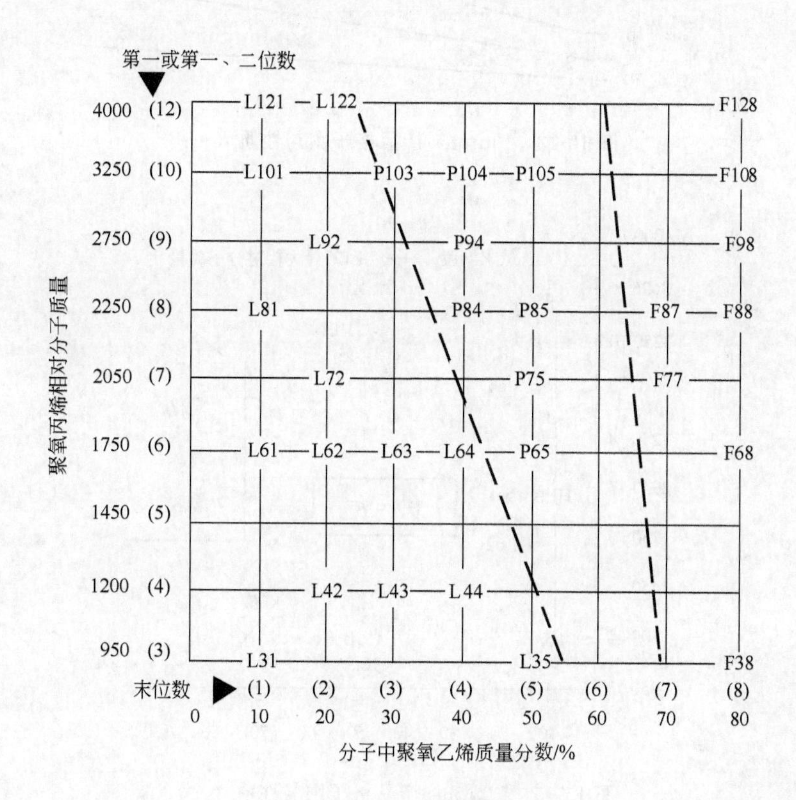

图 15-11　Pluronic 产品格子图

Pluronic 产品在室温下有液状（L）、浆状（P）和片状（F）三种。网格图中的两条虚线即为 L、P 和 F 的分界线。

由网格图可以清楚地看出各个 Pluronic 的相对分子质量与亲水基的百分比（亲水性大小）的关系。同一纵行的化合物，相对分子质量不同，但亲水基聚氧乙烯链的百分含量相同，故亲水性相近。

网格图中各种 Pluronic 产品的性能变化很有规律，这从图 15-12 和图 15-13 中可明显地反映出来。图 15-12 和图 15-13 是文献中网格图与产品性能的两种表示方法。虽然形式不同，但实质是一样的。因这两种表示方法各有特色，所以把它们都列出来，供读者选择使用。

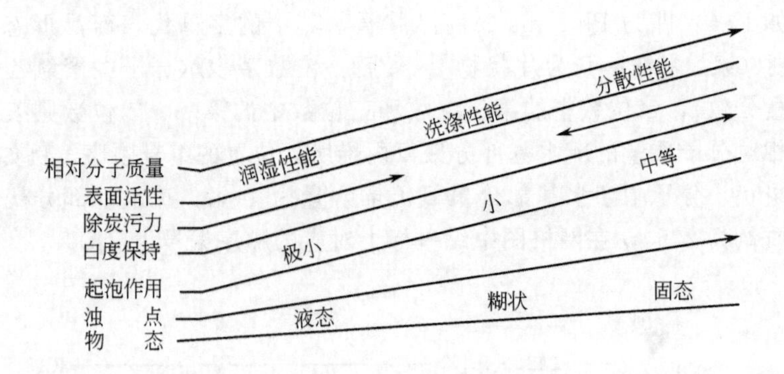

图 15-12　Pluronic 产品格子图与性质（一）

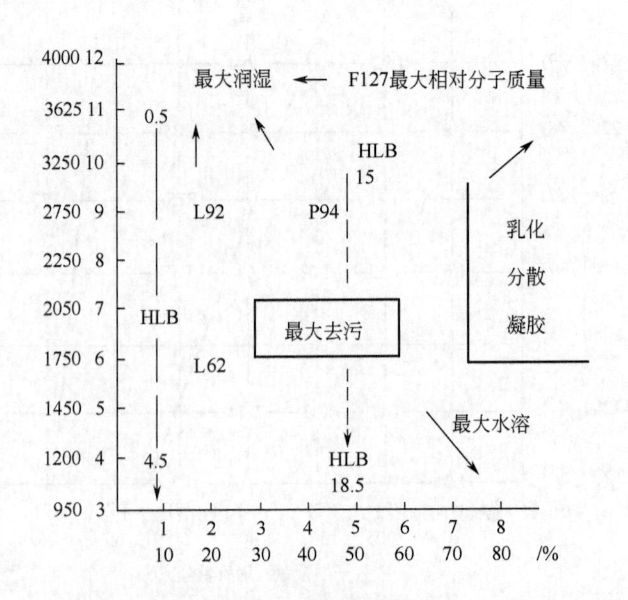

图 15-13　Pluronic 产品格子图与性质（二）

首先来看 Pluronic 的溶解性。由于 Pluronic 产品中具有醚键，该氧原子能与水中的氢形成氢键，故较易溶于冷水中。产品中环氧乙烷含量愈高，在水中的溶解度愈大。产品中环氧丙烷含量增加，则溶解度下降。这类表面活性剂不但可溶于水，也可溶于芳香烃、卤代烃及极性有机溶剂如丙酮、丁酮、乙醇和异丙醇中，但不溶于烷烃（在烷烃中加入少量偶合剂，如己烯二醇或丙二醇的烷基醚，则可增加溶度），也不溶于乙二醇、煤油和矿物油中。

自图 15-12 中可以看出，当分子大小不等时，即使亲水性相近，在性质上也表现出相当大的差异。分子量小者润湿性能较好，起泡作用极差，洗涤作用不好，随着分子量增加，则洗涤性能变好，起泡作用亦渐增，分子量很大时则润湿性能不好，洗涤性能有所下降，但分散性能增加。其 HLB 值随着产品中聚氧乙烯含量的增加和聚氧丙烯相对分子质量的下降而增加。

Pluronic 表面活性剂的 cmc 值列于表 15-2。

表 15-2 Pluronic 表面活性剂的 cmc 值（25℃）

Pluronic 产品名称	相对分子质量		cmc/（μmol/L）	
	PO 部分	产物		
L31	940	1100	3.0	
L33	940	1890	9.5	
F38	940	5020	5.2	
L42	1175	1620	11.1	
L44	1175	2200	8.6	
L61	1750	2000	8.0	
L62	1750	2500	6.8	
L64	1750	2875	5.6	F68 在水中胶束量为 18600，聚集数为 2
P66	1750	8000	6.9	
P75	2050	4160	9.1	
P84	2250	4520	8.9	
P85	2250	4600	8.1	
P88	2250	10750	5.1	
L92	2750	3480	5.5	
P104	3250	6050	7.3	
F108	3250	15550	4.7	

Pluronic 一般无臭，无味，无毒，无刺激性。而且，它有很好的稳定性，与酸、碱及金属离子皆不起作用。

Pluronic 产品品种较多，能适应各个领域的不同需要。Pluronic 产品的主要应用性能与其用途的关系可归纳如下。

①Pluronic 起泡性能较差，其中还有不少醚是低泡性表面活性剂，在许多工业过程中甚至可以作消泡剂或抑泡剂。如分子中环氧乙烷含量低的如 L61 就常作为消泡剂使用。这类产品如用环氧丙烷封链，或用环氧丙烷封链后再加 2 分子氯化苄，则产品的疏水性增强，低起泡性能更好。

值得注意的是，在 P84、F87 区域，存在着一个最大泡沫区。这可从图 15-14

看出来。

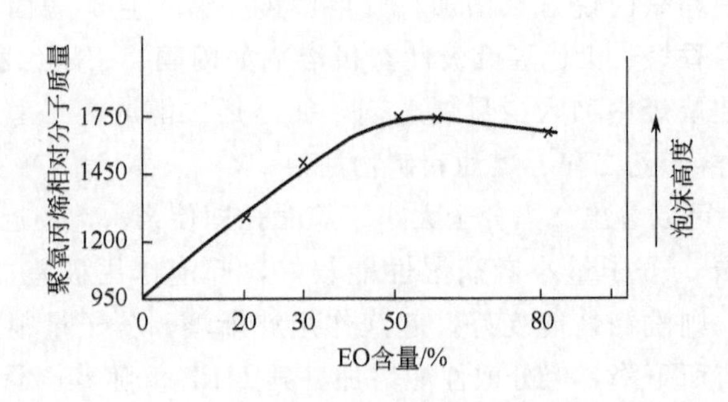

图 15-14　Pluronic 的起泡性能

②Pluronic 中有很多品种在低浓度时即有降低界面张力的能力，是许多水包油及油包水体系的有效乳化剂。有些品种可用于人造血液中作为乳化、分散剂。

③EO-PO 嵌段共聚物对钙皂有良好分散作用，在浓度很稀时即可防止硬水中钙皂沉淀，如 F68 和 P103 由于对钙皂的分散力很强，可用来配制块皂和皂基型洗发剂。

④EO-PO 嵌段共聚物有较好的加溶作用。

⑤Pluronic 一般无臭，无味，无毒，无刺激性。

⑥由于这类产品无刺激性，不会使头皮脱脂，因而可用于洗发剂中。EO-PO 嵌段共聚物的相对分子质量愈高，毒性愈小，加上它具有无味无刺激等特点，因而可用于耳、鼻、眼各种滴剂配方、口腔的洗涤、牙膏及栓剂药物中。它在化妆品中用作皮肤保护剂及增稠剂。L62、L72、L92 和 P103 是化妆品中使用的润湿剂。L64 的去污力较好，F68 的分散性较好。一般 L62、L64 和 F68 常与肥皂配合使用，制取高效低泡洗涤剂。

⑦相对分子质量在 3000～4500，含 60％聚氧乙烯的产品以及它的无机酸或有机酸酯，被广泛用作石油破乳剂。

⑧Pluronic 在金属加工中可用作防锈剂、分散剂、破乳剂，也可在塑料和涂料中用作添加剂。

3. 其他 EO-PO 嵌段共聚物

（1）Tergitol XD 和 XH　Tergitol XD 和 XH 的产品是一元醇与一定比例混合的环氧乙烷、环氧丙烷混合物聚合，然后再加聚环氧乙烷的产物。属于单官能团为引发剂的杂嵌型聚醚。产物中环氧丙烷的相对分子质量在 1200～1500 以上。这类产品对极性芳烃溶剂的乳化性能很好，可用作乳化剂。当环氧乙烷与环氧丙烷的质量比为 1∶1 时，洗涤效果最好。其结构式见表 15-1。

（2）Polyglyol 112　商品名为 Polyglyol 112 的产品是以甘油为引发剂，相继与环氧丙烷及环氧乙烷加聚的产物。属于三官能团为引发剂的产品。其结构式见

表 15-1。

Polyglyol 112 主要用作石油破乳剂。

(3) Tetronic　以四官能团为引发剂的产品。它是以乙二胺为引发剂加聚环氧丙烷使相对分子质量达到 900～2000，然后加聚环氧乙烷。环氧乙烷的量约为混合物总量的 20%～90%。

Tetronic 的分子结构式见表 15-1。

Tetronic 的性能与产品中环氧丙烷、环氧乙烷的数量与排列有关。产物中环氧乙烷量低，则泡沫极少，可用作泡沫调节剂。产物中环氧乙烷含量高，则可用作分散剂，如除去锅炉水垢及乳化漆中的颜料分散。亦可用作水煤浆的稳定剂和煤、油混合的分散剂。

Tetronic 的热稳定性优于 Pluronic 产品。与 Pluronic 产品相似，随产品中环氧丙烷、环氧乙烷的数量与排列的不同，Tetronic 产物亦可呈液状、膏状或片状。

(4) 其他　以单官能团为引发剂的整嵌型 EO-PO 嵌段共聚物中有一种重要类型是以水溶性醇或 C_8～C_{18} 单羟基醇为引发剂制得的产品。一般有以下结构

$RO(C_3H_6O)_m(C_2H_4O)_nH$

R 为烃基（一般为烷基）。调节 m 与 n 的值可得具有各种性质的表面活性剂。

例如，1mol 十六醇与 4mol 环氧丙烷在 140℃、0.5% NaOH（质量分数 35.5%）存在下进行加成，然后再与 20mol 环氧乙烷反应。产品中的环氧乙烷含量通常在 40%～75%。这类产品可用作润湿剂、洗涤剂和分散剂。

如果维持聚氧乙烯和聚氧丙烯的“相对分子质量”不变，而仅改变聚合次序，则得

$$RO(C_2H_4O)_n(C_3H_6O)_mH$$

其性质与 $RO(C_3H_6O)_m(C_2H_4O)_nH$ 有很大差别，浊点大为降低，起泡性能亦大大减弱。

聚氧乙烯聚氧丙烯嵌段共聚物也可接在其他疏水基或其他基团上。例如

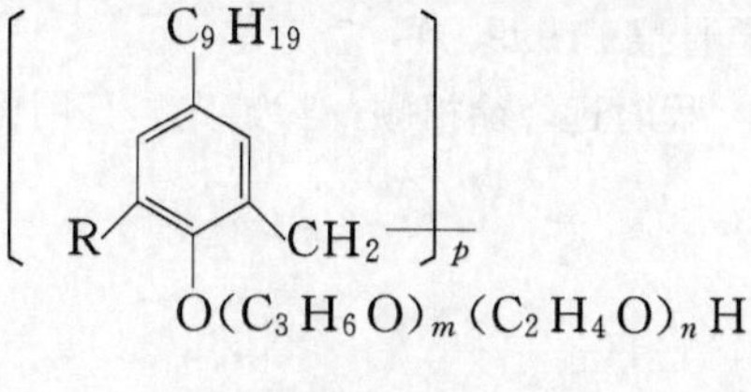

C_9H_{19}

R　CH_2　p

$O(C_3H_6O)_m(C_2H_4O)_nH$

（六）其他

对位烷基苯酚与甲醛缩合即得线性高分子，以环氧乙烷处理后则得水溶性的非离子性高分子表面活性剂。

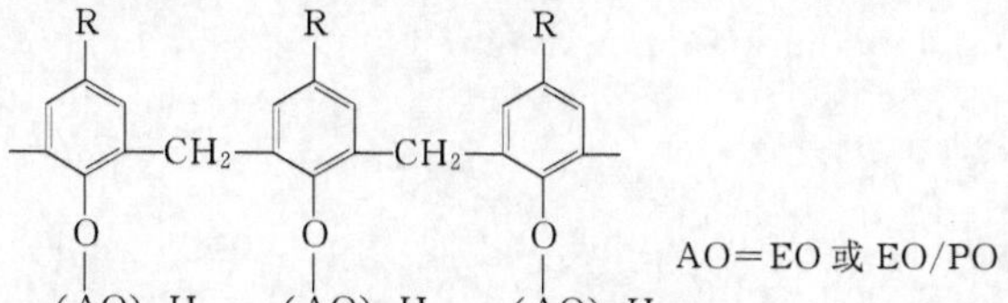

R　R　R

CH_2　CH_2

O　O　O

$(AO)_xH$　$(AO)_xH$　$(AO)_xH$　AO＝EO 或 EO/PO

式中，R为短链烷基，常见的为丙基和丁基。

此类化合物用作涂料的立体稳定剂。EO-PO的嵌段共聚物也被广泛用作破乳剂，例如，在石油生产中。此类表面活性剂中，烷芳基片段构成了一个强的憎水主链，它可紧紧地结合在疏水表面，从而可使得分子即使有很长的亲水链（通常50～100聚氧乙烯单元）也不离开表面。

将聚4（或2）—乙烯吡啶用 $C_{12}H_{25}Br$ 季铵化，就得到阳离子型高分子表面活性剂：

$$\text{-}\!\!\left(CH_2-CH\right)\!\!\text{-}_m \quad \text{(4-pyridinium, } N^+-C_{12}H_{25}\text{)} \quad Br^-$$

季铵化后的产物比原来的高分子物有更高的表面活性，在水溶液中显示出对苯及十二烷良好的加溶作用（在极稀的水溶液中即已有加溶作用）。

高分子表面活性剂也有两性的。例如，以 $C_{12}H_{25}Br$ 与聚乙烯亚胺的部分亚胺基作用后，再与氯乙酸（$ClCH_2COONa$）反应，即得具有高表面活性的两性高分子表面活性剂。

$$\text{-}\!\!\left(C_2H_4-\underset{C_{12}H_{25}}{\underset{|}{N}}-C_2H_4-\underset{CH_2COOH}{\underset{|}{N}}\right)\!\!\text{-}_n$$

参考文献

[1] Jonsson B，Lindmann B，Holmberg K，Kronberg B. Surfactants and polymers in aqueous solution. New York：John Wiley & Sons Ltd.. 1998.

[2] 徐坚．高分子通报．1997，2：90.

[3] 徐坚．油田化学．1997，3：290.

[4] 张黎明．高分子通报．1999，1：78.

[5] 陈永春，易昌风，程时远，徐祖顺，封麟先．日用化学工业．1997，5：25.

第十六章

生物表面活性剂

用生物方法也能合成两亲化合物。如将微生物在一定条件下培养时，在其代谢过程中会分泌产生一些具有一定表/界面活性的代谢产物，如糖酯、多糖酯、肽酯或中性类酯衍生物等。它们具有与一般表面活性剂类似的两亲性结构（其非极性基大多为脂肪酸链或烃链，极性部分多种多样，如糖、多糖、肽及多元醇等），也能吸附于界面、改变界面的性质。这种由细菌、酵母和真菌等多种微生物产生的具有表面活性剂特征的化合物称作生物表面活性剂（biosurfactant）[1,2]。

不同文献中对生物表面活性剂有不同的定义。这是因为由生物体系代谢产生的两亲化合物有两类：一类是一些低分子量的小分子，它们能显著降低空气/水或油/水界面张力；另一类是一些生物大分子，它们降低表（界）面张力的能力比较差，但它们对油/水界面表现出很强的亲和力，能够吸附在分散的油滴表面，防止油滴凝聚，从而使乳状液得以稳定。有些文献中把前一类称为生物表面活性剂，而把后一类称为生物乳化剂（bioemusifier）；而有些文献中则将这两类都称为生物表面活性剂。本书采用后一种定义，即不严格区分生物表面活性剂和生物乳化剂，而将它们通称为生物表面活性剂。

生物表面活性剂具有或优于化学合成表面活性剂的理化特性。与化学合成表面活性剂相比，生物表面活性剂具有选择性好、用量少、无毒、能够被生物完全降解、不对环境造成污染、可用微生物方法引入化学方法难以合成的新化学基团等特点。另外，用微生物发酵生产，工艺简便。当发酵技术进一步成熟和产量达到一定规模后，生产成本可望进一步降低，进而可广泛应用于工业、农业、医药以及人们日常生活用品等各个领域。

一、生物表面活性剂的分类

生物表面活性剂有多种来源、生产方法、化学结构和用途，因而可作多种分类以满足不同要求。按来源可将生物表面活性剂分成整胞生物转换法（也称发酵法）产物和酶促反应法产物。按用途可将广义的生物表面活性剂分为生物表面活性剂（生物小分子，能显著改变表/界面张力）和生物乳化剂（生物大分子，虽不能显著降低表/界面张力，但对油/水界面表现出很强亲和力，有很强的乳化能力）。按照生物表面活性剂的化学结构不同，则可作如下分类。

- 生物表面活性剂
  - 中性类脂
    - 甘油单、双酯
    - 聚多元醇酯
    - 其他蜡酯
  - 磷脂/脂肪酸
  - 糖酯
    - 糖脂
    - 糖醇酯
    - 糖苷
  - 含氨基酸类脂
    - 脂氨基酸
    - 脂多肽
    - 脂蛋白质
  - 聚合型
    - 脂多糖
    - 脂-糖-蛋白质复合物
  - 特殊型
    - 全胞
    - 膜载体
    - 纤毛

与此分类方法类似的是将其分为糖脂系生物表面活性剂，酰基缩氨酸系生物表面活性剂，磷脂系生物表面活性剂，脂肪酸系生物表面活性剂和高分子生物表面活性剂五类。

二、生物表面活性剂的制备方法

除了从生物体内直接提取之外，生物表面活性剂主要通过微生物方法来生产。

（一）发酵法生产生物表面活性剂

上面列出的各类生物表面活性剂几乎都可以由发酵法获得。

① 不动杆菌和微球菌可生产甘油单酯，棒杆菌可生产甘油双酯，固氮菌、产碱菌和假单胞菌可生产聚-β-羟基丁酸。

② 产磷脂的菌属很多，如假丝酵母、棒杆菌、微球菌、不动杆菌、硫杆菌及曲霉等，棒杆菌和节杆菌等还能直接产生脂肪酸。

③ 糖脂是发酵法生产生物表面活性剂的一个大品种。红球菌、节杆菌、分枝杆菌和棒杆菌可生产不同结构的海藻糖棒杆霉菌酸酯，分枝杆菌可生产海藻糖脂；假丝酵母会产生鼠李糖脂、槐糖脂，球拟酵母也产生槐糖脂；黑粉菌生产纤维二糖脂，节杆菌、棒杆菌和红球菌生产葡萄糖脂、果糖脂、蔗糖脂等；红酵母生产多元醇酯，乳杆菌产生二糖基二甘油酯。

④ 脂氨基酸中的典型代表是鸟氨酸脂，可由假单胞菌和硫杆菌产生。鸟氨酸肽和赖氨酸肽由硫杆菌、链霉菌和葡糖杆菌产生，芽孢杆菌则生产短杆菌肽。

⑤ 脂蛋白质中芽孢杆菌生产枯草溶菌素和多糖菌素，农杆菌和链霉菌生产细胞溶菌素。

⑥聚合型生物表面活性剂是一些更复杂的复合物，不动杆菌、节杆菌、假单胞菌及假丝酵母都可以产生脂杂多糖，节杆菌和假丝酵母还生产多糖蛋白质复合物；链霉菌生产甘露糖蛋白质复合物，假丝酵母还生产甘露聚糖脂；黑粉菌等生产甘露糖/赤藓糖脂，假单胞菌和德巴利氏酵母产生更加复杂的糖类-蛋白质-脂。

⑦由不动杆菌生产的膜载体是一种特殊型生物表面活性剂，有时由多种微生物产生的全胞也是一种特殊型生物表面活性剂。

用发酵法生产上面这些产物，工艺简单，可与目前生产的一些表面活性剂相竞争。采用休止细胞、固相细胞和代谢调节等手段可使代谢产物的产率大大提高，工艺简化，成本降低，有利于实现生物表面活性剂的工业化生产。

（二）酶促反应生产生物表面活性剂

20 世纪 80 年代中期，随着非水相酶学的开辟和进展，由酶促反应经生物转换途径合成生物表面活性剂成为可能。目前由酶促反应和整胞生物转换（发酵法）已成为生产生物表面活性剂的两条并列途径，而且由于前者具有一些本质的优点，越发引起人们的重视。故目前生物表面活性剂的概念已扩展到包括由整胞生物转换和酶促反应合成的所有生物表面活性剂。

通过酶促反应使用根霉脂肪酶、假单胞菌脂肪酶等可生产甘油单酯。胰脂酶和放线菌磷脂酶可生产磷脂。糖脂亦是酶促反应生产的生物表面活性剂中的一大类，由假丝酵母、毛霉、青霉、曲霉、紫色杆菌、假单胞菌的脂肪酶、胰脂酶，甚至由枯草生产的一种脂肽 subtilisin（证实是一种蛋白酶）可生产不同的糖脂，如葡糖、果糖、蔗糖、半乳糖、乳糖、甘露糖、纤维二糖、麦芽糖、海藻糖脂等；胰脂酶、紫色杆菌、假单孢菌、根霉、毛霉等可生产山梨醇、失水山梨醇、核糖醇、木糖醇脂等；杏仁 β-葡糖苷酶和曲霉 β-葡糖苷酶能生产糖苷。由毛霉、根霉及假单胞菌脂肪酶生产的含氨基酸类脂有酰基赖氨酸、酰基-β-内氨酸、酰基谷氨酸、1-O-(氨基酰基)-3-O-肉豆蔻酰甘油、O-酰基高丝氨酸等。

酶促反应合成与整胞生物转换（发酵法）两条途径之间存在着一定的基本差

异。酶促反应本质上属于有机合成，生物酶在反应中充作传统非生物催化剂的生物替代品。整胞生物转换是一个生物合成过程，由代谢活性细胞中多种酶联合起系列连续酶催化作用方可获得目的产物，并经工业发酵过程来实现。因此，由整胞生物转换途径得到的表面活性剂比由其他方法获得的产物结构上更复杂。反之，由体外酶则可经酶促反应制得许多预期结构的表面活性剂品种。尽管其结构简单，却可比照商品表面活性剂结构，通过调节培养底物，经分子设计得到所期望结构和理化性质的产品。因此，经由体外酶促反应合成或整胞生物转换经发酵生产生物表面活性剂的两条途径具有互补性。

三、生物表面活性剂的重要性能

很多生物表面活性剂具有高的表（界）面活性。表 16-1 列出一些糖脂的表面活性数据。表 16-2 列出几种化学表面活性剂和生物表面活性剂的物理性质比较。

表 16-1　糖脂的表面活性

生物表面活性剂	最低表面张力/（mN/m）	cmc/（mg/L）	最低界面张力/（mN/m）
海藻糖单脂	32	3	16
海藻糖双脂	36	4	17
海藻糖四脂	26	15	<1
鼠李糖脂Ⅰ	26	20	4
鼠李糖脂Ⅱ	27	10	<1
槐糖脂	—	—	1.5
甘露糖脂	40	5	19
葡萄糖脂	40	10	9
麦芽二糖单脂	33	1	1
麦芽二糖双脂	46	10	13
麦芽三糖三脂	35	3	1
纤维二糖双脂	44	20	19

表 16-2　几种化学表面活性剂和生物表面活性剂的物理性质比较

表面活性剂种类	表面张力/（mN/m）	界面张力/（mN/m）	临界胶束浓度/（mg/L）
化学表面活性剂			
十二烷基磺酸钠	37	0.02	21.20
吐温-20	30	4.8	600
溴化十六烷基三甲基铵	30	5.0	1300

续表

表面活性剂种类	表面张力 /（mN/m）	界面张力 /（mN/m）	临界胶束浓度 /（mg/L）
生物表面活性剂			
鼠李糖脂	25～30	0.05～4.0	5～200
槐糖脂	30～37	1.0～2.0	17～82
海藻糖脂	30～38	3.5～17	4～20
脂肽	27	0.1～0.3	12～20
枯草菌脂肽	27～32	1.0	23～160

与化学合成表面活性剂相比，生物表面活性剂具有选择性好、用量少、无毒、能够被生物完全降解、不对环境造成污染、可用微生物方法引入化学方法难以合成的新化学基团等特点。

有些生物表面活性剂还具有某些特殊性质。如近来发现，肺蛋白和类脂结合生成的表面活性剂可纯化肺蛋白，改善肺泡中的气体交换。

四、生物表面活性剂的用途

对生物表面活性剂的兴趣起始来源于在采油和相关行业中的应用[2]。由于它对生物表面活性剂的纯度和专一性要求不高，可直接使用含完整细胞的发酵液。可用已生产好的生物表面活性剂注入地下或在岩层中就地培养微生物产生生物表面活性剂来用于三次采油（也称为四次采油）。与化学合成表面活性剂相比，生物表面活性剂在大面积油面和地下储藏条件下使用更为有效。一种商品名称叫Emulsan的生物表面活性剂用于乳化重油，可使油黏度由 0.2×10^4 Pa·s 下降到 0.1 Pa·s，有利于远程泵送；或用于乳化重质燃烧油使之可以直接燃烧，实验表明其稳定性和可燃性均较好。用槐糖脂处理沥青砂可促使沥青析出，提高收率。

生物表面活性剂的应用已发展到在医药、化妆品和食品等有特殊要求的行业中。生物表面活性剂由于具备化学合成表面活性剂很难具有的特殊结构，因而有可能具有一定的生理活性而具有作为药物的潜能。肺组织中的表面活性剂（肺表面活性剂）是维持正常呼吸的必要因子，是一种磷脂蛋白质复合物。许多早产儿就是因为缺少此种物质而呼吸障碍。目前产生这种生物表面活性剂的人类基因已被克隆到细菌中，使得大规模生产这种生物表面活性剂作为药物成为可能。在食品工业中，生物表面活性剂可作为添加剂。卵磷脂及其衍生物、脂肪（含甘油）、山梨聚糖、乙二醇和单体甘油脂的乙氧基化衍生物都是目前常用的乳化剂，

业已发现生物表面活性剂在环境工程中亦有重要应用价值，如帮助水-污泥中有毒物质生物降解。此外，生物表面活性剂还用在煤炭、纺织、造纸、铀加工和

陶瓷加工等行业中。

五、一些重要的生物表面活性剂的结构和性能

（一）糖脂系生物表面活性剂

糖脂系生物表面活性剂是生物表面活性剂中最主要的一种，主要包括鼠李糖脂、海藻糖脂、槐糖脂等。

1. 鼠李糖脂

鼠李糖脂是假单孢菌在以正构烷烃为唯一碳源的培养基时得到的一种表面活性剂。它有四种类型，鼠李糖脂Ⅰ，鼠李糖脂Ⅱ、鼠李糖脂Ⅲ和鼠李糖脂Ⅳ。其结构式如下。

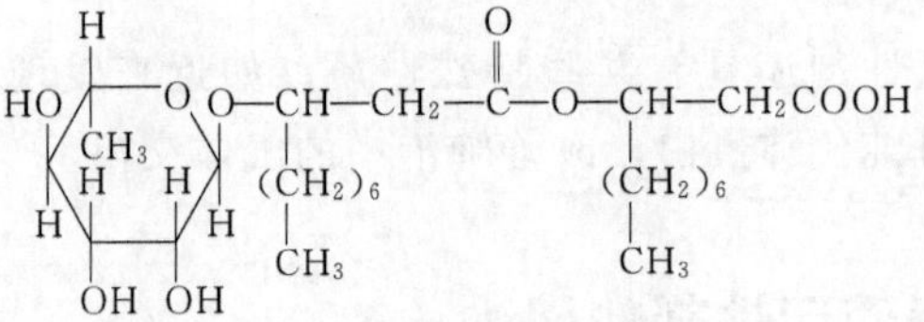

鼠李糖脂Ⅰ

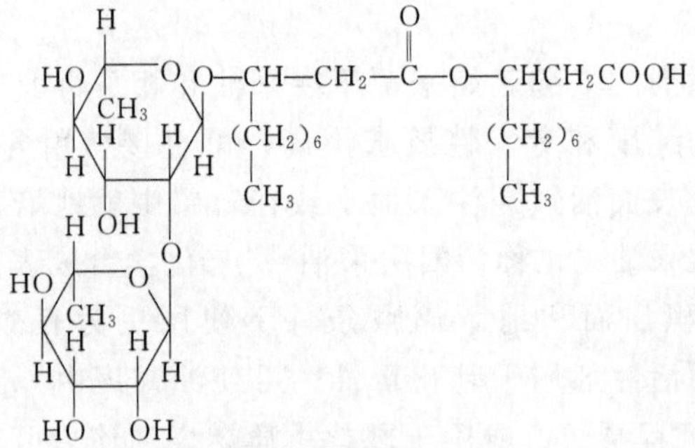

鼠李糖脂Ⅱ

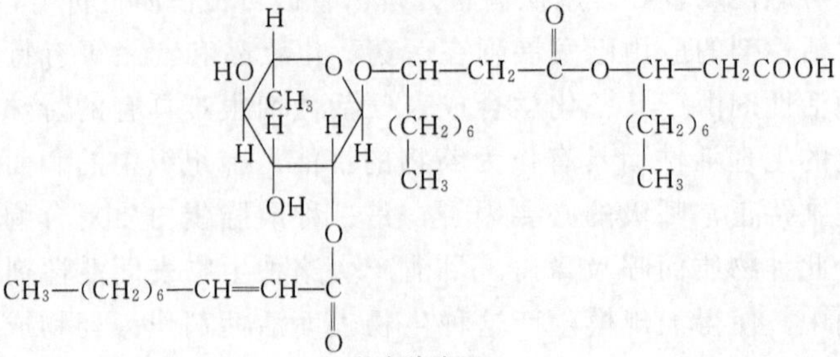

鼠李糖脂Ⅲ

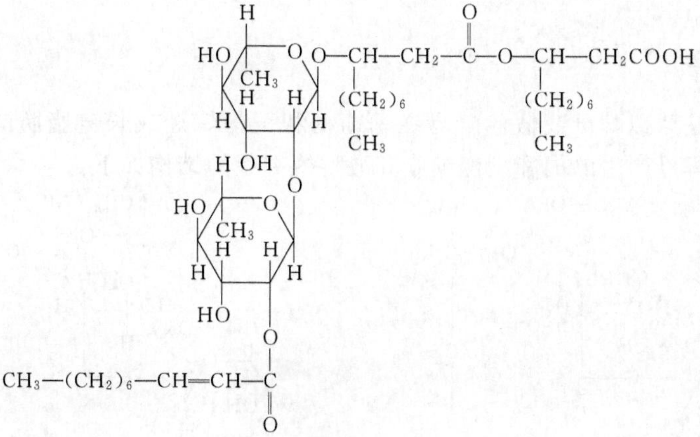

鼠李糖脂Ⅳ

鼠李糖脂可在多种工业中用作乳化剂。鼠李糖脂对正构烷烃有优良的促进降解的功能。如在炼油厂废水的活性污泥处理池中加入鼠李糖脂，污泥中的正构烷烃可在两天后完全分解。此外，鼠李糖脂还有一定的抗菌、抗病毒和抗支原体性能。

2. 海藻糖脂

海藻糖脂是海藻糖（双糖）在6,6′位上与α-支链-β-羟基脂肪酸（霉菌酸）的酯化产物。常见的有单脂、双脂和四脂。

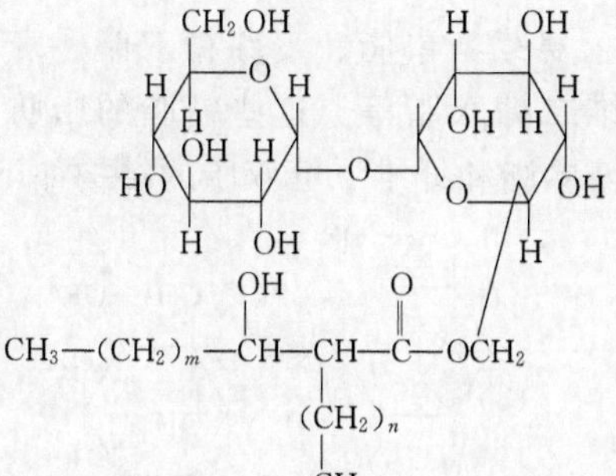

单脂 $m=20\sim21$ $n=9\sim11$

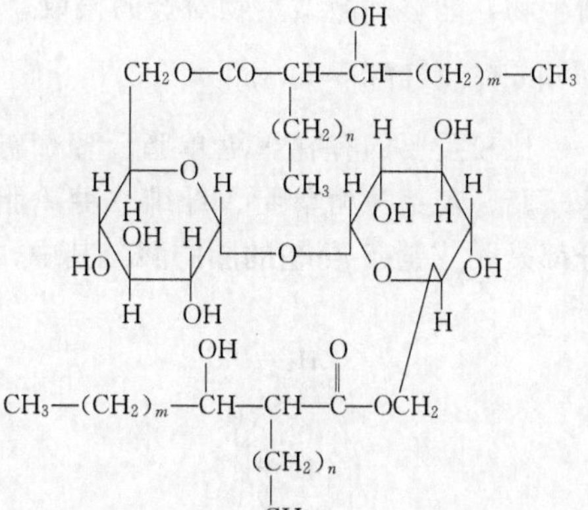

双脂 $m=20\sim21$ $n=9\sim11$

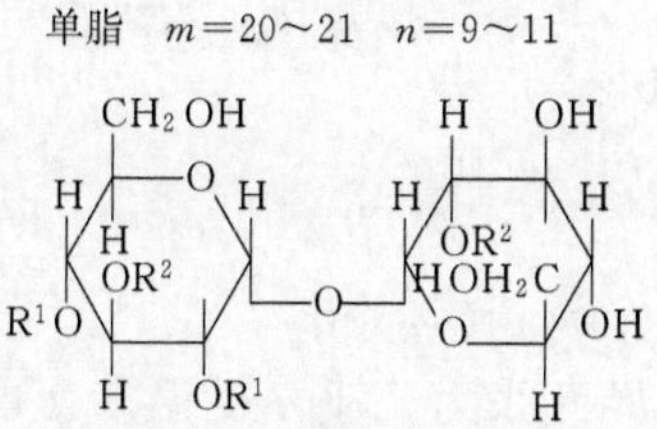

R^1 为 $OC(CH_2)_m$ CH_3 和 $OC(CH_2)_2COOH$，$m=6$

R^2 为 $OC(CH_2)_n$ CH_3，$n=8$

四脂

海藻糖脂具有很好的表面活性（见表16-1）。它乳化能力很强，主要用于三次产油的研究中。

3. 槐糖脂

槐糖脂是球拟酵母或假丝酵母在葡萄糖和正构烷烃或长链脂肪酸中培养时产生的。球拟酵母产生的内酯型槐糖脂和酸型槐糖脂的结构如下。

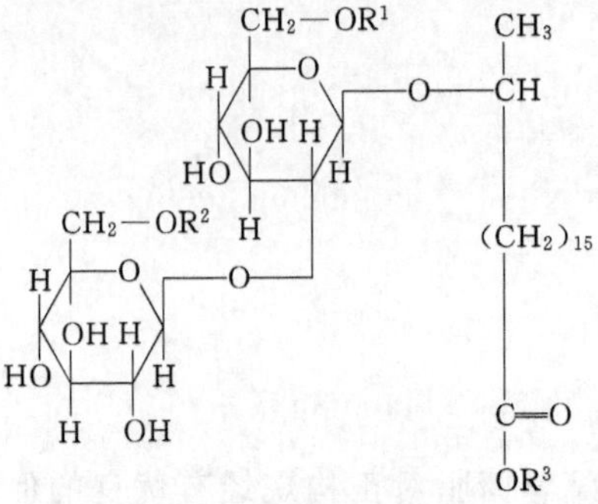

$R^1=R^2=Ac$，$R^3=H$ 或甲基

Ⅰ 酸型槐糖脂

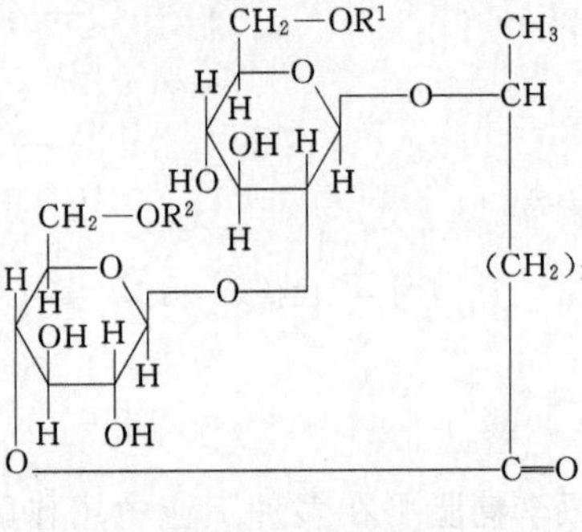

$R^1=R^2=Ac$ 或 H

Ⅱ 内酯型槐糖脂

槐糖脂还可进一步反应制得适合于不同用途的化合物，如槐糖脂内酯环水解后再用醇使羧基酯化，则可制得不同HLB值的产品；在糖的羟基上进行乙氧基化或丙氧基化反应，可改进产品的乳化性能，可用在化妆品、医药，食品、农药等工业的产品中。将它加入沥青砂中能促使沥青析出。在石油烃发酵中加入槐糖脂衍生物，能够刺激微生物对烃的摄取，并得以更好地生长。

4. 其他糖脂

比较重要的有甘露糖单脂、葡萄糖单脂、麦芽糖单脂、麦芽糖双脂、麦芽三糖三脂、麦芽三糖单脂、纤维二糖单脂、纤维二糖双脂等。这些糖脂的脂肪酸部分都是 α-支链-β-羟基的脂肪酸。其中，甘露糖单脂和纤维二糖双脂的结构如下。

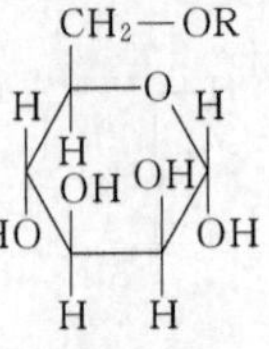

甘露糖单脂

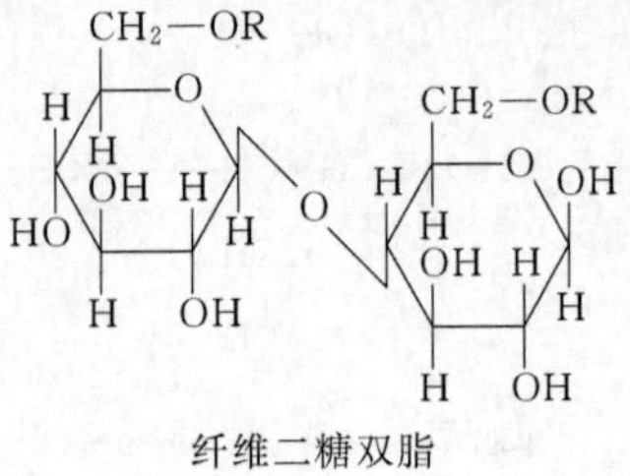

纤维二糖双脂

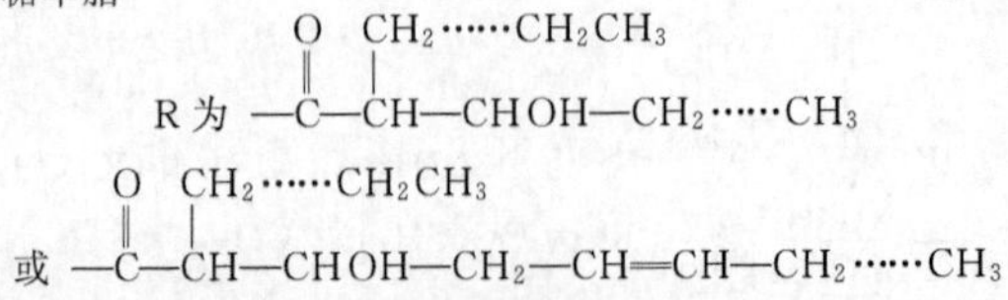

R为 $-\overset{O}{\overset{\|}{C}}-\underset{}{\overset{CH_2\cdots\cdots CH_2CH_3}{\overset{|}{C}H}}-CHOH-CH_2\cdots\cdots CH_3$

或 $-\overset{O}{\overset{\|}{C}}-\overset{CH_2\cdots\cdots CH_2CH_3}{\overset{|}{C}H}-CHOH-CH_2-CH=CH-CH_2\cdots\cdots CH_3$

这类糖脂具有较好的耐热稳定性，其最低界面张力几乎不受温度影响，而且表面活性也比较高。

（二）酰基缩氨酸系生物表面活性剂

这类生物表面活性剂是由枯草杆菌等细菌培养的产物。如商品名为表面活性蛋白（Surfactin）的脂肽有很高的表面活性。当浓度为0.005%时即可将水的表面张力降至27.9mN/m。其结构式如下。

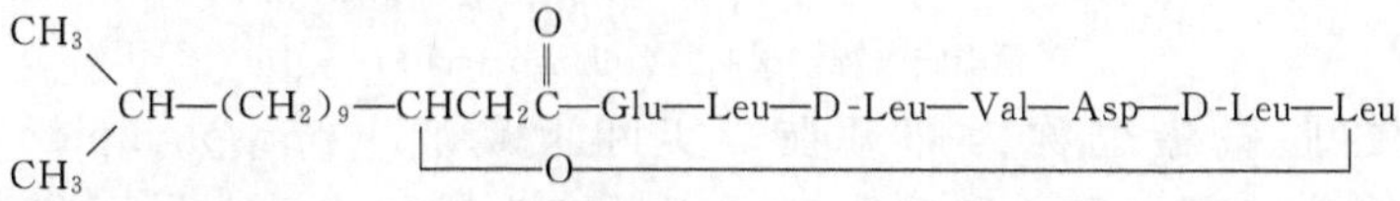

$$(CH_3)_2CH-(CH_2)_9-\underset{\llcorner\_\_\_\_\_\_\_\_\_\_O\_\_\_\_\_\_\_\_\_\_\_\_\_\_\_\_\_\_\_\_\_\_\_\_\_\_\_\_\_\_\_\_\_\_\_\_\_\_\lrcorner}{CHCH_2\overset{O}{\overset{\|}{C}}-Glu-Leu-D\text{-}Leu-Val-Asp-D\text{-}Leu-Leu}$$

式中，Glu为谷氨酸，Leu为亮氨酸，Val为缬氨酸，Asp为天冬氨酸，D为右旋（其余未注明者为左旋）。

另一种类似于Surfactin的物质，具有如下结构：

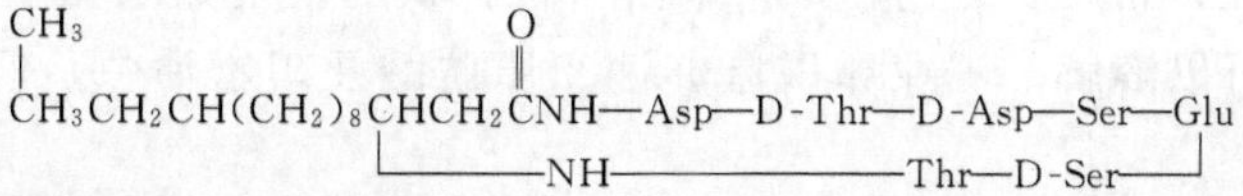

$$CH_3CH_2\overset{CH_3}{\overset{|}{C}H}(CH_2)_8\underset{\llcorner\_\_\_\_\_\_\_\_NH\_\_\_\_\_\_\_\_\_\_\_\_\_\_\_\_\_\_\_\_\_\_\_\_\_\_\_\_\_Thr-D\text{-}Ser\lrcorner}{CHCH_2\overset{O}{\overset{\|}{C}}NH-Asp-D\text{-}Thr-D\text{-}Asp-Ser-Glu}$$

Thr为苏氨酸，Ser为丝氨酸。

它有溶菌和抗菌作用。

（三）磷脂系及脂肪酸系生物表面活性剂

磷脂分子由甘油、两个脂肪酸基、磷酸和一个含胺基的基团如乙醇胺、胆碱等组成。因此，根据脂肪酸的种类、位置、胺基的性质等的不同，磷脂有多种变体。

磷脂有α-磷脂酸和β-磷脂酸两种异构体。α-磷脂酸中磷酸位置在甘油基的一端，β-磷脂酸中磷酸位置是在甘油基中部OH基上。自然界磷脂大都是α-位，结构如下。

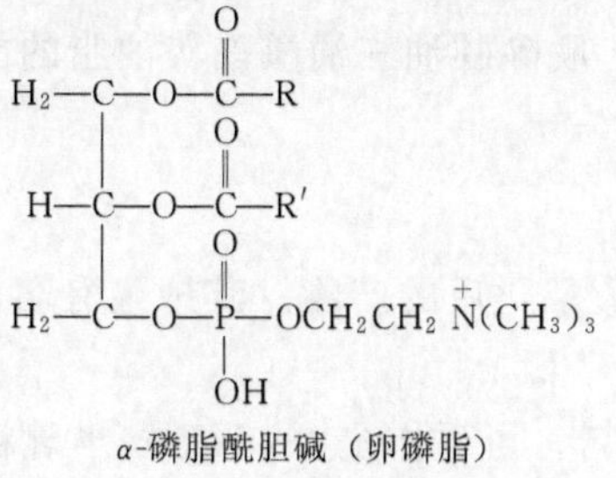

$$\begin{array}{l} H_2-C-O-\overset{O}{\overset{\|}{C}}-R \\ \quad\ | \\ H-C-O-\overset{O}{\overset{\|}{C}}-R' \\ \quad\ | \\ H_2-C-O-\underset{OH}{\underset{|}{\overset{O}{\overset{\|}{P}}}}-OCH_2CH_2\overset{+}{N}(CH_3)_3 \end{array}$$

α-磷脂酰胆碱（卵磷脂）

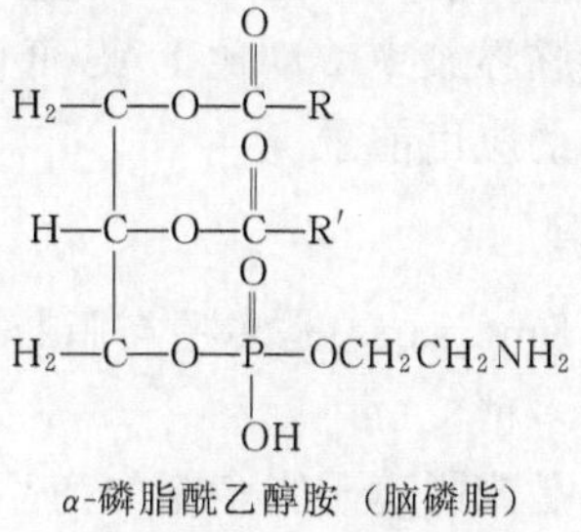

$$\begin{array}{l} H_2-C-O-\overset{O}{\overset{\|}{C}}-R \\ \quad\ | \\ H-C-O-\overset{O}{\overset{\|}{C}}-R' \\ \quad\ | \\ H_2-C-O-\underset{OH}{\underset{|}{\overset{O}{\overset{\|}{P}}}}-OCH_2CH_2NH_2 \end{array}$$

α-磷脂酰乙醇胺（脑磷脂）

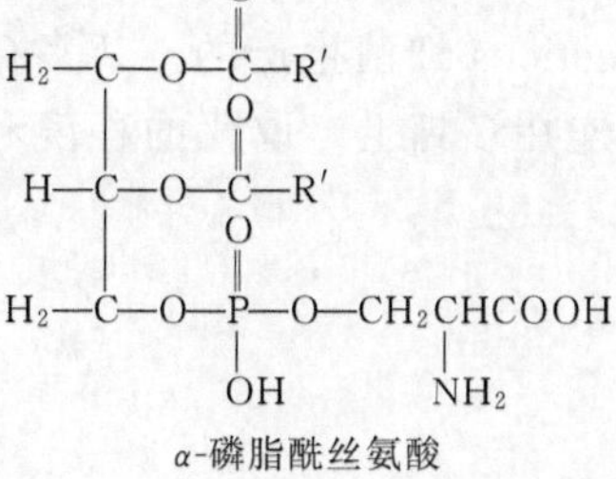

$$\begin{array}{l} H_2-C-O-\overset{O}{\overset{\|}{C}}-R' \\ \quad\ | \\ H-C-O-\overset{O}{\overset{\|}{C}}-R' \\ \quad\ | \\ H_2-C-O-\underset{OH}{\underset{|}{\overset{O}{\overset{\|}{P}}}}-O-CH_2\underset{NH_2}{\underset{|}{C}H}COOH \end{array}$$

α-磷脂酰丝氨酸

$$\begin{array}{l} H_2-C-O-\overset{O}{\overset{\|}{C}}-R \\ \quad\ | \\ H-C-O-\overset{O}{\overset{\|}{C}}-R' \\ \quad\ | \\ H_2-C-O-\underset{OH}{\underset{|}{\overset{O}{\overset{\|}{P}}}}-OH \end{array}$$

（肌醇环：OH OH，H H，OX，H H，H，OH OH）

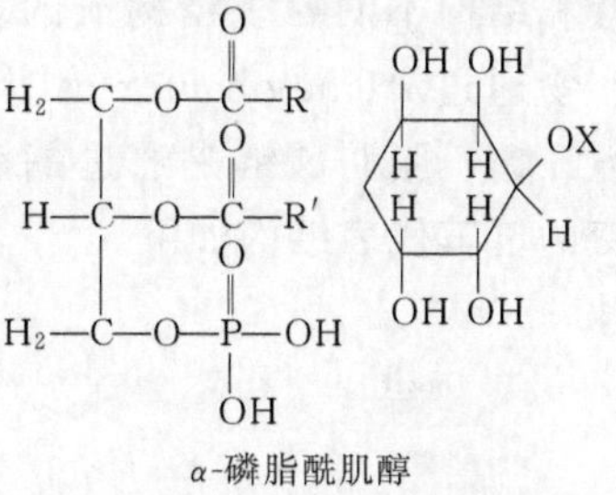

α-磷脂酰肌醇

X为接在糖分子上的磷酸基

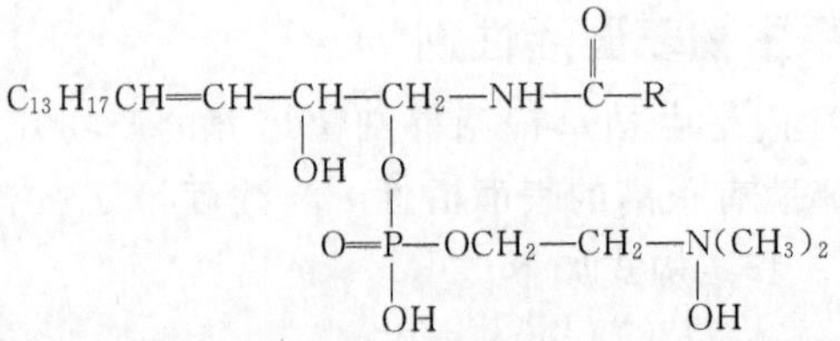

$$
\begin{array}{l}
\qquad\qquad\qquad\qquad\qquad\qquad\qquad\quad O \\
\qquad\qquad\qquad\qquad\qquad\qquad\qquad\quad \| \\
C_{13}H_{17}CH{=}CH{-}CH{-}CH_2{-}NH{-}C{-}R \\
\qquad\qquad\qquad\quad | \qquad | \\
\qquad\qquad\qquad\; OH \quad O \\
\qquad\qquad\qquad\qquad\quad | \\
\qquad\qquad\qquad\; O{=}P{-}OCH_2{-}CH_2{-}N(CH_3)_2 \\
\qquad\qquad\qquad\qquad\quad | \qquad\qquad\qquad\quad | \\
\qquad\qquad\qquad\qquad\; OH \qquad\qquad\qquad OH
\end{array}
$$

鞘磷脂（神经磷脂）(sphingomyolin)

磷脂酸的胆碱酯也称为卵磷脂。实际上磷脂（phospholipid）和卵磷脂(Lecithin）常常是混用的。卵磷脂存在于所有生物体内，在大豆和卵黄中含量最高。

卵磷脂不溶于水，但热水及碱性（pH=8）条件下可与卵磷脂形成乳状液。卵磷脂能溶于芳烃，脂烃及氯代烃中，不溶于极性低的溶剂如酮类中。但在甘油酯/丙酮溶液中则可以溶解。工业卵磷脂亦溶于脂肪酸及矿物油中，但不溶于冷的动植物油中。

卵磷脂因不溶于水而不能用作洗涤剂。但是它的胶体性质，抗氧性、柔软性和生理性很好。对需增强表面活性的乳化体系都很有用。卵磷脂可作为乳化剂、分散剂大量用于食品及动物饲料工业。还可在化妆品、医药品等产品中用作乳化剂、分散剂，抗氧剂、柔软剂。它亦可用于香波配方中。

除了卵磷脂之外，由硫黄细菌（thiobacillus thiooxidans）发酵培养也可产生各种类型磷脂组成的混合磷脂。但目前从微生物菌体生产的磷脂尚因为产率低，没有得到大规模开发利用。

通过微生物培养制得的脂肪酸系生物表面活性剂有覆盖霉菌酸（collinocolic acid）和青霉孢子酸（speculispoticacid)。据报道，青霉孢子酸的钠盐及烷基胺盐的表面活性、洗涤能力都比 LAS（直链烷基苯磺酸钠）等合成表面活性剂高出一个数量级，而临界胶束浓度比 LAS 低，脱除甘油三油酸酯等油脂的能力则与 LAS 相近，有良好的应用前景。

（四）脂多糖

脂多糖（Emulsan）是多糖与脂肪酸酯化后的产物。其中最有名的是一种称为 Emulsan 的脂多糖。

Emulsan 是聚阴离子脂多糖的商品名，可看作是由 *N*-乙酰半乳糖胺、*N*-乙酰化半乳糖醛酸和结构不明氨基糖构成的多糖与脂肪酸酯化后的产物。Emulsan 被作为胞外的产物通过 Acinetobactor calcoaceticus 细菌生产的。杂多糖主链含有带负电荷的重复三糖，脂肪酸链是通过酯键连在多糖上。取代的程度和脂肪酸的类型是可以改变的，其代表结构如下。

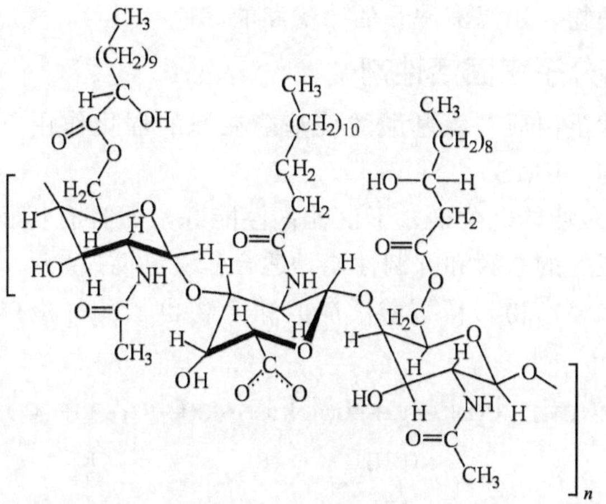

Emalsan　　$[C_{60}N_{30}O_{20}H_{105}]_n$　　($M=1187n$, $n\approx840$)

它的相对分子质量约为 9.9×10^5，脂肪酸主要成分为 α-和 β-羟基十二酸。

Emulsan 首先是在海边的一种自发的原油－盐乳液中发现的。通过将制造这种乳化剂的细菌分离出来，测定了表面活性大分子的结构。进一步的研究表明这种细菌生产出对乳液形成过程起关键作用的两个组分：一个是低分子量的肽，其表面活性很高，是一个很好的乳化剂；另一个是相对分子质量在 10^6 左右的脂多糖，它对稳定新形成的乳状液非常有效。这两种产物的重量比大约是 1∶9。

Emulsan 的性质进一步说明了高分子表面活性剂的特征：不是作为乳化剂形成乳状液而是稳定由低分子量表面活性剂形成的乳状液。事实上，高分子表面活性剂通常不适合用作乳化剂，因为它们不能快速分散到新形成的界面。

Emulsan 具有以下一些特性：

① 降低表面和界面张力的能力中等；

② 有很强的进入油/水界面的倾向；

③ 它本身不是有效的乳化剂；

④ 它是一种极好的特殊水包油型（不是油包水型乳液）乳液稳定剂；

⑤ 它是“底物专属”（substrate specific）的，在二价阳离子中的存在下功能最好。

Emulsan 降低表面和界面张力的能力虽然不是很强（它只能把水/十六烷的界面张力从 47mN/m 降低到 30mN/m，这不是一个很低的值）。然而，Emulsan 在水和油中是难溶的，因此，进入界面的驱动力很强，这是它作为乳状液稳定剂的一个重要因素。

Emulsan 的“底物专属”性是很严格的。它只对一定的油形成稳定的乳状液，即只同确定的混合烃起作用。对于脂肪烃和烷基芳烃的混合油（即典型的重油）效果最好。

Emulsan 对稠油很好的乳化能力使稠油乳化在水中，用于重油的运输和将重油乳化后做燃料。脂多糖的另一个重要应用是利用其对烃类的独特乳化能力可以有效去除石油污染物，用以清洗石油储槽和油库。

（五）蛋白质高分子表面活性剂

明胶等水溶性蛋白质与氨基酸的烷基酯在酶的催化作用下反应可生成蛋白质系的高分子乳化剂（EMG）。

EMG 是一种多功能乳化剂，不仅乳化性能好，而且有优良的抗菌性，对多种革兰氏阳性菌有很好的杀灭和抑制性能，适合作食品防腐剂。

用胶原蛋白水解产物与精氨酸反应的缩合物也是一种蛋白质高分子表面活性剂。其结构式如下。

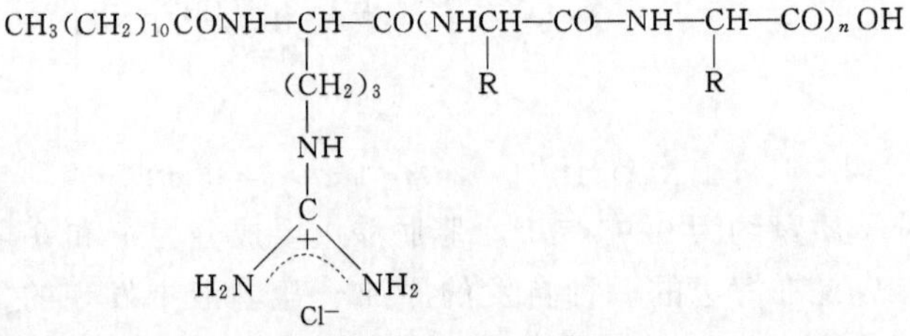

$$CH_3(CH_2)_{10}CONH-\underset{\substack{|\\(CH_2)_3\\|\\NH\\|\\C^{+}\\\diagup\ \diagdown\\H_2N\quad NH_2\\Cl^-}}{CH}-CO(NH\underset{\substack{|\\R}}{CH}-CO-NH-\underset{\substack{|\\R}}{CH}-CO)_nOH$$

它不仅是一种很好的乳化剂，而且具有抗菌特性。

（六）肺表面活性剂和表面活性蛋白

肺表面活性剂（pulmonary surfactant，PS）指由肺泡Ⅱ型上皮细胞分泌的一种复杂的磷脂蛋白复合物。分布于肺泡液体分子层表面，具有降低肺泡表面张力的作用，能维持大小肺泡容量的相对稳定，阻止肺泡毛细血管中液体向肺泡内滤出。

不同哺乳动物的 PS 组成大致相似，其 90％为脂类，脂类的 80％～90％为磷脂，磷脂中 70％～80％为卵磷脂，卵磷脂中 60％含双饱和脂肪酸，主要是二棕榈酰卵磷脂（dipalmitoylphosphatidylcholine，DPPC）。PS 中蛋白质占 5％～10％，与表面活性物质相关的，称表面活性蛋白（surfactant protein，SP），分 A、B、C、D 四种。

PS 中 DPPC 是降低表面张力的主要成分。在肺泡表面，由于水分子间相互吸引力大于一端亲水、一端疏水的 DPPC，因此，在肺泡液 DPPC 被挤到表面，非极性部分即有表面活性的一端向外，而极性的亲水端向内，这样的排列，使表面水分子减少，因而液体间的吸引力也减少，从而降低表面张力，防止肺泡萎陷。除 DPPC 外，还有其他一些脂类包括磷脂酰甘油、中性脂类及少量的磷脂。

PS 中的表面活性蛋白中，疏水性蛋白 SP-B 和 SP-C 可促进磷脂在肺泡气-液界面的吸附和扩展，并有助于单分子层的形成和稳定。SP-B 还通过改变磷脂膜的结构，增强磷脂表面活性。亲水性蛋白 SP-A、SP-D 在宿主防御方面起着重要作用，可激活肺泡巨噬细胞，抵抗渗出到肺泡的蛋白质等对 PS 的抑制作用，促进肺泡上皮细胞再吸收 PS。

PS 的生理功能为：①降低肺表面张力，使肺泡易于扩张，增加肺顺应性；

②稳定肺泡容积，使肺泡不萎缩；③加速肺液清除；④维持肺泡-毛细血管间正常流体压力，防止肺水肿；⑤减低肺毛细血管前血管张力，肺通气量增加，肺泡内氧分压增高，肺小动脉扩张；⑥保护肺泡上皮细胞；⑦PS中的蛋白sp-A和sp-D增加呼吸道的抗病能力；⑧降低毛细支气管末端的表面张力，防止毛细支气管痉挛与阻塞。

缺乏PS相关疾病有新生儿呼吸窘迫综合征（NRDS），窒息，肺水肿，毛细支气管梗阻性肺炎、紫喘等。

早产儿尤其32周前早产儿呼吸系统发育不健全，呼吸中枢发育不健全，所以肺液清除、自主呼吸建立及肺内通气、换气功能差，易致窒息、湿肺、NRDS等严重疾病。这主要是由于早产儿肺泡尚未完全发育成熟，PS产生少，肺毛细血管血流少，肺淋巴回流少，β-肾上腺能受体敏感性低。

参考文献

[1] Jonsson B，Lindmann B，Holmberg K，Kronberg B. Surfactants and polymers in aqueous solution. New York：John Wiley & Sons Ltd.. 1998.

[2] 方云，夏咏梅. 生物表面活性剂. 北京：中国轻工业出版社. 1992.

第十七章 表面活性剂复配原理（二）

本章介绍普通表面活性剂与特种表面活性剂（如氟表面活性剂）、表面活性剂与大分子（高聚物、蛋白质、环糊精、DNA 等）以及表面活性剂与病毒、细菌的相互作用。

一、碳氢表面活性剂和碳氟表面活性剂的复配

碳氟表面活性剂性能优越但价格相对较贵，所以在实际应用中常复配使用。研究表明，通过碳氟表面活性剂与碳氢表面活性剂的复配，可减少碳氟表面活性剂的用量而保持其表面活性，有时还能达到单一碳氟表面活性剂达不到的效果，在有些情况下甚至能提高碳氟表面活性剂的表面活性[1~3]。

（一）同离子型混合物

同离子型混合物包括阴离子型-阴离子型、阳离子型-阳离子型、非离子型-非离子型混合物。图 17-1 是一些同离子型的等摩尔混合物的表面张力曲线[1]。

此类混合体系有以下几个主要特征：① 表面张力曲线常常存在两个转折点［图 17-1 中曲线 3 和曲线（3）］。电导率-浓度曲线亦有两个相应的转折点；② 分子不容易彼此结合形成混合胶束，在某些同电性混合溶液中甚至形成两种基本上分别由碳氟表面活性剂和碳氢表面活性剂各自组成的胶束；③ 此类体系的临界胶束浓度一般都显示正偏差。也就是说，同电性混合物的临界胶束浓度并不像前面所说的碳氢链同电性混合体系那样总是处于两表面活性剂组分的临界胶束浓度之间，而常常是高于理想混合的预期值，有时，混合物的 cmc 随混合比的变化曲线甚至出现最高点。

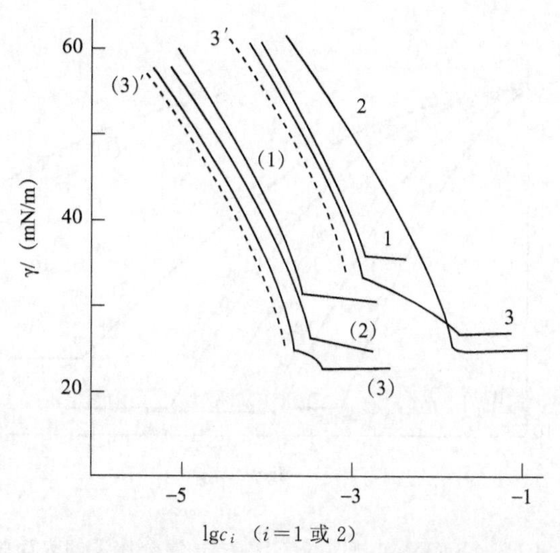

图 17-1　同离子性碳氟-碳氢表面活性剂混合溶液的表面张力

[1—$C_{12}H_{25}SO_4Na$；2—$C_7F_{15}COONa$；3—1∶1 $C_{12}H_{25}SO_4Na$-$C_7F_{15}COONa$；(1)—Triton X-100；(2)—$C_{10}F_{19}O(C_2H_4O)_9H$ (6203)；(3)—1∶1 Triton X-100-6203；3′及（3）′分别为 3 及（3）的理想混合计算曲线]

上述这些现象主要可归因于碳氟链与碳氢链之间存在互疏性。

（二）离子型与非离子型混合体系

与同为碳氢链表面活性剂时相似，此类混合体系的表面活性高于理想混合的预期值。例如，在 $C_7F_{15}COONa$ 中加入 $C_8H_{17}OH$ 能使 cmc 和 γ_{cmc} 均大幅降低。如 30℃，0.1mol/kg NaCl 溶液中，$C_7F_{15}COONa$ 及 1∶1 $C_7F_{15}COONa$-$C_8H_{17}OH$ 混合体系的 cmc 分别为 1.48×10^{-2} mol/kg 和 3.30×10^{-3} mol/kg，γ_{cmc} 分别为 24.4mN/m 和 17.4mN/m[1]。

（三）阳离子型与阴离子型混合体系

与碳氢阴、阳离子表面活性剂的复配情况相似，此类混合体系由于阴、阳离子间的强烈电性吸引，混合溶液的表面活性大大提高，表现出强烈的增效作用。图 17-2 为 $C_7F_{15}COONa$-$C_8H_{17}N(CH_3)_3Br$ 混合体系的表面张力曲线[4]，从中可看到以下规律。

①与单一体系相比，混合体系的 cmc 大为降低。因而通过加入异电性碳氢表面活性剂可大大减少碳氟表面活性剂的用量，降低使用成本。

②由于异电性碳氢表面活性剂的加入，可使原来表面张力较高（表面活性较差）的碳氟表面活性剂的表面张力降低。$C_7F_{15}COONa$ 水溶液的 γ_{cmc} 从约 24mN/m 降到约 15mN/m。因而正、负离子表面活性剂混合体系不仅可提高碳氟表面活性剂降低表面张力的效率，而且在有些情况下可增强其降低表面张力的能力。此种复配效果可以形象地喻为“一种铜-银合金达到了金子的性能，但用量比银还少”。

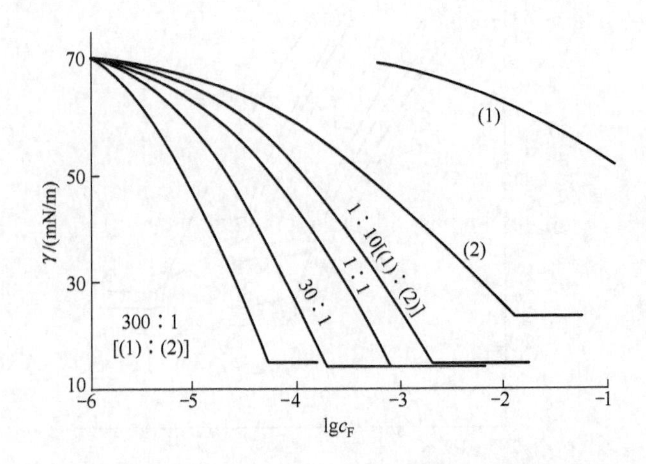

图 17-2 $C_7F_{15}COONa$-$C_8H_{17}N(CH_3)_3Br$ 混合体系的表面张力曲线
(1)—$C_8H_{17}N(CH_3)_3Br$；(2)—$C_7F_{15}COONa$

值得注意的是，在一种表面活性剂中只要加入少量另一种表面活性剂即可使溶液 cmc 降低很多。特别是在表面活性很差的溴化辛基三甲铵中仅加入 1%全氟辛酸钠，就具有将水的表面张力降低到约 15mN/m 的能力。而达到此表面张力值所需 $C_7F_{15}COONa$ 的量仅为其单组分溶液表面张力达到约 24mN/m 所需量的 1/120（24mN/m 是 $C_7F_{15}COONa$ 单组分水溶液的 γ_{cmc}）。

（四）碳氢链和碳氟链的互疏性及碳氢-碳氟表面活性剂混合体系的分子有序组合体

根据同电性碳氢-碳氟表面活性剂某些混合体系中的表面张力曲线的两个转折点现象，一般认为碳氢、碳氟表面活性剂具有互疏性，形成两种胶束。早期认为碳氟表面活性剂和碳氢表面活性剂分别形成各自独立的胶束，两个转折点分别为碳氟表面活性剂和碳氢表面活性剂各自的 cmc。现在对此认识更为深入。多数情况下仍形成两种胶束（两者分别富含碳氢表面活性剂和富含碳氟表面活性剂，或者其中之一有独立性）。但也有例外，例如，全氟辛酸钠与十二酸钠的混合物，可以形成单一组成的混合胶束，但胶束内的分布并不均匀，碳氟链在碳氢链的区域中形成“岛”，是一种胶束内的相分离，两种表面活性剂相当于“微相分离”。

需要特别指出的是，在碳氢-碳氟表面活性剂混合体系中，形成胶束的具体情况随着体系有复杂的变化，如表面活性剂的电性类型（阴离子-阴离子、阳离子-阳离子、非离子-非离子）、分子结构及对称性、浓度、温度、组成均有较大影响，但是碳氟链和碳氢链确实体现出明显的互疏性。

而正、负碳氢-碳氟表面活性剂混合体系的情况则较为不同。由于混合体系中正、负离子表面活性剂之间的静电吸引太强，使得碳氟链和碳氢链的互疏性不是很明显，因此，容易形成混合胶束。

二、表面活性剂和聚合物复配及表面活性剂/聚合物相互作用

表面活性剂可以在很低的浓度下显著的改变体系（主要指水溶液）的表（界）面性质，而高分子在水溶液液中可以调控体系的流变性质以及分散质的稳定性，因此，表面活性剂在实际应用中常与聚合物复配，二者经常一起出现。这种复配体系在生物、化学、医药、采矿和石油工程以及日常生活中有着广泛应用。例如，在洗涤剂中常加入羧甲基纤维素钠作污垢悬浮剂防止污垢再沉淀；在化妆品中常用一些水溶性高分子作胶体保护剂；在三次采油的驱油体系中加入高分子作为流度控制剂，起到提高波及系数和采收率的作用等。通过复配可减少表面活性剂或聚合物的用量，并显著提高体系的功能。此外，聚合物与表面活性剂的复配可能产生许多新的应用性质[5,9]。

聚合物与表面活性剂的相互作用往往可使聚合物链的构象发生变化，更重要的是，聚合物的存在影响表面活性剂溶液的物理化学性质，使溶液的表面张力、cmc 和聚集数等物理参数及溶液流变性、胶体分散体系的稳定性、界面吸附行为及水溶液的增溶量等均发生重大变化。通过对聚合物与表面活性剂分子溶液流变性质的研究，可获得有关胶束大小、形状、水化作用以及聚合物分子形态等方面的信息。

（一）表面活性剂-聚合物混合溶液的性质

1. 表面张力

（1）离子型表面活性剂与非离子型聚合物复配体系　很多非离子聚合物如聚乙二醇（PEG）或聚氧乙烯（PEO）、聚乙烯吡咯烷酮（PVP）等与离子型表面活性剂如十二烷基硫酸钠（SDS）混合体系的 γ-lg$c$ 曲线有一个共同特征，即在固定聚合物浓度时，增加 SDS 的量，在 γ-lg$c$ 曲线上出现了两个转折点，相应的临界浓度分别记作 c_1、c_2，如图 17-3 所示[5]。

一般认为 c_1 为两者间开始形成复合物（complex）时的浓度，c_2 为自由胶束开始形成的浓度。c_1、c_2 满足 $c_1<\mathrm{cmc}<c_2$。在 c_1 和 c_2 之间，存在一个表面活性剂在高分子链上的缔合作用达到饱和时的浓度，记为 c^*。

对其他一些复配体系的研究也与 PEG/SDS 类似，一般有以下规律：

①c_2 随聚合物浓度的增加而增加，而 c_1 却很少变化；

②盐的存在使 c_1 大大下降，即无机电解质的加入通常会促进表面活性剂-聚合物复合物的形成；

③在盐的存在下，c_2 随聚合物浓度的变化比在无盐的情况下大大减小。

值得指出的是，并非所有的聚合物/表面活性剂混合体系在 γ-lg$c$ 曲线上都出现两个转折点。然而，无论形成复合物与否，聚合物的存在，均对表面活性剂的

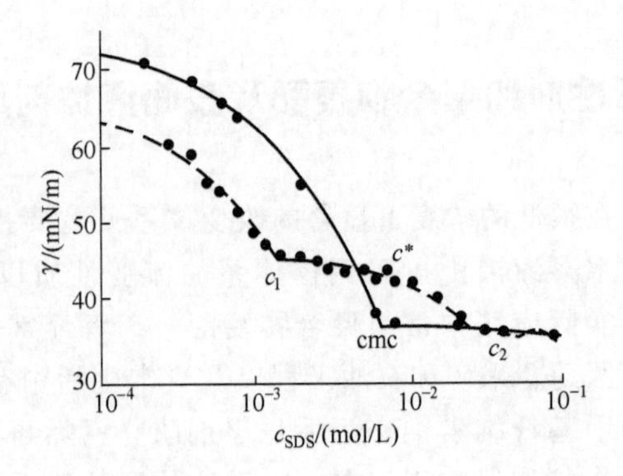

图 17-3 PVP 对 SDS 表面张力曲线的影响（$c_{NaCl}=10^{-3}$ mol/L，pH =6，25℃），虚线为含 0.5% PVP 的 SDS 溶液，实线为纯 SDS

表面活性产生一定影响。

(2) 离子表面活性剂与离子聚合物复配体系　以羧甲基纤维素衍生物的阳离子聚合物（Polym JR）/SDS 混合体系为例。在 Polym JR 存在时，SDS 浓度很低时即开始形成复合物。随着 SDS 浓度的增加，开始产生沉淀，但表面张力仍较低，即表面活性较高。继续增加浓度高于沉淀区，溶液仍保持高表面活性，最终与不含聚合物的表面活性剂曲线重合。图 17-4 形象的描绘出随 SDS 的增加，溶液中聚集体的变化。

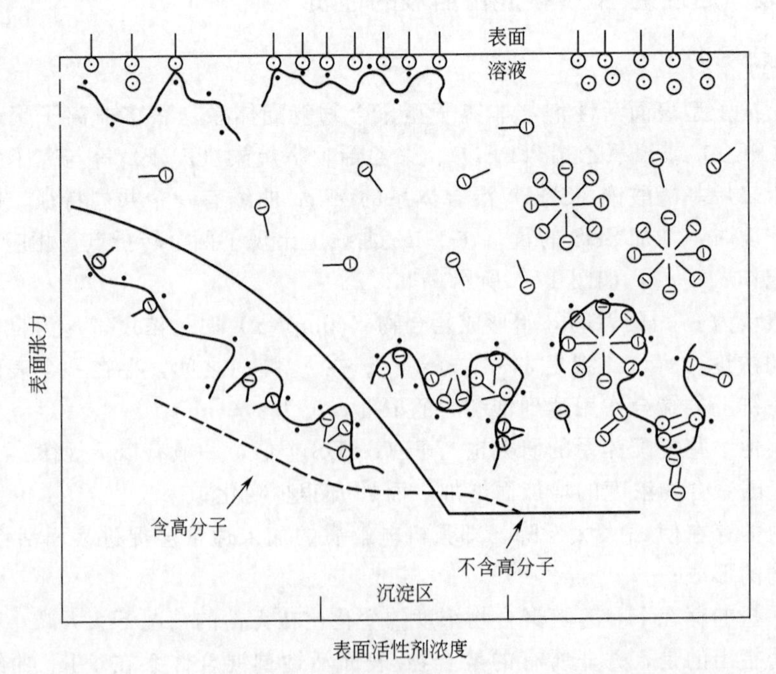

图 17-4　离子型表面活性剂与离子型聚合物复配体系随表面活性剂浓度的增加溶液中聚集体的变化

2. 流变性质

许多表面活性剂与聚合物混合后表现出特异的流变性质[6]，尤其是水溶性聚合物与阴离子表面活性剂混合体系，如高分子量 PEO/SDS 混合溶液的黏度和黏弹性均不同于单一组分。混合体系的表观黏度（η_a）随表面活性剂浓度增加显示出两个转折点，无论低切速还是高切速下，均有三个区域出现，见图 17-5。

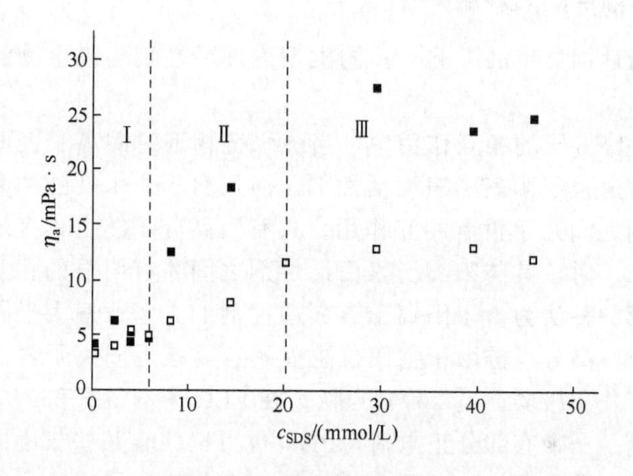

图 17-5　SDS-PEO 体系表观黏度 η_a 随 SDS 浓度的变化

（■和□的切速分别为 168.3 s^{-1} 和 2689 s^{-1}，聚合物浓度 $c_p=0.25\%$，PEO 相对分子质量 $M_w=5\times10^4$）

此现象与混合体系的表面张力随浓度变化的规律一致，两个转折点分别相应于聚合物/表面活性剂复合物形成的临界浓度和饱和浓度。在Ⅰ区内溶液中除了聚合物线团外，表面活性剂以游离的单体状态存在，黏度的变化主要是聚合物的贡献，因而随着表面活性剂加入，黏度变化很小。在Ⅱ区内黏度明显增加，归因于表面活性剂离子结合到高聚物链上，静电斥力引起大分子线团伸展，从而导致黏度升高。在Ⅲ区，黏度达到平衡，甚至显示出随着表面活性剂浓度进一步增大而稍有降低。这是聚合物与表面活性剂结合饱和的标志。进一步增加表面活性剂导致正常胶束形成，体系中较高的离子强度导致伸展的高聚物链收缩，则黏度有所降低。

对很多体系，离子型表面活性剂结合到聚合物上导致体系非牛顿性增强，离子型表面活性剂的加入导致非离子型聚合物表现出聚电解质的黏度行为。

有时，聚合物的存在，也可使非牛顿性的胶束溶液转变为牛顿型流体。

3. 复合物的溶解性

对离子型表面活性剂与非离子聚合物体系，当高聚物与离子表面活性剂结合后，其溶解度增加，表明复合物的溶解度大于高聚物。聚乙烯醇（PVA）/CTAB 体系及甲基纤维素（MEC）/SDS 体系及 PVA/SDS 体系的研究均证明了这一点。

对离子型表面活性剂与反电性的离子聚合物体系，离子表面活性剂与聚合物之间不同电荷相互抵消，在化学计量为1∶1时形成的复合物溶解度最小，此时产生最大沉淀。过量表面活性剂的加入常使沉淀重新溶解。如前面所介绍的Polym JR/SDS体系（图17-4）。

（二）表面活性剂-高聚物相互作用的影响因素

1. 表面活性剂结构的影响

（1）表面活性剂类型的影响　不同类型表面活性剂与高聚物的相互作用主要有以下规律。

①在与中性高分子的相互作用中，当疏水链相近时阴离子表面活性剂与高分子的相互作用普遍强于阳离子表面活性剂。而且对于亲水性强的高分子，其与阳离子表面活性剂之间几乎没有相互作用。只有当高分子链上具有疏水部分（疏水嵌段或疏水修饰）时，其与阳离子表面活性剂之间才有明显的相互作用。相关的解释有三种：第一种认为由于阳离子表面活性剂的头基普遍大于阴离子表面活性剂的头基，因此，高分子链由于空间位阻而不容易接近阳离子表面活性剂胶束的表面，导致相互作用减弱；第二种观点认为在PEO中的醚氧和PVP中的酰胺会部分质子化而使高分子带有部分正电荷，PEO也可以络合某些较小的阳离子而带有少量正电荷；第三种解释认为不同表面活性剂在与高分子水化层的相互作用是有差别的，导致阴离子表面活性剂与高分子相互作用在能量上更为有利。

②带有相同电荷的聚合物和表面活性剂之间没有或仅有很弱的相互作用，如羧甲基纤维素钠与SDS、聚苯乙烯磺酸钠与SDS等体系。

③带有相反电荷的表面活性剂和聚合物体系，由于强烈的静电引力以及分子间的疏水作用，相互作用大大加强，从而常使溶液产生浑浊，甚至发生沉淀。在此体系中，复合物在很低的浓度就开始形成，而且对于聚合物的带电基团与表面活性剂的数量而言，复合物可以是符合化学计量关系（stoichiometric），即聚合物的带电基团和表面活性剂一一对应，或不符合化学计量关系（non-stoichiometric），即聚合物的带电基团多于或少于表面活性剂分子的数量。在符合化学计量关系附近形成的复合物通常是不溶于水的，而且所形成的沉淀很容易分离并且具有一些很特殊的结构。在偏离化学计量关系较大时形成的复合物一般都具有较好的水溶性。

④典型的亲水非离子聚合物如PVA、PEG及PVP等与聚氧乙烯类非离子表面活性剂基本不发生相互作用，而中等疏水的聚合物如PPO、部分水解的聚醋酸乙烯酯（PVA-AC）却可与它们发生相互作用。

⑤两性表面活性剂与高聚物的相互作用研究较少。有些两性表面活性剂的性质与pH有关，其与高聚物的相互作用亦与pH有关。在低于或高于其等电点时，这类两性表面活性剂分别呈阳离子或阴离子型，与离子型表面活性剂类似。等电点附近，可能通过疏水作用或偶极作用等与高聚物发生相互作用。由两性表面活

性剂可形成内盐，故受电解质的影响较小。

⑥对于混合型表面活性剂，表面活性剂分子结构中引入乙氧基对离子型表面活性剂与高分子相互作用的影响十分复杂。如 $C_{12}H_{25}(EO)_4SO_4Na$ 和 $C_{12}H_{25}$-$(EO)_{10}SO_4Na$，其与聚乙烯吡咯烷酮（PVP）的相互作用与 $C_{12}H_{25}SO_4Na$ 相比明显减弱。十二烷基溴化吡啶中引入乙氧基后所得的十二烷基乙氧基溴化吡啶（C_{12}EPB）与一种阴离子的聚电解质［poly(2-acrylamide-2-methypropanesulfonate)，PAMPS］的混合体系的 cac 明显的减小，但 C_{12}EPB 在 PAMPS 上的饱和缔合量却较对应的十二烷基溴化吡啶低。

(2) 表面活性剂疏水链链长　在体相溶液中表面活性剂与高分子的相互作用随表面活性剂疏水链的增长而增强。并且与表面活性剂的 cmc 类似，lncac 与表面活性剂的链长呈线性关系。但在气液界面上，疏水链的影响就要复杂很多，常有例外情况发生。

(3) 表面活性剂亲水基结构的影响　前面讨论的表面活性剂类型的影响，实际上也就是表面活性剂的电性的影响。对于电性相同但头基结构不同的表面活性剂，头基的结构不仅对表面活性剂与高聚物相互作用的强度、而且对表面活性剂一高聚物复合物的结构都有较大的影响。

①对与 PEO 的相互作用而言，一般有以下次序：

烷基硫酸钠（C_nSO_4）＞烷基磷酸钠（C_nPO_4）；C_nSO_4＞烷基羧酸钠（$C_{n-1}COO$）（但 $C_{11}COO$ 在 PEO 链上的饱和缔合量却明显大于 $C_{12}SO_4$）；烷基硫酸钠（C_nSO_4）＞烷基苯磺酸钠；烷基硫酸盐（C_nSO_4）＞烷基磺酸盐(C_nSO_3)；烷基氯化铵＞烷基三甲基氯化铵。

对与聚乙烯醇（PVA）的相互作用而言，烷基氯化铵＞烷基氯化吡啶。

在对头基的比较中，C_nSO_4 和 C_nSO_3 的比较是很有意思的：$C_{10}SO_4$ 与 PVP 之间存在明显的相互作用，但 $C_{10}SO_3$ 与 PVP 之间却没有明显的相互作用。$C_{12}SO_3$ 与 PVP 和 PEO 之间存在明显的相互作用，但其复合物的结构与 $C_{12}SO_4$-PEO 和 $C_{12}SO_4$-PVP 复合物有所差别。在 $C_{12}SO_4$-PEO 和 $C_{12}SO_4$-PVP 复合物中，高分子链缠绕在 $C_{12}SO_4$ “胶束”的表面，而在 $C_{12}SO_3$-PEO 和 $C_{12}SO_3$-PVP 复合物中，高分子链穿过 $C_{12}SO_3$ 的胶束中心，形成类似串珠的结构[10]。通过量子化学方法计算表面活性剂分子的电荷分布，表明烷基硫酸盐头基上所具有的负电荷要明显多于烷基磺酸盐，因而可推测两种表面活性剂与高分子相互作用的不同主要是由于头基电荷的差异造成的。

②阳离子表面活性剂头基大小的影响：对十二烷基三烷基溴化铵［$C_{12}H_{25}$-$N(C_nH_{2n+1})_3Br$，$n=1\sim4$］与聚丙烯酸钠（NaPAA）的相互作用的研究表明，增大头基将抑制表面活性剂与 NaPAA 的相互作用，一方面增大头基不利于 NaPAA 缔合在胶束表面；另一方面头基上碳链的增长可能会屏蔽表面活性剂与 NaPAA 之间的静电吸引作用。但当头基具有较强的疏水性后反而会促进其与高分子的相互作用。十二烷基三烷基溴化铵胶束与十二烷基三烷基溴化铵-NaPAA 复合物具有相

似的聚集数并且都随头基的增大而逐渐减小，但复合物的微极性要小于相应的胶束。

③非离子表面活性剂乙氧基链长度的影响：对具有不同乙氧基链长度的壬基苯酚乙氧化物（$NPEO_n$）与聚丙烯酸（PAA）的相互作用，发现乙氧基链的长度对 $NPEO_n$-PAA 的 cac 没有影响，但乙氧基链越长饱和缔合量越小。

（4）表面活性剂反离子的影响

对于十二烷基铵盐阳离子表面活性剂，其与 PVP/PEO 相互作用的强弱随不同的无机反离子有以下的顺序：$SCN^- > I^- > Br^- > Cl^- \gg F^-$。但当反离子为较小的有机反离子：$C_2H_5SO_4^-$、$C_3H_7COO^-$ 和 $C_5H_{11}COO^-$ 时，十二烷基铵与高分子的相互作用十分微弱，甚至可以忽略不计，可能的原因是这类有机反离子与十二烷基铵的相互作用更强从而抑制了其与高分子的相互作用。对于阴离子表面活性剂十二烷基硫酸盐，其与 PVP/PEO 相互作用的强弱随不同的反离子有如下的顺序：$NH_4^+ > Li^+ > Na^+ > K^+ > Cs^+ > N(CH_3)_4^+ > N(C_2H_5)_4^+ \gg N(C_3H_7)_4^+$，$N(C_4H_9)_4^+$。当反离子为 $N(C_3H_7)_4^+$，$N(C_4H_9)_4^+$ 时，十二烷基硫酸盐与 PVP/PEO 之间没有相互作用。综上，可以发现反离子对表面活性剂与高分子相互作用的影响存在这样一个规律：在电荷相等时，反离子与表面活性剂的相互作用越强（cmc 越小），表面活性剂与高分子的相互作用就越弱（cac/cmc 越接近于 1）。

2. 高分子结构的影响

（1）高分子的链长（分子量）　要与表面活性剂之间存在明显的相互作用，高分子的分子量存在一个最小值。当分子量高于这个值，混合体系的 cac 将不再变化，而表面活性剂在高分子链上的饱和缔合量则随分子量的增加而增加。当分子量非常大时，表面活性剂与高分子相互作用中会出现一些特殊的现象。

（2）高分子链的性质

①高分子链的疏水性：高分子链疏水性越强，其与表面活性剂的相互作用也越强。当高分子用疏水链修饰后，其与表面活性剂的相互作用作用将大大增强。不仅如此，随着疏水链的引入，高分子与表面活性剂相互作用的机制也会发生改变。

②聚电解质的链柔性：增加聚电解质链的刚性，则聚电解质靠近胶束的难度变大，导致聚电解质与胶束的结合量下降；

③聚电解质的电荷密度：增加聚电解质的电荷密度，则聚电解质与反电性的胶束的结合更强。

（三）正、负离子表面活性剂混合物与高聚物的相互作用

一般认为，正、负离子表面活性剂之间存在强烈的静电作用，二者已经强烈结合，头基的电性也自行中和（对 1∶1 混合体系而言），其性质已经类似于非离子表面活性剂，因而正、负离子表面活性剂混合物与高聚物的相互作用应该比较弱。

但对癸基磺酸钠与癸基三乙基溴化铵混合体系与 PEO、PDMDAAC 以及 NaPAA 的相互作用的研究表明[12]：中性高分子 PEO 不会与正、负离子表面活性剂混合物形成复合物，但能够显著地影响正负离子表面活性剂混合体系的聚集行为。正、负离子表面活性剂与 PEO 在浓度小于 cmc 时没有明显的相互作用；当浓度大于 cmc 时，PEO 对正负离子表面活性剂的聚集体有显著的影响，甚至导致体系发生液-液相分离（双水相）。其机理可以用 Asakura-Oosawa 模型描述，认为并非如单一表面活性剂那样与 PEO 结合形成了复合物，而是 PEO 通过 depletion interaction 来改变囊泡的大小。

在正、负离子表面活性剂与聚电解质的三元混合体系中主要存在两种相互作用，即反电性的表面活性剂之间的相互作用以及反电性的单一离子表面活性剂-聚电解质之间的相互作用。正、负离子混合表面活性剂与聚电解质之间是否存在相互作用取决于上述两种作用的相对强弱。

总结前人所做的研究可以得出如下结论：离子型，特别是阴离子型表面活性剂与非离子聚合物的作用分为两种类型：一是靠彼此疏水链间的疏水作用。聚合物疏水性越强、链越柔顺、表面活性剂烷烃链越长，则相互作用越强，外加电解质加强了它们之间的相互作用；二是靠聚合物亲水片段和表面活性剂头基间的偶极作用。在一些中性高分子与非离子表面活性剂的体系中，氢键是主要驱动力。

（四）表面活性剂/高聚物复合物的结构

随表面活性剂和高聚物结构和种类的不同，形成的复合物的结构也不同。复合物的结构主要取决于分子结构、特别是高聚物的疏水性和分子量以及表面活性剂的电荷和形状。

一般表面活性剂-高分子复合物的结构与表面活性剂的胶束十分类似：表面活性剂疏水链通过疏水相互作用在高分子链上聚集在一起形成类似胶束的结构（“类胶束”），并且高分子链节缠绕在“胶束”表面降低“胶束”与水的接触面积。对线型高聚物，比较通用的复合物结构模型是“串珠”（beads-on-a string）或“项链”（necklace）模型，有两种可能的形式，即聚合物链从一个或多个表面活性剂小胶束（或“类胶束”，或表面活性剂“簇”）内部穿过，类似于小珠串在线上，另一种是聚合物链的一部分缠绕在表面活性剂聚集体表面，其余部分伸展于溶液中。

上述结构模型对表面活性剂形成棒状胶束或囊泡以及疏水修饰的高聚物常出现例外。也有一种特殊的具有核壳（core-shell）结构的表面活性剂-高分子复合物。其由表面活性剂的胶束形成排列紧密的内核，两嵌段高分子中具有与表面活性剂相反电性的一段伸入胶束内部，而中性的一段则暴露在外部起到稳定复合物防止相分离的作用。

在反电性的聚电解质与表面活性剂混合溶液中，当体系接近电中性时聚电解质与表面活性剂会形成沉淀。这类沉淀复合物往往具有复杂多样的超分子结构，并且具有很多特殊的性质，通常作为功能材料进行研究。

三、表面活性剂和蛋白质的相互作用

蛋白质是由常见的20种氨基酸通过肽键相连形成的一类具有生物活性的高聚物，分子量为6000～10^6 g/mol。溶液中的蛋白质包含不同的化学基团，包括非极性、极性和带电基团。因此很多两亲分子都可以和蛋白质发生强烈作用。离子型表面活性剂的极性基以静电作用与蛋白质的极性部分结合，而疏水的碳氢链则以疏水作用结合到蛋白质的疏水部分，形成表面活性剂-蛋白质的复合物。

表面活性剂-蛋白质相互作用的研究在诸如生物、医药和化妆品等许多领域都具有重要意义。利用十二烷基硫酸钠（SDS）与蛋白质的作用而发展起来的SDS-聚丙烯酰胺凝胶电泳是常用的测定的蛋白质分子量的方法。而表面活性剂对皮肤的刺激作用就是表面活性剂与皮肤角质层中角质蛋白发生作用的结果。蛋白质和表面活性剂也常共存于食品中。利用表面活性剂形成的反胶束体系进行蛋白质提取和纯化，是提纯蛋白质的一种方法。研究表面活性剂诱导蛋白质去折叠形成"融球态"中间体（molten globule intermediate），即蛋白质折叠过程的一个中间态，从而研究蛋白质折叠的机理，是近年来的一个研究热点。

（一）蛋白质-表面活性剂相互作用的机制及蛋白质的变性

表面活性剂/蛋白质混合体系实际上属于表面活性剂/聚合物体系的一种。因为蛋白质实质上是一类带有疏水基的两性聚电解质。与普通聚电解质不同的是，蛋白质具有二级和三级结构，因而与表面活性剂的相互作用更为复杂。表面活性剂对蛋白质的作用一般导致三种情况发生：①蛋白质的部分构象发生变化，如表面活性剂诱导某些蛋白质α-螺旋的变化；②蛋白质结构伸展（unfolding，也称为"去折叠"）；③蛋白质变性（denature），如生成难溶性复合物（沉淀）等。

1. 表面活性剂与蛋白质的结合类型

①特异性结合（specific binding） 特异性结合主要是电性作用，即表面活性剂的极性基结合在蛋白质表面的反电性基团上。表面活性剂的碳氢链长对特异性结合有较大的影响，碳氢链越长，越容易发生特异性结合。

②非协同性结合（non-cooperative binding） 介于特异性结合和协同性结合之间的一种结合状态。

③协同性结合（cooperative binding） 协同性结合是当表面活性剂达到一定浓度后出现的，表面活性剂诱导蛋白质的分子链伸展，使结合量急剧增加，表面活性剂以分子聚集体形式结合到蛋白质上。通常表面活性剂使蛋白质变性也发生在这一阶段。

④饱和结合（saturation binding） 达到饱和结合后，继续增大表面活性剂浓

度时，表面活性剂形成游离胶束并与表面活性剂一蛋白质复合物共存于溶液中。

2. 表面活性剂作用下蛋白质的去折叠

当表面活性剂与蛋白质从开始结合，至表面活性剂分子以簇（cluster）形式围绕反电性的蛋白质链，将导致蛋白质三级结构的伸展，从而使蛋白质结构伸展或变性，如图 17-6 所示。

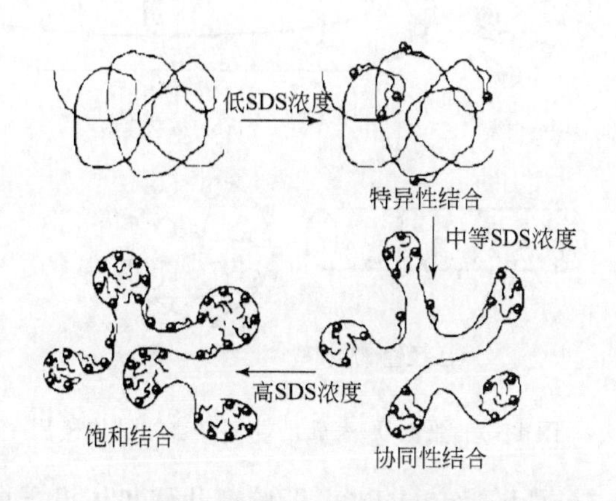

图 17-6　表面活性剂作用下蛋白质的去折叠示意图

蛋白质去折叠的驱动力是下面两个作用或者其中之一：①已结合的亲和配基的电荷之间的静电排斥，它会导致排斥增加最终打开结构；②表面活性剂的疏水尾巴向蛋白质的非极性区渗透，取代了蛋白质片基（segment）之间的疏水作用。

3. 表面活性剂与蛋白质的结合方式及结合等温线

表面活性剂与蛋白质的相互作用可从蛋白质对表面活性剂的结合量和结合等温线来说明。表面活性剂在蛋白质上的结合数量通常用每摩尔蛋白质结合的表面活性剂摩尔数（v）来表示。恒温下 v-lg$c$ 曲线（c 为表面活性剂浓度）即为结合等温线。结合等温线是研究表面活性剂/蛋白质相互作用最常用的方法之一。典型的表面活性剂-蛋白质结合曲线如图 17-7 所示。

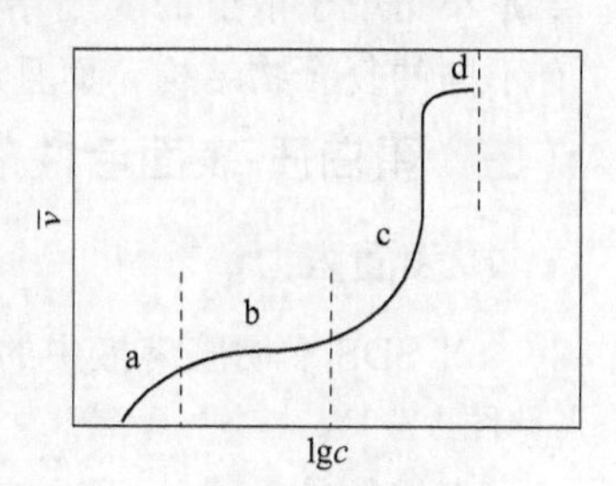

图 17-7　表面活性剂-蛋白质结合等温线示意

结合曲线随表面活性剂浓度的增大出现四个不同的区域，对应于①特异性结合（图 17-7 曲线中 a）；②非协同性结合（图 17-7 曲线中 b）；③协同性结合（图 17-7 曲线中 c）；④饱和结合（图 17-7 曲线中 d）。

不同蛋白质与表面活性剂的作用各有差别。

（二）蛋白质-表面活性剂复合物的结构

不同研究者提出了多种蛋白质-表面活性剂复合物的结构模型。在这些模型中，目前比较为大家认可的主要有三种（图 17-8）。

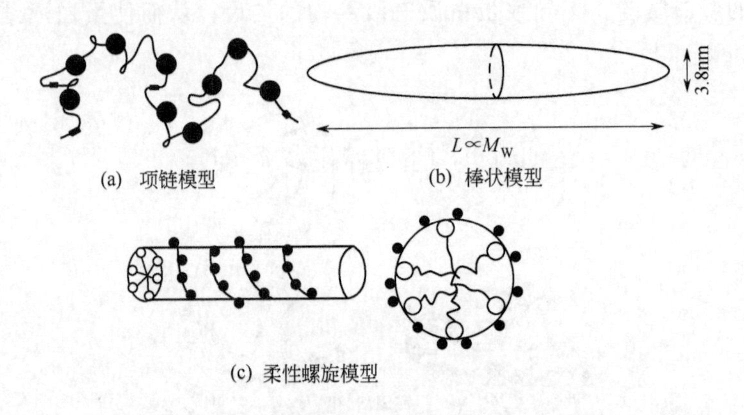

图 17-8 蛋白质-表面活性剂复合物结构模型

（1）项链模型（necklace model） 即胶束状聚集体沿蛋白质或聚合物链排列成形成类似项链状的结构，如图 17-8（a）所示。

（2）棒状模型（rod-like model） 蛋白质与表面活性剂形成的复合物呈棒状，其最简单的形式是扁长椭圆体，如图 17-8（b）所示。其短轴基本是常数，而长轴与蛋白质的分子量成比例。

（3）柔性螺旋模型（flexible helix model） 即表面活性剂形成圆柱形胶束，蛋白质链的亲水片基呈螺旋状缠绕在柔性封端柱状胶束周围。如图 17-8（c）所示。

在这几种模型中，项链模型较为人们所接受，特别是新出现的研究方法，主要是小角中子散射的实验结果与项链模型较好的吻合。对于不同混合体系，可能有不同的复合物结构，而且即使同一体系在不同条件下也可形成不同结构。

（三）蛋白质-表面活性剂混合体系的性质

1. 表面张力

对 SDS 在明胶溶液中的表面张力研究表明，在两种成分间有重要的相互作用（见图 17-9）。

有趣的是，明胶-SDS 混合体系的行为同 PVP-SDS 体系（图 17-3）以及 PEO-SDS 体系的行为相似，γ-lg$c$ 曲线也有两个转折点“c_1”和“c_2”。c_1 和 c_2 分别表示蛋白质和表面活性剂之间相互作用开始时以及蛋白质饱和结合点的表面活性剂浓度。

对表面张力曲线分析后可得蛋白质-表面活性剂相互作用的定量信息。实际上，在蛋白质有表面活性或带有与表面活性剂相反的净电荷的情况下对这些数据的完整解释是比较困难的。

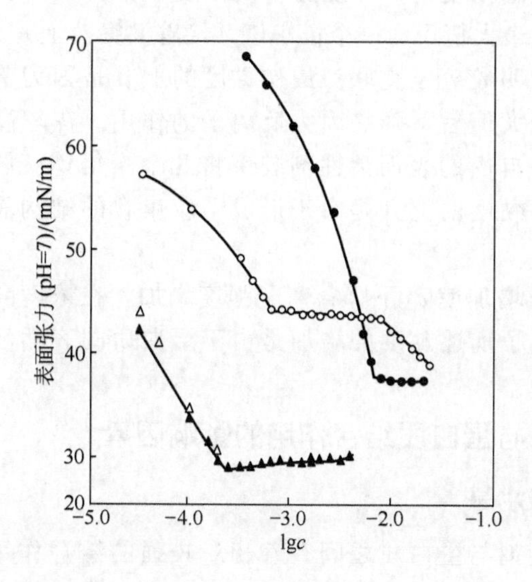

图 17-9　明胶对 SDS 和 Triton X-100 表面张力的影响（pH＝7）

（●—SDS；▲—Triton X-100；○—SDS＋1％明胶；△—Triton X-100＋1％明胶）

2. 黏度

蛋白质同离子型表面活性剂相互作用常常会导致其流变性发生很大的改变。SDS 与经过碱处理所得明胶的混合体系在明胶的等电点（IEP ＝4.8）之上的相对黏度示于图 17-10。

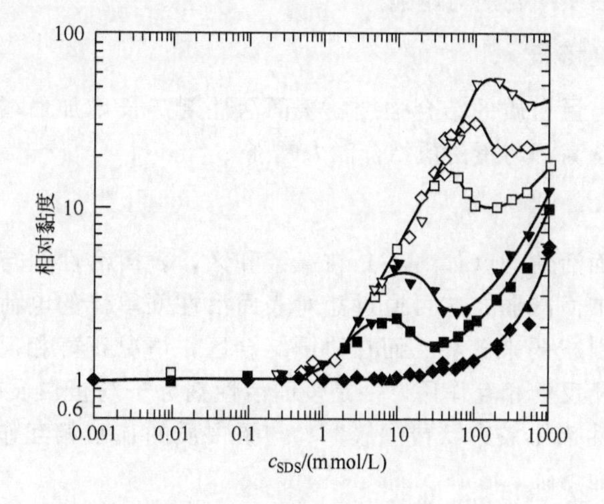

图 17-10　SDS-明胶混合体系的相对黏度

（明胶浓度：▲—0；◆—0.1％；■—2.0％；▼—3.0％；□—5.0％；◇—7.0％；▽—10％）

在相同表面活性剂浓度时，黏度随明胶浓度增大而上升。这和以前所提到的c_1概念相似。黏度在最大值后为一个极小值，接着又突然上升。这可归因于胶束状聚集体的形成而造成明胶分子交联。最初黏度的上升是因为蛋白质同表面活性剂结合后带电，而在最大值后下降是因为反离子的作用。在较高表面活性剂浓度时的上升是因为溶液中自由的表面活性剂胶束将几个聚集体交联起来了。也有人认为开始的结合导致的黏度的上升是由于形成了胶束状的结构而产生明胶分子间的交联。

烷基硫酸盐链长增加使c_1下降；离子强度增加，在浓度高于c_1时黏度的增加幅度减小，这也证实了前述黏度的增加是由于蛋白质同表面活性剂结合后带电的结论。

（四）表面活性剂与蛋白质结合作用的影响因素

1. 表面活性剂亲水基

阴离子表面活性剂与蛋白质之间有着相对较强的结合作用，比其他表面活性剂更能使蛋白质变性。阳离子表面活性剂与蛋白质的作用较弱，非离子表面活性剂则最弱。

对阴离子表面活性剂，在碳链相同时有以下次序：

烷基硫酸盐＞烷基磺酸盐＞烷基苯磺酸盐＞羧酸盐

对羧酸盐来讲，其与蛋白质的结合作用与pH有关，羧酸盐一般只在碱性溶液中稳定存在，而大多数蛋白质的等电点（IEP）在pH＝4～5，因而一般与蛋白质没有电性结合作用。

以上次序与表面活性剂的cmc次序相反，因此可以说表面活性剂形成胶束的能力越高，与蛋白质结合能力越强。

2. 表面活性剂链长

表面活性剂与蛋白质的结合强度随表面活性剂链长增加而增加，因此表面活性剂的表面活性越高，与蛋白质结合能力越强。

3. 离子强度

对阴离子表面活性剂（如SDS）在高亲和区，表面活性剂与蛋白质的结合作用随离子强度增加而减弱，这可通过盐对表面活性剂单体的电荷屏蔽或双电层的压缩导致静电吸引减弱来解释。而在协同结合区，情况正好相反。因为在协同结合区，存在两个相反的相互作用，一是表面活性剂分子与蛋白质的静电相互作用，另一个是表面活性剂小胶束（或“簇”）与蛋白质的疏水相互作用。后一种作用随离子强度增加而增强。

盐也能通过降低cmc影响胶束化过程。过量盐的加入使得体相中表面活性剂形成胶束比与蛋白质结合更有利。因此，盐对表面活性剂-蛋白质相互作用的影响是复杂的，取决于盐的量及对多种因素的综合影响。

4. pH 及蛋白质电荷密度的影响

由于 pH 与蛋白质的等电点有关，因此 pH 决定了蛋白质的有效电荷及对离子表面活性剂的吸引能力。对阴离子表面活性剂，随 pH 增加，需要更高的浓度才能与蛋白质结合。对阳离子表面活性剂则正好相反。

5. 温度

温度对蛋白质-表面活性剂的结合有多重影响。温度升高能影响蛋白质的性质，甚至导致蛋白质变性。温度也能影响协同结合作用及静电相互作用。

6. 有机添加剂的影响

一般来讲，能降低离子表面活性剂 cmc 的添加剂也降低了结合量，盐的影响常常例外。

（五）不同类型表面活性剂与蛋白质的相互作用

1. 阴离子表面活性剂与蛋白质的相互作用

（1）阴离子表面活性剂与同电性蛋白质的作用

在蛋白质研究中，用得最多是 SDS。SDS 是一种很强的蛋白质变性剂。对十二烷基聚氧乙烯醚硫酸盐，变性 BSA 的趋势随 EO 数的升高而降低。一般地，可通过加入非离子或两性表面活性剂来减弱 SDS 的变性作用。而且，这些作用是由于添加物影响了 SDS 在蛋白质上的结合，或是形成混合胶束降低了表面活性剂的活度。

SDS-BSA 体系是研究最多的体系。BSA 的等电点约为 5.2。SDS 和 BSA 二者相互作用存在着高亲和性（high affinity）和低亲和性（low affinity）两种结合方式。静电作用引发高亲和性结合，疏水作用引发低亲和性结合。在低结合比时，SDS 的极性基和非极性基都与 BSA 作用；在高结合比时，SDS 以胶束状聚集体（micelle-like aggregates）与伸展的蛋白质分子链的疏水部分结合，疏水作用为主导作用。

值得一提的是，不同浓度的 SDS 对 BSA 的折叠和热稳定性存在着截然不同甚至相反的影响，即在［SDS］/［BSA］摩尔比较小时（或当 SDS 浓度很低时），SDS 是 BSA 的结构稳定剂，对 BSA 有保护作用，这被认为是阴离子表面活性剂可以分别与蛋白质上特定的正电性氨基酸残基和非极性的氨基酸残基结合达到稳定蛋白质的作用；摩尔比较大时，SDS 能改变 BSA 结构，使 BSA 变性。

（2）阴离子表面活性剂与反电性蛋白质的作用　阴离子表面活性剂与同电性的蛋白质混合时通常为均相溶液，而与反电性蛋白质混合时随表面活性剂浓度变化体系的相行为发生很大的变化。

以 SDS-溶菌酶（lysozyme）为例。溶菌酶的等电点 10.7～11.0。在固定 lysozyme 的质量分数一定时，随着 SDS 质量分数的增大，相继出现了溶液、沉淀、凝胶和溶液等区域。推测 SDS-lysozyme 作用机理为：当 SDS 浓度较低时，SDS 的量不足以和 lysozyme 结合成电中性复合物，体系为澄清溶液；随着 SDS 浓度的增大，SDS 与 lysozyme 结合成电中性复合物并聚结沉淀出来；继续增大 SDS 浓度，与 lysozyme 结合的 SDS 的量增大，复合物带负电，由于电性排斥，聚集体分解，溶液变澄清。不同链长的表面活性剂 $C_nH_{2n+1}SO_4Na$（n=6，8，10）与 lysozyme 混合体系的相行为也能得到与 SDS-lysozyme 类似的相图。沉淀区域与表面活性剂的疏水链长有关，疏水链越短，沉淀区域越大；与 lysozyme 开始形成沉淀的浓度越大，完全溶解沉淀的浓度也越大。而且表面活性剂形成聚集体是溶解沉淀的前提。

2. 阳离子表面活性剂与蛋白质的相互作用

一般认为阳离子表面活性剂和非离子表面活性剂与蛋白质的作用较弱，对蛋白质结构的影响也较小。

（1）阳离子表面活性剂与同电性蛋白质的作用　以十二烷基三甲基氯化铵（DOTAC）与 lysozyme 混合体系为例。DOTAC-lysozyme 混合体系的相图只存在一无色溶液区。DOTAC 以类似胶束的聚集体与 lysozyme 作用。DOTAC-lysozyme 聚集体小于 SDS-lysozyme 复合物。

（2）阳离子表面活性剂与反电性蛋白质的作用　以 DOTAC-乳球蛋白（β-lactoglobulin，BLG）混合体系为例。BLG 的等电点约为 5.2。DOTAC-BLG 混合体系相行为类似于阴离子表面活性剂和反电性蛋白质混合体系的相图，即存在着沉淀区、凝胶区和溶液区三个主要区域。DOTAC-BLG 体系中析出来的沉淀为电中性复合物。

3. 两性表面活性剂与蛋白质的相互作用

以 BSA-十六烷基磺丙基甜菜碱（*N*-hexadecyl-*N*-*N*′-dimethyl-3-ammonio-1-propane-sulfonate，HPS）体系为例。提高 pH 能增强 HPS 与 BSA 的结合。HPS 对 BSA 的结合常数比 SDS 小，但略大于十六烷基三甲基氯化铵（CTAC）。

4. 非离子表面活性剂与蛋白质的相互作用

非离子表面活性剂与蛋白质的作用较弱，发生协同作用的浓度较大，而非离子表面活性剂的 cmc 值较小，因此非离子表面活性剂在溶液中的单体浓度很难达到使蛋白质构象发生去折叠的浓度。

（六）阴、阳离子表面活性剂混合物与蛋白质的相互作用及蛋白质变性与复性的调控

文献所报道的关于表面活性剂与蛋白质相互作用的研究主要为单一表面活性剂，而较少涉及混合表面活性剂。已知非离子表面活性剂或少量阳离子或两性表面活性剂的加入能降低阴离子表面活性剂的结合量。这种影响对可溶及不溶性蛋白质都适用。

研究阴、阳离子表面活性剂混合体系与蛋白质的相互作用是很有意义的。研究癸基磺酸钠-癸基三乙基溴化铵（$C_{10}SO_3$-$C_{10}NE$）与蛋白质BSA，lysozyme及β-lactoglobulin的相互作用[13~17]，发现阴、阳离子表面活性剂与蛋白质的相互作用依赖于蛋白质的性质（特别是蛋白质的表面电荷）及阴、阳离子表面活性剂的比例等。

①对于结构比较稳定的蛋白质BSA，由于阴、阳离子表面活性剂混合溶液中单体浓度较低，达不到与BSA开始结合所需的浓度，因此与BSA作用较弱，难以影响BSA结构[13]。

②对于呈强正电性的lysozyme，由于在阴离子表面活性剂浓度很低时即可与之作用，因此当混合表面活性剂中阴离子表面活性剂过量时，能与lysozyme明显结合而改变lysozyme结构。当阴、阳离子表面活性剂接近等摩尔比，溶液中的阴离子表面活性剂单体仍可达到与lysozyme形成电中性复合物的浓度而形成沉淀。而当阳离子表面活性剂过量时，因阴离子表面活性剂单体浓度很低，对lysozyme结构影响很小[14,15]。

③对于结构稳定性较弱的β-lactoglobulin，当混合表面活性剂中阴离子（或阳离子）表面活性剂过量时均可与β-lactoglobulin产生强相互作用，而当阴、阳离子表面活性剂接近等摩尔比时，表面活性剂单体浓度相对较低，与β-lactoglobulin相互作用最弱[16,17]。

利用阴、阳离子表面活性剂与蛋白质的作用机理，可以实现蛋白质变性和复性的调控。以lysozyme为例，加入阴离子表面活性剂与lysozyme生成电中性复合物并沉淀出来后，加入阳离子表面活性剂，由于阴、阳离子表面活性剂分子之间具有较强的协同作用，即其静电吸引和疏水作用要强于阴离子表面活性剂与lysozyme结合时的静电和疏水作用，因而与lysozyme结合的阴离子表面活性剂从复合物中分解，与阳离子表面活性剂形成聚集体，使lysozyme复性。因此利用阴、阳离子表面活性剂可以实现蛋白质的变性-复性，从而可以得到一种调控蛋白质变性-复性的方法[15]。

以$C_{10}SO_3$-$C_{10}NE$与lysozyme的作用为例［lysozyme（1.0 g/L），pH 3.0，298 K］，$C_{10}SO_3$与lysozyme混合体系在6.0×10^{-4}mol/L到3.5×10^{-2}mol/L之间有沉淀生成，用紫外可见光检测混合体系中上层清液中的lysozyme浓度，发现lysozyme浓度非常低，即lysozyme绝大部分参与形成了沉淀。把溶液离心后分离出沉淀，滴加$C_{10}NE$溶液到沉淀中，发现当$C_{10}NE$浓度达到0.040mol/L，即达到$C_{10}NE$的cmc时，沉淀溶解（标记为溶液Ⅱ）。其过程示意如下。

$$\text{溶菌酶} \xrightarrow[0.0006\sim0.035\ \text{mol/L}]{C_{10}SO_3} \underset{(\text{沉淀})}{\text{溶菌酶-}C_{10}SO_3} \xrightarrow[>0.035\ \text{mol/L}]{C_{10}SO_3} \underset{(\text{溶液 I})}{\text{溶菌酶-}C_{10}SO_3}$$

$$\downarrow C_{10}NE \quad >0.040\ \text{mol/L}$$

$$\underset{(\text{溶液 II})}{\text{溶菌酶}+\text{混合胶团}(C_{10}NE\text{-}C_{10}SO_3)}$$

检测不同溶液中 lysozyme 的活性。溶液Ⅱ中的 lyszoyme 活性与天然态 lysozyme 很接近，即溶液Ⅱ中的 lysozyme 完全复性。而在溶液Ⅰ中，有部分的 lysozyme 明显失活。

以上结果表明可以利用 $C_{10}SO_3$ 和 $C_{10}NE$ 实现 lysozyme 变性-复性的调控。对其他的阴、阳离子表面活性剂，包括 $C_{12}H_{25}SO_3Na$-$C_{10}NE$，$C_{10}H_{21}SO_4Na$-$C_{10}NE$，$C_{12}H_{25}SO_4Na$-$C_{10}NE$，$C_{10}SO_3$-$C_{12}H_{25}N(C_2H_5)_3Br$ 和 $C_{10}SO_3$-$C_{12}H_{25}N(C_4H_9)_3Br$。当加入不同的阴离子表面活性剂 $C_{12}H_{25}SO_3Na$，$C_{10}H_{21}SO_4Na$ 和 $C_{12}H_{25}SO_4Na$ 可以导致 lysozyme 沉淀，而沉淀都可以为 $C_{10}NE$ 所溶解；改用不同的阳离子表面活性剂 $C_{12}H_{25}N(C_2H_5)_3Br$ 和 $C_{12}H_{25}N(C_4H_9)_3Br$ 去溶解 lysozyme-$C_{10}SO_3$ 沉淀，溶解后的 lysozyme 均能复性。

上述方法可作为一种高效的蛋白质分离及复性方法。可以在蛋白质混合物中根据蛋白质的电性选择阴离子（或阳离子）表面活性剂使目标蛋白质生成沉淀，分出沉淀后，再加入反电性的表面活性剂，使目标蛋白质复性，由此实现对目标蛋白质的分离。

（七）表面活性剂和膜蛋白的相互作用

生物膜所含的蛋白叫膜蛋白（membrane protein)，是生物膜功能的主要承担者。根据蛋白分离的难易及在膜中分布的位置，膜蛋白基本可分为三大类：外在膜蛋白或称外周膜蛋白，内在膜蛋白或称整合膜蛋白，和脂锚定蛋白。膜蛋白包括糖蛋白、载体蛋白和酶等。通常在膜蛋白外会连接着一些糖类，这些糖会通过糖本身分子结构变化将信号传到细胞内。

表面活性剂具有两亲性，在膜蛋白的离体表达、分离纯化以及结构研究中有着重要的作用。表面活性剂能够使脂膜解体释放膜蛋白，并在溶液中为去膜状态下的膜蛋白提供疏水环境，维持和保护去膜状态下膜蛋白结构和功能的稳定性(即维持和保护膜蛋白的疏水跨膜结构)，在膜蛋白的结构和功能研究中有重要的意义。

相对于其他蛋白质，膜蛋白与表面活性剂相互作用的研究要少得多，这主要是由于膜蛋白提取的困难。获得大量有生物学活性的质膜蛋白显得非常的重要，但从膜上提取蛋白有许多困难。表面活性剂与膜蛋白的作用的研究主要集中在利用表面活性剂提取膜蛋白方面。

外在膜蛋白为水溶性蛋白，靠离子键或其他较弱的键与膜表面的蛋白质分子或脂分子结合，因此，只要改变溶液的离子强度甚至提高温度就可以从膜上分离下来，膜结构并不被破坏。但是内在膜蛋白与膜结合非常紧密，一般只有用表面活性剂使膜解后才可分离出来。因此，膜蛋白分离纯化的重要步骤是选择适当的增溶用表面活性剂，一般常用的有①非离子型表面活性剂如 DDM（*n*-Dodecyl-beta-D-maltoside）、Triton X-100/Triton X-114、NP 40、OG（*n*-Octyl-beta-D-glucopyr anoside）、Emulgen（聚氧乙烯烷基醚，如 $C_{12}E_8$）、Lubrol（*n*-Octyl-beta-D-thioglucopyranoside）；②两性表面活性剂如 CHAPS、LDAO（Lauryldimethylamine oxide）等；③脂肽类表面活性剂（lipopeptidedetergents，LPDs）等。

表面活性剂的主要理化性质如临界胶束浓度、亲水基团和疏水基团性质等，能够影响所溶解的膜蛋白的结构和功能。必须根据试验目的选择合适的表面活性剂，除了考虑其对蛋白质的增溶、提取效率，在某些情况下，还要考虑到以后的纯化步骤，即最终表面活性剂如何去除。一般的都是利用 4℃时所有蛋白质原则上都溶于 Triton X-114 水溶液，在温度超过 20℃时，此溶液分为水相和表面活性剂相；此时亲水性蛋白溶于水相，疏水的膜蛋白溶于表面活性剂相中。利用此性质可提取膜蛋白。

对于膜蛋白的分离和表达实验而言，必须选择增溶效率高的表面活性剂，同时又要避免表面活性剂影响纯化及结构功能研究，并在纯化过程中保持表面活性剂高于临界胶束浓度，形成围绕和保护膜蛋白的胶束结构。

对于膜蛋白的结构研究而言，一方面，需要充分利用表面活性剂保持溶液中膜蛋白单体分子的存在和均一性，避免膜蛋白沉淀和多聚体形成，利于应用 NMR 技术研究膜蛋白结构；另一方面，需要通过控制表面活性剂和膜蛋白的相互作用，促使膜蛋白之间或者膜蛋白与脂质分子间相互作用，形成二维或三维晶体，利于应用电子显微镜技术或 X 射线晶体衍射技术研究膜蛋白结构。随着新技术以及新型表面活性剂如脂肽类表面活性剂的出现，表面活性剂必将在膜蛋白研究中发挥更为重要的作用。

在膜蛋白的提取方法中，氟表面活性剂受到越来越多的重视。关于氟表面活性剂在膜蛋白提取中的应用见下节。

四、氟表面活性剂与高聚物和蛋白质的相互作用

由于氟碳链既疏水又疏油的特性，很容易使得人们认为氟表面活性剂和高聚物应该有弱相互作用，而事实可能正好相反[18~21]。

从现有的研究结果可以看出，氟表面活性剂与高分子相互作用的机理以及其形成的复合物的结构都和碳氢表面活性剂十分类似，但氟表面活性剂与高分子的相互作用要明显强于碳氢表面活性剂与高分子的相互作用。

同样地，与相应地碳氢表面活性剂相比，氟表面活性剂与蛋白质可能存在更强的相互作用。

通过比较了 cmc 相近的氟表面活性剂和碳氢表面活性剂与不同的蛋白质相互作用的差别[21]。发现氟表面活性剂与蛋白质的相互作用要强于碳氢表面活性剂。但是这种差别与蛋白质的类型有关。对于结构非常稳定的BSA，氟表面活性剂和碳氢表面活性剂所表现出来的差别相对较小；而对于结构稳定性稍差的 β-lactoglobulin 和 ubiquitin，氟表面活性剂和碳氢表面活性剂所表现出来的差别则相对较大。对于不同碳链的表面活性剂，氟表面活性剂和碳氢表面活性剂与蛋白质作用时的差别也不同。对于 cmc 较小、对蛋白质变性作用较强的全氟壬酸锂和十二烷基硫酸钠，与蛋白质作用时的差别较小；而对于 cmc 较大，对蛋白质变性作用稍弱的全氟辛酸钠和癸基硫酸钠，在与蛋白质作用时差别相对较大。

研究全氟辛酸铵对膜蛋白质的加溶，发现全氟辛酸铵可以加溶膜蛋白。研究全氟烷基胆碱磷酸盐对膜蛋白质的加溶，发现这类氟表面活性剂对膜蛋白的加溶作用很弱；然而全氟烷基三羟甲基丙烯酰胺甲烷可以对膜蛋白质起很好的加溶作用。

五、表面活性剂与环糊精的相互作用

超分子化学是一门包含除共价键之外的所有分子间相互作用的化学学科。而其中主要的相互作用就是主客体型相互作用。在所有潜在客体分子中，环糊精(CD) 被看作是最重要的一类客体分子。CD 的外部因布满羟基显亲水性，空腔内部则具有较强的疏水性。CD 的这种特殊结构使其能捕捉表面活性剂到空腔中形成主客体包结物。典型的包结物形成如图 17-11 所示。

普遍认为这种包结作用的主要驱动力是由于在 CD 空腔中占据着能量不利的水分子（极性-非极性相互作用），因此，容易被相对非极性的合适的客体分子所取代。

由于 CD 和表面活性剂的混合物在洗涤剂、催化、材料、日用品、医药和食品工业领域非常有用，所以越来越多的工作研究 CD 和表面活性剂的相互作用。CD 和表面活性剂的研究至今为止仍是热点，这是因为无论是 CD 通过修饰、还是表面活性剂的结构都可以进行多样化。

（一）CD 和单一表面活性剂的包结的理论模型

CD 和表面活性剂形成包结物的信息主要包括包结常数和包结比。所谓包结比就是包结物中 CD 和客体分子的比例。最常见的包结比是 1∶1，但是根据体系的不同，2∶1，1∶2，2∶2 甚至更复杂的包结比的包结物也经常同时存在。以 1∶1

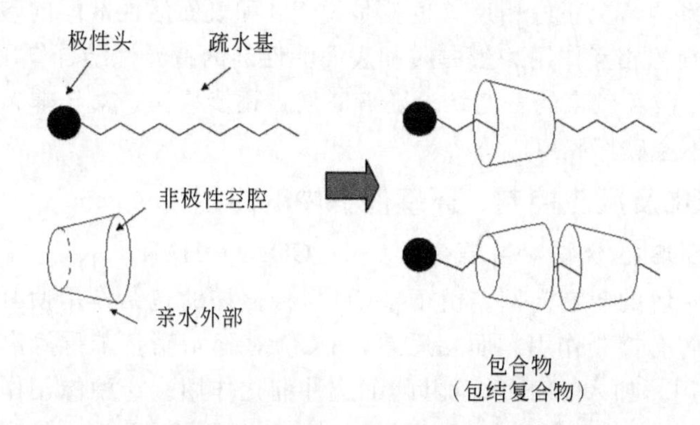

图 17-11 环糊精-表面活性剂形成主客体包结物示意图

包结物为例，包结常数 K_1 的表达式为

$$C + S \rightleftharpoons CS \tag{17-1}$$

$$K_1 = \frac{CS}{C \cdot S} \tag{17-2}$$

其中，C、S、CS 分别是环糊精、表面活性剂、1∶1 包结物的浓度。

（二）CD 对表面活性剂物理化学性质的影响和包结信息的获得

CD 的加入会影响很多表面活性剂的物理化学性质，例如，cmc、表面张力、电化学性质、超声特性、光谱行为、电导、浊点、溶解性等。根据其中一些物理性质的变化，便可得到包结比、包结常数的信息。而包结比又与表面活性剂和 CD 的相对大小关系相关。

包结常数受表面活性剂结构的影响。例如，对于长链烷基铵，碳链越长，其与 β-CD 形成的包结物稳定性越好。

CD 能使表面活性剂水溶液的表面张力增加，由于一般认为包结物和 CD 都不具有表面活性，所以也可以用表面张力曲线来拟合包结常数。尽管认为 CD 通过形成包结物包结疏水部分，使具有表面活性的客体分子的表面活性下降，然而也有意外的例子：10-烯-1-十一醇和 CD 的包结物表面活性很高，推测可能是由于烯键增加了碳链的刚性，使得部分烷基链露出 CD 空腔在气-水界面充当了疏水部分。

CD 能增加表面活性剂的 cmc 是一个普遍现象，通常认为这是由于生成包结物而消耗了表面活性剂的有效浓度，是表观 cmc 的增加。

（三）CD 对表面活性剂聚集体的破坏作用

由于表面活性剂与 CD 形成包结物消耗了其有效浓度，所以 CD 能够破坏绝大多数表面活性剂的聚集体，CD 通过包结作用也可以增加非离子表面活性剂的浊点浓度，或者破坏正、负离子表面活性剂的胶束甚至阻止其沉淀。这说明 CD 和表面活性剂间的主客体包结作用强于表面活性剂的疏水聚集、甚至强于正、负离子表面活性剂的胶束中疏水以及附加的电性协同作用，这与蛋白质溶菌酶和正、负离子表面活性剂体系的情况正好相反（也就是说 CD 和表面活性剂间的包结作用＞正负离子表面活性剂的相互作用＞蛋白质和表面活性剂的特异性结合作用）。

但是这种 CD 破坏胶束的普遍结论随着时间被逐步修正，对于非常疏水的表面活性剂加入 CD 不会破坏胶束。

（四）CD 在催化及反应控制、环境保护中的应用

以 β-CD 和 SDS 混合物对羟氨酸［$C_6H_5CON(OH)R'$，$R'=C_6H_5$，C_6H_5-CH_2］的酸催化水解的影响为例。由于 β-CD 对羟氨酸的包结作用使其对反应物进行了保护，对水解有抑制作用。而相反地，β-CD 对于 4-硝基苯重氮离子（4NBD）的分解有催化作用，加入 SDS 反而阻碍了这种催化作用。这种催化作用可能是 β-CD 大口的羟基能与 4NBD 的重氮部分反应，而 SDS 和 β-CD 生成没有反应活性的包结物，将 4NBD 从空腔中释放到体相，从而阻碍了催化作用。

有关 β-CD 促进烷烃生物降解方面的研究，展示了 β-CD 在环境保护方面的应用潜力。β-CD 能提高微生物降解烷烃的效率本质上在于提高了烷烃的水溶性。另外，β-CD 通过和某些生物活性物质形成包结物能使其生物活性提高。

（五）CD 和混合表面活性剂的相互作用

混合表面活性剂在实际应用中更为重要，表面活性剂混合体系中，CD 的包结作用具有选择性。对于不同的表面活性剂混合体系，CD 的选择性有所不同。

1. 同电性碳氢-碳氟表面活性剂混合体系及 CD 对碳氢链-碳氟链的选择性

用^1H NMR 和^{19}F NMR 结合的方法研究 β-CD 与等摩尔/非等摩尔 C_nH_{2n+1}-SO_4Na（$n=8$，10，12，14）和 $C_7F_{15}COONa$ 混合物的相互作用。发现在同电性的碳氢－碳氟表面活性剂混合物中 β-CD 优先包结氟表面活性剂，不管碳氢表面活性剂的总体疏水性是大于还是小于 $C_7F_{15}COONa$。这种对氟表面活性剂的选择性的程度随着 $C_nH_{2n+1}SO_4Na$ 的碳链增长而降低。对碳氟链表面活性剂的选择性可以归结于碳氟链的尺寸和刚性，与碳氢表面活性剂相比，其大小更加匹配从而有更好的主客体间相互作用。这个因素要超过随着碳氢表面活性剂链长增加而造成的疏水性增加所带来的影响[22,23]。

而同样对 α-CD 与等摩尔 $C_{10}H_{21}SO_4Na/C_7F_{15}COONa$ 混合物进行研究发现，和 β-CD 对碳氟表面活性剂的选择性相反，α-CD 优先选择性包结碳氢表面活性剂。这和 α-CD 的空腔较小无法容纳碳氟链有关[24]。

2. 正、负离子混合表面活性剂与 CD 的相互作用

（1）碳氢-碳氢正、负离子表面活性剂混合体系　β-CD 对表面活性剂的包结可以破坏正负离子表面活性剂的聚集体，甚至可以抑制等摩尔混合的正负离子表面活性剂沉淀的生成。说明 β-CD 与表面活性剂的相互作用要强于正负离子表面活性剂之间的相互作用。β-CD 与表面活性剂形成包结物将破坏 β-CD 之间的氢键作用，因此，β-CD 在破坏表面活性剂聚集体的同时其本身的聚集体也被破坏[25,26]。

（2）碳氢-碳氟正、负离子表面活性剂混合体系

对β-CD与等摩尔碳氢-碳氟正负离子表面活性剂混合体系$C_8H_{17}N(C_2H_5)_3$-Br-$C_7F_{15}COONa$的相互作用的研究表明[27]，β-CD通过选择性包结$C_7F_{15}COONa$能破坏正负离子碳氢-碳氟表面活性剂的混合胶束。

而同样对α-CD与等摩尔$C_8H_{17}N(C_2H_5)_3Br$-$C_7F_{15}COONa$混合物的研究则发现α-CD破坏混合胶束的能力要弱于β-CD。这可能是由于α-CD/$C_8H_{17}N$-$(C_2H_5)_3Br$包结物中阳离子头基完全暴露在空腔外仍扮演着阳离子表面活性剂的角色与$C_7F_{15}COONa$发生协同作用。

六、表面活性剂与DNA的相互作用

DNA即脱氧核糖核酸（Deoxyribonucleicacid），是染色体主要组成成分，同时也是组成基因的材料。DNA分子是由脱氧核糖及四种含氮碱基组成的一种双链结构分子，是一个双螺旋结构，其基本单位为核苷酸，同一链上核苷酸与核苷酸之间以共价键结合，两个DNA链之间的碱基对以氢键结合。DNA的结构一般可划分为一级结构、二级结构、三级结构、四级结构四个水平。DNA一般以多种构象形式存在，其中四种（A、B、C、D型）为右手螺旋，而Z型为左手螺旋。

DNA在溶液中的构象强烈依赖于溶液环境，如离子强度、pH等。在活体细胞中，天然状态的DNA通常都以密集堆积方式存在。温度、有机溶剂、酸碱度、尿素、酰胺等试剂都可以引起DNA分子变性，即使得DNA双键间的氢键断裂，双螺旋结构解开。DNA从空间舒展构象转变为紧密堆积构象（由线圈向小球的构象转变）称为DNA凝聚。因变性过程类似于晶体熔解因此称为DNA的熔解。DNA的变性从开始解链到完全解链，是在一个相当小的温度内完成，在这一范围内，紫外光吸收值达到最大值的50%时的解链温度称为熔解温度或融解温度（melting temperature，T_m）。

由于DNA每个核酸单元上都连有负的磷氧基而可被视做高度负电性的聚合物，因而DNA也是一类聚电解质。但与其他聚合物相比，DNA与表面活性剂的相互作用研究较少。传统上，对于二者相互作用的研究可以根据浓度不同而分为两大类：低浓度下DNA与表面活性剂相互作用主要研究分子水平上表面活性剂对DNA构象的影响；高浓度下DNA与表面活性剂相互作用则主要研究宏观上相行为的变化，包括絮凝、沉淀等相分离现象的发生。

DNA与表面活性剂的相互作用主要表现在表面活性剂与DNA形成复合物。主要研究内容包括不同种表面活性剂与DNA的不同的作用方式，复合物的理化性质及形态，以及形成复合物对DNA的性质和构象的影响等。

表面活性剂与DNA相互作用形成复合物作为非病毒基因输送载体，DNA与表面活性剂相互作用形成沉淀可用来对DNA进行分离、纯化，形成的复合物在分

子生物学如基因载体和新材料如非线性的光学材料，电致发光设备，固态激光染料等的应用中都具有一定的实用价值。

（一）不同表面活性剂和 DNA 的相互作用

DNA 与表面活性剂之间的相互作用与表面活性剂-聚电解质、表面活性剂-蛋白质的类似，主要包括静电作用和疏水作用，一般认为前者占主导地位。由于 DNA 分子属于阴离子型聚电解质，因此，阳离子表面活性剂与 DNA 之间存在着强烈的静电作用，对阳离子表面活性剂和 DNA 相互作用研究地比较多。当阳离子表面活性剂浓度很低时，与 DNA 相互作用会诱导长链 DNA 构象从线圈型转为小球形，当阳离子表面活性剂浓度较高时，与 DNA 相互作用会导致相分离现象的出现。阴离子表面活性剂与 DNA 均带负电荷，二者之间由于静电作用相互排斥，几乎不发生相互作用。非离子表面活性剂主要通过改变溶液的黏度、介电常数、极性等影响 DNA 的构象，一般认为只有在很高浓度的情况下非离子表面活性剂才能对 DNA 构象产生影响。

（二）表面活性剂与 DNA 分子的键合模式及构象转变

一般认为阳离子表面活性剂与 DNA 的键合可分为两个阶段。第一阶段，由于静电吸引作用，表面活性剂与凝聚在 DNA 分子链上的反离子交换，键合引起的熵损失由反离子向体相的扩散补偿。在第二阶段，即表面活性剂浓度达到一定值时，开始以协同方式与 DNA 分子发生键合。第二阶段协同键合本质上是表面活性剂非极性链之间的疏水缔合推动的。由键合协同性所获得的稳定化能正是疏水链之间“肩并肩”缔合的结果。这种缔合方式使得烷基链尽可能的靠拢在 DNA 分子表面，形成聚集体从而最大程度避免与水的接触。不过此时聚集体仍然只能部分的将水分子排除于缔合区之外。只有当复合物发生凝聚后疏水烷基链才会像胶束和囊泡那样完全地包埋于复合物内部。因此，可以认为在第二阶段的协同键合过程中，表面活性剂非极性链的疏水作用起着关键作用。

目前各种文献中对 DNA 与表面活性剂形成的聚集体有称作表面活性剂的胶束状聚集体（micelle-like aggregates），也有称作“混合胶束”（mixed micelle）。后者似乎更为合理，因为 DNA 链上也存在着疏水区，所以最终形成的复合物很可能是 DNA 链上的疏水部分也参与了胶束的形成。形成的聚集体可看作一个大的多价离子，其进一步导致 DNA 构象缩拢。这与以前发现的精胺、亚精胺等简单高价离子可以诱导 DNA 构象变化类似。作为聚电解质的一种，由舒展线圈向致密小球的构象变化并非为 DNA 所特有，许多高聚物都具有此性质。

另外有人认为表面活性剂与 DNA 的相互作用为一“全或无”的过程，即只有当表面活性剂将一个 DNA 分子链完全饱和后，才会与另一个 DNA 分子开始键合。而非离子聚合物与表面活性剂的相互作用如 PVP 与 SDS，在临界聚集浓度（cac）时链上仅有一个胶束，当所有链上都存在一个胶束后才会继续在聚合物链上形成第二个胶束。这说明聚电解质和非离子聚合物在与表面活性剂相互作用时存在着很大的区别。一般认为表面活性剂与DNA磷酸根摩尔比为1∶1时复合物呈电中性，而在对阳离子表面活性剂与DNA形成的复合物进行电位测定时发现在表面活性剂与DNA浓度比达1.5时复合物的电位仍在$-45\sim-40$mV之间，因而认为该现象是由于表面活性剂的疏水链倾向于包埋于复合物内部而使得部分DNA负电荷暴露于复合物与水的界面而使电位呈较高的负值。

早期的研究认为在DNA聚集过程中，整个DNA分子链要么全部聚集，要么全部保持伸展状态，没有中间过渡状态的存在。然而，后来对DNA聚集现象的单分子研究证明，一些DNA分子链内的局部聚集体也可以作为一种热力学稳定的状态存在。用荧光显微镜对单个DNA分子的构象变化观察发现，DNA分子在CTAB的诱导下会发生凝聚。CTAB浓度小于9.4×10^{-6}mol/L时，DNA都以线圈态存在，当CTAB浓度为2.0×10^{-5}mol/L时DNA全部以小球状态存在，在这个浓度区间内线圈与小球态共存。在共存区线圈态的DNA被认为处于亚稳态，放置一段时间后会自动向小球态转变。中间两种状态共存区及亚稳态的存在进一步说明了DNA与表面活性剂相互作用为一“全或无”的不连续过程。表面活性剂与各个DNA分子相互键合的不连续导致DNA分子构象变化的不连续。从动力学角度来说共存区只能在一定时间内存在，可看作类似于溶液的过冷或过饱和状态。

不仅是DNA，一般的合成及天然高聚物如果其链长达到一定程度以后都会有不连续的构象变化。基于此认为不连续的构象变化是趋于电中性的长链DNA高聚物的固有趋势。

尽管静电作用在诱导DNA发生构象变化中起着至关重要的作用，但是与一价的表面活性剂可以使DNA构象发生缩拢相比，只有多价的简单离子才能使DNA发生缩拢。因此，可以推测除了单纯的静电引力，所用试剂还要能够与DNA分子链以协同方式缔合，从而产生一个强的引力相关性。也就是说该分子可以看作是一个“夹子”，在与高聚物发生缔合以后又可以把其他分子引到该区域来。把该引力相关性定义为关联长度ξ，认为只有当DNA的持续长度（沿着维持主链方向的特征长度）$l_p>\xi$时，该试剂分子才能诱导DNA发生急剧的构象变化。反之，高聚物链如一般的单链DNA，在外加试剂的诱导下一般会发生连续的构象变化。

DNA与表面活性剂胶束相互作用可看作是一种简单的静电作用，因此二者的作用完全取决于胶束表面电荷密度。若胶束在外部条件（如离子强度）改变时发生球状胶束向棒状胶束的转变，那么该转变发生的位置、DNA-胶束复合物的生成、DNA构象由线圈变为小球的相应位置也均会发生相应改变。这证明DNA和复合物相互键合与DNA的构象变化是一个伴生过程，二者同时发生属同一现象。

（三）表面活性剂与DNA形成复合物用于基因输送

DNA分子生物学的飞速发展使得基因疗法成为一种很有希望的分子水平的治疗方法，其关键是基因DNA能够在载体的携带下通过细胞膜进入细胞内部。由于DNA分子负电荷之间的斥力及其分子本身的刚性，DNA分子在溶液中一般以无规卷曲的形态存在。这种形态的DNA分子具有较大的轮廓长度，在空间阻碍作用下很难通过细胞膜进入细胞内部。因此在体外，DNA分子需要首先在载体中聚集为小尺寸高密度的颗粒，这种状态不仅有利于DNA分子透过细胞膜进入细胞内部，还可以防止某些酶对DNA的破坏。而DNA与表面活性剂相互作用会生成处于凝聚状态的复合物，可以作为基因输送的载体。

DNA与阳离子表面活性剂结合后，阳离子表面活性剂会诱导DNA从线圈型向小球型的转变，DNA被凝聚成很小的亚稳定状态的聚集体使DNA的构象剧烈缩拢，且缩拢后形成的每一个小球仅含一个DNA链。由于一般细胞的表面都是带负电的，这样聚集体就会自发地与胞吞囊泡膜上含有的氨基脂结合，将DNA呈递到培养的细胞中，因而阳离子表面活性剂可以作为一种比较好的基因运输载体在基因治疗中发挥作用。然而由于该类表面活性剂有较高的水溶性，在细胞周围会由于溶解而将DNA链解聚，并导致与表面活性剂相关的细胞毒性，因而不能用来进行细胞转染［细胞转染（transfection）是指将外源分子如DNA，RNA等导入真核细胞而获得新的遗传标志的技术］。可用非离子及阴离子囊泡模拟细胞膜的内外表面，诠释CTAB/DNA复合物低转染效率且有细胞毒性的原因。

当CTAB与DNA形成的复合物由于疏水作用靠近非离子囊泡时，CTAB/DNA复合物的胶束状区域打开，CTAB进入囊泡的双层，使得双层表面带正电，DNA链通过静电作用附着于囊泡表面，但不能进入囊泡内部。而当CTAB进入阴离子囊泡使得囊泡表面呈电中性，而将DNA链释放于体相中，同时CTAB的中和使得阴离子囊泡不稳定而被破坏（对应于细胞中内吞核小体将DNA释放于细胞质中），这样会促进转染，这与非离子脂质体与阳离子表面活性剂混合使用可以提高转染效率的机理类似，但同时该条件下部分CTAB存在于囊泡中（对应于细胞膜或质膜）会导致细胞毒性。综上原因，CTAB转染效率低的原因是其不易通过非离子囊泡即细胞膜而进入细胞，而即使其能顺利进入细胞又会导致细胞毒性。虽然一些阳离子表面活性剂单独存在时展现出了很强的转染效力，但其潜在的细胞毒性及可能引起的细胞免疫响应都限制了它的潜在应用价值。有人先用阳离子表面活性剂与DNA相互作用形成较小的颗粒，然后将颗粒内的阳离子表面活性剂氧化成脂质体，极大地提高了复合物转染效率，是一个较有前景的基因控制输送方法。在研究阳离子高分子对DNA构象的影响时发现：高分子的反离子的体积越大且水化程度越高时，其对DNA构象缩拢的效果越明显，这对表面活性剂的选择很有指导意义。此外，可通过在载体的组成中加入中性添加物以调节载体与DNA的电荷比从而降低细胞毒性，进而提高基因转染效率。

近年来，将孪连型表面活性剂（Gemini表面活性剂）发展成为基因治疗的非病毒载体已经成为很多研究团队的核心，从某种程度上来说，是由于它们特殊的结构带来的独一无二的溶液性质。例如，Gemini表面活性剂的cmc总体来说比相应的单链表面活性剂低一个或几个数量级，但是毒性水平却较低。Gemini表面活性剂具有双头基和双疏水链，它们相比于相应的单链表面活性剂在相同的浓度下具有更高的转染效率。

事实上阳离子高聚物、阳离子脂质体与DNA相互作用形成复合物用来对基因控制输送也被广泛研究。不同的试剂诱导DNA构象变化的最终形态也不同，除了球状以外还有棒状复合物。脂质体可以与DNA形成层状及六角状复合物。脂质体复合物已经被证明在培养液中对细胞有较高的转染效率。但是高聚物和脂质体与DNA形成的复合物的共同缺点是容易形成较大的多层或多分散聚集体，在组织及血管中很难扩散。

（四）表面活性剂与DNA在界面上的吸附研究

尽管当前对表面活性剂与DNA相互作用的研究已经有了很大进步，但多数研究集中在DNA与表面活性剂在体相中的作用研究。由于缺乏有效的实验手段，关于表面活性剂以及其与聚合物在气/液、固/液界面的结构研究相对较少。

表面活性剂与DNA复合物在空气/水界面的吸附状态被认为是与复合物在亲水/疏水的细胞膜界面有类似之处。研究工作者们期待着能够在改良的化学表面上研究表面活性剂-聚合物或生物聚合物（蛋白质或DNA等）的吸附层结构。当然不同种类之间相互作用的动力学研究，例如竞争性的或合作性的吸附也是一个重点。

DNA分子可能由体相聚集至空气/水界面。但是DNA水溶液的表面张力高，基本上无表面活性，因而普通研究空气/水界面性质的手段很难得到有用的信息。对于在固/液界面的吸附，研究显示单纯的DNA分子在疏水固体硅表面的吸附层取决于其聚电解质的结构（单螺旋或双螺旋）和分子大小。当加入十二烷基三甲基溴化铵阳离子表面活性剂至DNA分子在疏水固体硅表面的吸附层时，发现其可明显的诱导吸附量加大，吸附层压紧。且与单纯的DNA分子在疏水固体硅表面吸附相反的是，表面活性剂/DNA复合物的吸附层与DNA分子的结构和大小无关。

七、表面活性剂与细菌、病毒的相互作用及表面活性剂的消毒灭菌性

表面活性剂与细菌、病毒的相互作用主要表现在两个方面：第一是表面活性剂对病毒和细菌的活性的影响，由此表现出表面活性剂的消毒、灭菌、抑菌、防腐、清洁和净化等方面的作用；第二是细菌对表面活性剂的影响，由此表现出细菌对表面活性剂的降解作用（表面活性剂的生物降解）。本节主要介绍表面活性剂对病毒和细菌的活性的影响，以及表面活性剂的消毒灭菌性。

广义的细菌（bacteria）即为原核生物。是指一大类细胞核无核膜包裹，只存在称作拟核区（nuclear region）（或拟核）的裸露DNA的原始单细胞生物，包括真细菌（eubacteria）和古生菌（archaea）两大类群。人们通常所说的即为狭义的细菌，狭义的细菌指真细菌，为原核微生物的一类，是一类形状细短，结构简单，多以二分裂方式进行繁殖的原核生物，是在自然界分布最广、个体数量最多的有

机体，是大自然物质循环的主要参与者。

真菌（fungus）是真核生物中的一大类群，包含酵母、霉菌之类的微生物，及最为人熟知的菇类。真菌与细菌的区别在于它具有核膜包被的细胞核，与植物的细胞类似。然而真菌的细胞有含甲壳素为主要成分的细胞壁，这又与植物细胞壁主要是由纤维素的组成不同。大部分的真菌生活在土壤内、腐质上以及与动植物或其他真菌共生，在有机物质的分解中扮演着极重要的角色，对养分的循环及交换有着基础的作用。

病毒（virus）由一个核酸分子（DNA 或 RNA）与蛋白质（protein）构成或仅由蛋白质构成（如朊病毒）。病毒个体微小，结构简单。病毒没有细胞结构，由于没有实现新陈代谢所必需的基本系统，所以病毒自身不能复制。但是当它接触到宿主细胞时，便脱去蛋白质外套，它的核酸（基因）侵入宿主细胞内，借助后者的复制系统，按照病毒基因的指令复制新的病毒。自然界的有害细菌、真菌和病毒等微生物是使人类遭受感染和诱发疾病的主要原因。表面活性剂由于它独特的结构及其性能，在消毒灭菌领域的应用前景也非常广阔。可利用表面活剂有序组合体检测细菌与病毒，可利用分子设计研究开发安全高效的杀菌消毒产品，如此等等，从而改善人类的生存环境，提高人们的生活质量。

(一)表面活性剂与病毒和细菌的作用机制

表面活性剂对细胞活性的影响主要表现在 3 个方面。

①改变细胞膜的结构，损伤菌细胞膜。这种作用主要表现在两个方面：第一，表面活性剂与脂类成分相互作用破坏细胞膜；第二，表面活性剂与细胞必不可少的功能蛋白发生作用。

②表面活性剂使菌体蛋白质变性或凝固。此种作用与酚类（高浓度）、醇类等的作用相似。

③表面活性剂可干扰细菌的酶系统和代谢。如表面活性剂与细菌的-SH 基结合使有关酶失去活性，此种作用与重金属的作用相似。

表面活性剂通过哪种方式起作用，与表面活性剂的结构和类型有关。上述三种作用中，以第①种作用最为常见。

在各种杀菌性表面活性剂中，研究最多的是季铵盐类阳离子表面活性剂。季铵离子在水中带正电荷，正电性的季铵离子头基可以吸附于带负电荷的细菌等微生物表面，形成胶束，并逐步渗入细胞浆的类脂层，从而改变细菌细胞壁通透性，使菌体内组分外渗，导致微生物死亡。季铵盐类阳离子表面活性剂（如吡啶季铵盐表面活性剂）可以将蛋白质分子分裂成若干肽链，对细菌的活性产生抑制作用。季铵盐表面活性剂的杀菌作用可使水中微生物繁殖能力下降，提高表面活性剂的应用效率。同时这种表面活性剂毒性也低。

(二)表面活性剂的消毒灭菌作用及消毒灭菌剂

消毒（disinfection）指杀死物体上病原微生物的方法（不一定能杀死含芽孢的

细菌和非病原微生物）；灭菌（sterilization）是杀灭物体上所有微生物的方法，包括杀灭病原微生物和非病原微生物、细菌的繁殖体和芽胞，要求比消毒高；抑菌（bacteriostasis）指抑制体内或体外细菌的生长繁殖，如各种抗生素即为常用抑菌剂；防腐（antisepsis）是防止或抑制体外细菌生长繁殖的方法，细菌一般不死亡；清洁指能减少微生物附着在无机物体表面的数量的方法；净化指能显著减少或破坏一定空间中微生物数量和生物活性的方法。

表面活性剂的杀菌和消毒作用归结于它们与细菌生物膜蛋白质的强烈相互作用使之变性。表面活性剂在消毒灭菌领域的应用研究，主要表现在4个方面。

①直接使用具有杀菌作用的表面活性剂，而且不断推出新的品种；

②在传统消毒药物中加入表面活性剂来改进、提高消毒效果，达到增效目的；

③在各种清洁洗涤剂中加入适量的抗菌剂，从而达到清洁、除菌、杀菌多重作用；

④利用表面活性剂来改变消毒剂的剂型与使用方法，改进消毒剂的综合性能。

1. 直接杀菌作用

主要有两种表面活性剂，即阳离子表面活性剂中的如季铵盐类消毒剂以及两性表面活性剂中的汰垢（Tego）类消毒剂。

（1）季铵盐类消毒剂　季铵盐类阳离子表面活性剂属于膜破坏性抗微生物药剂。作为消毒剂的季铵盐类，一般有一个碳链长达8～18的烷基，碳链短于或长于此范围者，杀菌能力差。常用的季铵盐类消毒剂主要有：新洁尔灭（十二烷基二甲基苄基溴化铵）、洁尔灭（十二烷基二甲基苄基氯化铵）、度米芬（十二烷基二甲基苯氧乙基溴化铵，又名消毒宁）、消毒净（十四烷基-2-甲基吡啶溴化铵）。

近年来，新开发出了双链季铵盐消毒剂，带有一个亲水基和两个亲油基，具有更好的成胶性和更强的降低表面张力的能力，能增加它们的水溶性，即使在水质硬度较大的情况下也呈现出相当好的溶解性，表现出很好的稳定性。研究表明，双链季铵盐消毒剂的杀菌作用比单长链季铵盐类优越，去污能力较好、耐高温及毒性低。

吡啶季铵盐表面活性剂由于形成季铵盐的正电荷更集中使其杀菌能力增强，对杀灭大肠杆菌、金黄色葡萄球菌和白色念珠菌所使用的有效浓度比较低。吡啶季铵盐表面活性剂分子中含有长链烷基，结构呈现锯齿状可以将细菌包起来，改变细胞的渗透性，水分进入使菌体肿胀破裂；同时吡啶季铵盐具有良好的表面活性作用，可高度聚集于菌体表面，影响细菌的新陈代谢。

（2）汰垢类消毒剂　汰垢类消毒剂为一系列氨基酸型两性表面活性剂，其毒性比阳离子型的要小，对化脓球菌、肠道杆菌等及真菌都有很好的杀灭作用。

2. 协同杀菌作用

协同杀菌作用指在其他消毒杀菌剂中加入表面活性剂，通过二者的协同作用提高消毒剂杀菌效果。如含氯复方消毒剂（多为次氯酸钠等含氯消毒剂）中加入阴离子表面活性剂（如十二烷基苯磺酸钠、十二烷基硫酸钠等）。

3. 除菌与抗菌作用

具有良好洗涤作用的洗涤剂，有助于去除沾染的微生物，并具一定的杀菌作用。不同牌号洗衣粉杀菌效果不同，含烷基苯磺酸钠多者效果较好。洗衣粉浓度越大、作用时间越长、温度越高，消毒效果越好。加入广谱杀菌剂后，则可显著提高消毒效果。在肥皂制备过程中加入三氯羟基二苯醚消毒剂，即为抗菌肥皂，同时实现洗涤、去污及杀菌功能。

4. 改变剂型作用

利用表面活性剂作为载体，在一定条件下，可将碘与聚醇醚或 PVP 络合，即为广泛使用的碘伏消毒剂，可克服碘的黄染、不易脱色的缺点。

很早以前人们就利用洗涤剂的增溶作用将酚类与阴离子表面活性剂混合使用。例如，来苏儿（Lysol）消毒液，即煤酚皂溶液，是以 3 种甲酚异构体（邻位、间位、对位）为主的煤焦油分馏物与肥皂配成的复方。配制时，先以植物油与氢氧化钠制成肥皂，趁热加入甲酚与蒸馏水。肥皂的作用是使甲酚易溶于水中，并具有降低表面张力的作用。

除了以上应用，还可利用表面活性剂的乳化作用与发泡作用，将消毒剂制成乳液、乳剂及泡沫型等应用。

（三）表面活性剂与细菌的其他作用及其应用

由于表面活性剂的种类和用量对微生物的生长有影响，故而影响微生物的作用。比如：

①在利用微生物自然发酵除油（细菌除油）体系中加入表面活性剂可提高微生物的除油效率。在添加表面活性剂的细菌除油体系中，除表面活性剂本身的洗涤作用能脱除部分油脂外，一方面，表面活性剂具有增溶、分散等作用，能增加疏水性物质在水中的溶解度，促进油脂从原料上脱离并分散到水体中，有利于细菌利用，促进微生物对其分解利用；另一方面，一些表面活性剂可以改变微生物细胞膜的通透性，促进细胞内容物的释放，特别是对一些产酶的微生物，添加适量的表面活性剂能促使酶从胞内释放到胞外，也能促使其产生更多的胞外脂肪酶，促进油脂分解，由此通过增加酶的产量或活性促进微生物的作用。

②表面活性剂能够改变细胞膜的通透性，有利于细胞摄取营养及释放产物，在发酵中对微生物产酶、产多糖等有一定促进作用。

③表面活性剂强化生物修复是最有应用前景的有机污染土壤修复技术。微生物降解疏水性有机物（hydrophobic organic compounds，HOCs）涉及到土壤-污染物-微生物相互作用及微生物摄取、代谢污染物等一系列界面行为。表面活性剂可促进微生物降解 HOCs 过程。其机理为：a. 表面活性剂改变污染物的土水分布，增强洗脱土壤上吸附的 HOCs，提高其生物可利用性；b. 提高细菌表面吸附污染

物的能力，为 HOCs 进入胞内代谢提供便利；c. 表面活性剂改变细胞膜的流动性和膜透性，促进污染物的跨膜传输；d. 表面活性剂可提高 HOCs 降解酶活性，促进其胞内降解。

④微生物冶金是近代学科交叉发展、生物工程技术和传统矿物加工技术相结合的一种新工艺。细菌的浸出就是利用微生物的氧化特性与微生物的新陈代谢产物使矿物的一些成分氧化的过程，使用可溶目的成分与原物质分离，从而得到目的产物。表面活性剂可改善矿石的亲水性和渗透性，有利于细菌和矿物接触，加快浸出，浸出率也相应提高，从而促进细胞生长，提高细菌活性。

⑤ATP（三磷酸腺苷）生物发光法通过检测 ATP 含量来快速判断食品样品中微生物的总体水平。细菌 ATP 的提取是影响检测结果准确性和稳定性的重要因素，也是生物发光法检测技术的一个重点和难点。因此，筛选高效的细菌 ATP 提取剂成为生物发光法检测食品微生物应用的必要前提。季铵盐类阳离子表面活性剂作为 ATP 提取剂的成分，可以在破碎细菌细胞结构中，使细胞内 ATP 完全释放的同时并在一定程度上保持 ATP 活性。

⑥利用微生物降解石油是一种经济有效的石油污染治理方法。石油中低水溶性、强吸附性的组分不利于微生物降解，添加表面活性剂是提高石油生物可利用性的常用方法。表面活性剂能乳化包气带中的石油烃，增强其迁移能力，从而增加烃类污染物与微生物接触的机会，提高其生物可用性；它还能增强微生物细胞膜的通透性，从而加快石油烃的微生物降解。

参考文献

[1] 赵国玺，朱玻瑶．表面活性剂作用原理．北京：中国轻工业出版社，2003.

[2] 赵国玺．表面活性剂物理化学：修订版．北京：北京大学出版社，1991.

[3] Kissa K. Fluorinated surfactants and repellents. 2nd Ed. New York：Marcel Dekker，2001.

[4] 朱玻瑶，赵振国．界面化学基础．北京：化学工业出版社，1996.

[5] 徐桂英，李干佐，隋卫平．日用化学工业．1996，2：25.

[6] 徐桂英，毛宏志，李干佐，丁志英．日用化学工业．1995，6：23.

[7] Kwak J C T. Ploymer-Surfactant Systems，Surfactant Science Series，77. New York：Marcel Dekker，1998.

[8] Jonsson B，Lindmann B，Holmberg K，Kronberg B，Surfactants and polymers in aqueous solution. New York：John Wiley & Sons Ltd. 1998.

[9] Goddard E D. Interaction of Surfactants with Polymers and Proteins，FL：CRC Press，Boca Raton ，1993.

[10] Yan P，Xiao J X. Colloids and Surfaces A：Physicochem. Eng. Aspects，

2004，244：39.

[11] Yan P，Jin C，Wang C，Ye J，Xiao J X. Journal of Colloid and Interface Science，2005，282 (1)：188.

[12] Yan P，Chen L，Wang C，Xiao J X，Zhu B Y，Zhao G X. Colloids and Surfaces A：Physicochem. Eng. Aspects，2005，259：55.

[13] Lu R C，Cao A N，Lai L H，Zhu B Y，Zhao G X，Xiao J X. Colloids and Surfaces B：Biointerfaces，2005，41：139.

[14] Lu R C，Cao A N，Lai L H，Xiao J X. Colloids and Surfaces B：Biointerfaces，2007，54：20.

[15] Lu R C，Xiao J X，Cao A N，Lai L H，Zhu B Y，Zhao G X，Biochimica et Biophysica Acta，GENERAL SUBJECTS，2005，1722：271.

[16] Lu R C，Cao A N，Lai L H，Xiao J X. Journal of Colloid and Interface Science，2006，293：61.

[17] Lu R C，Cao A N，Lai L H，Xiao J X. Journal of Colloid and Interface Science 2006，299：617.

[18] 王晨，金辰，严鹏，肖进新，赵孔双，化学学报，2009，67(19)：2159.

[19] Lu R C，Cao A N，Lai L H，Xiao J X. Colloids and Surfaces A：Physicochem. Eng. Aspects 2007，292：279.

[20] Lu R C，Guo X R，Jin C，Xiao J X. Biochimica et Biophysica Acta，GENERAL SUBJECTS，2009，1790：134.

[21] Lu R C，Cao A N，Lai L H，Xiao J X. Colloids and Surfaces B：Biointerfaces，2008，64：98.

[22] Xing H，Lin S S，Yan P，Xiao J X. Journal of Physical Chemistry B，2007，111 (28)：8089.

[23] 邢航，林崇熙，肖进新．化学学报，2008，66 (11)：1382.

[24] Xing H，Lin S S，Xiao J X. Journal of Chemical & Engineering Data，2010，55：1940.

[25] Yan P，Tang J N，XiaoJ X. Journal of Dispersion Science and Technology，2007，28：617-621，623-626.

[26] Xing H，Xiao J X. Journal of Dispersion Science and Technology，2009，30 (1)：27.

[27] Xing H，Lin S S，Yan P，Xiao J X. Langmuir，2008，24，10654-10664.

第十八章 表面活性剂的绿色化学

绿色化学是指设计在技术上和经济上可行的，没有（或者尽可能小的）环境负作用的化学品和化学过程。绿色化学的研究主要围绕原料的绿色化，化学反应的绿色化和产品的环境友好化来进行。绿色化学的最大特点在于它是在源头就采用预防污染的科学手段，因而使过程和终端均为零排放或零污染。它研究的是污染的根源或本质，而不是去对终端或过程污染进行控制或处理。绿色化学主张在通过化学转换获取新物质的过程中充分利用每个原子，即具有“原子经济性”，因此它既能够充分利用资源，又能够实现防止污染。

随着石油工业的发展，表面活性剂的产量和品种逐年增加，在世界范围内表面活性剂的生产已达到相当可观的规模。既广泛地应用于千家万户，又深入应用到了工农业生产的各个部门，因而对其进行绿色化学研究的呼吁较早，范围亦较宽。

与表面活性剂的绿色化学有关的研究主要包括以下内容[1~6]。

（1）表面活性剂生产原料的绿色化。主要指运用可再生资源生产表面活性剂，以利于可持续发展；

（2）表面活性剂生产过程的绿色化。主要指改进表面活性剂的合成路线和工艺条件，提高反应转化率，避免或降低表面活性剂中的有害成分，实现生产过程中无“三废”排放；

（3）表面活性剂产品的环境友好化。主要指表面活性剂的生物降解；

（4）表面活性剂的安全性。主要指表面活性剂的毒性；

（5）表面活性剂的温和性。主要指对皮肤和黏膜的刺激性；

（6）表面活性剂的回收和再利用。

一、持久性有机污染物与表面活性剂

持久性有机污染物（persistent organic pollutants，POPs）指人类合成的能持久存在于环境中、通过生物食物链（网）累积、并对人类健康造成有害影响的化学物质。它具备四种特性：①毒性，可致畸、致癌、致突变；②持久性，难降解，长期残留；③生物积累性，可以在食物链中富集传递；④远距离迁移性，能够通过空气、水或迁徙物种等多种传输途径在全球迁移分配。而位于生物链顶端的人类，则把这些毒性放大到了7万倍。

为了加强化学品的管理，减少化学品尤其是有毒有害化学品引起的危害，国际社会达成了一系列的多边环境协议，其中，斯德哥尔摩公约涉及持久性有机污染物的相关规定。2001年国际社会通过该公约，作为保护人类健康和环境免受POPs危害的全球行动。公约于2004年生效。

斯德哥尔摩公约中，与表面活性剂相关的限制之一是对具有8碳氟碳链(C_8F_{17}—)的氟表面活性剂（以下简称C_8）的限制。C_8的关键原料之一是全氟辛基磺酰氟($C_8F_{17}SO_2F$)，由辛基磺酰氯或辛基磺酰氟电解氟化而得。以全氟辛基磺酰氟为原料，可制备多种类型和结构的氟表面活性剂（通称为PFOS)。PFOS具有POPs的全部特征。国际上开始对它们限用和禁用[7]。

（一）国际社会对氟表面活性剂应用的限制

1. 对全氟辛基磺酰氟及其盐类(PFOS)的应用限制

(1) 在欧洲　2005年3月18日，欧盟健康与环境危险科学委员会（SCHER）针对英国提出的审查PFOS的建议，确认了其危害性；欧洲议会于2006年10月25日通过建议全氟辛烷磺酸（PFOS）的销售和使用限制，2008年年中正式生效，并在欧盟官方网站公告，其中对于PFOS的限量规定为：

①其质量分数达到或超过0.005%（50 mg/kg）时，不能用作生产原料及制剂组分；

②半制品限量为0.1%（1000 mg/kg）；

③纺织品及涂层材料限量为$1\mu g/m^2$（需除以纺织品平方米重后单位再转化为mg/kg）。

2006年12月17日，欧洲议会和部长理事会联合发布《关于限制全氟辛烷磺酸（PFOS）销售及使用的指令》（2006/122/EC)，对欧洲市场上商品中PFOS的限量作出规定，并重申2006年10月25日通过的关于PFOS的限量规定，于2007年12月27日前成为各成员国的国家法律，同时，2008年6月27日起实施。指令中同时提到含全氟辛酸（perfluorooctanic acid，PFOA，$C_7F_{15}COOH$，C_8）及其盐类，怀疑与PFOS有相似风险。

(2) 在美国　美国则早在2001年基于对环境管理和人体健康的考虑已终止

PFOS的生产和使用，并将PFOS列入美国环保署持久性污染物黑名单中。2000年，美国生产商启动一项计划，旨在促进碳氟化合物的环保性，并达成共识：到2015年所有浸渍使用的碳氟化合物都必须达到环保要求。为此，美国3M公司已于2000年起逐渐停止生产该类化合物，2003年后该公司生产的含氟防护剂就不再使用PFOS、PFOA（全氟辛酸）或任何可降解成PFOS和PFOA的物质。2002年美国政府规定PFOS库存量和已有含PFOS产品可在不违背法规的前提下继续用于各种用途直至耗尽。2007年11月16日，美国服装和鞋类协会（AAFA）根据欧盟指令发布的限制物质清单（RSL），明确规定了PFOS在纺织品中的限量。

（3）在联合国　2001年国际社会通过了联合国"斯德哥尔摩公约"，作为保护人类健康和环境免受POPs危害的全球行动。2005年7月，世界贸易组织基于欧盟健康与环境危险科学委员会（SCHER）2005年3月18日对英国提出的审查PFOS的建议，发布了国际贸易技术壁垒通报（通报号G/TBT/N/SWE/51）；2006年11月6日，联合国环境规划署持续性有机污染物审查委员会第二次会议通过将PFOS列入斯德哥尔摩公约的提案。在2009年5月4日召开的《关于持久性有机污染物的斯德哥尔摩公约》第四次缔约方大会上，包括PFOS和全氟辛基磺酰氟（PFOSF）在内的9类物质被增列入公约POPs受控名单，决定修正《斯德哥尔摩公约》附件B（限制类）的第一部分，列入PFOS和PFOSF，同时在附件B中编写名为"全氟辛烷磺酸、其盐类和全氟辛基磺酰氟"的新的第三部分。规定所有缔约方均应停止生产和使用PFOS，但是可接受用途除外。同时规定使用和/或生产这些物质的各缔约方应每四年就消除PFOS方面的进展情况进行一次汇报，并在缔约方大会上审议进展情况。根据现有科学、技术、环境和经济等方面的信息，决定其是否列入淘汰用途（即直接淘汰）或特定豁免用途（给予5年过渡期后淘汰）。

（4）在中国　中国已正式成为斯德哥尔摩公约的履约国。在2009年5月4日召开的"关于持久性有机污染物的斯德哥尔摩公约"第四次缔约方大会上，中国派出了由环境保护部及其他相关部委组成的代表团参加，虽然我方代表提出当前掌握的生产、应用、替代、管理信息不足以支持将PFOS列入公约，但最终在公约资金机制等其他条件得到保障后做出妥协，并且努力使消防等影响较大、暂时无法淘汰的领域列入可接受用途，为消防等重点领域替代品/替代技术研究及评估等工作的开展争取到相对宽松、缓冲期长的有利条件。我国已经于2007年制订并执行针对第一批受控物（包括滴滴涕在内的12种物质）的国家实施方案，目前包括PFOS在内的第二批受控物质国家淘汰战略正式启动。

以纺织工业为例，我国纺织印染行业中目前95%以上的"三防"整理剂是用进口原料制造的，仅少数生产商进口全氟辛烷磺酰氟中间体或丙烯酸全氟辛烷酯单体来制造，产量仅占4%左右。因此，迄今尚未制定PFOS类和PFOA类化学物质在纺织印染行业使用的有关法规，也未制定相关的排放标准和污染监测及防治措施。目前，纺织染整助剂中PFOS和PFOA的检测方法标准正在制定，尚未发布实施。

2. 对全氟辛酸(PFOA)及其盐类的使用限制

全氟辛酸（PFOA）及其盐类在国际上限用要比 PFOS 晚。PFOA 作为疏水基碳链全氟化的含氟表面活性剂，是目前国内外纺织品用“三防”整理剂中仅次于 PFOS 的重要原料，例如，用于制造丙烯酸全氟辛醇聚合物等。美国认为 PFOA 及其盐与 PFOS 有相似的危害人体与环境的风险，但对其禁用或限用还需更多科学资料进行危害性评估。同时，美国环保署提出了 PFOA 自主削减计划，欧盟也未禁用或限用 PFOA。2009 年 5 月召开的斯德哥尔摩缔约国十四次会议上 PFOS 被明确列入禁用范围，PFOA 未列入禁用范围。目前，只有欧洲的国际生态纺织品研究和检验协会在其 Oeko-Tex Standard100 中规定了 PFOA 在纺织品上的限量，欧盟的大多数纺织品公司与品牌纺织品销售商明确要求禁用 PFOA。目前主要的国际大公司都自愿支持由美国环境保护署（EPA）倡导的全球 PFOA 管控计划，国际上的生产企业对 PFOS 和 PFOA 这两种有机氟化物都作出逐步停止生产的承诺，如美国的生产商承诺 2015 年做到零排放，日本旭硝子公司承诺 2011 年底全部停产，日本大金公司承诺 2012 年底全部停产等。也就是说，这些生产企业正在逐步消灭这两种物质，但目前仍在供应和销售。

（二）斯德哥尔摩公约的应对

目前 PFOS 的工业应用主要集中在水成膜泡沫灭火剂（AFFF）和织物整理剂。对 AFFF，目前斯德哥尔摩公约可以说是暂时网开一面，而对织物整理剂，PFOS 禁用令无疑宣布传统的 C_8 氟防护整理剂将于 2015 年执行死刑，在过渡时期还要满足 PFOS 限量要求。目前，市售的含氟拒水拒油整理剂大多不符合欧盟禁用 PFOS 的要求。虽然，欧盟对 PFOA 尚未明令禁止，但其已属涉嫌产品，其毒性已在评估中。因此，如何应对斯德哥尔摩公约的限制，是摆在我们面前的重要课题。

氟表面活性剂应用存在一个两难的局面，一方面，氟表面活性剂在很多领域是其他表面活性剂所无法替代的，如水成膜泡沫灭火剂（AFFF）领域。在现有技术条件下，AFFF 完全不使用氟表面活性剂是不可能的。另一方面，PFOS 对环境的危害性又极大的限制其应用。我国是斯德哥尔摩公约的履约国，必然会对 PFOS 的使用进行相应限制，随着斯德哥尔摩条约最后宽限期限的到来，国内涉及氟表面活性剂的市场如 AFFF 将面临重新洗牌，现有的生产企业基本会完全失去市场。因此，后续研发能力将是企业未来取得成功的关键。

为应对斯德哥尔摩公约的限制，可从以下方面着手。

(1) 降低 PFOS 的使用浓度　斯德哥尔摩公约目前并不是完全限制和禁止 PFOS，在大多数领域只是限制 PFOS 的使用量。因此，若能使 PFOS 的使用浓度降低到规定的限量以下，仍可使用 PFOS。

(2) 合成高性能氟表面活性剂　氟表面活性剂的性能是氟碳链、连接基团和亲水基团三部分综合平衡的结果。即使同样采用8碳的氟碳链，连接基团和亲水基团的不同也能造成性能的巨大差别。因此，通过深入研究氟表面活性剂结构与性能的关系，通过改变连接基团和亲水基团的结构，可以获得高性能的氟表面活性剂，使其在更低浓度达到理想的性能。

(3) 与碳氢表面活性剂的复配　依据表面活性剂复配原理，将PFOS与其他表面活性剂复配，可大幅降低氟表面活性剂的用量，缩减成本。若使用浓度降低到规定的限量以下，即可避开斯德哥尔摩公约的限制。另外，与碳氢表面活性剂复配在很多情况下还可带来其他好处，例如，碳氢表面活性剂的加入可降低油水界面张力。

在所有复配体系中，阴、阳离子表面活性剂混合体系是协同作用最强的。阴、阳离子表面活性剂的复配可达到“全面增效”的目的，不仅可大幅降低氟表面活性剂的用量，而且可显著提高氟表面活性剂的性能。这方面已有很多基础研究，也有不少实际应用。

必须指出，通过上述方法达到避开斯德哥尔摩公约限制只是一种权宜之计，并非彻底解决之道。长远来看，PFOS迟早会被全部禁用。

(三) PFOS替代品

1. 开发短链产品

目前最为迫切的问题是开发寻求PFOS的替代品，研究开发不具备持久性有机物污染物特征的氟表面活性剂。

PFOS难以生物降解的主要原因之一是其8个碳的氟碳链。根据表面活性剂的表面活性原理，表面张力的降低主要取决于表面吸附层最外层基团的结构。比如$H(CF_2)_8COONH_4$与$F(CF_2)_8COONH_4$的水溶液的最低表面张力（γ_{cmc}）分别为24mN/m（25℃）和15mN/m（25℃），其差别即为表面吸附层最外层基团的结构不同。

依据这一原理，考虑能否改变氟表面活性剂的结构，缩短其中含氟片断的长度、外接其他基团使其一方面具有氟表面活性剂的高表面活性，另一方面降低或避免其对环境的危害。已有结果表明，当碳氟链等于4个碳时，其对环境的危害就基本上可不必考虑。全氟丁基磺酸（PFBS）的氟碳链短，无明显持久性及生物积累性，短时间随人体新陈代谢排出体外（PFOS在体内的半衰期为8.5 d，而PFBS的半衰期只有0.5 d)，且其降解物基本无毒无害。

然而，普通的短链氟化合物表面活性差，实际应用受到很大限制。如全氟丁基磺酸钠（$C_4F_9SO_3Na$）水溶液的临界胶束浓度（cmc）和最低表面张力分别为273 mmol/L和29.7mN/m，已不属于传统的氟表面活性剂的范畴。

这里的关键问题是亲水亲油平衡。全氟丁基磺酸钠由于亲水性太强，分子在表（界）面吸附能力较差。因此，若在全氟丁基基础上接上一定的疏水基团，使其达到合适的亲水亲油平衡值，则由于其表面吸附层最外层基团仍为CF_3，有可能具有很高的表面活性。一个例子是 N-[3-(二甲基胺基)丙基] 全氟丁基磺酰胺盐酸盐 [$C_4F_9SO_2NH(CH_2)_3NH(CH_3)_2^+Cl^-$]。该表面活性剂适用于强酸性环境，其溶液最低表面张力（19.8mN/m，25℃）和通常的氟表面活性剂相当。这一理论研究证明通过适当的分子设计，以短链的全氟烷基为基础，可以得到表面活性足够好的产品，并达到全氟长链氟表面活性剂的效果。

目前斯德哥尔摩公约主要限制和禁用电解氟化法生产的 PFOS 类氟表面活性剂，对调聚法生产的氟表面活性剂尚未做出明确规定。目前以调聚法生产的 $F(CF_2)_n(CH_2)_mI$为原料合成的氟表面活性剂主要为 $n \geqslant 8$ 的产物，虽然目前斯德哥尔摩公约尚未规定，但从长远看，限制乃至禁用将是很快的事。现在见于市场的调聚法、齐聚法生产的长碳氟链的氟表面活性剂只能算钻斯德哥尔摩条约的空子，本质上并不符合公约的环保精神，可以预计，此类氟表面活性剂在不远的将来也可能会被列入禁用范围。因此，如何抢占先机，以 $F(CF_2)_n(CH_2)_mI$ 为原料合成 $n<8$ 的氟表面活性剂亦为摆在我们面前的重要课题。杜邦公司等开发具有6个碳的氟碳链的氟表面活性剂，虽然目前尚不属于“斯德哥尔摩公约”的限制范围，但可以预计，在全部禁用PFOS之后，紧接着将可能轮到6个碳的氟碳链的氟表面活性剂。因此，这也仅能应付一时。彻底的解决方案是开发4个碳的氟碳链的氟表面活性剂，如前所述，当碳氟链等于4个碳时，其对环境的危害就基本上可不必考虑。

(1) 短氟碳链产品的进展　含氟单体化学品加工行业的研发部门正努力把工作重点放在研究含有4或6个氟碳原子的较短氟烷基侧链上，有些生产商则倾向于研究更长的侧链（C_{10}、C_{12}）。人们正努力使氟表面活性剂技术能彻底跨过 PFOS、PFOA 这道坎，早日走上环保、健康的发展道路。

下面以含氟织物整理剂为例，说明短氟碳链产品的进展。

PFOS 和 PFOA 替代品的开发以2007年为界大致可分为两个阶段。对第一阶段的初步调查表明，市场上几家主要公司生产的以新型含氟表面活性剂为基础的织物多功能整理剂均含有 PFOS，但 PFOA 的含量相对少很多。如美国 Du Pont 公司已将产品中 PFOA 的残留量减少97%以上，日本旭硝子株式会社和美国3M公司的产品中基本不含 PFOA，但还不够稳定。除个别公司的产品外，这些新型替代品中都不含烷基酚聚氧乙烯醚（简称 APEO）。这可称为开发新型替代品的第一阶段。在第二阶段中，瑞士 Clariant 公司、日本旭硝子株式会社和德国 Rudolf 公司等开发出环保型含氟表面活性剂替代品，基本不含 PFOS 和 PFOA（在检测限以下），整理效果耐久。此外，在这两个阶段中成功开发超低含量 PFOS 和 PFOA 的检测方法，可称作第二阶段的新发展。

在 C_8 的替代品中，短氟碳链产品（主要是 C_6 和 C_4 产品）是其中最主要的一类。比如，以 $C_6F_{13}C_2H_4OCOC(CH_3){=}CH_2$ 作为含氟单体制备整理剂（C_6 类）、$C_4F_9SO_2N(CH_3)C_2H_4OCOC(CH_3){=}CH_2$ 作为含氟单体制备整理剂（C_4 类）等，前者降解后生成全氟己酸（PFHA），后者生成全氟丁烷磺酸盐或磺酰化物（PFBS）。短链产品已被有关机构（如：美国环境保护署、加拿大环境和健康署）确认为可接受的替代品，它们具有良好的应用特性，按要求使用时对环境无害。目前，短链产品已进入商业使用阶段，性能尚可。其中，PFHS是近年来用于替代PFOS最多的全氟表面活性剂，各公司制得的三防整理剂也最多。

世界各大公司已相继推出了一些短链产品，典型的如美国3M公司，他们用全氟丁基磺酰基化合物（PFBS，Perfluorobutane Sulfonate，C_4）作为PFOS的替代品研发出另外一种有机氟嵌段共聚物。用PFBS制成的新产品已获得美国EPA（美国环保署）和世界其他环保机构批准。美国杜邦公司利用调聚反应生产全氟烷基单体，主要是C_6基产品，没有C_8基成分，所以不含PFOS。

（2）短链产品的性能及缺点　同样以含氟织物整理剂为例，说明现有的短链产品的性能及缺点。目前的C_8技术是同时获取防水性和防油性的最佳途径，可为工业洗涤提供良好的牢度，同时赋予织物柔软的手感。C_8的替代品（主要是短链替代品）经过市场检验，发现不少问题。总的来看，目前市场上短链整理剂不具备与C_8类产品等同的性能，不能完全满足防污要求较高的织物的要求，如工作服、需重复使用的护理用纺织品和服装等。目前还没有适用于纺织行业、可取代现有长链氟化物的合理替代品。还有的替代品处于应用实践检验阶段，因此需抓紧攻关、全面改进。

从C_6到C_8，化合物的表面张力等物理/化学性能相差很大，这导致了防油、防污性能上的差异，而且随着氟化侧链的减少，其性能明显下降。从微观结构分析，由于侧链较短，C_6类碳氟整理剂不能形成与长链氟化物类似的最佳梳状结构，作为短碳链的C_6全氟产品对纤维的包覆作用相对较弱，无法获得类似于C_8全氟产品在织物表面形成的致密保护膜。C_4产品的性能比C_6更差一些。与C_8产品相比，C_4和C_6产品防水性能及拒油性能均不及用PFOS制成的三防整理剂。

目前还没有适用于纺织行业、可取代现有长链氟化物的合理替代品。就现有的生产条件来看，PFBS的前景比PFHS更不乐观。然而如果性能要求只是针对一般用途的，短链碳氟化合物依然能提供良好的整理效果。目前市面上已有多种此类整理剂，足以满足户外服装的防水和防油要求。

（3）短链产品的未来　由于目前用PFHS替代PFOS制造的三防整理剂存在性能较差、价格高等缺点，技术上还不够完全成熟。需要指出的是，并非短链产品不能达到C_8的性能，只是目前尚未解决短链产品的亲水亲油平衡问题。针对目前的短氟链聚合物尚不具有所期望的低表面能性质，材料科学家们总结出降低临界表面张力的三种途径：①增加侧链上氟烷基含量；②提高侧链的支化度；③使含氟侧基垂直聚合物分子主链、直立于材料表面产生氟屏蔽效应。

2. 非全氟链段来代替全氟链段

值得一提的是，采取非全氟链段来代替全氟链段，也是一种避免产生PFOA或PFOS的有效手段。杜邦公司研究人员以$C_6F_{13}(CH_2CF_2)_2CH_2CH_2OCOCH$

$=CH_2$与$C_6F_{13}(CH_2CF_2)_2CH_2CH_2OCOC(CH_3)=CH_2$为含氟单体制备出了与$C_8$类性能相当的拒水拒油多功能整理剂。一个例子：

$$C_6F_{13}I \xrightarrow{CH_2=CF_2} C_6F_{13}CH_2CF_2I \xrightarrow{CH_2=CH_2} C_6F_{13}CH_2CF_2CH_2CH_2I$$

$$\xrightarrow[H_2SO_4\ (SO_3)]{H_2O} C_6F_{13}CH_2CF_2CH_2CH_2OH$$

$$\xrightarrow{CH_2=CHCOOH} C_6F_{13}CH_2CF_2CH_2CH_2OOCCH=CH_2$$

这种非全氟链段产品，Zaggia A 等发表了一篇文献综述，里面综述了近年来这方面的进展[8]。

二、表面活性剂的生物降解

有相当数量的表面活性剂在使用过后，又排放到自然环境中。表面活性剂如果不具备良好的生物降解能力，就会长久地存在于自然水系中，造成对江、河、湖泊和地下水的污染并影响生态环境。因此，表面活性剂的生物降解性是环境接受的重要依据。

（一）表面活性剂的生物降解过程

表面活性剂的降解是指表面活性剂在环境因素（微生物）作用下结构发生变化而被破坏、从对环境有害的表面活性剂分子逐步转化成对环境无害的小分子如(CO_2、NH_3、H_2O等)的过程。

生物降解过程实质上是一个氧化过程，该过程主要是把无生命的有机物自然地打碎成比较简单的组分。因此，表面活性剂的生物降解主要是研究表面活性剂由细菌活动所导致的氧化过程。这是一个很长的、分步进行的、连续的化学反应过程。完整的降解一般分为3步。

(1) 初级降解　表面活性剂的母体结构消失，特性发生变化。

(2) 次级降解　降解得到的产物不再导致环境污染。也叫做表面活性剂的环境可接受的生物降解（environmentally acceptable biodegradation）。

(3) 最终降解　底物（表面活性剂）完全转化为CO_2、NH_3、H_2O等无机物。

（二）表面活性剂生物降解机理

表面活性剂生物降解的反应通常可通过三种氧化方式予以实现：①末端的ω-氧化；②β-氧化；③芳环氧化。

1. ω-氧化

ω-氧化是发生在碳链末端的氧化。在ω-氧化中，表面活性剂末端的甲基被进攻、氧化，使链的一端氧化成相应的脂肪醇和脂肪酸。这一反应通常是初始氧化

(initial oxidation) 阶段，是亲油基端降解的第一步。

当 ω-氧化进行得极慢时，发生两端氧化，生成 α，ω-二羧酸。

烷基链的初始氧化也可能发生在链内，在 2-位给出羟基或双键。这种氧化叫做次末端氧化 (subterminal oxidation)。次末端氧化很少在链的 3-，4-，5-以至更中心的位置发生。

脂环烃可发生与直链烃次末端氧化相类似的生物降解反应。例如，环己烷可以被某些种类的细菌氧化，生成环己醇和环己酮。还有几种细菌能把环己烷的脂环变成苯环，然后按苯环的生物降解机理进行开环裂解。

2. β-氧化

高碳链端形成羧基时碳链的初始氧化即已经完成。继续进行的降解过程是一个 β-氧化过程。该反应是由酶催化的一系列反应，起催化作用的酶叫作辅酶 A (coenzyme A)，以 HSCoA 表示。

在 β-氧化过程中，首先是羧基被辅酶 A 酯化，生成脂肪酸辅酶 A 酯($RCH_2CH_2CH_2CH_2COSCoA$)，经过一系列反应，释放出乙酰基辅酶 A($CH_3COSCoA$)和比初始物少两个碳的脂肪酸辅酶 A 酯($RCH_2CH_2COSCoA$)，并进一步继续进行上述同样的降解反应。如此循环，使碳链每次减少两个碳原子。

3. 芳环氧化

苯或苯衍生物在酶催化下与氧分子作用时，首先生成儿茶酚（邻苯二酚）或取代儿茶酚。

儿茶酚如果发生邻位裂解，即环裂解发生于相邻的羟基的两个碳之间，则形成 β-酮-己二酸。β-酮-己二酸通过 β-氧化得到乙酸和丁二酸。取代的儿茶酚经常发生邻位裂解。

儿茶酚也可通过间位裂解，即环裂解发生于连接羟基的碳和与其相邻的碳原子之间。最终生成甲酸、乙醛和丙酮酸。

(三) 一些重要表面活性剂的生物降解过程

1. 直链烷基苯磺酸盐(LAS)

直链烷基苯磺酸盐的生物降解机理是迄今为止研究得较多的一类表面活性剂，对其降解的机理有多种解释。一般认为是在辅酶 (NAD、FAD、CoASH)、O_2 等作用下，通过 ω 和 β-氧化逐级降解。其中，ω-氧化使在 LAS 的烷基链末端的甲基被氧化为羧基；β-氧化使羧基被氧化并从末端分解脱落两个碳原子。LAS 的烷基链经过多次 ω、β-氧化后消失，最后苯环开环断裂，经氧化降解和脱磺化作用变成羧基，再进一步降解为二氧化碳、水和硫酸盐。

2. 烷基硫酸盐(AS)

AS 的生物降解是先通过烷基硫酸脂酶脱硫酸根，然后经脱氢酶脱氢和 β-氧化

过程逐级降解为 CO_2、H_2O。

3. 烷基醚硫酸盐

烷基醚硫酸盐的生物降解被认为主要是通过醚酶断裂醚键，然后通过烷基硫酸酯酶和脱氧酶逐步降解。

4. 胺和酰胺类

胺和酰胺类的生物降解先是 C—N 键先断裂，然后经 ω、β 氧化，最后生成 CO_2、H_2O 和 NH_3。

（四）影响表面活性剂降解的因素

1. 表面活性剂的分子结构

表面活性剂的生物降解性与其分子结构的关系有以下规律：

①一般来讲，表面活性剂的生物降解性主要由疏水基团决定，表面活性剂的亲水基性质对生物降解度有次要的影响；

②降解性能随着疏水基线性程度的增加而增加，末端季碳原子会显著降低降解度；

③疏水链长短对降解性也有影响；

④乙氧基链长影响非离子表面活性剂的生物降解性；

⑤增加磺酸基和疏水基末端之间的距离，烷基苯磺酸盐的初级生物降解度增加。

下面分别讨论不同类型表面活性剂结构的影响。

(1) 阴离子表面活性剂　对直链烷基苯磺酸盐（LAS）、烷基硫酸盐（AS）、烷基醚硫酸盐（AES）、α-烯基磺酸盐（AOS）这几种使用量最大的阴离子表面活性剂的生物降解研究表明：AS 最易生物降解，能被普通的硫酸脂酶氧化成 CO_2 和 H_2O。

降解速度随磺酸基和烷基链末端间的距离的增大而加快，烷基链长在 $C_6 \sim C_{12}$ 间最易降解。当阴离子表面活性剂的烷基链带有支链、且支链长度越接近主链越难降解。

对烷基苯磺酸盐的生物降解研究得出如下规律：

①烷基链的支化度越高，越难生物降解。如 α-十二烯的烷基苯磺酸盐，其烷基链是直链，生物降解性最好；四聚丙烯的烷基苯磺酸盐，其烷基链有多个甲基侧链，生物降解性比较差；烷基链的链端有季碳原子的烷基苯磺酸盐生物降解性最差，几乎不具有生物降解性。

②当烷基链的碳数及支化程度相同时，苯基结合在烷基链的端头比结合在内部的生物降解性稍好。α-十二烯制得的烷基苯磺酸盐其苯基的结合位置是随机分布的，其生物降解性相当好，优于 2-位苯基的十二烷基苯磺酸盐。

③对烷基链长的影响研究表明，烷基链长为十二个碳即正构十二烷基苯磺酸

盐的生物降解性能优良。

④环烷基的存在对其生物降解性亦有影响。

(2) 阳离子表面活性剂　阳离子表面活性剂具有抗菌性，降解能力较弱，一般都认为需要在需氧条件下进行。很多阳离子表面活性剂甚至还会抑制其他有机物的降解。但某些阳离子表面活性剂也具有较好的生物降解性，如壬基二甲基苯基氯化铵的降解能力与LAS相近。很多阳离子表面活性剂与其他类型的表面活性剂复配后，不仅不会出现抑制降解的现象，反而两者都易降解。如十二烷基三甲基氯化铵常温下不能降解，但当与LAS按等摩尔复配后两者的降解能力都显著增强。一种可能的解释是由于复配后形成复合物，降低了阳离子表面活性剂的抗菌性，使降解易于进行。

(3) 两性表面活性剂　两性表面活性剂是所有表面活性剂中最易降解的。

(4) 非离子表面活性剂　非离子表面活性剂的生物降解能力与烷基链长度、有无支链及EO、PO的单元数等有关。对具有不同烷基链与一个或多个环氧乙烷－环氧丙烷嵌段共聚物的非离子表面活性剂的生物降解性的研究表明：①长链烷基比短链烷基难降解；②带支链的烷基比直链烷基难降解；③分子中存在酚基时较难降解；④PO、EO单元数越多越难降解；⑤相同长度的PO链比EO链难降解。

2. 环境因素

影响表面活性剂降解的因素除自身的结构外，还受微生物、光源、浓度、温度、氧化剂、pH值等诸多环境因素的影响。

(1) 微生物活性　微生物活性对表面活性剂的降解至关重要。高浓度的表面活性剂会降低微生物的活性，故在降解前需用臭氧进行预处理。一般微生物在常温、pH值近中性条件下最容易存活、繁殖，因此表面活性剂在此条件下也就最易分解。

(2) 含氧量　表面活性剂的生物降解属于氧化还原反应，因此又可将其分为需氧降解和厌氧降解两类。如前所述，阳离子表面活性剂则仅在需氧条件下降解。脂肪酸盐、α-烯基磺酸盐、对烷基苯基聚氧乙烯醚等一般在需氧、厌氧条件下都能降解，且在两种条件下降解速度及降解度均相差不大。而LAS在需氧、厌氧两种条件下的差异很大。

(3) 地表深度　通过对不同地质的地表深度对生物降解LAS的影响进行研究，发现随着地层深度增加，LAS的浓度迅速下降。原因是微生物在不同土壤中的浓度和活性随空间的分布不同。

(五) 表面活性剂生物降解的研究方法及表征

表面活性剂生物降解的研究说来是很简单的，即把表面活性剂暴露于细菌中，并观察它的最终结果。然而，与生物降解有关的实验方法变化过程的重复性和生物降解结果的定量表示等又是极其困难的。

1. 生物降解的研究方法

表面活性剂生物降解的研究一般方法是通过模拟表面活性剂在天然水源、土壤、污泥、污水等环境条件下被微生物分解的过程（机理）及分解程度（降解率），描述表面活性剂的生物降解性能。目前国际上模拟表面活性剂生物降解的实验方法很多，最常用的方法主要有以下几种。

（1）活性污泥法（activated sludge）　用得最普遍的一种方法，它可进一步分为半连续活性污泥法和连续活性污泥法，主要用于污水处理的模拟。

①半连续活性污泥法　以天然微生物作微生物源，在表面活性剂的人工污水中加入亚甲基蓝，同时使污水中形成的活性物随时间按一定的浓度增加，以诱导产生培养出能分解表面活性剂的酶，最后通过测定残留表面活性剂的浓度而获得生物降解率。通过对中间产物的监测，还可导出降解的机理，求出半衰期。

②连续活性污泥法　是利用标准化装置，实行连续操作、全部模拟污水的处理过程。

（2）震荡培养法（shaking culture test）　将微生物源（来源于天然微生物或污水处理厂返回的污泥）置于含有表面活性剂的待测样品中，在一定温度下振荡培养，然后测定表面活性剂浓度随时间的变化，从而进一步求出降解率。

（3）测定二氧化碳法　此法通过测定污水处理厂的表面活性剂清液在固定时间（一般为半月）内降解生成的 CO_2 和 H_2O 得到表面活性剂的降解率。

（4）生物耗氧量法和 Warbarg 法　生物耗氧量法（BOD）适于需氧条件下的生物降解。通过测定完全氧化表面活性剂所需的氧量来对比评价在一定时间（一般为一周）内表面活性剂降解的程度。Warbarg 法的原理与生物耗氧量法的基本相同，不同的是它是通过测定化学耗氧量（COD）来确定表面活性剂的最终浓度和降解率。

（5）其他方法　除上述方法之外，还有土壤灌注法、开放或密闭静置法、间歇反应测定法、周期循环活性污泥法、^{14}C 标记法等。不同的方法可能会得到不同的实验结果，甚至差别还很大，因此使用时应注意。

2. 表面活性剂生物降解特性的表征

（1）生物降解度　表面活性剂的生物降解度通常是指在给定的暴露条件和定量分析方法下表面活性剂的降解百分数。

（2）降解时间和半衰期　在衰减试验中，经过一定的暴露时间后，表面活性剂的生物降解度接近一个常数。通常以表面活性剂降解度达到水平状态的值和达到水平状态值的时间这两个数据表示表面活性剂的生物降解性能。生物降解达到的水平值越高，达到水平状态值时所需的时间越短，则生物降解性越好。

在衰减试验中也可以用半衰期来表示生物降解速率。半衰期为表面活性剂浓度下降到初始浓度的一半时所需的生物降解时间。半衰期越短，生物降解速率越高。

三、表面活性剂的安全性及毒性

随着表面活性剂在与人体接触的体系如药物、食品、化妆品及个人卫生用品中的应用越来越广泛，人们对各类与人体接触配方中表面活性剂的毒副作用投入越来越多的关注。目前对表面活性剂的选取原则逐渐趋向于在首先满足保护皮肤、毛发的正常、健康状态，对人体产生尽可能少的毒副作用的前提条件下，才考虑如何发挥表面活性剂的最佳主功效和辅助功效。因此，重新认识和评价表面活性剂的安全性及温和性，向消费者提供最安全、最温和又最有效的制品是十分必要的。

（一）表面活性剂的毒性

1. 表面活性剂毒性的表征

表面活性剂对人体的经口毒性分为急性、亚急性和慢性三种。毒性大小一般用半致死量，也称致死中量 LD_{50} 表示，即指使一群受试动物中毒死一半所需的最低剂量（mg/kg）。对鱼类用 LT_{50}（mg/kg）或 LC_{50}（mg/L）表示。

2. 表面活性剂的急性毒性

阳离子表面活性剂有较高毒性，阴离子型居中，非离子型和两性离子型表面活性剂毒性普遍较低，甚至比乙醇的 LD_{50}（6670 mg/kg）还低。

（1）阴离子表面活性剂　阴离子表面活性剂的经口急性毒性都是相当低的。脂肪酸盐和天然油脂皂化制成的肥皂可认为是无害的物质。

对烷基硫酸盐、烷基磺酸盐、α-烯烃磺酸盐、烷基苯磺酸盐等阴离子表面活性剂的毒性研究表明，同系物的毒性大小与链长有关。对烷基硫酸盐而言，C_{10}～C_{12} 比碳链较短的（碳数<8）或链较长的（碳数>14）同系物毒性高。在局部刺激试验中 C_{10}～C_{12} 的烷基硫酸盐也比链较短或较长的同系物耐受性低一些。正-烷基硫酸盐和 α-烯基磺酸盐达到一定碳数后，链长再增加时毒性明显降低。烷基苯磺酸钠毒性研究发现对动物的最大的无作用量是 300 mg/kg，人的摄入量仅为最大无作用量的 1/500。

（2）非离子表面活性剂　绝大多数非离子表面活性剂的毒性比阴离子表面活性剂低。非离子表面活性剂中毒性最低的是 PEG 类，较次的是糖酯、AEO 和 Span、Tween 类，烷基酚聚醚类毒性偏高。

在聚氧乙烯型非离子表面活性剂中，一般来说，酯型（即失水山梨醇酯的聚氧乙烯化合物）比醚型（即脂肪醇聚氧乙烯醚 AEO 和烷基酚聚氧乙烯醚 APEO）毒性低。在每一类同系物中，毒性大小与亲油基碳数和环氧乙烷加成数有关。

多元醇型非离子表面活性剂如甘油酯、蔗糖脂、失水山梨醇酯等可以预计其基本是无毒的。众所周知，单甘酯、蔗糖脂可以作食品添加剂使用。

值得注意的是，对水生动物而言，非离子表面活性剂的毒性总体上高于阴离子型表面活性剂的毒性。

(3) 阳离子表面活性剂　阳离子型表面活性剂的毒性比阴离子型和非离子型表面活性剂要高得多，特别是那些用作消毒杀菌剂的季铵盐类阳离子表面活性剂毒性较高。

3. 表面活性剂的亚急性毒性和慢性毒性

相当大量的表面活性剂是应用于日用化学品中。它与人体经常接触，因此，了解其亚急性特别是慢性毒性亦具有十分重要的现实意义。

一般认为非离子型表面活性剂的亚急性和慢性毒性实验结果均为无毒类，因此非离子型表面活性剂可作为安全性物质使用。

阳离子表面活性剂在慢性试验中，在作试验动物的饮用水中含烷基二甲基苄基氯化铵时，几乎无影响。但浓度高时，或多或少会抑制被试动物的发育，其原因是阳离子表面活性剂使饮用水变味，被试动物减少了对水的摄取量，从而影响其健康发育。季铵盐刺激消化道，妨碍正常的营养摄取而呈现其毒性。

(二) 表面活性剂的溶血性

非离子型表面活性剂常作为增溶剂、乳化剂或悬浮剂用于药物注射液或营养注射液中，对于一次注射量较大的场合，特别是静脉注射时，则必须考虑表面活性剂的溶血性。

一般来讲，非离子型的溶血性最小，阳离子型的次之，阴离子型表面活性剂的溶血性最大，一般不在注射液中使用。

在非离子表面活性剂中，又以氢化蓖麻油酸 PEG 酯的溶血性作用为低，最适于静脉注射，但若其中 PEG 聚合度加大，则溶血性会超过 Tween 类。

一些非离子型表面活性剂溶血性的次序为：Tween＜PEG 脂肪酸酯＜PEG 烷基酚＜AEO。Tween 系列的溶血性次序为：Tween-80＜Tween-40＜Tween-60＜Tween-20。

四、表面活性剂的温和性及对皮肤和黏膜的刺激性

(一) 表面活性剂对皮肤和黏膜的刺激性的因素

表面活性剂对黏膜产生的刺激性或致敏性主要由以下三个因素引起。

(1) 溶出作用　溶出作用是指表面活性剂对皮肤本身的保湿成分、细胞间脂质及角质层中游离氨基酸和脂肪的溶出。表面活性剂除了对细胞有剥离作用外，还对细胞有溶解作用，如 SDS 就是生物膜的很有效的溶解剂。

(2) 渗入作用　渗入作用指表面活性剂经皮渗透的作用，这种作用被认为是引发皮肤各种炎症的原因之一。表面活性剂对皮肤黏膜的刺激作用以阳离子最甚，阴离子次之，非离子型和两性离子型最小。

（3）与蛋白质反应　表面活性剂可通过对蛋白质的吸附，致使蛋白质变性以及改变皮肤 pH 条件等。实验表明 PEG 非离子类的反应性较低，LAS 等阴离子的反应性较大。

（二）评价温和性的方法

目前通用的温和性评价方法主要分为活体试验（in vivo test）和离体试验（in vitro test）两大类。

1. 活体试验

活体试验主要在人体皮肤和兔皮及兔眼黏膜上进行，两种较为常用的方法是 Diaize 兔皮试验和 Draize 兔眼试验。有时也采用 Duhring chamber test 或 Cupshaking test，即对人体前腕屈曲侧部进行贴斑试验，观察表面活性剂对人体间歇试验引起的红斑和浮肿等现象。也有采用手部浸渍法，即将人手浸泡在一定浓度的表面活性剂溶液中模拟搓洗动作或洗碗碟动作，一定时间后测试浸泡前后皮肤表面的皮脂脱落率或蛋白质溶出性。

2. 离体试验

离体试验则以体外细胞或蛋白模拟生物体，观察表面活性剂对离体蛋白或细胞的作用，从而推断对活体组织的作用程度。最常用的两种离体试验方法为 red blood corpuscle test（RBC test）和 Zein test。RBC test 即红血球细胞试验，以离体红血球作为细胞替代物进行实验，观察各种表面活性剂对红血球细胞的作用情况。在 zein test 中，zein（一种特定的玉米蛋白质，其自身几乎是完全不溶于水的）用于模拟活体蛋白质进行试验，通过测定与表面活性剂作用前后 zein 溶解度的变化来表征表面活性剂与 zein 相互作用的强弱，从而间接表征表面活性剂对活体蛋白质的作用程度。

（三）表面活性剂结构对温和性的影响

（1）表面活性剂的类型　对皮肤刺激性最强的大多是阳离子表面活性剂。非离子表面活性剂的刺激性一般都很低。多数阴离子表面活性剂和两性离子表面活性剂的刺激性居于上述两类之间。

一些表面活性剂温和性的相对顺序为：

单烷基琥珀酸单酯二钠盐＞脂肪酸咪唑啉两性表面活性剂＞两性甜菜碱＞十二烷基氨基丙酸衍生物＞脂肪酸肌氨酸盐＞脂肪酸多肽缩合物＞脂肪酸甲基牛磺酸钠＞烷基醚硫酸盐＞烯烃磺酸盐＞烷基磺酸盐＞烷基芳基磺酸盐

一些阴离子表面活性剂对皮肤的刺激性的顺序是：

ABS（LAS）＞AS＞AOS＞AES。

比较不同链长的钠皂和烷基硫酸盐对皮肤的刺激性。总的看来，烷基硫酸钠对皮肤的刺激性比钠皂要大。

聚氧乙烯型非离子表面活性剂中，脂肪醇的聚氧乙烯化合物（AEO）对皮肤的刺激性大于失水山梨醇酯的聚氧乙烯化合物（Tween）。各种聚氧乙烯型非离子表面活性剂的同系物，随加成的环氧乙烷数的增加，亲水性增大，刺激性降低。

（2）分子大小　表面活性剂分子越小，越容易造成经皮渗透，对皮肤刺激性越大。因此，目前化妆品和个人卫生用品中所用的表面活性剂、乳化剂有向大分子、高分子化方向发展的趋势，或对天然高分子进行改性。

（3）疏水基链长　一般认为疏水基链越长，分支化程度越小，表面活性剂对人体越温和。但也发现一些例外，如烷基甘油醚磺酸盐，并不是长链烷基的衍生物，而是八碳烷基的衍生物刺激性最低。

比较不同链长的 AS、LAS 和 AOS 对皮肤的刺激强度，总体看来，$C_{10\sim14}$ 的阴离子表面活性剂对皮肤的作用和刺激都比较强，链长为 C_{12} 的 AS、AOS、LAS 对皮肤的刺激性较其他碳数的同系物要大，这可能是因为 C_{12} 的阴离子表面活性剂与皮肤蛋白质之间的吸附作用较强所致。

（4）分子内引入 PEG 基团　PEG 型非离子表面活性剂的刺激性比阴、阳离子型表面活性剂的低，而且刺激性会随分子中 PEG 长度增加进一步降低。若在离子型表面活性剂中引入 PEG 链，也会增大分子的温和性，一个典型的例子是在 SDS 中引入 PEG 键形成 AES。分子中引入甘油或其他多元醇也会收到与引入 PEG 链相同的结果。

（5）表面活性剂结构与皮肤的相似性　本身结构比较复杂，与皮肤结构具有一定相似性或相近性的表面活性剂对皮肤比较温和。因此，目前化妆品和个人卫生用品中新开发的一些温和型表面活性剂都具有比较复杂的结构，不再是长链烷基与亲水基的简单结合体，而是多分子缩合物型。此外，分子中引入酰胺键或引入水解蛋白、氨基酸结构等，既增加了表面活性剂分子与皮肤组织的相似性，亦有助于增加表面活性剂的温和性。

（6）离子基团的极性　离子基团的极性越小，对皮肤、毛发越温和。如在 SDS 结构中引入 PEG 基团可大大降低对皮肤、毛发的脱脂力。如果进一步将磺酸根改变为羧酸根，则形成更温和的一类表面活性剂乳化剂。更换离子化基团的反离子种类，即改变离子基团在水溶液中的离子化度也有助于改变表面活性剂分子的温和性。如将 AES 中的钠离子改变为铵离子，温和性增大。

（四）表面活性剂复配和温和性

利用表面活性剂的复配协同性，或对原有表面活性剂品种进行工艺、化学结构方面的改进是提高产品温和性的另一条途径。

几种常用大宗表面活性剂产品，如 LAS、AES、SDS 等存在着较为严重的刺激性问题。可通过与一些温和性好的表面活性剂复配，增加复配体系的温和性，使低档原料升级。如将酰胺型磺基琥珀酸钠盐与 AES 按 3∶1 复配时，刺激性降到比两性表面活性剂更低的水平。再如在 LAS/AES/烷醇酰胺常用餐具洗涤剂复配体系中配入少量 APG（烷基葡糖苷），便可使配方的刺激性下降一个等级，达到基本无刺激的水平。25%烷基多苷与 75%AES 复配，可使 AES 的刺激性降低 70%以上。

五、表面活性剂的环境激素问题

20 世纪后期，野生动物和人类的内分泌系统、免疫系统、神经系统出现了各种各样的奇异现象，重要的原因是环境激素污染。

环境激素，正式名称为“外因性扰乱内分泌化学物质”，主要由人类活动释放到环境中，并对人体和生物（主要为动物）体内的正常激素功能施加影响。这些物质可模拟体内的天然荷尔蒙，与荷尔蒙的受体结合，影响本来身体内荷尔蒙的量，以及使身体产生对体内荷尔蒙的过度作用，使内分泌系统失调。能导致包括人类在内的各种生物的生殖功能下降、生殖器肿瘤、免疫力降低，并可引起各种生理异常。甚至有引发与生物绝种的危害。

环境雌激素可与雌激素受体结合。该激素一旦进入人体或动物体内，就会与雌激素受体结合，后诱导产生雌激素，作用于 DNA 中的雌激素反应元件激活基因的转录，然后产生雌激素效应。环境雌激素包括敌敌涕、硫丹、甲氧氯、狄氏剂、PCBs、烷基苯酚和邻苯二甲酸酯类等。

近年来，有许多有关环境激素对野生生物造成危害的报道，以水生生物居多，主要表现为生殖器官、生殖机能和生殖行为异常，如动物雌性化现象和性别比例畸化现象等。环境激素对人体的影响主要表现为男性精子数减少。据调查，全球男性精子在过去的 50 年内，下降了 1/3。环境激素对妇女的健康也造成了严重威胁，它可增加女性乳腺癌的发病率，使女性性早熟和绝经提前。环境激素影响到性激素以外的相关激素，如甲状腺激素、肾上腺皮质激素等，会造成神经系统和免疫系统等功能障碍，而这些障碍又会导致许多社会问题。如青年犯罪问题。

一些表面活性剂的成分与环境激素有关。最为典型的是非离子表面活性剂中烷基酚聚氧乙烯醚（APEO），如壬基酚聚氧乙烯醚（NPEO）和辛基酚聚氧乙烯醚（OP）。APEO 具有类似雌性激素作用，能危害人体正常的激素分泌的化学物质，即所说的“雌性效应”。

2003 年 6 月 18 日，欧盟颁布 203/53/EC 指令，规定从 2005 年 1 月 17 日起，对 APEO 的使用、流通和排放作了相应的限制。限定若化学品及其制备物中的 APEO 及 AP（烷基酚）含量高于 0.1%（100 mg/kg，质量分数），则该化学品及其制备物不能用于纺织品和皮革加工、纸浆生产和造纸生产、化妆品、杀虫剂和生物杀灭剂的配方。

六、洗涤剂的安全问题

表面活性剂是洗涤剂中最为关键的组分，因此，洗涤剂的安全问题主要是洗涤剂中的表面活性剂的安全问题。肥皂的主要成分是硬脂酸钠，基本上是安全的。大多数洗涤剂中的表面活性剂是烷基苯磺酸钠，对这类洗涤剂的安全性有很多实验评估，主要结论有：

（1）烷基苯磺酸钠毒性研究发现对动物的最大的无作用量是300 mg/kg，人的摄入量仅为最大无作用量的1/500。

（2）对用餐洗剂清洗后的水果、蔬菜和餐具上烷基苯磺酸钠的残留量进行了测定，按最坏的条件计算，进入人体的烷基苯磺酸钠总量为28 mg左右，如人体体重按50 kg计算，则为0.56 mg/kg。

（3）用猪进行了实验，口服洗涤剂可在82 h内从粪便中排出99%。由此可以证明，人体由于接触洗涤剂而摄入的微量烷基苯磺酸钠，不足以引起中毒。

（4）烷基磺酸盐对人的皮肤有较强的脱脂和刺激作用，会损坏发质和使皮肤绷紧。

①洗涤剂能够强力溶解油脂，因此对皮肤表面具有很强的脱脂作用。失去了油脂的保护，双手感到干燥不适。

②洗涤剂具有表面活性作用，能够造成蛋白质的变性。皮肤的角质层由蛋白质构成，一旦蛋白质发生变性，角蛋白便失去了往日的柔滑，甚至导致表层角质发生干燥和剥离，使双手变得粗糙。

③洗涤剂多呈碱性，对皮肤具有刺激作用。

（5）洗涤剂本身虽然没有致癌作用，但是却有促癌作用。可帮助致癌物质在人体内的溶解、吸收和分散。现代社会中的环境污染不断加剧，生活中接触的品种繁多的致癌物质大多数是脂溶性物质，而洗涤剂可以促进脂溶性物质的溶解，因而过量使用洗涤剂对预防癌症是不利的。

以上是从表面活性剂的安全性讨论洗涤剂的安全性的。洗涤剂中的其他成分也存在安全性问题，最为大众所知的就是洗涤剂中三聚磷酸钠等引起的水体富营养化问题。

参考文献

［1］张高勇，王军．化学通报，2002，2：73.

［2］梅建凤，闵航．工业微生物，2001，31（1）：54.

［3］王正五，李干佐，张笑一，朱淮武，廖莉玲，娄安境．日用化学工业．2001，31（5）：32.

［4］夏纪鼎，倪永全．表面活性剂和洗涤剂：化学与工艺学．北京，中国轻工业出版社，1997.

［5］（日）北原文雄，等. 表面活性剂 物性、应用、化学生态学．孙绍曾等译．北京：化学工业出版社，1984.

［6］方云，夏咏梅．表面活性剂的安全性和温和性：日用化学工业. 1999. 6：22.

［7］中国表面活性剂行业年鉴（2012），北京：中国轻工业出版社，2013，28-46.

［8］Zaggia，A Ameduri B. Current Opinion in Colloid & Interface Science，2012，17（4）：188-195.

第十九章

绿色表面活性剂和温和表面活性剂

随着人类生活水平的提高，对表面活性剂在工业和日常生活中的应用提出了新的要求：在要求产品具有高表面活性的同时，还要求其生物降解性好、低毒、无刺激，并采用再生资源，进行清洁生产。特别是近年来因洗面奶以及婴幼儿洗涤用品的发展，对表面活性剂的温和性要求越来越高。由此产生了绿色表面活性剂（green surfactant）和温和性表面活性剂（mild surfactant）[1~3]。

绿色表面活性剂是由天然再生资源加工，对人体刺激小，易生物降解的表面活性剂。20世纪90年代三大绿色表面活性剂为①烷基多苷（APG）及葡萄糖酰胺（AGA）、②醇醚羧酸盐（AEC）及酰胺醚羧酸盐（AAEC）、③单烷基磷酸酯（MAP）及单烷基醚磷酸酯（MAEP）。这三种表面活性剂具有生物降解性好，对皮肤刺激性小，有优良的物化性能，与其他表面活性剂配伍性好，在许多行业和领域有着广泛的应用，是很有发展前景的表面活性剂。

应该指出，绿色表面活性剂和温和表面活性剂不是表面活性剂系统分类中的一个新的类别。目前尚无明确的分类标准，只是一个相对的概念。无论是品种还是质量都随市场需求和科技水平的发展而不断变化。

一、烷基糖苷

烷基糖苷（或称烷基多苷，alkyl polyglycoside，APG）是一种由葡萄糖的半缩醛羟基与脂肪醇羟基在酸催化作用下脱去一分子水而得的一种苷化合物。APG用作表面活性剂具有三大优势：一是性能优异，其溶解性能和相行为等与聚氧乙烯类表面活性剂比较，更不易受温度变化的影响，且对皮肤的刺激性小，适合制作化妆品和洗涤剂等；二是以植物油和淀粉等再生天然资源做原料；三是 APG 本身无毒，极易生物降解。因而 APG 被人们视为具有广阔应用前景的绿色表面活性剂，在日化领域、生化领域及食品加工领域具有广泛的用途。

（一）烷基糖苷的结构与类型

葡萄糖分子中，存在 5 个羟基，如下图所示：

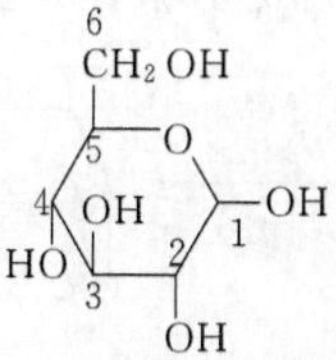

这 5 个羟基中，以第一位碳上的半缩醛羟基活性最大，第六位碳上的羟基（一级羟基）也有一定的活性，第二～四位碳上的羟基活性较小，而且基本上没有太大的差异。因此，脂肪醇与葡萄糖缩合苷化都发生在葡萄糖第一位碳上的羟基上，如下图所示：

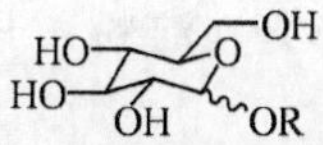

当然，两个葡萄糖之间也可形成糖苷键。此时，就有多个连接方式，如第一个葡萄糖分子的 C_2-OH 与第二个葡萄糖分子的 C_6-OH 缩合形成（2～6 位）糖苷键等，所以又可形成烷基多苷。可见葡萄糖苷具有非常复杂的结构，是多个产物的混合物。但总的来说，由于脂肪醇的苷化总是发生在葡萄糖分子中第一位碳上的半缩醛羟基之处，因此，以上图的结构式来表示烷基葡萄糖苷是合理的。也正因为葡萄糖分子中第一位碳上的半缩醛羟基已经形成了糖苷键，所以尽管葡萄糖分子中其余的羟基也能发生各种反应，但活性居次席的第六位碳上的羟基将是形成葡萄糖苷衍生物的反应中心。

由于糖分子有多个羟基，所得产品是由单苷、二苷和三苷等组成的混合物，通式为：$RO(G)_n$，式中 R 为长链烷基，G 为糖单元，n 为每个烷基结合的平均糖单元数，平均聚合度以 DP 表示，通常在 1.2～2.0。n=1 时称之为烷基单糖苷，$n \geqslant 2$ 时统称为烷基多糖苷或烷基多苷（alkyl polyglycoside，APG）。烷基糖苷是单苷与多苷的总称，一般情况下，即使单糖与脂肪醇反应的产物也往往是既含单苷又含多苷的混合物，习惯上把这种混合物也称为烷基多苷，仍以“APG”表示。

烷基糖苷通常有 α 和 β 两种异构体，其分子结构如下

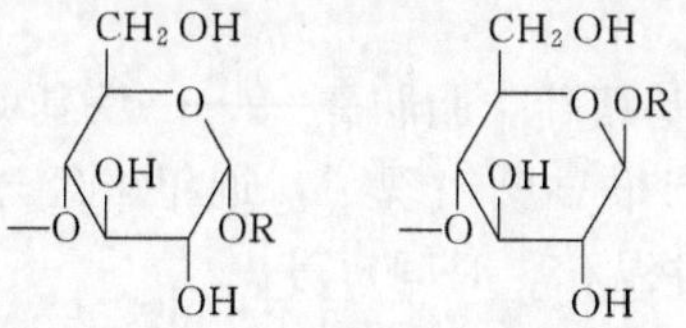

α 型　　β 型

（二）烷基糖苷的合成

烷基糖苷的合成方法有 Koenings-Knorr 反应、直接苷化法、转糖苷法、酶催化法、原酯法、糖的缩酮物的醇解等。目前工业上采用的只有直接法和间接法两种。

1. Koenings-Knorr 法

该法始于 1901 年，是早期合成烷基糖苷的主要方法，其反应式如下

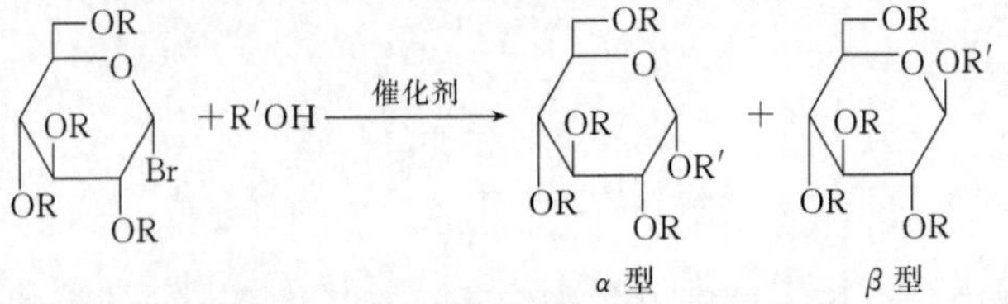

OR, O, OR, Br, OR, OR ＋R′OH —催化剂→ OR, O, OR, OR′, OR, OR ＋ OR, O OR′, OR, OR, OR

α 型　　β 型

反应所用催化剂以银盐和汞盐为主。这种方法反应繁杂、产率不高，加之催化剂昂贵等，后来逐渐被淘汰。

2. 直接苷化法（直接法）

该法是在催化剂存在下，用糖类（淀粉）与高碳醇（脂肪醇）进行反应，生成烷基糖苷

$$\text{ROH}+\text{糖}\xrightarrow{\text{Lewis 酸}}\text{APG}$$

直接法合成路线简单，适合大规模工业装置生产，产品质量好。

3. 间接法

间接法也称醇交换法，或转糖苷法。此法是先由低碳醇（一般用丁醇）与葡萄糖生成糖苷，再用合适的长链脂肪醇与之进行醇交换，分离低碳醇和过量未反应醇制得所需要的高碳烷基糖苷。其具体原理如下

$$\text{R}'\text{OH}+\text{糖}\xrightarrow{\text{Lewis 酸}}\text{APG（Ⅰ）}\xrightarrow[\text{R}_2\text{OH}]{\text{Lewis 酸}}\text{APG（Ⅱ）}+\text{R}'\text{OH}$$

间接法设备要求较低，但质量不易保证。现在合成工艺较为注目的是：一是用淀粉代替葡萄糖直接用来做原料；二是生物法代替化学法。

4. 酶催化法

（1）酶催化直接苷化法

$$\text{脂肪醇}+\text{糖}\xrightarrow{\text{酶}}\text{烷基糖苷}$$

（2）酶催化转糖苷法

$$\text{芳基糖苷}+\text{脂肪醇}\xrightarrow{\text{酶}}\text{烷基糖苷}$$

酶催化法合成烷基糖苷很早就出现了，近年来经过不断改进已具备了诸多优点，如工艺简单、反应条件温和、时间短等。

综上所述，APG 的四种合成方法在不同阶段具有不同的意义，Koenings-

Konrr是早期合成APG的方法；一步法和两步法则是目前世界各国工业生产APG的主要方法；酶催化法经深入研究和改进可能成为后起之秀。

5. 产品的分离和精制

在烷基糖苷的制备过程中，产品的分离和精制十分重要，通常采用的方法有薄膜蒸发法，极性吸附精制法，水萃取精制法等。

薄膜蒸发可先在液体降膜蒸发器中进行，控制一定温度和真空度，然后引入Smith膜式蒸发器。极性吸附法是在一定温度下使混合物以一定流量通过活性Al_2O_3柱直至饱和，再用丙酮、甲醇进行处理即可。水萃取法适用于长链烷基糖苷的分离和提纯，一般在40～60℃、pH＝7.5～9的条件下进行。

此外，APG制备过程中的最大问题是产物色泽较差，故脱色是必不可少的工序。为了改进色泽，催化剂的选择至关重要。可采用酸性催化剂和还原剂组合物，酸性阴离子表面活性剂及H_2O_2等。如把用过氧化氢脱色后的烷基糖苷水溶液用二氧化锰、铂族元素、过氧化酶和抗坏血酸及其盐类中至少一种物质处理，取得了良好的效果。

（三）烷基糖苷的性质

烷基糖苷的特殊结构决定了它具有下列独特性质。

①有良好的表面活性及润湿性；

②能够完全生物降解，对环境无污染；

③无毒。对眼睛、皮肤无刺激性；

④无浊点；

⑤易溶于水，不溶于一般有机溶剂。

(1) 外观　纯APG为白色固体。实际产品由于其组成不同，分别呈奶油色、淡黄色、琥珀色。工业上收到的APG为吸潮性固体。

(2) 溶解性　APG有一个缩合葡萄糖组成的亲水基团，其亲水位置是苷基基团上的羟基，它的水合作用强于环氧乙烷基团。因此，APG具有优良的水溶性，它不仅极易溶解，且形成的溶液稳定。在高浓度无机助剂存在下溶解性仍然良好，可配成含20％～30％常用无机盐烷基糖苷溶液。APG在水中的溶解度随烷基链加长而减小，随聚合度增大而增加。APG的水溶液无浊度，不会形成凝胶。烷基糖苷的溶解性能和溶液性质使它具有广泛的相容性。

APG难溶于一些常见的有机溶剂。

(3) 表面活性　APG能有效地降低水溶液的表面张力。表面张力随烷基链的增长而降低。

APG的cmc值随着烷链的增长而减小，而单分子占有表面积却基本相似，这说明糖基已占据在水的表面，APG的活性显著提高。

(4) 泡沫性能　APG的泡沫细腻而稳定，泡沫力属中上水平，优于醇醚型非离子表面活性剂，接近阴离子表面活性剂。但其发泡力在硬水中明显降低。

（5）生物降解性、皮肤刺激性和毒性　APG 具有良好的生物降解性，降解快而完全。因此对环境不会产生影响

APG 对眼黏膜刺激性及一次皮肤刺激性均极低，其刺激指数与月桂基硫酸钠、月桂醚硫酸钠及月桂醚磺基琥珀酸二钠相比较低，还可以与 LAS、AES 等复配缓解降低它们的刺激性。

APG 对人体作用温和无毒，可微量口服。

（6）其他　APG 有优良的去污性能，与阴离子 LAS 和 AES 相当。

APG 本身无电解质增稠作用，但大多数的阴离子表面活性剂在加入 APG 后，尤其是月桂基多苷，黏度增大，可用来替代烷醇酰胺。

烷基碳数在 8～10 范围内有增溶作用；在 10～12 范围内去污力良好，可作洗涤剂；若碳链更长，则具有 W/O 型乳化作用乃至润湿作用。

（四）烷基糖苷的应用

由于烷基糖苷具有良好的表面活性、高生物降解性、低刺激性、优良的起泡力等性能，因而被广泛应用于化妆品、洗涤剂、食品加工业等。

烷基糖苷在化妆品、洗涤剂等日化工业领域的用途最为广泛。烷氧基葡糖苷是一种典型的多功能化妆品原料，此类化合物可用作吸湿剂、保湿剂、润湿剂、块皂添加剂以及护发剂。烷氧基葡糖苷脂肪酸酯则是优良的乳化剂、润肤剂和增稠剂。烷基多苷特有的复配性能使其能配制多种性能优良的洗涤剂：如根据它与阴离子表面活性剂复配的泡沫特性以及它的温和性与溶解性，可配制一种温和的高性能手洗餐具洗涤剂；在工业品干洗剂 G-711 中加入烷基糖苷可改善其抗静电性。以烷基糖苷为活性组分，可配制成强酸条件下的硬表面清洗剂，用于汽车及机械的清洗，能防止金属被氧化及被酸侵蚀。

二、烷基葡萄糖酰胺

烷基葡萄糖酰胺即 *N*-烷酰基-*N*-甲基葡萄糖，简称 MEGA。其结构式如下

$$R-C(=O)-N(CH_3)-CH_2-CH(OH)-CH(OH)-CH(OH)-CH(OH)-CH_2OH$$

MEGA 是一种非离子表面活性剂，其所用原料均可来自可再生资源。从文献报道来看 MEGA 的生物降解可达 98%～99%。MEGA 性能温和，对环境和生物安全性极高。

MEGA 的代表产品主要是由月桂酸衍生而来的十二烷基葡萄糖酰胺，按严格的命名应称为 *N*-十二酰基-*N*-甲基-1-氨基-1 脱氧-*D*-葡萄糖醇（*N*-dodecanoyl-*N*-methyl-1-amino-1-deoxy-*D*-glucitol），通用名为 *N*-十二酰基-N-甲基-葡萄糖胺（*N*-dodecanoyl-*N*-methyl-glucamine），又称 NMGA。MEGA 同系物常缩写为 MEGA-

n，n 表示包括羰基碳原子在内的烷酰基链长。

（一）烷基葡萄糖酰胺的合成

MEGA-n 可以由葡萄糖、烷基胺、氢、甲脂在催化剂的存在下进行制备。下面以 N-十二酰基-N-甲基-葡萄糖胺为例来说明 MEGA-n 的制备方法。

MEGA-12 的结构式如下

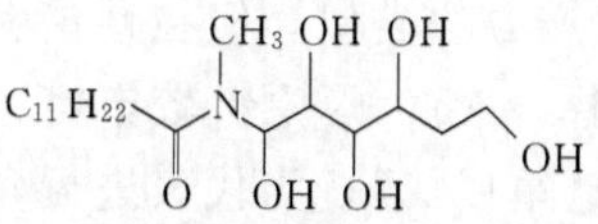

$C_{11}H_{22}C(=O)N(CH_3)CH_2(CHOH)_4CH_2OH$

其合成可分三步进行。

（1）甲胺与葡萄糖的醛基进行加合反应

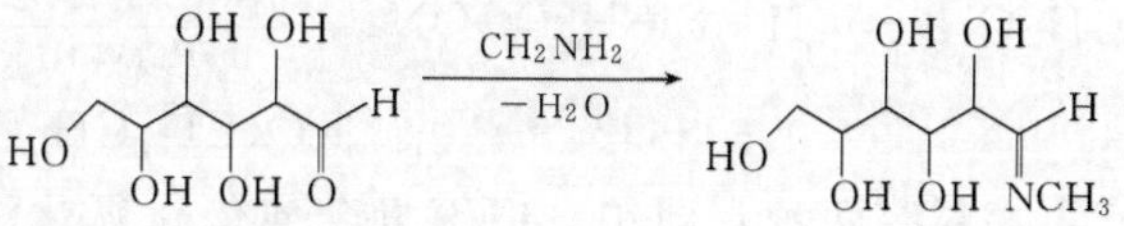

$HOCH_2(CHOH)_4CHO \xrightarrow[-H_2O]{CH_2NH_2} HOCH_2(CHOH)_4CH{=}NCH_3$

（2）葡萄糖亚胺的加氢反应

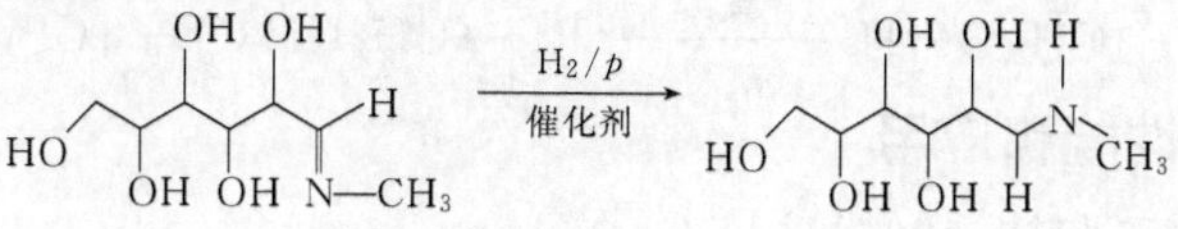

$HOCH_2(CHOH)_4CH{=}N{-}CH_3 \xrightarrow[催化剂]{H_2/p} HOCH_2(CHOH)_4CH_2NHCH_3$

（3）葡萄糖甲胺与甲脂进行酰胺化反应

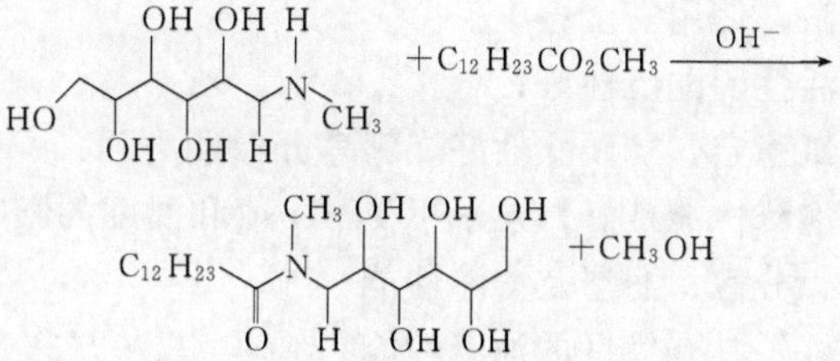

$HOCH_2(CHOH)_4CH_2NHCH_3 + C_{12}H_{23}CO_2CH_3 \xrightarrow{OH^-} C_{12}H_{23}C(=O)N(CH_3)CH_2(CHOH)_4CH_2OH + CH_3OH$

以上三步反应中前两步反应可以合并为一步，但在第三步反应前必须对中间产物中的胺和水除去，以消除对酰胺化反应的影响。

（二）烷基葡萄糖酰胺的性能

MEGA-12 有高的表面活性，其表面活性与烷基糖苷（APG）的大致相等。MEGA-12 在 25℃时水溶液的临界胶束浓度为 0.034 g/L，在 cmc 时的表面张力为 30.1mN/m。它的洗涤力总的来说比 APG 要好一些。

烷基葡酰胺有良好的生物降解性，同时对环境的安全性大为提高，小白鼠的半数致死量为 $LD_{50}>2000$ mg/g，性能温和，不伤皮肤，是一种性能优异的绿色表面活性剂。

三、醇醚羧酸盐（AEC）

烷基醚羧酸盐是国外20世纪80年代研究开发的性能优良的阴离子表面活性剂。烷基醚羧酸盐包括醇醚羧酸盐（AEC）、烷基酚醚羧酸盐（APEC）和酰胺醚羧酸盐（AMEC），它们的生产方法类似，但在性能和应用方面又不尽相同，应用上可根据具体需要而有所选择。AEC因原料较丰富，各项性能指标良好，在三种产品中具有最广泛的用途。这里以AEC为代表进行介绍。

（一）AEC的合成

AEC的合成方法可分为羧甲基化法和氧化法两种。羧甲基化法反应式如下

$$RO(CH_2CH_2O)_nH+ClCH_2COONa\xrightarrow[(3)HCl\text{ 或 }H_2SO_4]{(1)NaOH,(2)\text{脱 }H_2O,NaCl}RO(CH_2CH_2O)_nCH_2COOH$$

氧化法生产工艺主要有两种，即铂、钯等贵金属催化氧化法和含氮自由基氧化法。氧化法反应式为

$$RO\!-\!(CH_2CH_2O)_n\!-\!H\xrightarrow{\text{氧化}}RO\!-\!(CH_2CH_2O)_{n-1}\!-\!CH_2COOH$$

（二）AEC的性能和应用

AEC的性能可归结为以下几点。

①对皮肤和眼睛温和，EO数越高产品的刺激性越小；

②杂质含量低微，使用安全；

③与其他表面活性剂配伍性好；

④对酸、碱、氯稳定，抗硬水性好，钙皂分散能力强；

⑤清洗性能和泡沫性能良好，几乎不受pH值和温度的影响；

⑥优良的乳化、分散、润湿及增溶性能；

⑦低温溶解性好，具有优良的油溶性能；

⑧易生物降解。

AEC应用领域很广。在化妆品及个人保护用品上，用作浴液、香波、手洗剂和温和型化妆品的活性基料。在纤维工业上、在造纸工业上及在石油工业等领域也有广泛应用。

四、单烷基磷酸酯

通常的单烷基磷酸酯（MAP）表面活性剂包括单烷基磷酸酯和单烷基醚磷酸酯，具有以下结构：

$$RO(CH_2CH_2O)_n-\underset{\underset{OM}{|}}{\overset{\overset{O}{\|}}{P}}-OH$$

R 为烷基；n 为 0～3；M 为 Na、K、TEA（三乙醇胺）

（一）单烷基磷酸酯的合成

单烷基磷酸酯通常由脂肪醇与磷酰化试剂反应而得。磷酰化试剂分别为三氯氧磷、五氧化二磷，正磷酸或焦磷酸。用 KOH，NaOH 或 TEA 中和即得相应的 MAP 的钾盐、钠盐或三乙醇胺盐。

不同的脂肪醇，不同的磷酸化试剂及不同的合成条件，产物的性能差别很大。产物通常是单烷基和双烷基磷酸酯的混合物，控制反应条件可控制单酯和双酯的比例。

（二）单烷基磷酸酯的性能和应用

单烷基磷酸酯盐具有优异的抗静电、乳化和防霉等功能。

烷基磷酸酯通常是单烷基磷酸酯和双烷基磷酸酯的混合物，是一种重要的阴离子表面活性剂，具有优良的起泡、乳化和抗静电性能，广泛应用于化纤、纺织、皮革、塑料、造纸、化妆品等工业领域。

高纯度单烷基磷酸酯是指 MAP 含量为 90％以上的产品，市售商品一般单酯含量在 30％～65％。单酯与双酯相比，水溶性、起泡性和抗静电性更好。单烷基磷酸酯及其盐化学结构与生物膜类似，所以与皮肤亲和性优异，提高单酯的纯度，就能用来制备性能更优的产品。

单烷基磷酸酯及其盐最突出的应用在两个行业，即个人护理品和合纤油剂。

(1) 个人护理品方面的应用　单烷基磷酸酯因其化学结构与生体膜结构类似，所以与皮肤亲和性优异。MAP 的钠盐、钾盐和三乙醇胺盐因其丰富的发泡性，良好的乳化性，适度的洗净力以及特有的皮肤亲和性而能满足皮肤毛发洗净剂的要求，是众多个人护理产品的理想原料，所以在不少洗面奶、沐浴露以及婴幼皂洗涤用品的配方中开始采用。

(2) 合纤油剂方面的应用　一般油剂具备三种作用：平滑性、抗静电性和乳化性。用单一成分满足这些特性要求是困难的，通常是将几种成分复配而成。磷酸酯具有优良的平滑性、抗静电性、耐热性等，因此，与高级醇硫酸酯一样是合纤油剂的基本成分。长期以来主要用作合成纤维的抗静电剂。需要指出的是磷酸酯中单酯和双酯比例不同，对油剂的性能会产生不同效果，要由配方来定。

五、脂肪酸甲酯磺酸钠

脂肪酸甲酯磺酸钠（MES）是20世纪30年代出现的一种表面活性剂，对其工业化生产和应用方面的研究是在50年代后才开始的。MES的上游原料一般采用棕榈硬脂，经过分流切割及加氢得到不同碳链分布的饱和脂肪酸甲酯，然后经磺化、老化、漂白、再酯化以及中和等工艺过程而得。MES具有以下特点。

①基于天然原料，具有原料可再生性，良好的环境相容性、生物降解性。

②对人体的刺激性及毒性低于直链烷基苯磺酸盐LAS，与AS、AES相当。无口服毒性，实际上对水生物无毒。

③具有优良的耐硬水性能。MES的分子中，磺酸根接在α位，其附近有一个甲酯基，这样的结构可以防止MES钙盐的沉淀。在钙、镁离子存在的条件下，MES分子与钙、镁离子形成亚稳胶束，钙、镁离子聚集在胶束的周围。因此，MES具有良好的抗硬水性，钙皂分散性好。由于MES的抗硬水性能优于传统的洗涤剂原料LAS（十二烷基苯磺酸钠），用MES部分替代LAS可以减少或不使用三聚磷酸钠，使其成为无磷洗衣粉的理想表面活性剂原料。在硬水和无磷条件下仍具有优异的去污、泡沫和湿润性。

④去污力（洗涤性好）好。在冷水和硬水中都能保持良好的洗涤性能，去污力高于LAS和AS。在没有碱、缺少三聚磷酸钠的情况下，LAS去污能力大打折扣，MES却减效很少，所以特别适合于生产无磷/低磷环保型洗涤剂。

⑤配伍性好。

MES在国际上被公认为是替代烷基磺酸钠的理想产品。其缺点是易水解成洗涤性能差的副产物——二钠盐，在碱性有水条件下热稳定性差。

六、古尔伯特醇衍生物

格尔伯特醇（guerbet alcohol，简称格醇）是一种在β-位上带有较长支链的脂肪伯醇。它是通过格尔伯特反应使两分子直链伯醇（一般为C_8～C_{10}醇）缩合，脱水得到诸如2-己基癸醇和2-辛基十二醇的α-长支链的高级伯醇。如以正辛醇为原料制备2-己基癸醇的反应式为

$$2RCH_2CH_2OH \xrightarrow[KOH]{-H_2O} RCH_2CH_2\underset{\displaystyle R}{\underset{|}{C}}HCH_2OH$$

以格醇为原料可以制备格醇酯、格酸酯（格尔伯特酸酯）和格尔伯特基（简称格基）取代的合成烃衍生物。

直链醇有气味，尤其低碳直链醇，有强烈的刺激性。而支链醇与直链醇相比较，在碳数相同的情况下，无色无味。普通直链醇有刺激性，特别是对皮肤过敏者。而支链醇对人体几乎无刺激性。此外支链醇具有低凝固点，与相应的直链醇相比较，流动性、润湿性、渗透性都很优越。格醇的不饱和脂肪酸单酯有优良的生物降解性。格醇这些独特的性能使其在化妆品、工业润滑、塑料脱模、表面活性剂、印染印刷、石油化工等方面有着广泛的应用，在日用化工上的应用特别受重视，对提高日化产品的质量和档次有重要的意义。以化妆品为例，由于化妆品是直接涂敷于皮肤上，其原料应对皮肤无刺激，无毒性和无光毒性。此外还要满足无色、无不愉快气味、稳定性高等要求。支链醇及其衍生物完全满足上述要求。国外的物理、生理、病理实验已完全证实了这一点。特别是它们的高流动性，对微乳液型化妆品是一种理想的原料。

格尔伯特醇可作为原料合成各类表面活性剂。古尔伯特醇衍生表面活性剂由于独特的结构和性能引起了广泛的关注，已见报道的有古尔伯特硫酸盐、古尔伯特醇醚硫酸盐、古尔伯特醇醚羧酸盐、古尔伯特甜菜碱、古尔伯特醇醚等。

七、其他温和表面活性剂

（一）*N*-酰基-*N*-甲基牛磺酸盐

结构式如下

$$\mathrm{RCO{-}\underset{}{\overset{\displaystyle CH_3}{\overset{|}{N}}}{-}CH_2CH_2SO_3Na}$$

其中，RCO 常用的是油酰基和椰油酰基。

甲基牛磺酸是氨基酸的一种，这里的甲基牛磺酸是一种仿天然的物质。所以AMT 系列表面活性剂对皮肤、毛发亲和性甚好，刺激性也极低，赋予皮肤和毛发有滋润、光滑的感觉，其泡沫丰富，细腻，洗净力适中而脱脂力小。

N-酰基-*N*-甲基牛磺酸盐的合成可采用以下途径

首先合成甲基牛磺酸盐

$$\underset{\text{（环氧乙烷，}CH_2-CH_2\text{ 经 O 成环）}}{\mathrm{CH_2{-}CH_2}} + \mathrm{NaHSO_3Na} \longrightarrow \mathrm{HOCH_2CH_2SO_3Na}$$

$$\mathrm{H_2N{-}CH_3} + \mathrm{HOCH_2CH_2SO_3Na} \text{——} \mathrm{H{-}\overset{\displaystyle CH_3}{\overset{|}{N}}{-}CH_2CH_2SO_3Na}$$

甲基牛磺酸盐可分别与羧酸或酰氯反应制得 *N*-酰基-*N*-甲基牛磺酸盐

$$\mathrm{RCOCl} + \mathrm{H\overset{\displaystyle CH_3}{\overset{|}{N}}{-}CH_2CH_2SO_3Na} \text{——} \mathrm{RCO\overset{\displaystyle CH_3}{\overset{|}{N}}{-}CH_2CH_2SO_3Na}$$

$$\mathrm{RCOOH} + \mathrm{HN(CH_3)}\text{—}\mathrm{CH_2CH_2SO_3Na} \longrightarrow \mathrm{RCON(CH_3)}\text{—}\mathrm{CH_2CH_2SO_3Na}$$

（二）*N*-酰基-L-谷氨酸盐

N-酰基-L-谷氨酸盐（AGS）有如下结构

$$\mathrm{RC(=O)NHCH(CH_2CH_2COO^-M_2^+)COO^-M_1^+}$$

其中，RCO 常用的是椰油酰基和月桂酰基，M_1^+、M_2^+ 为 H^+、Na^+、K^+、TEA。

N-酰基-L-谷氨酸盐除具有适度的洗净力和泡沫、耐硬水性好等表面活性剂的通性外，对皮肤、眼睛安全性高。据日本某公司介绍，以十二烷基谷氨酸单钠为代表的 AGS 其刺激性极低，完全没有过敏反应，对眼睛的一次刺激也低于其他所有低刺激性表面活性剂。在 *N*-酰基-L-谷氨酸盐分子结构中一个羧基呈游离状态，其水溶液就呈弱酸性，pH=5～6.5，对皮肤和毛发甚为适宜。

N-酰基-L-谷氨酸盐可通过以下方法合成

$$3\mathrm{RCOOH} + \mathrm{PCl_3} \longrightarrow 3\mathrm{ROCl} + \mathrm{H_3PO_3}$$

$$\mathrm{RCOCl} + \mathrm{HNCHCOO(CH_2CH_2COO^-)} \longrightarrow \mathrm{RCONCH(CH_2CH_2COOH)}\text{—}\mathrm{COOH}$$

然后用 NaOH、KOH 或三乙醇胺中和即可得到相应的产品。

（三）酰基羟乙基磺酸盐

酰基羟乙基磺酸盐与酰基甲基牛磺酸盐是姐妹产品，最早出现的商品牌号分别为“IgcponA”和“IgcponT”，常用于温和性皮肤毛发洗涤用品的配方。

此外，还有其他一些温和表面活性剂如 Albright & Wilson 公司开始生产的月桂酰胺肌氨酸钠（商品名 Empigen RSL/A）、椰油酰胺肌氨酸盐（商品名 Empigen RSC/A)、甘油衍生物的椰油基酯（商品名 Empilan GGC/A）。这 3 种表面活性剂可用于个人保护用品、家用洗涤和工业领域。其中，前两种阴离子表面活性剂具有温和、抗硬水性强、生物降解性好和泡沫丰富的特点，对头发调理性好，使皮肤光滑柔软，适用于液体皂、洗面奶和剃须用品。Empilan GGC/A 可用于香波、浴液和洗面奶，是优良的泡沫促进剂。

烷基二甲基氧化胺、咪唑啉两性表面活性剂、酰基丙基甜菜碱已为大家所熟悉，此处不再赘述。

（四）改性油脂

改性油脂是一类新型的非离子表面活性剂，以天然油脂为原料，经过改性反应再与环氧乙烷在催化剂作用下直接进行加成反应得到。通过选择不同的油脂种类或调节环氧乙烷的加合数可形成一系列不同 HLB 值的产品，从而应用于不同的领域。

改性油脂的主要特点是：具有良好的生物降解性、产品毒性小和对环境无污染，属于绿色表面活性剂。而且产品性能温和以及对皮肤的刺激性小，可广泛应用于化妆品、个人护理品和洗手液等高档次配方体系中；润湿和乳化力强可用作农药乳化剂和增稠剂等；水溶性好、去污力与AEO-9相当，易于配成液体洗涤剂产品。产品泡沫低且易于漂洗，属于低泡类产品。

（五）植物油酸

油酸［oleic acid，$CH_3(CH_2)_7CH{=\!=}CH(CH_2)_7COOH$］是一种单不饱和Omega-9脂肪酸，分子结构为顺-9-十八碳烯酸，存在于动植物体内。将油酸加氢加成得到硬脂酸。油酸的双键反式异构体称为反油酸。在实际的商品中往往含有少量的亚油酸和其他碳链结构的脂肪酸。

国内的植物油酸从油源主要分为豆油酸、棉油酸和菜油酸。除了在二聚酸、树脂和油墨等传统工业领域的应用外，植物油酸在表面活性剂和洗涤剂领域的应用近年来发展迅速。

在粉状洗涤剂和液体洗涤中，与传统的皂粉相比，油酸的溶解性、配伍性和去污力更好，且在工业化生产上操作更加方便。因此，皂粉的生产常采用油酸来代替以牛羊油为主生产的皂基。在液体洗涤剂中，采用油酸的配方体系不仅可以有效控制洗衣液的泡沫，而且对皮脂类的污垢还有特殊的去污效果，同时在成本方面还有较大的优势。

参考文献

［1］周玉成，徐军．精细化工，1991，3：131.
［2］马克西莫，潘尼特奇，韩亚明摘译．日用化学品科学，2000，2：21.
［3］陆光崇．日用化学工业，1997，6：23.